国家重大出版工程项目

Laboratory Procedures for Veterinary Technicians

Seventh Edition

兽医临床实验室检验手册

第 7 版

Margi Sirois 主编

夏兆飞 刘 洋 吕艳丽 主译

中国农业大学出版社

· 北京 ·

内容简介

本书包含9个单元，包括兽医临床实验室、血液学、止血、免疫学、尿液分析、临床生化、微生物学、寄生虫学和细胞学等，内容涵盖了兽医临床实验室常规检验项目的应用范围、操作流程、结果判读和注意事项，以及实验室管理、风险控制、质量控制等知识扩展。

本书具三大亮点：①来源于实践，贴近临床。书中介绍的检验指标、所用的设备和试剂均在兽医临床常规检验项目中涉及。②简洁明了，流程清晰。读者可快速掌握规范的检验操作步骤，并获得可靠的检验结果。③内容翔实，图文并茂。书中包含大量显微照片、操作流程图、设备耗材样式图、形态模式图，以便读者理解和应用。

本书适合作为临床实验室的"案头书"，供兽医学生和实验室工作人员日常学习和参考，也可作为实验室标准操作流程的范本。

图书在版编目(CIP)数据

兽医临床实验室检验手册：第7版 /（美）玛吉·西罗伊斯（Margi Sirois）主编；夏兆飞，刘洋，吕艳丽主译. --北京：中国农业大学出版社，2022.1

书名原文：Laboratory Procedures for Veterinary Technicians，Seventh Edition

ISBN 978-7-5655-2673-2

Ⅰ.①兽…　Ⅱ.①玛…②夏…③刘…④吕…　Ⅲ.①兽医学-实验室诊断-手册　Ⅳ.①S854.4-62

中国版本图书馆CIP数据核字(2021)第260843号

书　　名　兽医临床实验室检验手册　第7版

作　　者　Margi Sirois　主编　　夏兆飞　刘　洋　吕艳丽　主译

策划编辑　宋俊果　梁爱荣　　**责任编辑**　赵　艳　洪重光

封面设计　郑　川

出版发行　中国农业大学出版社

社　　址　北京市海淀区圆明园西路2号　　**邮政编码**　100193

电　　话　发行部 010-62733489，1190　　读者服务部 010-62732336

编辑部 010-62732617，2618　　出　版　部 010-62733440

网　　址　http://www.caupress.cn　　**E-mail** cbsszs@cau.edu.cn

经　　销　新华书店

印　　刷　涿州市星河印刷有限公司

版　　次　2022年8月第1版　2022年8月第1次印刷

规　　格　210 mm×285 mm　16开本　30.5印张　920千字

定　　价　268.00元

Laboratory Procedures for Veterinary Technicians

Seventh Edition

兽医临床实验室检验手册

第 7 版

Margi Sirois, EdD, MS, RVT, CVT, LAT, VTES
阿什沃思学院
诺克罗斯市,乔治亚州

Margi Sirois, EdD, MS, RVT, CVT, LAT, VTES
Ashworth College
Norcross, Georgia

Elsevier (Singapore) Pte Ltd.
3 Killiney Road, #08-01 Winsland House I, Singapore 239519
Tel: (65) 6349-0200; Fax: (65) 6733-1817

Laboratory Procedures for Veterinary Technicians, 7E

ISBN: 9780323595384

This Translation of Laboratory Procedures for Veterinary Technicians, 7E by Margi Sirois was undertaken by China Agricultural University Press Ltd. and is published by arrangement with Elsevier (Singapore) Pte Ltd.

Laboratory Procedures for Veterinary Technicians, 7E by Margi Sirois 由中国农业大学出版社有限公司进行翻译,并根据中国农业大学出版社有限公司与爱思唯尔(新加坡)私人有限公司的协议约定出版。

《兽医临床实验室检验手册》(第 7 版)(夏兆飞 刘 洋 吕艳丽 主译)

ISBN: 978-7-5655-2673-2

注 意

本译本由 Elsevier (Singapore) Pte Ltd. 和中国农业大学出版社有限公司完成。相关从业及研究人员必须凭借其自身经验和知识对文中描述的信息数据、方法策略、搭配组合、实验操作进行评估和使用。由于医学科学发展迅速,临床诊断和给药剂量尤其需要经过独立验证。在法律允许的最大范围内,爱思唯尔、译文的原文作者、原文编辑及原文内容提供者均不对译文或因产品责任、疏忽或其他操作造成的人身及(或)财产伤害及(或)损失承担责任,亦不对由于使用文中提到的方法、产品、说明或思想而导致的人身及(或)财产伤害及(或)损失承担责任。

著作权合同登记图字:01-2022-4845

译校人员
Translators

主　　译　夏兆飞　刘　洋　吕艳丽

副主译　苗　燕　张兆霞　许楚楚　王思莹

译校人员

黄　薇　林嘉宝　李浩运　缴　莹
陈云珂　李明亭　李祎宇　陈友涵
娄银莹　柳南星　李一帆　陈宋杰
刘辰光　张　琼　刘　伟　李　蕊
李安琪　张　梦　唐雅姝　牟丹霞
王思莹　许楚楚　张兆霞　苗　燕
刘　洋　吕艳丽　夏兆飞

主译简介

夏兆飞，教授，博士生导师。现任中国农业大学动物医学院临床兽医系系主任、教学动物医院院长，中国兽医协会宠物诊疗分会会长，北京小动物诊疗行业协会会长，《中国兽医杂志》副主编。

主持纵向和横向科研项目20余项，发表论文150余篇，主编、主译教材或著作20余部。主要兴趣领域为小动物临床诊疗技术、小动物临床营养和动物医院经营管理等。

刘洋，硕士，中级兽医师。现任中国农业大学教学动物医院检验中心主任、内科门诊医师，北京小动物诊疗行业协会实验室诊断分会秘书长。

主持或参与10余部书籍的编写、翻译和校对工作，发表论文多篇，曾多次担任行业大会讲师。主要研究方向为兽医临床病理学，尤其擅长犬猫血液学、细胞学及内科疾病的实验室诊断。

吕艳丽，教授，博士生导师。于中国农业大学动物医学院临床兽医系从事教学、科研和临床工作30余年，现任中国兽医协会宠物诊疗分会秘书长、北京小动物诊疗行业协会实验室诊断分会会长。

主持和参与纵向和横向科研项目20余项，发表论文100余篇，参与编写、翻译和校对著作10余部。主要兴趣领域为小动物临床诊疗技术、犬猫传染病诊疗和防控技术。

撰稿者
Contributors

Tim Baum, MT(ASCP), NCA, CLS
Director, Technical Operations
MicroVet Diagnostics
Inman, South Carolina

Katie Foust, BS, AS
Clinical Director, Veterinary Technician Program
Pima Medical Institute
Tucson, Arizona
Course Faculty, Veterinary Technician Program
Ashworth College
Norcross, Georgia

译者序

兽医临床实验室诊断技术，对动物疾病的诊断、治疗和预后判断等起着十分重要的作用，越来越受到兽医院校教育工作者、动物诊疗从业者及医院管理者的重视。近年来，随着新的检测技术发展和商业实验室的兴起，兽医实验室检验的应用范围正在不断扩大，检测项目的种类和数量也在快速增长，这无疑对兽医临床实验室工作人员提出了更高的要求。

遗憾的是，国内兽医临床实验室诊断技术相关书籍、临床实操及教育资源比较缺乏。鉴于此，我们在2010年便集中行业内优秀的实验室诊断技术人员翻译了《兽医临床实验室检验手册》（第5版）。此书一经出版，便广受好评。时至今日，许多动物医院实验室诊断技术人员仍在使用和学习此书。正因如此，当爱思唯尔出版了该书第7版时，我们把它再次引入中国，献给广大的高校兽医专业同学和临床兽医工作者。

新版书籍保留并扩展了上一版清晰明快的特色，即醒目的“注意”事项和简明的操作“流程框”，使兽医学生或实验室诊断技术人员能够更加快速地学习和掌握规范操作。不仅如此，本书作者还深入浅出地阐述了基本的病理和生理知识，让读者不仅“知其然”，更“知其所以然”，从而促使他们掌握原理，运用自如。除此之外，本书在介绍和更新动物医院传统检验项目的同时，还详细地描述了常见送检项目的样本采集和处理原则，因而更好地满足了日益增长的实验室送检需求。本书内容翔实、图文并茂、条理清晰。读者通过对本书的学习，能够基本掌握并应用常见的实验室检验项目，并出具准确可靠的实验室检验报告。

本书的顺利完成，离不开所有译校人员的辛勤付出。他们大都是一线兽医临床实验室工作人员，不但具有较高学历，而且具有丰富的临床检验经验。在此，对他们在辛勤忙碌的工作和学习之余，一丝不苟地完成本书的翻译和校对工作表示衷心的感谢。在翻译过程中，虽然我们力争忠实原文，尽力把原文思想表达清楚、准确，但难免存在各种瑕疵和不足。恳请各位读者在发现不当之处时，能与我们或出版社联系，给我们提出宝贵意见和建议，帮助我们不断改进和提高，在此深表感谢。

希望本书能够对专注和热爱兽医临床实验室诊断技术的兽医学生、检验人员及临床医师有所帮助，这将是对我们翻译工作最大的肯定和鼓励。最后，让我们携手并进，共同助力国内兽医实验室诊断事业的进步和发展！

夏兆飞　刘　洋　吕艳丽

2021年12月

前言
Preface

近年来，兽医临床诊所内可进行的实验室检查种类和数量都飞速增长。实验室检验是临床疾病诊断不可或缺的一部分，也是兽医助理的重要工作。在诊所内完成实验室检查有利于提高客户的满意度，从某种程度上也可增加医院收入。

新版《兽医临床实验室检验手册》不仅集合了兽医助理所需的临床实验室诊断信息，也可作为兽医护士和学生的日常参考书。本书包含了血液学、止血、免疫学、尿液分析、临床化学、微生物学、寄生虫学和细胞学所涉及的实验室诊断原理和流程，还包含参考实验室内进行的常用检查信息，以便大家更好地应用这些检查。为了便于理解部分检查的原理，本书许多章节还描述了局部解剖及病理知识。

本书充分地更新了兽医诊所内实验室检查的最近发展情况及新技术信息；添加了许多彩色照片，包括血细胞和细胞学的显微镜照片、微生物样本及尿沉渣的照片；还囊括了许多新型诊所内分析仪。全书列举了许多“注意”事项，以期对读者起到提示作用。章节末尾还有“关键点”及“推荐阅读”。

本书包含许多常用的血液学、细胞学和寄生虫学检查的操作流程，这些知识不仅是兽医助理学生在校期间必须掌握的，也是他们未来在兽医诊所的日常工作。

致　谢
Acknowledgments

本书是在前六版作者辛勤付出的基础上完成的。我由衷地感谢他们的贡献。非常感谢前几版的编辑团队，特别是已经从爱思唯尔退休的、我非常想念的 Teri Merchant，以及后继的 Shelly Stringer。Brandi Graham、Maria Broeker 和 Carol O′Connell 都为此书的完成注入了心血。我非常感谢 Tim Baum 和 Katie Foust 为本书更新所做出的努力，以及广大兽医助理及兽医为本书所提供的插图。

感谢我的朋友、家人、同事，现在和过往的学生，感谢你们对我一如既往的支持。你们激励着我不断前进。

谨将此书献给我的家人，特别是我挚爱的丈夫Dan，他的支持使我一直勇往直前；献给我最爱的儿女，Jen和Daniel，你们是我永远的骄傲；献给Tally、Delta和Belle……，汪汪汪。

目　录
Contents

第 1 单元

The Veterinary Practice Laboratory
兽医临床实验室

单元目录

本单元学习目标

明确兽医技术员在临床实验室中的职责。

明确兽医临床实验室有关安全方面的规定。

明确兽医临床实验室质量控制程序的内容。

辨别、使用和维护实验室常用设备。

使用公制制度进行计算和检测。

兽医通过实验室检查结果进行疾病诊断、监测和预后。兽医临床实验室也是诊所收入的重要来源。诊所内的实验室可快速获得检查结果,从而提升诊疗和服务水平。有些兽医诊所会送检到参考实验室进行检查,但这样无法及时对患病动物进行治疗。大多数诊断检查可由训练良好的兽医技术员在诊所内的实验室完成。随着检测设备的普及,即使是小型兽医诊所也可以拥有一个完备的临床实验室。

兽医技术员和兽医可在实验室内高效开展工作。兽医技术员的职责是提供准确的检查结果,兽医的职责则是对检查结果进行判读。为保证实验室检查结果一如既往的可靠,这对兽医技术员的要求极高,他们必须掌握实验室质量控制的核心。

有关本单元的更多信息请参见本书最后的参考资料附录。

第1章

Safety Concerns and OSHA Standards
安全和OSHA标准

学习目标

经过本章的学习，你将可以：

- 明确化学卫生计划的要求。
- 掌握兽医临床实验室中减少危害暴露的机制。
- 了解实验室设计的常规问题。
- 辨别、使用和维护个人防护装备。
- 了解评估网络资源的标准。

目　录

关键词

生物危害

血源性病原体

化学卫生计划(CHP)

工程控制

材料安全数据表(MSDS)

职业安全与健康管理局(OSHA)

个人防护装备(PPE)

人兽共患病

在临床实验室中，一套完善的实验室安全规范对于确保人员安全意义重大。实验室安全规范应包含仪器设备使用及维护的程序和注意事项，还必须配备安全设施及用品，如洗眼装置（图 1.1）、灭火器、清理套装（图 1.2）、危险品和生物危害物处理容器（图 1.3）及防护手套。临床实验室的工作人员都应熟悉这些设施及用品的位置，并接受过严格的使用培训。实验室安全规范必须以书面形式放置在临床实验室明显的位置上。并应张贴指示牌告知工作人员，禁止在实验室内进食、饮水、化妆及调整隐形眼镜。

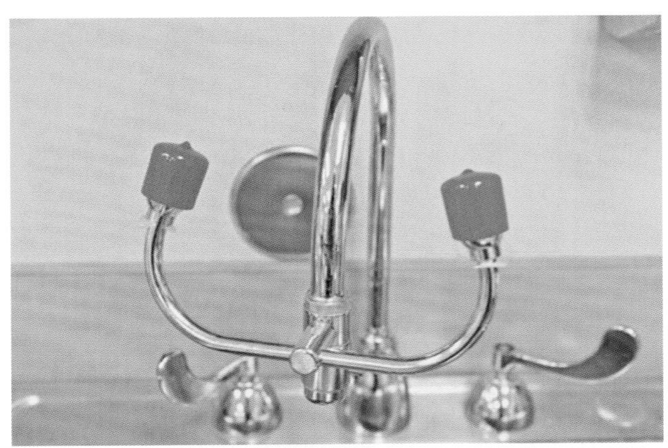

图 1.1　安装于水池上的洗眼装置。这种类型的洗眼装置比壁挂式洗眼瓶更好，不需要定期添加洗液，同时可确保充足液量彻底清洗眼部

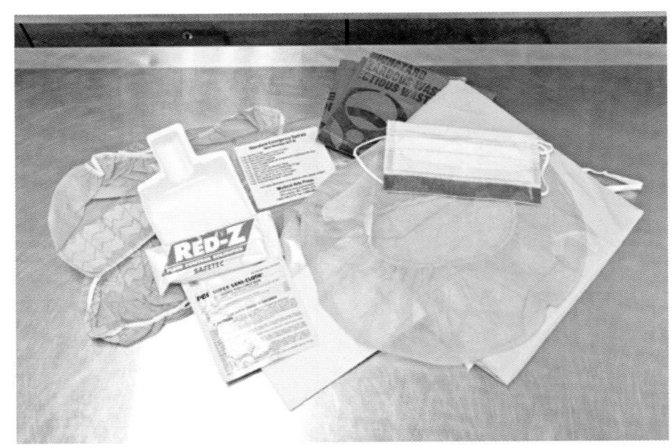

图 1.2　清理套装。这种套装通常包含生物危害品袋、个人防护装备、吸收材料和消毒剂

注意：实验室安全规范必须以书面形式置于临床实验室所有员工均可见的位置。

在美国，职业安全与健康管理局（OSHA）规定某些实验室操作必须纳入实验室安全规范之中。其他许多国家也有相似的规定，用于保护员工的健康与安全。OSHA 负责建立和保护这些标准。有些

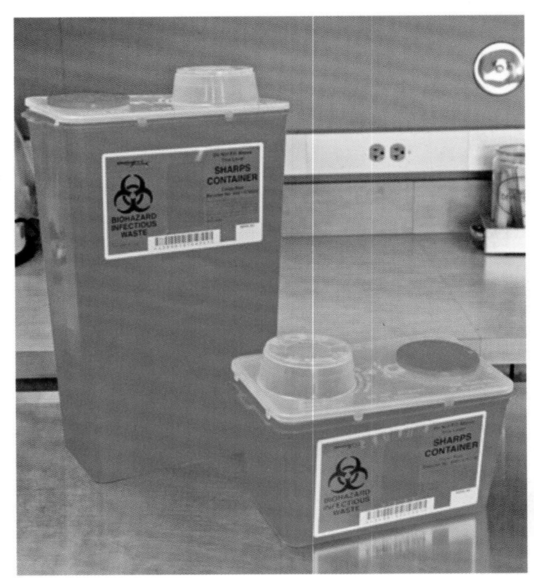

图 1.3　生物危害废弃物处理容器有多种不同型号。这种硬质型容器通常用于处理锋利物（如手术刀片、皮下注射针）

州的法规可取代联邦 OSHA 法规，在这种情况下，州立法规至少应该与联邦法规一样严格。部分州和联邦法规对雇员人数不超过 10 人的机构可进行豁免。这些法规特别要求雇主遵守以下要求：

- 遵守所有 OSHA 相关标准。
- 解除工作场所所有危及安全和健康的问题。
- 教育员工了解工作场所可能发生的危害。
- 对员工进行健康和安全危害相关的培训。
- 为员工提供必要的个人防护装备（PPE）。
- 准确记录工作相关的伤害及疾病。
- 张贴明确的 OSHA 海报、引文、伤害及疾病数据（图 1.4）。

根据兽医临床实验室仪器及检测项目的不同，兽医技术员可能会暴露在多种潜在隐患中，包括生物和物理危害，以及因人体力学应用不当而导致的相关肌肉骨骼的危害。

危害控制

减少工作场所潜在危害的方法可分为 4 种：①工程控制，②行政控制，③流程控制，④PPE。工程控制指通过改变工作环境以消除或尽量减少危害，如在通风橱中处理有害化学物品。行政控制指通过制定明确规程以最大限度减少工作人员的危害暴露，这些规程在化学卫生计划（CHP）中均有涉及，更多细节将在本章进一步介绍。流程控制指通过制定规范来调整员工的行为，如禁止用嘴吸取移液管，以及尽可能选

用危害更低的材料等。若工程控制、行政控制及流程控制不能有效消除危害，则需要使用 PPE。

图 1.4　**OSHA 要求在所有工作场所张贴职业安全与健康海报或同等州立版本(引自美国劳工部 OSHA)**

OSHA 标准

《职业安全与健康法案》中包含大量与兽医临床相关的专业标准。这些标准详见《联邦法规法典》(CFR)第 29 章。每个标准都有指定编号。例如，关于临床实验室以外场所使用甲醛的标准指定编号为 29 CFR 1910.1048，代表 29 章，第 1910.1048 篇；该标准还包括若干附录。第 1910 篇收录了绝大多数有关工作场所安全的标准，该篇按字母 A 到 Z 进一步分为几个部分。本章就部分 OSHA 标准在兽医临床实验室中的应用进行了总结。

实验室中有害化学品职业暴露标准

OSHA 的《有害化学品职业暴露标准》(29 CFR 1910.1450)通常指实验室标准。该标准要求每位雇主指定一名雇员为化学卫生负责人，负责按要求实施 CHP。CHP 必须包含工作场所中有害化学品的具体细节，工作人员培训的范畴、程度及培训记录，PPE 使用标准，有害化学品处理的注意事项，暴露监测，暴露发生后应采取措施(包括医疗护理)。

> **注意**：与化学品有关的危害详见材料安全数据表。

危害通识标准

OSHA 危害通识标准(29 CFR 1910.1200)要求雇主评估潜在的化学性危害，并向具有危害暴露风险的雇员告知危害信息和恰当的保护措施。信息必须以书面形式传达给员工，并附上所有可能接触到的有害化学品清单。该标准还包括关于处理有害化学品时使用 PPE 的员工培训。其要求在有害化学品容器上贴有特定类型的标签，要求雇主提供包含所有化学品在内的材料安全数据表(MSDSs)，并确保这些 MSDSs 可供雇员使用(图 1.5)。MSDSs 由潜在有害化学品的制造商提供，必须包含具体信息。OSHA 要求这些信息至少应包括以下内容：

- 制造商名称和联系方式
- 有害成分/相关信息
- 物理/化学特性
- 火灾和爆炸危险数据
- 反应活性数据
- 健康危害数据
- 安全操作和使用的注意事项
- 控制措施

图 1.5　**员工应可随时查看材料安全数据表**

还可包括其他信息。OSHA 建议采用第 16 章的形式描述 MSDSs，见框 1.1。

框 1.1 材料安全数据表的构成

第 1 节 化学产品及公司信息
第 2 节 成分构成/信息
第 3 节 危害标识
第 4 节 急救措施
第 5 节 消防措施
第 6 节 意外泄漏措施
第 7 节 处理和储存
第 8 节 暴露控制/个人防护
第 9 节 理化性质
第 10 节 稳定性和反应性
第 11 节 毒性信息
第 12 节 生态信息
第 13 节 处置信息
第 14 节 运输信息
第 15 节 法规信息
第 16 节 其他信息

容器标签

危害通识标准中有关于正确使用化学品容器标签的详细信息（图 1.6）。当化学品从主容器转移到副容器时，副标签也必须包含特定信息。以下情形均必须使用副标签：当材料添加者下班后仍有人要使用该材料时；当材料添加者离开工作场所，或是容器从添加场所移入新场所，且添加者并非使用者时。图标可显示副容器上标注的危险信息（图 1.7）。

注意：OSHA 要求在含有有害化学品的容器上张贴特定类型的标签。

血源性病原体标准

血源性病原体标准（29 CFR 1910.1030）中，OSHA 要求保护工作人员免于受血液中传染源的感染，同时还纳入了另一项法律要求，即 2001 年的《针刺安全与预防法案》。在兽医临床实验室中，工作人员可能在处理某些用于质控的生物对照品时接触人类血源性病原体。但是大多数对照品已经不再用人类材料制造了。与化学标准相同，需要对有潜在暴露风险的人进行培训。必须建立暴露防控机制，并以书面形式体现。

其他潜在感染材料

尽管在兽医临床实验室中接触人类血源性病原体的情况不太常见，但是可能遇到很多其他感染原。人兽共患病是一种可以在动物和人类之间传播的疾病。这类病原体可能存在于体腔液、粪便、皮肤刮片和其待检样本中。有关其他潜在感染性物质（OPIM）的法规不像血源性病原体的具体，除非它们可能对公共卫生和安全造成严重威胁（如导致炭疽、肉毒中毒或鼠疫的细菌）。兽医技术员可

Hazard Communication Standard Labels

OSHA has updated the requirements for labeling of hazardous chemicals under its Hazard Communication Standard (HCS). As of June 1, 2015, all labels will be required to have pictograms, a signal word, hazard and precautionary statements, the product identifier, and supplier identification. A sample revised HCS label, identifying the required label elements, is shown on the right. Supplemental information can also be provided on the label as needed.

For more information:

(800) 321-OSHA (6742)
www.osha.gov

SAMPLE LABEL

CODE ____
Product Name ____ } Product Identifier

Company Name ____
Street Address ____
City ____ State ____
Postal Code ____ Country ____
Emergency Phone Number ____ } Supplier Identification

Keep container tightly closed. Store in a cool, well-ventilated place that is locked.
Keep away from heat/sparks/open flame. No smoking.
Only use non-sparking tools.
Use explosion-proof electrical equipment.
Take precautionary measures against static discharge.
Ground and bond container and receiving equipment.
Do not breathe vapors.
Wear protective gloves.
Do not eat, drink or smoke when using this product.
Wash hands thoroughly after handling.
Dispose of in accordance with local, regional, national, international regulations as specified.
In Case of Fire: use dry chemical (BC) or Carbon Dioxide (CO_2) fire extinguisher to extinguish.
First Aid
If exposed call Poison Center.
If on skin (or hair): Take off immediately any contaminated clothing. Rinse skin with water. } Precautionary Statements

Hazard Pictograms

Highly flammable liquid and vapor.
May cause liver and kidney damage. } Hazard Statements

Signal Word
Danger

Supplemental Information
Directions for Use
____
Fill weight: ____ Lot Number: ____
Gross weight: ____ Fill Date: ____
Expiration Date: ____

OSHA 3492-02 2012

图 1.6 OSHA 要求所有有害材料的容器上都应注明具体信息（引自 OSHA）

能通过接触感染动物或在采集和处理样本的过程中接触到这类物质，因此必须建立暴露防控规程，包括如何妥善处理这些具有潜在感染性的物质。通常这些规程侧重于 PPE 的使用、材料和工作台面的消毒，以及对这类物质的高压灭菌处理或焚烧处理机制。

Hazard Communication Standard Pictogram

As of June 1, 2015, the Hazard Communication Standard (HCS) will require pictograms on labels to alert users of the chemical hazards to which they may be exposed. Each pictogram consists of a symbol on a white background framed within a red border and represents a distinct hazard(s). The pictogram on the label is determined by the chemical hazard classification.

HCS Pictograms and Hazards

Health Hazard	Flame	Exclamation Mark
• Carcinogen • Mutagenicity • Reproductive Toxicity • Respiratory Sensitizer • Target Organ Toxicity • Aspiration Toxicity	• Flammables • Pyrophorics • Self-Heating • Emits Flammable Gas • Self-Reactives • Organic Peroxides	• Irritant (skin and eye) • Skin Sensitizer • Acute Toxicity (harmful) • Narcotic Effects • Respiratory Tract Irritant • Hazardous to Ozone Layer (Non-Mandatory)
Gas Cylinder	**Corrosion**	**Exploding Bomb**
• Gases Under Pressure	• Skin Corrosion/ Burns • Eye Damage • Corrosive to Metals	• Explosives • Self-Reactives • Organic Peroxides
Flame Over Circle	**Environment (Non-Mandatory)**	**Skull and Crossbones**
• Oxidizers	• Aquatic Toxicity	• Acute Toxicity (fatal or toxic)

For more information:

OSHA® Occupational Safety and Health Administration
U.S. Department of Labor

www.osha.gov　(800) 321-OSHA (6742)

OSHA 3491-02 2012

图 1.7　图标能够快速传达具体危险信息(引自 OSHA)

个人防护装备标准

个人防护装备标准(29 CFR 1910.132)要求雇主提供、购买并确保合理使用 PPE，以避免化学危害，以及通过吸收、吸入或物理接触造成损伤的其他危害。根据危害类型，PPE 包括护目镜、防护服、防护罩和隔离物(图 1.8)。雇主必须为员工提供培训，以证明员工了解所需的 PPE 及其如何使用和保养。其余有关 PPE 的规定包括眼睛和面部保护标准(29 CFR 1910.133)、呼吸保护标准(29 CFR 1910.134)和手部保护标准(29 CFR 1910.138)等。

> **注意**：雇主必须为工作人员提供必要的 PPE。

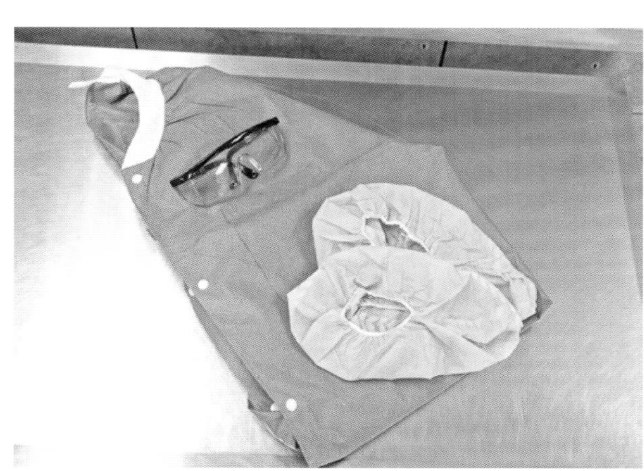

图 1.8　个人防护装备示例，包括手套、护目镜和鞋套

生物安全危害

我们应特别重视生物医学行业所独有的危害。生物危害是指不仅对动物有害而且威胁人类健康的生物物质(如用过的皮下注射针、含有感染原的病患样本)。盛放生物危害物品的容器用特殊符号标识(图 1.9)。隶属美国政府机构的疾病预防控制中心为生物医学行业中感染性病原体的安全处置和管理制定了明确的指导方针。生物安全等级分为 1、2、3、4 级或Ⅰ、Ⅱ、Ⅲ、Ⅳ级；数字越大，风险越高。下文简要总结了各个生物安全等级的预防措施。生物安全的要求随等级的提高而提高，且低等级的要求自动纳入高等级之中。

生物安全Ⅰ级

生物安全Ⅰ级中的病原通常不会导致人类疾病。但需要注意的是，这些对人类无害的病原可能会对免疫缺陷个体有害。

图 1.9 生物危害通用标志

生物安全Ⅰ级物品和生物包括大多数香皂和清洁剂、动物专用疫苗以及品种特异性传染病(如犬传染性肝炎)。

对于生物安全Ⅰ级材料的处理和丢弃没有特殊要求,与家庭厨房的常规清洁类似,包括彻底清洗台面、设备和双手。

生物安全Ⅱ级

生物安全Ⅱ级的病原如果处理不当可能导致人类疾病。其所包含的危害可能来自黏膜暴露、经口摄入和皮肤穿刺。该等级的病原包括引起弓形虫病和沙门氏菌病的病原。这类物质通常具有较低的气溶胶污染能力。

预防措施因具体的病原而异,但以下为生物安全Ⅱ级的通用要求:

- 限制进出,包括生物危害的警告标识
- 穿戴手套、实验服、长外套和面具,并且使用生物安全Ⅰ级或Ⅱ级安全柜,以防止喷溅或气溶胶污染物
- 正确使用利器盒
- 明确说明如何处理和净化设备及潜在危险材料,包括监测和报告污染问题
- 根据需要使用物理密闭装置和高压锅

生物安全Ⅲ级

生物安全Ⅲ级病原可以引起严重甚至潜在致死性疾病。这类病原体经气溶胶传播的可能性较高,如结核分枝杆菌。在该级别下,需通过初级和次级隔离屏障保护人员安全,以下为生物安全Ⅲ级的通用要求:

- 控制进入
- 净化废弃物
- 净化笼子、服装和其他设备
- 对人员进行检测以评估可能的暴露风险
- 操作过程中使用生物安全Ⅰ级或Ⅱ级安全柜,或是其他物理密闭装置
- 所有人员使用 PPE

生物安全Ⅳ级

对生物危害处理经验有限的人不太可能遇到生物安全Ⅳ级的病原。这类病原引发致死性疾病的风险很高,包括埃博拉病毒和马尔堡病毒以及其他危险的外来病原。处理这类病原的机构能最大程度发挥其遏制传播的能力。工作人员应遵循进出淋浴的程序,穿着配备有正压空气供应的全套防护服。为了确保安全,在该环境下工作的人员需接受全面培训。

危险物品运输

一些兽医诊所会将样本外送到其他实验室分析。在美国,对具有潜在危害或感染性的物质进行安全运输的相关规定由美国运输部制定,并由联邦航空管理局执行。美国运输部将所有可能含有致病微生物的物质视为具有潜在危害或感染性。根据暴露风险,将感染性物质分为 A 类或 B 类,A 类较 B 类风险高。A 类指已知或可能包含的感染性病原,其能够引起健康人或动物暴露后发生永久性残疾、危重疾病或致死性疾病。例如,已知含有炭疽杆菌、粗球孢子菌、结核分枝杆菌或西尼罗病毒等病原体的培养物。B 类所含的感染性病原不会引起健康人或动物暴露后发生永久性残疾、危重疾病或致死性疾病。绝大多数外送的兽医病患样本属于 B 类材料。除非按规定豁免,否则不符合 A 类纳入标准的物质均归入 B 类。豁免范围包括:

- 病原已被灭活的样本
- 已知不含感染性病原的样本或标本
- 仅含非致病性微生物的样本或标本
- 干燥的血液或粪便隐血样本

这两类物质的运输都需要特定的包装和标签,然后才能移交给运输公司(如联邦快递、美国邮政)。通常情况下,标本必须放在密封、防泄漏的容

器中。如果原始容器不能防止泄露，必须用防水材料包裹，先包裹一层吸水材料，再加一层防水材料。防水材料上附有一张内容物清单，然后将其放入大小合适的运输箱中。运输箱也必须按照法规要求张贴感染性物质标签及其他识别标记。

实验室设计

概况

兽医临床实验室必须与其他科室分开，拥有一个独立的空间（图 1.10）。该区域应具有良好的采光，并有足够的空间放置仪器和保持一个舒适的工作环境。充足的工作台面可使一些精密仪器，如生化分析仪和血细胞分析仪，远离离心机和水池。保持室温恒定，能够为质量控制提供最佳环境。与带开放式窗户或空调、暖气管道直吹的区域相比，无穿堂风的空间更适合作为实验室。穿堂风会携带灰尘，可能污染样本并影响检测结果。虽然兽医诊所各不相同，但每个临床实验室都有相同的组成部分，包括水池、储藏空间、电力供应和互联网接口。

图 1.10　临床实验室应该与诊所主要通道分隔开

水池

实验室需要配置一个水池和流动水源，用来对样本和试剂进行冲洗、排放或染色，以及倾倒液体。近几十年来，处理和处置实验室危险品所承担的法律和道德责任大幅度提升，任何临床实验室都应谨慎为重。一些基本的实验室操作对保证工作人员和环境安全至关重要，其中一些操作仅是为了保证实验室的卫生，但有些规定则由联邦、州和地方强制执行。对于要处理危害化学品和样本的实验室而言，充分理解这些法规是进行恰当操作的基础。在不确定的情况下，兽医技术员不可将任何未知试剂或化学物品倾倒在水池内。

储藏空间

充足的储藏空间可放置试剂和耗材，以免堆积在实验室操作台上。充分利用抽屉和橱柜放置耗材和仪器，以便在需要的时候随手可取。有些试剂和样本必须冷藏或冷冻，因此需配备冰箱和冰柜。对大多数实验室而言，一台小型附有台面的冰箱即可满足需求。无霜冰柜会使冷冻样本中的水分流失，因此在冰柜中久置，样本浓度会有所升高。需长时间储存液体样本（如血清或血浆）时，应使用无自动除霜功能的冰柜或冰箱。

电力供应

电气设备的安放需谨慎考量，必须有足够的插座和电路开关。使用三相插头地线或延长线的集成电路绝对不能超负荷。兽医技术员应避免在电线或设备附近从事含有液体的试验和工作。使用精密仪器或所处环境经常停电时,需要配备不间断电源。

互联网接口

先进的兽医诊所在化验室或诊所内其他区域都应配备互联网接口。许多参考实验室通过电子邮件或传真发送检查报告。有的兽医诊所复式显微镜的数码相机可以连接在互联网接口上,兽医和兽医技术员应将互联网作为诊断的辅助手段。通过互联网也可将血涂片和尿沉渣涂片的镜下照片以电子邮件附件形式发送到其他参考实验室,从而协助诊断。

注意:带有互联网接口的电脑是兽医实验室不可或缺的一部分。

互联网还可以成为兽医学信息的资料库。但是网络上的信息可能过于简单、不完整甚至是错误的。兽医技术员在向兽医咨询的同时,可将网络信息作为补充材料。兽医和兽医技术员应谨慎审视各种网络资源,以确定每个网站的信息质量。

评估网站质量有 2 个基本要素:其一,网站较为客观,不涉及利益(如销售产品),从而提供导向性信息。其二,资料来源应当受到该领域专家的认可,这些专家来自政府机构、学院或大学诊断实验室,或是美国兽医协会。

网站品质的其他标志如下:

- 资金和赞助信息明确
- 时限(即上传时间、修改时间和更新时间)清晰,位置明确
- 信息来源(如组织机构声明)清晰,便于检索
- 明确写出作者和参考文献贡献者
- 列出参考文献及信息来源
- 专家已审阅过网站内容的准确性和完整性
- 框 1.2 总结了评估网络资源的重要标准

框 1.2 网络资源评估标准

权威人士:作者是谁? 作者是否写明其职业或信誉度?
所属单位:哪个公司或组织赞助了该网站?
时效性:信息的发布时间和更新时间?
目的:网站的目的(告知、劝导、解释)?
读者:目标受众是谁?
比较:与其他相类似资源相比之下,这些信息如何?
结论:该网站适合检索信息吗?

复习题

第 1 章的复习题见附录 A。

关键点

- 为了确保员工的安全,必须在临床实验室实施全面的安全计划。
- MSDSs 必须包含所有涉及的化学品,并对所有可能接触到的工作人员开放。
- 有关实验室安全的法规涉及多个政府机构。
- 必要时必须为工作人员提供恰当的个人防护用品。
- 化学容器标签必须传达具体危害信息。
- 二级化学容器必须正确标示。

第2章

General Laboratory Equipment
实验室常见设备

学习目标

经过本章的学习，你将可以：

- 明确兽医临床实验室中常见的仪器种类。
- 了解水平转子和角转子离心机的差别。
- 掌握离心机的正确使用和保养。
- 掌握吸管的选择和正确使用。
- 明确折射率的定义，并了解折射仪的正确使用方式。

目　录

关键词

离心机
恒温箱
吸管
折射率
折射仪
上清液

`诊所内实验室需要用到多种常见的实验室设备。兽医诊所的规模和检测项目决定了实验室所需的仪器和设备,至少包括显微镜、折射仪、毛细管离心机和临床离心机。根据诊所的类型和规模、地理位置和工作人员兴趣的不同,诊所内还可配备血生化分析仪、血细胞分析仪、水浴锅和恒温箱等。其他设备还包括试管、吸管、加热器、混匀器。仪器的正确使用和保养对试验人员的安全及结果的准确性至关重要。

试管

兽医临床实验室所用的试管通常由玻璃或塑料制成,有多种尺寸可供选择。微量血细胞比容管含或不含抗凝剂,主要用于评估细胞压积。采血管通常由玻璃制成,并通过管帽颜色来标明其中是否含有添加剂(图 2.1)。锥形管底部较窄,主要用于离心分离溶液中的固体物质,如尿液(图 2.2)。采血管和锥形管都有多种尺寸可供选择。

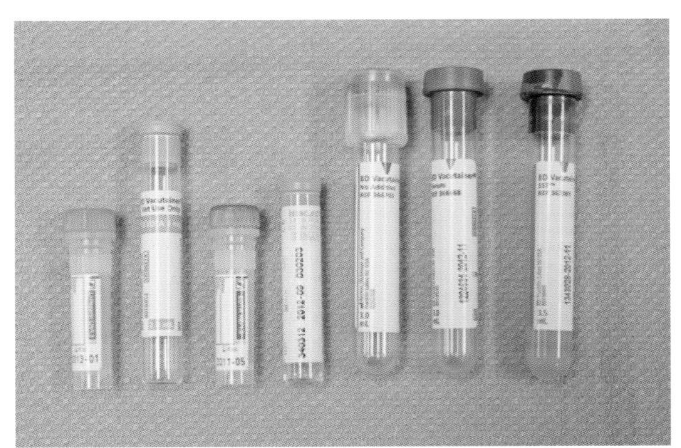

图 2.1 不同尺寸和颜色标识(区分是否含有特定的添加剂)的采血管

离心机

离心机是在兽医临床实验室中重要且频繁使用的仪器,用来分离溶液中密度不同的物质。离心机高速旋转时能将样本中密度较大的成分推向试管底部。液体成分由于密度较低,位于固体之上。当样本中含有固体和液体成分时,液体层称为上清液,固体层称为沉渣。分离出来的上清液(如从血液中分离出来的血浆或血清)可进行储藏、运输和分析。离心机的大小、容量(即每次可离心的试管数)和速度各不相同。兽医临床实验室常配有多种离心机。毛细管离心机只适用于毛细管,而普通离心机适用于不同大小的试管。大型临床实验室或参考实验室中可能会用到其他类型的离心机。当物质在离心过程中必须保持冷藏时(如输血治疗时所用的成分血液),需使用冷冻离心机。

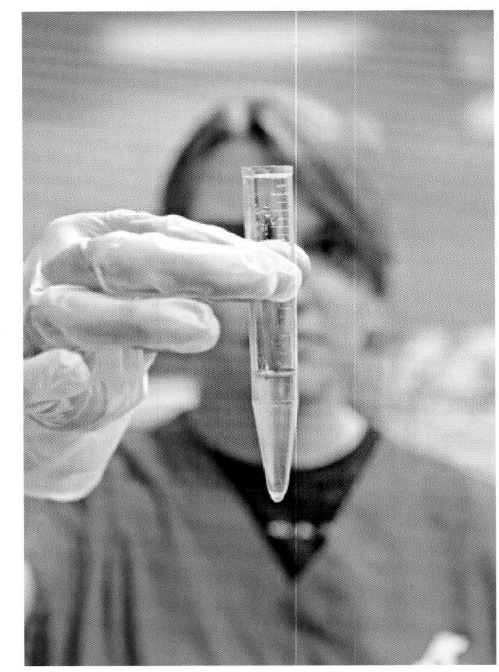

图 2.2 锥形离心管,用于分离出溶液中的固体物质

注意:离心机根据物质的密度来分离物质。

根据离心机转子的类型,可将临床所用离心机分成 2 种类型。水平转子(即"摆动臂"型)离心机在静止状态时,样本杯垂直向下(图 2.3);离心时,样本杯呈水平方向。样本离心时,离心力使颗粒穿过液体到达试管底部。当离心机停止转动,样本杯回到垂直状态。

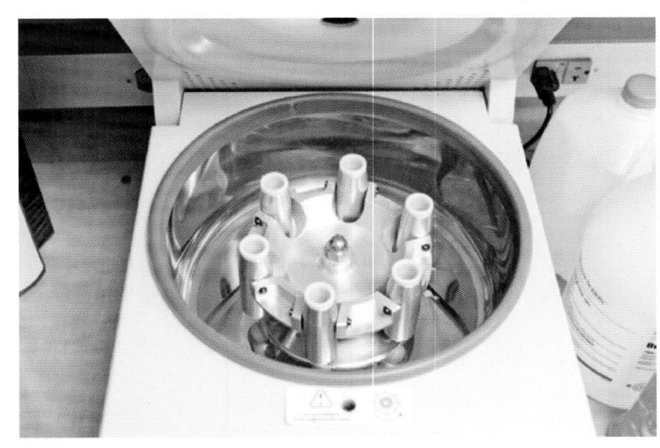

图 2.3 水平转子或者"摆动臂"型离心机

水平转子离心机有两大缺点：一是速度过大（如超过 300 r/min）时，空气摩擦造成热蓄积，可能会损坏样本；二是当离心机停止转动，样本杯恢复到垂直状态时，上清液和沉渣会发生部分混合。

另一种类型的离心机转子是有角度的。样本管放置在钻孔内，并使试管保持一定角度，通常约为 52°。这种离心机比水平转子离心机以更高的速度转动时，也不会产生大量的热。通常角转子离心机只适合一种大小的试管，小试管需要使用小容量的离心机（图 2.4），或者使用一种适配器。毛细管离心机是一种角转子离心机，只适用于毛细管。在兽医临床中，毛细管离心机用于评估全血样本中的细胞压积。除此之外，还有多种特点相结合的离心机可用于兽医临床（图 2.5）。

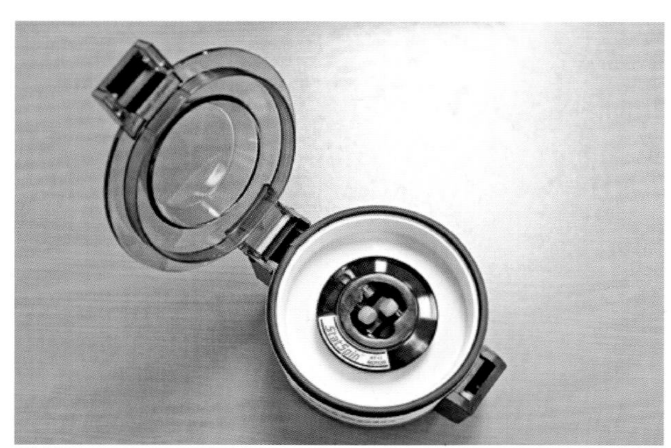

图 2.4　**StatSpin 离心机，专门为小容积样本设计的角转子离心机**

除了常规的开关按钮，大多数离心机都有计时器，可在到达预定时间后自动停止转动。离心机通常还有转速表和显示盘用来设置离心速度。一些没有转速表的离心机会以最大速度旋转。大多数离心机的速度显示盘显示的转速为每分钟多少转（r/min）乘以 1 000，即刻度盘设定 5 则代表 5 000 r/min。一些实验室程序需要明确的相对离心力（RCF）或重力。RCF 的计算需要测量离心机转子的半径（r），即中心到转轴的距离，可按下列公式计算：

$$RCF=(1.118\times10^{-5})\times r\times(r/min)^2$$

离心机也有制动装置可迅速停止，这个装置只有在机器出现故障需要迅速制动时才能使用。绝不能在盖子未闭合的情况下使用离心机。放置样本时试管开口应朝向离心机转子的中心。将大小和重量相等的试管置于对侧配平，可用装水的试管进行配平。这样操作可确保离心机正常运转、不摇动，在离心过程中没有液体从试管内溢出。离心机配平不当会使仪器遭到损坏，甚至伤及操作者。若有液体洒到离心机内，应立即清理干净。离心过程中，有时试管会破裂或破碎，离心停止后应立即清理碎片。若未及时清理，这些碎片会对离心机产生永久性的损坏。框 2.1 中有关于离心机操作的通用规则。

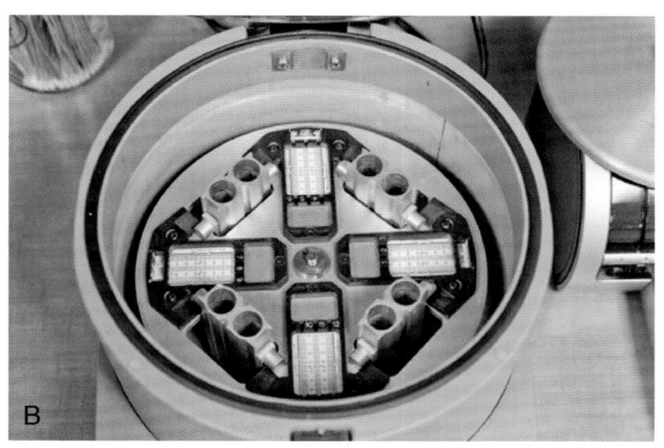

图 2.5　**这种离心机可同时容纳离心管和毛细管。当离心毛细管时，可移除试管适配器**

框 2.1　离心机操作的通用规则

确认是否配平，离心机对侧的试管大小和重量是否相等。
启动之前确保盖紧盖子。
离心机完全停止之前，不要打开盖子。
应立即处理所有溢出物，彻底清除碎片。

离心机的操作手册应列出不同部件的保养计划。一些离心机需要定期给轴承涂润滑油，并且多数需要定期检查或更换配件。可使用秒表确认离心机的计时器是否正常。以不同速度运行离心机，每次试验至少进行 2 次，以确保重复性良好。转速表可以用来检验离心机是否达到了设定的转速。定期维护可避免成本高昂的故障，并确保离心机以最大的效率工作。

注意：离心机必须用大小和质量相等的管子放在对侧配平。

为了确保准确，样本需以特定速度离心特定的时间。离心速度过快或时间过长均会导致沉渣中的细胞破裂或形态学特征被破坏。离心速度过慢或时间过短会导致样本分离或沉渣沉降不完全。因此，为了获得最准确的结果，应明确不同实验室操作的离心速度和时间，并严格遵守。

折射仪

折射仪，即总固体测量仪，用来测量溶液的折射率（图 2.6）。折射是光线从一种媒介（如空气）进入另外一种光学密度不同的媒介（如尿液）时发生的光线弯曲。折射率可反映媒介中固体物质的浓度。在 60～100 ℉（1 ℉≈17.22 ℃）下，用蒸馏水将折射仪校准到 0 刻度（折射率为 0）。折射仪常用来测量尿液或其他液体的比重，以及血浆或其他液体中的蛋白质浓度。

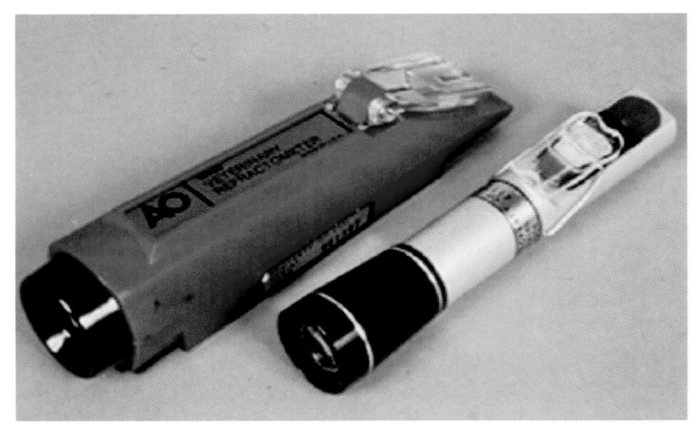

图 2.6 折射仪，用来测量尿比重和血浆中的总固体量

折射仪具有一个内置的棱镜和刻度尺（图 2.7）。虽然折射仪可以测量所有液体的折射率，但仪器中的刻度只按照比重和蛋白质浓度（g/dL，1 dL＝100 mL）进行校准。液体的比重或蛋白质浓度与溶质的浓度呈正比。由于蒸馏水的浓度最低，所以校准刻度和读取的结果（比重或蛋白质浓度）均大于 0。折射仪的读数为明暗交界面的读数。

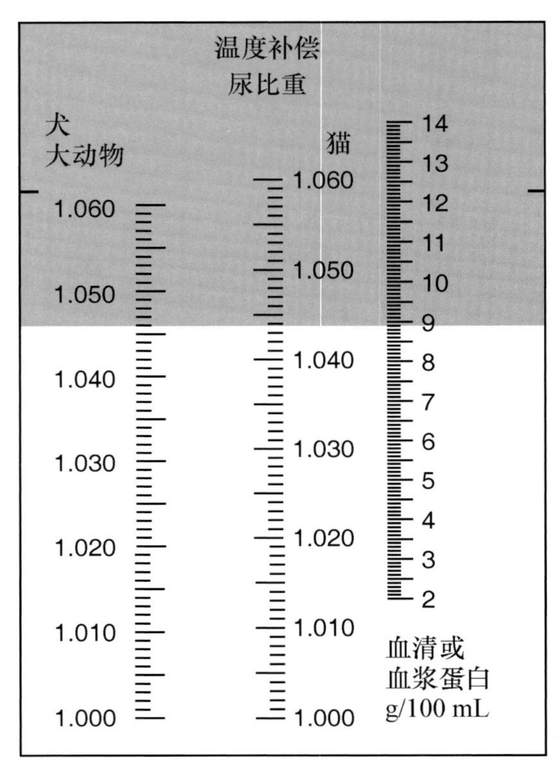

图 2.7 折射仪刻度尺。读数在明暗交界面进行（B. Mitzner，DVM 供图）

目前市场上有多种折射仪，要求的工作温度多数为 60～100 ℉。只要温度保持在这个范围内，即使折射仪在手中握着，温度的波动也不会影响读数的准确性。有专门针对犬、猫和马的样本进行校准的折射仪。折射率与不同物种尿比重相关，因此，兽医专用的折射仪在校准时弥补了这些差异。新型数字式折射仪内置微处理器，可自动校准并监控温度（图 2.8）。

保养与维护

折射仪的使用方法见流程 2.1。每次使用后均需清洁折射仪，将棱镜和盖板擦干。擦拭时应使用擦镜纸，避免出现刮痕。一些制造商推荐使用酒精清洁棱镜和盖板。清洁时请参考制造商的说明。

折射仪应定期校准（根据使用情况，每周或每日校准）。室温下将蒸馏水滴在折射仪上，其折射率为 0，因此，比重刻度表上为 1.000。若明暗分界线偏于 0 刻度超过半个刻度，则应根据制造商的指示旋转螺旋进行调节。若无法将蒸馏水的读数调至 0，那么折射仪将不能再使用。

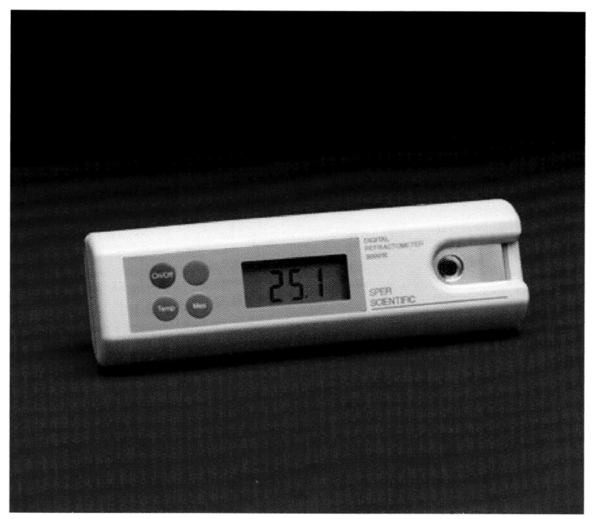

图 2.8　**数字式折射仪（B. Mitzner，DVM 供图）**

注意：折射仪至少每周需要用蒸馏水校准一次。

吸管

虽然大多数试剂盒和分析仪都有配套的吸管和吸液装置，但兽医临床实验室还应额外准备些吸管和吸液装置。临床常用的吸管为移液管和刻度吸管。当不需要定量吸取液体时可用移液管。这种吸管由塑料或玻璃制成，用于滴加液体。刻度吸管具有单一或多级固定刻度，前者称为容量吸管，是最精确的测量吸管。正确使用吸管对于精确量取非常重要。吸管应保持垂直，不能向一边倾斜。大容量吸管被称为 TD 吸管，表示用来“移取”一定体积的液体。移取液体后，吸管尖端应留有少量液体。用来移取微升体积的容量吸管称为 TC 吸管，表示用来“容纳”一定体积的液体。这种吸管只用来向底物液体中滴加一定量的其他液体。为了确保添加量的准确性，移完液体后应用底物液体漂洗吸管，使其尖端所存留的少量液体被吹出。具有多级固定刻度的吸管会标有“TD”或“TD 需吹出”，表示吸管尖端液体是保留还是需要吹出。需吹出残存液体的 TD 吸管通常含有双刻度或顶部有磨砂条带。

选择吸管时应选择最精确的，测量体积与实际需要最接近的吸管。例如，需要 0.8 mL 的液体时，则应选用 1 mL 而非 5 mL 的吸管。吸管测量的液体温度也有限制，通常为室温。液体过冷或过热都会影响测量的准确性。必须正确使用吸管，液体不可进入吸管装置。转移液体时，吸管应保持垂直，不能向一边倾斜。禁止用嘴直接接触吸管吸取液体。

流程 2.1　折射仪的使用和保养

1. 检查并清洁棱镜和盖板。
2. 在玻璃棱镜上滴一滴液体样本，并盖上防护盖。

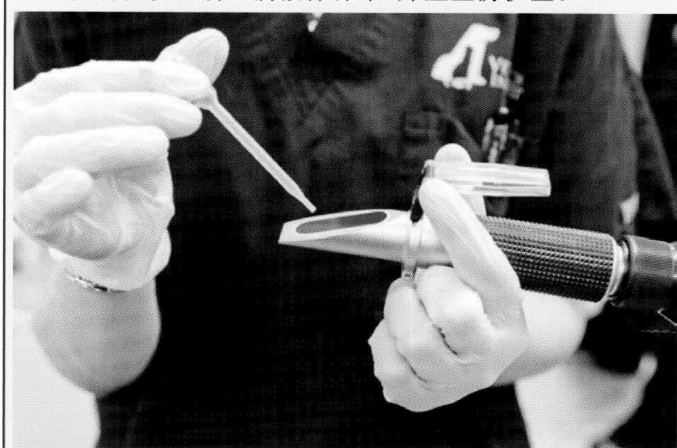

3. 将折射仪朝向人工灯光或自然光。

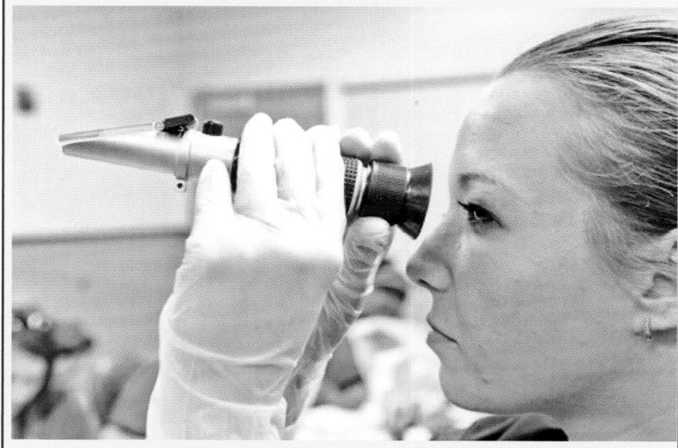

4. 转动目镜使明暗界线聚焦。
5. 选择恰当的标尺（如比重、蛋白质）读取并记录结果。
6. 根据制造商推荐的方法清洁折射仪。

温控设备

恒温箱

多种微生物检查都需要用到恒温箱。有多种不同大小和结构的恒温箱可用于兽医诊所内的实验室。大多数病原微生物可在 37 ℃下生长，因此恒温箱的温度始终保持此温度。恒温箱由恒温调节装置供热，应在箱内安装或放置一支温度计以监测温度(图 2.9)。可在箱内放一小盘水以保持湿度。有的恒温箱内置湿度调节装置,但其价格通常较昂贵。较大的实验室可能会配备全自动恒温箱,既可自动监控温度和湿度,也可自动监控氧气和二氧化碳。

图 2.9 兽医临床实验室中使用的小型恒温箱

冰箱

兽医诊所内部的临床实验室所用的许多试剂和试剂盒都需要冷藏,有些可能需要冷冻。血液和尿液等样本也需要冷藏。一个基本的台式冰箱可满足大多数需求。实验室所用冰箱不能用于储存人的食品。血库或输血区域也必须有一个专用的冰箱。

水浴锅和加热器

一些临床化学试验、凝血试验和血库操作程序可能需要水浴锅或加热器来保持 37 ℃的温度。水浴的类型很多,包括简单标准水浴、循环水浴和无水珠浴。标准水浴和循环水浴都需要能放置物品的架子。而无水珠浴不需要架子,也几乎不用保养。加热器通常只能容纳某一大小的试管,但也有一些加热器配有用于各种试管尺寸的适配器(图 2.10)。

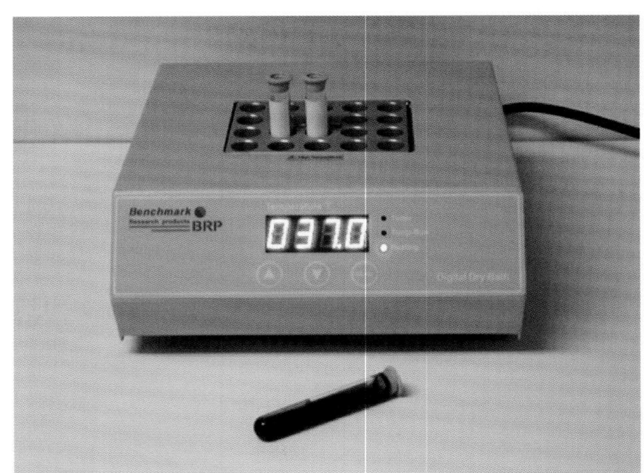

图 2.10 加热器

自动分析仪

有多种自动分析仪可应用于兽医临床实验室,包括血液学、临床生化、电解质、免疫、凝血及尿液分析仪。有的分析仪只能对样本进行一种测试,有的则能对同一样本进行多种测试。分析仪的检测原理各不相同,具有各自的优缺点。后续章节会对特定类型的分析仪进行详细介绍。

其他设备及用品

玻片干燥器适用于样本量大的兽医临床实验室,可减少样本制备(如血涂片)所需的时间。混匀器用来混匀样本并备用(图 2.11)。

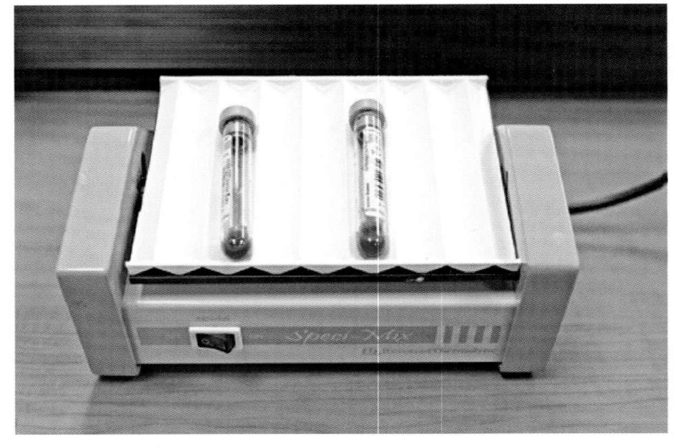

图 2.11 混匀器

复习题

第 2 章的复习题见附录 A。

关键点

- 临床离心机用于制备样本进行分析。
- 需定期校准离心机，以确保其能达到所需的速度。
- 折射仪可用于多种样本的检测，必须定期校准以确保诊断结果的质量。
- 根据所开展的检查，兽医临床实验室需准备一些额外的耗材和设备。
- 吸管有不同类型，操作方法各不相同。
- 正确地使用吸管才能保证测量结果的准确性。

第3章

The Microscope 显微镜

学习目标

经过本章的学习，你将可以：

- 了解显微镜的组成部分。
- 明确显微镜各部分的功能。
- 掌握粗准焦螺旋和细准焦螺旋的正确使用。
- 掌握显微镜检查玻片的步骤。
- 了解显微镜的使用、保养和维护。

目　录

关 键 词

双目
复式光学显微镜
聚光器
暗视野显微镜
荧光显微镜
数值孔径
物镜
目镜
相差显微镜
平场消色差
分辨率

不同类型的显微镜可供临床使用，但动物医院内部的实验室通常只有一种显微镜。电子显微镜利用电子束来生成物体的放大图像，主要用于研究或应用于大型人类医疗机构。光学显微镜利用可见光、紫外光或激光光源，包括复式光学显微镜、荧光显微镜、相差显微镜和暗视野显微镜。相差显微镜、荧光显微镜和暗视野显微镜主要应用于兽医参考实验室，特别是用于观察未染色样本。在兽医临床实验室中，高品质的双目复式光学显微镜是必不可少的（图 3.1）。用于评估血液、尿液、精液、渗出物、漏出液和其他体液、粪便及其他样本。也可以用来诊断内、外寄生虫及初步评估细菌。实验室最好配置 2 台显微镜，一台用于常规寄生虫检查和腐蚀性或破坏性物质的检查，另一台用于细胞学和血液学评估。

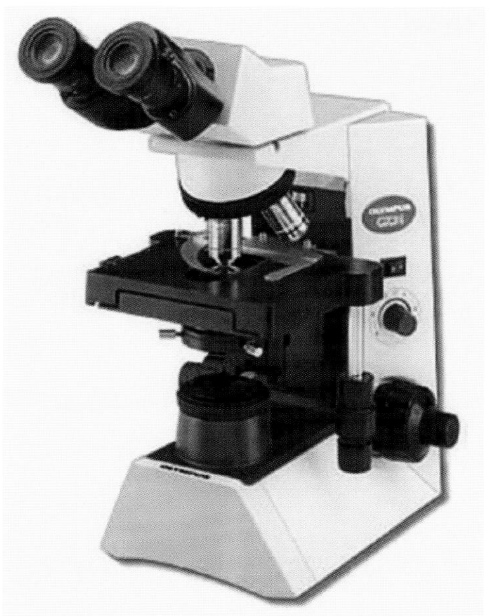

图 3.1　兽医临床实验室应用的双目复式光学显微镜（VetLab Supply，Palmetto Bay，FL 供图）

复式光学显微镜采用 2 组透镜结合成像，并由此得名。复式光学显微镜有很多组件和一套光径。光管长度是物镜与目镜之间的距离。多数显微镜的光管长度为 160 mm。载物台可放置载玻片。显微镜的载物台应移动顺畅，便于操作样本（图 3.2）。通常，左右手习惯不同的人都可以使用。粗准焦螺旋（图 3.3）和细准焦螺旋（图 3.4）用于聚焦被观察样本的图像。

图 3.2　载物台操控装置可将载物台前后左右移动

复式光学显微镜由 2 个独立的透镜系统组成：目镜系统和物镜系统。目镜系统位于眼侧，常用的放大率为 10×，表示目镜可将物体放大 10 倍。单目显微镜只有一个目镜，常用的是双目显微镜，有 2 个目镜。2 个目镜可以根据使用者瞳孔间的距离进行调整。

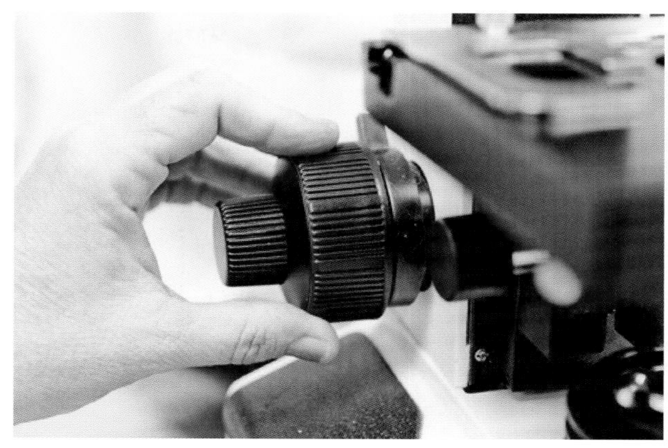
图 3.3　粗准焦螺旋

图 3.4　细准焦螺旋

大多数复式光学显微镜有 3～4 个物镜，每个物镜的放大率都不同。多数物镜为 4×（扫描）、10×（低倍）、40×（高倍）和 100×（油镜）。所有显微镜均不再配备扫描透镜。有些显微镜还配备第 5 种物镜，即 50×（低倍油镜）。有些显微镜也可能有相差透镜。需要注意的是，只有专为显微镜设计的镜油才能在显微镜上使用，否则，可能会损害光学器件。

物体的放大倍数为目镜放大倍数和物镜放大倍数的乘积。例如，物体放置在 40× 物镜下，用 10× 目镜观察，镜下的放大倍数为 400 倍。

10×（目镜）×40×（物镜）=400×（总放大倍数）

> **注意**：目镜和物镜放大倍数相乘为看到物体的放大倍数。

显微镜头部支撑着目镜，可能是直的或者倾斜的。斜头显微镜的目镜朝向使用者，避免观察时一直弯着腰。几乎所有常规实验室都在使用双目显微镜。也有三目显微镜可用于培训或客户教育。物镜转换器上装置物镜，应容易旋转并方便清洁。需要注意的是，目镜应与物镜相匹配，因此需谨慎购买来源不同的镜头。广角物镜比标准物镜视野开阔。当使用者需长时间观察时，为减少疲劳，推荐使用广角物镜。高视角目镜适合戴眼镜的使用者，然而，对不戴眼镜者也存在其优势。

物镜是显微镜最重要的组成部分，主要有3种类型：消色差、半复消色差和复消色差。后两者主要用于研究机构进行显微照相。平场消色差物镜是一种消色差镜头，又称为平视野物镜，可使显微镜视野中心与边缘一同聚焦。高质量的消色差镜头即可满足大多数常规兽医临床应用。

显微镜的解像力是评判图像质量的指标，用术语“数值孔径”（NA）表示。最常见的聚光器类型为双目 Abbe 型。聚光器的 NA 应等于或高于最高倍数物镜的 NA。镜头系统的 NA 或解像力不高于最高倍物镜的 NA。这一点对 NA 高于 1.0 的物镜而言尤为重要。为了获得最高分辨率，必须使用 NA 大于或等于 1.0 的聚光器，并升高聚光器，使之与载玻片底部接触。否则，NA 为 1.0 的空气也会成为镜头系统的一部分，从而使分辨率的最高值降为 1.0。

当使用复式光学显微镜观察时，物体倒置且左右颠倒。图像的左侧是物体的右侧，图像的右侧是物体的左侧。载玻片的运动方向与图像反向。可用方向调节旋钮来移动载玻片和物体（或物体的一部分）。当图像移向左侧，物体实际上移向右侧。

台下聚光器由2个透镜构成，使光源光线聚焦到被观测物体上。通过升高或降低聚光器使光线聚焦（图 3.5）。若没有台下聚光器，物体周围会出现晕圈和模糊的光环。孔径光阑采用虹膜原理，由若干叶状薄片组成，通过张开和闭合来调节透过物体的光量（图 3.6）。

现代显微镜的光源位于显微镜内部。复式光学显微镜常见的光源为低压钨丝灯、高质量石英卤素灯和发光二极管（LED）灯。光源是一体或分离的，通过可变电阻器调节光强。目前，临床使用的较老的显微镜都含有灯丝光源（一般来说为卤素或钨丝），可进行科勒照明。为了获得高质量的图像，显微镜必须经过调节以便进行科勒照明（框 3.1）。

图 3.5 台下聚光器控制钮可通过升高或降低聚光器使光线聚焦于样本之上

图 3.6 孔径光阑控制照射在物体上的光量

框 3.1 调节显微镜以进行科勒照明

1. 将载玻片固定于显微镜台上。
2. 将光源调到总亮度的一半左右。
3. 使用 10× 目镜。
4. 检查目镜的瞳距是否合适，以及目镜是否对焦。
5. 用粗准焦螺旋对样本进行调焦。
6. 关闭视场光阑和聚光器，直到视野中可看到一个小光圈。
7. 如果需要，调整聚光器旋钮，使光线位于视野中央。
8. 打开光阑使多边环形光线恰好接触到视野边缘。
9. 调整聚光器使光线聚焦，这可能会使图像变暗，因此需提高光强。
10. 每次更换目镜时重复上述步骤。

显微镜的价格与质量和内部配件有关。满足普通诊所使用要求的显微镜，既不是最贵也不是最便宜的。配备如双视野、相差或暗视野、数码相机和光标等附件会使价格上升，但同时也增加了显微镜（及诊断实验室）的功能。有时可通过医学或光学设备供应商翻修显微镜，这与购置一台新显微镜相比，将是一个更经济的选择。

保养与维护

无论显微镜的特性如何，我们都应按照制造商推荐的方法使用或者进行常规保养（流程 3.1）。清洁镜头时应使用高品质的擦镜纸。若需要清洁剂，可使用甲醇，或者购买镜头专用清洁剂。多余的油需用二甲苯清洁，但是二甲苯会使固定物镜用的黏合剂溶解，因此应尽量少用。注意：甲醇和二甲苯易燃且有毒。每次使用显微镜后应彻底清洁，并遮盖。目镜上的碎屑会造成视野污染。化验员怀疑目镜上有碎屑时，可旋转目镜，若碎片也同时旋转，则说明碎屑在目镜上。可使用擦镜纸清洁目镜。每年由专业人士清洁和检修显微镜至少一次。

注意：通过旋转物镜转换器而非物镜本身来更换物镜。

流程 3.1　显微镜的操作

1. 将载物台调节到最低点。
2. 打开光源。
3. 检查目镜、物镜和聚光器透镜，必要时进行清洁（参考制造商操作手册中的清洁操作说明）。
4. 将载玻片置于载物台上，正面朝上。
5. 旋转物镜转换器（而非物镜），将 10× 物镜置于观察位置。

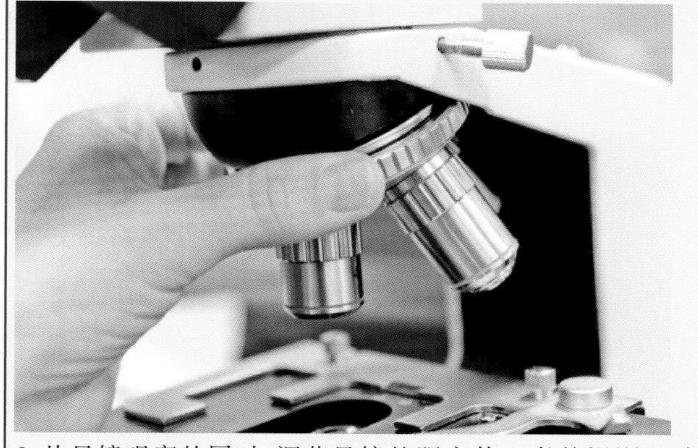

6. 从目镜观察的同时，调节目镜的距离使二者的视野一致并重合。

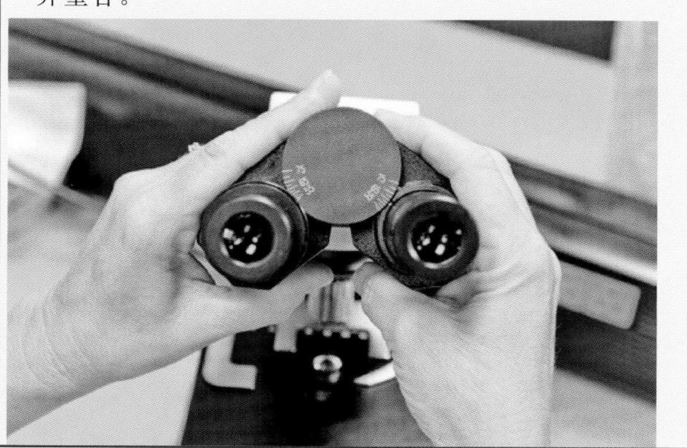

7. 用粗准焦螺旋和细准焦螺旋使图像聚焦。
8. 按照制造商的操作说明调节聚光器和光阑，可充分发挥显微镜的解像力。
9. 使用 40×（高倍）物镜时：
   - 先用 10× 物镜寻找适当的观察区域。
   - 旋转物镜转换器将高倍镜旋转到观察位置。
   - 通过调节细准焦螺旋使图像聚焦。
   - 高倍镜下不要用镜油。
   - 高倍镜下不要使用粗准焦螺旋进行调节。
10. 使用 100×（油镜）物镜时：
    - 用 10× 物镜寻找适当的观察区域。
    - 通过物镜转换器将高倍镜旋转到观察位置，并用细准焦螺旋重新聚焦。
    - 旋转物镜转换器将样本位于高倍镜和油镜之间。在载玻片上滴一滴油。
    - 通过物镜转换器将油镜置于待观察位置。
    - 调节细准焦螺旋使图像聚焦。
    - 油镜下不要使用粗准焦螺旋进行调节。
11. 使用完毕后：
    - 关掉光源。
    - 将载物台放置到最低位置。
    - 旋转物镜转换器使低倍镜位于光路上。
    - 移走样本。
    - 必要时清洁油镜。
    - 盖上显微镜。

平时应留有备用灯泡，并且与所用的相同。更换灯泡时需关掉电源，并拔掉显微镜的插头。等灯泡变冷后，根据制造商的指示拆旧换新。由于皮肤分泌的油脂会缩短某些灯泡的使用寿命，故应避免直接接触新灯泡。

避免将显微镜放在高温潮湿的地方。维护得当的情况下，高质量的显微镜可在使用年限内正常工作。显微镜应长期放置在一个不需要挪动的地方，同时还应避免离心机转动和使劲关门时产生的震动，或喷洒液体对其产生的影响。显微镜应避免阳光直射和风直吹。应双手搬动显微镜，一只手托住显微镜底盘，另一只手握住镜臂。

显微镜的校准

处于不同生长期的寄生虫，其大小对于区分寄生虫很重要。例如，区分狐毛首线虫（*Trichuris vulpis*）和毛细线虫属（*Capillaria* species）的卵，以及犬恶丝虫（*Dirofilaria immitis*）和隐匿棘唇线虫（*Dipetalonema reconditum*）的微丝蚴。实验室内所有显微镜的镜头均应校准，并且每个物镜单独校准（流程 3.2）。

流程 3.2 显微镜的校准

1. 从低倍镜(10×)开始,若使用镜台测微尺,则聚焦在 2 mm 的线上。2 mm 相当于 2 000 μm。
2. 旋转目镜内的测微尺,使其刻度水平并与镜台测微尺平行(图 3.7)。
3. 将两个测微尺的 0 点对齐。
4. 确定目镜测微尺刻度线为 10 的位置所对应的镜台测微尺的点(图 3.7 中,这一点在载物台测微尺上是 0.100 mm)。
5. 此数值乘以 100。以此为例,0.100×100=10 μm。这表示在此放大倍数下(10×),目镜上两个刻度线的距离是 10 μm。任何物体均可用目镜测微尺测量,观察所测量的距离为目镜单位的倍数,然后乘以因子 10。例如,如果物体长度为 10 个目镜单位,那么真实长度为 100 μm (10 个目镜单位×10 μm=100 μm)。
6. 每个放大倍数都重复上述流程。
7. 记录每个放大倍数的标尺信息,并标记于显微镜下方作为参考。显微镜的目镜测微尺已经完成校准。
   每个刻度线的距离(测微尺)如下:

   4×:25 μm
   10×:10 μm
   40×:2.5 μm

镜台测微尺是一种显微镜载玻片,上面刻有 2 mm 的线,最小刻度为 0.01 mm(10 μm)(图 3.7);1 μm 等于 0.001 mm。镜台测微尺只用于物镜校准。一旦复式显微镜完成 4×、10×和 40×的校准,即可使用,并在显微镜寿命内无须再次校准,测微尺也不会再使用。因此,可以借用大学或者其他实验室的镜台测微尺,不必单独购买。

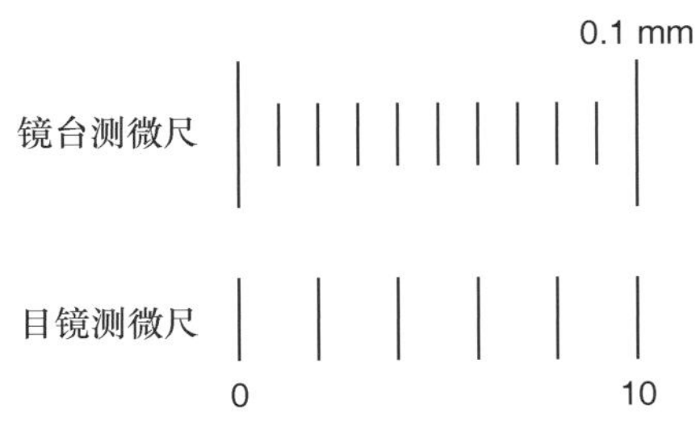

图 3.7 **镜台测微尺是一种显微镜载玻片,刻有 2 mm 的线,最小刻度为 0.01 mm(10 μm)**

目镜测微尺是一个玻璃圆盘,置于显微镜某一目镜内,有时可作为标线来使用。该圆盘在视野中呈网状、比例尺或十字准线。该标线应安装在一个单独的目镜上。当不需要比例尺时,可以移出或更换为无标线的镜头。这个圆盘上等距离刻着 30 条刻度线。虽然圆盘上刻度线数量不同,但是校准流程是相同的。校准显微镜时,应对每个物镜分别进行校准,可用镜台测微尺来测定目镜测微尺相邻刻度间的距离,以微米(μm)为单位,记录下该数据并标记在显微镜的下方作为以后的参考。

数码显微镜

数码显微镜利用光学和照相机来抓取图像并将其显示在计算机屏幕或显示器上。数码显微镜有多种类型,质量和价格差别也很大。最便宜的数码显微镜在目镜处有小型显示器,图像质量最差。而通过 USB 连接计算机的显微镜采用了与数码相机类似的数字成像技术,往往能呈现高质量的图像。

获取数码图像

数码显微镜技术可以极大地提高临床数据保存效果,同时也能成为教授客户和培训员工的重要工具。血涂片、组织细胞学、寄生虫检查和尿沉渣的显微照片以及其他相似的诊断结果都可记录于患病动物的病历档案中。

显微照片也可添加到患病动物的电子病历中长期保存诊断结果。数字图像可用于与其他兽医交流时共享患病动物信息,并创建教学专用的图像库。

注意:显微照片可添加至患病动物的病历档案中存档。

数码显微镜变得越来越便宜,小型实验室也能负担得起。常见的数字系统类型包括与数码显微镜相结合的系统、与三目显微镜的第三目镜相连接的系统(图 3.8),以及替换标准双目显微镜其中一个目镜的系统。一些系统除了能够与电脑屏幕或显示器进行交互外,还包括一个小型显示屏。尽管可以通过适配器使手持式数码相机连接于显微镜的目镜之上,来拍摄显微照片,但是由于一些新型照相机无法兼容,并且适配器价格昂贵,所以使得该方法不可行。数字显微系统还包括计算机软件,可分类并保存图像。该系统能够以标准图像格式(如 jpg.、bmp.、tiff.)抓取图像。其中一些程序还能直接将图像导出至照片编辑程序。

无论使用哪种类型的系统,大多能够抓取视频和静态图像。大多数系统还能灵活地将图像实时投影到计算机屏幕或显示器上。兽医技术员进行显微镜观察的显微图像可实时显示给多人观看,从而有助于新员工培训。可以通过互联网实时传输图像，极大地增加了兽医之间的交流。

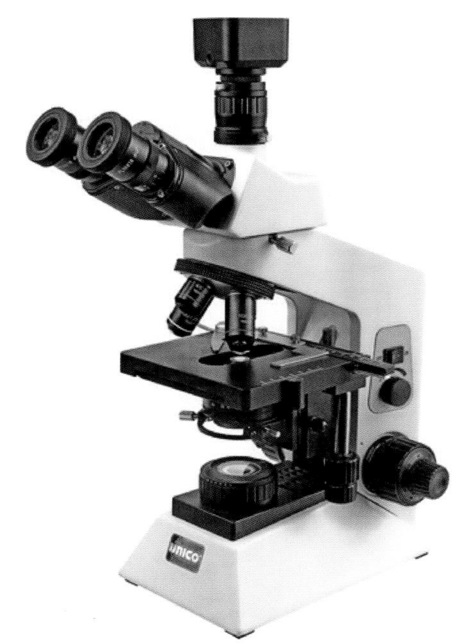

图 3.8 可连接数码相机的三目显微镜（UNICO 显微镜）（VetLab Supply，Palmetto Bay，FL 供图）

分辨率

不同数码显微镜系统的成像能力有所不同。分辨率通过像素测量，是指图像的精细度和清晰度，分辨率越高代表细节和清晰度越好。像素越高，细节和清晰度就越高，并且图像放大也不会丧失清晰度。目前有 2 种主流的数字成像方法，它们使用不同类型的图像传感器。电荷耦合器件（CCD）和互补金属氧化物半导体（CMOS）产生的图像清晰度不同。与分辨率相当的 CMOS 相机相比，CCD 相机可提供更高品质的图像，并且 CMOS 相机不允许实时投影图像，因此，推荐使用 CCD 相机。此外，图像的分辨率会受到所用输出设备，如计算机屏幕或者显示器分辨率的限制。对于打印 5 英寸×7 英寸（1 英寸＝2.54 cm）以下的图像，200 万像素足够且不会造成清晰度改变。用于出版的图像需要更高的分辨率。

系统类型

装有数码相机以及图像下载和保存软件的数码显微镜通常与 Windows 操作系统兼容。与购买相机安装到一个标准双目或三目显微镜相比，这些综合系统通常要昂贵得多。但它们可以随时使用，而且可以快速抓取图像，因此，适用于业务量大的临床实验室。许多较便宜的数码相机可安装到标准临床显微镜上用于显微照相。安装在三目显微镜上的数码相机效率最高。相机安装在第三个目镜上，大部分系统通过 USB 连接到计算机上。有些系统则内置媒体设备（如 SD 卡），可以取出并将图像传输到计算机中。当兽医技术员遇到异常形态需要拍照时，这些系统可以非常迅速地执行这一功能。

目镜相机接于双目显微镜之上，使用时取下一个目镜，替换成目镜相机，便可直接将图像抓取到计算机上（图 3.9）。这些系统具有很高的性价比，但操作时间往往略长一些。当兽医技术员需要记录图像时，需取下一个目镜，放入相机，通过计算机抓取图像（图 3.10）。然后技术员再取下相机，换上目镜，继续评估。也可通过支架将智能手机或平板电脑固定在目镜上，用于抓取显微照片（图 3.11）。

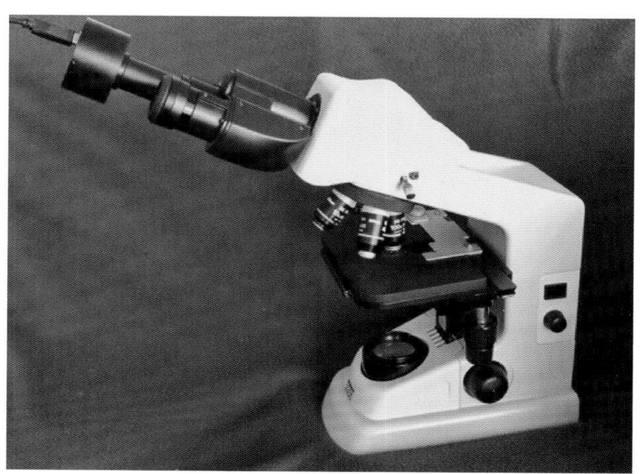

图 3.9 安装在显微镜上的数码目镜照相机

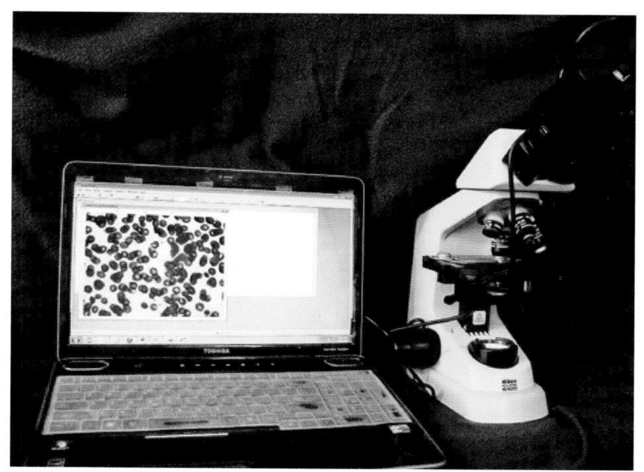

图 3.10 通过相机制造商提供的软件，计算机可直接抓取图像

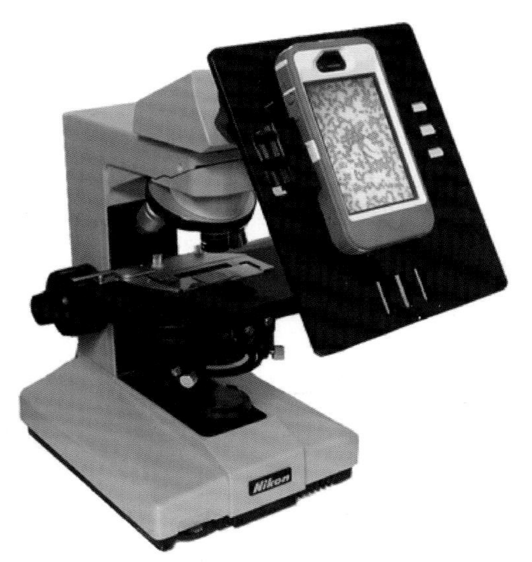

图 3.11 使用智能手机或平板电脑获取显微照片的 miPlatform 系统(VetLab Supply,Palmetto Bay,FL 供图)

质量

对用于拍摄显微照片的显微镜来说,拥有高质量的光学性能十分重要。显微镜的光学质量对数码显微照片的整体质量有很大影响。显微镜应有平场消色差(像场平坦)物镜。如果显微镜需要科勒照明,则需在抓取图像之前进行调节。如果照明和调节不当,图像可能会出现照明不均,导致图像出现亮区和暗区或阴影。使用LED光源的新型临床显微镜时,由于可增强色彩平衡和稳定光输出,从而更易获得高质量的图像。无论使用哪种类型的显微镜,每年均应至少进行一次专业维护。

复习题

第 3 章的复习题见附录 A。

关键点

- 临床实验室需至少有一台高质量的复式双目光学显微镜。
- 临床显微镜应有可聚焦的台下聚光器和机械载物台。
- 正确地维护和使用显微镜对保证结果准确至关重要。
- 显微镜需要进行校准,以便准确地测量样本中可能存在的细胞或微生物。
- 数码显微镜有助于兽医临床记录的保存、客户教育和员工培训。

第4章

The Metric System and Lab Calculations
公制及实验室计算方法

学习目标

经过本章的学习，你将可以：

- 了解基本的计算原则，如小数、乘法、除法和比例。
- 进行稀释相关的计算。
- 描述和运用公制单位及国际单位。
- 进行华氏温度和摄氏温度的转换计算。

目　　录

关 键 词

稀释

克

国际单位

升

公制

比

连续稀释

临床实验室内，兽医技术员需要运用知识和技术完成各种计算。例如试剂溶液的制备或稀释，样本的测定或稀释，以及结果计算。这些数学运算要求兽医技术员全面掌握公制及基础数学。

数字系统

无名数是没有单位名称的数字，而有名数则有具体的单位，如美元或英镑。没有指定（单位）的数字是无名数或纯数，而具有某个特定单位（如克）的数字是有名数。不同单位的数字无法进行数学运算。如果必须进行计算时，则必须将所有数字转换为相同的单位。数字可以是整数、分数或混合数。

公制系统

尽管兽医学中使用诸多度量系统，但大都为公制单位。公制系统中不同单位采用十进制换算。

公制采用十进制表示质量、体积和长度。在公制基础单位前加上各种前缀，形成基本单位的倍数或分数。使用公制时，应熟记一些常用前缀及其缩写。

3 种基本单位如下：

度量	单位	符号
长度	米	m
质量	克	g
体积	升	l 或 L

公制以 10 的倍数或乘方来表示与基本单位米、克和升的差异幅度。表 4.1 列出了基本单位倍数和因数的前缀，如 1 千克＝1 000 克，1 毫克＝1/1 000 克。此外，100 厘米＝1 米，1 000 米＝1 千米。体积换算中，10 分升＝1 升，10 升＝1 十升，10 十升＝1 百升。保持数值前后一致很重要，尤其是公制。虽然单位“克”可以被缩写成 gm 或 Gm，但正确的写法为 g。

注意：公制基本单位是克、米和升。

表 4.1　基本单位的倍数和因数前缀

10 的乘方	前缀	符号
10^{12}	tera-	T
10^{9}	giga-	G
10^{6}	mega-	M
10^{3}	kilo-	k
10^{2}	hecto-	h
10^{1}	deca-或 deka-	da
10^{-1}	deci-	d
10^{-2}	centi-	c
10^{-3}	milli-	m
10^{-6}	micro-	mc 或 μ
10^{-9}	nano-	n
10^{-12}	pico-	p
10^{-15}	femto-	f
10^{-18}	atto-	a

为减少数值的错误或误解，我们应学习一些公制的通用规则。最常遇到的规则是立方厘米等同于毫升。在公制中，这两种单位都用于度量体积，并且其单位相同。这是因为，升在公制中定义为 1 000 cm^3(cc)或 10 cm×10 cm×10 cm。虽然毫升和立方厘米可互相交换，但医学中正确的表示方法为毫升。

所有的公制单位中，小数点左边没有数字时，要加一个零作为整数位置填补，但零不能加在小数后面，以避免造成医学结果精确度的混淆。在公制中没有分数，不到 1 的数字用小数表示。

注意：小数点的左边没有数字时，要加一个零作为整数位置填补。

国际单位

隶属美国政府机构的美国国家标准与技术研究院致力于推动国际单位的使用。这套单位来自法国国际单位制 Système International d'Unités，缩写为 SI。国际单位用来表示 7 种不同类型的测量值：长度、质量、时间、电流、温度、光强和物质的量。在兽医临床实验室中，重要的国际单位是质量、温度和物质的量。国际单位制中，质量单位是千克，温度单位是开尔文，物质的量的单位是摩尔。临床和实验室标准研究院是一个编写国际单位制使用指南的国际机构。了解检测报告所用的单位至关重要，例如我们通常以 mg/dL 报告血糖结果，犬的正常血糖值约为 90 mg/dL。临床和实验室标准研究院指南则指定以 mmol/L 为单位报告血糖结果，正常值约为 5 mmol/L。

稀释

在实验室中，可能需要兽医技术员稀释试剂或患病动物的样本。稀释液的浓度常以原体积和新体积的比值表示。比值是一个事物相对于另一个事物的量或部分相对于整体的量，可以用多种方式表示，例如：1/2，1∶2 或 0.5，分别表示“二分之一”“一比二”或“一半”，3 种比值形式都相等。这些比例为无名数（没有单位）或采用相同单位。在兽医学中唯一一个常以小数表示的比值是比重，其表示某种物质的质量与等体积水的质量之比。

按 1∶10 比例配备稀释的患病动物样本时，要将 10 微升(μL)样本和 90 μL 的蒸馏水混合，可表示为 10∶100，在数学上简化为 1∶10。样本以 1∶10 稀释后所测定的结果都应乘以 10，从而得到原样本的正确结果。

注意：比值表示某事物数量相对于另一个事物的量或部分相对于整体的量。

在开展某些免疫学实验或绘制某些仪器的人工校准曲线时，可能需要进行连续稀释。稀释方法如前文所述，需要计算每个稀释度下物质的浓度。例如胆红素的标准浓度为 20 mg/dL，稀释比例为 1：5、1：10、1：20 时，稀释后的相应浓度分别为 4 mg/dL、2 mg/dL、1 mg/dL。

科学记数法

科学记数法是用来处理很大或很小的数字的方法。当数字有很多位小数时，使用科学记数法表示数字会更容易一些。某些实验室检查以科学记数法的形式报告结果。其用指数形式来表示数字的 10 的乘方。

> **注意**：很大或是很小的数字通常用科学记数法表示。

10 的乘方即乘以或除以 10：

$$10^0=1$$
$$10^1=10$$
$$10^2=10\times10=100$$

将某一数字转换成以科学记数法表示的指数形式步骤如下：

1. 移动小数点，使第一个数字大于 1 且小于 10。
2. 第二项 10 的乘方等于小数点移动的位数。
3. 符号（＋或－）决定小数点移动的方向。使用“＋”表示小数点向左移动；“－”表示小数点向右移。

例如用科学记数法表示 6 097 000，步骤如下：

1. 将小数点向左移，移动到 6 后面。
2. 第一项记为 6.097。
3. 数小数点移动的位数。
4. 将移动位数记为指数。
5. 由此得出正确记法 6.097×10^6。

将科学记数法转换成数字形式，只需将小数点按指数所示的位数移动即可，如转换 32.3×10^2 时，将小数点向右移动 2 位，得到 3 230。而对于负指数，则将小数点向左移动，如 32.3×10^{-2} 变为 0.323。

pH 和对数

对数记数法与科学记数法相关，在兽医学中有所应用。某些实验室检查结果（如 pH）及一些临床生化分析仪会用到对数记数法。与科学记数法相似，对数记数法将数字以 10 的乘方的形式表示，也用于简化极大或极小的数字。例如将数字 150 表示为 $10^{2.1761}$，由于 log 150＝2.176 1，因此也可以写作 log 150。

pH 是对数记数法运用的实例，pH 表示溶液中氢离子（H^+）浓度的负对数。H^+ 浓度为 10^{-6} 的溶液 pH 为 6。H^+ 浓度为 10^{-7}，pH 为 7 的溶液是中性溶液，pH 小于 7 属于酸性溶液，而 pH 大于 7 为碱性溶液。注意：pH 差 1 代表 H^+ 浓度差 10 倍。对数另外一种常见的应用是里氏震级。里氏震级用于描述地震的强度，该计量单位下每个连续的数字代表地震烈度或强度差 10 倍。

> **注意**：pH＝7 呈中性，pH＜7 呈酸性，pH＞7 呈碱性。

温度转换

兽医临床实验室中最常用到的温度度量系统是摄氏温度，但是很多商品（如检测试剂盒）可能提供华氏或开尔文系统的温度值，包括试剂最佳保存温度或进行特定检测的适宜温度等信息。

用于转换温度单位的计算方法有很多，但都基于三个温度系统间存在平衡点这一特点。

平衡点

1. 绝对零度 K＝－273 ℃＝－459.4 ℉
2. －40 ℃＝－40 ℉
3. 0 ℃＝32 ℉

在华氏温度下，水在 32 ℉结冰（或冰融化），在 212 ℉沸腾。在摄氏温度下，冰点（熔点）与沸点之差为 100 ℉。因此，摄氏温度中 1 度都相当于华氏温度的 1.8 或 9/5 度。通过这些平衡点，可以推导出许多不同的方程，将温度计读数从一种刻度转换为另一种。读者可以选用自己认为最简便的方法。

1. (C＋273)/(F＋459.4)＝5/9

若已知华氏温度或摄氏温度其中一个，该方程可将其转换成另一单位。

以下方程基于两个系统中平衡点的－40 ℃＝－40 ℉：

2. F＝9/5(C＋40)－40
   C＝5/9(F＋40)－40

以下方程是基于平衡点中的 0 ℃＝32 ℉：

3. C＝5/9(F－32)

F＝32＋9/5C

开氏温度从绝对零度开始，所以没有负数。通过在摄氏温度上加上 273 可转换为开氏温度。使用开氏温度时不添加“度”，仅用字母 K 表示，如 30 ℃＝303 K。

复习题

第 4 章的复习题见附录 A。

关键点

- 临床实验室采用公制单位。
- 检测结果以公制或国际单位制报告。
- 温度的度量单位是华氏温度、摄氏温度或开尔文。
- 极小值或极大值采用科学记数法表示。
- 稀释度通常表示为原始体积与新体积之比。
- 比值是无名数（没有单位）或具有相同的单位。

第5章

Quality Control and Record Keeping
质量控制与记录

学习目标

经过本章的学习，你将可以：

- 描述质量控制体系的组成部分。
- 区分准确度和精确度。
- 描述验证检测结果准确性的方法。

目　　录

关 键 词

准确度
对照
溶血
黄疸
脂血
分析前变量
精确度
质量保证
可靠性
标准操作流程
标准

质量保证程序是为了确保临床操作符合标准，并正确记录过程和结果。与人医临床不同，兽医实验室不受质量保证体系规章制度的约束。然而，没有完善的质量保证体系，就无法确保实验室结果的准确性和精确性。完善的质量保证体系涉及实验室操作的方方面面，主要包括：实验室人员考核，仪器和试剂的维护、使用标准操作流程，样本采集、处理程序，质量控制分析的方法和周期，以及记录保存程序。

准确度、精确度和可靠性

准确度、精确度和可靠性通常用于描述质量控制，是各种质量控制项目的标准。准确度是指测量结果与真实值的近似程度。精确度是指随机误差的幅度与测量值的可重复性。可靠性是指该方法的准确度和精确度的程度。影响准确度和精确度的因素包括：检测方法的选择、检测条件、样本质量、化验员技术、电流脉冲和仪器维护。

检测方法的选择即对检测原理的选择。许多兽医临床检测方法来源于人医。此外，检测结果的临床意义因种属不同而不同。无论采用何种检测方法，都必须严格按照分析程序进行。任何偏差都会严重影响结果的准确性。样本质量也会显著影响检测结果的质量。在用分析仪检测前，脂血、黄疸和溶血的样本都需要特殊处理。采集血样前对动物进行合理禁食，良好的技术和恰当的器材可显著减少这类问题。

注意：正确的样本采集方法有助于确保血液学结果的准确性。

虽然电压脉冲不是明显的错误来源，但会显著影响仪器功能，频繁的电压脉冲会缩短仪器光源的使用寿命。所以电气设备应连接专用的电流脉冲保护器。人为失误是最难控制的检测错误。临床检验的每个人都应接受专业的检测原理和操作程序培训，并参加相关的继续教育。质量控制程序还包括仪器的维护。定期维护记录有助于在仪器发生显著错误前察觉到其功能的变化。实验室需要根据制造商的说明书对仪器设备进行定期保养。制造商还会提供仪器所需的校准流程。标准品是用于校准设备的非生物材料。

对照品分析

对照品用于评估技术员技术水平和仪器功能是否正常。用质量控制品可获得有效的结果，可保证操作正确及检测各环节（如试剂、仪器等）功能正常。对照品的处理方式应与患病动物样本相同，分析患病动物血清样本的同时，应定期（每批样本检测后、每天或每周）分析对照品（图 5.1）。对照品的检测频率取决于实验室。为了保证结果可信，当进行新的检查项目、新的化验员进行操作、更换新批号的试剂或仪器不稳定时，都应进行对照品的检测。理想情况下，每批样本检测时都进行对照品分析。当某些检查项目出现问题时，需要提高对照品分析的频率。

注意：定期分析对照品有助于验证试验结果的准确性。

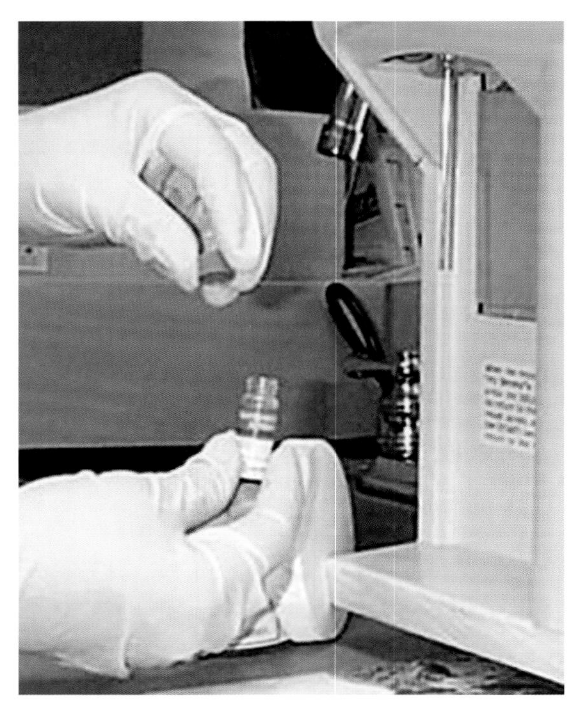

图 5.1 仪器制造商提供的对照品，分析方法与患病动物样本相同

完成分析后，对照值应处于制造商提供的范围之内。否则，需要重新检测患病动物样本和对照品。对照血清每次的分析结果都应记录在图表或日志中（图 5.2）。其检测值不应变化太大。分析数据的方法有 2 种：①检查数据的漂移或趋势；②对照血清结果是否处于制造商提供的范围之内。若该结果没有在其范围内，应重新检测。若结果仍未落在其范围内，应对试剂、仪器和操作进行检查。当质量控制值连续分布在平均值的一侧，则平均值发生漂移，此时判断出现系统性错误。

根据实验室化学分析仪或电子细胞计数仪的不同，质量控制程序将使用不同溶液。对照血清由多个患者（往往来自人）的混合冻干血清组成，使用前必须准确溶解。对照血清中的各组分（如葡萄糖、尿素氮、钙）经反复检测，统计分析数据后，制定出了每种组分的参考范围。不同检测方法和仪器间的范围不同。对照血清制造商会提供各组分的范围列表(即不同测定方法测出的可接受的最低值和最高值)和平均值。

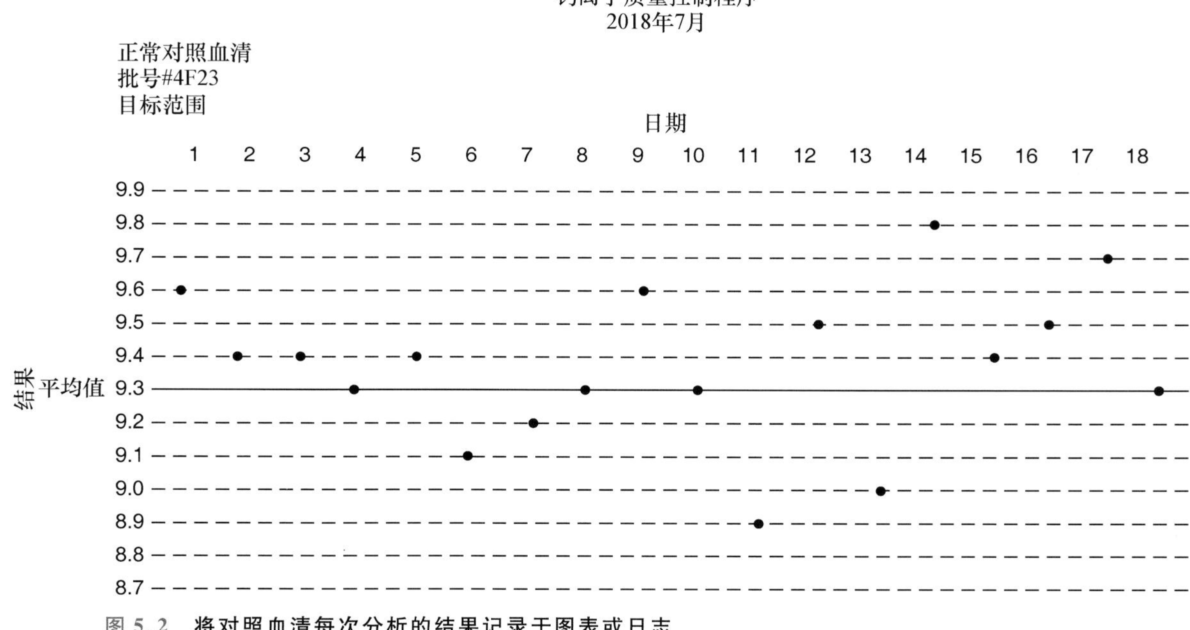

图 5.2 将对照血清每次分析的结果记录于图表或日志

注意:必须定期检测对照品,以验证测试结果的准确性。

同一种分析方法在分析不同浓度的样本时可能会出现偏差,因此需要对浓度正常和异常的对照品进行评估。正常对照血清中某组分的浓度与该组分的正常值接近。而异常对照血清中某组分的浓度要高于或低于正常值。这些异常浓度代表临床中的各种疾病状态。若患病动物样本中某一组分的浓度异常,异常对照血清中该组分浓度在"参考范围"内,则说明该数值可信。

个别实验室可以自己制造对照血清。采集至少 20 个临床健康的同物种动物的血清样本,并进行多次检测。统计并分析数据,制定合适的参考范围和均值。对于小型实验室,该操作特别费时。因此,购买商业化对照血清比较方便。

有些制造商每月会向多个实验室送检样本以进行质量控制服务,通过收集对比各实验室的检测结果,制造商可了解实验室的准确度是否存在问题。

错误

除疾病外,很多因素都会影响实验室检测结果。这些因素涉及分析前、分析中和分析后各环节。分析后的原因主要与数据录入和记录保存有关。

分析前变量

分析前变量可能是生物学或非生物学变量。前者多是患病动物的固有因素,如品种、年龄和性别,这些因素无法控制,兽医应在判读时加以考虑。有些生物学变量则是可控的,如采血时确保动物禁食得当。非生物学变量包括人员错误、样本采集和处理错误。人员错误主要包括标注不正确、送检样本延误、计算错误、抄写错误和采样错误等,这些通常是可以避免的。训练有素和尽职的工作人员很少发生这些错误。与样本处理有关的常见问题包括标注错误以及申请单信息不完整或有误。所有试管、玻片和样本容器都应标注主人名字、患病动物名字、物种和日期,有时还包括动物的编号。

分析中变量

分析中变量会对仪器检测样本的过程产生影响。不同实验室所用仪器类型不同,对检测结果的影响也不同。仪器维护不当会导致错误发生,使结果出现漂移或趋势性变化。这些错误常导致均值逐渐发生单方向变化(升高或降低)。某些因素会导致系统错误,如对照血清不准确、试剂不稳定、方法不特异(检测方法不适用于所分析的物质)。

注意:正确维护设备可最大限度地减少分析误差。

玻璃容器或吸管、仪器的电学和光学变化、温度和计时的变化均会导致随机误差。系统中各部分都可发生此类错误,致使结果差异增大。

执行质量控制

仪器维护可延长其使用寿命、避免故障发生。所有仪器都配有用户手册。若手册丢失,应联系制造商获取替代手册。手册列出了仪器中需要定期检查和注意的部分。为了方便仪器维护,可在笔记本上列出每台仪器的维护计划,每页纸单列一种仪器的维护内容,如下所示:

- 仪器名称
- 序列号
- 型号
- 购买日期
- 检查内容
- 检查频率
- 检测结果记录
- 为了恢复准确度和精确度所做的改变
- 必要的维修和更换配件所需的费用和时间
- 维护人姓名或名字缩写

对照血清的检测结果应永久保留。兽医技术员应绘制结果曲线,直观评估变化趋势。

若注意细节并尽可能避免上述3种类型错误的发生,那么就可使实验室结果的可靠性提高。马虎、疏忽等工作习惯都会引起诊断和治疗失误,甚至导致动物死亡。注意细节可确保兽医获得准确的信息,以得出正确的诊断、合理的治疗和恰当的预后判断。

实验室记录

实验室记录分为内部记录和外部记录。完整且实时的记录很重要。兽医诊所和宠物医院均配有电脑系统。患病动物信息、详细清单、预约信息、销售记录和实验室数据都可存储在计算机中。诊所使用计算机系统时应备份记录,以免计算机中毒或损坏。

内部记录

通过使用内部记录,实验室可追踪分析结果和方法。实验室记录包括标准操作流程(SOP)、质量控制数据和质量控制图。SOPs应涵盖所有实验室内的检查操作。每个操作流程单独呈现在一张纸上。保存SOP文件最简便的方法是在三环活页夹内插入每种检查的操作指导及试剂盒说明书,与其他实验室操作流程放在一起。对于非商品化试剂盒进行的操作,则应在另外一页纸上,写明检测名称、检测别名(若有)、基本原理、试剂列表和分析步骤。单页纸可存放在塑料膜内予以保护。SOP应定期回顾并更新。若其保存在计算机中,则应实时备份。

外部记录

实验室人员通过外部记录与兽医诊所、动物医院以及其他实验室交流。这些外部记录包括随样本一起送到实验室的申请单、检查报告、每项检查结果的实验室日志以及送检到参考实验室的样本信息。若诊所或医院有内部网络,那么所有工作人员都可访问这些信息。

申请单的信息包括患病动物完整信息(甚至身份证号)、临床症状、采样日期和方法、病史、检验项目和特殊说明,如样本处理结果发送给谁,以及用什么方法发送(如电话、传真、电子邮件或纸质报告单)。

报告单应包括完整的患病动物信息、临床症状、检查结果(包括单位)等,并根据情况标注其他值得注意的观察结果或简评。实验室工作人员需另行保存检测结果以便备份,以确保实验室原始报告发生丢失时,仍可获取结果。

复习题

第5章的复习题见附录A。

关键点

- 正确的质量控制流程对于实验室诊断结果的质量至关重要。
- 影响准确度和精确度的因素包括：检测方法的选择、检测条件、样本质量、化验员技术、电流脉冲和仪器维护。
- 采集血样前对动物进行合理禁食，良好的技术和恰当的器材可显著减少错误概率。
- 为了保证结果可信，当进行新的检查项目、新的化验员进行操作、更换新批号的试剂或仪器不稳定时，都应开展对照品的检测。
- 临床实验室的内部记录包括 SOPs、质量控制数据和质量控制图。
- SOP 手册包括实验室所有检查的指导说明。
- 影响检查结果的错误包括分析前、分析中或分析后变量。

第2单元

Hematology
血液学

单元目录

本单元学习目标

列举并描述兽医临床中常用的血液学评估方法。
描述血液的构成。
描述血液各成分的生成过程。
描述正常血细胞及血小板的形态。
描述常见的异常血细胞形态。
列举全血细胞计数的检查内容。
列举并描述进行全血细胞计数所需的设备。
讨论血液学检查相关的质量控制。

血液学是研究血细胞及其生成过程的科学。血液学检查是兽医技术员应掌握的一项重要技能,可为兽医提供准确可信的临床实验室结果。掌握各种血液学检查的原理及方法对于保证结果的准确性至关重要。目前,对兽医诊所经济健康的关注,给兽医技术员提供了附加检查的机会,以改善动物的整体护理水平,同时增加诊所收入。

完整的血液学检查可用于疾病诊断、健康动物体检(如老年动物)和术前筛查。全血细胞计数包括红细胞和白细胞计数、血红蛋白浓度、红细胞压积(PCV)、白细胞分类和绝对计数以及红细胞指数。其他可能用到的检查还包括网织红细胞计数、总固体物测定和血小板评估。对于需要评估造血系统的病例,应进行骨髓检查,适应证包括无法解释的非再生性贫血、白细胞减少、血小板减少和全细胞减少(即所有细胞系数量降低)。骨髓评估还可用于确定某些病原感染(如埃立克体病),以及诊断造血系统肿瘤(如淋巴细胞增生性疾病)。

常见家养动物血液学检查的正常值或参考范围见附录 B。需要注意,正常值受多种因素的影响,包括如下:

- 检测方法
- 设备类型
- 动物年龄
- 动物性别
- 动物品种
- 生殖状态

实验室应建立临床常见物种的参考范围。

有关本单元的更多信息请参见本书参考资料附录。

第6章

Hematopoiesis
造血

学习目标

经过本章的学习，你将可以：

- 了解造血、白细胞生成、红细胞生成以及血小板生成的定义。
- 列举参与造血的器官。
- 区分动物胎儿时期和成年时期的造血过程。
- 解释造血过程中促红细胞生成素的作用。
- 列出红细胞系成熟过程中的各种细胞。
- 列出白细胞系成熟过程中的各种细胞。
- 描述血小板的形成过程。

目　录

关 键 词

无粒细胞
红细胞生成
促红细胞生成素
粒细胞
造血
核左移
白血病
白血病样反应
白细胞增多
白细胞生成
淋巴细胞减少
全血细胞减少
多能干细胞
血小板
血小板生成
促血小板生成素

造血

造血指血细胞和血小板的生成。全血由液体和细胞构成，液体成分为血浆，细胞成分由红细胞(RBCs)、白细胞(WBCs)和血小板构成。白细胞根据在特殊染色下是否存在颗粒分为不同类型。无粒细胞包括淋巴细胞和单核细胞，这些细胞有时可能含有颗粒，但数量非常少。粒细胞包括中性粒细胞、嗜酸性粒细胞和嗜碱性粒细胞。粒细胞因其细胞核呈分叶状，故通常也被称为多形核白细胞(PMNs)。但这个词只用于哺乳动物，鸟类和爬行动物核分叶的现象并不明显。

血细胞寿命有限(表 6.1)，必须持续不断地产生并更新。不同物种、不同类型的血细胞寿命不同。了解这些成分的生成过程有助于评估血细胞。造血过程开始于胚胎早期，涉及多个器官和一系列复杂的化学信号通路。幼年和成年动物造血过程有些差异。在胎儿时期，多个器官均具有造血活性，包括肝脏、脾脏、胸腺和红骨髓。在胎儿和年轻动物体内几乎所有骨骼均含有红骨髓，是新生动物和幼年动物主要的造血部位。

表 6.1 哺乳动物血细胞平均寿命

哺乳动物细胞类型	循环寿命*
中性粒细胞	4～6 h
嗜酸性粒细胞	30 min
嗜碱性粒细胞	4～6 h
单核细胞	2～3 d
淋巴细胞	数月至数年
红细胞	2～5 个月
血小板	4～6 d

* 有些动物的血细胞寿命在所列平均值之外。

在成年动物中，红骨髓是所有血细胞和血小板生成发育的场所。但只有少量骨骼含有红骨髓。部分骨骼的红骨髓被黄骨髓取代，黄骨髓因含有黄色的脂肪而呈现黄色，不具备造血能力。红骨髓主要存在于长骨(如股骨、胫骨、肱骨和尺骨)和髋骨、胸骨及肋骨中。当造血压力增大时，肝脏和脾脏会恢复胎儿时期的造血功能，为成年动物生成血细胞。

虽然红细胞、白细胞和血小板生成分别涉及不同的通路和化学信号，但所有血细胞均起源于多能造血干细胞(HSCs)。HSCs 具有再生能力，可分化成任何一种血细胞。在骨髓中，HSCs 的数量少但维持恒定。HSCs 先分化成造血祖细胞，包括髓系共同祖细胞和淋巴系共同祖细胞。细胞发育途径受多种细胞因子的相互作用。每种血细胞的产生都需要特定的细胞因子参与。在更多细胞因子的作用下，这些细胞进一步分化成特定的细胞类型。目前已经确定的细胞因子有 20 多种。

> **注意**：多能造血干细胞可产生所有种类的血细胞。

淋巴系共同祖细胞最终产生特定的祖细胞，后者进一步分化为多种淋巴细胞。髓系共同祖细胞可分化为巨核细胞/红细胞系祖细胞，或粒细胞/单核细胞系祖细胞。前者进一步分化为原红细胞或原巨核细胞，分别形成红细胞和血小板。后者则分化为原粒细胞或原单核细胞，分别形成粒细胞和单核细胞(图 6.1)。有些参考资料把早期祖细胞系称为集落形成单位，把后期称为原始细胞形成单位。粒系细胞较大且细胞淡染，而红系细胞较小，具有致密的嗜碱性细胞核。

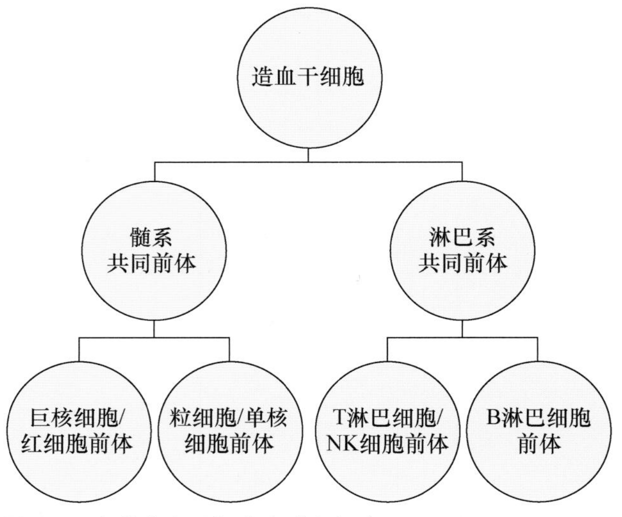

图 6.1 多能造血干细胞生成血细胞

红细胞生成

影响红细胞生成的细胞因子主要为促红细胞生成素(EPO)，多由肾脏细胞在感受到氧分压下降时产生。肝脏也可分泌少量 EPO。EPO 随着血液循环到达骨髓，结合于骨髓中红系前体细胞上的受体，诱导其分裂和成熟。前体细胞一旦被激活，会进一步分化为原红细胞。原红细胞有单个小的圆形细胞核，一个或多个核仁，少量嗜碱性细胞质。原红细胞再依次分化为早幼红细胞、中幼红细胞和晚幼红细胞。早幼红细胞比原红细胞略小，细胞核更致密，细胞质显著嗜碱性，核仁不可见。中幼红细胞初始阶段具有嗜碱性细胞质和中度致密的细胞核，随着细胞的成熟，中幼红细胞出现显著的细胞核斑块样，并且由于开始合成血红蛋白，细胞质呈粉红色。

> **注意**：促红细胞生成素可刺激红细胞生成。

晚幼红细胞是红细胞系中最小的细胞，细胞核致密，细胞质呈深红色。晚幼红细胞无法继续分裂，血红蛋白的合成也在此阶段完成。细胞最终会脱去细胞核，发育为网织红细胞。网织红细胞是不成熟的红细胞，含有核糖体并随着细胞的成熟而逐渐消失（图 6.2）。瑞氏染色时，由于细胞器的存在，未成熟红细胞呈蓝灰色或多染性。当使用体外活体染色（如新亚甲蓝染色），早期的网织红细胞会呈现网状物的聚集，即为核糖体。随着网织红细胞的进一步成熟，这些物质会逐渐减少，染色后只可见深蓝色的点状物，这些细胞称为点状网织红细胞（图 6.3）。

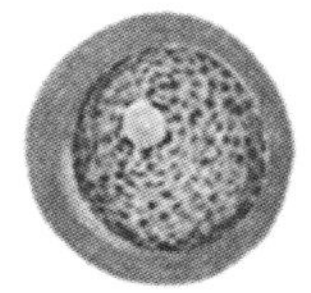
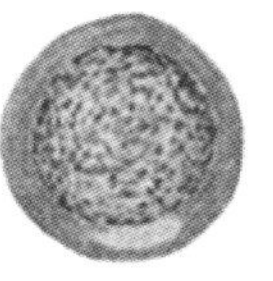
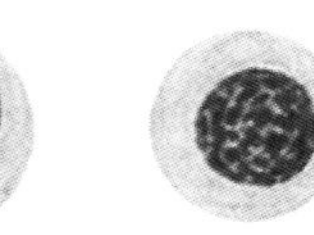
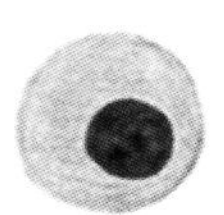

图 6.2 红细胞的成熟过程（Perry Bain 绘制. 引自 Harvey J:*Veterinary hematology*, St Louis, 2012, Saunders.）

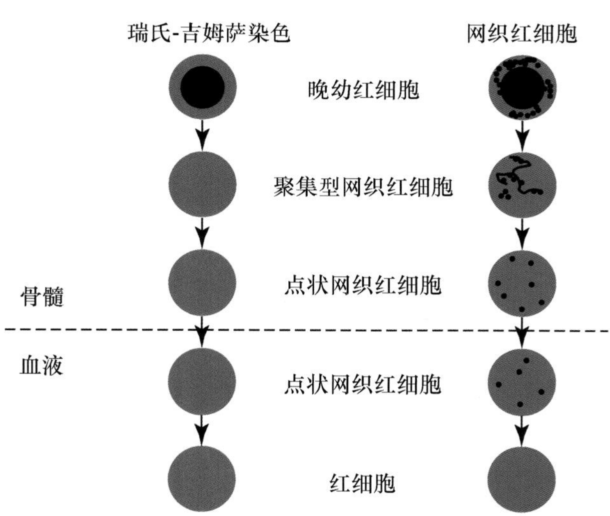

图 6.3 猫红系细胞发育过程显示大多数健康猫可将网织红细胞释放入外周血。注意点状网织红细胞在瑞氏-吉姆萨染色时不呈现多染性（引自 Harvey J:*Veterinary hematology*, St Louis, 2012, Saunders.）

血小板生成

血小板的生成需要血小板生成素及大量其他细胞因子的参与。血小板生成素主要由肝脏内皮细胞生成，但肾脏和其他部位也可释放。原巨核细胞由祖细胞发育而来，内含单个细胞核以及深蓝色细胞质。原巨核细胞再发育为早幼巨核细胞，细胞巨大，包含 2～4 个细胞核。细胞核不断复制，细胞体积也不断增大，直至发展为巨核细胞。成熟的巨核细胞具有多个细胞核小叶，细胞质内含红色颗粒。细胞非常大（直径为 50～200 μm），细胞质延伸至骨髓窦状隙，并在血流的作用下释放细胞质片段。这些脱落的碎片称为血小板前体，在循环血中进一步破裂为血小板。

> **注意**：血小板是巨核细胞的细胞质碎片。

粒细胞生成

粒细胞的生成需要白细胞生成素和大量其他细胞因子的参与。粒系细胞可分为增殖池和成熟池，增殖池中的细胞能够有丝分裂，而成熟池中的细胞不再具备有丝分裂的能力。增殖池细胞包括原粒细胞、早幼粒细胞和中幼粒细胞。成熟池包括晚幼粒细胞和杆状粒细胞。原粒细胞较原红细胞大，具有圆形至卵圆形的细胞核，核仁明显。细胞质呈浅蓝灰色，其内可能含有少量红色颗粒。早幼粒细胞个体较大，细胞质淡染，细胞质内可见明显的红色颗粒，无明显核仁。中幼粒细胞个体比早幼粒细胞小，细胞核呈圆形。成熟中性粒细胞、嗜酸性粒细胞和嗜碱性粒细胞的特征性颗粒在此阶段开始出现。晚幼粒细胞与中幼粒细胞较为相似，但晚幼细胞细胞核凹陷，并且不再具有有丝分裂能力。杆状粒细胞具有马蹄形、两边平行的细胞核。粒细胞发育的最后一步是成熟的分叶粒细胞，细胞核具有两个或更多分叶(图 6.4)。

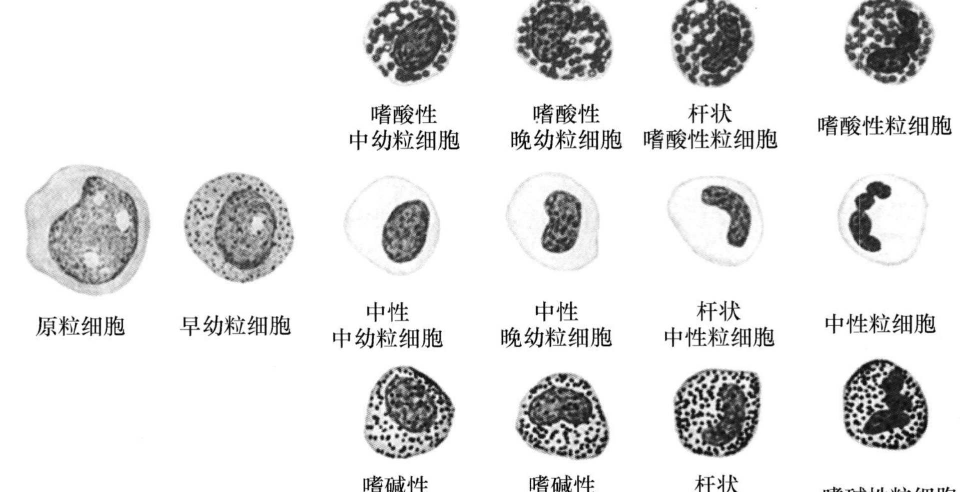

图 6.4 **粒细胞生成,骨髓涂片瑞氏染色时的细胞形态(Perry Bain 绘制. 引自 Harvey J:*Veterinary hematology*,St Louis,2012,Saunders.)**

单核细胞生成

单核细胞的生成阶段包括原单核细胞、早幼单核细胞和单核细胞。原单核细胞与原粒细胞形态相似,但细胞核形状不规则。早幼单核细胞的形态与中幼粒细胞和晚幼粒细胞相似。当单核细胞受某些细胞因子作用时会转变为巨噬细胞。但巨噬细胞也能由其他细胞转变而来。

注意:单核细胞受某些细胞因子作用时会转变为巨噬细胞。

淋巴细胞生成

多种淋巴细胞[即 T 淋巴细胞、B 淋巴细胞和自然杀伤(NK)细胞]经相同的淋巴系祖细胞和生成过程(经淋巴母细胞和幼淋巴细胞阶段)发育而来。细胞最初分化为 B 淋巴细胞前体或 T 淋巴细胞/NK 细胞前体。细胞生成过程需要特定细胞因子及抗体的参与。幼 B 淋巴细胞在骨髓和回肠派尔集合淋巴结(犬、猪和反刍动物)或法氏囊(鸟类)中发育成熟。T 淋巴细胞在胸腺内成熟。NK 细胞在骨髓发育成熟,但也可在胸腺及其他淋巴组织中发育。

定义

本单元使用的造血相关名词定义如下:

-penia(减少):血液中细胞数量减少。例如,中性粒细胞减少指血液中中性粒细胞的数量减少;淋巴细胞减少指血液中淋巴细胞的数量减少;而全细胞减少指所有血细胞的数量均减少。

-philia 或 cytosis(增多):血液中细胞数量增多。例如,中性粒细胞增多指血液中中性粒细胞的数量增多;白细胞增多指血液中白细胞的数量增多。

核左移:血液中不成熟的中性粒细胞数量增多。

白血病:骨髓或血液中出现肿瘤细胞。经常使用“白血性”“亚白血性”或“非白血性”来描述白血病,用于描述肿瘤细胞释放入血液的趋势。

白血病样反应:可能会被误认为是白血病的情况。白血病样反应的特征是白细胞显著升高(即大于 50 000/mL),常见于炎性疾病。

复习题

第 6 章的复习题见附录 A。

关键点

- 造血作用指血细胞和血小板的生成。
- 红细胞生成、白细胞生成及血小板生成的过程有特定的细胞因子参与。
- 红骨髓是成年动物所有血细胞和血小板生成的主要场所。
- 所有血细胞均由多能 HSCs 分化而来。
- 红细胞生成阶段包括原红细胞、早幼红细胞、中幼红细胞、晚幼红细胞和网织红细胞。
- 血小板生成阶段包括原巨核细胞、早幼巨核细胞和巨核细胞。
- 成熟的分叶粒细胞经由原粒细胞、早幼粒细胞、中幼粒细胞、晚幼粒细胞和杆状粒细胞发育而来。
- T 淋巴细胞、B 淋巴细胞和 NK 细胞经由淋巴母细胞和幼淋巴细胞发育而来。

第7章

Sample Collection and Handling
样本采集与处理

学习目标

经过本章的学习,你将可以:

- 掌握采集小动物和大动物血液样本的流程。
- 列出不同动物常用的采血位置。
- 列出常用抗凝剂及其目的和作用机制。
- 列出采血所需物品。
- 描述血液样本的制备步骤。
- 计算能够从动物体内抽取的安全血量。

目　录

关键词

抗凝剂
柠檬酸盐
乙二胺四乙酸
肝素
草酸盐
血浆
血清
氟化钠
真空采血管

血液样本的采集与处理

准备采血时，技术员首先应确定要做的检查。这在一定程度上决定了采血的血管和用品。某些药物会影响检查的准确性，因此，应在用药治疗前进行采样。如果已经开始治疗，则必须在采血记录上做好标记。

采血通常首选静脉血。对于常见动物，颈静脉是最合适的采血部位。对于无法采集静脉血的异宠动物，可采集其外周血或毛细血管血。表 7.1 总结了常见的采血部位。采血前必须用医用酒精对采血部位进行清洁和擦拭，待酒精干燥后再进行采血。采血过程中应对动物进行保定，但不可过度保定。动物应激会影响样本，因此应尽量避免。

注意：大多数血细胞检查首选静脉血。

表 7.1　常用的采血部位

犬	头静脉
	颈静脉
	隐静脉
猫	头静脉
	颈静脉
马	颈静脉
牛	尾骨静脉
	颈静脉
鸟	颈静脉
	内侧跖骨静脉
兔	耳静脉
啮齿动物	尾静脉

采样用品

采集血样的传统用品为针头和注射器。采血时，应选用动物可耐受的最大针头，以及与所采血量最接近的注射器。使用体积偏大的注射器会导致动物静脉塌陷。采血首选真空系统（真空采血管）(图 7.1)。这个系统由针头、持针器和采血管组成。针头带保护套的一端插入持针器中(图 7.2)。保护套可防止静脉穿刺时血液进入持针器。当针头刺入血管后，将针的另一端刺入采血管帽中。采血管为无菌空管或含抗凝剂管。其有不同的尺寸，从几微升到 15 mL 不等。为了减少对样本的破坏及动物静脉塌陷，应选用大小合适的采血管。采集的血量（按照管内的真空强度）应确保抗凝剂和血液的比例合适。这个系统的优点是可直接将血样导入不同采血管中，避免多次静脉穿刺。使用真空采血管采血，操作得当时，可最大程度地降低血小板活化的可能性，从而获得最佳品质的样本。

注意：采集血液样本首选真空系统。

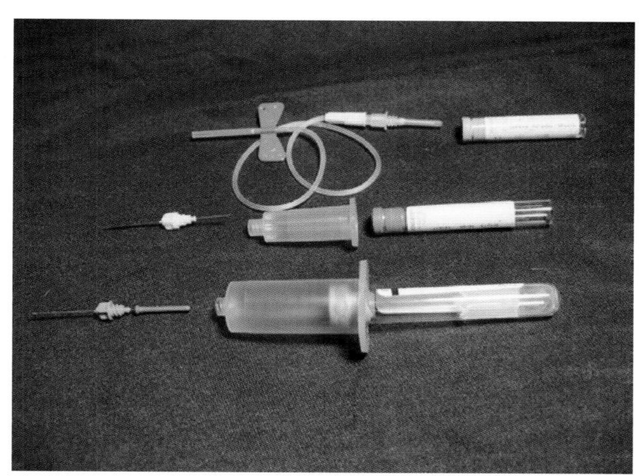

图 7.1　真空系统由针头、持针器和采血管组成

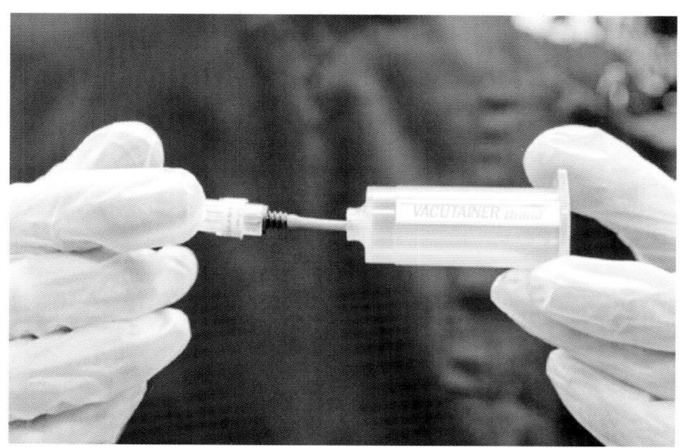

图 7.2　针头带保护套的一端插入持针器中

全血

兽医技术员将采集的血液样本放入含抗凝剂的容器内，从而获得全血样本。采集血样后，应尽快与抗凝剂轻柔颠倒混合。剧烈晃动样本会导致溶血，使原本在红细胞内的化学物质释放入血浆，从而影响检查结果。

血浆和血清

血浆是全血去除细胞成分后获得的液体，由约 90%的水和 10%的可溶性成分（如蛋白质、碳水化合物、维生素、激素、酶、脂质、盐、废物、抗体及其他离子和分子)构成。血浆去除纤维蛋白原(一种血浆蛋白)后即为血清。在血液凝固的过程中,血浆中可溶性纤维蛋白原转化为不可溶性纤维蛋白凝块(图 7.3)。当血液凝固时,细胞凝块周围析出的液体即为血清。获取血清和血浆样本的具体操作流程详见第 6 单元。

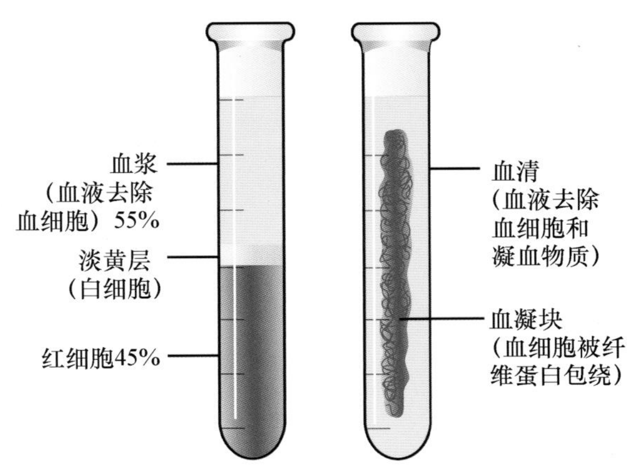

图 7.3 **血浆和血清的区别。血浆是全血除去细胞成分;血清是全血除去细胞和凝血物质(引自 Thibodeau GA, Patton KT: *Anatomy & physiology*, ed 5, St Louis, 2003, Mosby.)**

抗凝剂

血液学检测主要使用全血样本,凝血检查需要使用全血和血浆。当需要全血或者血浆样本时就需要使用抗凝剂。抗凝剂是一种化学物质,加入血液样本中防止或延缓血液凝集。抗凝剂的选择基于检测项目而定。某些抗凝剂会影响检测,因此应该根据检测的需求来选取适当的抗凝剂。部分抗凝剂会干扰某些凝血检测。无论选择哪种抗凝剂,检测前血样和抗凝剂必须经过轻柔的倒转以完全混匀。1 h 内不进行检测的样本必须冷藏。分析前,必须先将样本取出恢复至室温后,再轻柔地倒转混匀。全血不能冷冻,因为血细胞在冷冻和解冻的过程中会发生溶解。表 7.2 总结了常用的抗凝剂。

> **注意:**血液样本与管内抗凝剂混匀时必须轻柔倒转。

表 7.2 常用抗凝剂

名称	作用机制	优点	缺点	用途
肝素	抗凝血酶	可逆、无毒	会造成白细胞聚集,昂贵	特殊的红细胞检测
EDTA(钾盐、钠盐)	螯合钙	保存作用最好	不可逆,使细胞皱缩	血液学
草酸盐(钾盐、钠盐和锂盐)	螯合钙	暂时作用	效果不定	凝血
柠檬酸盐(钠盐、锂盐)	螯合钙	无毒、可逆	干扰血液生化	凝血和输血
氟化物(钠盐)	螯合钙	抑制细胞代谢	干扰酶检测	保存血葡萄糖

肝素

肝素适用于大部分以血浆为样本的检查,特别是血液生化分析。但由于肝素会干扰白细胞染色,所以不可用于血涂片分类计数。肝素有钠盐、钾盐、锂盐或铵盐制剂,通过阻止凝血过程中凝血酶原转化为凝血酶而发挥作用。因其会造成白细胞和血小板聚集,并干扰白细胞的正常着色,故不可用于白细胞的形态学分析。

肝素的抗凝浓度为 20 U/mL 血液。当样本量较小时,可在采血前预先用肝素液体包被注射器内壁。我们也可使用商品化肝素抗凝真空采血管,尤其便于采集数量较多的肝素抗凝样本。

乙二胺四乙酸

乙二胺四乙酸(EDTA)是血液学检查的首选抗凝剂。采血后立即以恰当比例与 EDTA 混匀,可最大程度上保持细胞形态。但 EDTA 血浆不可用于生化分析。EDTA 有钠盐或钾盐,可与钙(凝血的必需物质)形成不溶性复合物从而起到抗凝作用。EDTA 管有液体和粉末两种形式,液体形式会对样本造成一定程度的稀释。EDTA 的抗凝浓度为 1~2 mg/mL 血液。我们也可使用商品化 EDTA 抗凝真空采血管。EDTA 过量会造成细胞皱缩,从而使自动分析仪的许多细胞计数结果无效。

> **注意:**EDTA 是大多数血液学检查的首选抗凝剂。

草酸盐和柠檬酸盐

草酸盐有钠、钾、铵或者锂盐制剂。柠檬酸盐有钠或锂盐制剂。草酸盐和柠檬酸盐均是通过与钙形成不可溶性复合物而阻止凝血。草酸钾是最常见的草酸盐制剂，抗凝浓度为 1～2 mg/mL 血液。柠檬酸钠也很常用，特别是输血医学。我们可使用商品化草酸盐或柠檬酸盐抗凝的真空采血管。但不幸的是，草酸盐会结合酶反应所必需的金属离子。草酸钾可抑制乳酸脱氢酶和碱性磷酸酶的活性。此外，因为是钾盐，草酸钾血样不能用于测定钾离子浓度。同样，柠檬酸钠也会干扰钠离子和其他常见的血液生化检查。需注意，不同实验室所用的柠檬酸盐浓度可能不同，会影响某些凝血检查。

氟化钠

氟化钠是葡萄糖保存剂，但也有抗凝作用，抗凝浓度为 6～10 mg/mL 血液。我们也可使用商品化氟化钠抗凝的真空采血管。即使是其他抗凝剂抗凝的血样，也可加入氟化钠作为葡萄糖保存剂，此时作用浓度为 2.5 mg/mL 血液。氟化钠会干扰许多血清酶的检测。

样本量

采血量由检测所需的血清或血浆量及动物的水合状态所决定。例如水合良好的动物，红细胞压积（PCV）为 50%，即血液中含有 50% 的细胞和 50%的液体。10 mL 血样可获得 5 mL 液体。但对脱水动物而言，血液浓缩会导致液体和细胞的比例降低。脱水动物的红细胞压积为 70%，血样中含有 70%的细胞和 30%的液体。这意味着 10 mL 血样只能获得 3 mL 液体。

理想情况下，采集血液所产生的血清、血浆或者全血必须为全部检测所需量的 3 倍，以确保在技术员失误、仪器故障或者样本需要稀释的情况下无须再次采样。

在进行任何检查前，都应将血样充分混匀。混匀不充分会造成错误的结果。例如马的红细胞在几秒内即开始沉淀，若样本未混匀，那么测得的 PCV 值可能是错误的。可手动轻柔地翻转采血管 5～10 次，或将采血管置于商品化的倾斜架或混匀器上混匀。

采血流程

确定样本量和检查类型后，根据需要准备采血用品及适当数量和类型的采血管。进行静脉采血时应尽量避免损伤组织，从而降低组织液污染和溶血的风险。如果使用真空采血管，应让血液按照压力自动填充，以保证血液和抗凝剂的比例。采血时需要保定动物，以防止动物挣扎导致血管及其他器官破裂，或者严重并发症。大多数小型动物都可趴卧保定。采血部位需剃毛，防止皮肤和毛发的细菌进入体内，减少样本污染。保定者需要按压静脉或者在静脉远端固定止血带。止血带应系紧使静脉扩张，但不可阻断血流。止血带系的时间若太长，会引起血液浓缩。采血人员在确定血管位置后，用医用酒精对采血部位消毒，消毒后不可再用手指触碰该部位。采血时，固定血管，针尖斜面朝上，针头与皮肤大约成 30°角平稳进针。如果使用注射器，血液将直接吸入。采集足够的血液后，移除针头，并立即轻柔按压穿刺部位以止血。将血样转入采血管前应先移除注射器上的针头，避免血液通过针头造成溶血。如果是使用真空系统，按照之前的方法将针头刺入血管，固定持针器，将采血管轻柔地插入持针器内针头带护套的一端。当采血管完全充满后，可以换下一个采血管。护套可以防止更换采血管时血液滴入持针器中。

所有血液样本在采集到抗凝管内后，都应立即翻转采血管数次，以确保与抗凝剂混匀。采血管应立即标记清楚，包括采血日期和时间、主人姓名、动物姓名以及病历号。如果样本需要送检至实验室，则需附上检查申请单，并填好样本所有必要信息和检查项目要求。

采血顺序

当需要采集多种类型的样本时，推荐使用真空采血系统，并按照特定的顺序采集血液。真空采血系统能够保证每种样本的样本量，但必须按照一定的顺序采集，以避免样本被其他采血管的添加剂污染。应首先采集柠檬酸抗凝血，并且在采集前先利用红头管弃掉部分血样。如果不需要采集柠檬酸抗凝血，则可将血液先注入无添加剂的红头管内（图 7.4）。

表 7.3 总结了在兽医临床中常用采血管的使用顺序。值得注意的是，比起在采集柠檬酸抗凝血样前弃掉部分血液，有些人更喜欢先采集红头管血样。如果红头管内没有凝胶添加剂的话，这样做是可行的，否则也可能会污染柠檬酸抗凝血样。

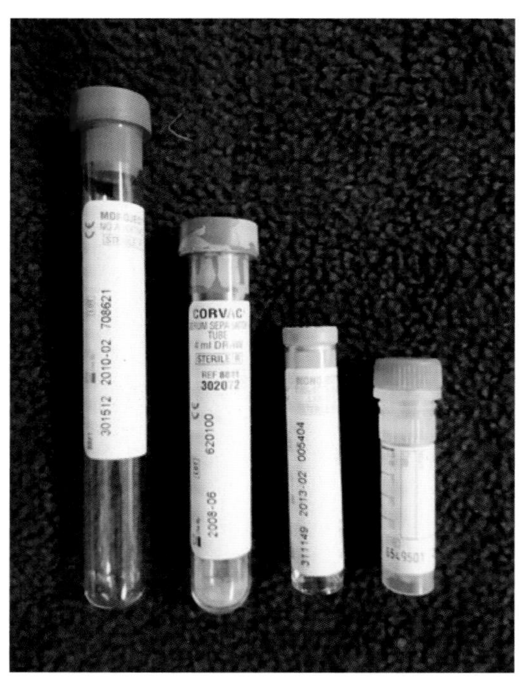

图 7.4 **从左到右为:无添加剂的红头管;虎纹头管;EDTA 管和肝素管**

表 7.3 常用采血管的注入顺序

注入顺序	采血管盖颜色		添加剂	主要用途
优先		淡蓝色	柠檬酸钠	凝血检查
		红色	玻璃:无添加 塑料:硅涂层	制备生化检查所需的血清
		红色/灰色、金色或红色/黑色的“虎纹头管”	分离胶和凝块激活剂	
		绿色或黄褐色	肝素	制备生化检查所需的血浆
		淡紫色、宝蓝色或黄褐色	EDTA	血液学检查
最后		灰色	草酸钾或氟化钠	凝血检查 葡萄糖检查

复习题

第 7 章的复习题见附录 A。

关键点

- 采血部位因物种而异,但颈静脉是大多数哺乳动物的首选采血部位。
- 采血的首选方法是真空采血系统。
- 血液学检查的首选抗凝剂是 EDTA;凝血检查的首选抗凝剂是柠檬酸盐。
- 血浆是全血减去细胞;血清是全血减去细胞和凝血物质。

第8章

Automated Analyzers
自动分析仪

学习目标

经过本章的学习,你将可以:

- 列出兽医临床可使用的血细胞分析仪的种类。
- 描述电阻抗分析仪的原理。
- 描述激光流式细胞术的检测原理。
- 描述定量淡黄层分析的原理。
- 描述自动血细胞分析仪的维护和保养。
- 描述人工细胞计数的流程。
- 理解直方图并解释如何使用直方图。

目　　录

关键词

贫血

全血细胞计数

直方图

电阻抗分析仪

激光流式细胞术

纽鲍尔原理

红细胞增多症

定量淡黄层分析

红细胞分布宽度

与人工检查相比，为动物医院使用而设计的血细胞分析仪可方便地生成全血细胞计数(complete blood count，CBC)的数据，特别适用于每天至少有数个CBC检查的医院。使用该仪器可有效减少人工投入，确保信息更加完整，数据更加可靠。

细胞计数

红细胞(red blood cells，RBCs)和白细胞(white blood cells，WBCs)计数是CBC的常规部分，通常使用仪器检查。WBC总数是CBC中最重要的数据之一。RBC和血小板总数也通过仪器完成。除了某些鸟类和异宠之外，人工计数的方法已不再常规使用。大部分自动分析仪不能提供准确的血小板计数，因此，一些机构还会使用人工计数来计算血小板数量。

循环中红细胞数量增加称为红细胞增多症或红细胞增多。这种情况会同时伴有红细胞压积和血红蛋白浓度的上升。红细胞增多症可能为原发性或继发性问题，或者是相对增多。相对红细胞增多症可见于脾脏收缩(释放大量红细胞到循环中)和脱水。原发性红细胞增多症，又称真性红细胞增多症，是一种以红细胞前体细胞增生为特点的骨髓增生性疾病。继发性红细胞增多症的原因包括多种肾脏和肺脏疾病，以及导致促红细胞生成素升高(如慢性缺氧)的疾病。

贫血是指血液携氧能力下降，通常由循环中RBC数量下降导致。其原因将在第13章进一步探讨。

血细胞分析仪的类型

动物医院使用的血细胞分析仪通常分为3种类型：①电阻抗分析仪，②激光流式细胞分析仪，③定量淡黄层分析系统。一些制造商生产的仪器可结合多种方法进行CBC检查。一种常用的分析系统通过电阻抗法进行细胞计数，激光方法进行白细胞分类计数(图8.1)。部分血细胞分析仪通过分光光度法评估血红蛋白。每种方法有各自的优缺点。无论使用哪种仪器，都需要了解其检测原理。只有了解分析系统的局限性才能确保数据的准确。与此同时，还需要定期进行质量控制。

电阻抗分析仪

有部分人医用的电子细胞计数仪经调整后可用于兽医(图8.2)。因为不同动物的血细胞大小不同，所以不得直接使用人医用仪器。一些公司推出了兽医专用的多物种血细胞分析系统，可以进行细胞计数、红细胞比容、血红蛋白浓度和平均红细胞血红蛋白浓度分析，部分仪器还能进行部分白细胞分类计数。

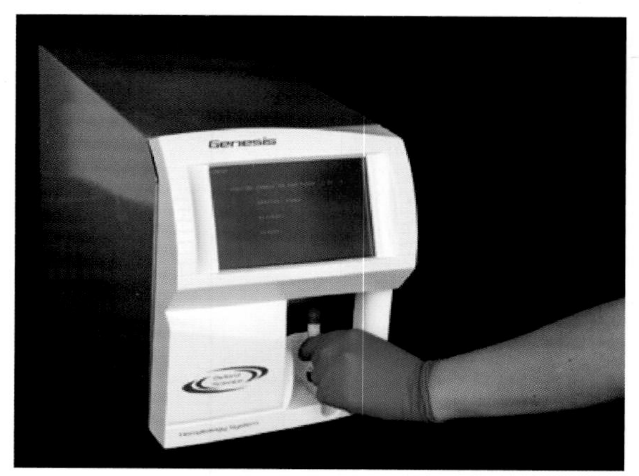

图8.1 Genesis血细胞分析仪(Oxford Science，Oxford，CT)结合了电阻抗和激光方法

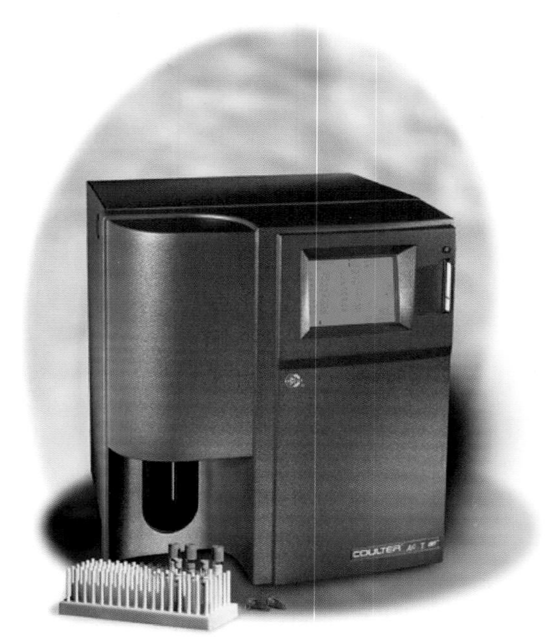

图8.2 Coulter AcT血细胞分析仪(Beckman Coulter，Brea，CA)使用电阻抗技术，提供专门为动物设计的软件

电阻抗法细胞计数仪内含2个电极，两电极被带小孔的玻璃管分隔开，通过电极间的电流进行细胞计数(图8.3)。小孔两侧的电解质溶液可导电。当特定体积的细胞在真空或正压的作用下从小孔

通过时,机器即可进行计数。由于细胞的导电能力弱于电解质溶液,所以细胞通过小孔时会妨碍电流通过。仪器会记录电流的瞬时变化,从而确定细胞浓度。此外,由于细胞的体积或大小与电流变化成正比,因此,系统会根据大小区分细胞的类型。细胞大小的信息以绘图的形式呈现(直方图)。用这个系统可确定白细胞、红细胞和血小板数量。但猫的红细胞和血小板大小相似,因此,猫的样本可能无法准确评估。

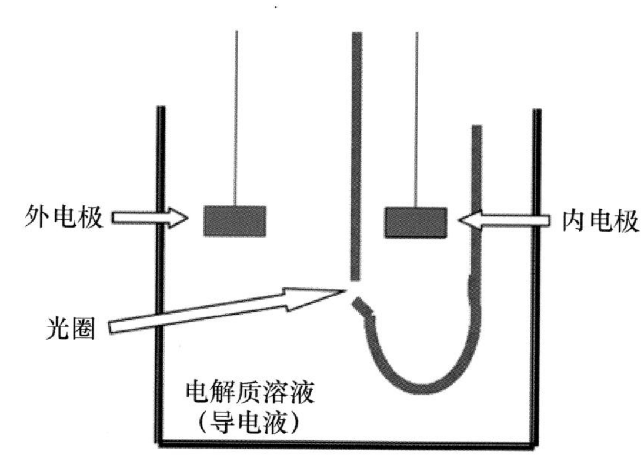

图 8.3　**电阻抗分析仪进行细胞计数的原理**

电阻抗分析仪经校准,仅在设定的阈值内(以防将小碎片和电子噪声误计为细胞)计数特定大小的细胞,并在同一稀释液中准确区分细胞(如血小板和红细胞)。由于不同物种的细胞数量不同,一些阈值的设定具有种属特异性。这些设置由制造商建立,通常当用户在菜单中选择种属后,系统的软件进行自动设置。目前,动物医院广泛使用的是专为兽医设计的血细胞分析仪。这些系统具有可分析单个细胞的优点,从而提供有关血细胞更详细的定量分析信息。

> **注意**:电阻抗分析仪根据细胞大小对其进行分类。

血液样本必须稀释后才能进行细胞计数。计数 WBCs 时,使用裂解液进行稀释,可破坏细胞膜,仅计数细胞核。计数 RBCs 时,需要更高的稀释倍数且不含细胞裂解剂,可同时获得细胞数量和大小的信息。自动分析仪的红细胞部分可提供细胞体积和血细胞比容(hematocrit, Hct),后者是红细胞压积(packed cell volume, PCV)的替代参数。平均红细胞体积(mean corpuscular volume, MCV)可直接通过红细胞体积分布分析得出。再通过 MCV 乘红细胞浓度计算出红细胞比容。更复杂的仪器可展示红细胞体积分布的曲线。部分仪器还可提供红细胞分布宽度(red cell distribution width, RDW)。这个参数通过数学分析得出,是体现红细胞大小的指标。该数值偏高提示细胞大小差异大,红细胞系可能存在异常。当 RDW 和 MCV 联合分析时,可提醒兽医有疾病影响了 RBC 大小。更高级的系统还可对血小板进行计数和体积评估。

许多自动血细胞分析仪可提供血小板、红细胞、白细胞计数,以及白细胞分类计数的完整分析。大多数能提供细胞大小分布的图像,从而获得分类计数的信息。许多仪器可估算粒细胞和非粒细胞的百分比。该数值对于评估动物的疾病状态作用有限。细胞大小的变化会导致计数错误。此外,细胞可能会出现许多形态异常,导致无法进行这种分类计数。此时,必须要进行完整的血涂片检查。

电阻抗分析仪包含许多泵、管和阀门,这些配件要定期维护。稀释液和有灰尘的玻璃材料可能被颗粒污染,并误计为血细胞。每天需要进行"空白计数",使电解质溶液通过仪器,这样可发现系统内所有的小颗粒,仪器不再对其计数。小孔可能会部分或完全堵塞,并需要清洁。若仪器有多个阈值控制,也可能会出现阈值设置故障。冷凝集素会使 RBC 凝集,造成 RBC 计数降低。因此,在操作之前,冷藏的血样要恢复到室温。当出现某些类型的淋巴细胞白血病时,淋巴细胞非常易碎,可在红细胞裂解液中溶解,造成 WBC 计数偏低。球形红细胞(即异常的、小而圆的 RBCs)的存在会改变 MCV,从而使计算的血细胞比容降低。血液黏度上升也会影响细胞计数。用电阻抗法获得的血小板计数会受到血小板凝集和有核红细胞的影响,通常是不准确的。凝集成小簇的血小板、大血小板和有核红细胞均可被误计为红细胞。

定量淡黄层系统

定量淡黄层系统(Drucker Diagnostics, Port Matilda, PA)通过差速离心和染色来计数细胞成分。通过特制的微量红细胞比容管将淡黄层扩大,获得血细胞比容及白细胞和血小板的估计值。在细胞体积确定的情况下,通过比容管的容量来估计细胞浓度。该仪器可对白细胞进行部分分类,包括总粒细胞、淋巴细胞和单核细胞。但缺点是无法识别某些异常(如核左移、淋巴细胞减少),需要进一步通过血涂片确认。由于这种仪器只能估计细胞数量而不是准确计数，所以仅可用于筛查。

注意：定量淡黄层分析仪仅提供细胞数量的估计值。

激光流式细胞分析仪

激光流式细胞分析仪通过聚焦激光束评估细胞的大小和密度。根据细胞的形状、体积、有无颗粒和细胞核而形成不同的光散射。样本中的细胞依次通过一通道，激光束投射于该通道上的细胞。根据散射光的角度和方向来区分单核细胞、淋巴细胞、粒细胞和红细胞。当添加特殊的染液时，光散射还可区分成熟和不成熟的红细胞（图 8.4）。这种仪器也可检测红细胞指数、RDW 和血小板参数（如平均血小板体积、血小板分布宽度、血小板压积）。关于血小板参数的更多信息请参见第 3 单元。

注意：激光流式细胞分析仪根据细胞的大小和密度进行计数和分类。

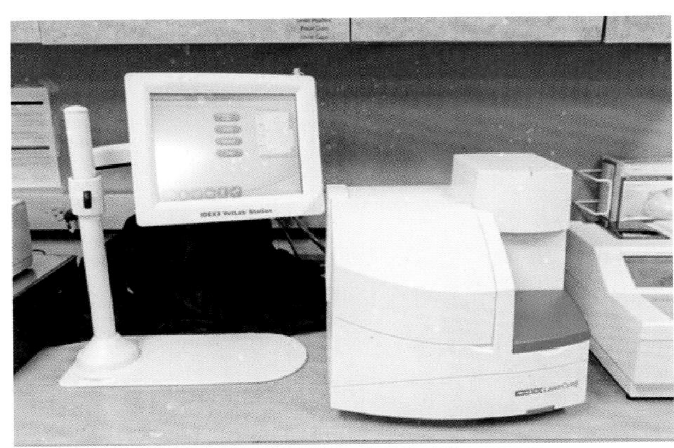

图 8.4　**一种应用于兽医临床实验室的激光流式细胞分析仪**

直方图

许多自动分析仪可提供细胞和血小板的直方图，以直观展示各类细胞的大小（*X* 轴）和数量（*Y* 轴）的关系。另外一种形式是散点图，图上每个点代表一个细胞。直方图可用来验证血涂片分类计数的结果，并提示检测结果出现问题。例如，当存在巨血小板或血小板聚集时，由于这些大血小板通常会被计成 WBC，所以大多数分析仪的 WBC 数量会假性偏高。但此时直方图中白细胞的曲线会发生改变（图 8.5），故能够提示这一异常。

注意：直方图能直观地显示样本中不同类型细胞的数量和大小关系。

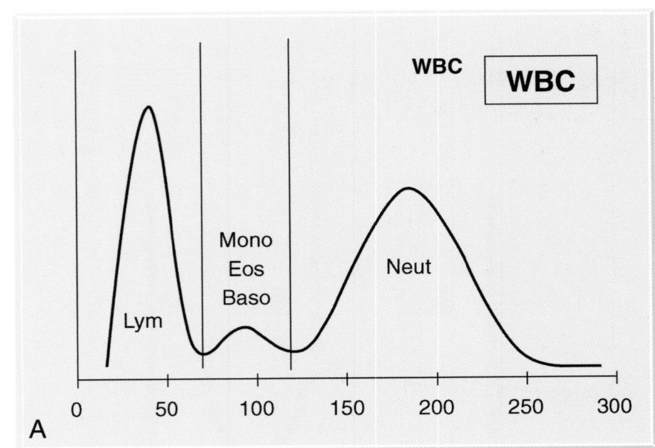

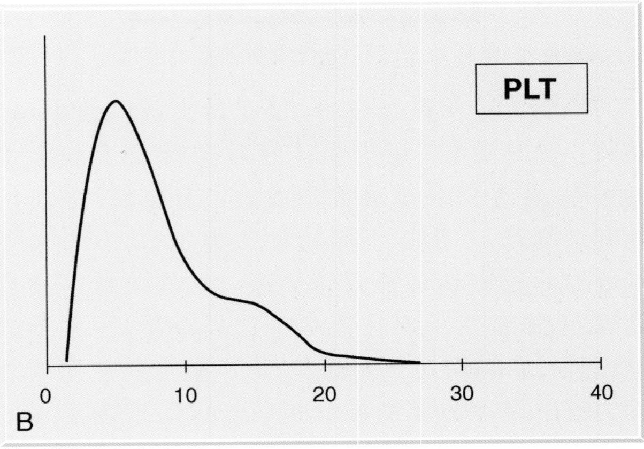

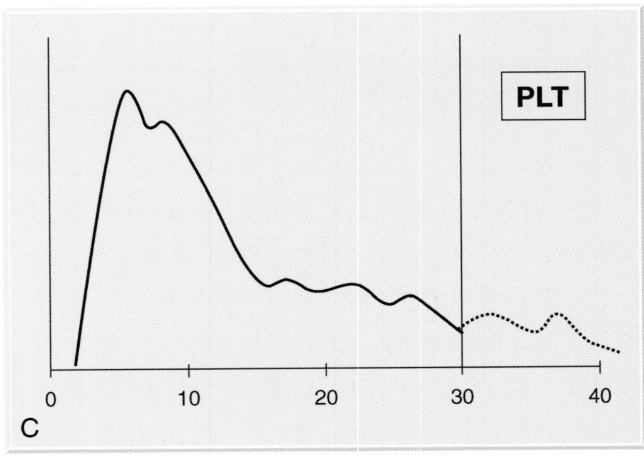

图 8.5　**直方图。A. 正常白细胞直方图。B. 血小板直方图。C. 血小板直方图提示血小板聚集**

人工细胞计数

红细胞和白细胞计数是 CBC 的常规部分。除了鸟类或异宠，通常不进行人工细胞计数。异宠的人工白细胞计数可以使用 Leukopet 系统。该系统可通过固定体积的移液器将血液样本添加到含有稀释液和溶血素的容器中。流程 8.1 描述了用 Leukopet 系统进行鸟类白细胞计数的流程（图 8.6）。

流程 8.1 用 Leukopet 系统和血细胞计数板计数鸟类血液中的白细胞

1. 将一个全新、干净的一次性吸头安装到 25 μL 移液器上。
2. 拧开一个含有焰红染料的试管，将其放到试管架上。
3. 用移液枪吸取 25 μL 新鲜抗凝全血，并小心地擦净吸头外围多余的样本。
4. 将血液样本转移到焰红染料试管中，并反复抽吸焰红染料-血液溶液至少 6 次，以便将血液全部冲洗下来。为了保证稀释度一致，这一操作非常关键。由于液体的黏度不同，可能需要多次冲洗。
5. 盖上盖子，将试管翻转数次以混合均匀，不可摇晃试管。
6. 孵育至少 10 min，但不超过 1 h。
7. 确保血细胞计数板及专用盖玻片干净、无灰尘且没有指纹。必要时，用镜头清洗液和擦镜纸进行擦拭。
8. 用干净的枪头吸取管中的样本，并填充至计数板两端的横沟中。切勿填充过量或填充不完全，因为这会造成细胞在纽鲍尔计数区中分布不均，导致计数不准。
9. 样本静置至少 10 min，使细胞沉淀。
10. 将血细胞计数板放在显微镜上，降低聚光器以增加对比度，使细胞更容易观察。
11. 使用 10 倍物镜，计数两个纽鲍尔计数区的嗜异性细胞和嗜酸性粒细胞。如果细胞落在上方或左侧线上，则计数；落在下方和右侧线上，则不计数。计数两侧所有方格内的细胞，并按下列公式计算白细胞总数。

$$\text{总白细胞}/\mu\text{L}=\frac{\left(\text{总嗜异性细胞}+\text{嗜酸性粒细胞数（两个计数室）}\right)\times 1.1\times 16\times 100}{\%\text{嗜异性细胞}+\%\text{嗜酸性粒细胞（分类计数得到）}}$$

引自 Sirois M：*Principle and practice of veterinary technology*，ed 3，St Louis，2011，Mosby.

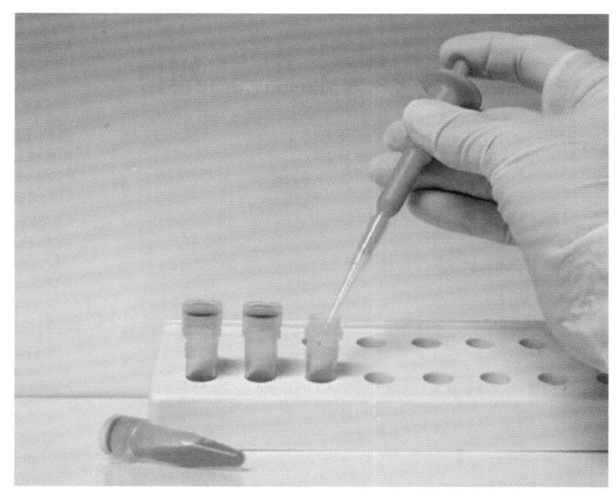

图 8.6 **Leukopet 系统，用于计数鸟类白细胞（引自 Sirois M：*Principle and practice of veterinary technology*，ed 3，St Louis，2011，Mosby.）**

Leukopet 系统使用特定体积的焰红染料作为稀释液。向稀释管中加入适当体积的血液并混匀，然后将少量血液-稀释液混合物滴加到血细胞计数板上，加盖具有光学品质的盖玻片。血细胞计数板可容纳特定体积的溶液，并具有计数网格。

血细胞计数板可计数每微升（即 μL 或 mm^3）血液中的细胞数量（图 8.7）。目前有多种型号可供选择，但最常用的计数板由两组相互平行和垂直的蚀刻线构成，称为纽鲍尔计数区（图 8.8）。每个格子被划分为 9 个大方格。四周的 4 个大方格被划分成 16 个小格，中央的方格被划分成 400 个超小格（即，16 个小格又被分为 25 组）。每个网格区域（即每个纽鲍尔计数区）所容纳的样本量是固定的（0.9 μL）。计数原理是通过每个部分的细胞数量和样本总量，计算每微升血液中的细胞数量。用人工计数器记录所观察到的细胞（图 8.9）。

图 8.7 **血细胞计数板包含两个网格区域**

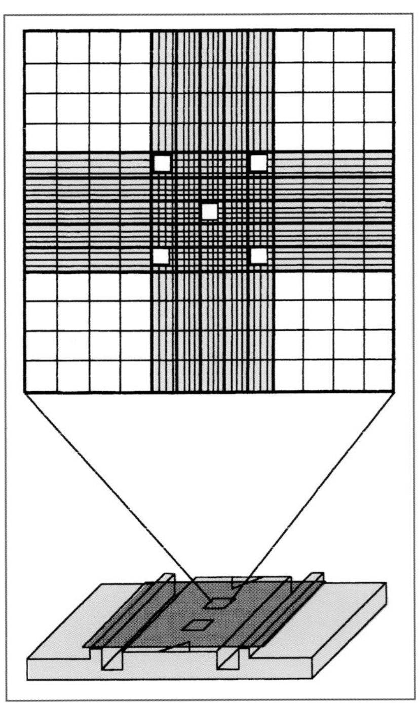

图 8.8 纽鲍尔血细胞计数板(引自 Sirois M: *Principle and practice of veterinary technology*, ed 3, St Louis, 2011, Mosby.)

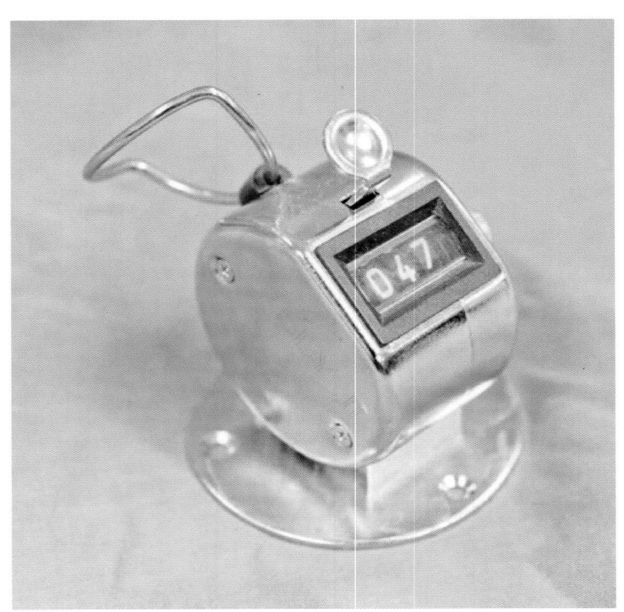

图 8.9 用于记录细胞数量的手持式计数器

复习题

第 8 章的复习题见附录 A。

关键点

- 兽医实验室使用的大多数血细胞分析仪利用了电阻抗或激光技术。
- 淡黄层分析仪可提供细胞计数的估计值。
- 电阻抗分析仪通过检测细胞在通过小孔时引发的电流变化来计数。
- 电阻抗分析仪根据细胞大小对其进行分类。
- 激光流式细胞仪根据细胞通过聚焦激光束时获得的大小和密度信息对其进行分类。
- 直方图能直观地显示样本中细胞大小和数量的关系。
- 人工细胞计数通过血细胞计数板进行。

第9章

Hemoglobin, PCV, and Erythrocyte Indices
血红蛋白、红细胞压积和红细胞指数

学习目标

经过本章的学习，你将可以：

- 描述用微量比容法测量红细胞压积的流程。
- 描述如何校正毛细管离心机以确定最佳的离心时间。
- 列出微量血细胞比容管离心后从下至上为何种细胞。
- 解释微量血细胞比容管中血浆呈微红、黄色和浑浊的意义。
- 区分氧合血红蛋白、高铁血红蛋白和硫血红蛋白。
- 列出平均红细胞体积、平均红细胞血红蛋白含量和平均红细胞血红蛋白浓度的计算方法。

目　录

关键词

淡黄层

红细胞指数

血红蛋白

黄疸

乳糜

平均红细胞血红蛋白含量

平均红细胞血红蛋白浓度

平均红细胞体积

高铁血红蛋白

微量血细胞比容

氧合血红蛋白

红细胞压积

全血细胞计数(complete blood count,CBC)可提供一些基础数据,由医院内的设备即可完成,可靠且经济。CBC 可通过人工或自动分析仪进行检测。两种方法的流程各种不同。

CBC 应包含以下基础信息:

- 红细胞总数(RBC)
- 红细胞压积(PCV)
- 血浆蛋白浓度
- 白细胞总数(WBC)
- 血涂片检查:WBC 分类计数,红细胞和白细胞形态,以及血小板评估
- 当动物贫血时进行网织红细胞计数
- 血红蛋白浓度
- 红细胞指数

红细胞压积

PCV 是指红细胞(RBC)占全血体积的百分比。虽然 CBC 检查包含这个项目,但许多时候也会单独检查。常见的操作方法称为微量血细胞比容(microhematocrit, mHct)或血细胞比容(hematocrit, Hct)。操作方法是将抗凝血装入 75 mm 的毛细离心管中。无抗凝剂的离心管为蓝色环标记,也可用顶部有红色环标记的肝素抗凝毛细管(图 9.1)。微量离心管的加样量约为管长的 3/4,通常同一样本必须进行两管检测并同时离心(图 9.2)。管子装入合适量的血样后,末端用黏土密封起来(图 9.3)。之后把毛细管放进离心机里,有黏土的一端朝外放置,根据毛细管离心机的种类,离心 2~5 min(图 9.4)。也可以使用容纳 40 mm 离心管的小容量离心机(图 9.5)。流程 9.1 展示了如何校准毛细离心机的离心时间。

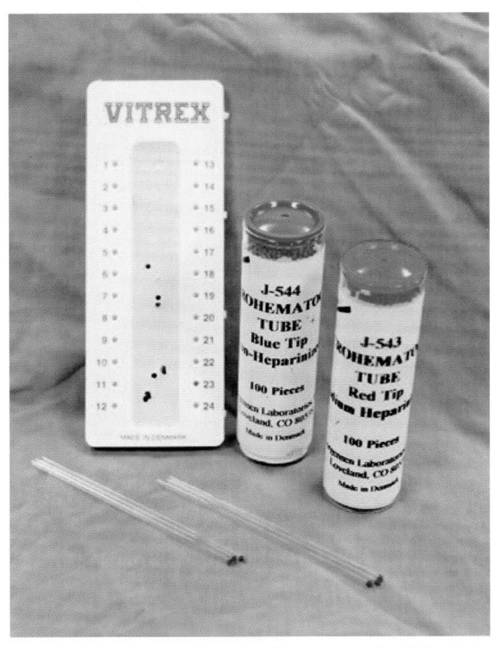

图 9.1 微量血细胞比容管和用于密封的黏土

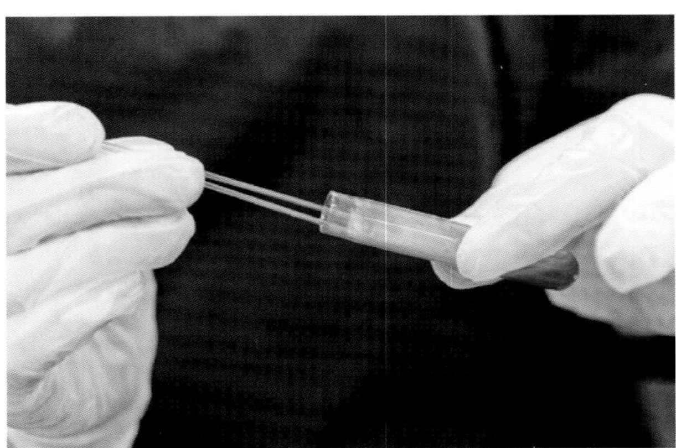

图 9.2 同一份血样可同时装两支管,并在离心时对称放置

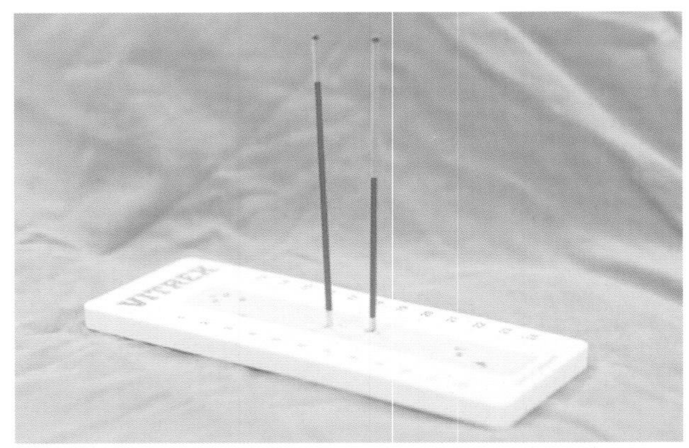

图 9.3 用黏土密封红细胞比容管。这两只管的血液容量不同,如果管的重量和大小不平衡则不能进行离心

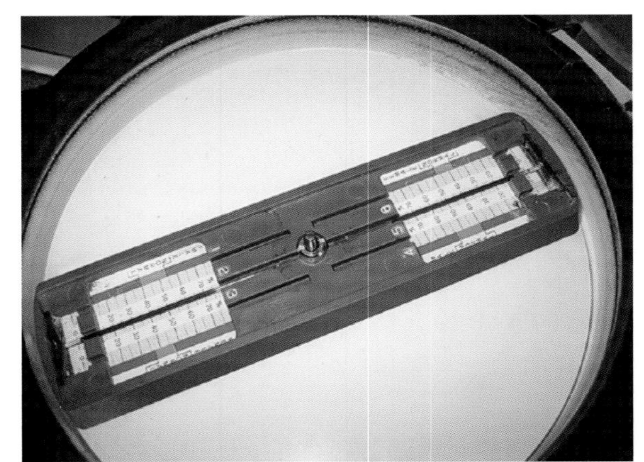

图 9.4 微量血细胞比容管用黏土密封的一端朝外放置。两只管相对放置以保持离心机平衡

图 9.5　**A 和 B，为小容量管设计的毛细管离心机**

流程 9.1　毛细管离心机的校准

1. 用秒表校准离心机的计时器。以不同的离心时间离心数个样本，且每个离心时间至少进行 2 次以验证重复性。
2. 用转速计检查离心机转速。
3. 确定获得准确红细胞压积所需的最少时间。
4. 确定获得最佳红细胞压积所需的最少时间，可按照下列流程操作：
   a. 选择两个新鲜的 EDTA 抗凝血样本，其中一个样本的红细胞压积应大于 50%。
   b. 每个样本填充 10～12 个微量血细胞比容管。
   c. 从 2 min 开始逐渐增加离心时间，每次增加 30 s，重复测量微量红细胞比容。记录每次重复测量的值。
   d. 继续增加离心时间，直到两个连续的时间间隔所获得的结果不变。
   e. 在此基础上，继续增加 30 s 和 60 s，对两个或更多样本进行离心。
   f. 将结果绘制成图，平台点是当曲线持平后的第一个点（见下图），这是最佳离心时间。
   g. 定期重复此过程，因为刷子和发动机可能会磨损从而降低离心机的速度。

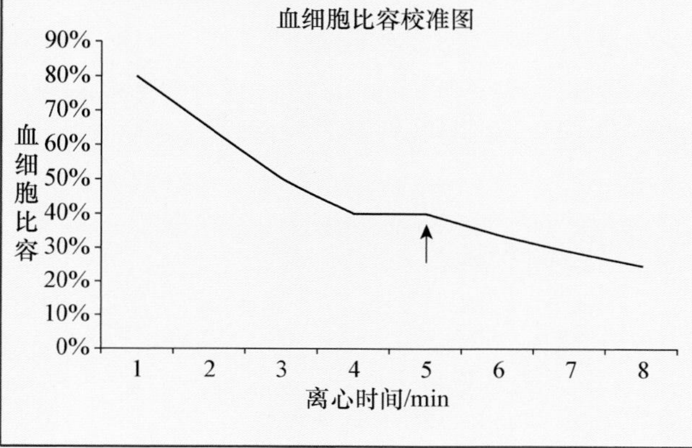

血细胞中，红细胞的比重最高。离心时红细胞会沉降到最底部呈深红色。红细胞上层的灰白层叫淡黄层，包含白细胞和血小板。可通过淡黄层的高度估计白细胞的数量。有核红细胞的数量增多可导致淡黄层呈微红色。上层清亮至淡黄色液体为血浆（图 9.6）。通过这种方法获得的血浆可用折射仪测血浆总蛋白浓度。应记录下血浆颜色和透明度，可辅助诊断疾病。正常血浆颜色呈清亮（透明）或浅黄色（图 9.7）。云絮状血清称为脂血，可能由疾病或动物采血前禁食不当所致。微红色血浆称为溶血，可能由血液采集或处理不当所致，也可能由某些疾病（如溶血性贫血）所致。深黄色血浆称为黄疸，可见于发生肝脏疾病或溶血的动物。血浆颜色异常应该引起注意，因为如果使用分光光度法检测生化指标，血浆颜色异常可能会干扰结果。

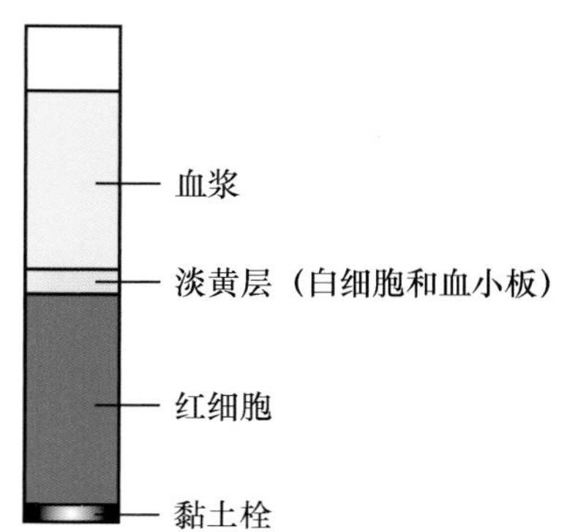

图 9.6　**离心后的微量血细胞比容管示意图（引自 Bassert J, Colville T: *Clinical anatomy and physiology for veterinary technicians*, ed 2, St Louis, 2008, Mosby.）**

各种测量工具(如尺子)都可用来测定 PCV。

注意:PCV 可评估 RBC 占全血的百分比。

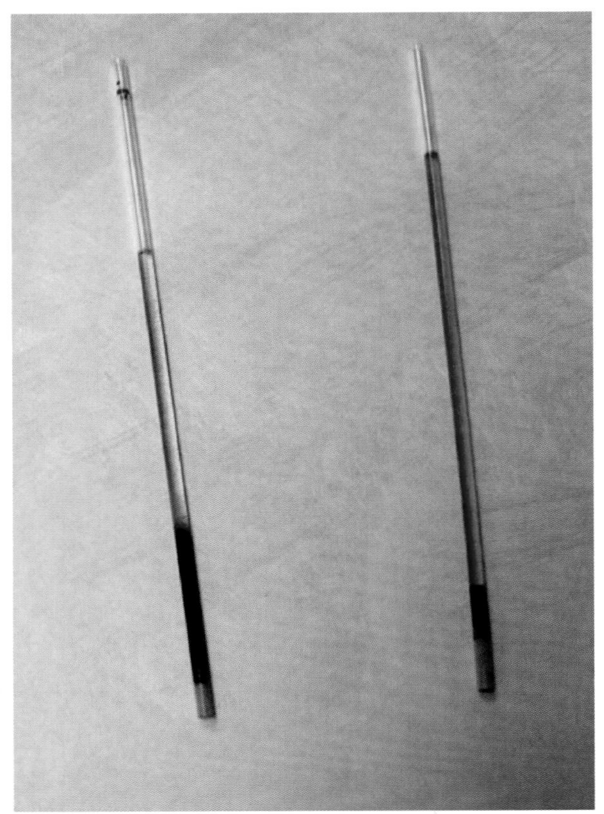

图 9.7 红细胞压积管中黄疸(左)和溶血(右)的血浆

特制的红细胞压积管读取器有线性标尺,不需要固定毛细管中的血量。红细胞层的底部对准零线,血浆的顶部对准顶线。可通过红细胞层顶部所在位置读出百分比(图 9.8)。用尺子测量出红细胞层的高度和黏土顶部到血浆顶部的高度,二者的比值乘以 100 即获得百分比。估算红细胞数量可以

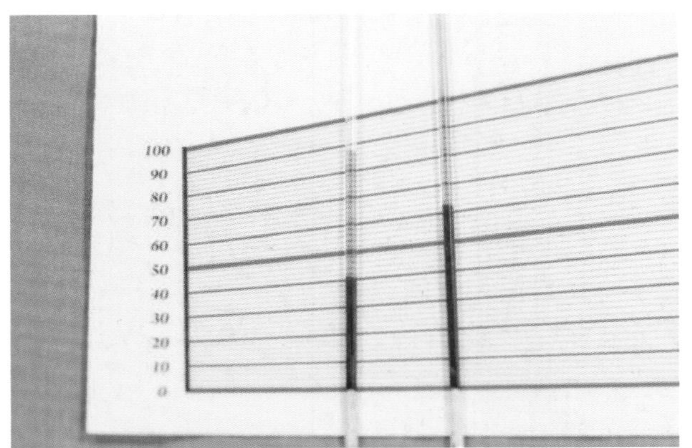

图 9.8 红细胞压积的测量:将黏土栓的顶部对准零线,血浆顶部对准顶线,确定红细胞层与淡黄层交界处所对应的线

用 PCV 除以 6。例如,如果 PCV 是 36,除以 6 得 6,红细胞计数则是 $6\times10^6/\mu L$。

由于需要的血量较大(通常至少需 10 mL),所以,血细胞比容法测量 PCV 较少使用。将血液置于温氏管中 18 000 r/min 离心 10 min,在温氏管中读取压缩红细胞的数值,该值乘以 10 即为 PCV。

红细胞压积结果的意义

PCV 是确定动物是否存在贫血等病理状态的初筛工具。表 9.1 列出了常见家养动物的正常 PCV 值。小于参考值下限提示贫血,大于上限提示红细胞增多。脱水是 PCV 升高最常见的原因,由循环中液体量减少导致。如果抗凝剂中加入的血量不足,也会导致 PCV 假性降低。

注意:PCV 升高常见于脱水。

表 9.1 常见动物的正常红细胞压积

物种	红细胞压积/%
犬	37～55
猫	30～45
马	32～57
牛	24～42
绵羊	25～45
山羊	21～38
猪	32～43

血浆蛋白浓度

虽然血浆蛋白浓度不是血液学检查的常规项目,但用 PCV 检查的剩余材料即可通过折射仪完成检测。这种方法适用于所有动物,并且非常重要。测量 PCV 后将毛细管从淡黄层(血浆界面)上端折断,使血浆流到折射仪棱镜上(见第 1 单元,流程 2.1)。之后将折射仪对准明亮处进行观察,读取明暗交接处所对应的数值(g/dL)。脂血的血浆含有乳糜微粒,会造成光不同方向散射,导致总蛋白读数假性升高。

血红蛋白检测

血红蛋白是红细胞的功能单位,由两部分组分:含铁的血红素部分和含成对氨基酸链的球蛋白部分。红细胞在骨髓中成熟的同时合成血红蛋白。进入血液循环后存在不同形式的血红蛋白。与氧

气结合的血红蛋白称为氧合血红蛋白。当红细胞将氧气输送至组织时，二氧化碳会替代氧气与血红蛋白结合。当动物呼吸时氧气再次取代二氧化碳与血红蛋白结合。此外，还存在其他形式的血红蛋白，包括高铁血红蛋白和硫血红蛋白。这两种形式的血红蛋白无法运输氧气。硫血红蛋白是红细胞正常老化产生的。高铁血红蛋白存在于血浆和红细胞中，但它可以转换成血红蛋白用于输送氧气。碳氧血红蛋白是接触一氧化碳时形成的。血红蛋白和高铁血红蛋白对一氧化碳的亲和力远高于二氧化碳。因此碳氧血红蛋白的产生是不可逆的。

有许多检测血红蛋白的方法。最古老的方法是比较红细胞裂解后的颜色变化(图 9.9)。某些自动分析仪会根据红细胞计数计算血红蛋白浓度的估计值。大多数自动分析仪则将一定量的血液和溶血素混合后裂解红细胞，然后比较样本和标准品的颜色，进而测定血红蛋白浓度。接触氰化物时，所有形式的血红蛋白都会转化为氰化高铁血红蛋白。因此，溶血素中含少量氰化物，即可将各种形式的血红蛋白转化为氰化高铁血红蛋白，所测定的便是样本中所有形式的血红蛋白。有许多专门用于检测血红蛋白的自动和半自动分析仪，大多利用改良的氰化高铁血红蛋白分光光度法进行检测，如果操作得当，则结果非常准确。也可以使用小型专用分析仪(图 9.10)；有些仪器只利用简单的比色技术提供氧合血红蛋白结果。其他仪器使用无氰化物的羟胺血红蛋白法和分光光度法，并经校准与氰化高铁血红蛋白法接近。常见家养动物的正常血红蛋白浓度见表 9.2。

注意：红细胞指数可辅助贫血分类。

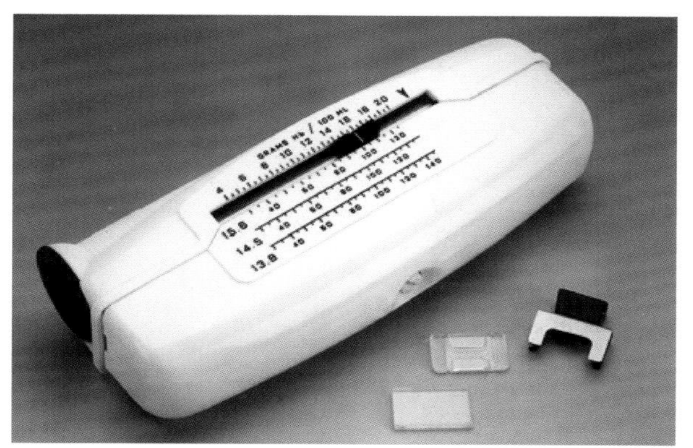

图 9.9　**血红蛋白测量仪利用比色法测定红细胞裂解后样本的血红蛋白浓度**

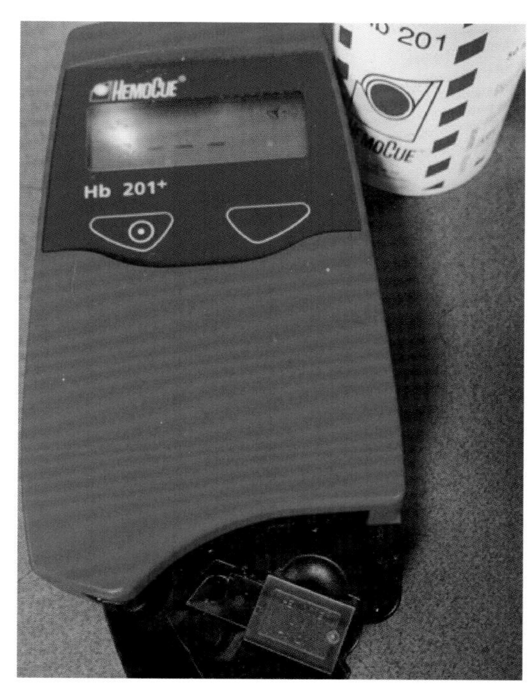

图 9.10　**HemoCue 是一种用于测量血红蛋白浓度的分光光度计**

表 9.2　常见动物的正常血红蛋白浓度

物种	血红蛋白浓度 /(g/dL)
犬	12～20
猫	11～16
马	11～18
牛	8～14
绵羊	8～16
山羊	8～13
猪	10～16

红细胞指数

确定红细胞指数有助于对贫血进行分类。红细胞指数包括平均红细胞体积(MCV)、平均红细胞血红蛋白含量(MCH)和平均红细胞血红蛋白浓度(MCHC)，可客观地反映红细胞大小及其平均血红蛋白浓度。其检测的准确度取决于红细胞总数、PCV 和血红蛋白含量检测的准确度。红细胞指数需要结合血涂片中细胞的形态学特征综合评估。例如，血涂片中红细胞和正常红细胞相比更苍白(低色素)，可佐证 MCH 降低。

平均红细胞体积

MCV 是红细胞大小的平均值，由 PCV 除以红细胞总数再乘以 10 得到。体积单位是飞升(fL)。例如,如果一只犬的 PCV 是 42%,红细胞总数是 $6.0\times10^6/\mu L$,MCV 是 70 fL。许多自动血细胞分析仪通过电子方法确定 MCV,再用该值计算 PCV。

平均红细胞血红蛋白含量

MCH 是每个红细胞中所含血红蛋白的平均质量,用皮克(pg)计量,通过血红蛋白含量除以红细胞总数再乘以 10 得到:

$$MCH(pg)=\frac{Hb(g/dL)\times10}{RBC(\times10^9/mL)}$$

平均红细胞血红蛋白浓度

MCHC 是平均每个红细胞的血红蛋白浓度(或血红蛋白的质量和体积之比)。MCHC(g/dL)由血红蛋白的含量(g/dL)除以 PCV(百分比)再乘以 100 后得到。

$$MCHC(g/dL)=\frac{Hb(g/dL)\times100}{PCV(\%)}$$

例如,一只犬的血红蛋白浓度是 14 g/dL,PCV 是 42%,MCHC 是 33.3 g/dL。哺乳动物 MCHC 的正常范围是 30～36 g/dL,但某些品种的羊和所有品种的驼科动物(如骆驼)除外,其 MCHC 的正常范围是 40～45 g/dL。

复习题

第 9 章的复习题见附录 A。

关键点

- PCV 是一种常见的血液学检查。
- 脱水或红细胞增多症可引起 PCV 升高。
- PCV 降低可能提示贫血。
- 微量血细胞比容检测通过毛细管装满血液并离心完成。
- 微量血细胞比容管各层分别是浓缩红细胞、淡黄层和血浆。
- 进行 PCV 检查的同时应评估并记录血浆颜色。
- 血红蛋白检测可用自动分析仪或手持测量仪完成。
- 红细胞指数是一些计算值,用于评估红细胞大小和平均血红蛋白浓度。

第10章

Evaluating the Blood Smear
血涂片的评估

学习目标

经过本章的学习，你将可以：

- 描述用于血细胞分类计数的推片法血涂片的制备流程。
- 描述用于血细胞分类计数的盖玻片法血涂片的制备流程。
- 描述血涂片染色的正确步骤。
- 检查血涂片的染色质量。
- 描述哺乳动物正常血细胞的形态。
- 描述白细胞绝对计数的计算流程。
- 描述血小板评估的操作流程。

目　录

关键词

绝对值
嗜碱性粒细胞
盖玻片法涂片
伊红
嗜酸性粒细胞
嗜异性粒细胞
淋巴细胞
巨核细胞
甲醇
亚甲蓝
单核细胞
中性粒细胞
中性粒细胞增多
血小板
罗曼诺夫斯基染色
推片法涂片
瑞氏染色
瑞氏-吉姆萨染色

血涂片制备

血涂片可用于白细胞的分类计数，评价血小板数量和评估红细胞、白细胞、血小板的形态。外周血涂片可以通过推片法或盖玻片法制备，以推片法最常用，盖玻片法通常用于鸟类或异宠的血液样本。

从 EDTA 抗凝管中吸取一滴血液制备血涂片时，可使用塑料吸管或两根木棒伸入采血管中获取（图 10.1）。将其取出后，两根木棒间即可带出合适量的血液。血样滴在载玻片靠近磨砂面的一端（图 10.2）。另取一张载玻片，使其末端与第一张载玻片接触并保持 30°角，回拉第二张载玻片直至与血液接触（图 10.3）。第二张载玻片的角度可根据动物血样的黏度而调整（图 10.4 和流程 10.1）。当血液蔓延到载玻片的宽度时，将载玻片快速平稳地向前推出。轻轻挥动载玻片以加速风干。制备良好的血涂片较薄，细胞分布均匀。用铅笔将动物的信息写在磨砂面上。

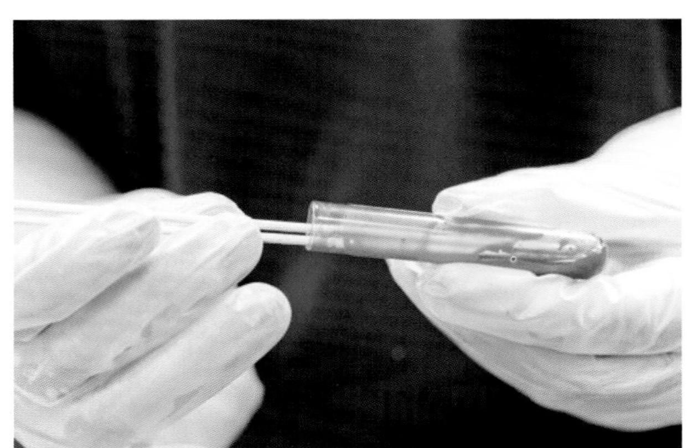

图 10.1 可在采血管内放置两个木棒，木棒紧靠着从管内拿出后可从其中间获得血滴

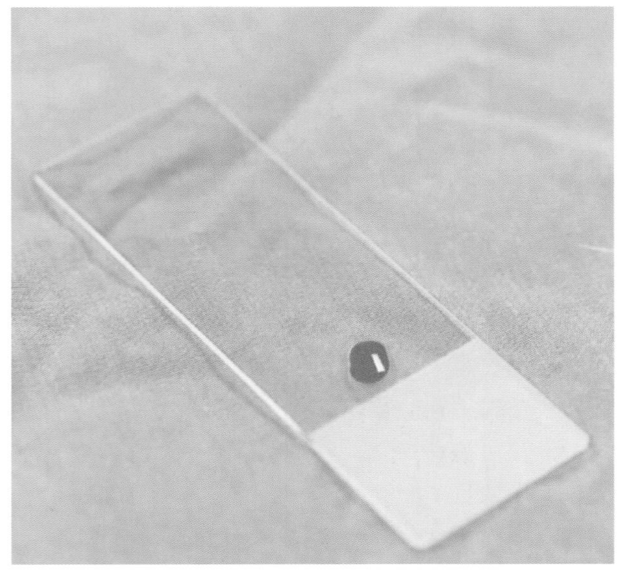

图 10.2 将血样滴在载玻片靠近磨砂面的一端

图 10.3 将推片的载玻片保持大约 30°角后回拉，直至接触血滴

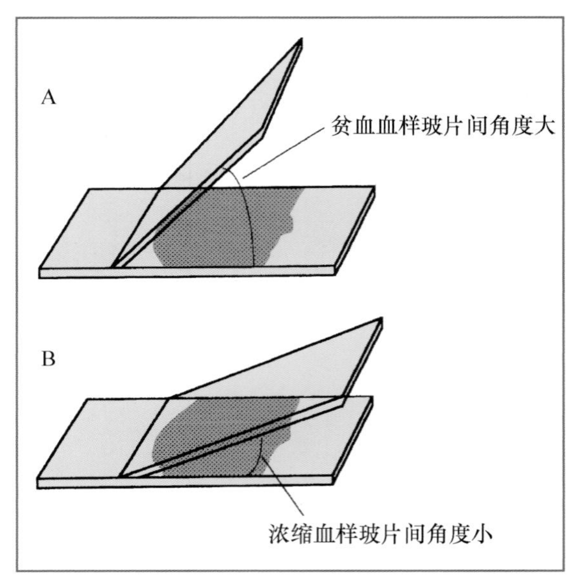

图 10.4 贫血和浓缩血液制备血涂片时载玻片的角度不同。A. 贫血血样角度大。B. 浓缩血样角度小

盖玻片法制备血涂片时，将一滴血样滴在干净的盖玻片中央，将第二张盖玻片呈对角线放置其上，使得血液在两张玻片间均匀分布。在血液完全散开前将两张盖玻片拉开（图 10.5 和流程 10.2）。在空中轻轻挥动盖玻片以加速风干。

血涂片的染色

血涂片风干后，需要染色才能清楚地分辨细胞和异常形态特征。血涂片可以用任何一种罗曼诺夫斯基法染色。最常用的包括瑞氏染色和瑞氏-吉

流程 10.1　推片法血涂片的制备

1. 使用微量血细胞比容管或木棒将一小滴血液滴在干净载玻片的末端。将载玻片放置在平面上，或者用拇指和食指将玻片置于半空。
2. 将第二张玻片（推片）呈 30°角放置，向后回拉与血滴接触，血滴沿着推片的边缘散开。将推片向前快速平稳移动，推出的血涂片一端厚，然后逐渐变薄，并出现羽状缘。血涂片应该覆盖载玻片长度的 3/4。

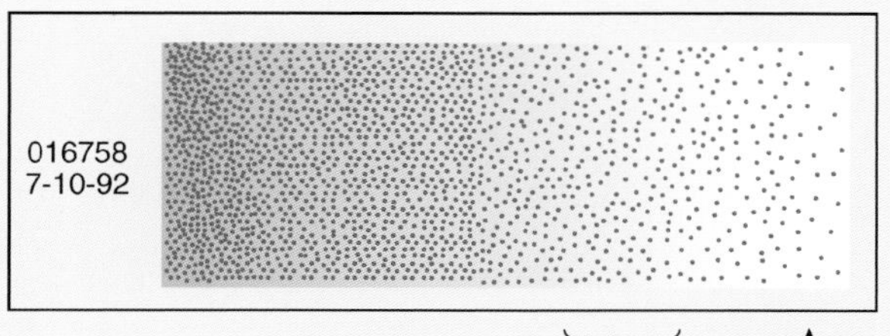

上图血涂片展示了标注区域、单层计数区域和羽状缘（引自 Sirois M：*Principles and practice of veterinary technology*，ed 3，St Louis，2011，Mosby.）

3. 挥动载玻片使血涂片风干，有利于细胞固定在载玻片上，避免染色时细胞脱落。
4. 在血涂片较厚的一端进行标记，如果载玻片有磨砂边，则可书写信息进行标记。
5. 干燥后，用瑞氏或罗曼诺夫斯基法进行染色，两种染色方法都有商品化试剂盒[如 Wright's Dip Stat ＃3（Medi-chem，Santa Monica，CA)]。按照试剂盒说明书操作，血涂片一般都需要在每种染液中浸染 5～10 s。
6. 染色后，用蒸馏水冲洗载玻片。保持羽状缘朝上，使载玻片直立干燥，有助于水从载玻片滴落。

注意：白细胞分类计数最常用的是推片法制备血涂片。

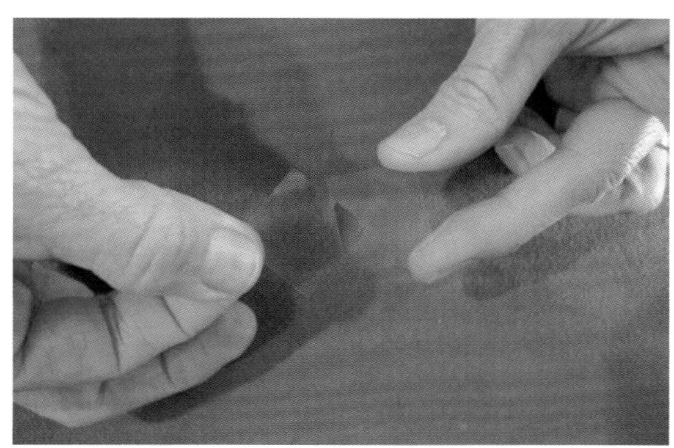

图 10.5　用盖玻片法制备血涂片

流程 10.2　盖玻片法制备血涂片

1. 将一滴血样滴在干净的方形盖玻片中央。
2. 将第二张盖玻片呈对角线放置在第一张上面。
3. 使血液在两张盖玻片间均匀散开，直至血液几乎充满两张盖玻片之间的区域。
4. 将两张盖玻片反向拉开。
5. 将盖玻片在空中轻轻挥动风干。

姆萨染色。罗曼诺夫斯基染色有一步法和三步法，染液的构成稍有不同，但通常包括固定液，以及缓冲伊红和亚甲蓝染液。固定液通常为 95％的甲醇。伊红为酸性缓冲溶液，使细胞的碱性成分着色，如血红蛋白和嗜酸性颗粒。亚甲蓝为碱性缓冲溶液，使细胞的酸性成分着色，如白细胞核。三步法染色较好的是 Diff-Quik（Siemens USA，Palo Alto，CA）。三步法染色时，不同染液之间都需要用蒸馏水冲洗。必须注意避免将水滴入任何一种染液中，否则染液会分解。染色结束后再用蒸馏水冲洗，风干后进行显微镜检查。

染色前将载玻片在甲醇中固定至少 60 s，以获得最佳染色效果。染色时间的长短受各种因素的影响，如染液的寿命。对于三步法染色来说，浸入每种染液的平均时间是 30 s。染色过程中，无须上下提拉玻片使其出入染液。

表 10.1 列举了与染色相关的问题。染色过度会使细胞颜色偏深，漂洗过度会造成着色不良。为了保证染色结果稳定，并避免产生染料沉淀，必须定期更换染液，也可以通过过滤去除染液中多余的残渣。红细胞折光伪像是一种常见问题，通常由固定液中的水分引起。载玻片上的水滴进入固定液，或固定液放置时不盖盖子导致水分增多。注意不要把这些伪像和细胞异常混淆。

白细胞分类计数

虽然大部分兽用血细胞分析仪可进行部分白细胞分类计数，但因为许多异常无法通过自动分析仪发现（包括有核红细胞、中毒性颗粒、血小板聚集簇、靶型红细胞和血液寄生虫等），仍然需要制备并评估血涂片。

每次检查血涂片的流程应相对固定，以避免计数失误或者遗漏重要细节。首先从低倍镜（100×）开始扫查，可对整体细胞数量进行粗略评估。

表 10.1 染色问题的解决方法

问题	解决方法
过度蓝染(红细胞可能呈蓝绿色)	
染液接触时间长	缩短染液时间
漂洗不足	延长漂洗时间
样本过厚	尽量制备更薄的涂片
染液、稀释液、缓冲液或漂洗液偏碱性	用 pH 试纸检查并纠正 pH
暴露于福尔马林蒸气	储存和运送细胞学样本时与装有福尔马林的容器分开
在乙醇或福尔马林中进行湿固定	固定前风干涂片
固定延迟	尽快固定
载玻片表面呈碱性	使用新的载玻片
过度红染	
染色时间不足	延长染色时间
漂洗时间过长	缩短漂洗时间
染液和稀释液偏酸性	用 pH 试纸检查并纠正 pH;可能需要更换新的甲醇
红色染液中时间过长	缩短红色染液的作用时间
蓝色染液中时间过短	延长蓝色染液的作用时间
涂片风干前盖盖玻片	盖盖玻片之前涂片应完全风干
染色不良	
与一种或多种染液接触不充分	延长染色时间
染液退化(陈旧)	更换染液
染色时样本被其他载玻片覆盖	保证载玻片之间相互分离
染色不均	
载玻片表面不同部位的 pH 有差异(可能因为载玻片被触摸或不洁造成)	使用新的载玻片;制片前后避免触摸其表面
染色和漂洗后载玻片某些部位有水滴	使载玻片倾斜接近垂直,以利于表面水滴流走,或者使用风扇将其吹干
染液和缓冲液混合不均匀	将染液和缓冲液充分混合
涂片上有沉淀	
染液过滤不良	过滤或者更换染液
染色后漂洗不足	染色后充分漂洗
载玻片不洁净	使用干净的新载玻片
染色时染液风干	用足够量的染液,不要在载玻片上停留太长时间
其他	
染色过深	使用 95%的甲醇脱色后重新染色;Diff-Quik 染色的涂片可在红色 Diff-Quik 染液中脱去蓝色的成分,但是这样会污染红色染液
Diff-Quik 染色时红细胞出现折光伪像(通常由固定液中的水分所致)	更换固定液

引自 Valenciano AC, Cowell RL:*Cowell and Tyler's diagnostic cytology and hematology of the dog and cat*, ed 4, St Louis, 2014, Mosby.

扫查整张血涂片并寻找是否有血小板团块、大的异常细胞和微丝蚴。接下来用高倍镜观察羽状缘和单层区域(图 10.6)。血涂片尾部的细胞通常扭曲、分布不规则。单层区域的细胞均匀随机分布,细胞不发生扭曲。一旦确定了这两个区域,技术员将视野固定在紧邻羽状缘的单层区域,用油镜(1 000×)观察并进行分类计数,至少记录 100 个白细胞。由于计数了 100 个白细胞,可用百分比的形式记录每种白细胞,称为白细胞相对计数。许多计数装置都可用于白细胞的分类计数(图 10.7)。

注意:白细胞的分类计数可提供外周血中每种类型白细胞的相对百分比。

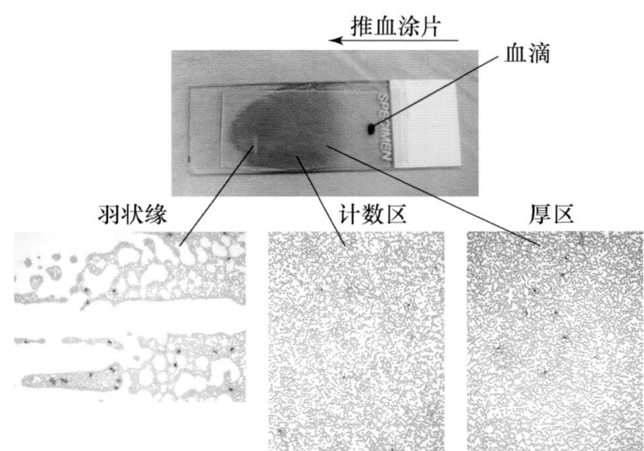

图 10.6 **血涂片不同区域的大体外观和镜下图片。上图的血涂片由一滴血(血滴)从右向左(大箭头)推制而成。血涂片三部分(羽状缘、计数区和厚区)通过线标识其镜下图片(引自 Valenciano AC, Cowell RL:*Cowell and Tyler's diagnostic cytology and hematology of the dog and cat*, ed 4, St Louis, 2014, Mosby.)**

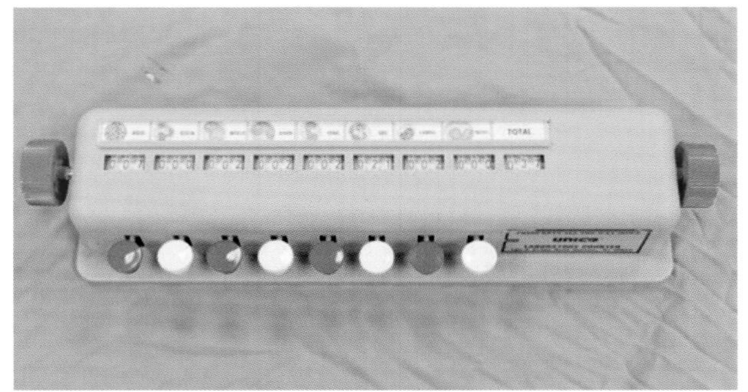

图 10.7 **用于白细胞分类计数的标准机械计数器**

绝对值

获得每种细胞的百分比后,即可计算出其绝对值。通过白细胞总数乘以每种细胞的百分比即得到其绝对值。例如,白细胞分类计数时中性粒细胞占 80%,而白细胞总数为 6 000/μL,则血液中中性粒细胞的绝对值为 4 800/μL。

分类计数得出的每种细胞的相对百分比可能具有误导性,特别当样本的白细胞总数或分类计数的百分比不在正常范围内时。例如,犬分叶中性粒细胞在血涂片中的正常比例是 60%～70%,绝对值的范围是 3 000～11 300/μL,淋巴细胞的正常范围是 12%～30%,绝对值的正常范围是 1 400～8 000/μL。如果一只患犬中性粒细胞和淋巴细胞的相对比例分别为 88%和 12%,看似发生了中性粒细胞增多,淋巴细胞正常。然而,如果患犬的白细胞总数为 11 000(正常范围内),那么中性粒细胞的绝对值为 9 680/μL(正常范围内),而淋巴细胞的绝对值为 1 320/μL(偏低),患犬其实发生了轻度淋巴细胞减少。同样地,若患犬的淋巴细胞相对值为 7%,看似发生淋巴细胞减少,但如果患犬的白细胞总数为 30 000/μL,那么淋巴细胞的绝对值为 2 100/μL,实为正常的淋巴细胞数。

白细胞

大部分哺乳动物的白细胞由成熟和未成熟的中性粒细胞、淋巴细胞、单核细胞、嗜酸性粒细胞和嗜碱性粒细胞构成。每种细胞都在机体的防御系统中起到重要作用,每种细胞的浓度对各种疾病的诊断极为重要。白细胞的功能包括吞噬作用、释放可调节免疫系统的信号物质以及产生抗体。关于不同白细胞功能的更多信息请见第 4 单元。

哺乳动物外周血白细胞的形态学特征

(1)中性粒细胞　中性粒细胞是大多数哺乳动物外周血中数量最多的白细胞。细胞核不规则,呈长条状,罕见核分叶之间的真性细丝(图 10.8)。哺乳动物中性粒细胞的特征是有 3～5 个核分叶。马中性粒细胞的细胞核染色质呈粗糙致密的团块状,细胞质呈淡粉色,有散在颗粒。牛中性粒细胞的细胞质呈深粉色。中性粒细胞的主要功能是吞噬作用,数量升高通常提示感染或炎症。

> **注意**:外周血中成熟的中性粒细胞有 3～5 个核分叶。

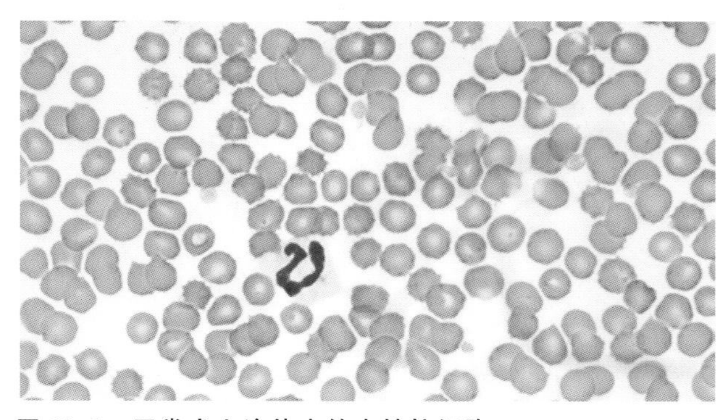

图 10.8　**正常犬血涂片中的中性粒细胞**

在鸟类、爬行类、某些鱼类和部分小型哺乳动物(如兔、豚鼠)中,与中性粒细胞功能相当的细胞被称为嗜异性粒细胞。嗜异性粒细胞的细胞质有明显的嗜酸性颗粒(图 10.9)。

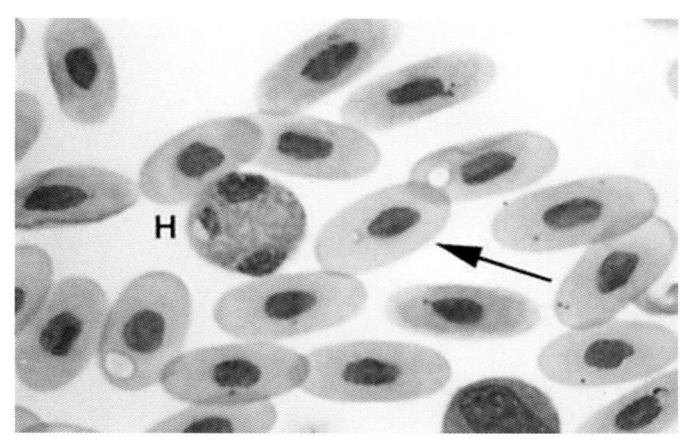

图 10.9　**爬行动物血涂片中的有核红细胞,图中还有一个嗜异性粒细胞(H)**

(2)杆状中性粒细胞　杆状中性粒细胞的细胞核呈马蹄形,末端钝圆(图 10.10)。虽然细胞核可能有轻度凹陷,但是如果核凹陷的程度超过核宽度的 1/3,那么该细胞被归为分叶中性粒细胞。区分杆状中性粒细胞和成熟的分叶中性粒细胞具有一定主观性。每个机构都应该清楚地制定判定杆状中性粒细胞的标准,并将其应用于所有样本。如果某一细胞难以确认是杆状还是成熟的分叶,那么该

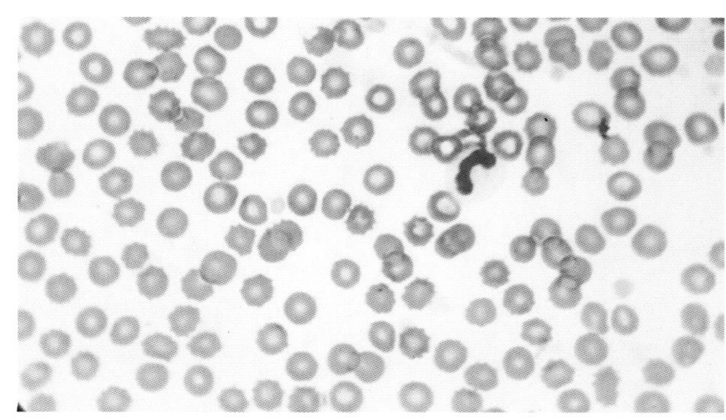

图 10.10　**犬杆状中性粒细胞**

细胞最好被分为成熟的细胞。更不成熟的中性粒细胞(如中幼粒细胞、晚幼粒细胞)在外周血中很少见(图 10.11)。

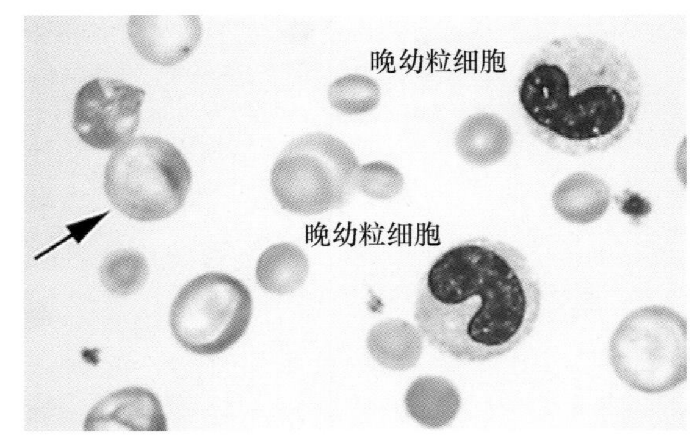

图 10.11 **再生性贫血患犬的血涂片,可见晚幼粒细胞。还可见多染性红细胞(箭头所指)和几个球形红细胞**

(3)嗜酸性粒细胞　嗜酸性粒细胞的细胞核与中性粒细胞相似,但染色质不如后者粗糙聚集。不同动物嗜酸性粒细胞的颗粒形态不同(图 10.12)。犬嗜酸性粒细胞内通常含有不同大小的颗粒,着色不如其他动物深,通常为圆形且呈暗红色。猫的嗜酸性粒细胞颗粒呈小棒状且数量多。马的嗜酸性粒细胞颗粒较大,呈圆形至椭圆形,染色呈深橙红色。牛、羊和猪的嗜酸性粒细胞颗粒呈圆形,比马的颗粒小很多,呈深粉色。嗜酸性粒细胞也有吞噬功能,但首要功能还是对免疫系统的调节作用。嗜酸性粒细胞增多通常见于过敏反应、寄生虫感染。

> **注意:**不同动物的嗜酸性粒细胞的颗粒大小、颜色、形状和数量都不相同。

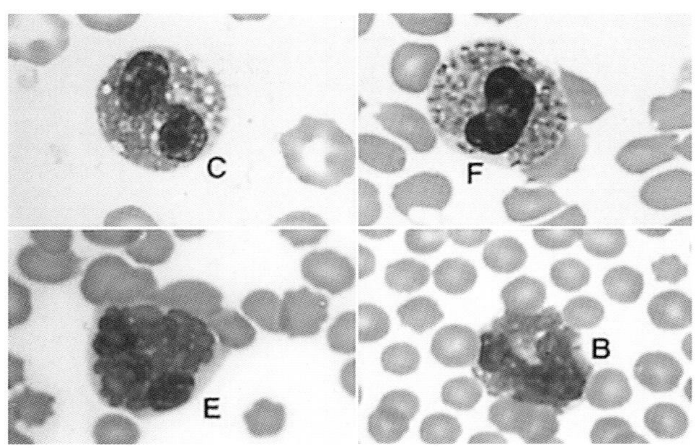

图 10.12 **犬(C)、猫(F)、马(E)和牛(B)嗜酸性粒细胞,不同动物嗜酸性粒细胞的颗粒大小、形状和颜色各不相同**

(4)嗜碱性粒细胞　嗜碱性粒细胞的细胞核与单核细胞相似。犬嗜碱性粒细胞的颗粒很少,呈紫色至蓝黑色。马和牛嗜碱性粒细胞的颗粒通常较多,呈蓝黑色,可能会完全填满细胞质。猫嗜碱性粒细胞的颗粒为圆形,呈淡紫色(图 10.13)。嗜碱性粒细胞也参与免疫系统的调节作用。嗜碱性粒细胞增多见于各种炎症和感染。

> **注意:**嗜碱性粒细胞在血涂片上不常见。

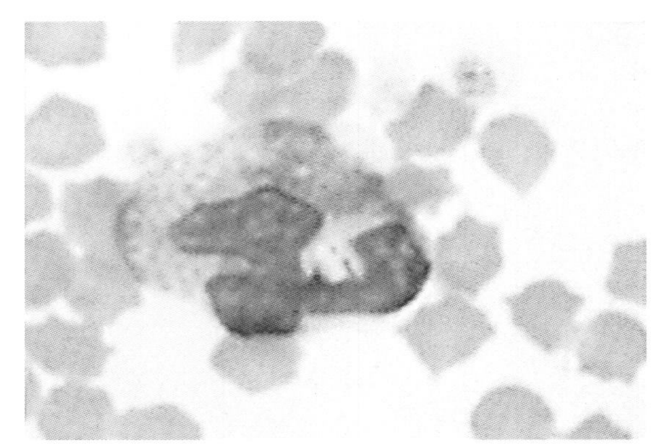

图 10.13 **正常猫的嗜碱性粒细胞**

(5)淋巴细胞　外周血中可见大小不等的淋巴细胞。反刍动物外周血中淋巴细胞占比最多。犬和猫的小淋巴细胞直径为 7～9 μm,细胞核凹陷(图 10.14)。染色质粗糙聚集,细胞质很少,呈浅蓝色。染色中心(致密的染色质区域)在细胞核内呈深染团块,避免与核仁混淆。中大淋巴细胞的直径为 9～11 μm,细胞质较多。细胞质内可能包含粉紫色的颗粒。正常牛的淋巴细胞可能含有核仁环,细胞较大,难以与单核细胞或肿瘤性淋巴细胞相区分。淋巴细胞的主要功能是产生抗体。淋巴细胞增多一般提示病毒感染。

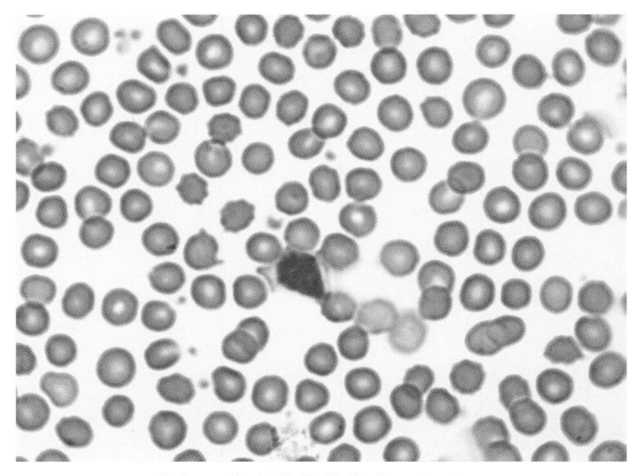

图 10.14 **正常犬血液中成熟的小淋巴细胞**

注意：外周血中的淋巴细胞通常大小不一。

（6）单核细胞 单核细胞是外周血中最大的白细胞，细胞核形态多样（图 10.15）。细胞核有时呈蚕豆形，但通常呈长条状、分叶状或阿米巴状。核染色质较中性粒细胞疏松。单核细胞的细胞质呈蓝灰色，可能含有空泡及细小的粉色颗粒。单核细胞可能难以与杆状中性粒细胞、大淋巴细胞或者中毒性晚幼粒细胞相区分。若未发生核左移，那么疑似细胞可能是单核细胞。单核细胞的主要功能是吞噬作用。单核细胞增多可见于各种慢性感染。

注意：单核细胞是外周血中最大的白细胞。

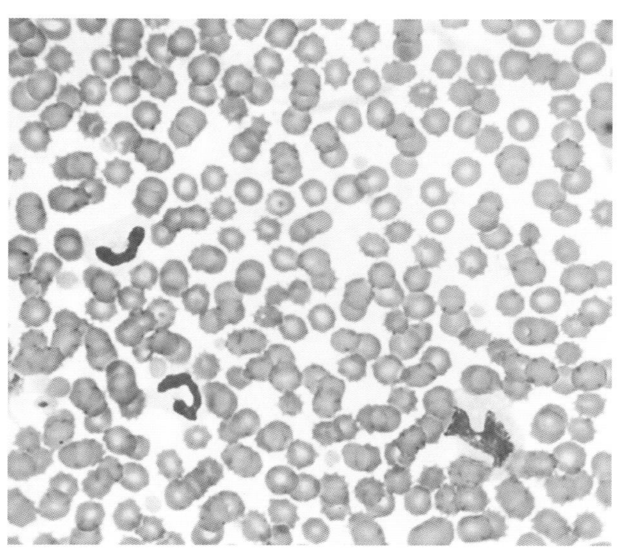

图 10.15 正常犬的单核细胞（右侧）和两个中性粒细胞

外周血中正常红细胞的形态

不同动物的正常红细胞形态不同。正常的犬红细胞呈双凹圆盘状，具有明显的中央淡染区（图 10.16）。猫的红细胞呈圆形，几乎无中央淡染区。与哺乳动物不同，鸟类、爬行类、两栖类和鱼类的红细胞有核（图 10.9）。多种类型的贫血中可见红细胞呈卵圆形、椭圆形或长形，有时被称为铅笔细胞。这些细胞是美洲鸵和其他鸵科动物的主要细胞类型，但不提示疾病的发生（图 10.17）。正常的山羊和绵羊血液也含有椭圆形红细胞。血红蛋白可能在细胞内平均分布，或集中在椭圆红细胞的两极，出现中央淡染区。

注意：正常的犬红细胞呈双凹圆盘状。

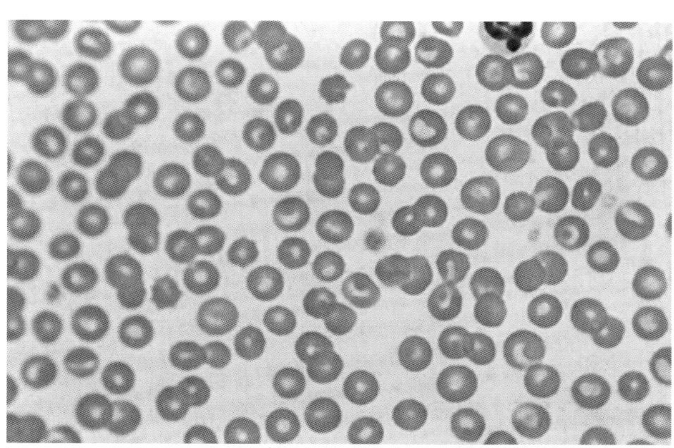

图 10.16 正常的犬红细胞和血小板（引自 Siros M：*Principles and practice of veterinary technology*, ed 2, St Louis, 2004, Mosby.）

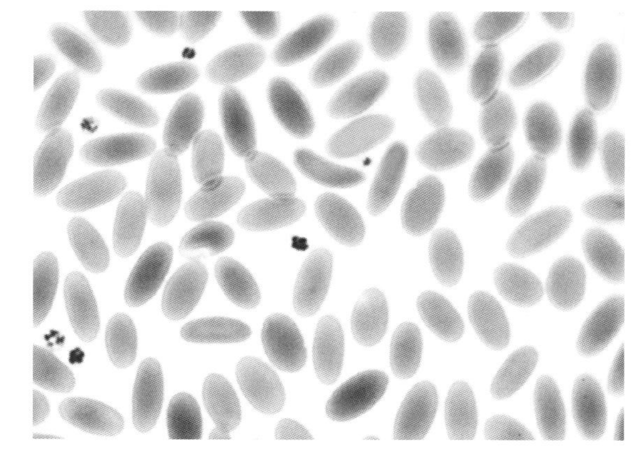

图 10.17 正常美洲鸵血中的椭圆形红细胞（瑞氏-吉姆萨染色）（引自 Harvey J：*Veterinary hematology*, St Louis, 2012, Saunders.）

血小板评估

血小板是止血的重要组成部分。评估血小板的一种方法是血涂片检查。当血小板数量降低时，应对其浓度进行定量分析。应在计数区进行血小板数量的评估，至少计算 10 个油镜（1 000×）视野下的血小板数。油镜视野的大小取决于所使用的显微镜。正常动物每个油镜视野有 7～10 个血小板。血小板评估的结果可以用每 10 个视野中的平均数或范围来表示。10 个油镜视野下血小板的平均数乘以 20 000 可间接得出血小板的数量。另一种方式是在计数 100 个白细胞的过程中，同时计数血小板数。将这些数值按照以下公式计算血小板估计值：

每 100 个白细胞的血小板数×白细胞数(/μL)
=血小板数(/μL)

哺乳动物的血涂片中常见血小板簇。如果观察到血小板簇(图 10.18),那么其数量可能是正常的。如果出现异常的大型血小板(如巨血小板)(图 10.19),可能提示骨髓提前释放血小板,应该引起注意。血小板可能比红细胞大,特别是猫。根据所用的血细胞分析仪,巨血小板有时会影响红细胞和血小板的计数。如果在血涂片检查后仍然怀疑有血小板减少,应该进行血小板计数。

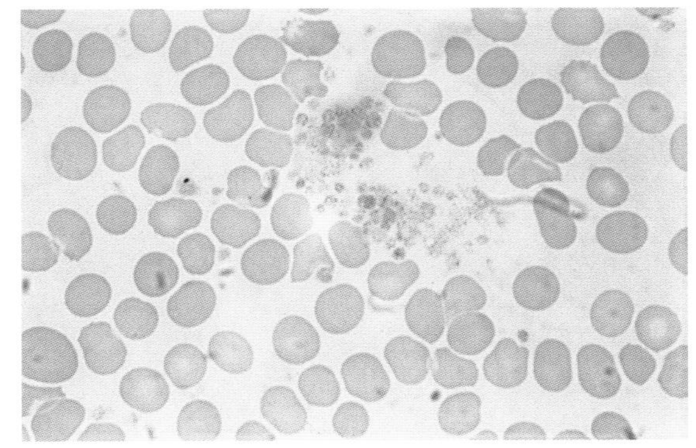

图 10.18 犬血涂片中的血小板聚集簇

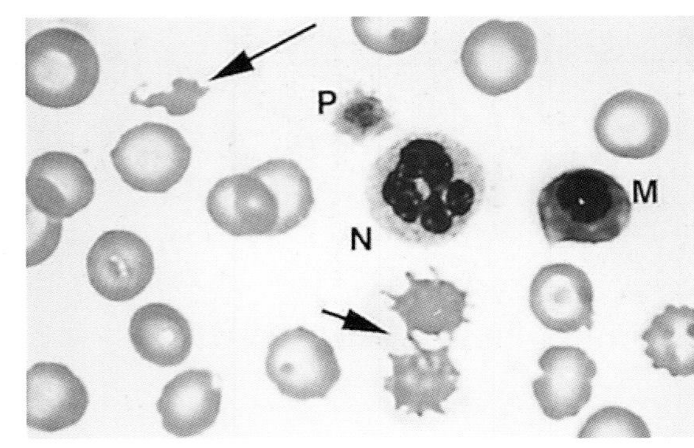

图 10.19 犬血涂片中的巨血小板(P)、棘红细胞(短箭头)和裂红细胞(长箭头)

复习题

第 10 章的复习题见附录 A。

关键点

- 推片法是用于分类计数的血涂片最常用的制备方法。
- 用于分类计数的血涂片通常用罗曼诺夫斯基法染色。
- 血涂片可用于评估血小板数量。
- 白细胞分类计数时至少计数 100 个白细胞。
- 白细胞分类计数可提供样本中每种白细胞的相对百分比。
- 绝对值可根据每种细胞的相对百分比乘以白细胞总数获得。
- 不同动物的嗜酸性粒细胞的颗粒大小、颜色、形状和数量都不相同。
- 单核细胞的细胞核形态多样,是外周血中最大的白细胞。
- 中性粒细胞是粒细胞中最多的,细胞核分 3～5 叶。
- 嗜碱性粒细胞在血涂片中不常见。

第11章

Morphologic Abnormalities of Blood Cells
血细胞的异常形态

学习目标

经过本章的学习，你将可以：

- 描述半定量评估细胞形态变化的方法。
- 描述白细胞形态变化的类型。
- 描述红细胞形态变化的类型。
- 阐述中毒性变化一词的意义。
- 列举并解释用于描述红细胞大小异常的术语。
- 列举并解释用于描述红细胞形状异常的术语。
- 列举并解释用于描述红细胞排列异常的术语。
- 列举并解释用于描述红细胞染色异常的术语。
- 列举并描述血涂片中可能见到的寄生虫。

目　录

关键词

棘红细胞
红细胞大小不等
环形红细胞
细胞凋亡

非典型淋巴细胞
自身凝集
嗜碱性点彩
密码细胞
泪滴细胞
杜勒小体
镰状细胞
锯齿状红细胞
海因茨小体
豪乔氏小体
多染性
分叶过度
染色过浅
分叶过少
核溶解
核碎裂
角红细胞
薄红细胞
大红细胞增多
小红细胞增多
有核红细胞
Pelger-Huët 异常
异形红细胞增多
核固缩
反应性淋巴细胞
缗钱样
裂红细胞
破碎细胞
球形红细胞
口形红细胞
靶形红细胞
环形红细胞
中毒性颗粒

在进行白细胞分类计数、血小板数量评估的基础上，需要对血细胞的形态进行评估。出现任何异常细胞或中毒性变化都需要进行半定量评估。

形态变化的定量评估

有 2 种方式可对形态变化的程度进行评估，一种使用 1+、2+、3+和 4+来体现发生形态变化的细胞比例，通常 1+相当于 5%～10%、2+相当于 10%～25%、3+相当于 50%、4+相当于 75%以上的细胞有异常。这些属于主观评价。另一种方式使用“轻度”“中度”和“重度”分别表示约 10%、约 25%和大于 50%的细胞有异常。

白细胞形态异常

核分叶过少

Pelger-Huët 异常是以粒细胞核分叶过少为特征的一种先天性缺陷。受累细胞的核染色质致密，但是无法分叶，细胞质正常（图 11.1）。嗜酸性粒细胞和嗜碱性粒细胞也可能有相应变化。该异常被认为是常染色体显性性状，最常发生于澳大利亚牧羊犬。该性状的纯合子动物通常有骨骼发育异常，并于出生后短时间内死亡。分叶不足可能仅仅提示杆状中性粒细胞的提早释放。曾有关于假性 Pelger-Huët 异常的报道，可能为正常炎症反应的一种变化或对特殊药物的反应。与先天性异常相比，假性 Pelger-Huët 异常核分叶过少的中性粒细胞数量通常较少。

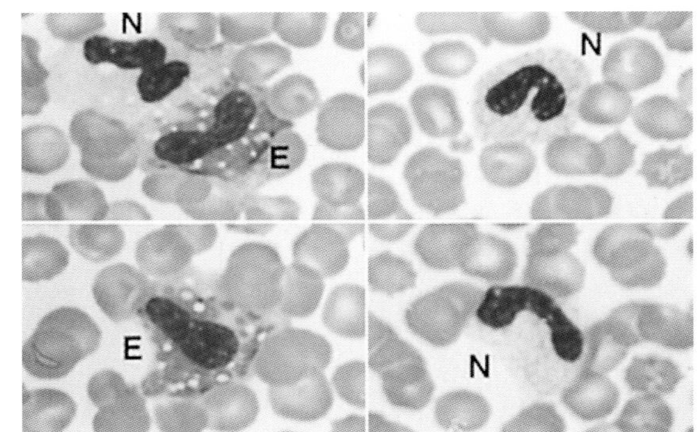

图 11.1 Pelger-Huët 异常患犬的中性粒细胞（N）和嗜酸性粒细胞（E）的核分叶过少（瑞氏染色）

核分叶过度

犬和猫中性粒细胞核分叶超过 5 叶则被认为分叶过度（图 11.2），通常由中性粒细胞在体内（内源性或外源性糖皮质激素可延长中性粒细胞在血液循环中的半衰期）或体外（用长时间储存的血液样本制备血涂片）老化所致。核分叶过度还可见于贵宾犬的大红细胞增多。

注意:核分叶过度是中性粒细胞较常见的形态异常。

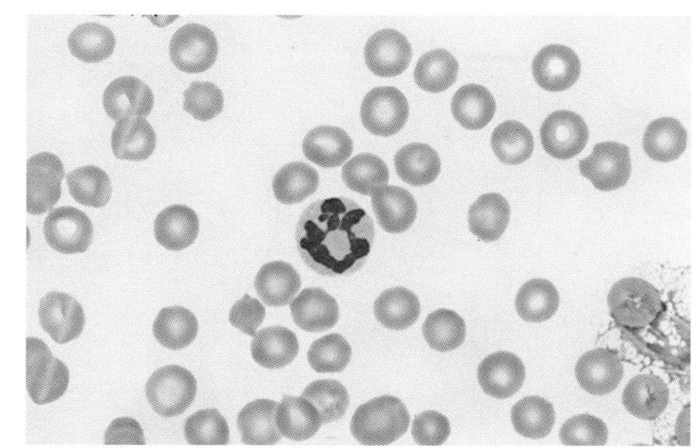

图 11.2 犬中性粒细胞的核分叶过多

中毒性变化

由疾病引起的中性粒细胞胞质变化中以中毒性变化最为常见,其与炎症、感染和药物毒性有关。当犬发生这些变化时,可能表现得更为明显。严重的中毒性变化通常提示细菌感染。但是在疾病并不严重的猫中也常见到中性粒细胞的中毒性变化。中毒性变化包括细胞质嗜碱性、杜勒小体、空泡化或"泡沫状"(图 11.3)以及罕见的中毒性颗粒(浓染的初级颗粒)(图 11.4)。病变细胞比正常分叶中性粒细胞大(图 11.5)。这些"中毒性"变化可能由中性粒细胞在骨髓中的成熟时间缩短所致。评估中毒性变化严重程度的标准见框 11.1。

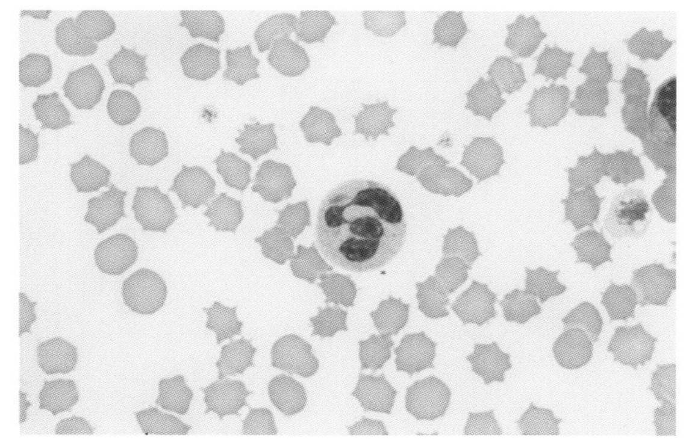

图 11.3 中毒性中性粒细胞,可见细胞质嗜碱性,并含有一个较大的杜勒小体。红细胞呈锯齿状

注意:中毒性变化包括体积增大、细胞质嗜碱性、杜勒小体和中毒性颗粒。

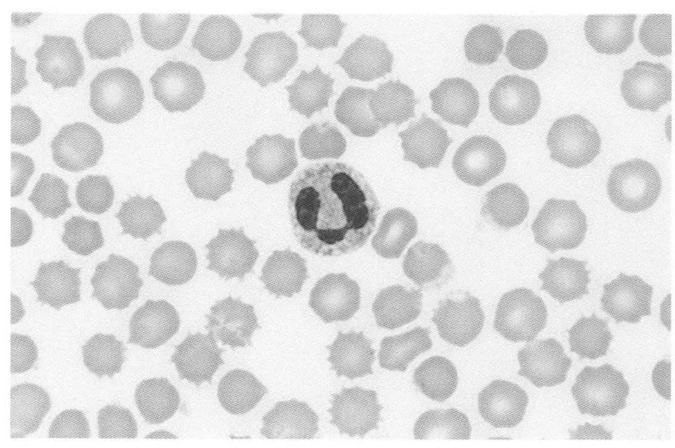

图 11.4 含中毒性颗粒的中性粒细胞

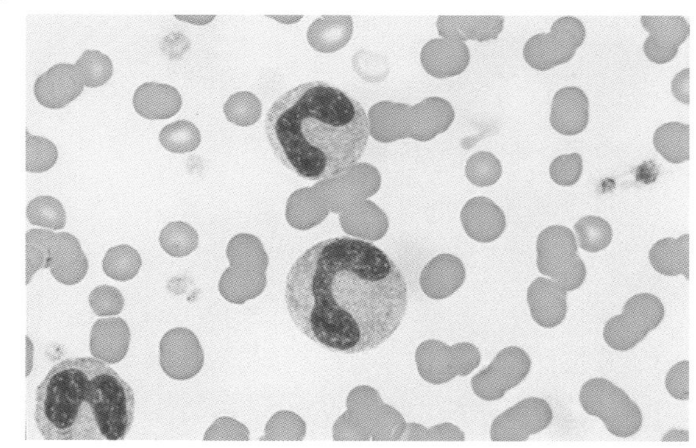

图 11.5 猫巨型中性粒细胞,相邻的是一个正常大小的中性粒细胞

框 11.1 中性粒细胞胞质中毒性变化的半定量评估

伴中毒性变化的中性粒细胞数量	
少量	5%~10%
中等量	11%~30%
大量	>30%
细胞质中毒性变化的严重程度	
杜勒小体*	1+
轻度嗜碱性	1+
中度嗜碱性伴杜勒小体	2+
中度嗜碱性伴泡沫化↑	3+
嗜碱性伴中毒性颗粒	3+

*健康、无疾病表现的猫血液中可见到少量中性粒细胞内含有1~2个杜勒小体。

↑可能同时含有杜勒小体。

引自 Harvey JW:*Veterinary hematology*, St Louis, 2012, Saunders.

感染性疾病中的细胞质包涵体

犬瘟包涵体可见于红细胞或中性粒细胞内,呈灰蓝色至紫红色。立克次体病原(即埃立克体属和无形体属)的桑葚胚可见于中性粒细胞的细胞质(图 11.6)。其他可见于中性粒细胞或单核细胞中的包涵体包括荚膜组织胞浆菌、蜃楼弗朗西斯菌

(*Francisella philomiragia*)、分枝杆菌、犬肝簇虫配子体和婴儿利什曼原虫的无鞭毛体。

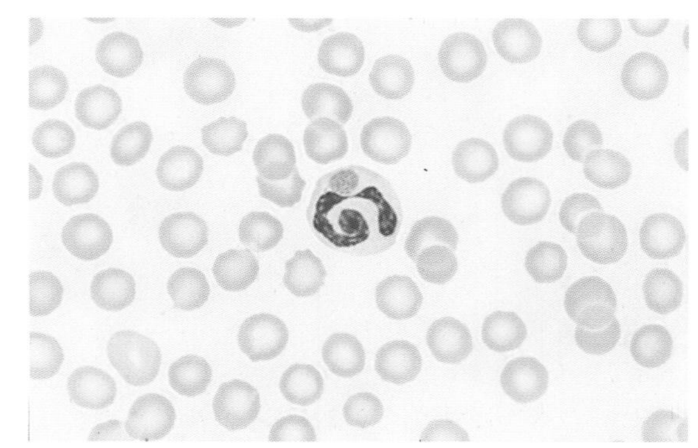

图 11.6 犬中性粒细胞含埃立克体桑葚胚

非典型和反应性淋巴细胞

淋巴细胞胞质内出现嗜苯胺蓝颗粒(图 11.7)通常与慢性抗原刺激有关,特别是犬埃立克体病。正常牛淋巴细胞中即可出现嗜苯胺蓝颗粒。非典型淋巴细胞(异型淋巴细胞)的细胞质嗜碱性,细胞核凹陷,可能发生细胞核与细胞质成熟不同步。反应性淋巴细胞(图 11.8)细胞质嗜碱性增强,细胞质量增多,有时细胞核更大、呈盘曲状。这些形态变化通常由疫苗注射或感染继发的抗原刺激所引起。反应性淋巴细胞也称为免疫细胞。

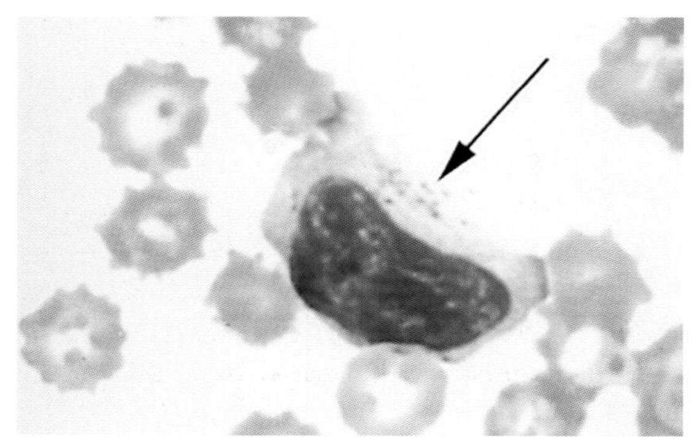

图 11.7 犬血涂片中含嗜苯胺蓝颗粒的非典型淋巴细胞

溶酶体贮积症

这是一类罕见的遗传病,通常因细胞内的酶缺乏而引起某种物质的异常蓄积。动物中已有报道的该类疾病多达数种,临床表现取决于所缺乏的酶,大多出现骨骼异常或进行性神经系统疾病。全身大部分细胞都会受到影响,因此,可在白细胞中观察到蓄积的物质(通常见于单核细胞、淋巴细胞或中性粒细胞)。白细胞的形态因溶酶体贮积症的类型不同而异。淋巴细胞可见空泡化或含有颗粒;中性粒细胞也可能含有颗粒成分(图 11.9)。

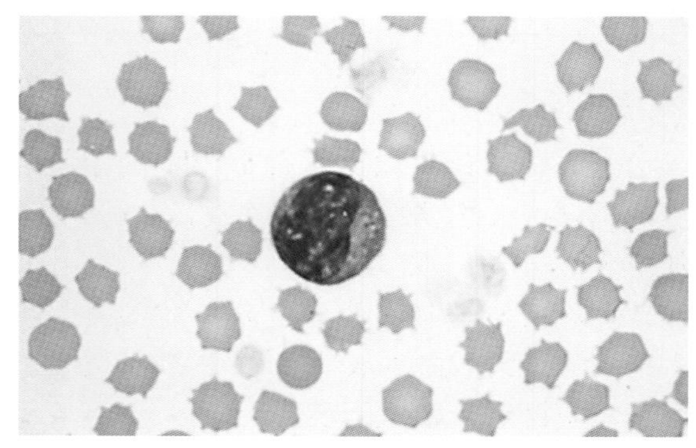

图 11.8 犬血涂片中的反应性淋巴细胞。还可见大量棘红细胞

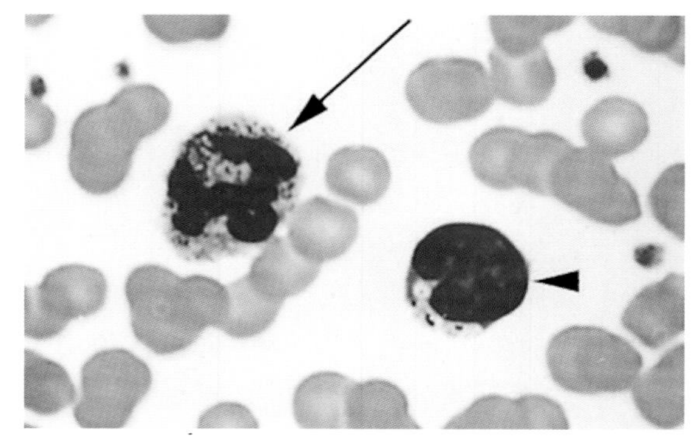

图 11.9 猫淋巴细胞含空泡和颗粒(箭头),中性粒细胞含中毒性颗粒(箭号)

伯曼猫中性粒细胞颗粒异常

伯曼猫颗粒异常患猫的中性粒细胞含有嗜酸性至紫红色的纤细颗粒(图 11.10)。该异常为常染色体隐性遗传。中性粒细胞功能正常,患猫也很健

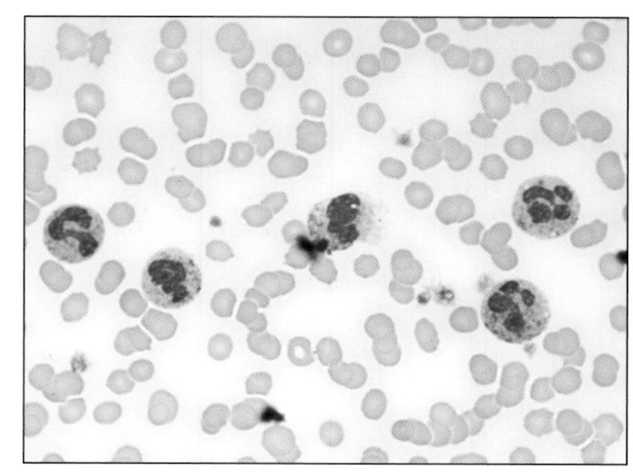

图 11.10 伯曼猫异常患猫的中性粒细胞胞质颗粒(引自 Valenciano A, Cowell C, Rizzi T, Tyler R: *Atlas of canine and feline peripheral blood smear*, St Louis, 2013, Mosby.)

康。这种颗粒必须与中毒性颗粒、黏多糖贮积症和 GM_2 神经节苷脂贮积症（均为溶酶体贮积症）的中性粒细胞相区别。

白细胞异常色素减退综合征

白细胞异常色素减退综合征患猫的中性粒细胞胞质中含有大的、融合溶酶体，直径 0.5～2 μm，呈淡粉色或嗜酸性（图 11.11）。1/4～1/3 的中性粒细胞含有融合溶酶体。嗜酸性粒细胞的颗粒变得大而饱满。患猫因血小板功能异常，有轻度出血倾向。虽然中性粒细胞功能也会出现异常，但患猫通常表现健康。该综合征最常见于波斯猫，但也曾见于牛、狐狸和其他动物。

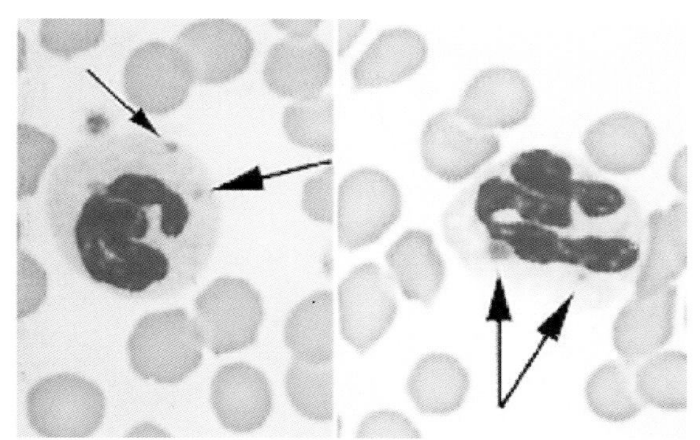

图 11.11　白细胞异常色素减退综合征患猫的血涂片，可见大的粉红色颗粒（箭头）

铁质颗粒

溶血性贫血患病动物的中性粒细胞和单核细胞中可能见到血铁质颗粒，与杜勒小体外观相似，可通过普鲁士蓝染色对两者进行鉴别。杜勒小体在普鲁士蓝中不着色。铁质颗粒也可见于红细胞内，该种细胞称为高铁红细胞。

破碎细胞

破碎细胞有时被称为篮状细胞，是破裂的退行性白细胞（图 11.12）。除非大量存在，否则这些细胞没有意义。若使用久置的血样制备血涂片，或制片时用力过度，均可导致少量破碎细胞的出现，这些是人为伪像。大量的破碎细胞可能与白血病有关。

核溶解、核固缩和核碎裂

核溶解是以细胞核膜溶解为特征的细胞核退行性变化，通常影响中性粒细胞，常见于感染性渗出液。核碎裂指细胞死亡（凋亡）后细胞核碎裂。核固缩指细胞死亡后细胞核的浓缩（图 11.13）。

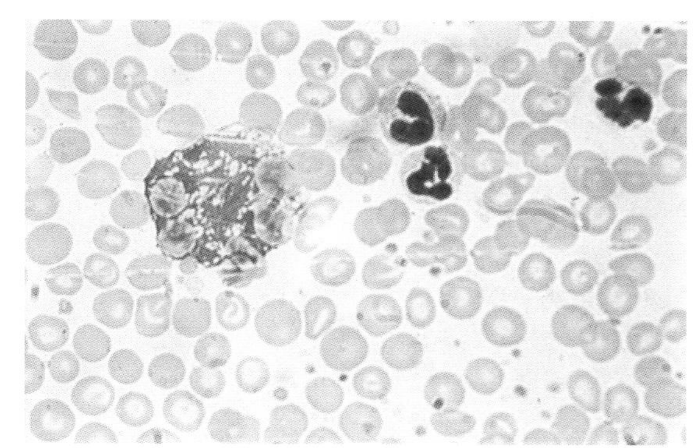

图 11.12　犬血涂片中的破碎细胞和一些中性粒细胞

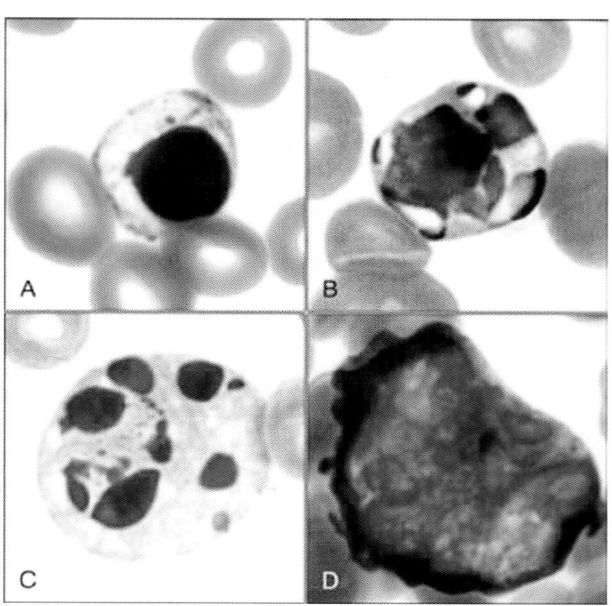

图 11.13　血液中核固缩和核碎裂。A. 中毒性核左移的患犬血液中核固缩的细胞，染色质致密。B. 心丝虫患犬血液中的核固缩与核碎裂。C. 急性单核细胞白血病（AML-M5）患犬血液中的核固缩和核碎裂。D. 白血病性淋巴瘤患牛血液中的核固缩和核碎裂（瑞氏-吉姆萨染色）（引自 Harvey JW:*Veterinary hematology*,St Louis, 2012, Saunders.）

红细胞形态异常

红细胞形态异常可根据血涂片中的细胞排列、大小、颜色、形状以及表面或内部是否出现异常结构进行分类。

细胞排列改变

缗钱样排列

缗钱样排列是指红细胞成串排列（图 11.14），见于血液中纤维蛋白原或球蛋白浓度升高的情况，伴随出现红细胞沉降速率加快。正常马血可见显著的缗钱样红细胞，健康猫和猪的血涂片中也可出现。用久置或冷藏的血样制备血涂片，可能出现这样的伪像。

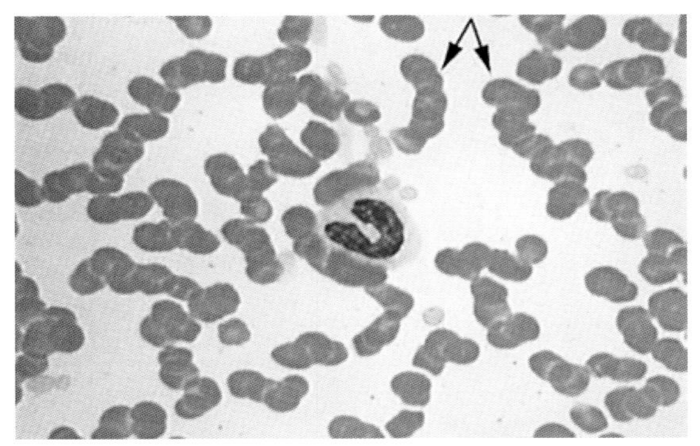

图 11.14 **正常马血涂片，可见显著的缗钱样红细胞排列。同时可见一个杆状中性粒细胞**

自身凝集

红细胞凝集必须与缗钱样红细胞相鉴别（图 11.15）。免疫介导性疾病时，抗体包被红细胞，造成红细胞之间桥联和聚集，称为凝集。有时通过肉眼观察或显微镜检查均可发现。为了鉴别缗钱样和自身凝集，可将一滴生理盐水和一滴血液混合，在显微镜下检查是否发生凝集。缗钱样红细胞在盐水中会散开。

> **注意**：发生自身凝集时，红细胞在与盐水混合后不会散开。

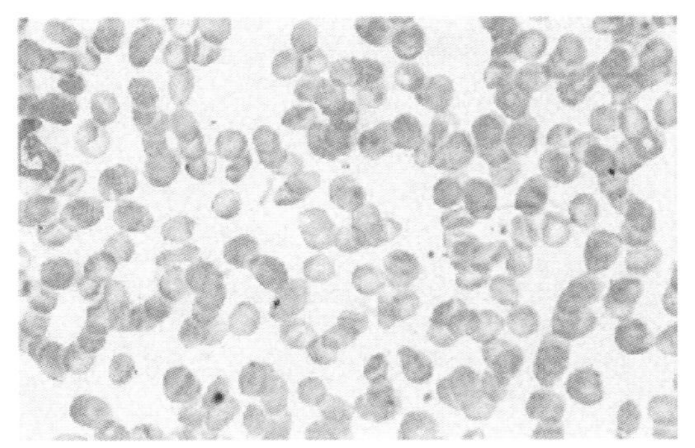

图 11.15 **犬血涂片自身凝集**

细胞大小改变

红细胞大小不等

红细胞大小不等是指红细胞大小不同（图 11.16），提示可能有大红细胞、小红细胞或两者同时存在。正常牛血常可见红细胞大小不等。大红细胞较正常红细胞大，伴有平均红细胞体积（MCV）升高。大红细胞通常为较幼稚的多染性红细胞（网织红细胞）。小红细胞直径小于正常红细胞，MCV 降低，可见于缺铁的情况。

> **注意**：红细胞大小不等包括出现小红细胞、大红细胞或两者混合存在。

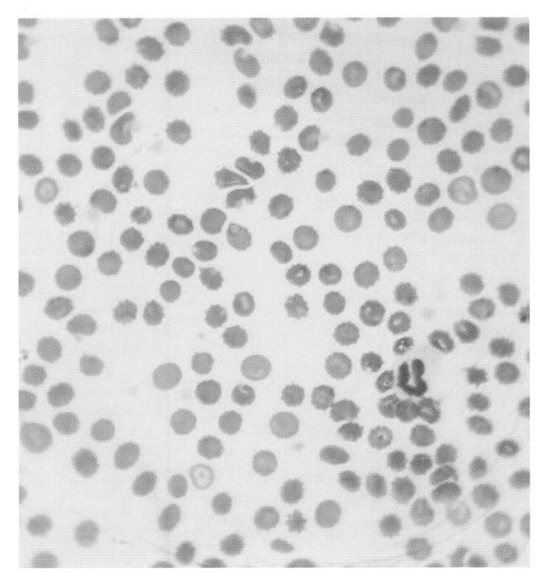

图 11.16 **犬血涂片，混合性红细胞大小不等，同时可见一个中性粒细胞**

细胞颜色改变

多染性红细胞

多染性红细胞是指用罗曼诺夫斯基染色（如瑞氏染色）时发蓝的红细胞（图 11.17）。发蓝是由于细胞内存在细胞器，所以这些是幼稚的细胞。当用新亚甲蓝或亮甲酚蓝染色时，这些细胞显示为网织红细胞。

低色素性红细胞

低色素性红细胞是指因红细胞血红蛋白含量下降导致的着色过浅（图 11.18）。正常情况下，红细胞边缘染色较深，向中央逐渐变浅形成淡染区。缺铁是低色素性红细胞最常见的原因。而大红细胞由于细胞直径较大，也表现出低色素性。低色素性红细胞必须与碗状细胞（即平皿形红细胞）或“穿孔状"细胞（即环形红细胞）相鉴别，后两者通常认为是制片不当造成的伪像（图 11.19）。出现真性低色素性红细胞的动物通常伴有小红细胞增多，可通过 MCV 下降来确定。正色素血症是指染色浓度正常。

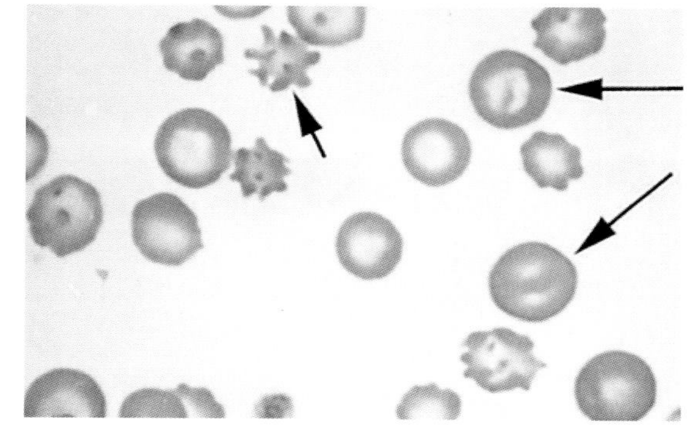

图 11.17 犬血涂片中可见大细胞性多染红细胞（长箭头）和棘红细胞（小箭头）

注意：真性低色素性红细胞由中央至边缘染色质逐渐变深。

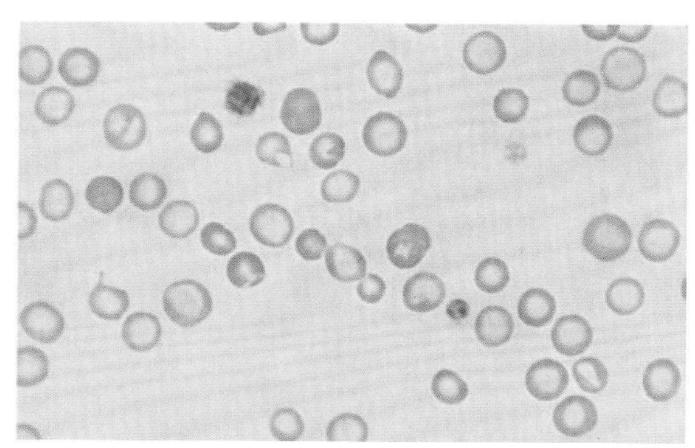

图 11.18 缺铁患犬血涂片中的低色素性红细胞，可见中央淡染区增大，同时可见多个多染性红细胞（引自 Sirois M: *Principles and practice of veterinary technology*, ed 2, St Louis, 2004, Mosby.）

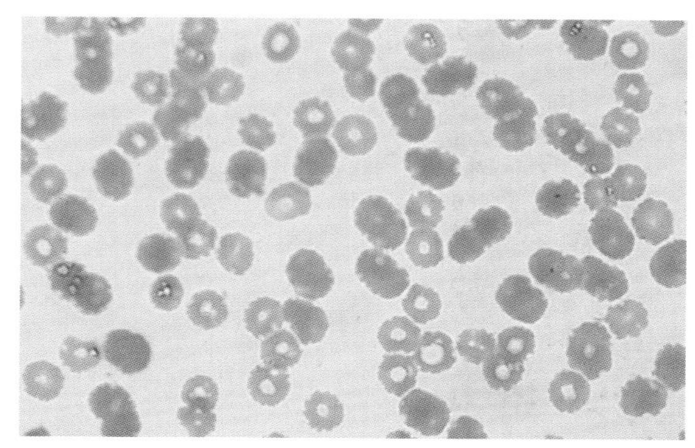

图 11.19 干燥不当的血涂片中出现穿孔状的红细胞伪像

高色素性红细胞

高色素性红细胞是指细胞染色较正常偏深，这种情况会令人误以为是细胞内血红蛋白过饱和。但红细胞可容纳血红蛋白的最大值是固定的，因此，不会发生过饱和。这些细胞通常是小细胞或球形红细胞。

细胞形状改变

异形红细胞

异形红细胞指形状异常的红细胞，但这个名词既无特异性诊断意义，也没有提示导致形状变化的原因，因此对临床帮助不大。红细胞形状异常与物种有一定关系。细胞形状和颜色变化与特定疾病关系密切。只有当形态异常不能用更具体的术语描述时，才使用"异形红细胞增多"一词。

裂红细胞

裂红细胞（图 11.20）是红细胞的碎片，通常因红细胞在血管内受切割而形成。在弥散性血管内凝血（DIC）时红细胞被纤维束破坏，从而出现裂红细胞。此外，血管肿瘤（如血管肉瘤）和铁缺乏时也可见裂红细胞。发生 DIC 的动物通常伴发血小板减少症。

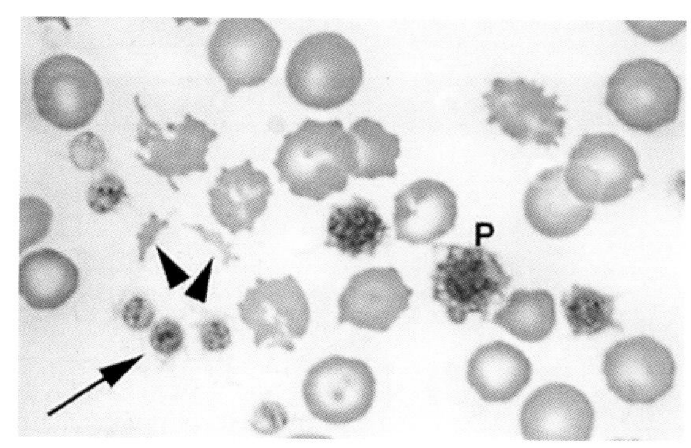

图 11.20 缺铁性贫血患犬的血涂片，可见裂红细胞（箭头）、血小板（箭号）和巨血小板（P）

棘红细胞

棘红细胞又称为马刺细胞，表面具有一些长度和直径不同的突起，分布不均，形状不规则（图 11.21）。棘红细胞见于脂肪代谢异常的动物（如患肝脏脂质沉积的猫或肝脏血管肉瘤的犬）。伴有再生性贫血的中老年大型犬出现棘红细胞时，提示血管肉瘤。

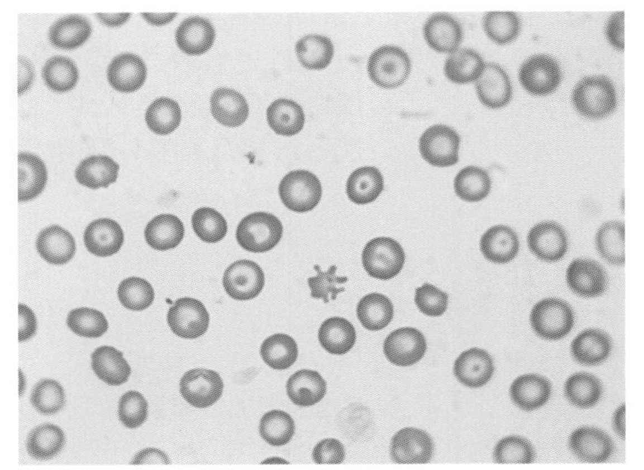

图 11.21 肝脏脂质沉积患猫的血涂片可见棘红细胞(瑞氏-吉姆萨染色)(引自 Harvey JW: *Veterinary hematology*, St Louis, 2012, Saunders.)

锯齿状红细胞

锯齿状红细胞又称刺果细胞,是指红细胞表面带有许多钝性或锐性的突起,形态大小均一,分布均匀(图 11.22)。锯齿状红细胞可能是血涂片风干过慢或样本储存时间过长造成的伪像。这种异常也称为"锯齿形成"。当 EDTA 管未充满(EDTA 过量)时也可出现这种伪像。锯齿状红细胞还可见于患肾脏疾病或淋巴肉瘤的犬、运动过后的马、健康的猪,以及响尾蛇、银环蛇或水蛇蛇毒中毒的犬。

> **注意**:锯齿状红细胞通常由制片过程中风干缓慢、血样与抗凝剂混合不当或比例不当造成。

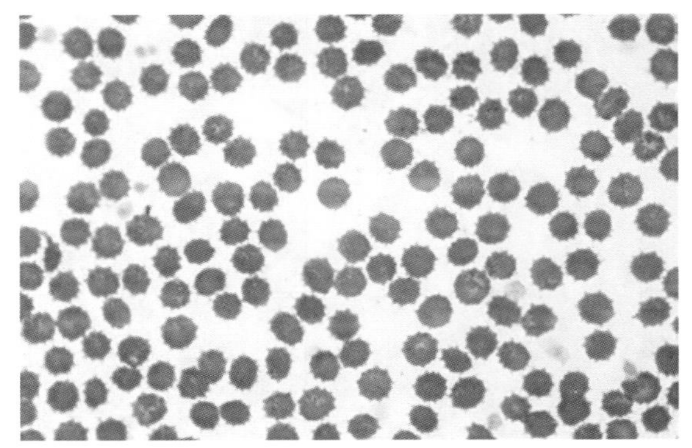

图 11.22 猫血涂片中的锯齿状红细胞

镰状细胞

镰状细胞,也称为镰形细胞,见于正常鹿和安哥拉山羊。这种形态可能是氧分压较高引起的体外表现(图 11.23)。

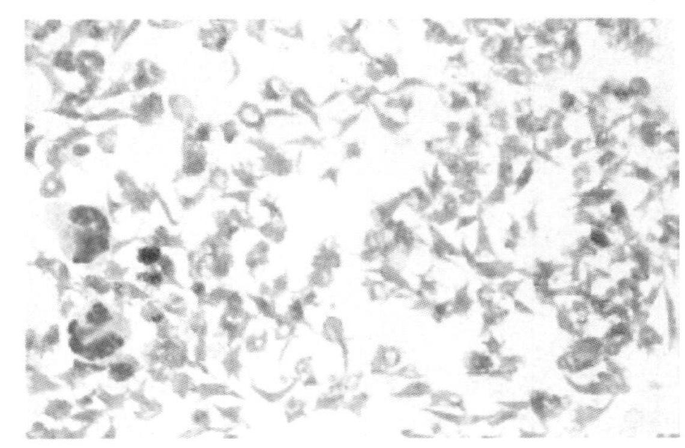

图 11.23 正常鹿血液中的镰状细胞

角红细胞

角红细胞也称为头盔细胞、水泡细胞或"咬伤"细胞,见于血管肉瘤、肿瘤、肾小球肾炎和各种肝脏疾病。细胞可能含有一个空泡。目前认为角红细胞因红细胞在血管内被纤维束切开而形成。切开的边缘相互附着,形成假空泡(图 11.24)。角红细胞在贫血、肝脏疾病和骨髓发育不良综合征中也会出现。

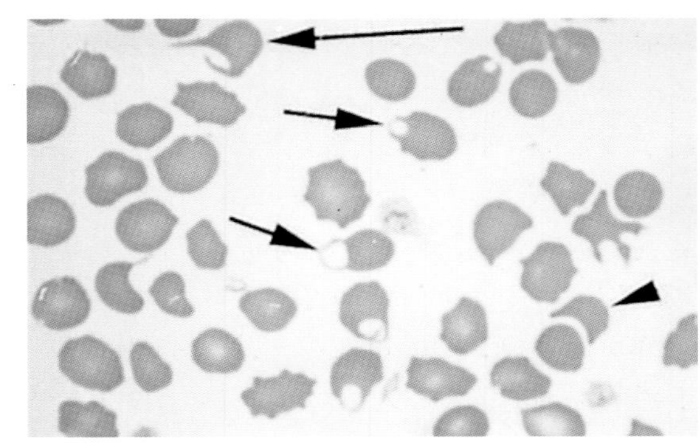

图 11.24 缺铁性贫血患猫的血涂片可见多个角红细胞(箭号)和裂红细胞(箭头)

球形红细胞

球形红细胞是中央淡染区减少或消失的深染细胞(图 11.25)。除犬以外,其他动物不易鉴别球形红细胞。当抗体或补体附于红细胞膜上时,巨噬细胞会吞噬部分细胞膜,造成红细胞膜表面积减少。球形红细胞可提示免疫介导性红细胞破坏造成的溶血性贫血,因此临床意义十分重要。当输注不匹配或储存不当的血液、蛇毒中毒、红细胞相关寄生虫和锌中毒时也可出现球形红细胞。免疫介导性溶血性贫血通常为再生性贫血,可见明显的多染性和网织红细胞计数升高。但一些病例中因抗体攻击了骨髓中的红细胞前体，故表现为非再生性贫血。这些病例中的球形红细胞较难识别，因为再生性贫血时有大的多染性红细胞，使球形红细胞的辨别更容易。虽然球形红细胞的直径较小，但细胞体积正常，因此免疫介导性溶血性贫血患犬的 MCV 并不会降低。

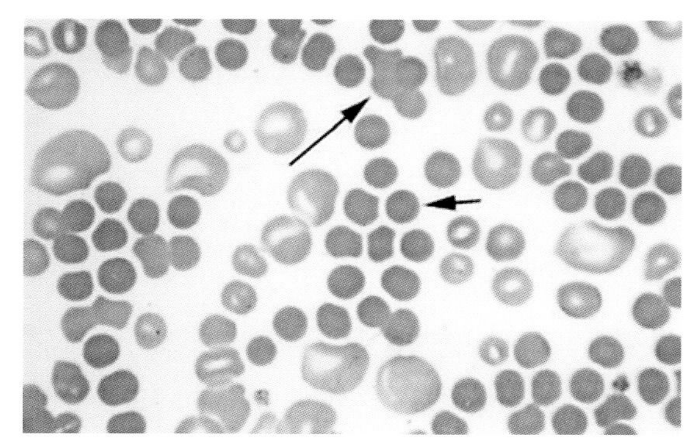

图 11.25　犬血涂片可见红细胞大小不等和球形红细胞(短箭头)，另可见一簇红细胞凝集(长箭头)

薄红细胞(Leptocytes)

这类细胞的特征是细胞膜的表面积相对细胞体积增加，受累细胞形状多样。靶形红细胞，也称为密码细胞，是中央区域着色，周围淡染，最外周深染的薄红细胞(图 11.26)。正常血涂片中可见少量薄红细胞，也可能与贫血、肝脏疾病和一些遗传疾病有关。薄红细胞也可表现为折叠细胞或口形红细胞。折叠细胞中央有一横断的折痕，细胞中央是呈裂缝样的淡染区(图 11.27)。当中央淡染区都垂直于羽状缘时，考虑是人为伪像。Barr 细胞也称为连接细胞(knizocyte)，这种薄红细胞的形态犹如一棒状血红蛋白横跨细胞中央。

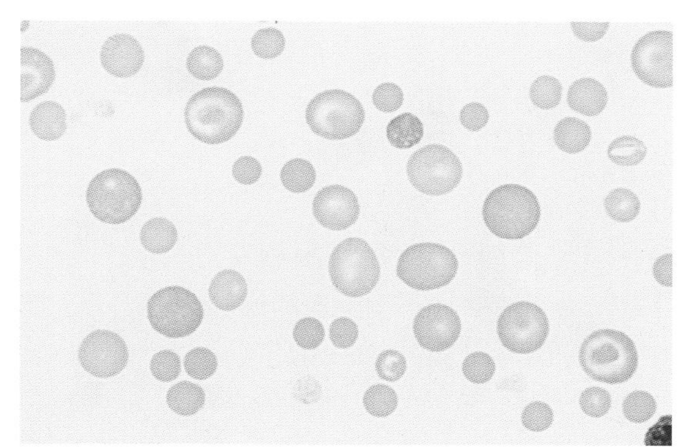

图 11.26　犬血涂片中可见数个靶形红细胞，另可见大小不等的混合性红细胞及多染性红细胞

注意：靶形红细胞是一种薄红细胞。

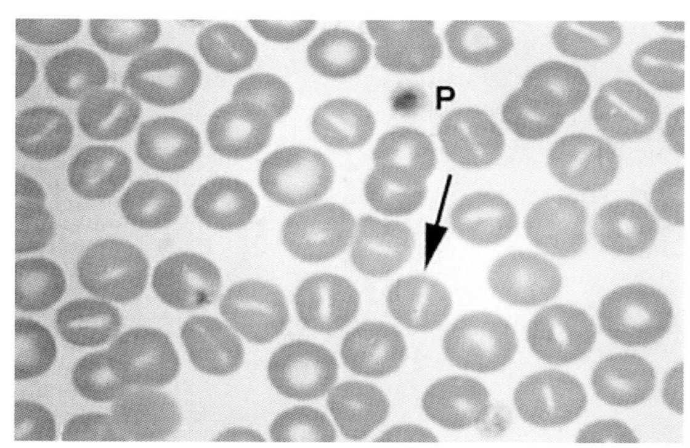

图 11.27　犬血涂片中的折叠细胞、口形细胞(箭头)和血小板(P)

椭圆红细胞(卵圆红细胞)

椭圆红细胞可见于驼科动物和非哺乳动物，红细胞通常呈卵圆形或椭圆形(图 10.17)。在其他物种中，这类细胞可见于淋巴母细胞性白血病、肝脏脂质沉积、门脉短路以及肾小球肾炎。

偏心红细胞

偏心红细胞可见于糖尿病酮症酸中毒、肿瘤、犬巴贝斯虫感染以及摄入氧化剂，如大蒜、洋葱和对乙酰氨基酚。这些细胞的外观是血红蛋白被推向了一侧(图 11.28)。

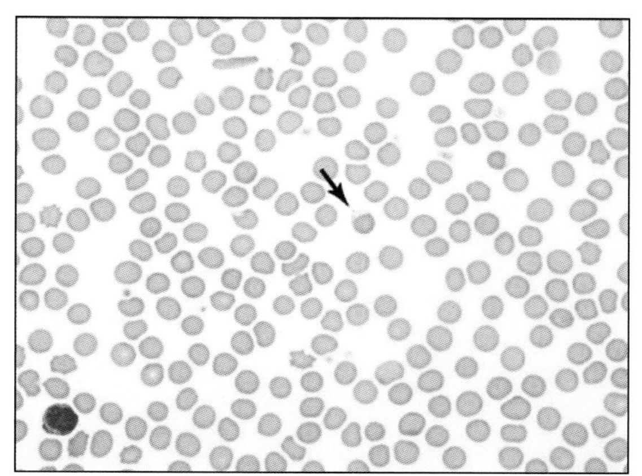

图 11.28　偏心红细胞(引自 Valenciano A, Cowell R, Rizzi T, Tyler R: *Atlas of canine and feline peripheral blood smears*, St Louis, 2013, Mosby.)

泪滴细胞

泪滴细胞是泪滴形的红细胞，可见于骨髓纤维化和其他一些骨髓增生性疾病。同时还可见于发生缺铁的美洲鸵和羊驼。此外，这些细胞可能是制片时造成的伪像，可通过拉长的尾部方向进行鉴别，伪像时尾部的方向一致(图 11.29)。

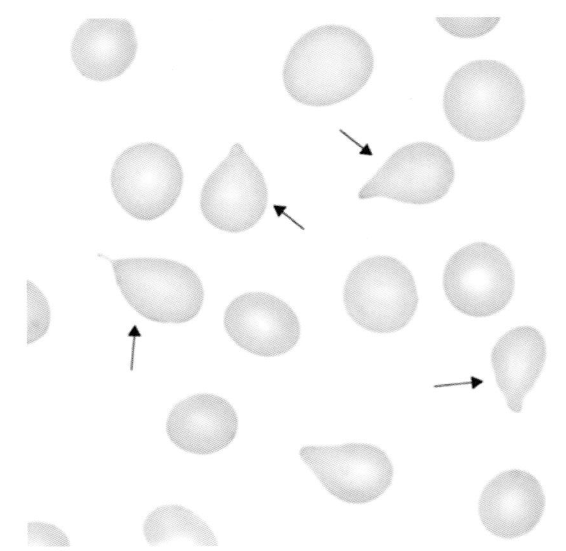

图 11.29 泪滴细胞(箭号)(引自 Turgeon ML: *Line and Ringsrud's clinical laboratory science: the basics and routine techniques*, 6th ed., St Louis, 2012, Mosby.)

包涵体

嗜碱性点彩

嗜碱性点彩是瑞氏染色下红细胞内出现的深蓝色小体，为残存的 RNA 颗粒，常见于反刍动物未成熟的红细胞，偶尔见于猫贫血时的反应，也是铅中毒的特征性表现(图 11.30)。

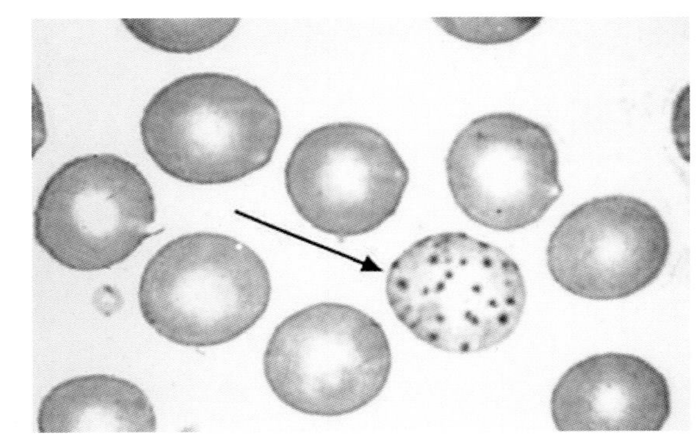

图 11.30 铅中毒患犬红细胞中的嗜碱性点彩

豪乔氏小体

豪乔氏小体是贫血时幼稚红细胞内出现的嗜碱性核残迹(图 11.31)。当含有核残迹的细胞经过脾脏时，巨噬细胞将吞噬核残体。因此，在摘除脾脏和有脾脏疾病时该细胞数量增多。

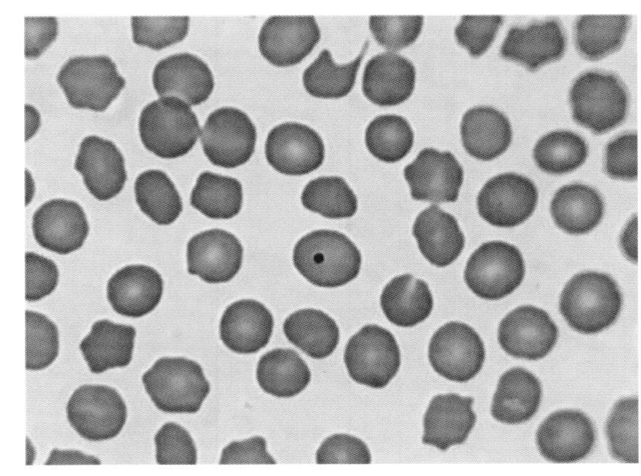

图 11.31 犬血涂片中的豪乔氏小体

海茵次小体

海茵次小体是红细胞内的圆形结构，由某些氧化性药物或化学物质引起血红蛋白变性而产生。变性的血红蛋白附着于细胞膜，在瑞氏染色时表现为苍白区(图 11.32)。当使用与染网织红细胞相同的新亚甲蓝染色时，海茵次小体呈蓝色(图 11.33)。犬海茵次小体直径 1～2 μm。与其他动物不同，健康猫多达 5%的红细胞具有海茵次小体。当猫患淋巴肉瘤、甲状腺功能亢进及糖尿病时，海茵次小体含量会升高。

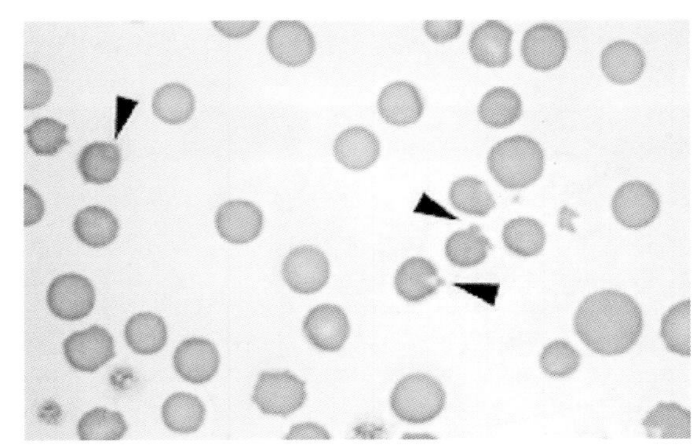

图 11.32 猫血涂片中的海因茨小体(箭头)(瑞氏染色)

有核红细胞

在哺乳动物中，有核红细胞常见于因贫血而提前释放未成熟红细胞的情况，但偶尔也可见于非贫血的动物(图 11.34)。非哺乳动物(如鸟类、爬行类)的所有红细胞均含有细胞核。在用血细胞计数板和电子血细胞分析仪计数时，有核红细胞(nRBCs)都会被计成白细胞。在进行白细胞分类计数时，可单独计数有核红细胞，并表示为每 100 个白细胞内的有核红细胞数量(nRBC/100 WBCs)。将每100 个白细胞内的有核红细胞数量代入以下公式，可计算校正白细胞数。

校正白细胞数＝测量白细胞数×100/(100＋nRBC)

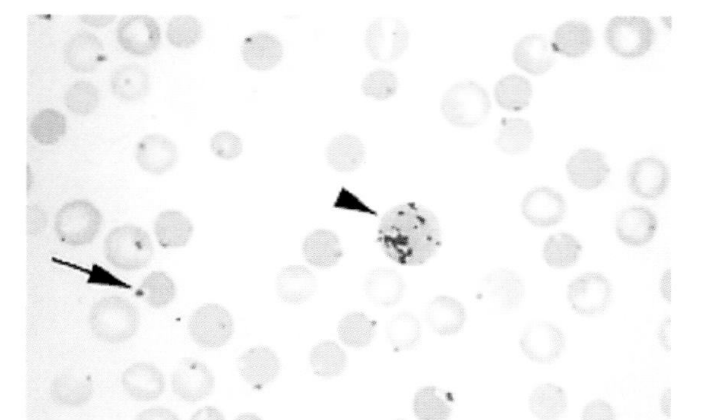

图 11.33　**猫血涂片，可见海茵次小体(箭号)和网织红细胞(箭头)(新亚甲蓝染色)**

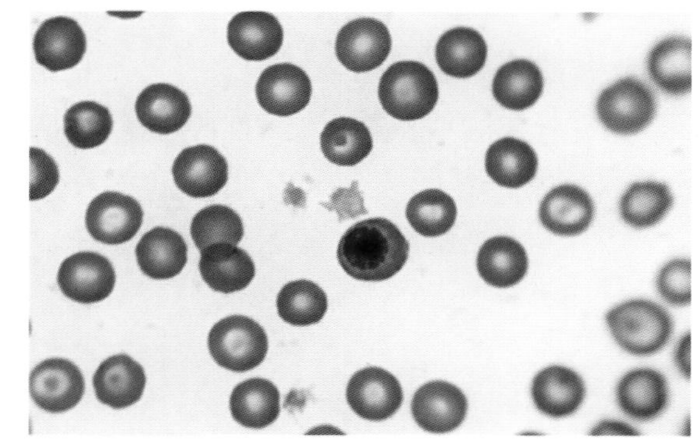

图 11.34　**犬血涂片中的有核红细胞**

寄生虫

寄生虫可出现在红细胞内或红细胞表面。染料沉渣或风干伪像有时可被误认为寄生虫。风干伪像通常具有折光性(图 11.35)。小动物最常见的血液寄生虫是埃立克体和支原体。偶尔可能在外周血涂片上发现犬恶丝虫的微丝蚴(图 11.36)。其他可能出现的寄生虫有附红细胞体、无形体、胞簇虫和巴贝斯虫。关于血液寄生虫的更多信息请见第 47 章。

嗜血支原体是猫较常见的红细胞寄生虫，所引起的疾病称为血巴尔通体病或猫传染性贫血。病原呈小的(2～5 μm)球状、杆状或环状结构，瑞氏染色下为深紫色(图 11.37)，最常见的形态是位于红细胞边缘的短杆样外观。寄生虫血症呈周期性，如果怀疑血巴尔通体病，那么在排除感染之前，应在一天中不同时间进行数次血液检查。使用抗凝剂常导致病原从红细胞表面脱落，因此，对于疑似病例，优先选用不加抗凝剂的全血进行检查。犬感染血巴尔通体较罕见，通常仅见于脾摘除或免疫抑制的犬。犬血巴尔通体通常呈小球状或杆状结构排列成链，沿红细胞表面伸展，链状结构可出现分支。

注意：血涂片可以观察到的寄生虫包括：埃立克体、支原体、附红细胞体、无形体、胞簇虫和巴贝斯虫。

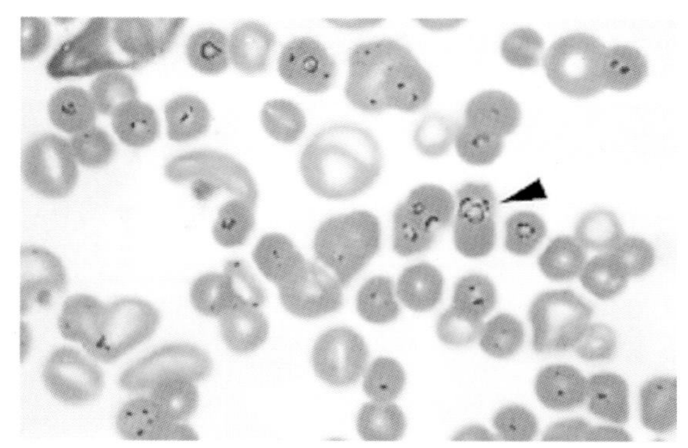

图 11.35　**风干伪像，在显微镜下呈现折光性**

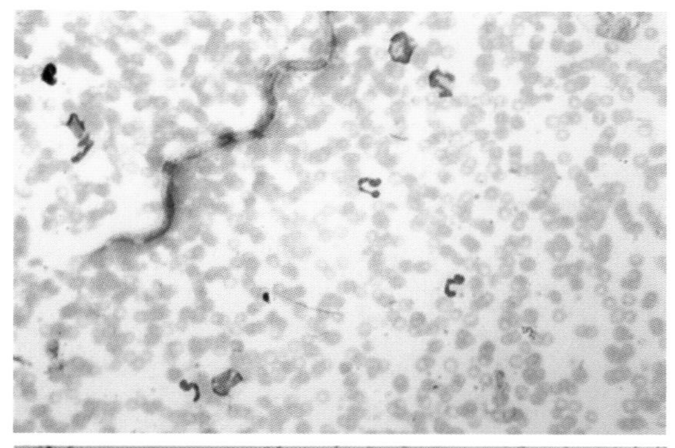

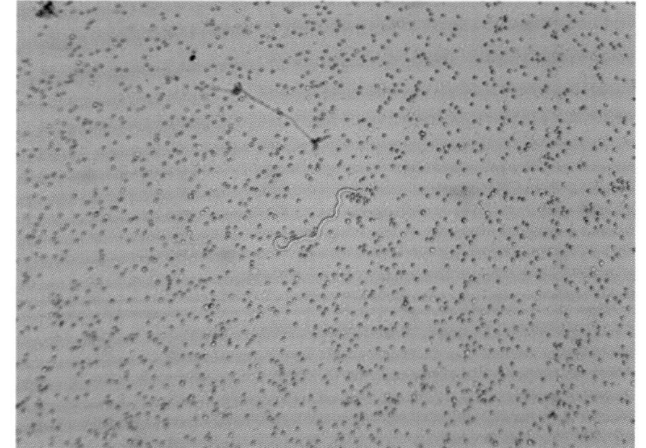

图 11.36　**犬血涂片中的恶丝虫微丝蚴**

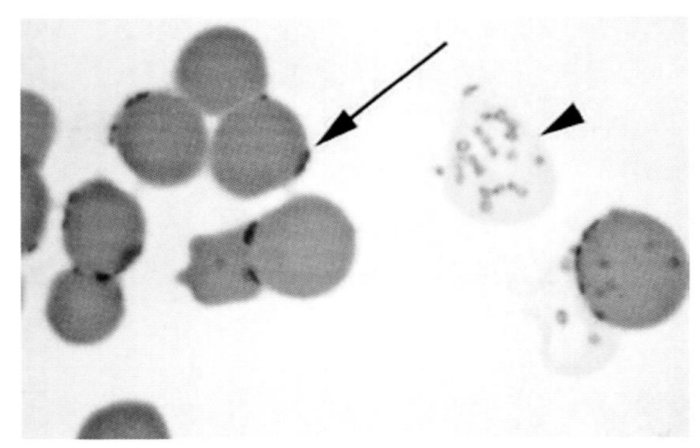

图 11.37 **犬外周血中位于红细胞边缘的支原体(箭号)。裂解的红细胞中可见环形结构(箭头)**

犬可感染多种埃立克体和无形体。嗜血小板无形体(旧称嗜血小板埃立克体)只感染血小板,引起传染性周期性血小板减少。其他埃立克体可感染任何类型的白细胞。犬埃立克体通常感染单核细胞和中性粒细胞(图 11.38)。这种微生物通过蜱媒传播,在细胞质内呈小簇状(3～6 μm),称为桑葚胚。感染牛和野生反刍动物红细胞的边缘无形体可引起边虫病,病原为红细胞边缘的深色的小球状结构,由于形态相近,需要和豪乔氏小体相区分。在疾病早期,多达 50%的红细胞可能含有寄生虫,随着贫血程度加剧,通常只有不到 5%的红细胞受累。

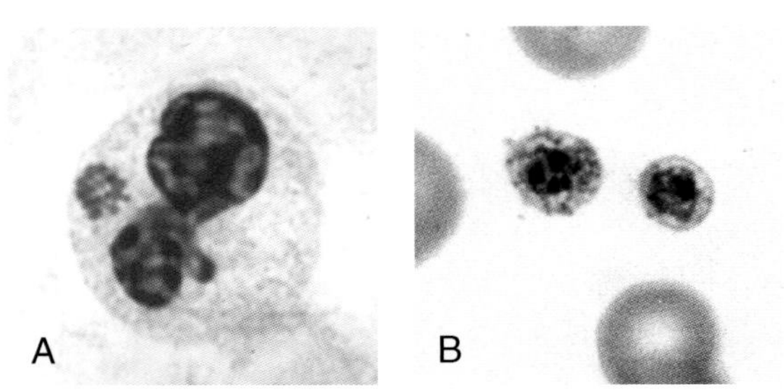

图 11.38 **A. 中性粒细胞细胞质内的马埃立克体桑葚胚。B. 两个含有嗜血小板埃立克体桑葚胚的血小板(引自 Harvey JW: *Atlas of veterinary hematology: blood and bone marrow of domestic animals*, St Louis, 2001, Saunders.)**

无形体和埃立克体属于立克次体。近年来,随着微生物生化成分的研究,多个物种的命名发生了很大变化。感染可造成中性粒细胞减少、血小板减少和贫血。慢性感染的动物可出现严重贫血及显著的白细胞和血小板减少,但有时唯一的血液学异常是淋巴细胞增多。同时,通常出现血浆总蛋白水平升高。急性期较容易检出病原,但数量通常很少。淡黄层涂片有助于诊断。但在多数病例中无法观察到病原微生物,需要通过免疫学检查进行诊断。

猪、牛和美洲驼的附红细胞体病与血巴尔通体病相似,两种病原密切相关。附红细胞体呈小的(0.8～1 μm)球形、杆状或环形,位于红细胞表面或游离于血浆中,其中,环形最常见(图 11.39)。

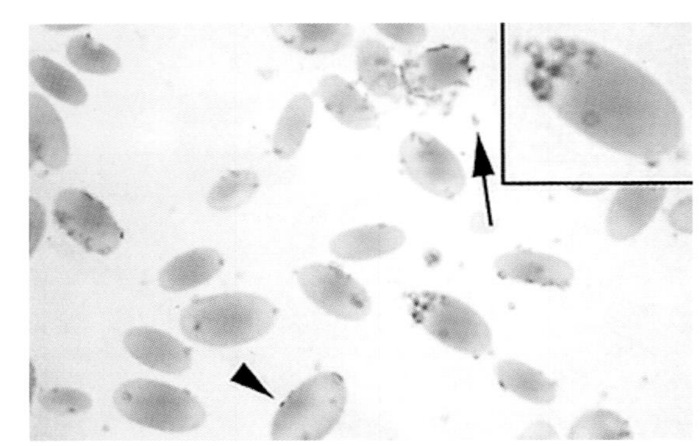

图 11.39 **骆驼血涂片中位于红细胞上(箭头)和游离于血浆中(箭号)的附红细胞体,注意这种动物正常的红细胞形态为卵圆形**

猫胞簇虫是一种可引起猫溶血性贫血的罕见病因。病原体呈小的(1～2 μm)不规则环形,位于红细胞、淋巴细胞和巨噬细胞内(图 11.40)。

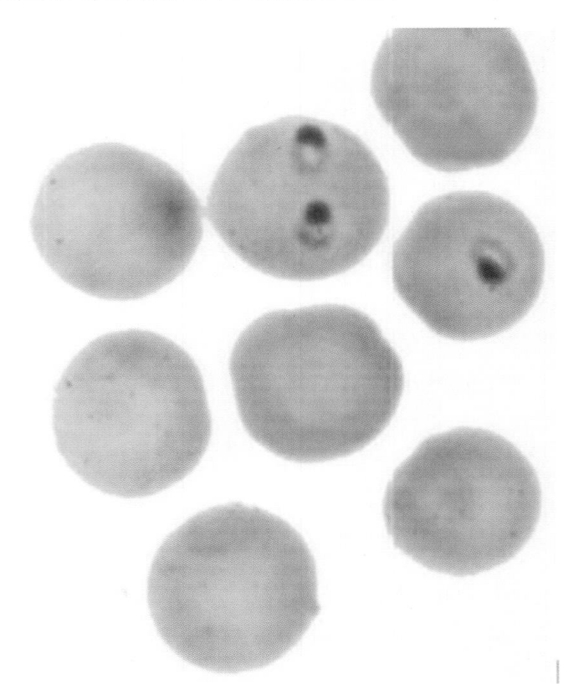

图 11.40 **猫感染胞簇虫的红细胞,病原呈印戒样。病原中清亮的区域有助于与嗜血支原体相区分(瑞氏-吉姆萨染色,330 倍)(引自 Little S: *The cat*, St Louis, 2011, Saunders.)**

牛巴贝斯虫病由双芽巴贝斯虫和牛巴贝斯虫引起。该病也称为得克萨斯热、红水热或牛蜱热。巴贝斯虫为大的(3～4 μm)、多形性、泪滴状细胞内病原体，通常成对出现（图 11.41）。马巴贝斯虫病（梨浆虫病）由马巴贝斯虫和驽巴贝斯虫引起，与双芽巴贝斯虫相似。马罕见巴贝斯虫病，有关美国的少量报道主要发生在南部，特别是佛罗里达州。犬巴贝斯虫病由犬巴贝斯虫和吉氏巴贝斯虫引起。其形态也和双芽巴贝斯虫相似，但是吉氏巴贝斯虫较小，呈环形。感染的红细胞比例很低，在血涂片羽状缘的红细胞中更常见。

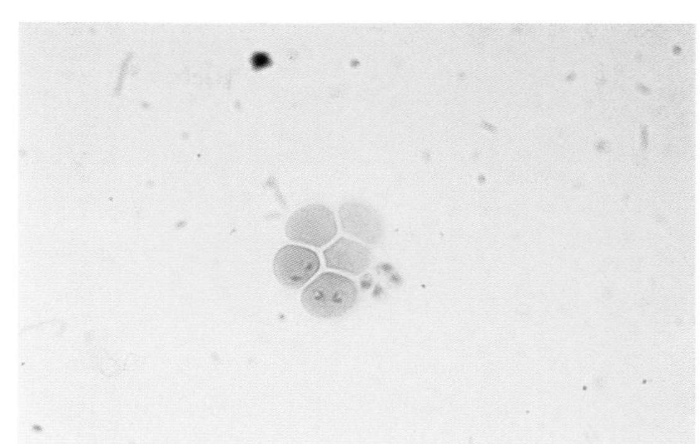

图 11.41　牛红细胞中的巴贝斯虫

复习题

第 11 章的复习题见附录 A。

关键点

- 白细胞形态异常包括细胞核或细胞质的异常，以及细胞内包涵体。
- 红细胞形态异常包括细胞大小、形状、颜色和排列异常。
- 血涂片中的形态异常需要进行半定量评估。
- 白细胞细胞核的变化包括分叶过少、分叶过度、核固缩、核溶解和核碎裂。
- 白细胞包涵体包括溶酶体、各种异常颗粒和血液寄生虫。
- 红细胞大小改变包括小红细胞、大红细胞或两者兼备。
- 红细胞排列改变包括缗钱样红细胞和自身凝集。
- 红细胞包涵体包括豪乔氏小体、海茵次小体、嗜碱性点彩和多种血液寄生虫。

第12章

Additional Hematologic Tests
其他血液学检查

学习目标

经过本章的学习，你将可以：

- 描述网织红细胞计数的流程。
- 区分聚集型和点状网织红细胞。
- 了解骨髓评估的适应证。
- 描述骨髓穿刺和组织芯活检的样本采集与处理。
- 描述骨髓穿刺样本的制备方法。
- 描述骨髓样本中无细胞、细胞量增多或细胞量减少的标准。
- 举例并描述骨髓样本中常见的细胞类型。

目　录

关键词

抽吸活检
组织芯活检
红细胞沉降速率
Illinois 胸骨针
Jamshidi 针
新亚甲蓝
网织红细胞生成指数
网织红细胞
Rosenthal 针

网织红细胞计数

网织红细胞是不成熟的红细胞，内含细胞器（核糖体），随着红细胞成熟而逐渐消失（图 12.1）。这些细胞器使得幼稚红细胞在瑞氏染色下呈弥散性蓝灰色或多染性。罗曼诺夫斯基染色不能显示细胞器，必须进行活体染色，如新亚甲蓝或亮甲酚蓝染色。活体染色不含固定液。染色时，细胞器聚集成可见的颗粒，称为网状结构。该结构为呈簇或链状排列的蓝色颗粒。染液必须新鲜且经过过滤，从而减少染料沉渣或细菌等造成的人工伪像。

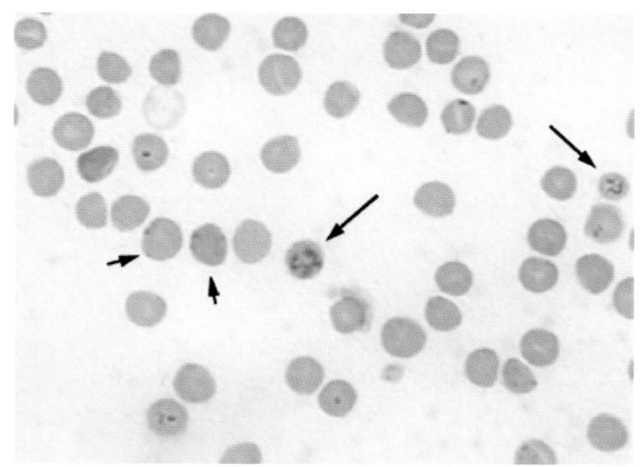

图 12.1 猫血涂片，点状网织红细胞（短箭头）和聚集型网织红细胞（长箭头）

部分利用激光技术的自动分析仪可提供网织红细胞计数，也可通过人工方法制备网织红细胞涂片。制备人工血涂片时，可以使用特殊的网织红细胞试剂盒，或者将几滴血液和等量的新亚甲蓝或亮甲酚蓝染液在小试管中混匀，静置约 15 min，然后取一滴混合液进行涂片并自然风干。涂片完成后可直接观察或用瑞氏染色复染。因为这项检查通常用于贫血动物，所以血滴应稍大，且血涂片制备时应较厚。也可以直接把一滴染液与载玻片上的血液混匀并静置数分钟，然后再制备血涂片。将制备好的涂片置入 95% 甲醇中浸润数秒，再在 Diff-Quik 染色试剂盒（Siemens USA, Palo Alto, CA）的亚甲蓝中染色 5 s 以增强网织红细胞的着色效果。

与其他动物不同，猫有 2 种形态的网织红细胞。聚集型网织红细胞含有团块状的网状结构，与其他物种类似，它在瑞氏染色下呈现多染状态。点状网织红细胞是猫独有的网织红细胞类型，细胞内含有 2～8 个独立的嗜碱性小颗粒。这些细胞在瑞氏染色下不会呈现多染性。正常情况下，不贫血的猫大约有 0.4% 的红细胞是聚集型网织红细胞，而有 1.5%～10% 的红细胞是点状网织红细胞。对猫而言，只有聚集型网织红细胞计数才有意义。

网织红细胞计数表示为网织红细胞占红细胞的百分比。在油镜下计数每 1 000 个红细胞中的网织红细胞数，即可得出百分比。应对除马以外的所有贫血动物网织红细胞数进行评估。即使是再生性贫血，马也不会从骨髓释放网织红细胞，故其不适用于马。网织红细胞用于评估贫血时骨髓的再生性反应。

网织红细胞计数需要结合贫血的程度进行判读，因为贫血动物成熟的红细胞数量更少，且网织红细胞比正常动物释放更早，在外周血停留时间更长。与出血性贫血相比，溶血性贫血动物常出现更高比例的网织红细胞。虽然网织红细胞通常用百分比表示，但计算校正后的网织红细胞计数和网织红细胞生成指数更有助于诊断。

校正网织红细胞计数是网织红细胞百分比乘以实际 PCV 再除以正常 PCV。犬的正常 PCV 按 45% 计，猫按 35% 计。例如，一只犬 PCV 是 15%，网织红细胞百分比是 15%，校正后网织红细胞计数是：

$$15\%\times15\%/45\%=5\%$$

有些兽医偏爱用网织红细胞生成指数，用校正后网织红细胞百分比除以网织红细胞成熟时间。网织红细胞成熟时间可根据动物 PCV 得出（表 12.1）。对于前面的例子，如果该犬校正后网织红细胞计数是 5%，PCV 是 15%，网织红细胞生成指数是 5/2.5=2，提示该动物产生网织红细胞的速度是正常动物的 2 倍。

表 12.1 网织红细胞成熟指数

动物 PCV	成熟时间
45%	1
35%	1.4
25%	2
15%	2.5

骨髓检查

对于某些疾病，骨髓检查是诊断和预后的重要方法。是否需要进行骨髓检查通常取决于外周血细胞的分类计数结果。当外周血出现不明确或无法解释的异常结果时，需要进行骨髓检查，从而为诊断提供更多信息。骨髓检查的适应证包括不明原因的持续性全血细胞减少、中性粒细胞减少、血小板减少和非再生性贫血。相对少见的适应证包括外周血中出现异常形态的细胞或无法解释的幼稚细胞（如有核红细胞、核左移）的出现。另外，骨髓检查也用来对肿瘤疾病进行分期和诊断某些寄生虫（如利什曼原虫、埃立克体）疾病。某些情况不可进行骨髓检查，特别是凝血因子缺乏时。

骨髓样本采集

骨髓样本通过抽吸或骨髓组织芯活检获得。对犬和猫进行骨髓活检时必须合理保定，可能需要镇静或局部麻醉。需要骨髓穿刺的动物通常体况不佳，故麻醉风险较高，因此，需要全身麻醉的病例通常更为复杂。整个过程必须注意无菌操作。

开始操作前应准备好所需材料。准备含有 EDTA 的注射器（用注射器吸取 0.5 mL 生理盐水注入空的 EDTA 管中，回抽混合液并重复该操作），制作稀释 EDTA 以冲洗注射器和骨髓针。准备一些玻片，通常需 12 个左右，倾斜放置。其他耗材包括 11 号外科手术刀片、皮肤消毒用品和缝合材料。虽然 18 号的皮下针头可用于幼年犬猫，但最好用特制的骨髓针进行采样。骨髓穿刺针中间有个套管芯，可防止入针时骨和周围组织阻塞针管。可用于骨髓穿刺的针包括：Rosenthal 针、Illinois 胸骨针、Jamshidi 针（图 12.2），这些针具均有一次性产品可供使用。

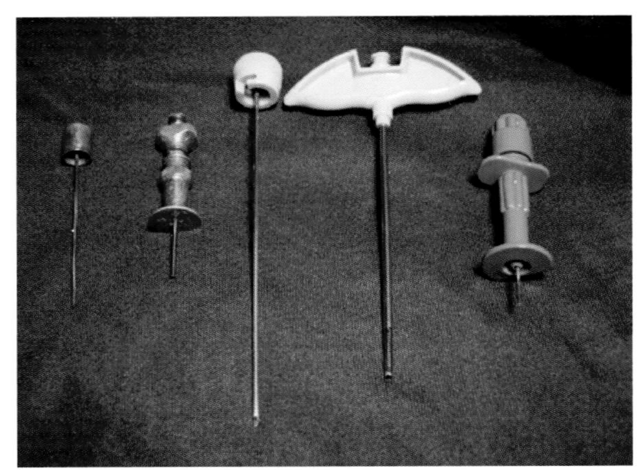

图 12.2 **骨髓穿刺针（从左至右）Rosenthal 套管芯、Rosenthal 针、Jamshidi 针、Jamshidi 套管芯和 Ilinois 针**

抽吸活检

多个部位可进行抽吸活检，包括肱骨头和股骨头。穿刺部位要彻底消毒并铺设创巾。用无菌刀片在待穿刺部位做切口，将穿刺针带着套管芯一起插入（图 12.3）。轻压针柄顶着套管芯，以避免骨质阻塞针头。轻轻向后腹侧进针以进入肱骨头，继续入针直至到达肱骨皮质。然后旋转针头，向前轻微施力，使针头穿透骨皮质并固定位置。然后抽出套管芯，将注射器连接于针头。建议使用较大的注射器（如 10～20 mL）以产生较大的负压。快速有力地回抽活塞直至有血液进入针头底座。当有数滴样本出现在针头底座时，即应释放压力以减少血液对样本的稀释。理想情况下，应将套管芯放回并保持针的位置直至制片完毕，以确保采集足够样本。伤口可能需要进行简单缝合。骨髓穿刺样本会很快凝固，应立即制片或将其与 0.5 mL 含 2%～3% EDTA 的盐水混合。即使采样后立即制片，仍然建议在注射器和针头内保留少量 EDTA。

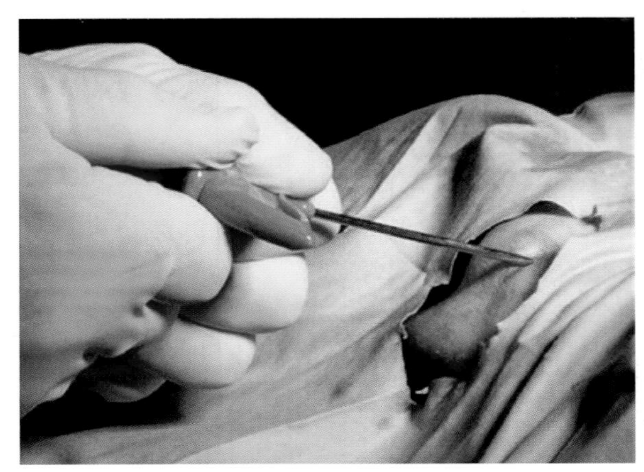

图 12.3 **骨髓抽吸技术**

组织芯活检

大多数情况下，除了抽吸活检外，骨髓组织芯采样获得的样本质量更好，诊断价值更高。当同时进行抽吸采样和组织芯采样时，应选用不同的采样部位。这样可以避免因操作引起下一次采样出现伪像。组织芯采样可保证组织结构的完整性，但是对单个细胞形态的评估却不如抽吸采样。组织芯采样更容易发现骨髓巨噬细胞内的寄生虫。并且，由于不受血液稀释的影响，其对骨髓总细胞数的评价更为准确。该操作总体上与抽吸活检相似。当针头插入骨皮质后，移除套管芯，向前移动约 1 英寸

(1 英寸＝2.54 cm)并来回旋转，从骨皮质上切下骨组织片。退出针头，用套管芯将针头末端的组织样本推出。若将样本通过较窄的末端强行推出会因压力而造成人工伪像。在置入福尔马林之前应进行触片检查。福尔马林蒸气会干扰细胞学样本的染色，因此，应避免涂片靠近福尔马林固定的样本(见第 9 单元)。

骨髓涂片制备

如果采样时没有使用 EDTA 抗凝，采样后必须立即制片。如果使用了 EDTA 抗凝，必须在 1 h 内制片。抽吸样本的制片方法与外周血的制片方法相似。制备 2～12 张涂片，可以满足其他检测的需要(如免疫荧光检查、特殊染色)。通过注射器加压将针头内的抽吸样本喷出。骨髓样本比血液浓稠，并含有颗粒或骨髓小粒。多余的血液和(或)EDTA 可通过倾斜玻片将其去除，或者将样本推出至培养皿内，再用小的塑料吸管或毛细管移取骨髓小粒。

线形涂片、海星涂片和压片也可用于骨髓涂片的制备。更推荐使用改良压片技术。多年来，压片技术广泛用于细胞学样本的制备(见第 9 单元)。其方法与使用盖玻片制备外周血涂片相似。骨髓样本必须快速风干染色，通常用罗曼诺夫斯基染色。根据细胞数量和涂片厚度的不同而延长染色时间。送到参考实验室的玻片通常会用普鲁士蓝染色，以确定骨髓样本中的铁颗粒。组织芯采集的样本通常进行苏木精-伊红染色，也可用吉姆萨染色。近期发展的细胞化学和免疫化学技术提供了更多染色方法。其原理是某些染料成分可与细胞表面分子结合，这些分子是某些细胞所独有的，从而使鉴别骨髓中的细胞类型变得简单。

骨髓涂片评估

对于骨髓涂片，应按照一定方法结合外周血涂片的白细胞分类计数结果进行系统性评估。染色后的骨髓涂片应先在低倍镜(100×)下检查，确认制片是否得当。如果样本染色不良或细胞不易区分，应换另一张涂片。如果制片良好，低倍镜下观察可确认骨髓整体细胞量。正常成年动物的骨髓一般包含 50%有核细胞和 50%脂肪。幼年哺乳动物的骨髓通常含有 25%脂肪，而老年动物则含有 75%脂肪。根据有核细胞和脂肪的比例，骨髓样本可描述为无细胞(不发育)、细胞量增多(增生)或细胞量减少(发育不全)。脂肪细胞在样本固定时会被溶解，在涂片中为大的无色区域。然后应根据细胞类型(如髓系细胞发育不全)进一步描述。如果所有细胞外观相似，则怀疑为肿瘤。骨髓检查的系统性步骤见流程 12.1。

流程 12.1　评估骨髓抽吸样本

低倍镜观察

1. 评价制片是否得当。
2. 确定有核细胞和脂肪细胞的相对比例。

高倍镜观察

1. 选用下述任意一种方法，确定红系细胞和髓系细胞的相对比例：
   a. 计数 500 个细胞，区分所有细胞类型，计算红系和髓系比值。
   b. 对 500 个细胞进行分类，计算红系和髓系成熟指数。
   c. 对 200 个细胞进行分类，计算红系和髓系左移指数。
2. 评估是否存在含铁血黄素。
3. 描述细胞形态。

骨髓细胞

当确定整体细胞数后，应在高倍镜下观察(即 400×或 450×)以确定红系和髓系细胞的相对比例。一种方法是计数 500 个细胞并对其进行分类。骨髓中还有少量的成熟分叶中性粒细胞、嗜酸性粒细胞和嗜碱性粒细胞(图 12.4)。

中幼红细胞和晚幼红细胞通常占红系细胞的 80%～90%。晚幼粒细胞、杆状粒细胞和分叶粒细胞占髓系细胞的 80%～90%。髓系和红系细胞的比值(M∶E)通过分类计数 500 个有核细胞来确定。正常的 M∶E 值应在(0.75～2.0)∶1.0。不同动物物种的骨髓细胞分类计数结果差异很大。进行完整的细胞分类计数很耗时，因此出现了多种改良方法。有的实验室将细胞分为如下 8 类：

1. 未成熟髓系细胞
2. 成熟髓系细胞
3. 未成熟红系细胞
4. 成熟红系细胞
5. 嗜酸性粒细胞
6. 单核样细胞
7. 淋巴细胞
8. 浆细胞

在这种分类体系中，未成熟的细胞包括原粒细胞、早幼粒细胞、原红细胞和早幼红细胞。还有另外几种评价骨髓细胞的系统。其中一种是将细胞分

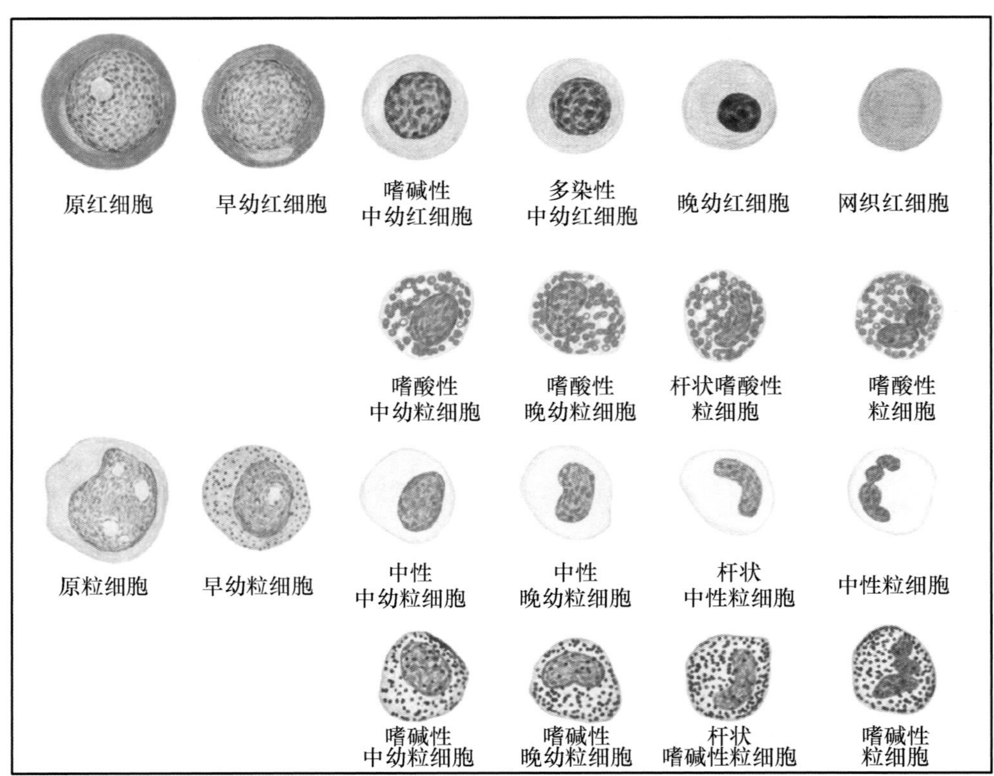

图 12.4 髓系和红系细胞的成熟过程(Perry Bain 博士绘制。引自 Meyer DJ, Harvey JW: *Veterinary laboratory medicine: interpretution and diagnosis*, ed 3, St Louis, 2004, Saunders.)

类,然后计算红细胞成熟指数和髓细胞成熟指数。另一种评价系统是计算红系和髓系细胞的核左移指数。红系细胞的核左移指数的计算方法是对200个细胞进行分类,分为未成熟(即原红细胞、早幼红细胞和早期中幼红细胞)或成熟(晚期中幼红细胞和晚幼红细胞),并计算其比例。髓系细胞的核左移指数计算方法类似,其中原粒细胞至杆状粒细胞均计为未成熟粒细胞。

巨核细胞在骨髓抽吸样本中分布不均。巨核细胞很大,含有多个融合的细胞核,通常成簇出现,特别是在涂片的边缘(图 12.5)。巨核细胞在低倍镜下每个视野中可能有 8～10 个,但每个视野下 2～3 个更为常见。通常每个低倍镜视野下超过 10 个巨核细胞则提示巨核细胞系增多。

骨髓样本中的其他细胞还有巨噬细胞、淋巴细胞、浆细胞、肥大细胞、成骨细胞和破骨细胞。成骨细胞形态和浆细胞相似,但是细胞更大,核染色质颜色更淡。抽吸采集的样本中,成骨细胞易于成簇分布。浆细胞比淋巴细胞稍大,核质比也更高,细胞核偏于一侧,核周有淡染区域,细胞质嗜碱性明显(图 12.6)。许多浆细胞含有免疫球蛋白包涵体,

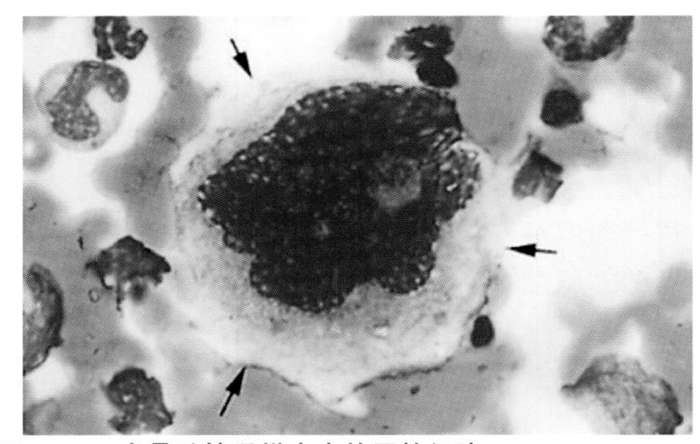

图 12.5 犬骨髓抽吸样本中的巨核细胞

这些包涵体通常称为拉塞尔小体,含有此类内含物的细胞称为莫特细胞。破骨细胞含有多个细胞核,似有些融合,形态与巨核细胞相似,但巨核细胞的核是多分叶状的。破骨细胞最常见于年轻、快速生长动物的骨髓样本。细胞质呈蓝色,含有大小不等的深红色颗粒物质。骨髓样本中的巨噬细胞通常含有吞噬物质,有助于诊断。在组织芯活检采样时,可见巨噬细胞位于红细胞生成区的中央。这些红细胞造血“小岛”通常在抽吸活检时被破坏。淋巴细胞由骨髓产生,但在骨髓中数量很少。未成熟阶段(淋巴母细胞和幼淋巴细胞)的细胞难以与原

红细胞或早幼红细胞相区分。骨髓中也存在反应性淋巴细胞和正常成熟的淋巴细胞，形态与外周血液中类似。肥大细胞的特征是细胞质中含有大量异染性小颗粒(图 12.7)。

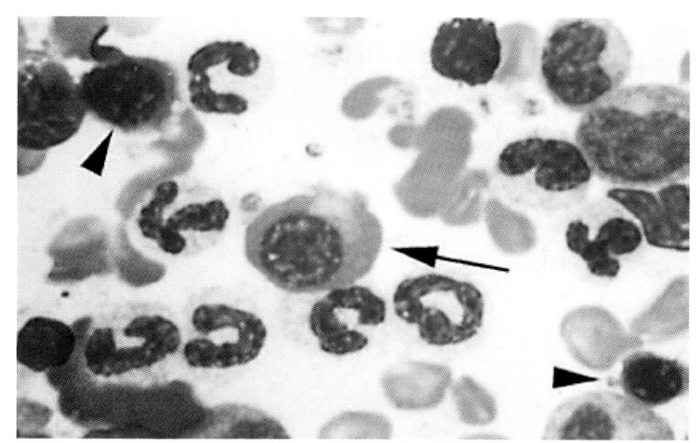

图 12.6　正常犬骨髓抽吸样本中的浆细胞(箭号)、中幼红细胞(箭头)。其余的细胞是粒细胞前体

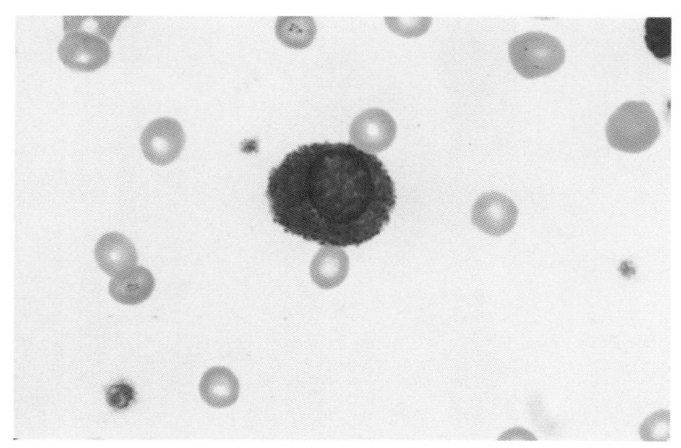

图 12.7　猫血涂片中的肥大细胞(引自 Valenciano AC, Cowell RL: *Cowell and Tyler's diagnostic cytology and hematology of the dog and cat*, ed 4, St Louis, 2014, Mosby.)

骨髓巨噬细胞中有含铁血黄素，也可见于细胞外。用传统血涂片染色法染色时，含铁血黄素呈灰黑色小颗粒状，易于鉴别。普鲁士蓝染色可用于确定是否存在这些贮存铁。猫骨髓样本中几乎不存在含铁血黄素。对于其他大部分动物，含铁血黄素减少或缺乏是有意义的。

结果报告

骨髓检查的结果至少包括总细胞量、M∶E、成熟指数或核左移指数。如果无法对骨髓细胞完全分类计数，可对观察结果进行描述，包括特殊的细胞生长模式或形态异常。汇报结果时，出现可染色的铁(含铁血黄素)，有丝分裂象增多，成骨细胞、破骨细胞、肥大细胞增多，细胞内吞噬物质，其他器官的细胞发生转移等，都应进行记录。数据应与外周血涂片的分类计数结果一并报告。

红细胞沉降率

某些病理状态下，红细胞在血浆中的沉降速率会改变。原因通常为红细胞膜的化学结构改变，进而导致其生理功能发生改变。最终，红细胞会变得易于聚集。

红细胞沉降率(ESR)可通过多种方法确定。虽然有用于该检测的自动分析仪，但在兽医临床和参考实验室并不常见。评估红细胞聚集趋势时也可直接检测血浆蛋白(如球蛋白、纤维蛋白原)。

可以用带刻度的试管人工测定 ESR。根据试管种类，需要对血液进行预处理。一些厂家的试剂盒内包含试管和所需的稀释液。向试管中加入新鲜 EDTA 抗凝血直至顶端刻线。之后把试管垂直置于架子上，静置在稳定的室温下。台面震动或室温变化均会影响人工测定 ESR 的结果。60 min 后(马的血样则需 20 min)记录红细胞层顶部的水平。

红细胞渗透脆性

渗透脆性(OF)试验用于评估红细胞在不同浓度盐溶液中抵抗溶血的能力。OF 试验时，将不同浓度盐溶液中发生溶血的量与正常对照值进行对比，对于鉴别犬和猫某些类型的贫血及诊断遗传性球形红细胞增多有一定帮助。该检查在兽医临床中不是常规项目，仅在兽医研究机构或转诊中心开展。配制浓度为 0.1%～0.9%的盐溶液，将 EDTA 抗凝血加入不同浓度的溶液中，然后离心。之后使用分光光度计确定每个溶液的溶血程度。将结果绘制成红细胞渗透脆性曲线。OF 平均值指发生 50%溶血的盐溶液浓度。虽然 OF 值和细胞体内存活能力之间的确切关系尚未确定，但异常 OF 值与红细胞存活时间降低之间具有相关性。红细胞表面积与体积比例增加时(如某些肝脏疾病、缺铁)，红细胞对溶血的抗性升高。网织红细胞因表面积大，因此，对溶血的抗性较强。患自身免疫性溶血性贫血或寄生虫感染(如血巴尔通体病、巴贝斯虫病和钩虫感染)的病例，红细胞对溶血的抗性降低。

复习题

第 12 章的复习题见附录 A。

关键点

- 网织红细胞是不成熟的红细胞，需要通过活体染色来辨别。
- 骨髓样本可通过组织芯或抽吸技术采集。
- 可以使用多种方法制备骨髓涂片，压片法是最常用的方法。
- 当进行骨髓样本检查时，评估细胞形态特征以确定有核细胞和脂肪细胞的比例、红系和髓系细胞的比例及 M∶E。
- 普鲁士蓝染色用于评估样本中是否含有含铁血黄素。
- 骨髓评估的结果至少包括：整体细胞量、M∶E、成熟指数或核左移指数。
- 红细胞 OF 是指红细胞在不同浓度的盐溶液中抵抗溶血的能力。
- ESR 测定的是红细胞在特定条件下在血浆中的沉降速度。

第13章

Hematopoietic Disorders and Classification of Anemia
造血性疾病和贫血的分类

学习目标

经过本章的学习，你将可以：

- 描述骨髓样本中所见异常的类型。
- 用正确的术语描述骨髓样本。
- 描述骨髓样本的评估流程。
- 根据红细胞指数讨论贫血的分类。
- 根据病因讨论贫血的分类。
- 根据骨髓反应讨论贫血的分类。

目　录

关键词

发育不全
慢性肉芽肿性炎症
慢性炎症
慢性脓性肉芽肿性炎症
纤维素性炎症
细胞量增多
细胞量减少
淋巴增生性疾病
骨髓增生性疾病
非再生性贫血
再生性贫血

血液学异常可能为原发性疾病或由其他疾病继发引起，可能累及单一或所有细胞类型，可在外周血或骨髓中出现异常。了解各种疾病及不同疾病的特征性诊断结果有助于兽医技术员提供更有诊断价值的结果。凝血相关的疾病详见第3单元。

骨髓疾病

骨髓样本异常可根据细胞数量、细胞形态和成熟度进行分类。样本可能为一种或多种细胞的数量增多或下降(图 13.1)。当所有血细胞类型出现数量下降或缺乏,称为骨髓发育不全。此外,在细胞量正常的情况下也可发生骨髓造血异常。框 13.1 列出了常用的描述骨髓异常的术语。

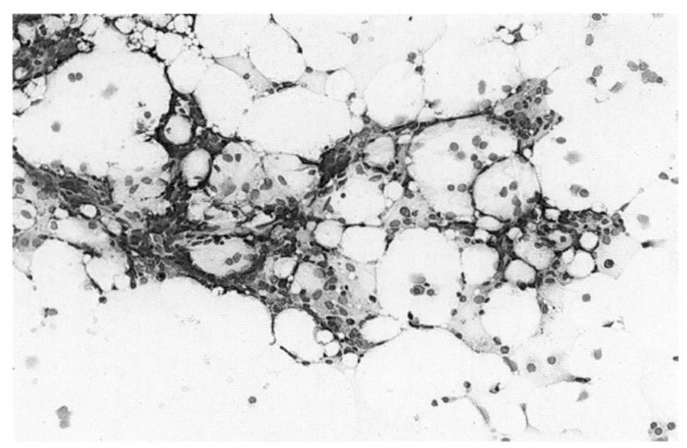

图 13.1 **慢性埃立克体感染犬的骨髓涂片显示细胞量减少。骨髓小粒的细胞量低,几乎没有正在发育的血细胞。小粒主要由脂肪细胞、毛细血管和基质细胞构成(瑞氏染色,50×)(引自 Valenciano AC, Cowell RL: *Cowell and Tyler's diagnostic cytology and hematology of the dog and cat*, ed 4, St Louis, 2014, Mosby.)**

框 13.1 骨髓抽吸术语

发育不全:骨髓细胞少于 25%
嗜碱性粒细胞增生:骨髓和外周血中嗜碱性粒细胞增多
红细胞生成障碍:红细胞成熟异常
粒细胞生成障碍(髓细胞生成障碍):粒细胞成熟异常
巨核细胞生成障碍(血小板生成障碍):巨核细胞或血小板成熟异常
嗜酸性粒细胞增生:骨髓和外周血中嗜酸性粒细胞增多
红细胞系增生:细胞量正常或增多,伴中性粒细胞绝对数量正常或增加,M∶E 降低
红细胞系发育不全:细胞量正常或减少,伴中性粒细胞绝对数量正常或减少,M∶E 升高
粒细胞增生:细胞量正常或增加,伴 PCV 正常或升高,M∶E 升高
骨质增生:骨皮质增厚
细胞量减少:整体细胞数量减少
巨核细胞伸入运动:巨核细胞细胞质出现完整、有活性的血细胞
巨核细胞增生:骨髓中巨核细胞数量增多
单核细胞增生:单核细胞系中前体细胞增多
骨髓发育不良:出现非典型细胞,但原始细胞不足 30%
骨髓纤维化:纤维组织增多,替代造血组织
肿瘤:出现异型细胞且原始细胞超过 30%
有效中性粒细胞增生:骨髓和外周血中中性粒细胞增多
无效中性粒细胞增生:骨髓中中性粒细胞增多,外周血中中性粒细胞减少
骨硬化:骨小梁增厚
反应性巨噬细胞增生:活化巨噬细胞增多,通常含有吞噬物质

检查骨髓抽吸样本时可能会观察到明显的炎性反应。根据主要的细胞类型分成 4 类,包括:纤维素性、慢性、慢性肉芽肿性和慢性脓性肉芽肿性。纤维素性炎症的特征是纤维蛋白渗出浸润骨髓,但无炎性细胞。慢性炎症是以浆细胞、成熟淋巴细胞和肥大细胞数量增加为特征的增生性疾病。慢性肉芽肿性炎症的主要特征为巨噬细胞数量增多。如果巨噬细胞和中性粒细胞同时存在,则称为慢性脓性肉芽肿性炎症。

肿瘤

造血系统肿瘤可分为淋巴增生性肿瘤或骨髓增生性肿瘤。白血病指骨髓或外周血中出现肿瘤性血细胞,其特征是骨髓出现大量原始细胞。更多关于造血系统肿瘤分类的内容请参考肿瘤学书籍。

贫血的分类

红细胞的功能是运输和保护载氧的血红蛋白。健康动物每天新生成的红细胞与衰老破坏的红细胞数量相当。如果红细胞生成减少,或者红细胞破坏和(或)丢失增加,就会引起贫血。贫血可因循环中红细胞数量减少、红细胞压积(PCV)降低或血红蛋白浓度降低而导致红细胞运载氧气的能力下降。根据骨髓反应可将贫血分为再生性贫血和非再生性贫血;也可根据红细胞大小和血红蛋白浓度[即平均红细胞体积(MCV)、平均红细胞血红蛋白浓度(MCHC)]进行分类。这些分类有助于临床兽医确定贫血的原因。兽医通过实验室检查结果和其他检查结果(如影像学检查),以及动物的病史和体格检查判断贫血的原因,并确定治疗方案。经常用于确定贫血原因的实验室检查包括网织红细胞计数、红细胞指数、红细胞形态、血浆颜色和浑浊度、总蛋白浓度。有时需要其他实验室检查,包括血清铁浓度、血清胆红素和骨髓评估。

根据骨髓反应分类

这种分类方法是临床上最常用的,可分为再生性贫血和非再生性贫血。除了马之外,其他常见家养动物发生贫血后,骨髓生成红细胞增多并将不成熟的红细胞释放到外周血。未成熟的红细胞在血涂片上表现为多染性红细胞或网织红细胞,可通过

网织红细胞计数来了解骨髓对贫血的反应。若骨髓具有反应能力，则提示贫血可能由血液丢失（出血）或破坏（溶血）引起。通常情况下，大多数动物在发生贫血后 4～7 d 内出现再生表现。当网织红细胞的百分比等于或大于相应 PCV 的预期（表 13.1）时，就表明骨髓有足够的反应。其他伴随再生性反应表现包括大红细胞增多、多染性红细胞增多和豪乔氏小体增多（图 13.2）。

表 13.1 犬猫再生性贫血时，相应红细胞压积下的预期网织红细胞计数

犬 PCV/%	网织红细胞/%	猫 PCV/%	聚集型网织红细胞/%	点状网织红细胞/%
45	<1.0	45	—	—
35	≥1.0	35	≤0.5	≤10
25	≥4.0	25	0.5～2.0	>10
20	≥6.0	20	2.0～4.0	>10
10	≥10.0	10	>4.0	>10

引自 Cowell R：*Diagnostic cytology and hematology of the dog and cat*，ed 3，St Louis，2008，Mosby.

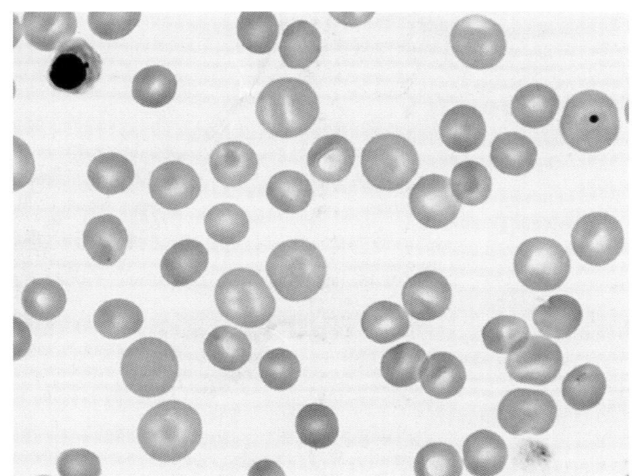

图 13.2 再生性贫血犬的多染性红细胞增多及红细胞大小不等。图片左上角有一个晚幼红细胞。图片右上角红细胞含有一个豪乔氏小体（瑞氏-吉姆萨染色）（引自 Meyer D，Harvey JW：*Veterinary laboratory medicine：interpretation and diagnosis*，ed 3，St Louis，2005，Saunders.）

马不从骨髓中释放网织红细胞，因此，通常需要进行骨髓评估方可对贫血分类。骨髓中网织红细胞数量大于 5%提示马具有再生性反应。

发生非再生性贫血时，骨髓不能对贫血状态做出反应。血涂片中没有网织红细胞，提示骨髓功能障碍。当排除引起非再生性贫血的常见内分泌和代谢性原因后，应进行骨髓抽吸活检。常见的非再生性贫血病因包括：缺铁、埃立克体病、药物中毒、组织胞浆菌病、甲状腺功能减退和肾功能不全。

根据红细胞大小和血红蛋白浓度分类

红细胞指数可以用于贫血分类：正细胞性（红细胞大小正常）、大细胞性（红细胞较正常偏大）和小细胞性（红细胞较正常偏小）。正细胞性贫血的特征是红细胞大小正常，继发于各种急慢性疾病。家养动物大细胞性贫血最常见的原因是再生性贫血（网织红细胞增多）时一过性红细胞体积增大。

小细胞性贫血大多由缺铁引起。当血红蛋白浓度达到临界值时，未成熟的红细胞即停止分裂。而当缺铁引发血红蛋白合成不足时，红细胞可能会进一步分裂，导致红细胞变小。成年动物出现缺铁的最常见原因是慢性失血，幼龄动物（如乳猪和幼猫）则通常因日粮中铁缺乏而发生缺铁性贫血。

贫血可能是低色素性（血红蛋白浓度降低）或正色素性（血红蛋白浓度正常）。红细胞对血红蛋白的最大承载能力是固定的，因此不会出现高色素性贫血。新释放的多染性红细胞（网织红细胞）因血红蛋白浓度尚未达到饱和，因此，都是低色素性的。大细胞低色素性贫血提示再生。缺铁也可引起低色素性贫血，但通常为小细胞性（图 13.3）。其他贫血多为正色素性。框 13.2 是根据红细胞指数对贫血进行分类的总结。

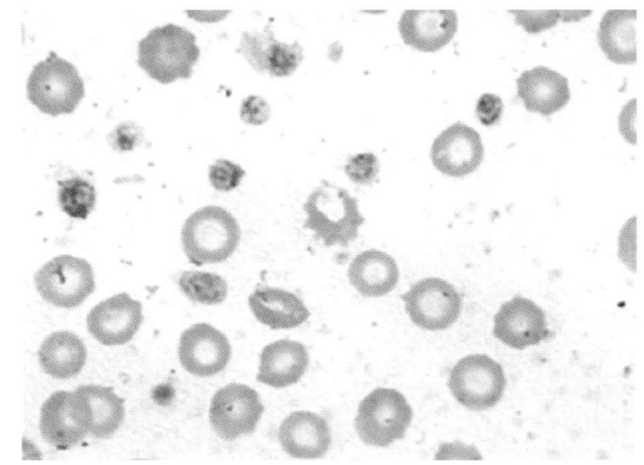

图 13.3 缺铁性贫血患犬血涂片中的低色素性红细胞

框 13.2 根据红细胞指数对贫血进行分类

正细胞正色素性
1. 溶血性贫血时网织红细胞反应轻微或网织红细胞还没来得及释放
2. 出血性贫血时网织红细胞反应轻微或网织红细胞还没来得及释放
3. 尚未出现大量小红细胞的早期缺铁性贫血
4. 慢性炎症和肿瘤(有时出现轻度小细胞性)
5. 慢性肾病
6. 内分泌激素缺乏
7. 选择性红系细胞发育不全
8. 骨髓发育不全或不发育
9. 铅中毒(可能不发生贫血)
10. 钴铵素缺乏

大细胞低色素性
1. 出现显著网织红细胞增多的再生性贫血
2. 犬遗传性口形红细胞增多症(通常伴轻度网织红细胞增多)
3. 阿比西尼亚猫和索马里猫的红细胞渗透性增加(通常伴网织红细胞增多)
4. 血液样本储存时间过长导致的假性结果

大细胞正色素性
1. 再生性贫血(不一定出现 MCHC 降低)
2. 猫白血病病毒感染且无网织红细胞增多(常见)
3. 红白血病(AML-M6)和骨髓增生异常综合征
4. 犬非再生性免疫介导性贫血和骨髓纤维化
5. 贵宾犬大红细胞增多症(健康无贫血的迷你贵宾犬)
6. 猫甲状腺功能亢进(不伴有贫血伴的轻度大红细胞增多)
7. 叶酸缺乏(罕见)
8. 海福特牛先天性红细胞生成障碍
9. 红细胞凝集引起的假性结果
10. 犬猫持续性高钠血症导致的假性结果(可能出现低氯血症)

小细胞正色素/低色素性
1. 慢性缺铁(成年动物持续数月,新生动物持续数周)
2. 犬猫门静脉短路(通常不贫血)
3. 炎性贫血(通常为正细胞性)
4. 猫肝脏脂质沉积(通常为正细胞性)
5. 健康秋田犬和柴犬(无贫血)
6. 长期使用重组促红细胞生成素进行治疗(轻度)
7. 铜缺乏(罕见)
8. 药物等抑制血红素合成
9. 髓系肿瘤伴铁代谢异常(罕见)
10. 吡哆醇缺乏(实验条件下)
11. 英国史宾格犬家族性红细胞生成障碍(罕见)
12. 犬遗传性椭圆形红细胞增多(少见)
13. 血小板被误计成红细胞造成的假性结果
14. 犬持续性低钠血症造成的假性结果(通常不贫血)

引自 Harvey J:*Veterinary hematology*, St Louis, 2012, Saunders.

* MCHC 降低伴随 MCV 降低强烈提示缺铁性贫血。

根据病因分类

贫血也可以根据病因分为溶血、出血或产生减少或缺陷导致的贫血。

溶血

溶血指血液中红细胞被破坏,通常具有再生性。在初始阶段,这类贫血通常呈正细胞、正色素性,但后期因骨髓释放网织红细胞而变成大细胞性。溶血性贫血的常见原因见表 13.2。

表 13.2 溶血性贫血的常见原因

原因	举例
免疫介导性破坏	自身免疫性溶血性贫血 新生动物溶血 输血不相容
红细胞寄生虫	无形体 血支原体 巴贝斯虫 猫胞簇虫 泰勒虫属 肉孢子虫
细菌和病毒	钩端螺旋体 猫白血病病毒
毒物	洋葱 亚甲蓝 锌 对乙酰氨基酚 铜

出血

出血性贫血可由急性或慢性血液丢失引起。动物的病史和临床症状有助于确定贫血病因。出血性贫血的常见原因包括创伤、寄生虫、凝血障碍、肿瘤、膀胱炎和胃肠道溃疡。

缺铁

缺铁可能由营养缺乏或慢性失血引起,通常呈小细胞、低色素性贫血。MCHC 较低。确诊缺铁性贫血可能需要评估骨髓中的含铁血黄素。

生成异常

红细胞生成减少或生成缺陷(即红细胞生成障碍)通常会导致正细胞性贫血,原因包括慢性肾病、甲状腺功能减退、肾上腺皮质功能减退、蕨类植物中毒、铁和铜缺乏、细小病毒和铅中毒。

复习题

第 13 章的复习题见附录 A。

关键点

- 骨髓样本中常见的异常可根据细胞数量、细胞形态和成熟度进行分类。
- 骨髓抽吸检查时,炎症可分为纤维素性、慢性、慢性肉芽肿性和慢性脓性肉芽肿性炎症。
- 造血系统肿瘤分为淋巴增生性或骨髓增生性肿瘤。
- 若网织红细胞的百分比等于或大于相应 PCV 的预期,则认为贫血具有再生性。
- 再生性贫血动物的血涂片可见大红细胞增多、多染性红细胞增多和豪乔氏小体增多。
- 非再生性贫血常见的原因包括:缺铁、埃立克体病、药物中毒、组织胞浆菌病、甲状腺功能减退和肾功能不全。
- 贫血除正色素性或低色素性外,可分为正细胞、大细胞或小细胞性贫血。
- 根据病因贫血可以分为溶血、失血或生成减少或缺陷导致的贫血。

第3单元

Hemostasis
止血

单元目录

本单元学习目标

描述血液凝固的过程和途径。
列出血液凝固系统的组成成分。
描述凝血检查样本采集和处理的正确方法。
讨论血小板的评估方法。
列举和描述兽医诊所实验室常用的凝血检查。
列举和描述兽医参考实验室常用的凝血检查。
列举和描述常见的遗传性凝血疾病。
列举和描述常见的获得性凝血疾病。

止血(即血液凝固)涉及许多复杂且互相关联的过程。兽医临床会见到各种各样的凝血异常。掌握血液凝固过程的基本知识对确保检测结果的准确性至关重要。

动物医院内的实验室可进行多种检查,并且大多不需要特殊设备。有些检查会用到性价比较高的凝血分析仪。

凝血检查的正常值详见附录 B。

有关本单元的更多信息请参见本书最后的参考资料附录。

第14章

Principles of Blood Coagulation
血液凝固的原理

学习目标

经过本章的学习，你将可以：

- 解释止血的经典理论。
- 描述基于细胞的止血模型。
- 解释血小板在凝血启动过程中的作用。
- 描述血管性血友病因子对凝血的作用。
- 讨论凝血复合物的形成。
- 描述凝血酶对止血的作用。
- 讨论纤维蛋白降解产物和D-二聚体的形成过程。

目　录

关键词

D-二聚体
纤维蛋白降解产物
微粒
磷脂酰丝氨酸
凝血酶
血管性血友病因子

凝血概论

止血是指机体系统维持血液和血管完整性的能力，涉及许多复杂的通路、血小板和凝血因子。这些指标中的任何一项发生改变都会导致出血性疾病。简单来说，止血过程包括机械和化学阶段。血管破裂或撕裂时会触发机械阶段，即暴露的血管内皮下层带有电荷，血小板会黏附于其表面。随着血小板在该处聚集，它们会发生形态和生理变化，使血小板不仅黏附于血管内皮，彼此之间也互相黏附。这些黏附作用需要血管性血友病因子的参与，从而稳定血小板栓子（图14.1）。血小板黏附和聚集会促使血小板释放凝血化学阶段的启动因子。化学阶段是指凝血级联反应，涉及多种凝血因子（表14.1）。经典理论将化学阶段分为内源性途径和外源性途径。每个因子都经化学反应启动该途

径中的下一个反应。凝血级联反应的结果是形成纤维蛋白网，从而形成血凝块。止血的最终阶段是纤维蛋白凝块的降解。

> **注意：**形成稳定的血小板栓子需要血管性血友病因子和充足的功能正常的血小板。

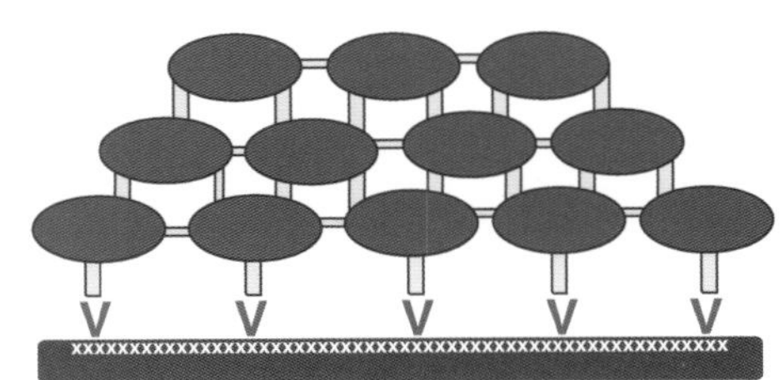

(椭圆)	血小板
xxxxxxxx	血管的受损区域
v	血管性血友病因子
▯	血小板间桥联

图 14.1 稳固的血小板栓子的构成

表 14.1 凝血因子

名称	同义词
因子Ⅰ	纤维蛋白原
因子Ⅱ	凝血酶原
因子Ⅲ	组织因子
因子Ⅳ	钙离子
因子Ⅴ	促凝血球蛋白原
因子Ⅵ	（不存在凝血因子Ⅵ）
因子Ⅶ	转换素原
因子Ⅷ	抗血友病因子
因子Ⅸ	圣诞因子、血浆凝血活酶
因子Ⅹ	Stuart 因子
因子Ⅺ	血浆凝血活酶前体
因子Ⅻ	Hageman 因子
因子ⅩⅢ	纤维蛋白稳定因子、前激肽释放酶

需要注意的是，凝血途径之间是相互联系和相互依赖的，且需要细胞的参与。机械阶段通过细胞表面带负电的磷脂和血小板或微粒之间的反应而启动。微粒是与细胞膜结合的细胞质碎片，由血小板、白细胞和内皮细胞释放，从而增加凝血复合物形成时可附着的表面积。组织因子与血浆中的凝血因子Ⅷ结合，启动凝血反应，而凝血因子Ⅰ到Ⅺ将级联反应放大。外源性途径实际上是为了帮助启动内源性途径。起始阶段只有少量凝血酶被激活，凝血酶可使血小板聚集并活化，同时抑制纤维蛋白溶解。当血小板被激活时，磷脂酰丝氨酸(PS)将暴露于细胞膜表面。活化的血小板还可释放小富含 PS 的微粒，PS 是凝血级联反应中凝血复合物的结合位点，这些复合物能够活化凝血因子Ⅹ和凝血酶原（因子Ⅱ）。凝血因子Ⅹ的活化可促进凝血酶的大量形成（图 14.2），后者继续招募并激活血小板，并促使纤维蛋白原向纤维蛋白转化。

> **注意：**活化的血小板外膜会暴露磷脂酰丝氨酸。

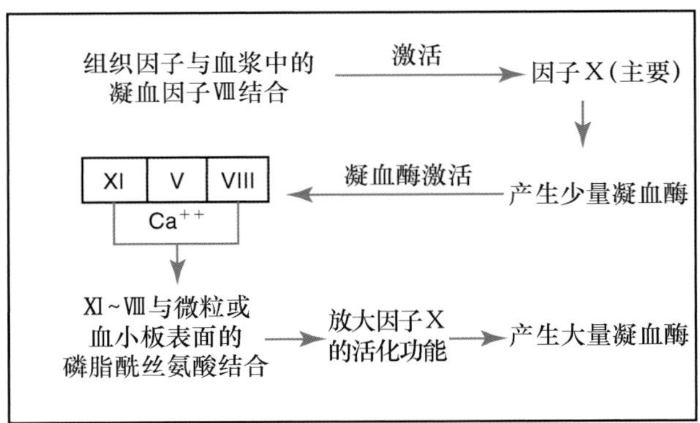

图 14.2 止血化学阶段的启动反应

纤维蛋白的产生分为 2 个阶段，首先形成可溶性纤维蛋白，然后转变为不可溶性的交联纤维蛋白束。凝血过程中，血凝块通过一系列相互关联的反应而裂解，其裂解也对凝血过程具有调节作用。在组织型纤溶酶原激活物(tPA)和纤溶酶的作用下，可溶性纤维蛋白会裂解为纤维蛋白降解产物(FDPs)。纤溶酶和 tPA 也作用于不可溶性纤维蛋白，产生交联形式的 FDPs 及 D-二聚体（图 14.3）。虽然这里的简要描述看起来很复杂，但实际过程更复杂，涉及大量其他血清蛋白。若读者想更深入了解止血过程，可参考推荐阅读中的内容。图 14.4 总结了凝血过程化学阶段的经典理论。

> **注意：**纤维蛋白溶解可产生 D-二聚体和 FDPs。

凝血检查

有许多针对止血过程不同部分的凝血检查。有些仅评估机械止血阶段，有些则评估化学止血的特定部分。所有患病动物进行手术前都应进行凝血功能评估。大多数凝血检查可通过简单的仪器在短时间内完成，并且价格相对便宜。

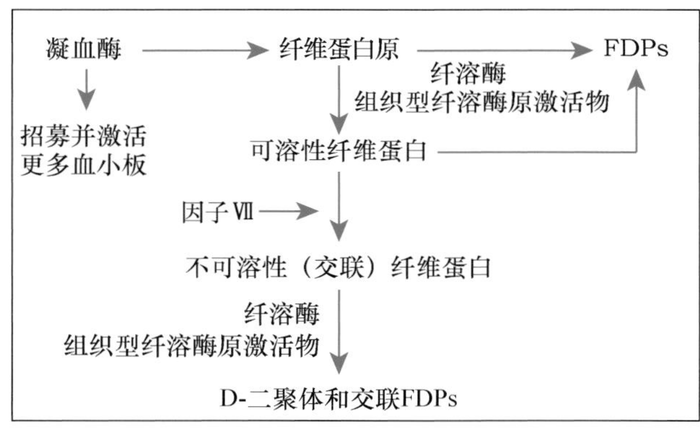

图 14.3　化学止血后期以及纤维蛋白溶解过程中凝血酶的作用

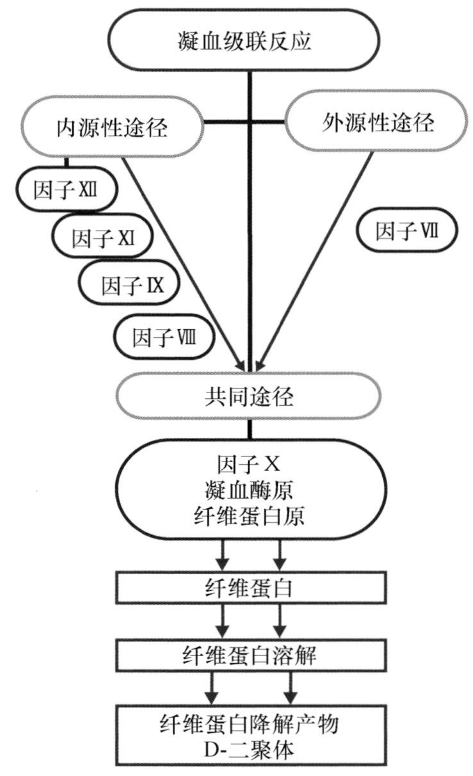

图 14.4　止血化学阶段的简化图

复习题

第 14 章的复习题见附录 A。

关键点

- 止血涉及血小板、多种凝血因子及复杂的反应途径。
- 止血分为机械和化学阶段。
- 机械止血指血小板聚集和黏附于暴露的血管内皮层。
- 止血的机械和化学阶段相互关联、相互依赖。
- 活化的血小板将磷脂酰丝氨酸暴露于其细胞膜表面，并释放含有磷脂酰丝氨酸的微粒。
- 凝血复合物附着在微粒和血小板表面的磷脂酰丝氨酸上。
- 凝血酶能促进血小板的聚集和活化。
- 纤维蛋白原先转化为可溶性形式，再转化为不可溶性形式。
- 纤维蛋白的分解需纤溶酶和 tPA 参与。
- 纤维蛋白分解为可溶性 FDPs、不可溶性 FDPs 及 D-二聚体。

第15章

Sample Collection and Handling
样本采集与处理

学习目标

经过本章的学习，你将可以：

- 描述用于凝血检查的正确采样方法。
- 列举用于凝血检查的抗凝剂。
- 描述如何确定柠檬酸盐抗凝剂与血液的比例。
- 讨论如何正确处理用于凝血检查的样本。
- 描述兽医诊所和参考实验室可用的凝血检查设备。

目　录

关 键 词

纤维蛋白检测仪
高凝状态
低凝状态
Monovette 采血器
血栓弹力描记

样本采集与处理

进行凝血检查时，采集样本必须谨慎，尽量减少组织损伤和静脉血液瘀滞。患病动物过于激动，不仅会激活血小板，还会引起血小板数量增加。血管性血友病因子和凝血因子Ⅰ、Ⅴ、Ⅷ的浓度也会升高。此外，静脉瘀滞时间过长会激活血小板并诱发纤维蛋白溶解，这种情况在体内或体外均可发生。

留置针周围通常存在少量纤维蛋白原、纤维蛋白和血小板，故不可通过留置针采集血样。与用注射器和针头采样相比，真空采血管或 Monovette 采血器（图 15.1）可减轻血小板活化，是更好的采血方式。大多数凝血检查的首选抗凝剂是柠檬酸钠。柠檬酸盐为液体形式，加入的血样会被稀释 10%。

如果用柠檬酸盐抗凝的血样进行血小板计数，则必须对稀释度进行校正。柠檬酸盐抗凝的犬血液样本易形成血小板簇，因此，血小板计数优先选用乙二胺四乙酸(EDTA)抗凝。柠檬酸盐也常用于输血样本的采集和保存。全血凝固时间及活化凝血时间的测定不需要添加抗凝剂。

> **注意**：凝血检查的血液样本与柠檬酸钠抗凝剂应按照 9∶1 的比例混合。

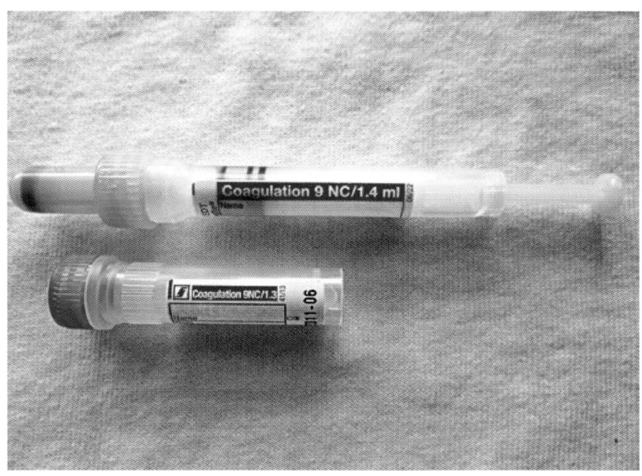

图 15.1　**Monovette 采血器**

当需要多种类型的样本时，应按照一定的顺序采集。关于采样顺序的信息参见本书第 2 单元第 7 章。一般应先采集柠檬酸钠血样，以避免被其他采血管里的凝胶激活剂或抗凝剂污染。

柠檬酸盐与血液的比例应为 1∶9。柠檬酸盐的浓度有 3.2%和 3.8%两种，不同浓度测得的凝血时间不同。因此，实验室应以所用的柠檬酸盐抗凝血建立参考范围。可通过真空采血管获得与抗凝剂相匹配的血量，采血管充满至少 90%，且患病动物无贫血、红细胞增多或脱水。柠檬酸盐的用量取决于血浆量。如果贫血样本仍以 1∶9 的比例混合，则柠檬酸盐不足，导致测定的凝血时间缩短；反之，红细胞增多的样本实际上柠檬酸盐过量，故凝血时间延长。红细胞量显著异常的病例应相应调整柠檬酸盐的用量，可根据以下公式来计算：

$$\text{所需柠檬酸盐的量}=0.00185\times\text{采血体积}\times[100-\text{血细胞比容}(\%)]$$

采集样本后，应做好标记并迅速送到实验室。采血管应盖紧盖子，保持室温下直立放置，并避免震动损伤。大多数检测应在采样后 2 h 内完成，也可将样本以 2 500*g* 离心 15 min，然后用非接触性移液管，在不触碰血小板层的情况下将血浆抽出。血浆可冷冻保存于塑料管中。样本应加干冰运输，以保证样本在送达时仍处于冷冻状态，解冻后应立即检测。

凝血仪器

目前已有自动化凝血分析仪，并且部分仪器价格相对便宜。与人工操作相比，更推荐使用自动分析仪。这些仪器可评估凝血过程的不同部分，有的可针对化学止血阶段进行多种检查，有的则专门用于评估血小板功能。

评估化学止血的分析仪通过逆转样本中抗凝剂的作用而进行检测。有些将液体试剂加入样本中，有些则在加样的卡夹里装有试剂。然后分析仪通过机械或光学系统监测血凝块的形成。

Coag Dx™ 分析仪

Coag Dx™ 分析仪(Idexx Laboratories，Inc.，Westbrook，ME.)可用新鲜全血或柠檬酸盐抗凝血进行多种凝血检查(图 15.2)。分析仪适配的卡夹里含检查所需的试剂，可进行凝血酶原时间(PT)和活化部分凝血活酶时间(APTT)的测定。柠檬酸盐样本和全血样本所用的卡夹不同。

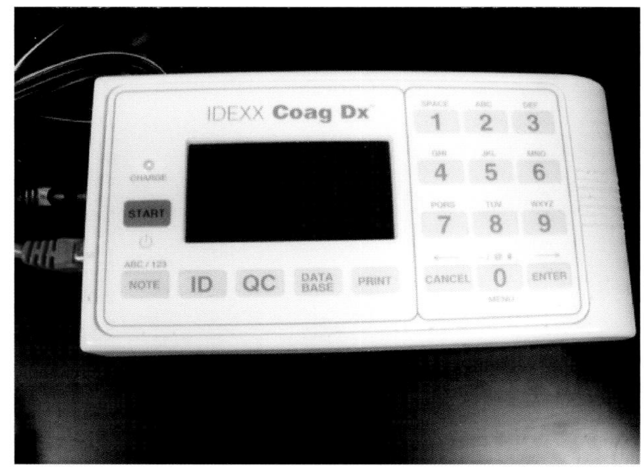

图 15.2　**Coag Dx™ 分析仪(Idexx Laboratories，Inc.，Westbrook，ME.)**

将样本加入卡夹后，样本会在内部管道内来回流动。发光二极管光学探测器可测定血流速度，形成血凝块时该数值下降。经验证，这种分析仪可用于测定犬猫血样，并且测定凝血酶原时间时也可用于马。

注意:Coag Dx™ 分析仪是一种常见的进行凝血检查的自动分析仪。

纤维蛋白检测仪

虽然纤维蛋白检测仪现在已经不再广泛使用,但它仍在一些兽医转诊医院和参考实验室中使用。这是一种可进行多种凝血研究的半自动分析仪。将柠檬酸盐抗凝样本置于样本杯中,仪器自带的枪头吸取所需的试剂,当试剂从枪头中释出,即开始计时,同时仪器将一对细小的导线伸入样本杯中,直至探测到血凝块。

血栓弹力图

有多种自动分析仪可进行血栓弹力描记(图 15.3),其设计及所需试剂可能差别非常大。有些使用新鲜全血,有些则使用柠檬酸盐抗凝血。通常,仪器向样本杯中的样本添加试剂,并记录从血凝块最初形成到纤维蛋白溶解的整个血液凝固过程。结果通常以图形形式呈现,可反映血栓形成的时间、血栓强度及血栓溶解所需的时间,用于评估病患处于高凝状态还是低凝状态(图 15.4)。兽医们对于这种分析的作用尚未达成共识。血小板减少及血细胞比容下降可出现高凝状态。但目前的研究尚未确认这是一种体外还是体内状态。肝素无论作为抗凝剂还是治疗用药,都会干扰检测结果。如果样本放置后再分析,检测结果也会有明显的差异。目前没有针对动物样本的具体操作方案。每个实验室都应根据采样流程和检测前所延误的时间建立自己的操作方案和正常范围。

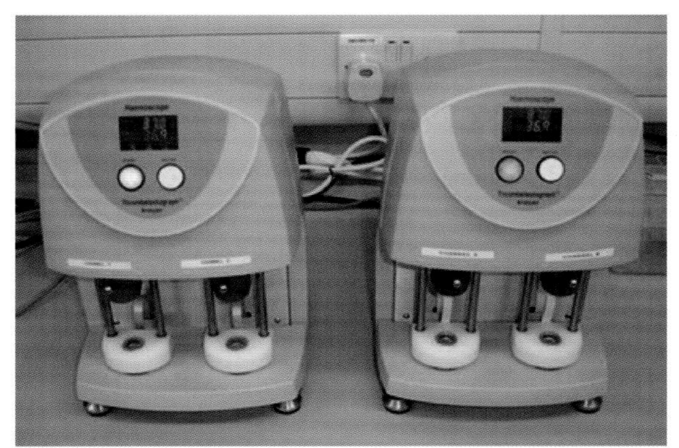

图 15.3 **血栓弹力描记仪(Haemonetics Corp., Braintree, MA)(引自 Ettinger S:*Textbook of veterinary internal medicine*, ed 7, St Louis, 2010, Saunders.)**

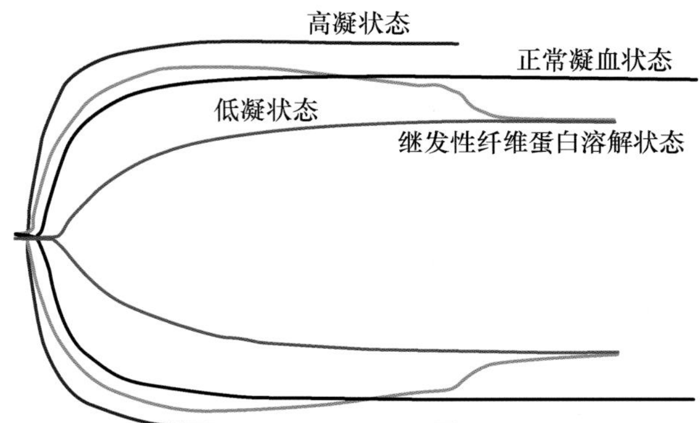

图 15.4 **正常凝血状态、低凝状态、高凝状态以及继发性纤维蛋白溶解状态的血栓弹力图(改自 Kol A, Borjesson DL: Application of thromboelastography/thromboelastometry to veterinary medicine. *Vet Clin Pathol* 39:405, 2010. In Harvey J:*Veterinary hematology*, St Louis, 2012, Saunders.)**

血小板功能分析仪

有几种分析仪可评估血小板的黏附和聚集。经验证 PFA-100 分析仪(Siemems USA, Palo Alto, CA)可用于犬血样的检测。这种分析仪所用的一次性卡夹含有带小孔的胶原蛋白膜。血液通过小孔时,血小板黏附于膜上。当有足够的血小板发生黏附和聚集时,血液将无法通过小孔。仪器可记录这个过程所需的时间。

其他分析仪可评估血小板聚集和血小板因子的分泌。检测原理多种多样,但几乎均未经过验证可应用于动物。

即时分析仪

部分手持式凝血检测仪可应用于人医急诊科和部分诊室,有些还用于正在接受抗凝治疗的病人,以监测他们的凝血状态。但这些仪器均未经验证可应用于动物。

复习题

第 15 章的复习题见附录 A。

关键点

- 采集用于凝血检查的血样时，应尽量减少创伤，避免触发止血反应。
- 患病动物激动及静脉淤滞影响凝血检查的结果。
- 用柠檬酸钠抗凝血浆进行大多数凝血检查。
- 评估血小板数量时，首选 EDTA 抗凝血。
- 凝血检查时，柠檬酸盐与全血的比例应为 1∶9。
- 有多种自动分析仪可通过机械或光学系统检测血凝块形成。

第16章

Platelet Evaluation
血小板的评估

学习目标

经过本章的学习，你将可以：

- 描述血小板计数的方法。
- 描述血小板评估的方法。
- 列出并解释血小板指数。
- 阐述血小板减少、血小板增多和血小板病。

目　录

关键词

平均血小板体积

血小板分布宽度

大血小板比率

血小板比容

血小板压积

血小板减少

血小板增多

血小板病

血小板是骨髓中巨核细胞脱落的细胞质碎片。血小板的评估包括血小板计数、血小板指数和血小板功能检查。大多数血小板评估通过自动分析仪完成。血小板减少指循环血小板数量减少；血小板增多指循环血小板数量增加；血小板病指血小板功能异常。

血小板计数

自动化血细胞分析仪可进行血小板计数，所用样本应为新鲜采集的 EDTA 抗凝血。因血小板聚集及血小板和红细胞的重叠，故一些自动分析仪的计数非常不准确，必须通过外周血涂片进行确认。以前使用的 Becton-Dickinson（即 Unopette 系统）

人工计数系统已经停止生产，但有几种相似的替代产品。这些产品带有小室或试管，内含确定体积的稀释液，将样本加入其中，按照 Leukopet 的方式(见第 2 单元第 8 章)通过血细胞计数板对血小板进行计数。血小板形态学变化包括聚集成簇和巨血小板(图 16.1)。这些异常无法通过自动分析仪辨别，所以必须进行血涂片检查。

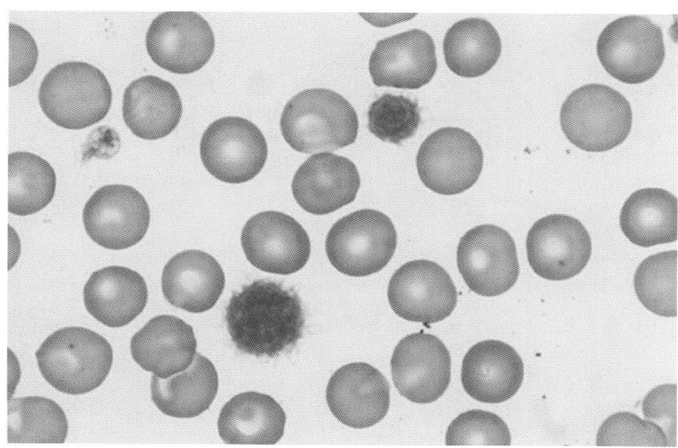

图 16.1　**患犬血涂片中有一个巨血小板和一个稍大的血小板(引自 Valenciano AC, Cowell RL:*Cowell and Tyler's diagnostic cytology and hematology of the dog and cat*, ed 4, St Louis, 2014, Mosby.)**

血小板评估

用血涂片进行间接血小板计数(即评估)的方法见第 2 单元第 10 章。应在血涂片的单细胞层观察并记录至少 10 个显微镜视野下的血小板数量。一般情况下，正常动物的血涂片油镜视野可见 8～10 个血小板。但显微镜下不同区域的血小板数值差异巨大。将测得的血小板数量(10 个视野的平均值)乘以 15 000 或 20 000 也是常用的间接血小板计数法。

> **注意**：利用血涂片进行血小板评估。

血小板形态

血小板减少的患病动物可能出现较正常偏大的血小板(巨血小板)。但是正常犬猫的血涂片在进行血细胞分类计数时也常见巨血小板，自动分析仪会将其计为红细胞。所有的血涂片都要评估是否有成簇的血小板。网织血小板是新释放的血小板，含有高浓度的 RNA(图 16.2)。它们与网织红细胞相似，提示存在骨髓反应。用特殊染色法可以识别这些成分，并用流式细胞仪计数。

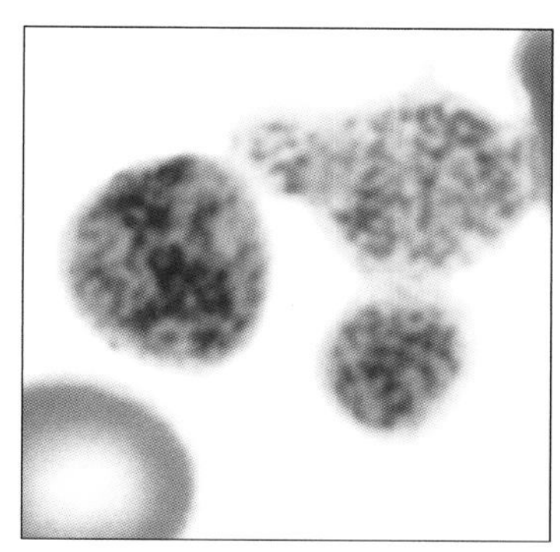

图 16.2　**巨血小板的强嗜碱性提示它们可能是网织血小板(引自 Harvey J:*Veterinary hematology*, St Louis, 2012, Saunders.)**

血小板指数

部分自动分析仪能够评估血小板量、单个血小板体积和血小板分布宽度(PDW)，不同分析仪所用的方法不同。除了 PDW，血小板指数包括血小板比容(PCT)和平均血小板体积(MPV)。有些仪器还可提供大血小板比率(P-LCR)。根据仪器而异，这些数值可能是直接测得或根据其他测定数据计算得出。要注意的是，虽然许多分析仪都提供这些数值，但是对于兽医临床的意义尚不明确。

> **注意**：许多分析仪会提供血小板指数，包括 MPV、PCT 和 PDW。

平均血小板体积

MPV 的单位为飞升，是分析仪计算的单个血小板体积的平均值。血小板丢失、破坏或消耗增多并伴有巨核细胞增生时可能出现 MPV 升高。血小板生成加速可引起大血小板的释放，但是，健康猫也会有大血小板，所以该数值对猫无意义。某些品种的犬，如查理王小猎犬的血小板较其他品种的大。有些自动分析仪会将大血小板计数为白细胞。

犬的 MPV 升高提示骨髓反应充分，但出现血小板减少的患犬，其 MPV 正常或偏低并不代表骨髓反应不足。检测结果也会受抗凝剂和某些分析仪的影响。接触 EDTA 会使血小板膨胀。有些研究证明样本采集后 1 h 内血小板会增大 30%，但并非所有研究都支持这一观点。柠檬酸盐抗凝的样本也可见类似结果。研究显示，使用阻抗法测定的 MPV 会随时间升高，而激光流式细胞法测定的

MPV会随时间降低。如果要进行连续评估，应该保证每次从静脉穿刺到检测之间的时间间隔一致。

血小板比容

血小板比容也称为血小板压积，反映血小板占全部血液体积的百分比，与红细胞压积相似。该值通过MPV与血小板总数相乘获得。大多数哺乳动物的血小板比容小于1%。

血小板分布宽度

PDW可评估血小板大小的差异程度。许多自动分析仪可提供直方图，能够直观地评估PDW（图16.3）。血小板减少的患病动物可能出现大血小板。血小板分布宽度可能与其从骨髓中释放出来的时间有关，并受血小板活化的影响。但是正常动物也可见血小板大小不等，PDW与骨髓反应性或者高凝血状态之间并没有明确的相关性。与之类似，有些分析仪会提供大血小板比例，是体积超过正常范围的血小板的百分比。

血小板功能检查

血小板病，即血小板功能改变，可通过多种方法进行评估。自动分析仪（见第15章）可评估血小板聚集和分泌血小板因子的能力。其他检查可间接评估血小板功能（见第17章）。

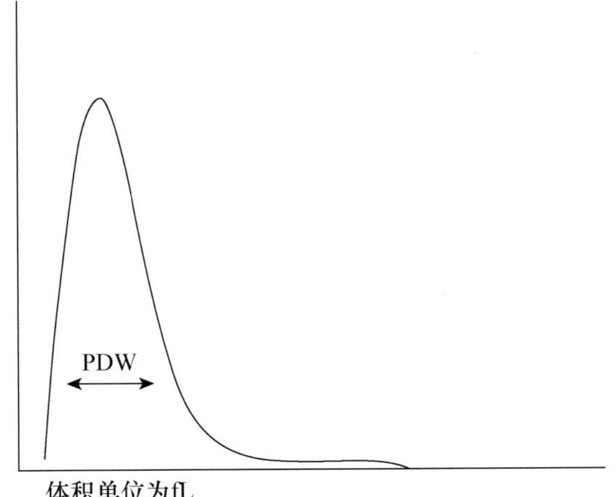

图16.3 血小板直方图

其他评估

兽医转诊医院和参考实验室可进行多种血小板评估，但常规兽医实验室无法进行这些检查。其中包括抗血小板抗体检测，其是一种可检测血小板表面抗体的免疫分析。

复习题

第16章的复习题见附录A。

关键点

- 血小板评估包括血小板计数、血小板指数和血小板功能检查。
- 可用多种方法在分类计数的血涂片上评估血小板。
- 参考实验室可开展网织血小板和抗血小板抗体的特殊检查。
- 血小板指数包括血小板比容、血小板分布宽度和平均血小板体积。

第17章

Coagulation Testing
凝血检查

学习目标

经过本章的学习,你将可以:

- 列举常见的凝血检查。
- 描述颊黏膜出血时间的操作步骤。
- 描述活化凝血时间的操作步骤。
- 描述活化部分凝血活酶时间和凝血酶原时间的检测原理。
- 描述热沉淀法纤维蛋白原检测的操作步骤。

目　　录

关键词

活化凝血时间
活化部分凝血活酶时间
颊黏膜出血时间
血块收缩
D-二聚体
PIVKA
凝血酶原时间

评估凝血过程的各特定阶段需开展凝血机制检查(图 17.1)。部分检查需特殊设备,而有些则可人工操作。手动操作结果有较大偏差,并不推荐。开展检查时,应确保操作步骤一致。兽医实验室应根据所用的特定材料和程序建立参考范围。血小板数量降低可影响多种检查的结果,因此,应通过血小板计数确定是否发生血小板减少,以降低后者对某些检查的影响。

注意:凝血检查用于评估凝血途径的特定部分。

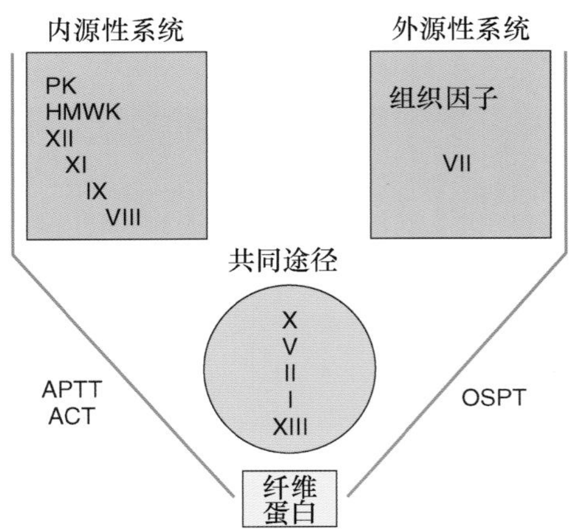

图 17.1 传统内源性、外源性和共同凝血途径(引自 Couto N: *Small animal internal medicine*, ed 4, St Louis, 2009, Mosby.)

颊黏膜出血时间

颊黏膜出血时间(buccal mucosa bleeding time,BMBT)是反映血小板功能异常的重要检查,需要一把弹簧刀片(如 Surgicutt,SimPlate)、吸水纸或滤纸、秒表以及止血带(流程 17.1)。由于切口的宽度、深度和数量都因装置不同而不同,所以每次检查都应使用相同装置。患病动物镇静或麻醉后,侧卧保定,用一条纱布将上唇后翻以暴露黏膜表面。用刀片做一个切口,然后用标准吸水纸或滤纸蘸取切口处(图 17.2)。蘸取时,将纸轻轻地接触滴出来的血液,在不接触切口的情况下,将血液从切口吸走。每隔 5 s 重复一次此操作,直至出血停止。家养动物的正常出血时间为 1~5 min,血小板功能障碍综合征以及血管性血友病因子缺乏均可引起出血时间延长。发生血小板减少的动物也会出现时间延长,所以应进行血小板计数。有些患病动物不需要麻醉即可接受这项检查,但是为保证动物不用舌头舔舐伤口,通常对动物实施镇静。

流程 17.1 颊黏膜出血时间检查

1. 将动物麻醉后侧卧保定。
2. 将动物的上唇后翻,用纱布固定。
3. 将弹簧刀置于前臼齿附近的颊黏膜处。
4. 在不对黏膜施加压力的情况下,按下弹簧刀的开关,同时开始计时。
5. 5 s 后用吸水纸吸走切口处流出的血液。
6. 每隔 5 s 吸取一次血,直至吸水纸吸取不到血液。
7. 记录所需时间。

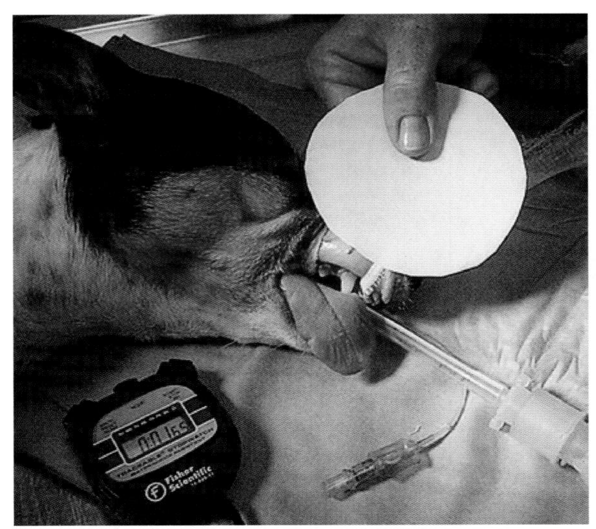

图 17.2 颊黏膜出血时间检查(B. Miztner, DVM 供图)

活化凝血时间

活化凝血时间(ACT)可以评估除了凝血因子Ⅶ以外的所有重要凝血因子。人工操作时,需要一种真空采血管,里面添加硅藻土或高岭土以激活凝血途径。采血管必须提前在 37 ℃水浴或加热板预热。通过静脉穿刺采集 2 mL 血液于管中,血液一旦入管即开始计时。将采血管颠倒一次以混匀,然后放入 37 ℃恒温箱或水浴锅中,60 s 后观察采血管,之后每隔 5 s 检查一次是否出现血凝块。活化凝血时间正常值是 60~90 s。严重的血小板减少(<10 000 个/mL)及内源性凝血级联反应相关的异常都会使活化凝血时间延长。也可以用自动分析仪进行 ACT 检测(图 17.3)。

全血凝固时间

全血凝固时间通过 Lee-White 方法进行,是一种比较陈旧的评估内源性凝血途径的方法。ACT 的敏感性更高,因此,全血凝固时间并不常用。检查时,用塑料注射器采集 3 mL 血液,用计时器记录血液最开始出现在注射器中的时间。然后立刻将 1 mL 血液分别移入 3 个用生理盐水润洗过的 10 mm×75 mm 的试管里,并把这些试管放入 37 ℃水浴中。每隔 30 s 倾斜一次第一根和第二根试管,直至发生凝血。第三根试管的倾斜方法相似。从血液开始出现在注射器内到第三根试管中形成血凝块的时间间隔即为全血凝固时间，犬正常值是 2～10 min，马是 4～15 min，牛是 10～15 min。

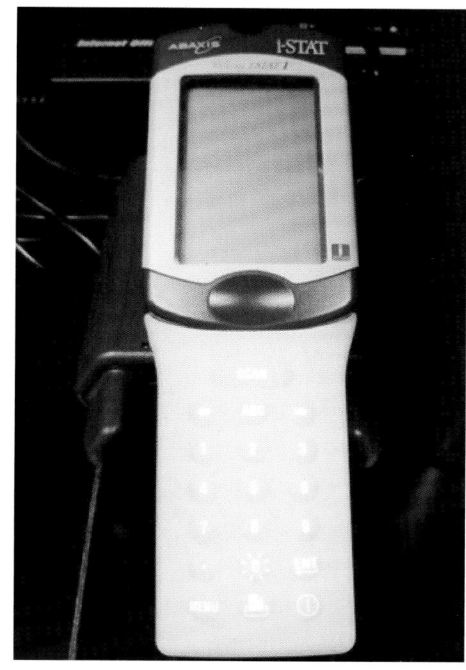

图 17.3 **i-STAT 分析仪有可用于凝血检查的卡夹**

活化部分凝血活酶时间

活化部分凝血活酶时间（APTT）可评估内源性凝血途径和共同凝血途径。根据所用的仪器，有些方法需要多种试剂。Coag Dx™ 分析仪（见图 15.2）是一种手持式仪器，可以检测凝血酶原时间和 APTT。柠檬酸盐抗凝的血浆与启动剂凝血因子Ⅻ和血小板替代物（如头孢菌素）共同孵育。加入钙离子后，确定形成纤维蛋白所需的时间。正常的内源性凝血级联反应需要很多凝血因子参与，除了使用肝素外，多种获得性和遗传性疾病都会导致内源凝血途径中的一种或多种凝血因子减少。

注意：许多凝血检查通过自动分析仪进行。

凝血酶原时间

凝血酶原时间（PT）也称一期凝血酶原时间（OSPT），通常由自动分析仪进行，可评估外源性凝血途径和共同凝血途径。人工检测需要向柠檬酸盐抗凝的血浆样本中添加组织凝血活酶试剂，然后添加让样本重新钙化的试剂。正常情况下，应该在 6～20 s 内形成血凝块，犬的正常参考范围是 7～10 s。PT 延长可能与严重的肝病、弥散性血管内凝血（DIC）、遗传性或获得性外源性凝血途径的凝血因子缺乏有关。PT 检查对维生素 K 缺乏或拮抗非常敏感，如华法林中毒。

血块收缩检查

血块收缩检查是一种评估血小板数量和功能、内源和外源性凝血途径的陈旧方法。需要将血液抽到普通的无菌采血管里，37 ℃孵育 60 min 后，在 24 h 内定期检查采血管。正常时应于 60 min 内形成明显的血凝块，并在约 4 h 后收缩，24 h 后明显收缩。检查结果异常并不能区分凝血疾病的原因或阶段。

纤维蛋白原检测

纤维蛋白原可通过分光光度法进行自动化检测，但在兽医诊所中不常用。兽医诊所实验室可使用自动化的电化学检测法（图 17.4）。人工检测时，通过两个血细胞比容管进行，与检查红细胞压积类似，将两个比容管离心。然后用其中一管通过折射仪测定总固体量。另一管在 58 ℃孵育 3 min，再次离心，测定总固体量。将总固体量数值单位 g/dL 乘以 1 000 转化为 mg/dL，然后用以下公式计算纤维蛋白原的量，所有数值的单位均为 mg/dL：

总固体量（未孵育）－总固体量（孵育后）
＝纤维蛋白原 mg/dL

PIVKA

缩写 PIVKA 指在维生素 K 缺乏时会诱导产生的蛋白质。凝血因子Ⅱ、Ⅶ、Ⅸ、Ⅹ需要有维生素 K 才能被活化。当维生素 K 缺乏时，这些凝血因子的前体蛋白就会蓄积，并通过 PIVKA 检查或凝血试验（Axis-Shield PoC, Oslo, Norway）检出。ACT 延长时，这项检查有助于区分灭鼠药中毒和原发性血友病，且维生素 K 依赖性凝血因子耗尽时，该检查比凝血酶原的敏感性更高。误食抗凝杀鼠药后 6 h 内 PIVKA 时间即发生延长，而凝血酶原时间需 24 h 且活化部分凝血活酶时间需 48 h 后才会延长。对于该检查的意义仍存在争议，许多临床兽医更喜欢凝血酶原时间。如果 PT 延长，PIVKA 不会提供更多信息。如果初始治疗需使用维生素 K，则应在治疗前进行 PIVKA 检查。

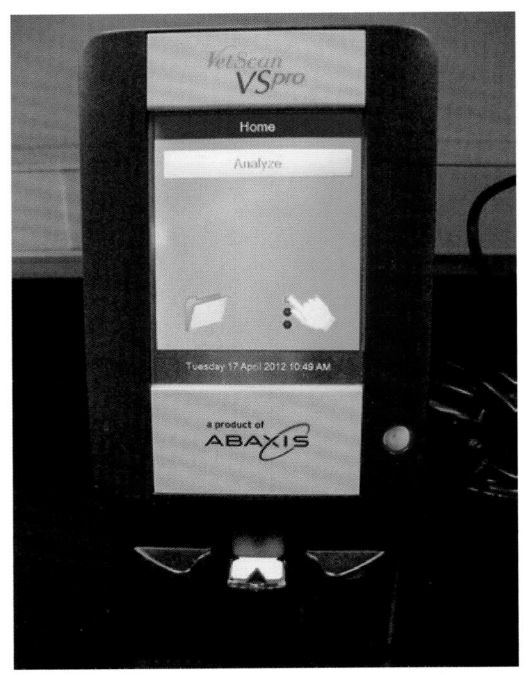

图 17.4 该分析仪能够进行纤维蛋白原检测以及其他凝血检查、化学分析和电解质分析

D-二聚体和纤维蛋白降解产物

D-二聚体和纤维蛋白降解产物均可评估第三级止血（即纤维蛋白溶解）。血凝块降解时会形成D-二聚体和纤维蛋白降解产物（或纤维蛋白裂解产物）。因此，这些检查有助于判断是否出现 DIC，并可为肝脏衰竭、创伤及血管肉瘤提供诊断信息。目前有犬用的院内 D-二聚体检查。纤维蛋白降解产物和 D-二聚体检查均为免疫分析，有多种方法可选，但是大多数采用乳胶凝集试验法（见第 4 单元）。由于纤维蛋白降解产物可在血凝块形成之前产生，所以，D-二聚体检查是评估纤维蛋白溶解的特异性和敏感性更高的方法。

注意：D-二聚体和纤维蛋白降解产物可用于评估纤维蛋白溶解。

血管性血友病因子

血小板黏附需要血管性血友病因子（vWF）参与。当出现明显的血小板功能缺陷时，通常应进行 vWF 检查。参考实验室有多种免疫分析可对 vWF 进行定量检测。还有检查能够评估 vWF 的功能。

凝血因子检查

许多遗传性或获得性疾病都会导致凝血因子缺乏，并出现多种凝血检查结果异常。参考实验室可检查是否发生某些凝血因子缺乏，通常用于诊断特定的遗传性凝血因子缺乏。检查时多采用分光光度法。

复习题

第 17 章的复习题见附录 A。

关键点

- 凝血检查用于评估凝血途径的特定部分。
- 大多数凝血检查通过自动分析仪进行。
- 颊黏膜出血时间可评估血小板的数量和功能。
- 当确定是否有特定凝血因子缺乏时，可在参考实验室进行凝血因子检查。
- 参考实验室通过免疫学方法测定 vWF。

第18章

Disorders of Hemostasis
止血异常

学习目标

经过本章的学习，你将可以：

- 描述兽医临床常见的止血异常类型。
- 鉴别遗传性和获得性止血异常。
- 列举并描述止血异常的常见临床症状。
- 列举常见的遗传性凝血疾病及好发物种和品种。
- 描述弥散性血管内凝血的机制。

目　录

关键词

弥散性血管内凝血
血友病
血管性血友病

止血障碍

出血性疾病可能由先天性或获得性凝血蛋白、血小板或血管系统缺陷引起。兽医临床大多数出血性疾病由其他疾病继发引起。原发性凝血疾病很罕见，通常为遗传性凝血因子生成缺陷。先天性或获得性凝血蛋白缺乏的症状通常表现为深层组织延迟出血和血肿形成。先天性或获得性血小板缺乏或缺陷相关的临床症状包括浅表瘀点和瘀斑性出血（图 18.1）、鼻衄（图 18.2）、黑粪症以及注射位点和切口处长时间出血。如果凝血蛋白的功能异常或浓度过低，临床症状通常会在动物 6 月龄前出现。兽医临床常见的先天性凝血因子疾病大多为单因子缺乏或异常。

> **注意**：与血小板缺乏或缺陷相关的临床症状包括浅表瘀点和瘀斑性出血、鼻衄、黑粪症以及注射位点或切口处长时间出血。

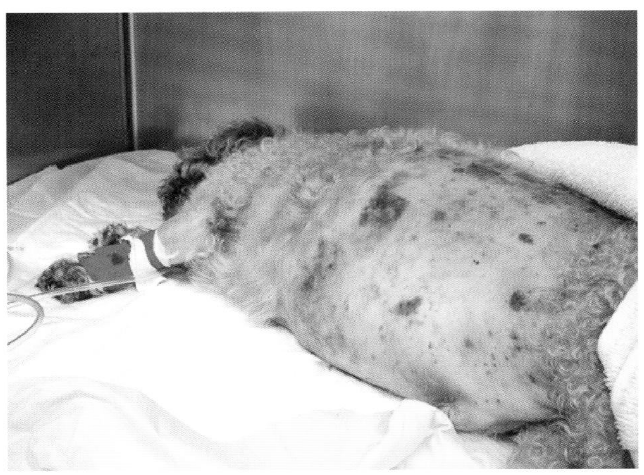

图 18.1 瘀点可能提示凝血异常(引自 Sirois M:*Principles and practice of veterinary technology*,ed 3,St Louis, 2011, Mosby.)

图 18.2 圣伯纳犬出现鼻衄(引自 Green CE:*Infectious diseases of the dog and cat*, ed 3, St Louis, 2006, Saunders.)

遗传性凝血疾病

遗传性凝血疾病包括多种凝血因子缺乏。表 18.1 列举了部分兽医临床常见的遗传性凝血因子相关的疾病。虽然对于某种特定凝血因子缺乏或缺陷的诊断需要在参考实验室完成，但是许多普通兽医诊所实验室进行的凝血检查也可辅助诊断。凝血因子Ⅻ、Ⅺ、Ⅸ和Ⅷ参与内源性凝血途径，评估内源性凝血途径的检查(如活化凝血时间、活化部分凝血活酶时间)可能因此而出现异常结果。A 型血友病是犬最常见的遗传性凝血因子缺乏，由凝血因子Ⅷ缺乏引起。B 型血友病也称圣诞病，由凝血因子Ⅸ缺乏引起。这两种血友病都有伴 X 染色体隐性遗传的特征。

表 18.1 犬常见的遗传性凝血疾病

疾病	好发犬种
凝血酶原缺乏	可卡犬、比格犬
凝血因子Ⅶ缺乏	比格犬、阿拉斯加雪橇犬
凝血因子Ⅷ缺乏	多犬种(A 型血友病)
凝血因子Ⅸ缺乏	多犬种(B 型血友病)
凝血因子Ⅹ缺乏	可卡犬
凝血因子Ⅺ缺乏	大白熊犬、英国史宾格犬
凝血因子Ⅻ缺乏	贵宾犬、沙皮犬

血管性血友病

家养动物最常见的遗传性凝血疾病为血管性血友病(vWD)，由血管性血友病因子缺乏或合成不足引起。血管性血友病因子(vWF)是一种与凝血因子Ⅷ共同循环的大分子糖蛋白，能够在凝血初始阶段辅助血小板聚集。这种病在杜宾犬中相对频发，另有几十例其他犬种，以及兔子和猪的病例报道。该病已确定有数种不同类型的遗传模式(表 18.2)，

表 18.2 犬血管性血友病

类型	血浆血管性血友病因子	已知存在突变的犬种举例
1 型	降低程度不定；所有多聚体成比例减少；最常见的类型，超过 70 种犬可见此病；出血倾向不一，通常在手术或创伤后出血	杜宾犬、德国牧羊犬、金毛寻回犬、罗威纳犬、曼彻斯特㹴、凯恩㹴、威尔士柯基犬、伯恩山犬、凯利蓝㹴、贵宾犬、蝴蝶犬
2 型	不成比例的高分子量多聚体缺乏；缺乏更大、更有效的多聚体；可能发生严重出血	德国短毛波音达犬、德国刚毛波音达犬
3 型	完全缺乏(血浆 vWF＜1%)；缺乏所有多聚体，所以病情最严重	苏格兰㹴、喜乐蒂牧羊犬、切萨皮克海湾寻回犬、库依克豪德杰犬

酶联免疫吸附试验结果：正常≥70%；临界值＝50%～69%；异常值＝0～49%。

引自 Battaglia A:*Small animal emergency and critical care for veterinary technicians*,ed 2, St Louis, 2007, Saunders.

1 型 vWD 为常染色体显性遗传，但不完全外显，特点是循环中的 vWF 浓度低但结构正常。患 2 型 vWD 的动物，其循环 vWF 水平低，且结构和功能均存在异常，为显性遗传。3 型 vWD 的特点是几乎不存在 vWF，为常染色体隐性遗传。2 型、3 型 vWD 的患犬出血情况最严重。常见发情期、静脉穿刺后和手术后出血时间延长，颊黏膜出血时间延长。目前可以对 1 型和 3 型 vWD 进行特异性基因检测，如若确诊为患病动物，则不应用于繁育。

注意：家养动物最常见的遗传性凝血疾病是 vWD。

获得性凝血疾病

凝血疾病可由血小板生成减少或破坏增加、营养缺乏、肝脏疾病或摄食某些药物或毒物引起。凝血因子主要由肝脏合成，因此，任何影响肝脏功能的疾病都会导致凝血病。

血小板减少

血小板减少指血小板的数量减少，是小动物兽医临床最常见的凝血疾病。通常无法确定血小板减少的原因，但是感染某些细菌、病毒和寄生虫可引起血小板减少(表 18.3)。骨髓抑制导致血小板生成减少，或自身免疫性疾病使血小板破坏增多，均可引起血小板减少。许多药物也与血小板减少有关(框 18.1)。阿司匹林和对乙酰氨基酚是小动物临床常见的有毒物质，这些药物会破坏或持续抑制循环中的血小板，所以，在骨髓开始释放正常的血小板之前，临床症状会持续存在。

表 18.3　犬猫血小板减少的传染性病因

疾病	物种	机制	诊断性检查*	治疗
			病毒	
犬瘟热	犬	U	抗原检查、PCR、血清学	支持疗法
犬疱疹病毒	犬	V	抗原检查、血清学、VI	支持疗法
犬细小病毒感染：犬细小病毒 2 型	犬	P、U	抗原检查、粪便 EM、PCR、血清学	支持疗法
犬传染性肝炎：犬腺病毒 1 型	犬	U、V	血清学、PCR、VI	支持疗法
猫免疫缺陷病毒	猫	P	血清学、PCR	支持疗法
猫传染性腹膜炎：猫冠状病毒	猫	U、V	抗原检查、组织病理学、PCR、血清学	支持疗法
猫白血病病毒	猫	P	抗原检查、PCR、血清学	支持疗法
猫泛白细胞减少症/猫细小病毒	猫	P、U	抗原检查、EM、粪便 VI、PCR、血清学	支持疗法
			立克次体、新立克次体、无形体和支原体	
犬嗜粒细胞无形体病：嗜吞噬细胞无形体	犬	D、U	血涂片、PCR、血清学	多西环素(10 mg/kg PO q 24 h×21 d)
犬嗜粒细胞埃立克体病：伊氏埃立克体	犬	D、U	血涂片、PCR、血清学	多西环素(10 mg/kg PO q 24 h×21 d)
犬嗜单核细胞埃立克体病：犬埃立克体、查菲埃立克体	犬	D、P、U	血涂片、PCR、血清学	多西环素(10 mg/kg PO q 24 h×21 d)
猫嗜粒细胞无形体病：嗜吞噬细胞无形体	猫	D?	PCR、血清学	多西环素(10 mg/kg PO q 24 h×21 d)
猫单核细胞埃立克体病：犬埃立克体、利氏新立克次体(?)	猫	D?	PCR、血清学	多西环素(10 mg/kg PO q 24 h×21 d)

续表 18.3

疾病	物种	机制	诊断性检查*	治疗
嗜血支原体病：猫血支原体、微血支原体、犬血支原体	犬、猫	D、S	抗原检查、血涂片、PCR	多西环素（10 mg/kg PO q 24 h×21 d） 恩诺沙星（5 mg/kg PO q 24 h×14 d）
落基山斑疹热：立氏立克次体	犬	D、V	抗原检查（皮肤）、PCR、血清学	多西环素（10 mg/kg PO q 24 h×21 d）
鲑鱼中毒病：蠕虫新立克次体	犬	D、U	细胞学、粪便检查	多西环素（10 mg/kg PO q 24 h×21 d）
嗜血小板埃立克体病：嗜血小板无形体	犬	D、U	抗原检查、血涂片、PCR、血清学	多西环素（10 mg/kg PO q 24 h×21 d）
			细菌	
菌血症/败血症	犬、猫	D、U、V	血液、尿液、体液培养	氨苄西林舒巴坦(30 mg/kg Ⅳ q 8 h)、恩诺沙星(10 mg/kg Ⅳ q 24 h)
巴尔通体病：文氏巴尔通体	犬	D、V	培养、PCR、血清学	最佳疗法未知，推荐阿奇霉素(5 mg/kg PO q 24 h×5 d，然后隔天一次，持续 45 d)
内毒素血症：最常见埃希菌属、克雷伯菌属、肠杆菌属、变形杆菌属、假单胞菌属	犬、猫	S	血液、尿液、伤口培养、通常是推断性的	氨苄西林舒巴坦(30 mg/kg Ⅳ q 8 h)、恩诺沙星(10 mg/kg Ⅳ q 24 h)
钩端螺旋体病	犬	D、U、V	抗原检查、组织病理学、PCR、血清学、尿液暗视野镜检、尿液或血液培养	氨苄西林（22 mg/kg Ⅳ q 8 h×2 周）然后多西环素（5 mg/kg PO q 12 h×3 周），有些人推荐一开始就使用多西环素
鼠疫：鼠疫耶尔森菌	猫	S、U	抗体检测、培养、PCR、血清学	多西环素（10 mg/kg PO q 24 h×21 d）、恩诺沙星（5 mg/kg PO q 24 h×14 d）
沙门氏菌病	犬、猫	D、S、U、V	培养、PCR	恩诺沙星(5～10 mg/kg Ⅳ q 24 h)，仅用于败血症动物
野兔热：土拉弗朗西斯菌	犬、猫	D、U、V	抗原检查、培养、PCR、血清学	多西环素(5 mg/kg PO q 12 h)
			原虫	
巴贝斯虫病：犬巴贝斯虫、吉氏巴贝斯虫	犬	U、S	血涂片、PCR、血清学	犬巴贝斯虫用二丙酸咪多卡(6.6 mg/kg IM 间隔 2 周)，吉氏巴贝斯虫用阿托伐醌（13.5 mg/kg PO q 8 h×10 d）和阿奇霉素(10 mg/kg PO q 24 h×10 d)
胞簇虫病：猫胞簇虫	猫	U、S	血涂片、细胞学、PCR†	二丙酸咪多卡（2～3 mg/kg IM 间隔 1 周，用药 2 次）或阿托伐醌(15 mg/kg PO q 8 h×10 d)和阿奇霉素(10 mg/kg PO q 24 h×10 d)
利什曼原虫病	犬	U	抗原检查、细胞学、PCR、血清学、免疫印迹分析	锑酸葡甲胺(100 mg/kg SQ q 24 h)和别嘌呤醇（15 mg/kg PO q 12 h)，联合用药 3～4 个月，终身使用别嘌呤醇

续表 18.3

疾病	物种	机制	诊断性检查*	治疗
弓形虫病:刚地弓形虫	犬、猫	U	粪检(猫)、血清学、细胞学	克林霉素(12.5～25 mg/kg PO q 12 h)
			线虫	
心丝虫病:犬恶丝虫	犬	D、U、V	抗原检查、血涂片、诺茨试验、血清学	美拉索明(2.5 mg/kg IM)
			真菌	
弥散性念珠菌病	犬、猫	U	培养、细胞学	伊曲康唑(5～10 mg/kg PO q 12 h)
组织胞浆菌病:荚膜组织胞浆菌	犬、猫	U	抗原检查、培养、细胞学、血清学	伊曲康唑(5～10 mg/kg PO q 12 h)

D,破坏;EM,电子显微镜;PCR:聚合酶链式反应;S,扣押;U,利用;V,血管炎;VI,病毒分离。

* 关于诊断检查、可用检查试剂盒、样本及商品化诊断实验室的更多信息请参考 Greene CE: *Infectious diseases of the dog and cat*, ed 3。

† 北卡罗来纳州立大学(罗利,北卡罗来纳州)蜱传疾病实验室可进行该检查。

? 不确定。

引自 Bonagura J:*Kirk's current veterinary therapy* XIV, ed 14, St Louis, 2009, Saunders.

框 18.1　与犬猫血小板减少有关的药物

对乙酰氨基酚
抗心律失常药
抗癫痫药
非甾体抗炎药
巴比妥盐
苯佐卡因
头孢菌素
化疗药
氯霉素
西咪替丁
雌激素
金盐
灰黄霉素
免疫抑制剂
左旋咪唑
甲巯咪唑
甲硫氨酸
亚甲蓝
甲硝唑
青霉素
苯巴比妥
吩噻嗪类药物
保泰松
丙二醇
丙硫氧嘧啶
磺胺衍生物
磺胺甲噁唑/甲氧苄啶
锌

维生素 K 缺乏

部分凝血因子的合成和激活需要维生素 K。维生素 K 依赖性凝血因子包括因子Ⅱ、Ⅶ、Ⅸ和Ⅹ。饮食摄入不足或胆管阻塞都会引起维生素 K 缺乏。所有会改变维生素 K 活性的疾病都会引发出血性疾病。摄入有毒物质(如华法林、发霉的甜三叶草)也会引起出血性疾病。抗凝血杀鼠剂是小动物临床次级止血异常的重要病因。华法林是抗凝血杀鼠剂的成分之一。临床症状可能在摄食后几天才会表现出来,包括嗜睡、厌食以及胸腔出血导致的呼吸困难,还有可能出现瘀斑、瘀点和关节积血。脑出血或脊髓出血会引发神经症状。凝血酶原时间通常最早出现延长,然后是活化部分凝血活酶时间以及活化凝血时间。PIVKA 检查也可辅助诊断。若明确病患是近期摄入的毒物,通常会先进行洗胃。有时会采用维生素 K 进行治疗,但其可能需数周方能成功见效。

注意:抗凝血杀鼠剂会导致维生素 K 缺乏。

弥散性血管内凝血

虽然弥散性血管内凝血(DIC)本身不是一种疾病,但是与许多病理状态有关。DIC 常见于创伤及多种感染性疾病。许多问题都能诱发 DIC。框 18.2 总结了一些与 DIC 有关的常见疾病。由此导致的止血疾病可能表现为全身性出血或微血管血栓。微血栓会导致组织缺氧，血栓形成会消耗血小板和凝血因子，从而进一步加剧出血倾向。微血栓的纤维蛋白溶解会产生过多的纤维蛋白降解产物和D-二聚体。还有可能出现休克。

注意：DIC是一种继发于其他疾病的消耗性凝血病。

因为疾病及其诱因多种多样，实验室检查结果也多种多样。没有任何一种单一检查能够用于确诊，也不是所有病患的所有检查结果都出现异常。大多数发生DIC的动物，其APTT和PT会延长，还会出现血小板减少。血涂片中常出现裂红细胞。纤维蛋白原可能正常或降低。颊黏膜出血时间延长，纤维蛋白降解产物和D-二聚体通常增多。表18.4总结了DIC和其他常见止血疾病的实验室数据。

框18.2 可能引起DIC的疾病

败血症（多种革兰阴性菌和革兰阳性菌）
病毒血症（犬传染性肝炎、猫传染性腹膜炎、非洲猪瘟、猪霍乱、非洲马瘟）
原虫性寄生虫（巴贝斯虫病、锥虫病、肉孢子虫病、利什曼原虫病、胞簇虫病）
多细胞动物寄生虫（心丝虫、肺线虫）
严重的组织损伤（中暑、创伤、手术操作）
血管内溶血
产科并发症
恶性肿瘤（血管肉瘤、播散性癌、白血病、淋巴瘤）
创伤性休克
肝脏疾病
胰腺炎
胃扩张-扭转以及皱胃扭转
毒素（蛇毒和昆虫毒素、黄曲霉毒素、杀虫剂）

引自 Harvey J: *Veterinary hematology*, St Louis, 2012, Saunders.

表18.4 常见出血性疾病的预期实验室检查结果

疾病	BMBT	ACT	PT	APTT	血小板	纤维蛋白原	FDPs	D-二聚体
血小板减少	↑	N	N	N	↓	N	N	N
血小板病	↑	N	N	N	N	N	N	N
血管性血友病	↑	↑/N	N	D/N	N	N	N	N
血友病	N	↑	N	↑	N	N	N	N
华法林中毒	N	↑	↑	↑	N/↓	N/↓	N/↑	N
DIC	↑	↑	↑	↑	↓	N/↓	↑	↑

ACT：活化凝血时间；APTT：活化部分凝血活酶时间；BMBT：颊黏膜出血时间；FDP：纤维蛋白降解产物；N，正常；PT：凝血酶原时间。
引自 Ford RB, Mazzaferro E: *Kirk & Bistner's handbook of veterinary procedures and emergency treatment*, ed 9, St Louis, 2012, Saunders.

复习题

第18章的复习题见附录A。

关键点

- 出血性疾病可能为凝血蛋白、血小板或血管系统缺陷导致的先天性或获得性疾病。
- 出血性疾病的临床症状包括深层组织出血、血肿形成、浅表瘀点和瘀斑、鼻衄、黑粪症以及注射位点或切开部位长时间出血。
- 家养动物最常见的遗传性凝血疾病是血管性血友病。
- 血小板减少指血小板数量下降，是小动物兽医临床最常见的凝血疾病。
- 维生素K依赖性凝血因子包括因子Ⅱ、Ⅶ、Ⅸ和Ⅹ。
- 许多疾病可引起血小板减少，包括感染特定细菌、病毒和寄生虫，以及骨髓抑制或自身免疫性疾病。
- DIC是一种继发于其他疾病的消耗性凝血病。
- DIC患病动物的临床症状和实验室检查结果有较大差异。

第4单元

Immunology
免疫学

单元目录

本单元学习目标

了解免疫系统生理。
明确免疫系统构成。
了解免疫系统不同结构的功能。
了解用于评估免疫系统的常用检查。
了解免疫系统异常。

检测和评估抗体或抗原水平的学科称为血清学或免疫学，其检测原理主要为抗原抗体结合。遗憾的是，这种结合反应难以通过肉眼观察。因此，可视化——探测抗原-抗体反应依赖于二次反应，即检测结合物的存在是更容易实现的，并可用于兽医临床诊断。

许多公司可制备针对不同病原的商品化单克隆抗体。兽医临床实验室所广泛使用的多种检测试剂盒通过这些抗体可快速检测致病性病原。

病毒、细菌或其他侵入机体的外来物质可刺激动物产生抗体。这些分泌抗体的细胞实为经过转化的淋巴细胞（浆细胞），后者可从动物体内分离出来，并经化学处理与“永生”细胞融合，从而可无限复制，如小鼠骨髓瘤细胞。这些杂交细胞产生的抗体即为单克隆抗体。每种单克隆抗体只会和一种分子（抗原）的某个位点结合，因此，使用这些抗体的诊断试剂盒具有高度特异性，可极大程度地减少结果判读的问题。例如，猫白血病病毒抗原仅和猫白血病病毒抗体反应，这一特异性反应极大简化了对这一复杂疾病的诊断。除了特异性较高之外，这些检查往往快速简便。

许多血清学检查都利用单克隆抗体完成。酶联免疫、乳胶凝集、免疫扩散及快速免疫迁移都是兽医实验室常用的检测方法。兽医参考实验室和研究机构还常使用补体结合、免疫荧光、免疫电子显微镜、病毒中和及聚合酶链式反应 DNA 扩增等方法。

参考实验室可针对动物样本进行各种血清学检查。血型、过敏、牛白血病病毒、生殖内分泌、莱姆病和布鲁氏菌病等均可进行相应检查。

有关本单元的更多信息请参见本书最后的参考资料附录。

第19章

Basic Principles of Immunity
免疫学基本原理

学习目标

经过本章的学习,你将可以:

- 区分先天性免疫系统和获得性免疫系统。
- 描述先天性免疫系统的组成部分。
- 描述免疫系统炎症反应的发生过程。
- 探讨细胞因子在免疫反应中的作用。
- 区分体液免疫和细胞免疫。
- 列出5类免疫球蛋白,并说明每种免疫球蛋白的结构和主要作用。
- 解释免疫耐受的定义。
- 描述各种T淋巴细胞和B淋巴细胞,并解释每种细胞在免疫系统中的作用。
- 区分被动免疫和主动免疫。

目　　录

关键词

主动免疫
抗原
亲和力
细胞免疫系统
补体系统
体液免疫
免疫球蛋白
免疫耐受
炎症反应
干扰素
自然杀伤(NK)细胞
调理作用
被动免疫
吞噬
疫苗接种

脊椎动物有两个重要的内部防御系统:先天性或非特异性免疫系统,以及适应性或特异性免疫系统(也称获得性免疫系统)。能引发免疫系统应答的物质称为抗原。

先天性免疫系统

细菌、病毒、寄生虫和真菌等异物首先会遇到先天免疫系统屏障。这些屏障包括皮肤、鼻咽、肠道、肺和泌尿生殖道内的生理结构和生化成分,以及与入侵病原体竞争的共生细菌和机体炎症反应。炎症反应是机体对感染或组织损伤的应答。受感染部位释放的化学物质,使血管扩张,中性粒细胞进入组织,从而吞噬细菌并利用储存在其细胞质中的化学物质杀灭病原体。炎症的典型症状是红、肿、热、痛和功能障碍,与炎症过程中的生理机制有关。炎症是先天性免疫系统的一种保护机制,但其也可能产生过度反应,从而导致自身组织损伤。

注意:先天性免疫系统包括可防止组织损伤和感染的物理和化学屏障。

单核细胞会随中性粒细胞到达炎症反应部位。与中性粒细胞一样,其通过吞噬作用摄取和破坏无活性颗粒、病毒、细菌和细胞碎片。在血液中,其被称为单核细胞,而当它们迁移到各种组织和器官后,在特定细胞因子的作用下则变为巨噬细胞。其他组织也可产生巨噬细胞,分布于结缔组织、肝、脑、肺、脾、骨髓和淋巴结中,共同构成单核吞噬系统。

除吞噬细胞外,自然杀伤(NK)细胞、干扰素和补体系统都是先天性免疫系统的重要组成成分。NK细胞不属于T淋巴细胞或B淋巴细胞,而是血液和外周淋巴器官中的一个小的淋巴细胞亚群。NK细胞能识别并破坏感染了微生物(如病毒)的宿主细胞,通过释放γ-干扰素激活巨噬细胞。干扰素是一种细胞因子(细胞分泌的可溶性蛋白质,用于调节免疫反应),可引起其他细胞发生反应,如阻止病毒复制和影响NK细胞的作用。干扰素在获得性免疫反应中也很活跃。

补体系统由血液中的一组蛋白质构成,是先天性和获得性免疫系统的组成部分。当补体系统被激活后,会引发一系列化学反应,称为补体级联反应。补体系统有3条激活途径,但3条途径的末端通路都是相同的。补体系统用C1～C9编号,有些补体还有字母标记的数个亚单位。

经典途径是获得性免疫系统的组成部分,当C1与抗原-抗体复合物结合时就会被激活。其他两种补体激活途径是先天性免疫系统的组成部分,由微生物表面成分及结合在微生物上的血浆凝集素激活(图19.1)。3条初始途径可催化一系列补体反应,引发多种生理效应,包括调理(补体与抗原结合)微生物以促进吞噬作用。补体激活还可刺激炎症反应及通过在抗原表面形成攻膜复合物使细胞溶解。

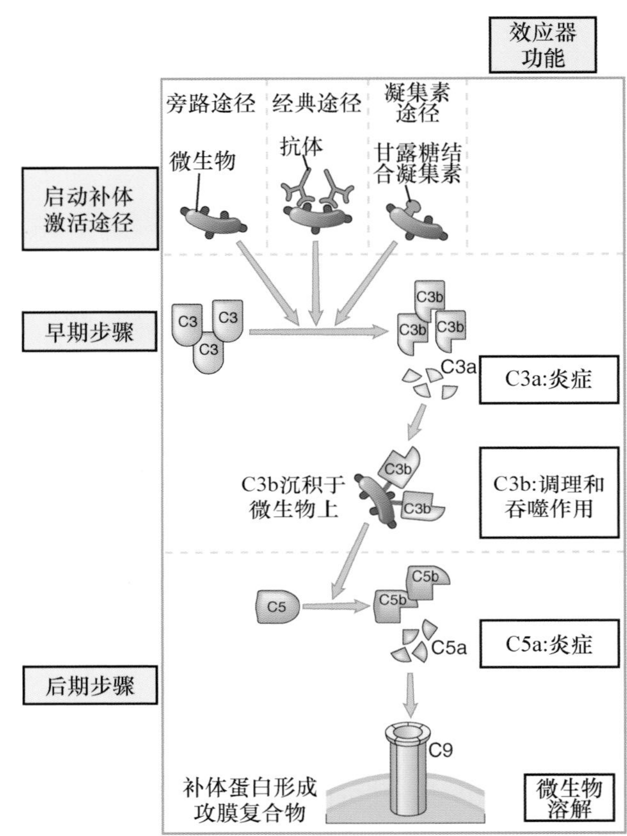

图19.1 补体激活途径。通过3种不同途径启动补体激活系统,均会产生C3b(即早期步骤)。C3b启动补体系统激活的后期步骤;最终产生了许多多肽和聚合型C9,共同形成攻膜复合物(可在细胞膜上产生小孔,因而得名)(引自Abbas AK:*Basic immunology updated edition: functions and disorders of the immune system*, ed 3, Philadelphia, 2011, Saunders.)

获得性免疫系统

当外源物质逃过先天性免疫系统后,会遭遇到更为复杂的获得性免疫系统。获得性免疫系统分为体液免疫系统和细胞免疫系统两部分，可对异物产生特异性反应。这些异物也被称为抗原，可能是细菌、病毒、真菌或寄生虫，也可能是宿主机体发生改变的内源性细胞。它们的出现会引发体液和细胞免疫应答，从而对宿主体内的异物进行中和、解毒和清除。

淋巴细胞及其产物是获得性免疫系统的重要组成部分，但该防线并没有脱离先天性免疫系统。巨噬细胞加工抗原并将其呈递给抗原定向淋巴细胞，即起到呈递抗原的作用。

淋巴干细胞首先在卵黄囊内发育，然后在胎儿的肝脏中发育。临近分娩时，骨髓开始承担生成淋巴干细胞的责任，并在胎儿出生后的整个生命阶段都是淋巴干细胞的来源。淋巴干细胞需要在骨髓或胸腺中进一步发育成熟。B 淋巴细胞在骨髓中发育成熟，而 T 淋巴细胞在胸腺中发育成熟（图 19.2）。

注意：B 淋巴细胞作为体液免疫系统的一部分，其主要功能是产生免疫球蛋白。

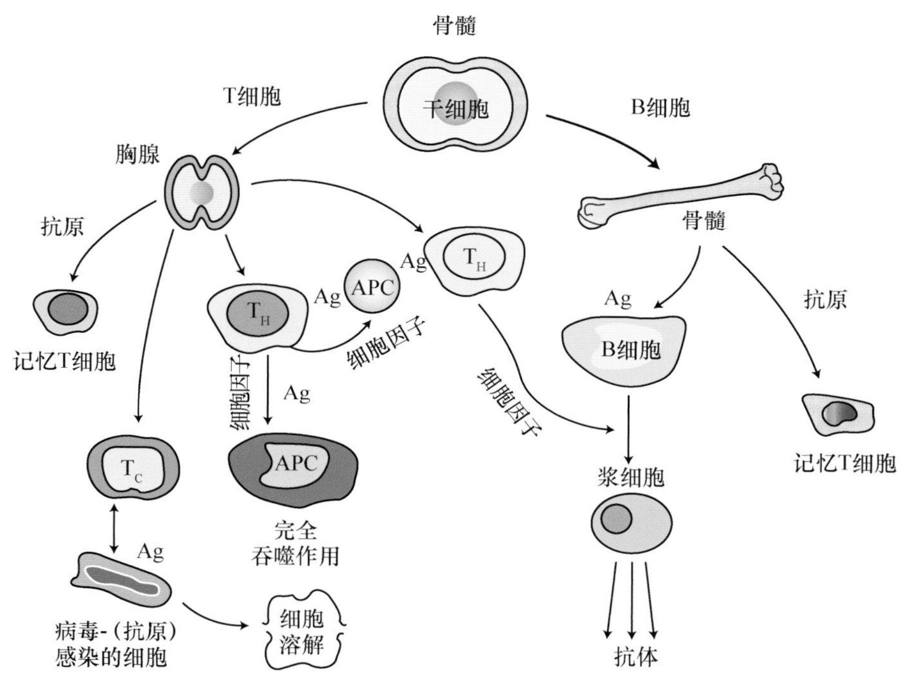

图 19.2　**免疫应答中淋巴细胞的作用途径。骨髓中的干细胞产生 T 淋巴细胞和 B 淋巴细胞，分别在胸腺和骨髓内发育成熟。淋巴细胞与抗原接触后分化增殖成记忆细胞和效应细胞。Ag：抗原；APC，抗原提呈细胞；T_H，辅助性 T 淋巴细胞；Tc，细胞毒性 T 淋巴细胞**

体液免疫系统

B 淋巴细胞在骨髓中发育成熟，主要与免疫球蛋白（Ig）也可称为抗体的产生和分泌有关。由于抗体分泌后进入机体体液，所以称为体液免疫。淋巴细胞的成熟过程包括 3 个阶段：淋巴母细胞、幼淋巴细胞和成熟淋巴细胞。成熟细胞离开骨髓进入次级淋巴器官（主要是脾脏和淋巴结）。在 B 细胞发育成熟的过程中，每一个 B 细胞都会对某种抗原产生特异的受体分子，因此，体液免疫系统可识别数十亿种抗原。当一种抗原进入机体，针对该抗原的成熟 B 细胞就会和它发生反应。刺激 B 细胞产生抗体是一个复杂的过程，需要特殊的 T 淋巴细胞协助，称为辅助性 T 细胞。辅助性 T 细胞产生称为细胞因子的蛋白质来激活 B 细胞。受到抗原刺激的 B 细胞快速分裂和分化，从而克隆出完全相同的 B 细胞，并产生相同的抗原特异性抗体。这些可分泌抗体的 B 细胞称为浆细胞，是一种效应细胞。效应细胞是免疫系统中具有特殊功能的细胞，可破坏外来抗原。部分受到抗原刺激的 B 细胞分化为记忆 B 细胞，能够对该抗原的第二次暴露产生更快的免疫应答反应（图 19.2）。

抗体（免疫球蛋白）是一种蛋白质分子，由 2 条多肽链组成，呈 Y 形结构（图 19.3）。每个免疫球蛋白（Ig）分子包含 2 个可变区和 1 个稳定区。可变区（Fab）与抗原结合，稳定区（Fc）使不同种类的抗体具有独特的功能。

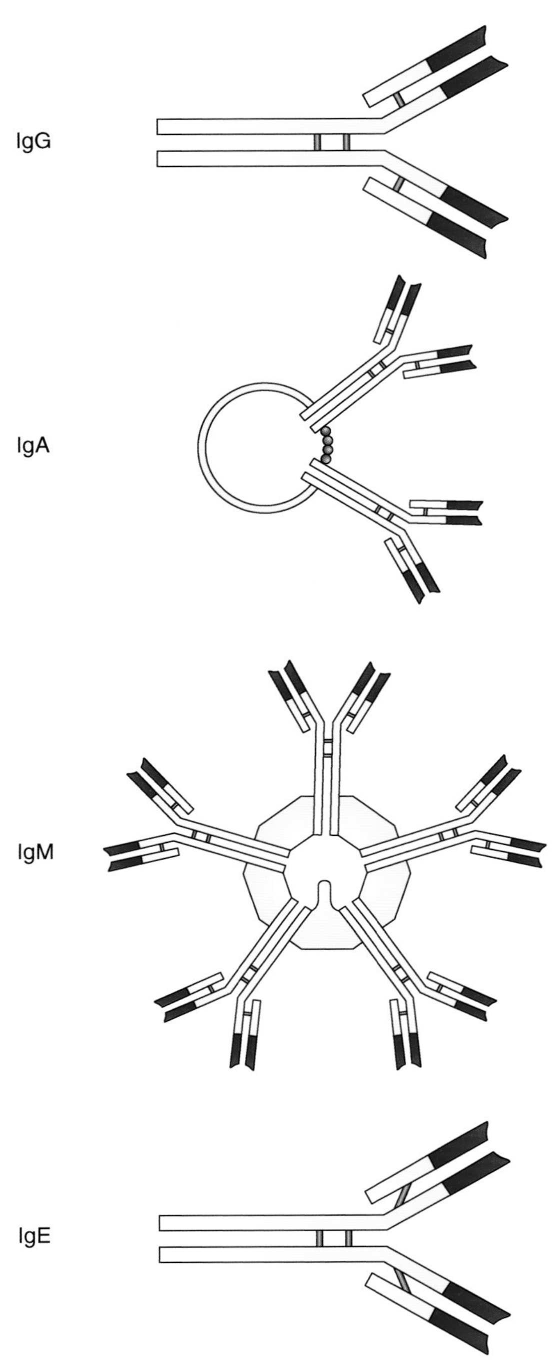

图 19.3 IgM(五聚体)、IgG、IgE(单体)和 IgA(二聚体)的示意图(引自 Gershwin L, et al: *Immunology and immunopathology of domestic animals*, ed 2, St Louis, 1995, Mosby.)

机体可以产生 5 种免疫球蛋白,即 IgM、IgG、IgE、IgA 和 IgD。IgM 是免疫应答中最早产生的抗体,是一个五聚体分子(即包含 5 个单体),大约占循环免疫球蛋白的 5%。IgM 相对较大,因此无法进入组织间隙。抗原刺激后,首先产生的抗体是高效价、低亲和力的 IgM,在抗原刺激后的早期阶段含量丰富,但是在后期含量变低。亲和力指抗原和抗体结合的强度,部分取决于 IgM 对特异性抗原的亲和力。循环免疫球蛋白中含量最高的是 IgG,大约占 75%,并在循环系统中长时间存在。IgG 是相对较小的单体,可以进入组织间隙,并且 IgG 通常在次级免疫应答中产生,是一种低滴度、高亲和力的抗体。IgE 含量通常极低,其结构与 IgG 相似。IgA 大约占循环抗体的 20%。IgD 是单体,即使出现,含量也极低。

注意:IgG 是含量最高的循环免疫球蛋白。

表 19.1 总结了免疫球蛋白的分类及其功能。

表 19.1 免疫球蛋白的分类及其功能

免疫球蛋白分类	功能
IgG	• 中和微生物和毒素 • 通过调理作用促进巨噬细胞和中性粒细胞吞噬微生物 • 激活补体系统 • 通过胎盘和初乳使胎儿和新生动物获得被动免疫
IgM	• 激活补体系统
IgE	• 速发型超敏反应,如过敏反应和过敏性休克 • 包被蠕虫从而促进嗜酸性粒细胞的杀灭作用
IgA	• 黏膜免疫 • 保护呼吸道、肠道和泌尿生殖道
IgD	• 某些物种的 B 淋巴细胞表面抗原受体

抗体通过与抗原不同方式的相互作用,从而防止抗原黏附或侵入机体细胞。当抗体直接与抗原结合时就会发生抗体中和反应。例如,当外来微生物或微生物毒素被抗体结合后,就无法感染或损害机体细胞,即中和了抗原的潜在作用。有时抗体的 Fab 片段会黏附于微生物的表面受体从而将微生物包被,然后抗体的 Fc 片段与巨噬细胞或中性粒细胞结合,最终吞噬微生物。如果抗原物质是蠕虫,尽管嗜酸性粒细胞无法吞噬大的寄生虫,但 IgE 抗体可通过调理作用,促进嗜酸性粒细胞结合并破坏这些虫体。补体被某些抗体激活后,最终会导致抗原细胞溶解。

当抗原与抗体结合并形成不溶性复合物时,即发生沉淀反应。沉淀易在组织表面形成,沉淀物本身会引起病理变化。例如,在肾小球膜上的细菌碎片沉淀可导致肾小球肾炎，即为第 24 章介绍的Ⅲ型超敏反应。

细胞免疫系统

在胸腺中成熟的淋巴干细胞发育成 T 淋巴细胞。与 B 淋巴细胞一样，它们的成熟过程从形态上分为 3 个不同的阶段：淋巴母细胞、幼淋巴细胞和淋巴细胞。这些细胞成熟后也都针对特异性抗原产生相应受体，成为具有免疫活性或抗原结合能力的 T 淋巴细胞。有些参考书将此阶段的 T 细胞和 B 细胞称为幼稚淋巴细胞。随后，这些细胞接触到特异性抗原后，就增殖和分化为针对这些抗原的记忆细胞或效应细胞。

记忆细胞可识别以前接触过的抗原，再次遇到时，会更迅速地引发免疫应答。

效应 T 细胞可分为不同类型，如辅助性 T 细胞（$CD4^+$ 细胞）和溶细胞性 T 细胞（$CD8^+$ 细胞）。$CD4^+$ 和 $CD8^+$ 是表面分子或标记物，分别存在于辅助性 T 细胞和溶细胞性 T 细胞表面。溶细胞性 T 淋巴细胞也称为细胞毒性 T 淋巴细胞。人类免疫缺陷病毒（human immunodeficiency virus，HIV）是引起获得性免疫缺陷综合征（acquired immunodeficiency syndrome，AIDS）的病毒，对辅助性 T 淋巴细胞具有特殊的亲和性。

辅助性 T 淋巴细胞可以识别被抗原提呈细胞（antigen-presenting cell，APC）（如巨噬细胞）吞噬的抗原。APC 表面露出部分抗原并将其呈递给辅助性 T 淋巴细胞，刺激后者释放细胞因子，反过来，这些细胞因子作为化学信号，帮助 APC 进一步吞噬摄入的微生物。辅助性 T 细胞在受到刺激时释放出的细胞因子还可帮助 B 细胞分化成抗体生成细胞。

受感染的体细胞表面存在抗原颗粒，溶细胞性 T 淋巴细胞可识别这些抗原颗粒，并溶解和杀死这些细胞。被微生物感染的细胞、肿瘤细胞以及外来组织的细胞都可通过这种方式被清除（图 19.2）。

免疫耐受

动物免疫系统最重要的特点之一就是不会破坏自身细胞，这点看似平常，但有时也会发生例外。淋巴细胞在成熟过程中形成对抗外来抗原的抗原受体，也产生针对自身细胞的抗原受体。因此，这些自身反应性淋巴细胞可能会攻击自身抗原。不过健康动物体内通常存在防止自身破坏的机制。免疫系统可以区分自身成分和非自身成分，即产生免疫耐受。

> **注意**：免疫耐受是指免疫系统区分自身成分和非自身成分的能力。

侵入机体的微生物通常都具有免疫原性，换言之，它们都可以和特定的幼稚淋巴细胞发生反应，然后淋巴细胞增殖并分化成能够消灭外来微生物的效应细胞。然而，为了耐受自身抗原，动物需要通过抗原耐受和抗原忽视机制来实现。自身抗原通常具有免疫耐受性。当淋巴细胞遇到自身抗原时，要么不会发生应答（无反应性），要么死亡（细胞凋亡）。幼稚淋巴细胞也可忽略自身抗原，在这种情况下，自身抗原被称为非免疫原性抗原。

这些机制非常精密而复杂。当幼稚淋巴细胞通过细胞凋亡被摧毁时，实为免疫选择的过程，免疫系统选择具有对抗外来抗原受体的有益淋巴细胞，并消除会破坏自身的淋巴细胞，称为负选择，其发生于骨髓、胸腺和外周淋巴组织。

免疫耐受的另一个机制通过调节性淋巴细胞的作用来实现。部分 T 淋巴细胞（旧称抑制性 T 细胞）转变为调节性淋巴细胞，可阻止自身反应性淋巴细胞分化为效应细胞，从而无法破坏自身抗原。

以上只是对免疫耐受维持机制的简要介绍。当这些机制失效时，就会出现自身免疫性疾病，动物的免疫系统会直接攻击自身成分。

被动免疫

动物通过摄入初乳中的母源抗体或通过注射人工制备的抗体来获得疾病的被动抵抗力。人工制备的抗体由供体动物产生。向供体动物接种病原进行免疫，当其血清中的抗体浓度达到一定高度后，采集血液，并分离和纯化含有抗体的球蛋白成分。给动物注射这种免疫球蛋白能够使其产生短暂但迅速的保护力。

免疫接种

动物可以通过感染疾病而产生相应抗体，获得对疾病的主动抵抗力，也可以在免疫接种后产生相应抗体，称为主动免疫。免疫接种时，将微生物悬浮液注入动物体内，在引发动物机体产生相应抗体的同时不引发动物疾病。微生物可以是弱毒（微生物毒力弱化但仍然存活）或灭活（杀灭）的。弱毒苗引起的免疫反应持续时间通常更久，且效力更高。而灭活疫苗致病的可能性较低，通常更安全，但可能出现猫疫苗相关肉瘤的问题。向疫苗中加入佐剂可增强正常免疫应答。一些佐剂仅仅通过减慢抗原从体内被消除的速度，就可使抗原存在时间延长以刺激抗体产生。灭活苗需要添加更多佐剂，是导致肉瘤产生的潜在原因之一。

目前，人们正在利用分子遗传学开发有效的DNA疫苗。它们比传统疫苗更安全、更稳定，并且制备速度更快。DNA疫苗可将抗原DNA序列直接导入机体组织，从而引发预期的免疫系统反应。

根据疫苗种类的不同，可以进行皮下接种或肌肉接种，也可以制成气雾剂经鼻吸入接种，一些疫苗还可放入饲料或饮用水中。在鱼苗孵化场工作的兽医技术员可以通过将疫苗投入水中为鱼类接种疫苗。

关键点

- 脊椎动物有2个主要的内在防御系统：先天性免疫系统或非特异性免疫系统，以及获得性免疫系统或特异性免疫系统。
- 先天性免疫系统包括皮肤、鼻咽、肠道、肺脏和泌尿生殖道的理化成分，与入侵病原体竞争的共生细菌群，以及机体的炎症反应。
- 细胞因子是各种细胞产生的化学信使，能够和免疫系统的其他成分相互作用。
- B淋巴细胞可产生5种免疫球蛋白，每种球蛋白都有特定的免疫作用。
- 补体系统由能够与免疫细胞相互作用的一系列化学物质构成。
- 被动免疫可通过初乳中的母源抗体和接种人工制备的抗体获得。
- 主动免疫通过接种疫苗以刺激对特定抗原的免疫应答。

第20章

Common Immunologic Laboratory Tests
常见的免疫学检查

学习目标

经过本章的学习，你将可以：

- 讨论免疫学检测相关试剂盒的敏感性和特异性。
- 描述免疫学检测的样本采集和处理规程。
- 列出可用于院内兽医实验室的诊断试剂盒类型。
- 描述 ELISA 的原理。
- 描述乳胶凝集试验的原理。
- 描述快速免疫迁移检测的原理。

目　录

关键词

化学发光法
竞争 ELISA
酶联免疫吸附试验
免疫色谱
免疫扩散
胶体金免疫分析
乳胶凝集
快速免疫迁移
敏感性
特异性

兽医临床实验室中进行的免疫学检查旨在检测特定的感染原。检测以试剂盒形式进行，包含所需的所有试剂、移液器和反应室，可花费极少的时间和精力快速完成评估。需要注意的是，质量控制对于确保结果的准确性至关重要。

我们需要评估检测试剂盒的敏感性和特异性。敏感性是指在某一反应过程中，能够正确检测到真正呈阳性的动物的能力。若出现大量的假阴性结果，则表明检测的敏感性很低。特异性是指在给定的反应过程中产生的假阳性数量。没有一种检测可以提供 100%的敏感性和 100%的特异性。

> **注意：**敏感性是指在某一反应过程中能够正确检测到真正呈阳性的动物的能力。特异性是指在给定的反应过程中产生的假阳性数量。

样本采集与处理

几乎所有血清学检测都需要血清或血浆作为样本。当确定为血清或血浆时，不应将全血送至诊断实验室。最实用的采样方法是使用真空管系统(Becton Dickinson, Franklin Lakes, NJ)，其可从许多兽医和医疗用品公司购得。需要血清时使用红头真空管，而紫头管则用于收集血浆。如果明确需要肝素血浆，则使用绿头管。

> **注意：**大多数免疫检测需要使用血清或血浆样本。

参考实验室对样本类型、质量和处理有严格的要求。如果存在任何不确定性，都应与实验室取得联系，了解具体细节。对于每个检测都应仔细阅读要求须知，并按要求准确地寄送。如果用注射器采集血样，应使用 5 mL 注射器和 20G 针头，以最大限度避免溶血。

血清学样本的处理

若需要送检血清，血液样品可在室温下凝固 20～30 min 后，以不超过 1 500 r/min 的速度离心 10 min。如果离心后分离的血清很少，可用木棒沿采血管内壁搅拌、分离血凝块，但其可能导致溶血。如果需要血浆，则在样本采集后立即离心。

离心后，使用小量程移液器吸出血清或血浆(即上层)，并转入运输管或其他可密封的试管中，并标记清楚。血清或血浆样本可立即进行检测，也可将其冷冻或冷藏备用。一旦解冻，样本就不能再次冷冻，否则会破坏样本。

大多数血清学试验样本转运时无须冷冻，但应低温运输，尤其是在炎热的天气。运输管常会出现破裂的情况，必须用包装材料严密地包裹，以避免运输时试管移动。每个样本都必须清楚、正确地标记，并附上相关的书面文件，以利于实验室出具准确的结果报告。

体液免疫试验

酶免疫试验、乳胶凝集、免疫扩散和快速免疫迁移是可用于兽医临床实验室的检测方法。这些方法经过验证可用于鉴定多种特异性抗原。结合了这些方法的其他免疫分析可以检测某些血液成分，如凝血因子。

酶联免疫吸附试验

在兽医实验室中，酶联免疫吸附试验(ELISA)可用于检测很多常见病原(图 20.1 至图 20.3)。由于使用单克隆抗体，所以 ELISA 的特异性很高，即很少和其他抗原发生交叉反应。因此，ELISA 是检测血清中特异性抗原(如病毒、细菌、寄生虫或激素)的一种准确方法。ELISA 还可用于检测血清中的抗体，试剂盒中包含特异性抗原。目前已有 ELISA 试剂盒可检测心丝虫、猫白血病病毒、猫免疫缺陷病毒、犬细小病毒和孕酮(框 20.1 至框 20.3)。ELISA 抗原检测系统中，单克隆抗体包被在检测板的孔壁、膜或塑料棒上，如果样本中存在抗原，就会被抗体结合，同时结合酶标二抗，从而进行抗原检测。然后进行冲洗。冲洗是检测过程中的关键步骤，如果未彻底清洗样本孔，可能会出现假阳性结果。当显色物质(产生颜色的物质)加入混合物中，就会和酶发生反应，产生特殊的颜色，表明样本中存在抗原。如果样本中不含抗原，整个酶标抗体就会在冲洗步骤中被洗掉，就不会发生显色反应。

> **注意：**ELISA 方法是兽医临床实验室中最常用的免疫测定方法。

图 20.1　微孔酶免疫分析法的关键步骤是洗去未结合的酶标抗体

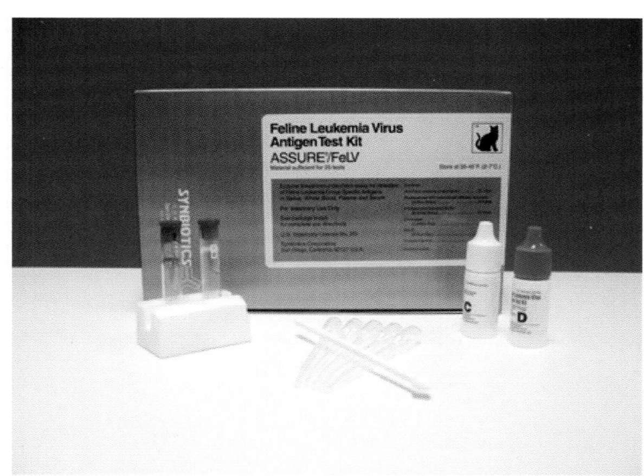

图 20.2　测定猫血清中猫白血病抗原的棒型 ELISA 试剂盒(Zoetis Inc, Florham Park, New Jersey 供图)

图 20.3　使用微孔 ELISA 测定犬血清中的孕酮(Ovuchek Premate),出现颜色表示阳性结果(Zoetis Inc, Florham Park, New Jersey 供图)

框 20.1　微孔 ELISA 操作方法

1. 检测孔内包被有针对待检抗原的特异性抗体(第一抗体)。
2. 将动物血清样本(可能含有待检抗原)和酶标二抗加到孔内。
3. 如果存在抗原,则抗原既与固相(即孔内的第一抗体)结合,又与酶标二抗结合。
4. 彻底清洗未结合的酶标抗体。
5. 加入可以和二抗上的酶发生反应的显色剂,从而引起颜色变化。
6. 出现颜色变化表明样本中存在抗原。

框 20.2　膜 ELISA 的操作方法

1. 膜上包被有针对待检抗原的特异性抗体(一抗),向膜上添加样本。
2. 如果存在待检抗原,它就会和膜上的抗体结合。
3. 通常情况下,膜上还会预先包被含有抗原的阳性对照。
4. 将酶标二抗(即酶标抗体)加到膜上,如果动物样本中存在特异性抗原,二抗就会与样本中的抗原及对照点的抗原结合。这样,抗原就像“三明治”一样夹在一抗和二抗之间。
5. 洗去未结合的酶标抗体。
6. 将显色剂添加到膜上,显色剂与二抗上的酶反应,产生颜色变化。
7. 膜上的阳性对照点和存在抗原的位置出现颜色变化。

框 20.3　棒型 ELISA 的操作方法

1. 塑料棒的球状末端预先包被有针对待检抗原的特异性抗体。
2. 如果样本中存在待检抗原,就会被塑料棒上的抗体捕获。
3. 将二抗(即酶标抗体)、样本与检测棒一起孵育。如果样本中存在抗原,二抗也会与抗原结合。
4. 洗去未结合的酶标抗体,并加入显色剂。
5. 显色剂与结合在抗原上的酶标抗体反应,产生颜色变化。

ELISA 方法检测抗体也是类似的过程,反应过程中,抗原包被于孔壁、膜或塑料棒上,用于分析动物样本中是否存在特异性抗体。

竞争酶联免疫吸附试验

竞争 ELISA(CELISA)利用酶标记抗原和单克隆抗体来检测动物抗原。若动物样本存在抗原,则与酶标记的抗原竞争结合于检测孔上包被的抗体。显色剂与酶发生反应就会产生颜色。产生颜色的深浅随动物抗原浓度的变化而变化(框 20.4)。CELISA 可用于检测马血清中马传染性贫血的抗体。

框 20.4　CELISA 操作方法

1. 检测孔预先包被了单克隆抗体。
2. 将可能包含抗原的动物样本加到检测孔中。
3. 然后将酶标抗原也加到同一检测孔中。
4. 两种抗原竞争结合检测孔上的抗体。浓度较高的抗原会结合更多的抗体。
5. 孵育后,冲洗掉多余的酶标记抗原。
6. 加入显色剂,该显色剂与酶标抗原上的酶发生反应。
7. 如果动物样本中的抗原水平较低,与检测孔上的抗体结合的大多数抗原是酶标记的抗原,那么最终颜色会比较深。
8. 如果动物样本中的抗原水平较高,与检测孔上的抗体结合的大多数抗原都是来自动物的抗原,那么最终颜色会比较浅。

乳胶凝集试验

乳胶凝集试验利用包被了抗原的球形微小乳胶微粒混悬液进行检测。当含有相应抗体的血清样本加入混合液中，就会形成抗原-抗体复合物，引起凝集反应（絮状物）。凝集作用因乳胶粒子聚集并交联在一起，从而使乳胶悬浮液的外观由均质的乳白色变成絮状。如果样本中没有抗体，则乳胶和血清的混合物保持均匀分布的状态。可对反应强度进行分级（即＋1、＋2、＋3 或＋4），以指示存在的抗原量。用这种方法可以检测牛布氏杆菌病抗体（图 20.4 和框 20.5）。

框 20.5 乳胶凝集试验操作方法

1. 使用深色玻璃片读取凝集反应。
2. 分别在载玻片上滴加阳性和阴性对照血清（阳性血清包含待检抗体）及患病动物血清（可能含抗体）。
3. 滴加已包被抗原的乳胶微粒悬浮液，该悬浮液将与载玻片上每个样本的待检抗体反应。
4. 旋转玻片，观察是否出现可见的凝集现象。凝集表明结果为阳性。

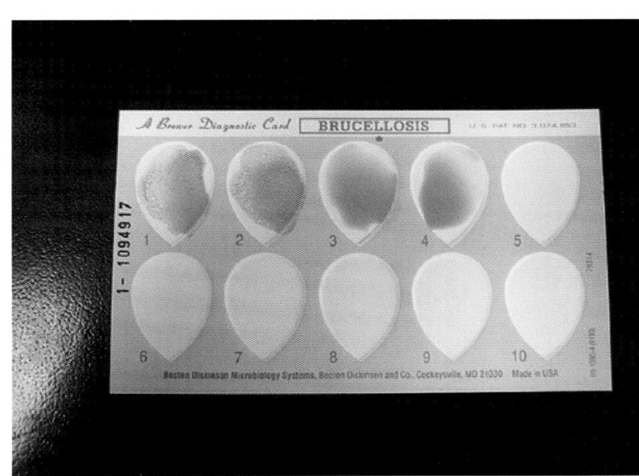

图 20.4 **凝集的乳胶微粒表示存在抗原-抗体复合物。样本 1 和样本 2 表示阳性。样本 3 和样本 4 无凝集颗粒，表示阴性**

需要注意的是，当样本中抗原或抗体的量过多时，就会产生假阴性结果。当抗体过量时，每个抗体分子可能仅与一个或两个抗体结合且不会交联，从而不会发生凝集，称为前带现象。当抗原过量时，其聚集在一起包围已形成的小凝集块，阻止进一步交联的形成，称为后带现象。必须注意，前带现象和后带现象可能由动物样本的特性引起，也可能是因检测时操作错误导致，如移液操作不当导致添加到检测系统中的试剂量错误。

侧流免疫分析、快速免疫迁移和免疫色谱法

侧流免疫分析也被称为快速免疫迁移（RIM）或免疫色谱法。该检测中产生信号的成分是胶体金、酶和显色试剂或乳胶微粒。这 3 种类型的成分均可产生阳性信号。

在该类方法中，待检抗原的特异性抗体上结合产信号成分。这些抗体包被于检测卡夹的膜上，将动物样本添加于卡夹内，如果样本中存在被检抗原，它们就会与结合了信号成分的抗体结合，并且抗原-抗体复合物会沿着膜迁移到试剂盒的另一个区域，在该区域判读结果。可以添加缓冲液以利于抗原-抗体复合物的迁移。在结果判读区域的膜上存在第二种抗体，如果样本内含有抗原，那么它和一抗就会被二抗捕捉。产信号成分在该区域蓄积，产生颜色变化。为了确保结果的可靠性，在膜条带上的另一个区域会设置一个阳性抗原作为对照。结合了产信号成分的一抗在对照区与抗原结合，无论动物样本中是否存在抗原，它的蓄积都会引起颜色变化。动物样本的阳性结果会显示两个颜色变化区域：一处在样本区，另一处在对照区。如果阳性对照区没有出现颜色变化，那么无论样本区是否出现了颜色变化，该检测都是无效的（图 20.5 和图 20.6，框 20.6）。

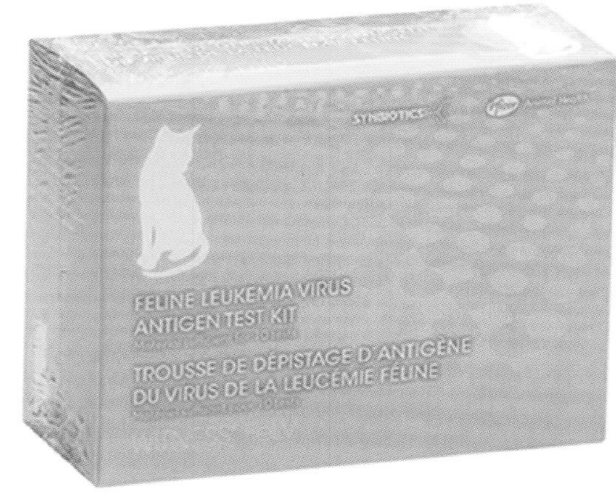

图 20.5 **WITNESS FeLV 测试使用快速免疫迁移（可靠的单向流动式样本和试剂）来帮助诊断猫白血病病毒（Zoetis Inc, Florham Park, New Jersey 供图）**

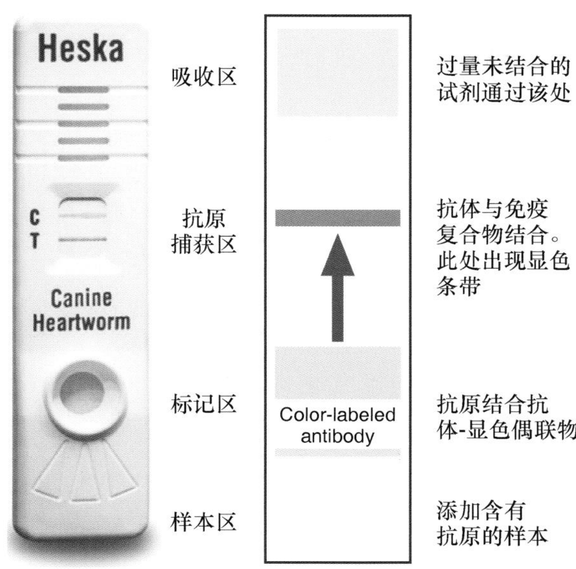

图 20.6　**免疫色谱法。含有抗原的样本通过多孔的试纸条。阳性反应通过出现颜色条带来表示(Heska, Inc. 供图，见 Tizard I:*Veterinary immunology*, ed 9, St Louis, 2013, Saunders.)**

框 20.6　RIM 操作方法

1. 将动物样本加到含有胶体金的膜上，该膜含有针对待检抗原的胶体金结合抗体。
2. 如果动物样本含有待检抗原，该抗原会和膜上的抗体结合并沿着膜流到判读区域。
3. 膜的判读区域包含针对待检抗原的捕获抗体。
4. 如果动物样本中含有抗原，它就会与抗体结合，并在判读区被二抗捕获。
5. 胶体金的蓄积(现在和一抗、被检抗原和捕捉抗体联合在一起)会引起颜色变化。

免疫分析仪

自动分析仪可供兽医临床实验室使用。某些情况下，分析仪仅能进行特定检测。大型参考实验室大都具有可进行免疫分析的自动化分析仪，其可同时检测多个动物样本。大多数全自动设备，仅需输入动物信息并添加样本即可。小型医院内免疫分析仪大多仅起到读取结果的作用。技术员需准备样本和检测装置，并将装置置于分析仪内。分析仪在特定时间读取结果。

化学发光法

许多自动分析仪利用化学发光原理来检测和定量分析特异性抗原。该原理与 ELISA 方法相似，不同之处在于使用的是能产生光的底物，而不是能产生颜色的酶(图 20.7)。化学发光法可以通过光电倍增管检测产生的光信号，并可定量分析光信号。化学发光免疫分析法(ChLIA)广泛应用于医学和其他行业。除免疫学检测外，ChLIA 还用于检测和定量分析其他物质，包括甲状腺激素、皮质醇、胰脂肪酶、孕酮和睾酮。

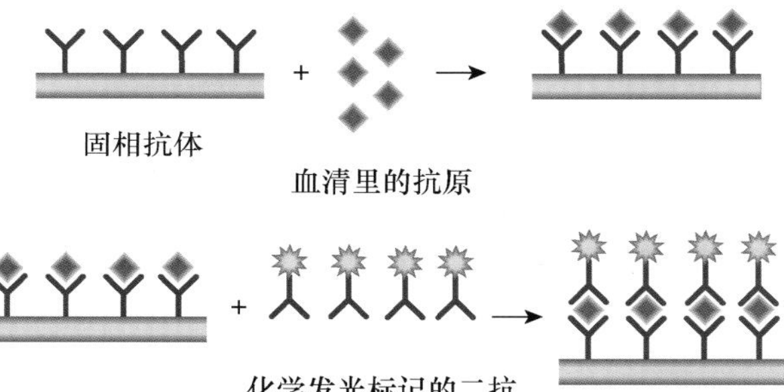

图 20.7　**化学发光免疫分析法的原理示意图(引自 Turgeon ML:*Immunology & serology in laboratory medicine*, ed 5, St Louis, 2014, Elsevier.)**

关键点

- 敏感性是指在某一反应过程中能够正确识别真正呈阳性的动物的能力。
- 特异性是指在给定的反应过程中产生的假阳性数量。
- 大多数免疫检测需要使用血清或血浆样本。
- ELISA 方法是兽医临床实验室中最常用的免疫测定方法。
- 乳胶凝集试验利用包被了抗原并悬浮在水中的球形微小乳胶微粒检测样本中的抗体。
- 侧流免疫分析也称为免疫色谱或 RIM。
- 使用侧流分析方法，包含抗原的样本会流过多孔试纸条，并且通过显色条带的出现来显示阳性反应。

第21章

Blood Groups and Immunity
血型和免疫

学习目标

经过本章的学习，你将可以：

- 描述小动物和大动物的各种血型抗原。
- 描述犬的主要血型。
- 描述猫的血型。
- 讨论大动物的相关血型。
- 描述试管法血型检测的流程。
- 描述卡片凝集法血型检测的流程。
- 描述免疫色谱法检测血型的流程。
- 描述主侧和次侧交叉配血流程。

目　　录

关键词

同种抗体
血型抗原
交叉配血
犬红细胞抗原
新生儿溶血

红细胞抗原是动物红细胞的表面结构，某一动物的红细胞抗原可能与另一动物血浆中的抗体发生反应。动物个体的这种特异性表面标记由基因决定，称为血型抗原。血型类型的数量因物种而异。由于受体和供体之间的血型抗原存在差异，输血时可能会发生抗原-抗体反应。这些反应通常引起红细胞凝结或凝集，或临床表现为红细胞裂解。

有些家养动物（如猫、牛、羊、猪）天生就有抗体（同种抗体）以对抗和它们不同的红细胞抗原。在缺乏同种抗体的情况下，对动物进行不匹配的输血会导致受血动物形成针对供血红细胞抗原的抗体（免疫抗体）。繁殖期的雌性动物应输注匹配的血液，以尽量降低产生抗体的可能性，避免破坏新生儿红细胞。

> **注意：**红细胞抗原可能与另一动物血浆中的抗体发生反应。

成分血（如浓缩红细胞和富血小板血浆）的广泛应用，改善了一些急重症动物的治疗条件。兽医血库能够提供成分血，并且大多能进行血型检测和交叉配血。这些检查也可在动物医院内的实验室进行。兽医技术员必须了解输血的概念及其相关流程，以确保输血治疗的安全。

血型

犬

目前已知的犬血型有 10 多种。犬血型采用 DEA（犬红细胞抗原的首字母缩写）加数字的形式进行命名。在 DEA 系统中，红细胞以特异性抗原的阳性或阴性表示。曾经认为 DEA 1 型存在 3 个亚型，但最近研究表明，这些亚型反映了同一基因不同程度的表达。其他主要血型有 DEA 3、DEA 4、DEA 5 和 DEA 7。具有重要临床意义的血型为 DEA 1 和 DEA 7。DEA 1 的抗原反应程度最为强烈，能够引起最严重的输血反应。大约 50%的犬呈 DEA 1 阳性。其他血型的输血反应不太可能引起临床症状。另外发现的一种犬抗原为 Dal。目前尚未发现天然的抗 DEA l 抗体，将 DEA 1 阳性的血液首次输注给 DEA 1 阴性的受体动物可能不会立即产生反应。但初次未配型输血的 1 周内，可产生抗体并引起迟发型输血反应。假如一只 DEA 1 阴性犬之前接受过 DEA 1 阳性的血液，之后又输入 DEA 1 阳性血，那么在输血的 1 h 内就会发生严重的输血反应。

> **注意：**输入与 DEA 1 不相配的血液会引起剧烈的抗原反应，并导致严重的输血反应。

猫

已发现一种猫的血型系统，命名为 AB 系统。猫的血型分为 A 型、B 型和 AB 型。AB 血型在猫中较为少见。美国绝大多数猫都是 A 型血，这可能是猫输血反应发生率低的原因。某些纯种猫（如德文卷毛猫、英国短毛猫）和某些地理区域（如澳大利亚）B 型血较常见。与犬不同，猫具有红细胞抗原的天然抗体。B 型血的猫有强的抗 A 抗体，A 型血的猫有较弱的抗 B 抗体。B 型血的猫输入 A 型血可能导致严重的输血反应和死亡。因此，纯种猫之间的输血应选择相同血型或交叉配血。Mik 是猫中发现的另一种血细胞抗原。据报道，含有天然抗 A 抗体的 B 型血母猫可引发 A 型或 AB 型后代仔猫发生新生儿溶血。

> **注意：**B 型血的猫输入 A 型血可能导致严重的输血反应和死亡。

牛

牛已发现的血型有 11 种，分别被命名为 A、B、C、F、J、L、M、R、S、T 和 Z。B 系统具有多态性，含有 60 多种不同的抗原。抗 J 抗体是牛体内唯一一种普遍存在的天然抗体。J 阴性供体牛可最大限度减少输血反应。

绵羊和山羊

绵羊已发现 7 种血型系统，分别命名为 A、B、C、D、M、R 和 X。与牛相似，B 系统具有高度多态性。可能存在天然抗 R 抗体。牛初乳中存在抗绵羊红细胞的抗体，因此，喂食牛初乳的羔羊可能会出现新生儿溶血。山羊体内已鉴定出 5 种主要血型系统，分别为 A、B、C、M 和 J。可能存在天然抗 J 抗体。

马

马有 8 个血型系统，其中已鉴定出 30 多个血型；血型系统分别命名为 A、C、D、K、P、Q、T 和 U。马存在天然抗体，其可能是由接种含有马组织的疫苗或经胎盘免疫而产生的。因为马的输血反应通常是致命的，故首次输血之前应进行交叉配血。

母马-马驹血型不相容试验是一种交叉配血的方法，用于检测母马血清（或初乳）中是否存在抗马驹红细胞的抗体，以确定或预防新生儿溶血。

血型检测

一些犬猫的血型检测方法可用于兽医临床，包括免疫色谱法和卡片/玻片凝集法。试管法是血型检测的金标准，但主要用于参考实验室。

试管法

试管法鉴定血型需要使用抗血清，抗血清含有某物种各种可能血型的特异性抗体。用于犬猫血型检测的商业抗血清可用于检测部分犬猫血型（框21.1）。试管法要求采集乙二胺四乙酸（EDTA）、肝素或柠檬酸葡萄糖抗凝的全血血样。血样以1 000g 的速度离心 10 min，去除血浆和淡黄层后，用生理盐水将红细胞清洗 3 次，然后离心，重悬。将红细胞悬液分装至与所检血型数量相等的试管中。将少量（通常为 0.1 mL）抗血清添加入标记好的试管中，室温下孵育 15 min，然后以 1 000g 的速度离心 15 s。用肉眼和显微镜观察每支试管是否发生溶血或凝集现象。弱阳性结果需要进行复检。

框 21.1 犬猫血型*

犬

- DEA 1
- DEA 3
- DEA 4
- DEA 5
- DEA 7

猫

- A 型
- B 型
- AB 型

* 这些血型具有抗血清可供血型检测。

理论上，绵羊、牛和马存在大量不同的血型，需要成千上万种不同的抗血清。因此，大动物输血前进行血型分析是不现实的。

卡片凝集试验

存在自身凝集现象的血液样本不可用卡片法进行检测。自身凝集时血液样本通常存在可见的血细胞团块。用磷酸盐缓冲生理盐水清洗红细胞，可一定程度上挽救出现自身凝集迹象的样本。RapidVet-H 犬 DEA 1（DMS Laboratories）是一种血型检测卡，用于区分 DEA 1 阳性或阴性的犬（图 21.1）。该血型检测卡含有一种 DEA 1 特异性单克隆抗体。每张卡片都有患病动物样本和对照品的检测孔。在每个含有冻干试剂的检测孔中混合一滴 EDTA 抗凝全血和一滴磷酸盐缓冲生理盐水。在 DEA 1 阳性检测孔中，该单克隆抗体形成抗血清，与患病动物的全血混合。如果存在阳性反应，DEA 1 阳性红细胞与抗血清相互作用引起凝集。患病动物检测孔抗血清不与 DEA 1 阴性红细胞反应。

RapidVet-H（猫）是一种类似的血型测试卡，用于区分猫的 A 型、B 型或 AB 血型。卡片检测孔中含有冻干试剂，分别为抗 A 抗体、抗 B 抗体（由凝集素构成）。A 型血的猫红细胞与抗 A 单克隆抗体凝集（卡片上的 A 孔），B 型血的猫红细胞与抗 B 溶液凝集（卡片上的 B 孔）。AB 型血的猫红细胞与抗 A 和抗 B 试剂同时凝集。卡片上的第三个孔用作自身凝集筛查，此孔检测结果为阴性，血型检测结果才视为有效。首先对样本进行自身凝集筛查。如果存在自身凝集，可用磷酸盐缓冲盐水冲洗红细胞，并重复自身凝集筛查。如果自身凝集结果为阴性，则可进行血型检测。

注意：卡片凝集法和免疫色谱法是一种快速、准确的血型检测方法，适用于兽医临床实验室。

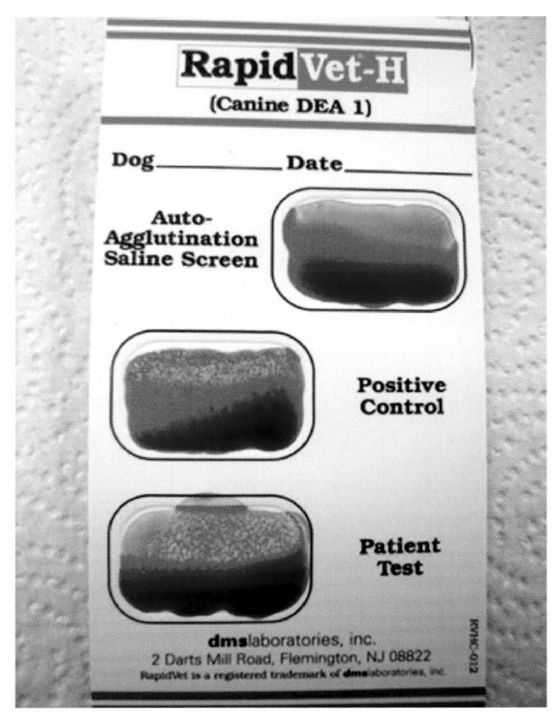

图 21.1 卡片凝集血型检测试纸（DMS Laboratories 供图）

免疫色谱试验

一些商品化试剂盒采用免疫色谱法而非凝集法进行检测(图 21.2 和图 21.3)。对照条带检测位于红细胞上的另一个独立抗原。犬血型的检测试纸条包被有抗 DEA 1 的单克隆抗体,以及一种通用红细胞抗原的第二抗体作为对照。红细胞溶液沿试纸条扩散,如果细胞表达 DEA 1,则聚集在抗体包被区。当细胞同时也聚集在对照抗原的区域,证明细胞已成功地扩散到条带所需长度。猫的检测试纸条原理相同;但猫检测试纸条有一个包含抗 A 单克隆抗体的区域,一个包含抗 B 单克隆抗体的区域,以及一个猫红细胞共同抗原的对照抗体区,从而可以识别 A 型、B 型或 AB 型血。

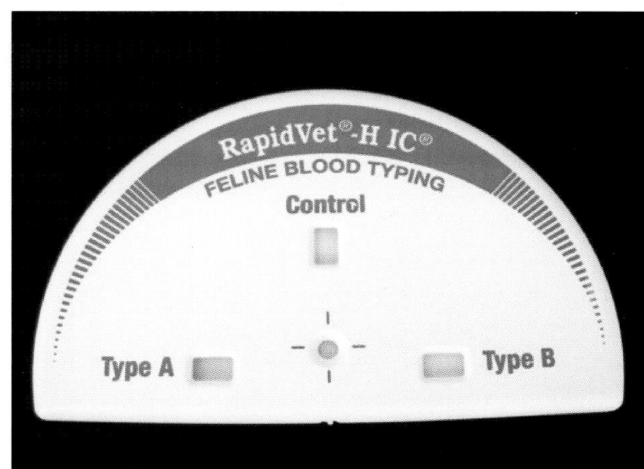

图 21.2 免疫色谱法检测猫血型

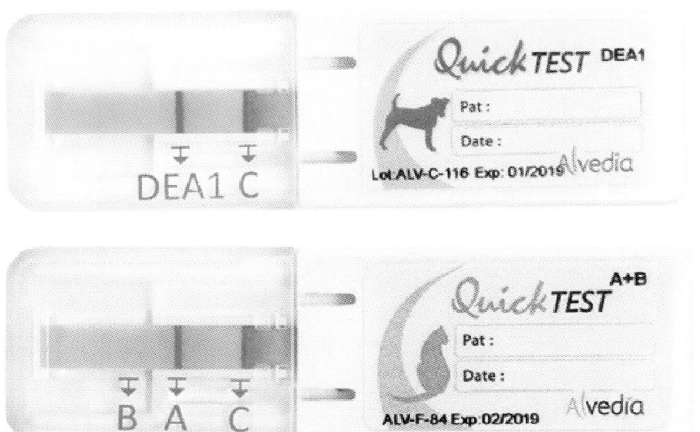

图 21.3 血型检测试纸(Alvedia 供图)

交叉配血试验

如果没有商品化抗血清,供血动物和受体动物的交叉配血能够降低输血反应的风险。双侧配血程序(即主侧和次侧交叉配血)需要血清样本和全血样本(流程 21.1)。需制备红细胞悬液,操作与血型检测类似。主侧交叉配血是将几滴受体的血清与几滴洗涤过的供体红细胞混合,孵育后离心。用肉眼或显微镜观察到溶血或凝集现象表明血型不匹配。次侧交叉配血的操作与主侧相似,但使用的是供体血清和受体红细胞。所有血型未知的动物在输血前都应进行主侧和次侧配血。本试验采用

流程 21.1 交叉配血试验

材料设备

- 生理盐水
- 12 mL 锥形塑料离心管
- 离心机
- 显微镜
- 载玻片/盖玻片

流程

1. 采集供体和受体全血样本[含乙二胺四乙酸(EDTA)抗凝剂]。
   a. 也可以从储存的全血或浓缩红细胞(pRBCs)中获取样本。
2. 将 EDTA 管以 1 000g 速度离心 10 min。分离血浆,将其放入标记好的管中。
3. 从 EDTA 管取 3～5 滴 pRBCs 分别滴入标记好的锥形离心管。
4. 向 pRBCs 中加入 5～10 mL 生理盐水。
5. 将含有 pRBCs 的离心管离心 2～5 min。
6. 弃去上清液。
7. 重悬 pRBCs 并再次离心。
   a. 步骤 6 和步骤 7 重复 1～3 次直至上清液澄清。
8. 向 pRBCs 中加入数滴生理盐水重悬红细胞。
9. 主侧交叉配血:在一个普通的试管上标明供体的名字和“主侧”字样。
   a. 加入两滴受体血浆和两滴供体红细胞悬液。
10. 次侧交叉配血:在一个普通的试管上标明供体的名字和“次侧”字样。
    a. 加入两滴供体血浆和两滴受体红细胞悬液。
11. 对照组:标记 2 个对照管。
    a. 将两滴供体血浆和两滴供体红细胞滴入第一管。
    b. 将两滴受体血浆和两滴受体红细胞滴入第二管。
12. 将 4 根试管在 37 ℃(98.6 ℉)条件下孵育 15～30 min。
    a. 有时会在室温下孵育,通常也能够产生准确的结果。
13. 4 根试管离心 5 min。
14. 肉眼观察 4 根试管是否有溶血或凝集现象。
15. 记录凝集反应等级,显微镜下观察样本。
16. 供体对照管出现阳性反应提示该样本不适合作为供体。

两种对照方法，包括使用供体细胞与供体血清，以及使用受体细胞与受体血清。此外，有用于交叉配血的商品化检测试剂盒可供使用（图 21.4）。

注意：危重症动物在输血前应进行血型检测和交叉配血试验。

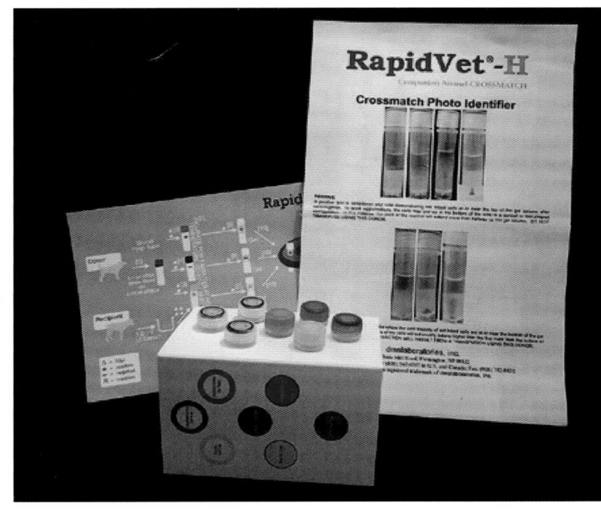

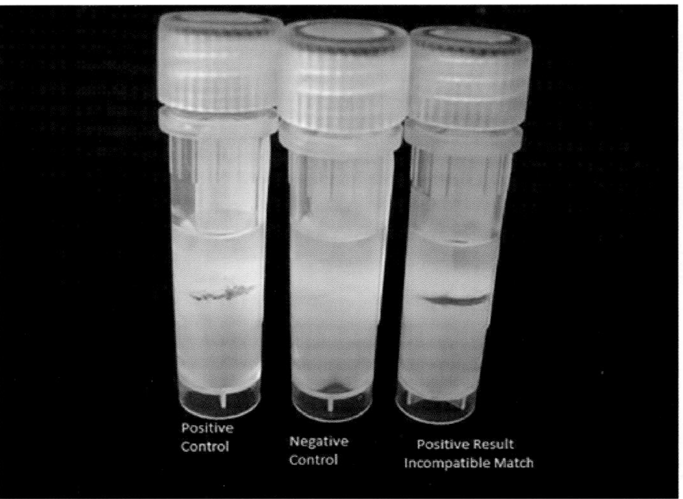

图 21.4　RapidVet-H 检测试剂盒可用于犬和猫的交叉配血试验（DMS Laboratories 供图）

可以对凝集反应进行分级，有多种方案可供选择。表 21.1 为其中一种分级表。临床医生根据凝集现象判断是否适合输血。

表 21.1　交叉配血凝集反应分级

分级	描述
0	未见凝集或溶血
1	多量小型凝集簇和一些游离细胞
2	出现大型凝集簇和小细胞簇
3	多量大型凝集簇
4	细胞紧密凝集成团

关键点

- 恰当的血型检测和交叉配血试验可以最大限度地减少危重症动物的输血问题。
- 犬有 10 多种不同的血型。
- 猫有一种血型抗原系统。
- 犬最具有临床意义的血型是 DEA 1。
- 大多数猫都是 A 型血。
- A 型血的猫有 B 型抗原的天然抗体；B 型血的猫有 A 型抗原的天然抗体。
- 大动物中已经发现了几十种血型。
- 参考实验室采用试管法进行血型检测。
- 兽医临床实验室可以用凝集法或免疫色谱法对犬猫进行血型检测。
- 输血前进行交叉配血试验有助于降低潜在输血反应。
- 输血前需要进行主侧和次侧交叉配血试验。

第22章

Intradermal Testing
皮内试验

学习目标

经过本章的学习，你将可以：

- 描述皮内试验的适应证。
- 描述通过皮内试验检测过敏原的流程。
- 列出动物常见的过敏原。
- 描述结核菌素皮试。
- 描述肥大细胞和嗜碱性粒细胞在过敏反应中的作用。

目　　录

关 键 词

过敏原

血管性水肿

组胺

结核菌素皮肤试验

荨麻疹

风疹

细胞免疫相关检查

体液免疫检查主要检测循环抗体；对细胞免疫的评估比较困难。常用的皮内试验可评估患病动物的过敏（超敏）反应，以及检测是否存在结核病抗原。

皮内试验

皮内试验用于诊断动物对环境过敏原的各种过敏反应。过敏反应由免疫球蛋白E（IgE）抗体分子介导，可通过来自草、树木、花草种子、霉菌、灰尘、昆虫等致敏物质的提取物进行检测。将提取液进行皮内注射，并观察注射部位的过敏反应。若注射部位发红突起，为阳性反应，提示动物对该抗原过敏。

过敏动物可表现为荨麻疹、风疹或血管性水肿（真皮和皮下组织水肿）。当嗜碱性粒细胞或肥大细胞释放含组胺的颗粒并触发炎症反应时，就会引起过敏反应。许多物质和环境因素已证实可引起荨麻疹(图 22.1 和框 22.1)和血管性水肿。

注意:过敏患犬通常对多种过敏原有反应。

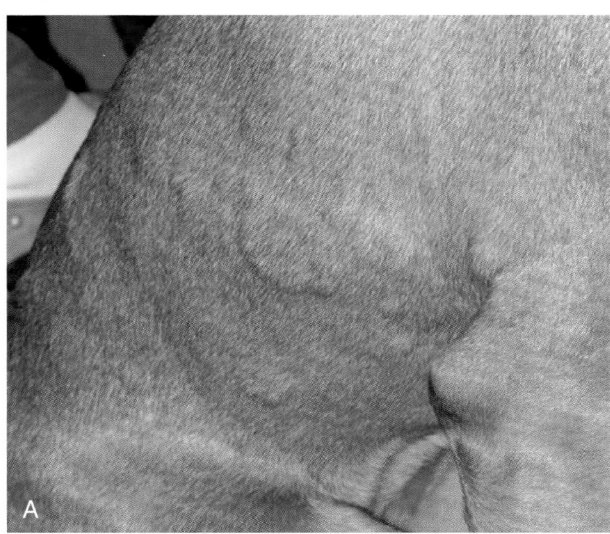

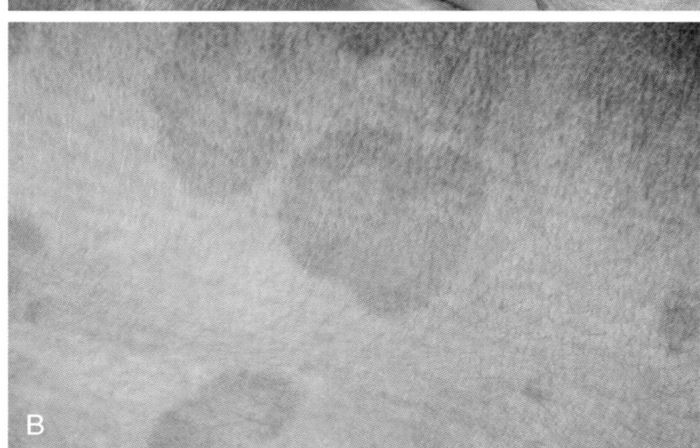

图 22.1 **荨麻疹。A. 短毛犬的多簇毛发突起。B. 红斑风疹(引自 Miller WH, Griffin CE, Campbell KL: *Muller and Kirk's small animal dermatology*, ed 7, St Louis, 2013, Saunders.)**

框 22.1 引起犬猫荨麻疹和血管性水肿的因素

- 食物
- 药物
  - 青霉素、头孢氨苄、氨苄西林、四环素、维生素 K、丙硫氧嘧啶、双甲脒、伊维菌素、莫昔克丁、放射性造影剂、HyLyt* efa 香波、长春新碱、硫唑嘌呤
- 抗血清、菌苗和疫苗
  - 泛白细胞减少症、钩端螺旋体、犬瘟热-肝炎、狂犬病、猫白血病
- 昆虫叮咬
  - 蜜蜂、黄蜂、蚊子、黑蝇、蜘蛛、蚂蚁
- 列队毛虫的毛发
- 过敏原提取物
- 输血
- 植物
  - 荨麻、毛茛
- 肠道寄生虫
  - 蛔虫、钩虫、绦虫
- 感染
  - 葡萄球菌性脓皮病、犬瘟热*
- 日光
- 过热或过冷*
- 发情*
- 皮肤划痕症*
- 异位性*
- 心理因素*
- 血管炎、食物过敏所致*

*仅见犬的报道。

引自 Miller WH, Griffin CE, Campbell KL: *Muller and Kirk's small animal dermatology*, ed 7, St Louis, 2013, Saunders.

根据动物病史和其所在地区查找过敏原。常见的过敏原包括尘螨、房屋灰尘、人类皮屑、羽毛、霉菌、野草、草和树木。针对食物过敏原的皮内试验还没有得到很好的验证。犬通常对不止一种物质过敏。多种原因可导致假阳性和假阴性反应出现(框 22.2 和框 22.3)。

框 22.2 皮内试验假阴性反应的原因

- 皮下注射
- 抗原剂量过低
  - 用混合物检测
  - 过敏原过期
  - 过敏原过度稀释(推荐 1 000 PNU/mL)
  - 过敏原的注射量太少
- 药物干扰
  - 糖皮质激素
  - 抗组胺剂
  - 镇静剂
  - 孕激素
  - 能够明显降低血压的药物
- 不应答(在过敏反应高峰期进行检测)
- 宿主固有因素
  - 发情、假孕
  - 严重应激(系统性疾病、恐惧、挣扎)
- 体内外寄生虫?(抗寄生虫的免疫球蛋白 E“阻断”肥大细胞?)
- 错过检测时机(在临床症状消失 1~2 个月后进行检测)
- “低反应性”组胺

引自 Miller WH, Griffin CE, Campbell KL: *Muller and Kirk's small animal dermatology*, ed 7, St Louis, 2013, Saunders.

框 22.3 皮内试验假阳性反应的原因

- 检测所用的过敏原具有刺激性(尤其是含有甘油的过敏原;以及一些房屋灰尘、羽毛、羊毛、霉菌和所有的食物过敏原)
- 检测所用的过敏原被污染(细菌、真菌)
- 仅出现皮肤过敏的抗体(以前出现过临床症状或现在的亚临床过敏反应)
- 技术不佳(针头造成创伤、针尖钝或磨毛、注射量过大、注射入空气)
- 可引起组胺非免疫性释放的物质(麻醉剂)
- “敏感型”皮肤(所有注射部位,包括生理盐水注射点,均出现明显反应)
- 皮肤划痕症
- 促有丝分裂过敏原

引自 Miller WH, Griffin CE, Campbell KL: *Muller and Kirk's small animal dermatology*, ed 7, St Louis, 2013, Saunders.

进行皮内试验时,动物侧卧位,剃除胸侧毛发。无须擦洗皮肤。用毡头记号笔每隔 2 cm 标记一个注射位置。每个位置使用 26G 针头的注射器注射少量(一般为 0.05 mL)待检过敏原。大多数动物对这种注射的耐受性良好,不需要镇静。

皮内注射生理盐水作为阴性对照,注射组胺产物作为阳性对照。然后分别在注射后 15 min 和 30 min 时对注射部位进行评估,如果出现过敏反应,则对其进行分级。生理盐水注射部位评分为 0,阳性对照评分为 +4,参照两组对照对测试位点进行评分。评估每个注射部位是否出现红斑,测量每个风疹的直径(图 22.2)。

注意:测试部位应参照阳性和阴性对照部位进行对比分级。

酶联免疫吸附试验(ELISA)也可用于检测犬、猫和马的过敏原特异性 IgE 抗体(ALLERCEPT, Heska)。该检测使用高亲和力 IgE 受体,可用于检测数十种草、树木、野草、螨、昆虫和真菌。

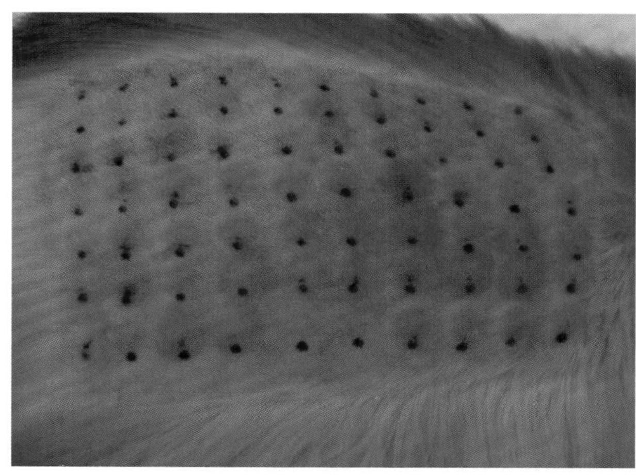

图 22.2 **猫皮内试验阳性。注意大量的风疹和红肿反应。与常见报道的其他猫不同,这只猫出现了强烈且易于识别的皮肤测试反应(威斯康星大学兽医学院供图。见 Little S: *The cat*, St Louis, 2012, Saunders.)**

结核菌素皮肤试验

结核菌素皮肤试验与一种特异性细胞免疫反应有关。感染分枝杆菌的动物当接触结核菌素的纯化衍生物时,会发生特征性的迟发型过敏反应。这种测试通常在牛和灵长类动物身上进行。结核菌素皮肤试验中,以皮内注射的方式在大动物颈部或尾根部的皮褶处注射结核菌素。T 淋巴细胞迁移到注射外源性抗原的真皮层需要一天或数天,因此注射部位会出现迟发型反应。如果动物存在分枝杆菌感染,则可观察到迟发型局部炎性反应。

关键点

- 皮内试验用于确定 IgE 介导的免疫反应,并检测是否存在分枝杆菌抗原。
- 用皮内试验检测过敏原需要常见抗原的提取物。
- 由皮内试验引起的病变需评估红斑和大小,以便对反应进行分级。
- 当嗜碱性粒细胞或肥大细胞释放含有组胺的颗粒并触发炎性反应时,就会发生过敏反应。

第23章

Reference Laboratory Immunoassays
参考实验室的免疫分析

学习目标

经过本章的学习，你将可以：

- 描述库姆斯试验的原理。
- 描述荧光抗体检查。
- 描述免疫扩散和放射免疫分析的原理。
- 描述聚合酶链式反应，并理解它在诊断中的作用。
- 描述聚合酶链式反应的主要步骤。
- 解释抗体滴度的意义，列举该检查的适应证。

目　录

关键词

抗体滴度

库姆斯试验

荧光抗体

免疫扩散

聚合酶链式反应

放射免疫分析

库姆斯试验

库姆斯试验（图 23.1）可用于检测体内是否存在不当抗体（如抵抗机体自身组织的抗体）。直接库姆斯试验可用于检测攻击自身红细胞的抗体。动物医院实验室可以使用商品化的库姆斯试验试剂盒，但这种试验通常在参考实验室中更为常见（图 23.2）。

直接库姆斯试验结果呈阳性表明存在免疫介导性溶血性疾病。试验过程包括将待检样本与抗血清混合孵育，抗血清和这一物种的免疫球蛋白发生反应。如果样本中的红细胞被免疫球蛋白（自身抗体）包被，那么抗血清和红细胞上的免疫球蛋白就会发生反应，产生明显的红细胞凝集现象。

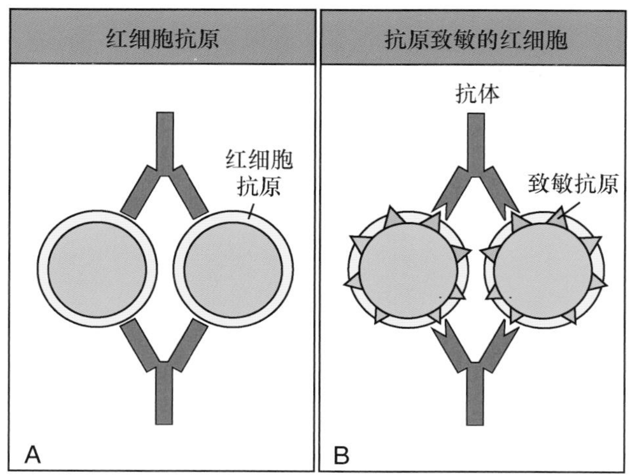

图 23.1　**库姆斯反应的原理。A. 直接库姆斯试验。B. 间接库姆斯试验**

图 23.2　**动物医院院内实验室使用的商品化库姆斯试验试剂盒（Alvedia 供图）**

注意：库姆斯试验检测的是自身抗体。

间接库姆斯试验可检测循环抗体。间接库姆斯试验结果呈阳性表明存在能对抗机体自身组织的循环抗体。为了使反应可视化，将患病动物的血清和来自同一种属的正常动物的红细胞一起孵育。如果患病动物血清中存在抗体，那么与结合自身红细胞类似，抗体会和这些健康红细胞结合。随后，加入被检测种属的抗 γ-球蛋白抗体就会出现血凝现象。

免疫扩散法

通过免疫扩散法进行检查时，检测试剂盒内提供相应抗原，将可能含有被检抗体的患病动物血清样本与抗原分别加入琼脂凝胶平板的不同孔内，两种成分在琼脂内扩散，当它们结合时会形成一条肉眼可见的沉淀带。如果没有沉淀带产生，说明动物血清样本中不存在被检抗体，或抗体水平太低，不足以在凝胶内产生沉淀。可通过免疫扩散法检测的疾病有马传染性贫血和副结核病（图 23.3 和框 23.1）。

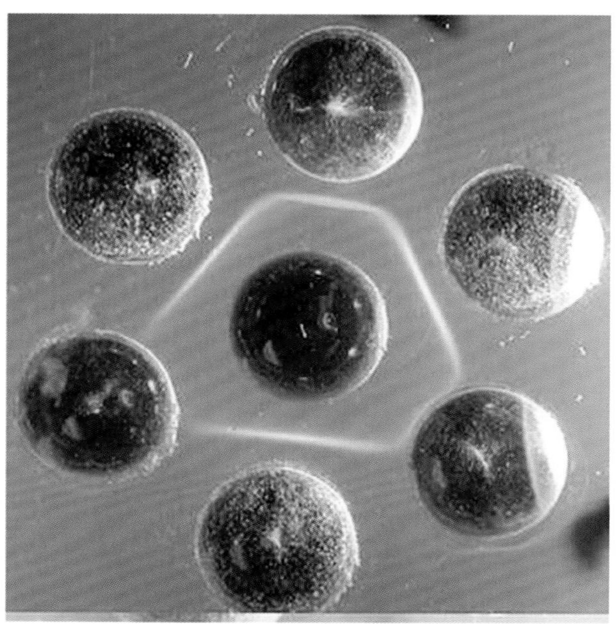

图 23.3　**显示沉淀线的琼脂平板。阴性样本孔附近没有沉淀线（LAB-EZ/EIA immunodiffusion. 引自 Zoetis Inc, Florham Park, New Jersey.）**

框 23.1　免疫扩散法

1. 准备一个琼脂平板，中间有一个孔，周围有多个孔。
2. 把检测试剂盒中的抗原加入中间的孔。
3. 把可能含有被检抗体的动物血清样本和含有被检抗体的阳性对照分别加入周围的孔内。
4. 中心孔内的抗原和周围孔内的抗体沿着琼脂向彼此扩散。
5. 当扩散的抗原和抗体相遇时，会形成一条肉眼可见的沉淀线。动物样本孔前出现沉淀线说明血清中含有被检抗体。

放射免疫分析

多年来，竞争放射免疫分析主要用于研究和诊断型实验室。其检测原理和竞争酶联免疫吸附试验（CELISA）技术相似，不同点是用放射性同位素取代了酶。该分析法通常包括用放射性同位素标记的抗原和对应抗体。当患病动物血清中含有相同抗原时，就会和放射性同位素标记的抗原竞争抗体。样本中的抗原越多，能替代的同位素标记的抗原就越多。测定剩余的放射活性，并与标准曲线相比较就能确定动物血清中的抗原浓度。

荧光抗体检测

虽然荧光抗体检测在兽医临床实验室中不常

用，但在大多数兽医参考实验室都可进行。这种方法经常用于验证兽医做出的初步诊断。有 2 种检测方法：直接抗体检测和间接抗体检测，均用于检测样本中是否存在特异性抗体（图 23.4）。在直接检测法中，检测玻片上包被了荧光素标记的抗原，将动物样本加到玻片上，如果样本内存在特异性抗体，荧光染色剂就会与之结合，在特定的荧光显微镜下观察该玻片，细胞抗原会使细胞轮廓呈现荧光。

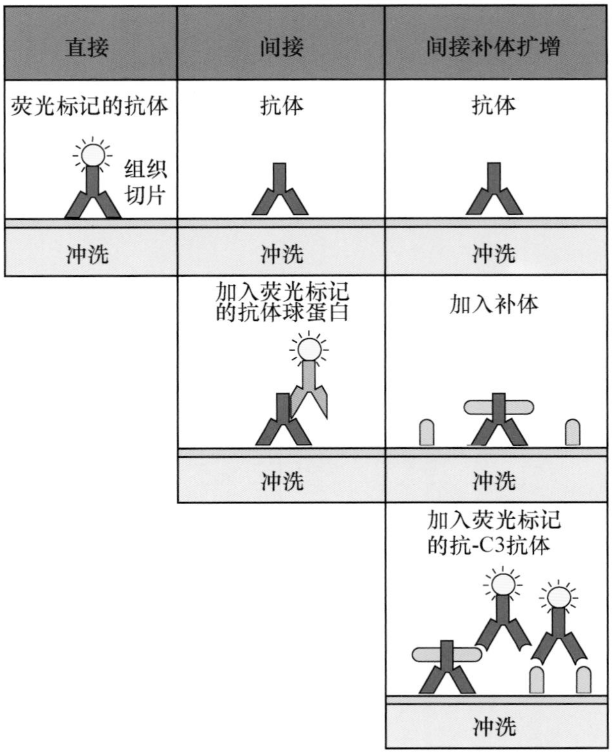

直接	间接	间接补体扩增
荧光标记的抗体 组织切片	抗体	抗体
冲洗	冲洗	冲洗
	加入荧光标记的抗体球蛋白	加入补体
	冲洗	冲洗
		加入荧光标记的抗-C3抗体
		冲洗

图 23.4　荧光抗体检测技术

在间接荧光抗体（IFA）检测中，将患病动物样本加到含有特异性抗原的玻片上孵育，然后用水冲洗玻片以除去未结合的抗体，再将荧光标记的抗体加到检测系统中，在荧光显微镜下观察玻片，只要有荧光就是阳性结果。荧光技术也应用于抗原的检测。

抗体滴度

虽然抗体滴度测定不是动物医院院内实验室的常规检测项目，但临床兽医可能需要通过抗体滴度测定来鉴别某种抗原是活动性感染还是既往感染。当没有合适的抗原检测方法时，抗体滴度测定尤为重要。滴度是指动物样本中特异性抗体不再产生阳性反应的最大稀释度。

> **注意**：测定抗体滴度可用于区分活动性感染和既往感染，并评估是否需要再次接种疫苗。

该检测通常在参考实验室内进行，需要对样本进行一系列稀释。检查每一个稀释度的样本中是否存在抗体（图 23.5）。产生阳性结果的最大稀释度就是该样本的滴度。高滴度通常提示活动性感染，低滴度通常说明是以前接触过某种特异性抗原。

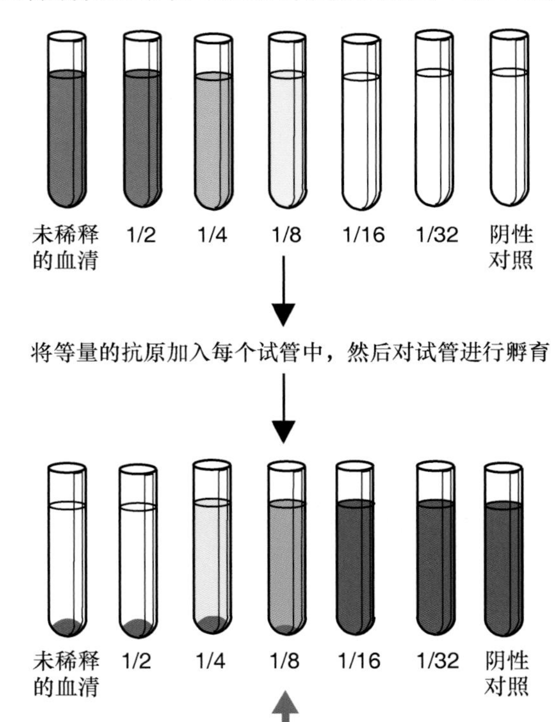

图 23.5　**抗体滴度测定原理。首先将血清在一系列试管中进行梯度稀释，然后在每个试管中加入等量的抗原进行孵育。孵育结束后，确定发生反应的最后一个试管的稀释度。在这个例子中，最大稀释度为 1∶8 之前的所有试管都出现了凝集反应，即血清的抗体滴度为 8（引自 Tizard I：*Veterinary immunology*，ed 9，St Louis，2013，Saunders.）**

目前已经有一些抗体滴度试剂盒可在动物医院的实验室中使用。这些试剂盒主要利用酶联免疫吸附试验（ELISA）技术，快速、准确地出具检测结果。一些临床医生在确定是否需要给动物重新接种疫苗时，会进行这些检测。

分子学诊断

钩端螺旋体是一种在培养皿上生长缓慢的细菌，也是众多现在可以用分子学诊断鉴定的细菌之一。它的 DNA 分子包含着遗传信息，是试验所检测的分子。分子学诊断的基础是对 DNA 或 RNA 进行分析。该项检测非常复杂精细，不适于在医院内进行，因此，临床兽医可以将样本送检，在短时间内即可获得结果。现在很多兽医诊断实验室都能提供一些分子学检测服务。对兽医来说，分子学诊断最突出的用途是判断是否存在病毒、真菌或细菌等病原，但是这项技术还有很多其他的用途(表 23.1 和表 23.2)。

表 23.1　动物病原的分子学诊断检查

微生物	建议样本
炭疽杆菌	血液
牛病毒性腹泻病毒 1 型、2 型	淋巴结、脾脏、血清
衣原体属	胎盘、肝脏
产气荚膜梭菌	细菌分离培养菌落
大肠埃希菌毒力分型	细菌分离培养菌落
钩端螺旋体属	尿、肝脏、肾脏
副结核分枝杆菌	肠黏膜、肠系膜淋巴结
猪繁殖与呼吸综合征病毒	血清、脾脏、肺
沙门氏菌属	肠黏膜、粪便、其他组织
西尼罗病毒	肾脏、心脏、脑、肝脏、脾脏

表 23.2　兽医临床部分 DNA 检测

动物	检测	样本
禽	性别鉴定	血液或刚拔下的羽毛
犬	DNA 库	口腔拭子(用于动物鉴定)
犬	遗传病筛查	口腔拭子
犬	谱系鉴定	口腔拭子
马	DNA 库(用于动物鉴定)	15～20 根拔下的带毛根的鬃毛
马	高钾性周期性瘫痪筛查	15～20 根拔下的带毛根的鬃毛
猫	DNA 库	口腔拭子(用于动物鉴定)
猫	谱系鉴定	口腔拭子
猫	多囊肾病	口腔拭子

应用这种 DNA 检测的医学和科学分支包括：微生物学、遗传学、免疫学、药理学、法医学、生物学、食品科学、农业、考古学和生态学。DNA 检测可用于癌症分类、遗传缺陷检测、动物谱系鉴定以及食品科学领域检测细菌污染等。

这类检测的优点是提高了检测的敏感性和特异性。检测所需的样本量非常少，且检测安全。影响其他检查的很多因素，如样本的保存时间和状态，苛刻的生长条件要求以及微生物的活力，这些对分子学诊断来说并不十分重要。试验技术越新，所需时间也越短。传统的细菌鉴定方法可能需要 2～3 d 或更长时间，分子学诊断可在几小时内完成，具体取决于检查项目。

分子学诊断的缺点包括成本高，污染可导致假阳性结果，需要具有较高技术水平的专人进行操作，并且需要一间以上的房间来进行检查。上述许多问题正在解决中，同时，商品化试剂盒和自动化设备使这些检查走进了临床诊断实验室。

在目前使用的各种分子学诊断试验方法中，聚合酶链式反应(PCR)即使不是最为广泛使用的，也是人们最熟悉的一种方法。该方法检测被检样本的 DNA 片段并使其扩增(框 23.2)。

框 23.2　PCR 趣事

20 世纪 60 年代，威斯康星大学的细菌学家 Thomas Brock 在黄石国家公园的一条温泉中研究细菌。当他靠近河流源头的温泉时，发现里面存在能在几近沸腾(100 ℃)的水中生存的细菌。他将其中一种细菌命名为水生栖热菌。随后发现水生栖热菌产生的一种酶可以在高温下催化化学反应，这正是 PCR 所需要的。

20 世纪 80 年代的一天晚上，Cetus 公司的生化学家 Kary Mullis 在加利福尼亚北部的高速公路上飞驰时，突然灵光一闪。正是他驾车行驶在这条山路上的时候，想到了 PCR 基础的概念。Mullis 因为 PCR 获得了 1993 年的诺贝尔化学奖。

反转录聚合酶链式反应

分子学检测的核酸有时是 RNA，如检测 RNA 病毒时。此时所用的方法叫作反转录 PCR(RT-PCR)。它和 PCR 相似，但是在 PCR 程序进行之前，单链 RNA 必须先转化为双链的 DNA。

实时聚合酶链式反应

另一个重要的检测方法是实时 PCR。和 PCR 相比，这种方法降低了污染风险，更容易自动化进行，总的来说操作起来更快更简单。在样本混合物中加入荧光探针，探针会结合到 DNA 片段上，当 DNA 片段扩增时，荧光剂也跟着增多，达到设定量时，样本就会被判定为阳性。

聚合酶链式反应

聚合酶链式反应被称为扩增试验，因为试验只需要对样本中少量的 DNA 片段进行扩增并判定结果。也就是说，PCR 试验就是把选择好的 DNA 分子上的一个小片段大量扩增。进行试验以前，必须知道这个 DNA 片段的核苷酸序列，从而使用合适的试剂。用于识别病毒或细菌的 DNA 片段是预先确定的。

扩增过程包括 3 个基本步骤：变性、退火和延伸。扩增后，DNA 片段在凝胶电泳中被分离，并用于鉴定。样本混合物包括疑似（如果有的话）带有原始 DNA 的样本、引物、核苷酸和 Taq DNA 聚合酶（图 23.6）。

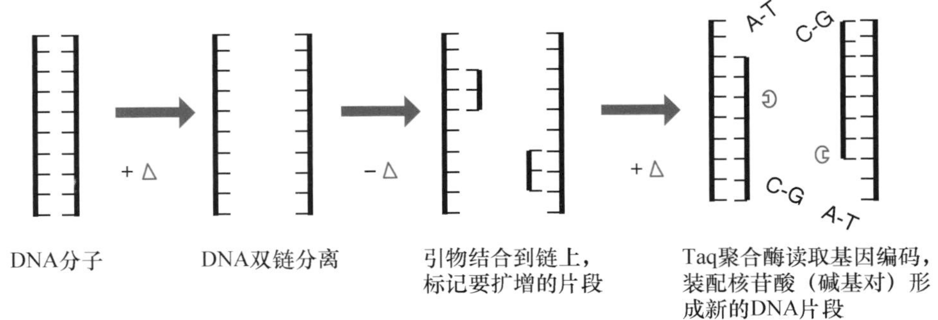

图 23.6 **PCR 显示：变性——DNA 分解为 2 条单链；退火——引物结合到单链上；延伸——在 Taq 聚合酶的催化作用下核苷酸结合到 DNA 分子上**

变性

加热样本，使双链 DNA 分子分解为 2 个单链。每一个单链都作为模板，新的核苷酸会结合到模板上。

退火

降低温度，使引物结合到分离的单链上。引物标记了要复制的 DNA 片段的起止点。只有在样本中存在与引物互补的 DNA 时才会发生。

延伸

再次升高温度，Taq DNA 聚合酶（这种酶可以解读 DNA 编码并聚集核苷酸碱基来形成新的互补链）使新的 DNA 片段生成（延伸），得到 2 个双链 DNA 分子的一部分。虽然它们并不是完整的 DNA 分子，但包含目的片段。

这一过程会在自动热循环装置上重复 25～30 次（图 23.7）。时间、温度和循环的次数由仪器控制。合成 DNA 片段的数量远远超过样本中 DNA 的含量。所以 PCR 可以用来检测混合样本中的微量成分。

最后，要知道样本中是否存在待检的微生物，

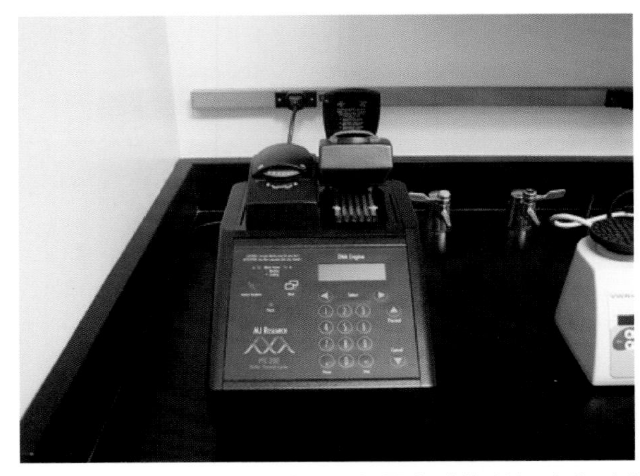

图 23.7 **PCR 的热循环装置。仪器自动控制温度和时间（Bio-Rad Laboratories, Inc,© 2019, Hercules, Calif. 供图）**

还需要用到琼脂糖凝胶电泳。DNA 片段是带负电荷的粒子，通电后沿着凝胶向正极移动。DNA 片段根据分子大小分开，在凝胶上呈现不同的条带。同时，对照的样本也进行电泳，通过已知的对照条带，对受检样本条带进行比较和鉴别。

对 PCR 结果的判读必须非常谨慎。样本中可能存在微生物，但或许并不是引起疾病的根源。和所有实验室检查一样，必须结合临床病例的其他信息来评估检查结果。

关键点

- 分子学诊断检查（如 PCR）利用 DNA 或 RNA 来鉴定病原体、对癌症进行分类、检测基因缺陷、鉴定动物谱系，以及在食品科学领域中检测细菌污染物。
- 库姆斯试验用来检测自身抗体。
- 荧光抗体检测可以通过直接法和间接法进行。
- 抗体滴度可用于鉴别活动性感染和既往感染，以及评估是否需要再次接种疫苗。
- 在免疫扩散试验中，患病动物的血清样本在凝胶平板中沿着琼脂扩散，如果其中含有抗体，就会与从周围孔内扩散的抗原发生反应。

第24章

Disorders of the Immune System
免疫系统紊乱

学习目标

经过本章的学习，你将可以：

- 描述 4 种超敏反应。
- 列举Ⅰ型超敏反应造成的疾病。
- 列举Ⅱ型超敏反应造成的疾病。
- 列举Ⅲ型超敏反应造成的疾病。
- 列举Ⅳ型超敏反应造成的疾病。

目　录

关键词

过敏性休克
特应性
超敏反应
免疫复合物型疾病
免疫介导性溶血性贫血
淋巴瘤

一些免疫反应会对宿主产生不良影响。免疫反应失控或发生超敏反应均可引起组织损伤。另外，还会发生自身抗体攻击自身组织的免疫反应。除了超敏反应外，免疫系统中巨噬细胞或免疫球蛋白都可能出现免疫缺陷。在血清母源抗体水平下降后，一种称为复合型免疫缺陷病的疾病会影响幼年动物。患有这种疾病的阿拉伯小马驹常常死于免疫球蛋白缺乏或不足而引起的机会性感染。

超敏反应

根据引起超敏反应的免疫机制，可将超敏反应分为 4 种类型（图 24.1）。Ⅰ型超敏反应是一种速发型超敏反应，当肥大细胞释放化学介质时即发生Ⅰ型超敏反应。过敏（特应性）和过敏性休克（过敏原进入循环后几秒钟内即可能发生的一种严重反应）均为Ⅰ型超敏反应性疾病。当机体对先前遇到过的抗原发生反应而形成免疫球蛋白 E（IgE）抗体时，就会发生这些疾病。当再次遇到这种抗原时，IgE 与肥大细胞上的受体结合，导致 IgE 的交联和肥大细胞介质的释放。在数分钟内，肥大细胞介质就会导致平滑肌收缩，并增加血管的通透性。同时，肥大细胞介质是一种能够吸引炎性反应细胞（如中性粒细胞和嗜酸性粒细胞）的细胞因子。根据超敏反应的部位的不同，可以显现出各种临床症状（图 24.2）。

注意：异位性和过敏是Ⅰ型超敏反应性疾病。

超敏反应的类型	病理免疫机制	组织损伤和疾病机制
超敏反应的类型	T_H2细胞　IgE抗体　肥大细胞　嗜酸性粒细胞 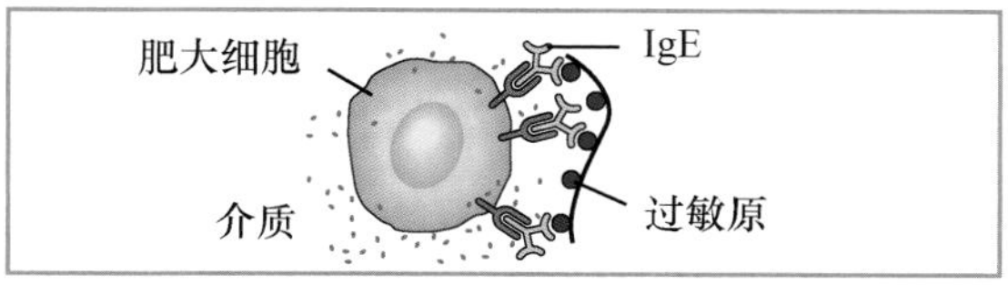 肥大细胞　IgE　介质　过敏原	肥大细胞衍生介质（血管活性胺、脂质介质、细胞因子） 细胞因子介导的炎症（嗜酸性粒细胞、中性粒细胞）
抗体介导性疾病（Ⅱ型）	抗细胞表面或细胞外基质抗原的IgM、IgG抗体 炎性细胞　Fc受体　补体　抗体 	补体和Fc受体介导的白细胞（中性粒细胞、巨噬细胞）聚集和活化 细胞的调理和吞噬作用 细胞功能异常，如激素受体发出信号
免疫复合物介导性疾病（Ⅲ型）	IgM或IgG抗体与循环抗原形成免疫复合物并沉积于血管基膜 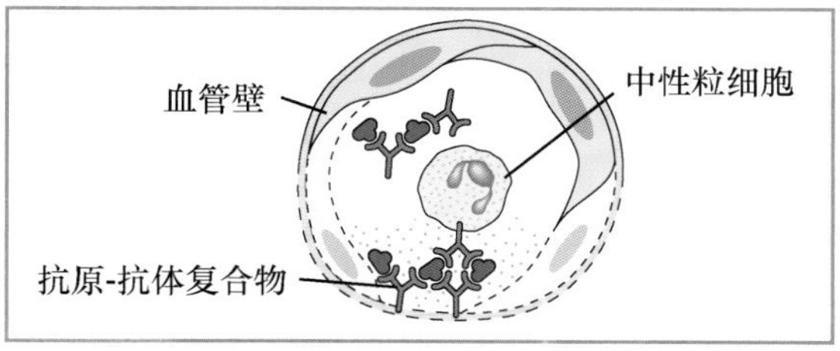 血管壁　中性粒细胞　抗原-抗体复合物	补体和Fc受体介导的白细胞聚集和活化
T细胞介导性疾病（Ⅳ型）	$CD4^+$细胞（迟发型超敏反应） $CD8^+$细胞毒性T淋巴细胞（T细胞介导的细胞裂解） 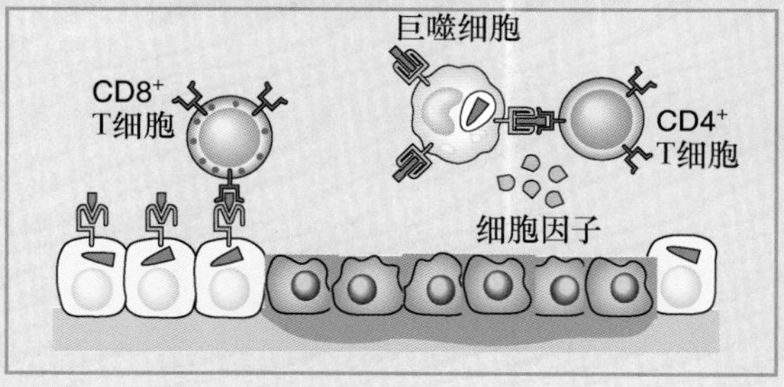 巨噬细胞　$CD8^+$ T细胞　$CD4^+$ T细胞　细胞因子	巨噬细胞活化，细胞因子介导的炎症 直接溶解靶细胞，细胞因子介导的炎症

图 24.1　超敏反应的类型。4 种主要的超敏反应引起不同的免疫机制（引自 Abbas AK: *Basic immunology updated edition: functions and disorders of the immune system*, ed 3, Philadelphia, 2011, Saunders.）

抗体直接对抗动物体自身的细胞或细胞外基质成分引起的抗体介导性疾病，属于Ⅱ型超敏反应性疾病。免疫介导性溶血性贫血（IMHA）是一种宿主破坏自身红细胞的疾病；免疫介导性血小板减少（IMT）是一种会导致血小板被破坏的疾病。它们都属于Ⅱ型超敏反应性疾病。Ⅱ型超敏反应性疾病由 IgG 与细胞表面受体结合而介导。IgM 也可能参与其中，由此产生的免疫复合物将有助于激活补体系统，而补体的激活又能启动炎症反应。对于 IMHA，抗体与红细胞膜上的多种表面受体结合，然后通过调理作用被吞噬。IMT 也有类似的机制。

新生动物溶血是新生儿的一种免疫介导性溶

血性贫血，最常见于小马驹和猫。这种疾病是因为动物摄入的初乳中含有针对胎儿红细胞的母源抗体(图 24.3)。输血反应也是由抗体介导的。

临床症状	临床和病理表现
过敏性鼻炎、鼻窦炎（枯草热）	黏液分泌增多；上呼吸道炎症、鼻窦炎
食物过敏	肠道肌肉收缩导致蠕动增强
支气管哮喘	平滑肌收缩引起的支气管高反应性；晚期反应引起的炎症和组织损伤
过敏反应（可能由药物、蜜蜂叮咬、食物等引起）	血管扩张引起的血压下降(休克)；喉水肿导致气道阻塞

图 24.2　Ⅰ型超敏反应的临床表现(引自 Abbas AK:*Basic immunology updated edition*: *functions and disorders of the immune system*, ed 3, Philadelphia, 2011, Saunders.)

当抗原抗体形成复合物沉积在各个部位的血管里时，就会发生免疫复合物介导性疾病或Ⅲ型超敏反应。例如，抗原-抗体复合物沉积在肾脏上引起的肾小球肾炎就属于Ⅲ型超敏反应。系统性红斑狼疮也是一种免疫复合物性疾病，特征是对多种细胞和组织产生大量自身抗体。其原因尚不清楚。

Ⅳ型超敏反应是 T 细胞介导的疾病，由 T 淋巴细胞攻击组织中的自身抗原而引起。接触性超敏反应，如犬接触了食盘和项圈中的塑料，或是人接触了有毒的常春藤，会引起迟发性组织损伤。这些物质中的化学成分和皮肤中的蛋白质发生反应，免疫系统把这种化学物质-蛋白质复合物识别为异物，引起皮炎。Ⅰ型糖尿病、类风湿性关节炎、慢性感染(如结核病)等都是 T 细胞介导的自身免疫性疾病。

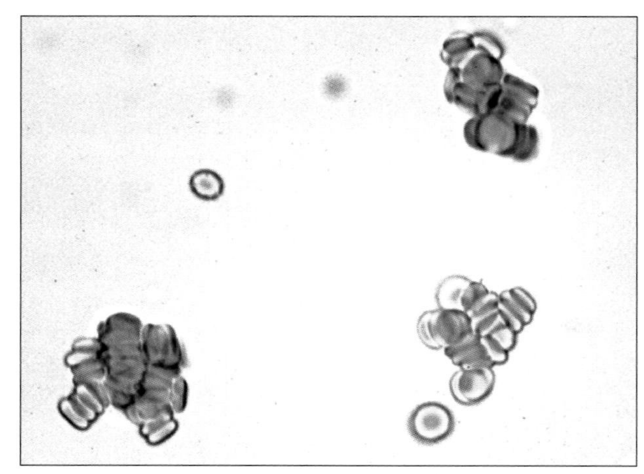

图 24.3　出现新生儿溶血的马驹，用盐水清洗红细胞后制备未染色的湿片，在显微镜下观察到凝集(引自 Harvey J: *Veterinary hematology*, St Louis, 2012, Saunders.)

注意:T 细胞介导的免疫系统疾病属于Ⅳ型超敏反应。

淋巴瘤是淋巴细胞失控性增生引起的一类肿瘤，是另一种免疫系统疾病。正常情况下，免疫系统会在癌细胞定殖体内之前就识别并摧毁它们，但是有时癌细胞似乎产生了抵抗力并且可逃过免疫防御机制。

关键点

- 可引起组织损伤的免疫应答称为超敏反应。
- Ⅰ型超敏反应也称速发型超敏反应。
- 特应性是一种Ⅰ型超敏反应性疾病。
- Ⅱ型超敏反应包括许多抗体介导性疾病。
- IMHA、IMT、新生动物溶血以及输血反应都是抗体介导的Ⅱ型超敏反应。
- 免疫复合物介导性疾病是Ⅲ型超敏反应，会导致免疫复合物沉积在各种组织中。

第5单元

Urinalysis
尿液分析

单元目录

本单元学习目标

描述尿液的形成过程。
列举并描述尿液样本采集方法。
列举并描述尿液样本的物理和化学性质检查内容。
描述尿液样本中可能见到的有形成分。
描述用于显微镜检查的尿液样本的制备流程。
描述尿液样本有形成分的评估流程。

尿液分析是一项简单、快速、经济的实验室检查，除了进行尿沉渣检查，尿液分析还包括物理和化学性质评估，该分析可向兽医提供有关动物泌尿系统、代谢和内分泌系统、电解质和水合状态的信息。因此，兽医可能会要求动物主人自带尿液样本进行初步检查，也可通过各种技术在医院内采集尿液。

尿液异常可提示多个器官的一系列疾病。尿液分析所需的基本材料非常少，并且是兽医诊所易于获得的。

对样本进行正确标记和处理是质量保证的基础。所有样本在采集后应立即标记，并尽快进行检查。试纸条应保存于密封的瓶子内，过期试剂必须及时更换。大多数涉及尿液成分的反应可通过对照试验进行验证(如 Chek-Stix，Bayer Corporation，Leverkusen，Germany；Uritrol，YD Diagnostics，Seoul，Korea；Liquid Urine Control，Kenlor Industries，Inc.，Santa Ana，CA)。此外，含有特定成分并产生显著阳性反应的尿液样本可保存留作阳性对照。针对对照样本及定制对照，应将检测结果制图以确定是否存在观察者差异或试剂分解。实验室尿液分析报告应包括患病动物信息、采样方法、采样日期及时间、保存方法(若存在的话),完整的尿液分析应包括显微镜检查结果。下文给出了报告尿液分析结果的标准流程。具体请见附录F中的示例。只有检验技术员提供精确而准确的报告,才能正确判读检验结果。

附录B包含常见家养动物尿液分析的参考范围。

有关本单元的更多信息请参见本书最后的参考资料附录。

第25章

Anatomy and Physiology of the Urinary System
泌尿系统解剖和生理

学习目标

经过本章的学习，你将可以：

- 列出并描述泌尿系统的构成。
- 解释尿液的形成过程。
- 描述肾单位的结构。
- 了解调节尿量的相关激素。

目　录

关键词

无尿
肾小球
肾单位
少尿
多尿
肾阈值

机体细胞会发生许多代谢反应，并产生一系列化学产物。这些物质有些对身体有用，并可被循环利用，但另外一些代谢产物如果蓄积在体内，则是有害的。这些有害代谢废物必须被清除。泌尿系统由2个肾脏、2根输尿管、膀胱和尿道组成（图25.1），是机体清除血液中代谢废物的主要途径。左肾和右肾位于腹腔背侧，在第一腰椎的腹侧。大多数动物的肾脏呈光滑的豆状。但马的右肾是心形的；牛的肾呈分叶状。

血液、淋巴管、神经和输尿管通过凹陷的肾门进入和离开肾脏。粗糙的外层皮质包裹着光滑的内层髓质。肾门深部是肾盂，呈漏斗状，是输尿管的起点。肾脏的工作在肾单位内完成。根据动物的大小，每个肾脏可能含有几十万到几百万个肾单位。肾单位由上皮细胞组成，呈具有多个弯折的小管状。肾单位各个部分的上皮细胞具有不同特征，这些上皮细胞中的一小部分会定期脱落。某种上皮细胞脱落数量增多可提示造成肾损伤或肾功能障碍的原因。肾单位由肾小体、近曲小管、髓袢、远曲小管和集合管组成（图25.2）。肾小体由肾小囊包围的肾小球组成。肾小球是一簇毛细血管，位于入球小动脉和出球小动脉之间。

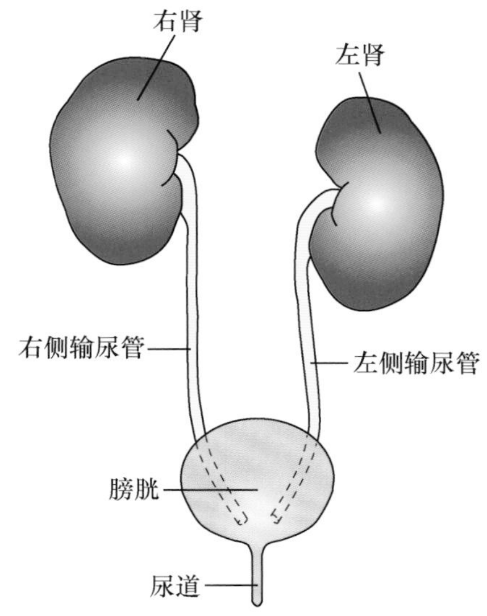

图 25.1 泌尿系统的构成。泌尿系统由 2 个肾脏、2 根输尿管、1 个膀胱和 1 个尿道构成（引自 Colville TP: *Clinical anatomy and physiology for veterinary*, ed 2, St Louis, 2008, Mosby.）

注意：泌尿系统包括 2 个肾脏、2 根输尿管、膀胱和尿道。

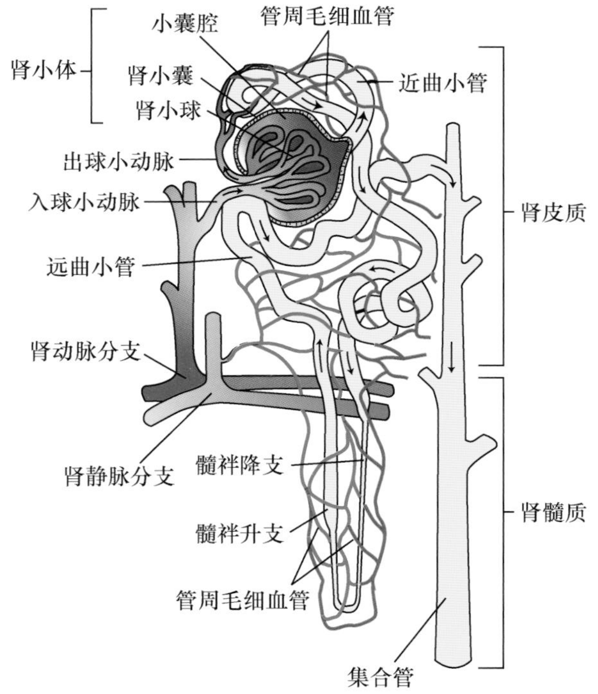

图 25.2 肾单位的显微解剖结构。箭头表示液体流经肾单位的方向（引自 Colville TP:*Clinical anatomy and physiology for veterinary*, ed 2, St Louis, 2008, Mosby.）

尿液的形成

当血液进入肾小体时，部分血浆及其代谢废物经肾小球滤过进入近曲小管。除非肾小球发生损伤，否则大分子蛋白质和细胞不会进入肾小管。滤过液会缓慢地通过肾单位的其余部分，并随着流动而发生改变。水和葡萄糖等物质被重新吸收到毛细血管网的血液中。肾单位对特定物质的吸收具有特定限度，称为肾阈值。当滤液中某种物质的浓度极高时，多余的部分不会被重吸收，而是随尿液排出。当肾单位中的液体到达集合管时，即成为尿液。所有肾单位的集合管将尿液汇入肾盂并进入输尿管口（图 25.3）。

注意：肾阈值指的是肾单位对某种物质的最大吸收能力。

输尿管

从肾盂开始，尿液通过输尿管进入膀胱。输尿管是肌肉管腔，通过平滑肌收缩运输尿液。输尿管以倾斜的角度进入膀胱，形成阀状开口，防止尿液在膀胱充盈时回流到输尿管。

膀胱

膀胱是一个肌肉囊，内衬移行上皮细胞，可储存并定期向外界排放尿液，称为排尿。肾脏不断地产生尿液，随着尿液在膀胱内蓄积，膀胱增大，当尿量达到一定程度时，膀胱壁的牵张感受器被激活，通过脊柱反射引起膀胱壁平滑肌的收缩。膀胱颈部自主控制的括约肌可有意识地控制排尿。

尿道

尿道是将尿液从膀胱运送到体外的管道。雌性动物的尿道短而宽直，只有泌尿功能。雄性动物则相对较长、弯曲、狭窄，同时具有泌尿和生殖功能。尿道远端常见少量正常菌群（细菌）和少量白细胞。

尿量的调节

尿量的调节是由 2 种激素控制的：由垂体后叶释放的抗利尿激素，以及由肾上腺皮质分泌的醛固

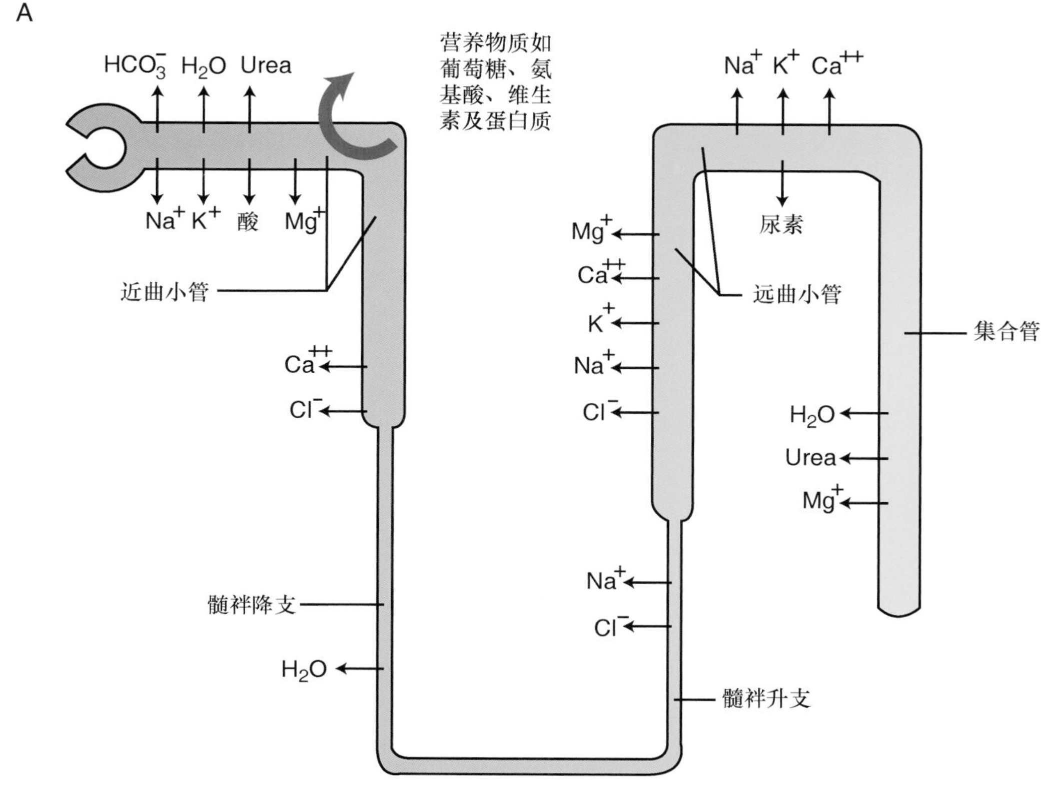

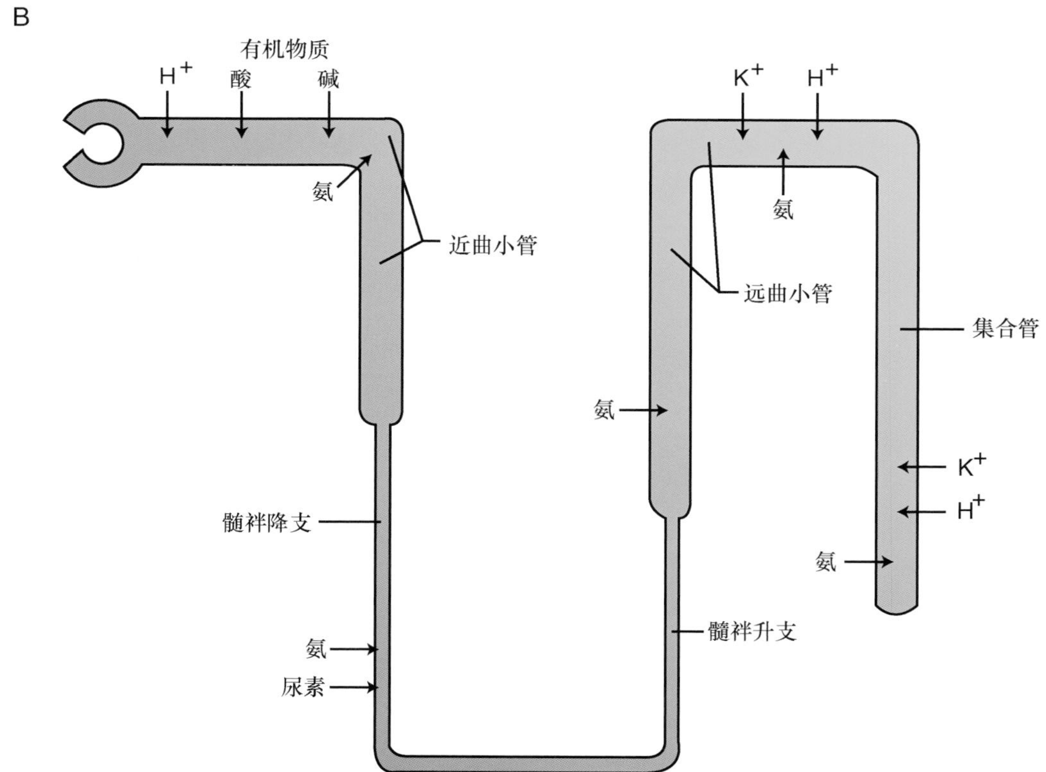

图 25.3　物质的重吸收和分泌。**A.** 被回收的物质从滤液中重吸收进入管周毛细血管。**B.** 机体清除的物质必须通过分泌作用从管周毛细血管进入肾小管滤液（引自 Bassert J, Colville T: *Clinical anatomy and physiology for veterinary*, ed 2, St Louis, 2008, Mosby.）

酮。抗利尿激素作用于集合管,促进水的重吸收。水量改变可引起产尿减少(少尿)、产尿增多(多尿)或者没有尿(无尿)。

关键点

- 泌尿系统由 2 个肾脏、2 根输尿管、膀胱和尿道构成。
- 肾脏的功能单位是肾单位。
- 肾单位包括肾小体(即肾小球、肾小囊)、近曲小管、髓袢、远曲小管、集合管。
- 肾阈值是指肾单位对某种物质的最大吸收能力。
- 抗利尿激素和醛固酮参与尿量的调节。

第26章

Sample Collection and Handling
样本采集与处理

学习目标

经过本章的学习，你将可以：

- 列举尿液样本的采集方法。
- 讨论自由接取尿液的优点和不足。
- 阐述导尿及膀胱穿刺所需的材料。
- 阐述导尿和膀胱穿刺采集尿液样本的流程。
- 描述尿液样本的正确处理流程。

目　　录

关键词

挤压膀胱
导尿
膀胱穿刺
自由接尿
公猫导尿管

尿液分析的第一步是正确采集尿液样本，以确保获得准确的结果。尿液分析应在使用治疗药物前进行。尿液样本可通过自然排尿、挤压膀胱、导尿或膀胱穿刺等方法进行采集。较推荐的两种方法是膀胱穿刺和导尿，其可以避免生殖道远端和外源性污染，从而为尿液分析提供理想样本。虽然通过自然排尿或挤压膀胱采集样本较简单，但其诊断价值有限。除了细胞学检查以外，空腹晨尿是最理想的样本，但对于动物而言往往不太实际。空腹晨尿是高度浓缩且受饮食因素影响最小的样本，可以提高发现有形成分的概率。

自然排尿或自由接取样本

在动物排尿时采集样本（即自由接取）是最简单的采样方法。由于排尿过程中尿液易受污染，所以，这种方式采集的样本不适用于细菌学检查。有时可因生殖道远端正常菌群或炎性病变污染尿液，使样本中的白细胞数量增加。其他检查结果通常不受影响。

注意：自然接尿样本通常含有更多的白细胞。

通常由动物主人在动物自然排尿时接取尿液。虽然无须严格无菌，但收集尿液样本的容器应该保持洁净和干燥。尽量在采样前冲洗阴门或包皮，以减少样本被污染的概率。另外，生殖道外口区域在清洗后不能长时间保持清洁。中段尿受污染的可能性较小，因此，最好采集中段尿（尿液流动过程中）。然而，有时也采集最初排出的尿液，以防中段尿尿量不足。

采集犬尿液时，可将纸杯粘在一根长杆上，以防采集尿液时惊扰犬而使其停止排尿，从而提高采集成功率。猫的尿样很难被人工接取。偶尔猫会在空的猫砂盆内排尿，兽医可推荐猫主人在猫砂盆内放置无吸收性的猫砂。对于母牛，可用手或干草绕圈摩擦其阴户腹侧以刺激排尿；绵羊则可用堵塞其鼻孔的方法刺激排尿；马可用温湿的布摩擦其腹部或将其放置在垫有干草的洁净马厩中刺激其排尿。

挤压膀胱

在小动物，可通过人工挤压膀胱的方法采集尿液，这种方法获得的样本同样不适用于细菌培养。与采集自然排尿样本一样，在挤压膀胱前应清洗生殖道外口区域。动物保持站立或侧卧姿势，轻柔、均匀地挤压位于后腹部的膀胱，注意避免用力过大使膀胱受损或破裂。膀胱括约肌通常会在几分钟后松弛。偶尔可因对膀胱加压而使观察到的红细胞数量增多，而生殖道远端污染会导致白细胞数量增多。如果尿液中出现细菌，那么肾脏有可能会因反流而被这些细菌感染。挤压膀胱法禁用于尿道堵塞或膀胱壁较脆弱的动物，因为过大的压力会导致膀胱破裂。对于大动物来说，直肠触诊时可经直肠壁持续挤压膀胱而刺激排尿。

导尿

导尿即将聚丙烯或橡胶导管经尿道插入膀胱。根据动物种类和性别选择不同的导管（图 26.1）。与前文提到的 2 种采集方法一样，导尿前应清洗外阴，有时需要对动物进行镇静。应始终佩戴无菌手套，必须使用无菌导管。操作时应保持无菌且避免损伤尿道。如果无法进行膀胱穿刺，导尿样本可用于微生物培养和药敏试验。对于雌性动物来说，使用开张器可清楚地观察到尿道口，便于导尿（图 26.2）。导尿管应该可以顺畅地通过尿道。导管前端可涂少量无菌水溶性润滑凝胶，如 K-Y 凝胶（Johnson & Johnson, Arlington, TX）（图 26.3）。注意避免损伤敏感的尿道黏膜。很多导尿管的远端可连接注射器，以便通过缓慢抽吸来采集尿液。如果需要进行细菌培养，则应将尿液收集到无菌注射器中。导尿管通过尿道远端时可能会被污染，所以通常应舍弃样本的前段部分。偶尔可因导尿管损伤尿道黏膜而使红细胞和上皮细胞数量增加。流程 26.1 至流程 26.3 总结了公猫、公犬和母犬的导尿流程。

注意：通常使用 4-Fr 至 10-Fr 聚丙烯导管采集犬的尿液样本。

图 26.1 公猫导尿管。这是一根用于公猫尿液采集的 3.5-Fr 聚丙烯导管（引自 Sonsthagen T: *Veterinary instruments and equipment*, ed 2, St Louis, 2011, Mosby.）

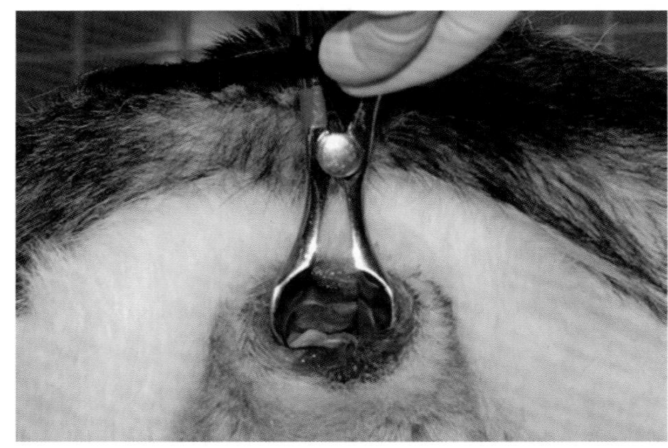

图 26.2 使用阴道开张器可清楚地观察到雌性动物尿道口（引自 Taylor S: *Small animal clinical techniques*, St Louis, 2010, Saunders.）

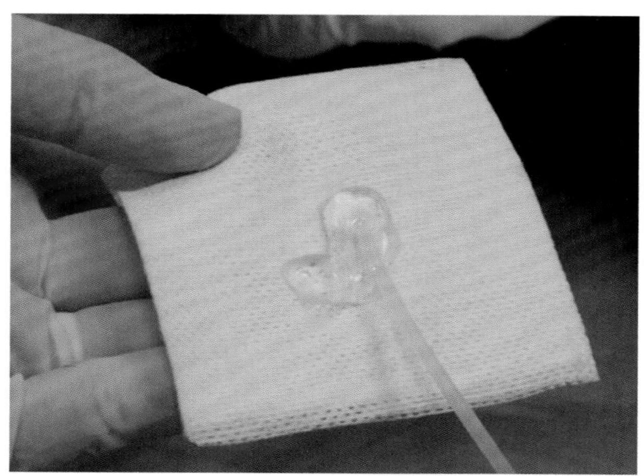

图 26.3 使用无菌的水溶性润滑凝胶涂于导管前端(引自 Taylor S: *Small animal clinical techniques*, St Louis, 2010, Saunders.)

流程 26.1 导尿:公猫

1. 根据需要进行镇静。
2. 猫侧卧或仰卧保定。
3. 向尾侧推阴茎,并向外翻包皮使阴茎显露。
4. 用消毒剂轻轻清洗阴茎末端,然后用生理盐水冲洗。
5. 将无菌水溶性润滑凝胶涂于导管前端。
6. 将导尿管前端轻柔地插入尿道外口,并将导尿管推入膀胱内。

流程 26.2 导尿:公犬

1. 犬侧卧或仰卧保定。
2. 将导管在犬体侧对比,预估将要插入的导管长度。

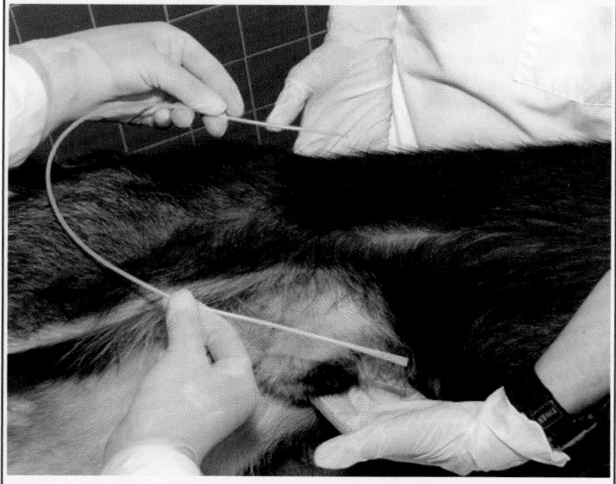

3. 从基部将阴茎向头侧推,同时向后翻包皮,使阴茎外露。
4. 用消毒剂轻轻清洗阴茎末端,然后用生理盐水冲洗。
5. 将无菌水溶性润滑凝胶涂于导管前端。
6. 将导尿管前端轻柔地插入尿道外口,并将导尿管推入膀胱内,注意不要推进过深。

7. 收集并弃掉前几毫升尿液,然后采集样本进行尿液分析和微生物培养。

图片引自 Taylor S: *Small animal clinical techniques*, St Louis, 2010, Saunders.

流程 26.3 导尿:母犬

1. 犬站立或俯卧保定,俯卧姿势需要将犬后肢拖离桌子边缘。
2. 用消毒剂清洗外阴,然后用生理盐水冲洗。
3. 用注射器将无菌生理盐水注入阴道和前庭进行冲洗。
4. 沿着背侧插入阴道开张器,展开开张器,在阴道腹侧观察尿道口。
5. 将无菌水溶性润滑凝胶涂于导管前端。
6. 将导尿管前端轻柔地插入尿道口,并将导尿管推入膀胱内,注意不要推进过深。

膀胱穿刺

膀胱穿刺只用于在膀胱充分充盈,以便于收集时采集犬猫的无菌尿液样本。这种方法仅用于安静、易于保定的动物(图 26.4)。也可以在超声引导下进行膀胱穿刺。穿刺前必须确认膀胱的位置,以免损伤其他内脏器官。膀胱穿刺需使用一个 10 mL 注射器和一个 22G 或 20G 的长 1~1.5 英寸(1 英寸=2.54 cm)针头。针头穿透皮肤后不应改变方向,以免损伤其他内脏器官。使动物侧卧、俯卧或站立保定,然后轻柔地触诊并固定膀胱,将针头指向尾背侧并插入后腹部(图 26.5)。公犬的穿刺部位为脐孔尾侧至包皮旁。母犬和母猫的穿刺部位为脐孔尾侧的腹中线上。轻缓地将尿液吸入注射器,并标注患病动物信息。如果要将样本转移至其他容器内,必须先从注射器上取下针头。理想情况下,应将样本直接转移到无菌管中。此外,还可以在注射器上装一根大口径针头,然后刺穿管塞并注入样本。膀胱穿刺样本可用于微生物培养和药敏试验。有时膀胱损伤会导致样本中红细胞数量增多。尿液 S-Monovette 系统(Sarstedt AG & Co., Numbrecht, Germany)是一种商品化的尿液采集装置,由一个无菌独立包装的注射器和一个一次性导管组成(图 26.6)。这种装置使膀胱穿刺采集尿液更为简便,并且因样本直接被吸入收集管从而减少了样本在注射器和收集管之间转移时被污染的风险。收集管可直接离心,以进行尿沉渣检查。包装内还含有特殊连接头可采集导尿样本。膀胱穿刺术请见流程 26.4。

注意:当需要进行微生物培养和药敏试验时,优先选择膀胱穿刺样本。

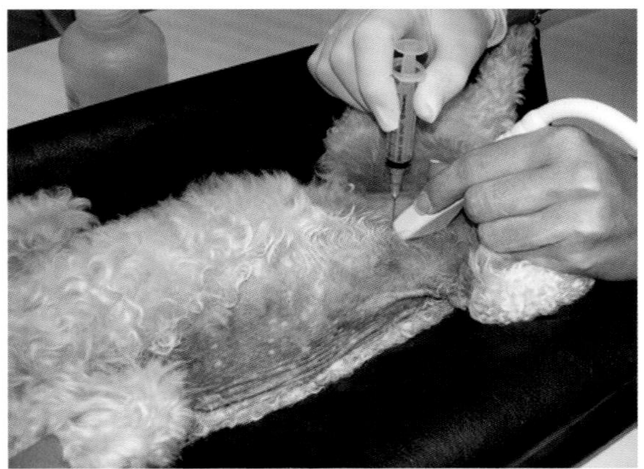
图 26.4 超声引导下膀胱穿刺采集尿液

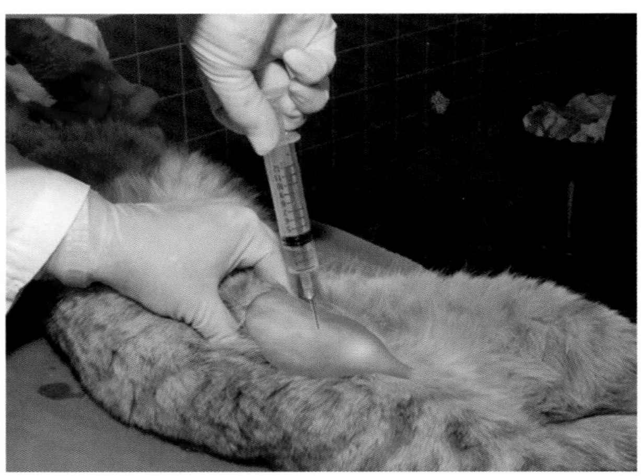
图 26.5 将针头指向尾背侧进行膀胱穿刺(引自 Taylor S: *Small animal clinical techniques*, St Louis, 2010, Saunders.)

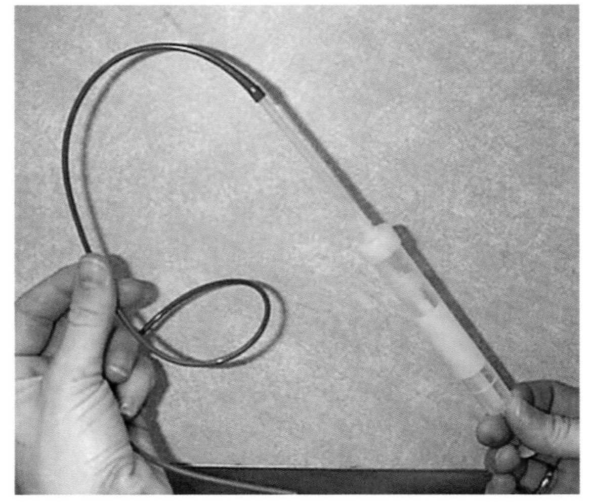
图 26.6 尿液 S-Monovette 系统(B. Mitzner, DVM 供图)

流程 26.4 膀胱穿刺采集尿液

1. 动物仰卧保定。
2. 触诊膀胱以评估其大小和位置,用酒精清洁皮肤表面。
3. 确定膀胱的位置并使其固定,在穿刺前、穿刺中及穿刺后都不要过度用手指按压膀胱。
4. 将注射器装上针头,或使用 S-Monovette 系统。
5. 将针头穿过腹壁插入膀胱。
   a. 将针头向尾背侧以倾斜角度刺入膀胱壁,以便当膀胱收缩时,针尖仍保持在膀胱内。
   b. 抽吸注射器。
   c. 取样后放松负压,以降低样本污染的风险。
6. 拔出针头。

上述所有采集方法均可满足定性分析的需求,但定量分析需连续采集 24 h 的尿液样本。也可通过尿液特定成分的比值(如蛋白/肌酐)来进行评估,以获得与 24 h 尿液相似的信息。

样本的保存与处理

理想情况下,样本应在收集后 0.5～1 h 内进行分析,以避免伪像和降解引起的变化。如果不能立即进行分析,尿液可冷藏保存 6～12 h。冷藏可能会对尿比重产生影响,因此此项检查应在冷藏前完成。如果要冷藏尿样,应密封保存,以防止蒸发和污染。尿液冷藏时可能会析出结晶。若尿液在室温下保存时间过长,则葡萄糖和胆红素浓度会降低;细菌分解尿素产生氨,导致 pH 升高;结晶的形成使样本浑浊度升高,管型和红细胞崩解(特别是在稀释尿或碱性尿中),细菌增殖。冷藏样本可能会促进多种结晶的形成,因此,检测前应将冷藏尿液恢复至室温,但在冷却过程中形成的晶体在升至室温时可能不会溶解。分析前应将尿样轻轻颠倒,使有形成分均匀分布。如果要进行细胞学评估,应采集尿液后立即离心制备沉渣,否则细胞在尿液中会迅速分解。可向尿沉渣中添加 1～2 滴患病动物血清或牛白蛋白以保持细胞形态特征。

注意:尿样采集后应在 0.5～1 h 内进行分析。

若样本需送检至外部实验室或需保存 6～12 h 以上,则应选择以下方式进行保存:在 1 盎司(1 盎司＝28.41 mL)尿液中加入 1 滴 40％的福尔马林;加入足量的甲苯,以在样本表面形成一层薄膜为宜;加入麝香草酚结晶;或以 1∶9 的比例加入 5％

的苯酚。福尔马林是用于观察尿液有形成分的最佳保存剂。若用福尔马林作为防腐剂，因其会干扰一些化学分析（特别是葡萄糖），故应先进行化学检测。

关键点

- 尿样分析的最佳样本是晨尿，或禁水数小时后采集的尿液。
- 首选的尿液采集方式是膀胱穿刺和导尿。
- 所有样本采集后应立即标注信息。
- 采集尿液后，应在 0.5～1 h 内进行分析。
- 尿液分析报告中应标明采样方式。
- 如果不能在尿样采集后 1 h 内进行分析，应冷藏保存或使用其他方式保存。
- 冷藏处理的尿样在分析前应先恢复至室温。

第27章

Physical Examination of Urine
尿液的物理性质检查

学习目标

经过本章的学习，你将可以：

- 列举尿液样本的物理性质检查。
- 描述尿液颜色变化的意义。
- 描述可能引起尿液浑浊的原因。
- 描述可能引起尿液气味变化的原因。
- 列举并描述测定尿比重的方法。

目　录

关键词

无尿
絮状尿
血尿
血红蛋白尿
高渗尿
低渗尿
等渗尿
酮体
肌红蛋白尿
少尿
尿频
多饮
多尿
比重
脲酶
尿比重计
尿色素

尿液的物理性质指在不借助显微镜或化学试剂的情况下所有可观察到的属性，包括尿量、颜色、气味、透明度和尿比重。流程 27.1 提供了常规尿液分析的流程。

流程 27.1　常规尿液分析

1. 准备一张实验室检查单，注明患病动物的基本信息、日期、时间和尿液采集方法。
2. 如果是冷藏样本，应在记录中标明，并使样本恢复至室温。
3. 轻柔颠倒样本管使样本混匀。
4. 记录尿液的物理性质：颜色、透明度、尿量和气味。
5. 用蒸馏水将折射仪校准至 1.000。
6. 测定并记录尿比重。
7. 将试纸条浸入尿液样本后快速取出，使试纸边缘轻扣于纸巾上以去除多余尿液。
8. 在规定时间内将试纸颜色与生产商的标准色卡进行对比，并记录结果。
9. 在一个 15 mL 的锥形离心管上标记好动物信息。
10. 在离心管中加入 5～10 mL 的尿液样本。
11. 将样本以 1 000～2 000 r/min 的转速离心 5～6 min。
12. 记录尿沉渣量。
13. 弃去上清液，保留 0.5～1 mL 尿液。
14. 用吸管轻轻混匀或用手指轻弹离心管，使尿沉渣重新悬浮。
15. 用吸管取一滴尿沉渣混悬液至载玻片上，盖上盖玻片。
16. 缩小显微镜光圈以降低光亮度。
17. 在高倍物镜(40×)下观察盖玻片覆盖的全部样本，鉴别细胞、管型、结晶和细菌。
18. 不断调节显微镜细准焦旋钮以更好地观察这些成分。
19. 记录结果。

尿量

动物主人通常可提供动物排尿量的信息，但他们可能将频繁排尿(尿频)与尿液生成过多(多尿)相混淆。因此，评估动物确切的产尿量非常重要。许多与疾病无关的因素都可影响产尿量，包括液体摄入量、体外丢失量(尤其是呼吸系统和肠道)、环境温度和湿度、食物数量与类型、运动水平、动物的体型和种类。观察动物单次排尿无法对其排尿量做出可靠的评估。虽然测定动物 24 h 的尿量更为理想，但通常可操作性不强。观察动物在笼内或户外的情况，可估计其产尿量。表 27.1 列举了常见家养动物每日产尿量的粗略值。动物每天产生的尿液量不定，成年犬猫正常排尿量为 20～40 mL/(kg · d)。

> **注意**：动物主人常会混淆尿频和多尿。

表 27.1　家养动物正常日产尿量

物种	日排尿量(mL/kg)
犬	20～40
猫	20～40
牛	17～45
马	3～18
绵羊和山羊	10～40

日排尿量或生成量增多称为多尿，并通常伴有多饮。多饮是指饮水量增多。多尿时，尿液通常为浅黄或淡黄色，且比重降低。许多疾病可引起多尿，如肾炎、糖尿病、尿崩症、犬猫子宫蓄脓、肝脏疾病，多尿还可见于使用利尿剂、皮质类固醇或补液之后。

少尿指日排尿量减少，可发生于动物水分摄入减少时。当环境温度升高导致呼吸系统丢失水分过多时，可出现严重少尿。少尿时尿液通常浓缩且尿比重升高。少尿也可见于急性肾炎、发热、休克、心脏病和脱水。无尿指没有尿液排出，可见于尿道完全阻塞、膀胱破裂和肾功能衰竭。

尿色

由于尿色素的存在，正常的尿液呈淡黄色至琥珀色。尿液黄色的深浅可因尿液的浓缩或稀释程度的不同而发生变化(表 27.2)。无色尿的比重通常较低，并常与多尿有关。深黄色至黄褐色的尿液通常比重较高且与少尿有关。尿液呈黄褐色或绿色，且振荡时会产生黄绿色泡沫，说明可能含有胆色素。红色或红褐色的尿中可能含有红细胞(血尿)或血红蛋白(血红蛋白尿)。褐色的尿液可能含有肌细胞溶解时排出的肌红蛋白(肌红蛋白尿)，如马的横纹肌溶解。有些药物也可引起尿液颜色改变，导致出现红色、绿色或蓝色尿液。在评估尿液颜色时，应将其装于无色透明的塑料或玻璃容器中，衬以白色背景进行观察(图 27.1)。

> **注意**：在评估尿液的颜色和透明度时，将其装于无色透明的塑料或玻璃容器中，衬以白色背景进行观察。

表 27.2 尿液颜色的意义

颜色	意义
淡黄色	尿比重低，尿浓缩程度下降
深黄色	尿比重高，少尿（黄褐色）
褐绿色	胆色素（有绿色泡沫）
红褐色	血尿，血红蛋白
褐色	肌红蛋白
橙色	药物（如四环素）

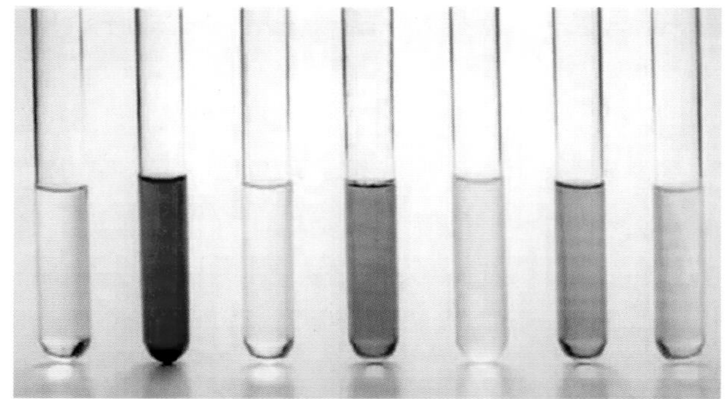

图 27.1 **最好在光线充足、白色背景中观察尿液颜色（引自 Little S：*The cat*，St Louis，2012，Saunders.）**

浑浊度/透明度

大多数动物排出的新鲜尿液为透明或清亮的。正常马的尿液含有高浓度的碳酸钙结晶和肾盂腺体分泌的黏液而呈云絮状。兔的正常尿液也因为含有高浓度的碳酸钙结晶呈乳白色。观察尿液的透明度时，应衬以印字纸作为背景。根据透过样本看字的清晰程度，可将尿液的透明度分为清亮、微浊、浑浊和浓浊（絮状）。清亮的尿液离心后通常含有少量沉渣。浑浊的样本常含有大量微粒，通常可在离心后得到较大量的尿沉渣。尿液在放置时可因细菌增殖或结晶形成变得浑浊。引起尿液浑浊的物质包括红细胞、白细胞、上皮细胞、管型、结晶、黏液、脂滴和细菌。其他能引起尿液浑浊的原因包括：尿液采集容器或动物表面污染，以及粪便污染。絮状样本含有混悬微粒，有些甚至可肉眼观察到。

气味

尿液的气味不具有显著的诊断意义，但有时可能会有帮助。每种动物正常尿液的气味都是独特的。猫、山羊和猪的雄性个体的尿液气味都很浓烈。产脲酶细菌（变形杆菌属和葡萄球菌属）引起的膀胱炎会使尿液出现氨味。室温放置的尿液样本，可能会因为细菌增殖出现氨味。尿液带有明显的甜味或水果味表明含有酮体，常见于糖尿病、奶牛酮症和母羊妊娠病。

注意：室温放置的尿液样本可能会因为细菌增殖而产生氨味。

尿比重

比重指的是液体与等体积的蒸馏水的质量（密度）之比。尿液中溶质的数量和分子量决定了其比重。因为离心时沉淀下去的微粒对比重的影响很小或没有影响，故比重在离心前或离心后测定均可。但是，无论采用哪种方法，无论是在离心前或离心后测定尿比重，同一家诊所的所有技术员在临床中都必须始终采用同一种方法检测。如果尿样呈云雾状，则应在离心后用上清液测定尿比重。多尿患病动物的尿比重偏低，少尿患者的尿比重则偏高。正常尿液的尿比重取决于动物的饮食和饮水习惯、环境温度和样本采集时间。晨尿中段是最浓缩的尿液。尿比重可以提供动物水合状态及肾脏浓缩或稀释尿液能力的信息。正常动物的尿比重很不稳定，且一天中都在变化。表 27.3 列举了常见家养动物的正常尿比重范围。正常犬的尿比重范围是 1.001～1.065，正常猫的尿比重范围是 1.001～1.080。

表 27.3 常见家养动物的尿比重

动物	犬	猫	马	牛	绵羊
比重	1.025 (1.001～1.065)	1.030 (1.001～1.080)	1.035 (1.020～1.050)	1.015 (1.005～1.040)	1.030 (1.020～1.040)

可采用折射仪、尿比重计或试纸条来测定尿比重。试纸法是测定动物尿比重最不可靠的方法。一般较少使用尿比重计来测定尿比重，因为该仪器需要大量的尿液（约 10 mL），且与折射仪相比，其检测结果重复性较差。

注意：应使用折射仪测定尿比重。

折射仪

折射仪是测定尿比重最常用的工具。有关折射仪的更多内容在第 1 单元第 2 章的“流程 2.1”中已有介绍。尿液中的不同物质会吸收不同波长的光。光波在穿过介质时发生折射，而折射仪可以测量其折射度。液体的折射指数与比重受相同因素的影响，因此可使用这种方法测定尿比重。值得注意的是，如果不是兽医专用的折射仪，就不能得出准确的结果，特别是测定猫的尿样时。研究发现，比重相同的犬和猫的尿液样本，其折射率不同。兽医专用的折射仪较易获得，可以准确评估尿比重。使用非兽医专用的折射仪时，所得比重结果常常高于检测范围，必须用等量的蒸馏水稀释样本后再次检测。取一滴混合液测定比重，然后把小数点后的数乘以 2。例如：如果等量的蒸馏水和尿液混合的溶液，其比重是 1.030，那么该尿液样本的实际比重应为 1.060。

尿比重改变的原因

高渗尿这一术语并不常见，其尿比重增加，常出现于饮水量减少、排尿以外的液体丢失增多（如出汗、喘息、腹泻）和尿液溶质排泄增加时。肾功能正常的动物，在饮水量减少时，其尿比重迅速增加。尿比重增加也可见于急性肾衰、脱水和休克。

低渗尿即尿比重降低，见于肾脏无法重吸收水分或水分摄入量增多，如多饮或补液过多等情况。子宫蓄脓、尿崩症、精神性多饮、某些肝脏疾病、某些类型的肾病和利尿剂的使用也可使尿比重降低。

当尿液比重（1.008～1.012）接近肾小球滤液时就会出现等渗尿，即处于这个比重范围的尿液并没有被肾脏浓缩或稀释。患有慢性肾病的动物常常出现等渗尿。患有肾脏疾病的动物，其尿比重越接近等渗尿，肾脏功能丧失越多。当这些动物丢失水分时，其尿比重仍然保持在等渗范围内。肾功能下降的动物常出现轻度至中度脱水，且尿比重（1.015～1.020）会略高于等渗尿。

关键点

- 尿液的物理性质包括：尿量、尿色、气味、透明度和比重。
- 正常成年犬猫的排尿量为 20～40 mL/(kg·d)。
- 正常尿液的颜色是浅黄色至琥珀色，尿液浓缩或稀释的程度不同，其颜色也不同。
- 大多数动物刚排出的新鲜尿液都是透明清亮的。
- 导致尿液浑浊的物质有：红细胞、白细胞、上皮细胞、管型、结晶、黏液、脂滴和细菌。
- 尿比重实为测定尿液中的溶质。
- 常用折射仪测定尿比重。

第28章

Chemical Evaluation
尿液的化学性质检查

学习目标

经过本章的学习，你将可以：

- 描述尿液化学检查的操作步骤。
- 列举尿液样本常用的化学检查。
- 讨论蛋白尿的意义。
- 描述区分血尿和血红蛋白尿的方法。
- 讨论糖尿的意义。
- 列举可出现酮尿的疾病。
- 列举可出现胆红素尿的疾病。

目　　录

关键词

本周蛋白
胆红素尿
糖尿
血尿
血红蛋白尿
酮尿
pH
蛋白尿

通常用浸渍有相应化学物质的试纸或试剂片检测尿液中的各种化学成分。一些自动血清生化仪也可用来进行尿液化学成分的检测，但可能需要修改程序。这当中许多检测与电解质检测同时进行，在第 6 单元中会进一步讨论。试纸应在室温、密闭下保存，并注明有效期。一些试纸可同时检测多种成分，但一些只能用于单项检测。试纸应完全浸入尿样中，取出后将其边缘轻扣于纸巾上以去除多余尿液。另外，可用一根吸管吸取尿液加在试纸上，确保每个试纸片完全吸满尿样。在特定的时间间隔记录每个试纸片上的颜色变化。通过将试纸的颜色和试纸容器标签上的比色板进行比较，即可测得尿液中不同成分的浓度（图 28.1）。必须严格遵循制造商的说明进行操作。需注意，许多因素（如药物、饮食、环境因素）会影响尿液分析的结果（表 28.1）。

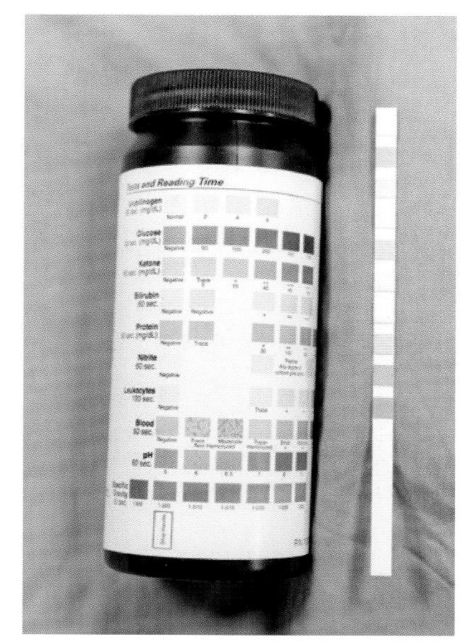

图 28.1 试纸容器和组合试纸

表 28.1 药物或其他因素对尿液成分测定的影响

药物或其他因素	比重	尿液 pH	蛋白尿	糖尿（试纸法）	酮尿	胆红素尿	尿胆原	血红蛋白尿/肌红蛋白尿	亚硝酸盐尿	脓尿
乙酰唑胺		↑	⇑1				⇑			
氨基糖苷类			⇑2	↑						⇑1
抗坏血酸		↓		⇓		⇓	↓	⇓	⇓	
头孢菌素			⇑2							⇑1
氯丙嗪			⇑2			⇓				
秋水仙碱	↓									
糖皮质激素	↓									
安乃近				⇓						
利尿剂	↓									
甲硫氨酸		↓			↑					
青霉素			⇑2							
非那吡啶			⇑1		⇑	⇑	⇑		⇑	
酚酞					⇑					
吩噻嗪类						⇑	⇑			
普鲁卡因							⇑			
X 线造影剂	⇑		⇑2							
水杨酸盐			⇑2	⇓		⇓				
碳酸氢钠		↑	⇑1				↑			
磺溴酞					⇑		⇑			
磺胺类药			⇑2				⇑			
尿液酸化剂		↓					↓			
乙酰乙酸盐（酮尿）				⇓						

续表 28.1

药物或其他因素	比重	尿液 pH	蛋白尿	糖尿（试纸法）	酮尿	胆红素尿	尿胆原	血红蛋白尿/肌红蛋白尿	亚硝酸盐尿	脓尿
碱性尿	⇓1		⇑1⇓2						⇓3	
胆红素尿							⇓			
高浓缩尿								⇓		
亚硝酸盐尿						⇓	⇓	⇓		
蛋白尿	⇑1									
冷藏的尿液				⇓						
时间		⇑								
紫外线						⇓	⇓			

↑:生理变化导致数值升高；↓:生理变化导致数值降低；⇑:检测方法干扰导致数值升高；⇓:检测方法干扰或改变采样方法导致数值降低；1:试纸法；2:磺基水杨酸法；3:沉淀法

引自：Meyer D:*Veterinary laboratory medicine: interpretation & diagnosis*, ed 3, St Louis, 2004, Saunders.

pH

pH 反映氢离子（H^+）的浓度。从本质上讲，pH 是检测尿液酸碱度的指标。pH 大于 7.0 为碱性，反之，为酸性。必须采用新鲜的尿样及选择适当的检测方法，才能获得准确的结果。样本敞开置于室温下时，可因二氧化碳丢失导致 pH 升高；延时判读，可导致颜色改变和读取错误。样本中若含有产脲酶的细菌（如变形杆菌或葡萄球菌），长时间放置后 pH 通常会升高。

肾脏对机体的酸碱调节十分重要。肾脏通过改变尿液 pH，来代偿饮食和新陈代谢产物引起的体内酸碱平衡改变。健康动物尿液的 pH 主要取决于饮食，碱性尿液常见于以植物性饮食为主的动物，而高蛋白谷物食物或动物性食物可引起酸性尿。因此，草食动物常见碱性尿，肉食动物常见酸性尿，杂食动物排酸性尿还是碱性尿取决于刚摄入的食物的种类。许多犬粮中含有大量植物原料，可使尿液呈弱碱性。吃奶的草食动物摄入乳汁使尿液呈酸性。其他因素，如应激和兴奋（尤其是猫），会导致尿液 pH 升高并可能出现短暂的糖尿。表 28.2 列举了常见家养动物正常尿液的成分与特性，包括 pH。

注意：草食动物常见碱性尿，肉食动物常见酸性尿，杂食动物排酸性尿还是碱性尿取决于刚摄入的食物种类。

表 28.2 常见家养动物的尿检结果

项目	犬	猫	马	牛	绵羊
比重	1.025 (1.001～1.065)	1.030 (1.001～1.080)	1.035 (1.020～1.050)	1.015 (1.005～1.040)	1.030 (1.020～1.040)
pH	6～7	6～7	7～8.5	7～8.5	6～8.5
葡萄糖	无	无	无	无	无
蛋白质	无/微量	无/微量	无	无/微量	无/微量
胆红素	无/微量	无/微量	无/微量	无	无/微量
酮体	无	无	无	无	无
潜血	无	无	无	无	无

尿液 pH 通常通过试纸或酸度计测定。引起 pH 下降（酸性）的因素包括发热、饥饿、高蛋白食物、酸中毒、肌肉运动过度及使用某些药物。引起 pH 升高（碱性）的因素包括碱中毒、高纤维食物（植物）、泌尿系统感染、产脲酶细菌、使用某些药物及尿道梗阻或膀胱麻痹导致的尿潴留。尿液过酸或过碱都可产生结晶或尿结石。通过饮食调节 pH 可溶解这些成分或阻止其形成。

蛋白质

在导尿或膀胱穿刺获取的健康动物尿液中，通常没有或仅有微量蛋白质。就健康动物而言，进入肾小球滤过液的血浆蛋白在到达肾盂前会被肾小管重吸收。通过自然排尿或挤压膀胱采集的样本，会因尿液通过尿道时被分泌物污染而含有微量的蛋白质。膀胱穿刺、导尿或挤压膀胱对泌尿道造成的损伤偶尔可引起出血，这也会导致尿液中含有微量蛋白质。判读尿蛋白的结果时，应考虑采集方法、尿比重、尿液生成速率、出血和炎症等情况。尿液的蛋白质水平可用几种方法测得，包括试纸法、磺基水杨酸法和尿蛋白/尿肌酐。

试纸法测定尿蛋白

尿液试纸可通过反应片上的颜色变化半定量地测定尿液中的蛋白质浓度。试纸法是一种快速、便捷、相对准确的检测尿液蛋白含量的方法。不同方法的准确性不定。试纸主要测定的是白蛋白（水溶性蛋白），而对球蛋白（非水溶性蛋白）不敏感。受饮食、尿道感染或尿潴留（尿道阻塞）等因素影响，碱性尿的蛋白质检测结果会出现假阳性。当蛋白质检测结果呈过量或病理性变化时，应采用磺基水杨酸法或特定的生化检测进行验证。试纸法可检测蛋白质质量浓度高于 30 mg/dL 的尿液。微量白蛋白尿指试纸法无法检出尿液中存在的白蛋白量。酶联免疫吸附法（ELISA）捕获白蛋白可用于检测白蛋白水平为 1～30 mg/dL 的尿液。更多关于 ELISA 检测原理的内容请参阅第 4 单元。

磺基水杨酸法测定尿蛋白

磺基水杨酸法通过测定酸性沉淀量来评估尿蛋白水平，沉淀量与蛋白质水平成正比。检测结果与预先制定的标准进行对比，从而半定量地测定蛋白质含量。这种方法的优点是对白蛋白和球蛋白都比较敏感，且用于验证试纸法的结果非常有效，尤其对于碱性尿液。其也可用于检测本周蛋白（可透过肾小球毛细血管的轻链蛋白）。强碱性尿液中的某些成分可与酸相互作用，从而减少蛋白质的沉淀量。

尿蛋白/尿肌酐

这种检测用于确认尿液中是否含有大量蛋白质，可将尿蛋白浓度与尿肌酐浓度进行比较来确定其显著性。样本离心，将不溶性颗粒（细胞）从可溶性溶质（蛋白质）中分离出来，检测上清液中的肌酐和蛋白质浓度。尿蛋白/尿肌酐即为蛋白质浓度除以肌酐浓度，不受尿液浓度及尿量影响，因此有助于准确评估尿比重低的动物是否发生尿蛋白丢失。

注意：急性和慢性肾病都能导致蛋白尿。

尿蛋白的判读

尿液中出现蛋白质（蛋白尿）多为异常表现，主要由泌尿系统疾病引起，也可能与生殖系统疾病有关。在正常动物的尿液中，偶尔可见少量蛋白质。肾小球通透性短暂增加使过量蛋白质进入原尿，可导致一过性蛋白尿。这种情况由肾小球毛细血管压力升高而引起，在肌肉过度劳累、应激或惊厥时可能出现。动物在产后、出生后前几天或发情期，尿中有时也可出现少量蛋白。

极稀释的尿液可因蛋白浓度低于检测方法的敏感值下限而出现假阴性结果。稀释尿通常见于尿量大，如慢性肾功能衰竭的动物，因此，在稀释尿液中含有微量蛋白可能具有显著的临床意义，若尿液为正常浓缩尿，则蛋白含量会更高。

在多数情况下，蛋白尿提示泌尿系统疾病，尤其是肾脏疾病。急性和慢性肾脏疾病都会引起蛋白尿，急性肾炎的典型特征为显著蛋白尿，且尿液中含有白细胞和管型，而慢性肾脏疾病时的蛋白尿则相对不显著。慢性肾脏疾病时通常排出大量低比重尿，所以排出的总蛋白量较多。尿蛋白与尿肌酐比可用于确定慢性肾脏疾病时的蛋白丢失程度。

多发性骨髓瘤是一种浆细胞的肿瘤，可能会产生大量可经肾小球毛细血管滤过的轻链蛋白（本周蛋白）。患有骨髓瘤的动物，蛋白本身为"轻链"蛋白，可自由通过并损伤肾小球，使蛋白进入尿液。这些蛋白质无法与试纸上的蛋白结合物反应，所以必须用磺基水杨酸法检测和定量。

动物可因肾脏被动充血而出现轻度蛋白尿，如充血性心力衰竭或其他出现肾脏血液供应障碍的动物。肾源性蛋白尿也可由创伤、肿瘤、肾脏梗死、药物或化学物质（如磺胺类药物、铅、水银、砷和乙醚等）导致的坏死而引起。

泌尿或生殖道的炎症可引起肾后性蛋白尿。导尿或挤压膀胱引起的创伤也可导致蛋白尿。

葡萄糖

尿液中出现葡萄糖称为糖尿。葡萄糖从肾小

球毛细血管滤过后，被肾小管重吸收。尿液中葡萄糖的量取决于血糖水平、肾小球滤过和肾小管重吸收的速率。通常健康动物不会出现糖尿，除非血糖质量浓度超过肾阈值（犬的为 170～180 mg/dL），肾小管重吸收速率低于肾小球滤过速率，致使葡萄糖进入尿中。

注意：糖尿通常提示糖尿病。

糖尿病时出现糖尿由胰岛素缺乏或胰岛素不能发挥作用所致。胰岛素是葡萄糖进入细胞内所必需的激素。胰岛素缺乏将导致高血糖，并使尿液中出现葡萄糖。高碳水化合物食物可引起血糖水平超过肾阈值而出现糖尿，故检测尿糖水平前，应禁食一段时间。恐惧、兴奋或保定（特别是猫）常导致肾上腺素释放而引起高血糖和糖尿。糖尿常出现于静脉补充含葡萄糖的液体后，偶见于全身麻醉后；患甲状腺功能亢进、库欣综合征和慢性肝脏疾病的动物可出现糖尿，但较为少见。当血糖水平在正常范围内时，可能会出现较为罕见的肾性糖尿，此种情况由肾小管对糖的重吸收减少所致。一些患慢性疾病的猫可出现糖尿，这可能是由近端肾小管功能改变所致的。

多种药物可使尿糖检测结果呈现假阳性，如抗坏血酸（维生素 C）、吗啡、水杨酸类（如阿司匹林）、头孢菌素类和青霉素。

多种试纸可用于检测尿糖，也可使用 Clinitest 试剂片（Bayer Corporovtion，Leverkusen，Germany）（图 28.2）。这种试剂片可检测尿液中的多种糖分，而大多数试纸只能检测葡萄糖。

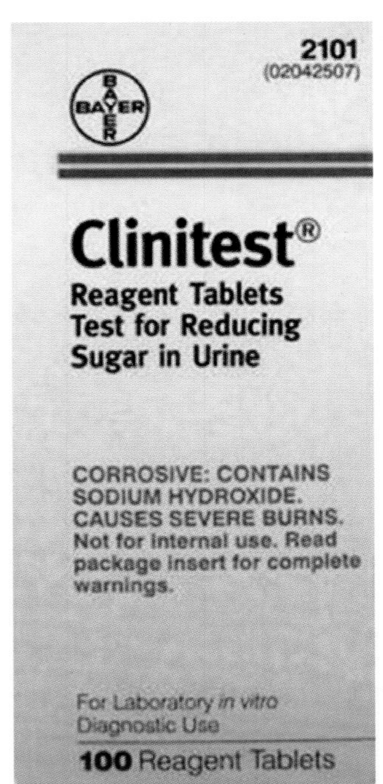

图 28.2 **检测尿糖的 Clinitest 试剂片**

酮体

酮体包括丙酮、乙酰乙酸和 β-羟丁酸，因脂肪酸代谢不完全而形成。正常动物血液中可能含有少量酮体。在糖代谢发生改变的情况下，机体会过度分解脂肪来提供能量。当脂肪酸代谢但同时又没有充足的糖代谢时，尿液中就会出现过量酮体，这种情况称为酮尿。

对于泌乳期的母牛及怀孕期的母羊和母牛，酮血症或酮病是酮尿的常见原因，通常发生于泌乳早期（分娩后 3～6 周），母牛摄入的饲料不足以产生满足泌乳所需的能量时。母羊的这种情况称为妊娠毒血症，见于母羊怀双胞胎或三胞胎时。酮病与低血糖有关，碳水化合物的摄入量无法满足机体能量需求，机体加速脂肪分解，导致酮血症和酮尿。

酮尿常见于患糖尿病的动物。这些动物缺乏代谢糖所必需的胰岛素，所以机体分解脂肪以满足能量需求，从而产生过量的酮体并排泄入尿液。酮体是重要的能量来源，通常在脂肪代谢过程中产生，但当出现过量酮体时，则会发生疾病。酮体具有毒性，可引起中枢神经抑制和酸中毒。由酮血症引起的酸中毒被称为酮症酸中毒。

伴有酮尿的酮血症也可见于高脂饮食、饥饿、禁食、长期厌食和肝功能出现障碍的情况。高脂饮食时，碳水化合物仅用于少部分的能量需求，而大量脂肪则被利用以提供能量。当动物禁食、饥饿或厌食时，机体利用脂肪来产生能量，生成较正常量多的酮体。肝脏受损时，糖代谢机制被破坏，特别是肝脏无法储存足量糖原时，脂肪便成为主要的能量来源。

尿液酮体含量的测定

尿酮体可通过尿检试剂条上的酮体试纸片条进行检测，反应后颜色的深度大致与尿酮体的浓度成正比。这种方法对乙酰乙酸最敏感，对丙酮较不敏感，无法检测出 β-羟丁酸。发生酮病时，机体最先产生 β-羟丁酸。因此，在酮病存在一段时间后，尿检试剂条才可检出酮体。

胆色素

通常尿液中检测到的胆色素是胆红素和尿胆原。与白蛋白结合的未结合胆红素不具有水溶性，无法通过肾小球毛细血管而进入滤液，故只有结合胆红素(水溶性)可出现于尿液中。正常犬，尤其是公犬，因其对结合胆红素的肾阈值较低，且肾脏具有将未结合胆红素转化为结合胆红素的能力，所以有时在尿液中可见胆红素(胆红素尿)。许多健康牛的尿液中也含有少量胆红素。猫、猪、绵羊和马的尿液中通常没有胆红素。猫胆红素的肾阈值是犬的数倍，故尿液中出现极少量的胆红素即为异常，提示发生疾病。

注意:胆红素尿可见于多种疾病，包括胆道阻塞、溶血性贫血和肝脏疾病。

胆红素尿可见于许多疾病，包括胆道阻塞和肝脏疾病。胆红素尿是因结合胆红素在肝细胞内蓄积，释放入血，然后经尿液排泄所致。引起胆道阻塞的因素包括胆道结石、胆道肿瘤、急性肠炎、胰腺炎和肠道前段梗阻。结合胆红素从受损的肝细胞释放入血，最后进入尿液。

溶血性贫血也可导致胆红素尿，尤其是犬。发生溶血性贫血时，过量的胆红素可能超过肝脏的代谢能力，从而导致结合胆红素释放入血液，最终引起胆红素尿。犬血红蛋白在单核巨噬细胞系统中分解代谢产生未结合胆红素，其可在肾脏被结合，然后进入尿液。

可以使用尿胆红素测定试剂片(Ictotest，拜耳公司)检测胆红素尿。该试剂片中含有一种重氮化合物，可与胆红素反应产生蓝色或紫色变化。颜色变化的速度与强度表明胆红素的量。试纸条的敏感性低于尿胆红素测定试剂片 Ictotest，后者应用于验证试纸条的检测结果。胆红素可在短波光线下分解，故用于检测胆红素的尿液需避光保存。尿液暴露于阳光或人造光源下，可使胆红素检测结果出现假阴性。

肠道中的细菌可将胆红素转变为粪胆原和尿胆原，这些产物大部分经粪便排出，一些被重吸收进入血液，经由肝脏排泄进入肠道。少量被重吸收的尿胆原经肾脏排泄进入尿液。尿液样本中含有尿胆原是正常的。由于尿胆原的不稳定性，其筛查试验的可靠性尚不明确。

血液(血红蛋白)

检测尿液中血液的试验可同时检测血尿(尿液中存在完整的红细胞)、血红蛋白尿(尿液中存在游离血红蛋白)和肌红蛋白尿(尿液中存在肌红蛋白)。血尿、血红蛋白尿和肌红蛋白尿可同时出现，出现其中一种并不能排除其他二者存在的可能性，同时还应检查尿沉渣中是否存在完整的红细胞。

血尿

血尿通常提示疾病引起了泌尿生殖道的出血，而血红蛋白尿通常提示血管内溶血。一些系统性疾病也可引起血尿。在稀释或强碱性尿液中，红细胞常裂解产生血红蛋白。因此，在这种情况下，血红蛋白尿并不一定是血红蛋白通过肾小球毛细血管进入尿液的结果。如果血红蛋白是由红细胞在尿道或体外裂解而产生的，则在尿沉渣镜检中可发现影细胞(红细胞裂解后剩下的细胞膜)。

中等至大量的血液可使尿液呈云雾状红色、棕色或暗红色。颜色与之类似的样本呈透明状，且离心后仍保持这种颜色性状，提示为血红蛋白尿。尿液中含微量的血液时，肉眼可见的颜色变化不明显。出现潜血或隐血时，尿液无明显变化但化学检查可以检测到血液。关于血尿的更多信息可参见第 29 章的尿沉渣显微镜检查。

注意:血尿、血红蛋白尿和肌红蛋白尿可在尿液样本中同时出现。

血红蛋白尿

血红蛋白尿通常由血管内溶血所致。血管内红细胞破坏产生的血红蛋白与血浆触珠蛋白结合，结合后的血红蛋白便无法通过肾小球毛细血管。当血管内溶血超过触珠蛋白的结合能力时，多余的游离血红蛋白便可通过肾小球毛细血管。因此，血红蛋白血症可引起血红蛋白尿。血红蛋白尿可根据尿沉渣检查中无红细胞存在，血红蛋白检测试验呈阳性，或试验的反应程度高于尿沉渣中的红细胞数量来确定。当尿液中的血红蛋白浓度高且使尿液变红时，离心后的尿液仍会是红色；若尿液变红由完整的红细胞引起，尿液离心后上清液无色，离心后部分变浅，表明既存在血红蛋白尿又存在血尿。血红蛋白(游离血红蛋白或在红细胞内)必须用尿液检测试纸测定,并通过显微镜做进一步检查。

血红蛋白尿可见于多种引起血管内溶血的情况,包括免疫介导性溶血性贫血、新生动物同种免疫性溶血性疾病、血型不相容性输血、钩端螺旋体病、巴贝斯虫病、某些重金属(如铜)和摄入某些有毒植物。其他引起血红蛋白尿的情况包括严重的低磷血症、牛产后血红蛋白血症以及牛在无法获得水分后突然大量饮水引起的溶血(如低温使其常用水源长时间结冰后)。

如尿液为稀释或强碱性尿,那么尿液中的红细胞崩解也可造成血红蛋白尿。最初出现的是完整的红细胞,故这种情况实为血尿。当红细胞在体外破坏释放血红蛋白引起血红蛋白尿时,可见影细胞。

尿潜血试纸可检测出血红蛋白尿、血尿和肌红蛋白尿,因此应结合尿沉渣检查、病史、物理性质检查和其他实验室检查来确定尿液中潜血检测为阳性的病因。试纸条或收集容器被氧化剂(如漂白剂)污染,可能导致尿液潜血检测呈假阳性。

肌红蛋白尿

肌红蛋白是肌肉中的一种蛋白,严重的肌肉损伤导致肌红蛋白从肌细胞释放入血液。肌红蛋白可从肾小球毛细血管滤过,随尿排泄。含有肌红蛋白的尿液通常为深棕色至几近黑色,但尿液浓度较低时,颜色与血红蛋白尿相似。区别肌红蛋白尿和血红蛋白尿较为困难,肌肉损伤的病史和临床表现有助于确定阳性反应是否来自肌红蛋白。肌红蛋白尿常见于患劳累性横纹肌溶解的马。

多种方法可用于鉴别血红蛋白尿和肌红蛋白尿,但均不完全可靠。有时可通过分子质量的差异及在硫酸铵中溶解度的不同加以鉴别。

白细胞

可通过白细胞与特定试纸的反应确定尿液中是否存在白细胞,但因动物种类不同可出现假阴性,阳性结果还需显微镜检查加以确认。该试纸不可用于猫尿液的检测,易出现假阳性。

尿液分析仪

医院内部实验室尿液样本检测分析通常使用半自动型分析仪,用于读取和记录检测结果。其检测基于标准尿液分析试纸条,技术员将样本加于试纸上,然后将试纸条装入分析仪中,并在恰当的时间读取和记录结果(图 28.3)。较大的参考实验室通常配有全自动分析仪,可比半自动分析仪执行更多的检测功能。许多全自动分析仪还可以检测样本的大体特征(如浑浊度)。

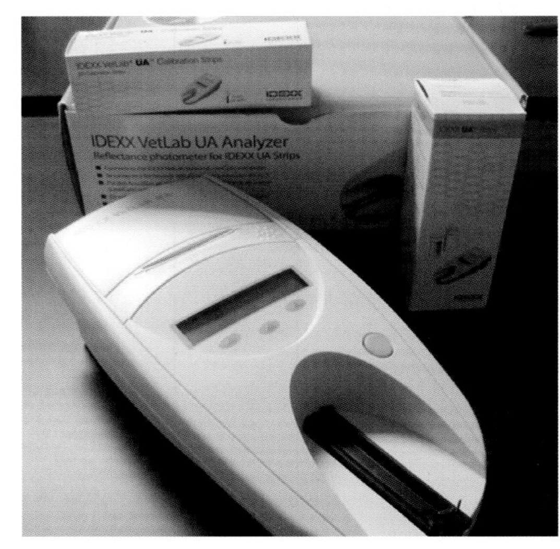

图 28.3 自动尿液分析仪

关键点

- 使用试纸条法进行尿液化学分析。
- 试剂垫上的颜色变化可测定相应成分的浓度。
- 单个试剂片可用于尿液的化学分析,通常用于验证试纸条检测出的异常。
- 动物的饮食会影响尿液的 pH。
- 尿液中出现蛋白质通常为异常,且主要由泌尿系统疾病引起。
- 糖尿和酮尿与糖尿病相关。
- 胆红素尿可见于多种情况,包括胆道阻塞、溶血性贫血和肝脏疾病。
- 血尿、血红蛋白尿和肌红蛋白尿可在尿液样本中同时出现。

第29章

Urine Sediment Analysis
尿沉渣分析

学习目标

经过本章的学习，你将可以：

- 描述用于显微镜检查的尿样制备步骤。
- 描述尿沉渣显微镜检查的步骤。
- 列出尿沉渣中可能会存在的细胞，并解释其意义。
- 列出尿沉渣中可能会存在的晶体，并解释其意义。
- 描述管型的形成，解释其出现在尿液样本中的意义。
- 列出并描述尿沉渣中可能存在的寄生虫。
- 讨论尿沉渣中细菌的意义。

目　　录

关键词

尿酸铵
碳酸钙
草酸钙
管型
细胞管型
结晶尿
胱氨酸
脂滴
颗粒管型
透明管型
亮氨酸
肾上皮细胞

鸟粪石
移行上皮细胞
酪氨酸
尿酸
尿结石
蜡样管型

尿沉渣的显微镜检查是尿液分析的重要部分，特别是对于泌尿道疾病的诊断。尿液样本中的许多异常不能通过试纸条或试剂片来检测，但可通过尿沉渣检查获得更多明确的信息。此外，尿沉渣检查还可辅助诊断系统性疾病。在人医，通常只有在病人出现症状或尿液的物理及化学性质检查发生明显异常时，才会进行尿沉渣的显微镜检查，但很多临床兽医会常规要求对每一份尿液样本进行尿沉渣检查。

除马和兔的尿液外，一般家养动物的正常尿液中并不含有大量沉渣。正常动物的尿液中可发现少量上皮细胞、黏液线、红细胞、白细胞、透明管型和不同类型的结晶。马和兔的尿液中通常含大量的碳酸钙结晶。在尿液采集过程中应防止污染，否则尿液样本中可能会出现细菌及异常物质。

尿沉渣检查的理想样本是晨尿或禁水数小时后采集的尿液，这类样本浓缩程度较高，发现有形成分的概率也较高。在室温下放置一段时间后，尿液中的细菌会增殖，故尿沉渣检查必须使用新鲜尿液。另外，样本其他成分也可因存放时间过长而发生变化。样本冷藏时可形成结晶，管型在碱性尿液中会溶解。若使用自然排尿的样本，中段尿不易受到外生殖器表面的细胞、细菌和碎片的污染，故更为推荐。膀胱穿刺采集的样本是最理想的镜检样本。若无法在 1 h 内进行检查，应将样本冷藏。

对尿液中的有形成分进行半定量检查时，应记录所使用的尿量及获得的尿沉渣量。如果样本量充足，则应在一个标有刻度的锥形离心管中加入 5～10 mL 混匀的样本，根据离心机旋转半径的不同，以 1 000～2 000 r/min 的转速离心 3～5 min。离心力过大可使沉渣致密，有形成分变形或分解。离心流程应标准化，以获得统一的结果。离心结束后，记录尿沉渣量，轻柔倾倒上清液，在离心管底部保留约 0.5 mL 尿液。用手指轻弹离心管底部或使用吸管轻柔混匀尿沉渣（流程 29.1）。

流程 29.1 用于镜检的尿沉渣的制备

1. 在做好标记的锥形离心管中加入约 10 mL 尿液样本。
2. 将样本以 1 000～2 000 r/min 的转速离心 3～6 min。
3. 倾倒上清液，在离心管中保留 0.5～1 mL 样本。
4. 用手指轻弹离心管或用吸管重悬尿沉渣。
5. 用吸管转移一滴重悬后的尿沉渣至载玻片一端，盖上盖玻片。
6. 可选步骤：载玻片另一端滴 1 滴尿沉渣，加 1 滴沉渣染色液 Sedi-Stain 或新亚甲蓝染色液，盖上盖玻片。
7. 调小光圈，减弱显微镜光线。
8. 扫查整个未染色玻片，寻找大的有形成分，如管型和成簇的细胞。
9. 在高倍镜（40×）下观察盖玻片下的全部样本，对有形成分进行识别和定量评估。根据需要，可通过染色沉渣镜检来确认有形成分。
10. 用高倍镜检查至少 10 个显微镜视野。
11. 记录结果，每高倍镜视野下记录的细胞和细菌的量，低倍镜视野记录管型的量，可记录 10 个显微镜视野的平均数，也可记录 10 个显微镜视野有形成分最低和最高数量的范围。

Kova 尿沉渣系统（Hycor Biomedical Inc.，Garden Grove，CA）可使初始样本量、沉渣重悬样本量和样本分布标准化。每个样本都在一种具特殊形状、便于加样的敞口锥形塑料管中进行处理。在离心后倾倒上清液时，依据尿沉渣的量保留特定量的上清液。然后使用特殊设计的吸管分配一定量的重悬样本至分格的玻片进行镜检（图 29.1）。这一特殊系统可使有形成分均匀分布从而利于观察。

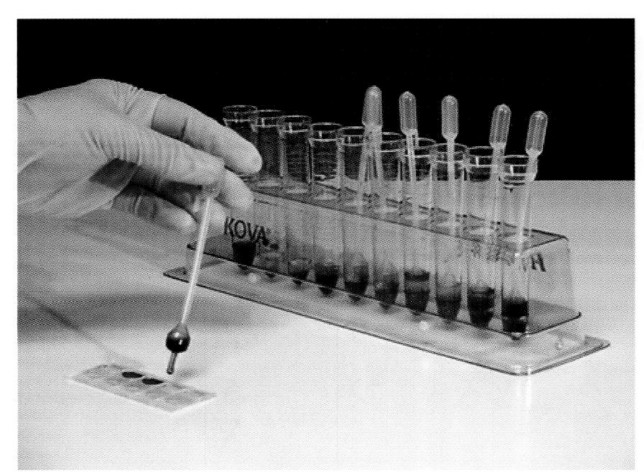

图 29.1 **Kova 尿沉渣系统（B. Mitzner，DVM 供图）**

尿沉渣可染色后检查，也可直接检查。先镜检未染色的尿沉渣可更好地评估样本，检查方法是：滴一小滴重悬后的尿沉渣于洁净的载玻片上，盖上盖玻片，立即镜检。必须使用弱光（使沉渣成分部分发生折射）检查未染色的尿沉渣，通过调小光圈和向下调节聚光器以获得最佳对比度。光线太强会影响对部分结构的观察。应连续调节显微镜的细准焦旋钮，以便从不同聚焦平面观察目标，从而获得立体结构。尿沉渣染色有助于鉴别不同类型的细胞，但染色常可使尿沉渣出现人为伪像，尤其是染料沉淀和细菌。可用的尿沉渣染色液包括 Sternheimer-Malbin 染色液（Sedi-Stain，Becton，Dickinson，Franklin Lakes，NJ）（图 29.2）或含有少量福尔马林的 0.5%新亚甲蓝染液。先将一滴染色液与重悬的尿沉渣混匀后，滴至载玻片，盖上盖玻片。虽然减弱光强可获得更好的对比度，从而有利于观察，但相比于非染色样本，光强对染色样本的成像作用不太重要。染色液会显著稀释样本，故染色后的玻片不能用作尿沉渣成分计数。有一种可简化尿液检查流程的方法：在同一载玻片上并排滴两滴尿沉渣（图 29.3），其中一滴加入染色液以鉴别细胞，另一滴则直接镜检进行尿液成分计数。

图 29.2　尿沉渣染色液 Sedi-Stain

图 29.3　用于镜检的染色和未染色尿沉渣

首先用低倍镜（10×物镜）扫查样本，以评估样本的整体质量，鉴别较大的成分（如结晶或成簇细胞）。管型易移至盖玻片边缘，故应检查整个盖玻片下的区域。在低倍镜下鉴别成分和记录每个视野中管型和结晶的数量。准确鉴别大多数成分、检查细菌和辨别不同的细胞类型则需要通过高倍镜（40×物镜）观察。应至少检查 10 个视野。记录每个高倍镜视野下的上皮细胞、红细胞和白细胞的平均数量。用少量、中量或大量来评估细菌数量，并记录其形态（如球菌、杆菌）。也可用每个视野中成分的数量范围进行记录，如每个高倍镜视野下有 1～4 个细胞，表示几乎每个显微镜视野都可见到至少 1 个细胞，有些视野可见到 4 个细胞。也可用 1＋到 4＋半定量记录细菌和管型。

尿液细胞学

当在尿沉渣湿片中发现的异常成分或细菌形态不易辨认时，可使用尿沉渣制备一张干涂片。制备流程与其他液体样本相似（见第 52 章）。样本必须完全风干以便黏附于载玻片上。可在不染色的条件下镜检，也可进行细胞学染色。如果样本在染色过程中脱落，可以在涂片前向样本中加入少量正常的透明血清。血清中的蛋白质可以帮助样本在染色过程中固定于载玻片上。

尿沉渣成分

健康动物的正常尿沉渣可见少量管型、结晶、上皮细胞、红细胞、白细胞、黏液线，雄性动物或最近有交配行为的雌性动物的尿沉渣中可见精子，另外，还会见到脂滴、人为伪像和污染物。若尿沉渣中出现较多的红细胞、白细胞、增生性和（或）肿瘤性上皮细胞、管型、结晶、寄生虫卵、细菌和酵母菌，均可判定为异常，应进行进一步的诊断检查（图 29.4）。

红细胞

红细胞可因尿液浓度、pH 及采集后等待分析的时间间隔不同，而表现不同的形态特征。在新鲜样本中，红细胞小而圆，通常边缘光滑，稍有折光性，呈黄色或橙色，若血红蛋白逸出，则变为无色（图 29.5 和图 29.6）。红细胞比白细胞小，呈光滑的双凹圆盘状。在浓缩的尿液中，红细胞收缩，呈锯齿状。锯齿状红细胞具有皱缩的边缘，颜色稍偏暗，若细胞膜不规则，则可呈颗粒状。在稀释或碱

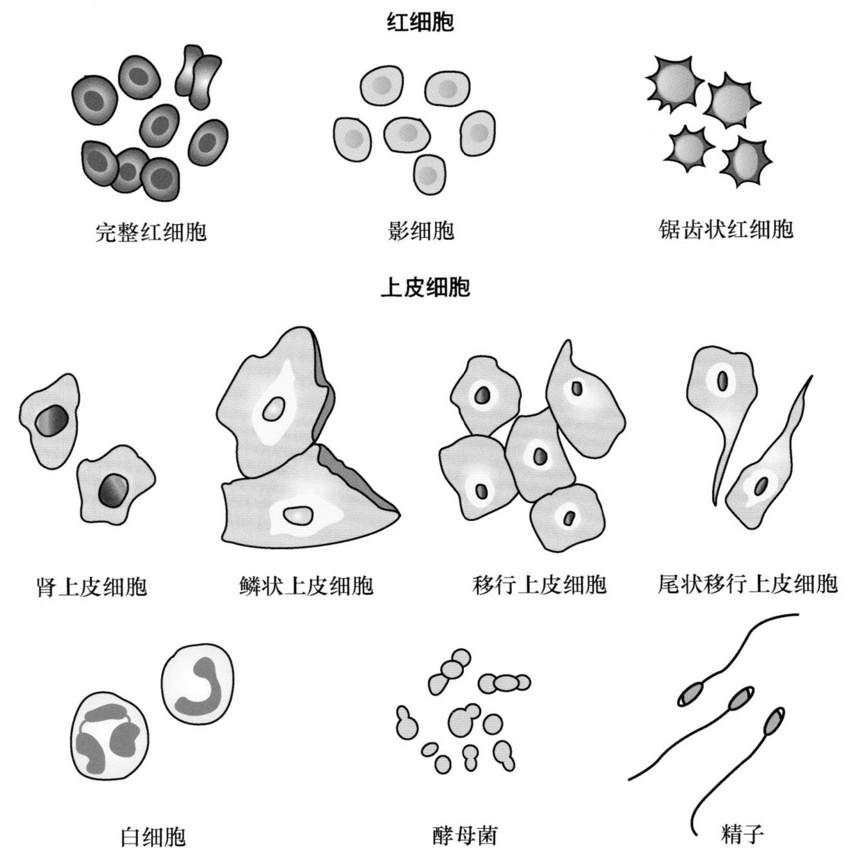

图 29.4 尿液中可能出现的细胞类型

性尿液中，红细胞膨胀并可能溶解，膨胀的红细胞边缘光滑，呈浅黄色或橙色，溶解的红细胞为大小不一的无色圆环状（影细胞）。但溶解的红细胞，尤其是强碱性尿所致的崩解，镜检时无法发现。在正常情况下，每个高倍镜视野（hpf）的尿沉渣中不应多于 2～3 个红细胞。

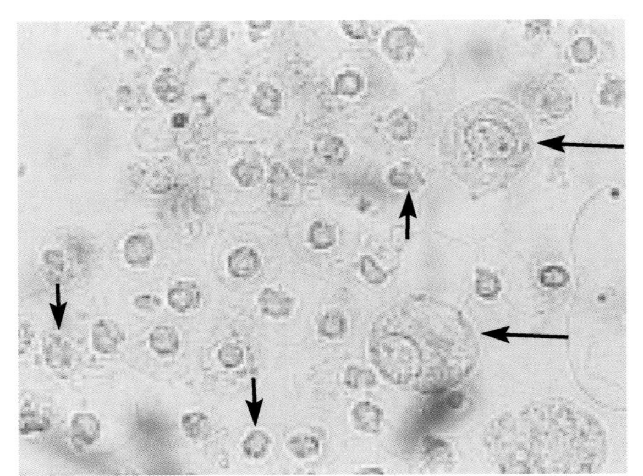

图 29.5 未染色尿沉渣，可见锯齿状红细胞（短箭头）和两个上皮细胞（长箭头）（引自 Raskin RE，Meyer DJ：*Atlas of canine and feline cytology*，St Louis，2001，Saunders.）

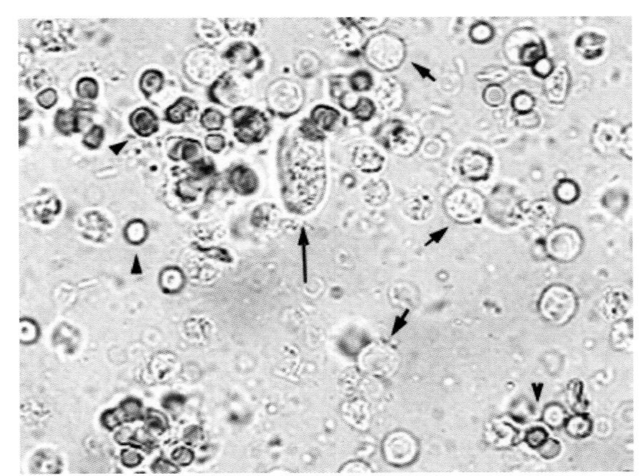

图 29.6 未染色尿沉渣，可见一个管型（长箭头）、一些红细胞（箭号）和白细胞（短箭头）（引自 VanSteenhouse JL：Clinical pathology. In McCurnin DM，Bassert JM，editors：*Clinical textbook for veterinary technicians*，ed 7，St Louis，2009，Saunders.）

哺乳动物的红细胞没有细胞核，因此易与脂滴和酵母菌混淆。但它们常呈浅黄色或橙色，借此可与它们相区别。另外，红细胞大小差异较小，而脂滴大小不一。尿液中出现红细胞通常表明泌尿生殖道出血，或偶见于生殖系统出血。发情前期、发情期或分娩后的雌性动物排尿时可能会被红细胞污染。存在生殖道炎症的雌性和雄性动物，都可能在自由接取或挤压膀胱采集的尿液中发现红细胞。生殖道有炎症的雌性动物，导尿采集的样本通常不会被污染，但在相同情况下，雄性动物采集的尿液可能会被污染。导尿、膀胱穿刺和挤压膀胱造成的轻微损伤也可能导致尿沉渣中的红细胞数量轻度增加。通常膀胱穿刺不会使红细胞大量增加。兽医技术员应在实验室检验报告上标明尿液采集的方法，以帮助确定尿液中红细胞的意义。

白细胞

白细胞比红细胞大，比肾上皮细胞小。白细胞是深灰色或黄绿色的球形细胞，可通过其特有的颗粒或核的分叶来鉴别尿沉渣中的白细胞(图 29.7)。尿液中的大多数白细胞为含有大量颗粒的中性粒细胞。没有泌尿道或生殖道疾病的动物，尿液中几乎不含白细胞。白细胞在浓缩的尿液中收缩，在稀释的尿液中膨胀。尿液中通常含有少量白细胞(0～1/hpf)，在每个高倍镜视野(hpf)中发现 2～3 个或以上白细胞，表明泌尿道或生殖道有炎症。尿液中白细胞过多称为脓尿。脓尿提示存在炎症或感染，如肾炎、肾盂肾炎、膀胱炎、尿道炎或输尿管炎。当尿液中白细胞数量增加时，即使镜检未发现微生物，也应进行细菌培养。

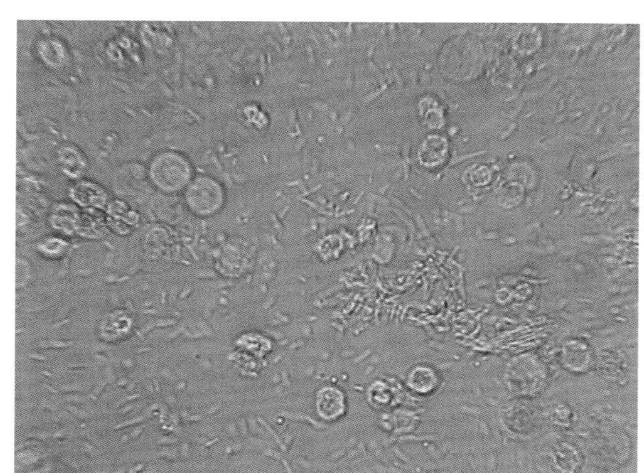

图 29.7 **犬尿沉渣中的白细胞和细菌(未染色)**

上皮细胞

尿液中存在少量上皮细胞是正常的，是衰老细胞脱落的结果，上皮细胞显著增多提示炎症。尿沉渣中可见到 3 种上皮细胞：鳞状上皮细胞、移行上皮细胞和肾上皮细胞。区分移行上皮细胞和肾上皮细胞通常较为困难，此时，可将这些细胞记为非鳞状上皮细胞。

鳞状上皮细胞

鳞状上皮细胞来自远端尿道、阴道、外阴或包皮，偶见于自然排尿样本，其存在通常无显著意义。这些扁平、较薄的细胞形状一致，是尿沉渣中可见的最大细胞，通常边缘整齐、棱角分明，有时卷曲或折叠(图 29.8A)，可能有一个小的圆形核。鳞状上皮细胞在膀胱穿刺或导尿采集的样本中并不常见。

移行上皮细胞

移行上皮细胞来自膀胱、输尿管、肾盂和近端尿道，通常为圆形，也可能呈梨形或尾状。它们呈颗粒状，核较小，体积大于白细胞(图 29.8B)。因衰老细胞脱落，尿沉渣中可见少量(0～1/hpf)移行上皮细胞，但数量增加，表明存在膀胱炎或肾盂肾炎。导尿法采集的尿样也可能会出现移行上皮细胞数量增多。

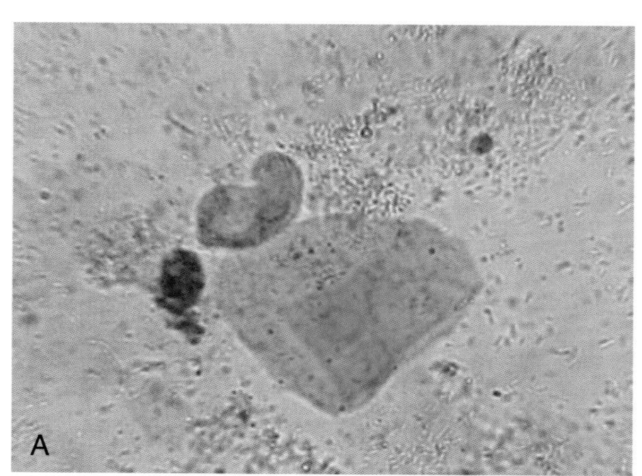

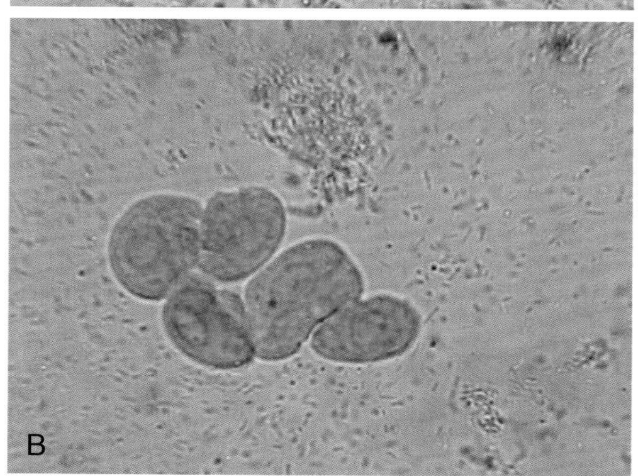

图 29.8 **A. 犬尿液中的鳞状上皮细胞。B. 犬尿液中的移行上皮细胞**

肾上皮细胞

肾上皮细胞是尿液中最小的上皮细胞，来源于肾小管，比白细胞稍大且易与白细胞混淆。肾上皮细胞通常为圆形，细胞核较大，且细胞质内无颗粒或有小颗粒。肾上皮细胞非常罕见（0～1/hpf），当发生肾实质疾病时，可见数量增加。

管型

管型形成于尿液浓度和酸度最高的肾脏远曲小管和集合管。在肾小管内，分泌的蛋白质在酸性环境中会沉淀，形成与肾小管形状类似的管型。管型的蛋白基质由来自血浆的蛋白质和肾小管分泌的黏蛋白组成，根据其形态通常可分为透明管型、上皮管型、细胞管型[上皮细胞、红细胞和（或）白细胞]、颗粒管型、蜡样管型、脂肪管型和混合管型。管型的类型部分取决于滤过液流经肾小管的速度及肾小管的损伤程度。当滤过液流速较快且肾小管损伤较轻时，通常形成透明管型。当滤过液流速较慢时，细胞会被嵌入管型。而滤过液流速过慢，管型持续通过肾小管期间，细胞发生退化，则形成颗粒管型。当受损肾小管细胞脱落的细胞碎片嵌入管型时，也可形成颗粒管型。

所有管型都为圆柱状，两侧边平行，其宽度取决于形成部位管腔的宽度，其末端可能逐渐变细、不规则或呈圆形。在管型形成的过程中所有细胞或结构均可嵌入其中，使其形态特征明显，便于识别（图 29.9）。管型在碱性尿液中会溶解，而放置时间过长会使尿液变碱性，故应使用新鲜样本来鉴别管型。草食动物的尿液通常呈碱性，管型在碱性尿液中溶解较快，因此，在其尿沉渣中几乎无法见到管型。管型可因高速离心或样本处理操作粗暴而被破坏。正常尿液中，可见到少量（0～1/hpf）透明管型或颗粒管型，大量的管型表明肾小管发生病变。观察到管型的多少不能作为泌尿系统疾病严重程度的可靠指标。

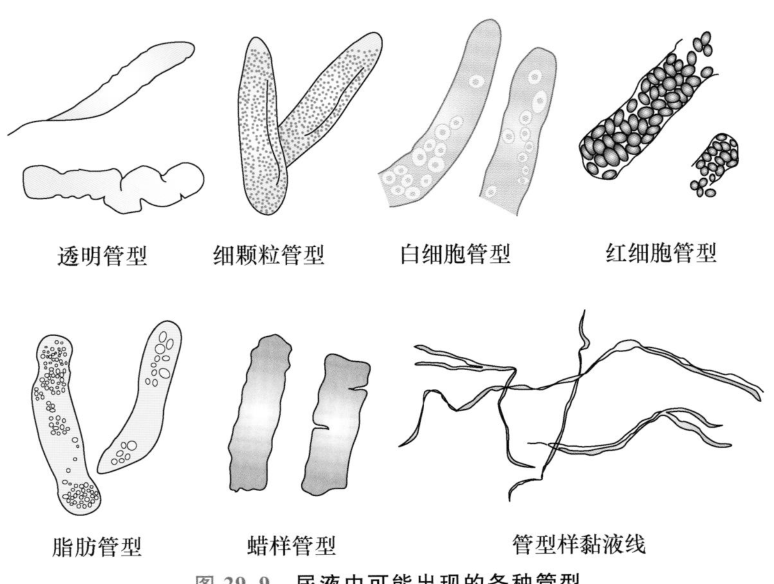

图 29.9 尿液中可能出现的各种管型

透明管型

透明管型无色清亮，有些透明结构只由蛋白质组成，不易看到，通常只在弱光下才可观察到。透明管型呈圆柱状，两侧边平行，末端通常为圆形（图 29.10）。相对于未染色样本，染色的尿沉渣中较易辨别出透明管型。透明管型数量增多提示存在轻度肾损伤。发热、肾灌注不足、剧烈运动或全身麻醉时也会引起其数量增加。

颗粒管型

颗粒管型是含有颗粒的透明管型，是动物中最常见的管型类型（图 29.11）。肾小管上皮细胞、红细胞、白细胞嵌入管型后，退化形成颗粒。细胞在肾小管内退化形成颗粒管型，可能为粗颗粒或细颗粒管型。泌尿道细胞释放的其他物质也可能嵌入管型内。急性肾炎时可见大量颗粒管型，与透明管型相比，提示存在更为严重的肾脏损伤。

图 29.10 未染色的透明管型（引自 Cowell RL, et al: *Diagnostic cytology and hematology of the dog and cat*, ed 3, St Louis, 2008, Mosby.）

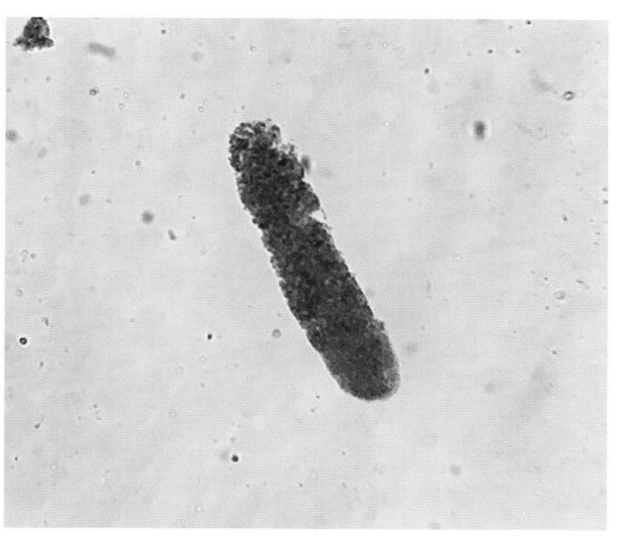

图 29.11 犬尿液中染色的颗粒管型

上皮管型

来自肾小管的上皮细胞嵌入透明基质则形成上皮管型(图 29.12)。管型中的上皮细胞为肾上皮细胞，这是存在于肾小管内唯一的一种上皮细胞。肾小管内上皮细胞脱落形成上皮管型，见于急性肾炎或其他导致肾小管上皮退化的疾病。

白细胞管型

白细胞管型含有白细胞，主要为中性粒细胞。若细胞未发生退化，则容易辨别。白细胞和白细胞管型的出现，表明肾小管发生炎症。

红细胞管型

红细胞管型呈深黄色至橙色，不一定可见到红细胞膜。红细胞管型含有红细胞，其在肾小管管腔内聚集时形成红细胞管型(图 29.13)。红细胞管型表明肾脏有出血。这种出血可能由创伤或出血性疾病引起，也可能是炎性病变的结果。

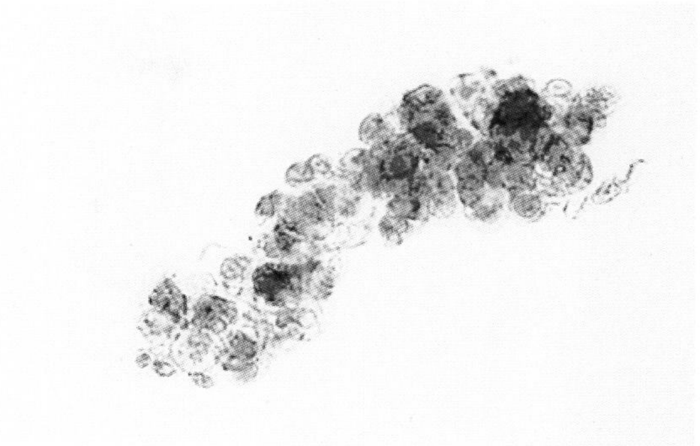

图 29.12 染色后的肾上皮管型（引自 Cowell RL, et al: *Diagnostic cytology and hematology of the dog and cat*, ed 3, St Louis, 2008, Mosby.）

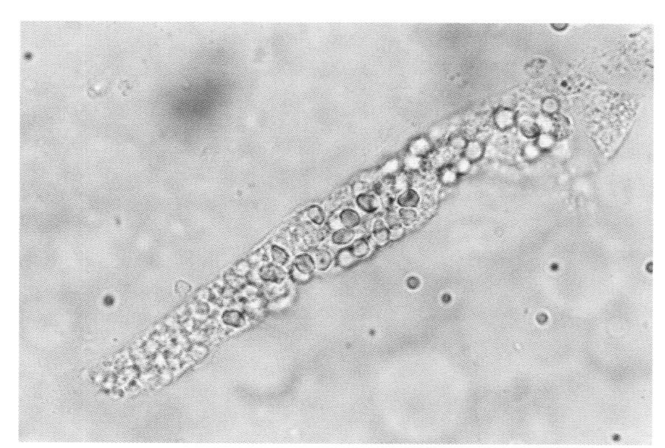

图 29.13 未染色的红细胞管型（引自 Raskin RE, Meyer DJ: *Atlas of canine and feline cytology*, St Louis, 2001, Saunders.）

蜡样管型

蜡样管型与透明管型类似，但通常更宽，其末端为方形而非圆形，呈暗色、均质、蜡样外观(图 29.14)。蜡样管型无色或灰色，折光性较强，表明存在慢性且严重的肾小管变性。

脂肪管型

脂肪管型内含有大量具折光性的小脂滴(图 29.15)。这种管型常见于患肾脏疾病的猫，猫的肾实质内含有脂质。偶见于患糖尿病的犬。其大量出现，表明存在肾小管变性。

结晶

尿液中出现结晶称为结晶尿。结晶尿不一定有

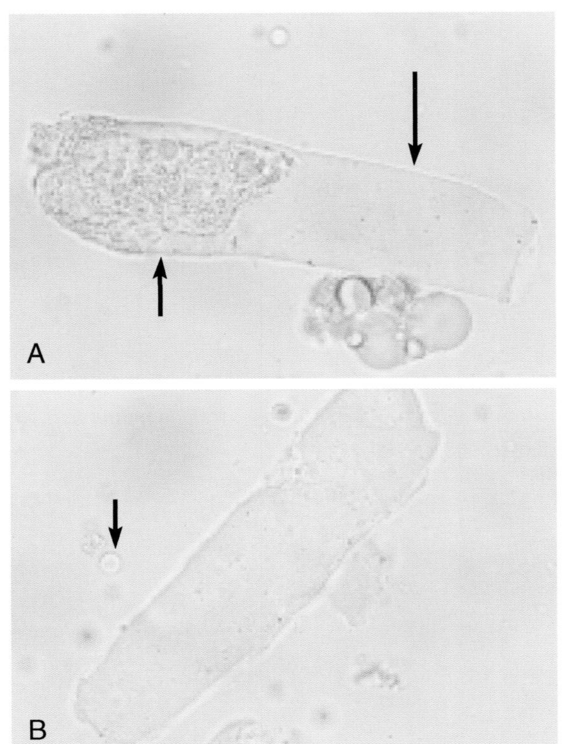

图 29.14 **A. 未染色的颗粒管型发展为蜡样管型，图中的管型既有蜡样管型（长箭头）的特征又有颗粒管型（短箭头）的特征。B. 未染色的蜡样管型（引自 Raskin RE，Meyer DJ：*Atlas of canine and feline cytology*，St Louis，2001，Saunders.）**

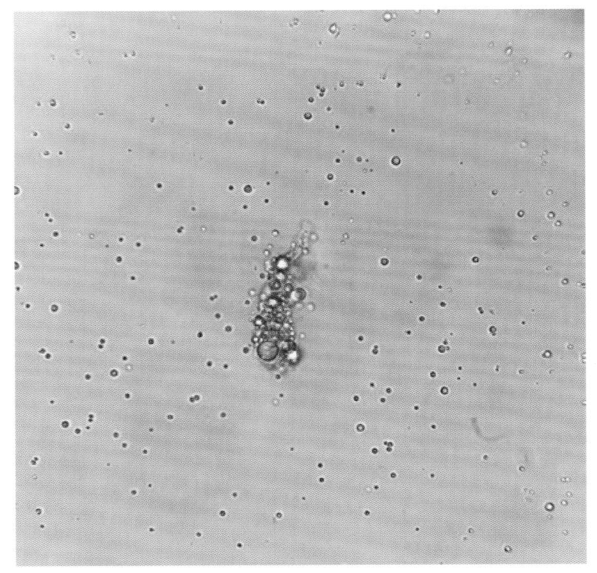

图 29.15 **未染色尿液样本中的脂肪管型**

临床意义。肾功能正常时，可将某些成分排入尿液，从而形成结晶（图 29.16）。代谢性疾病可导致某些结晶的形成。引起结晶形成的因素也可引起尿结石。其类型取决于尿液 pH（表 29.1）、浓度、温度，以及尿液成分的溶解度。如果样本在分析前置于室温下逐渐冷却，组成成分在低温下溶解度较低，故样本中的结晶量增加。冷藏样本常比新鲜、温热的样本结晶含量更多。有时，冷藏样本在恢复至常温时结晶会溶解。常用偶见、中量、大量，或＋1～＋4 来报告结晶量。虽然常可根据其形态学特征来辨别其类型，但唯一准确的方法是通过 X 线衍射或化学分析法确定其成分。

表 29.1 尿液结晶对应的 pH

结晶	pH
重尿酸铵	弱酸性、中性、碱性
无定形磷酸盐	中性、碱性
无定形尿酸盐	酸性、中性
胆红素	酸性
碳酸钙	中性、碱性
草酸钙	酸性、中性、碱性
胱氨酸	酸性
亮氨酸	酸性
三磷酸盐	弱酸性、中性、碱性
酪氨酸	酸性
尿酸	酸性

鸟粪石结晶

鸟粪石结晶也称为三磷酸盐结晶或磷酸铵镁结晶，可见于碱性至弱酸性尿。鸟粪石结晶通常为边缘和末端逐渐变细的六至八面棱柱形（图 29.17），其经典描述为棺盖状，但也会呈现其他形状，偶呈蕨叶状，尤其是在尿液中氨浓度较高时。

草酸钙结晶

二水草酸钙结晶通常呈小的正方形，结晶体上有类似于信封背面的“X”形交叉（图 29.18）。一水草酸钙结晶可呈小的哑铃状，也可能长而尖，似栅栏上的条板（图 29.19）。二水草酸钙结晶可见于酸性和中性尿，常见于犬和马，但数量较少。乙二醇（防冻剂）中毒动物的尿液中常含有大量草酸钙结晶，尤其是一水草酸钙。患草酸盐尿石症的动物尿液中会有大量草酸盐结晶，大量草酸盐结晶也可提示有发生草酸盐尿石症的倾向。

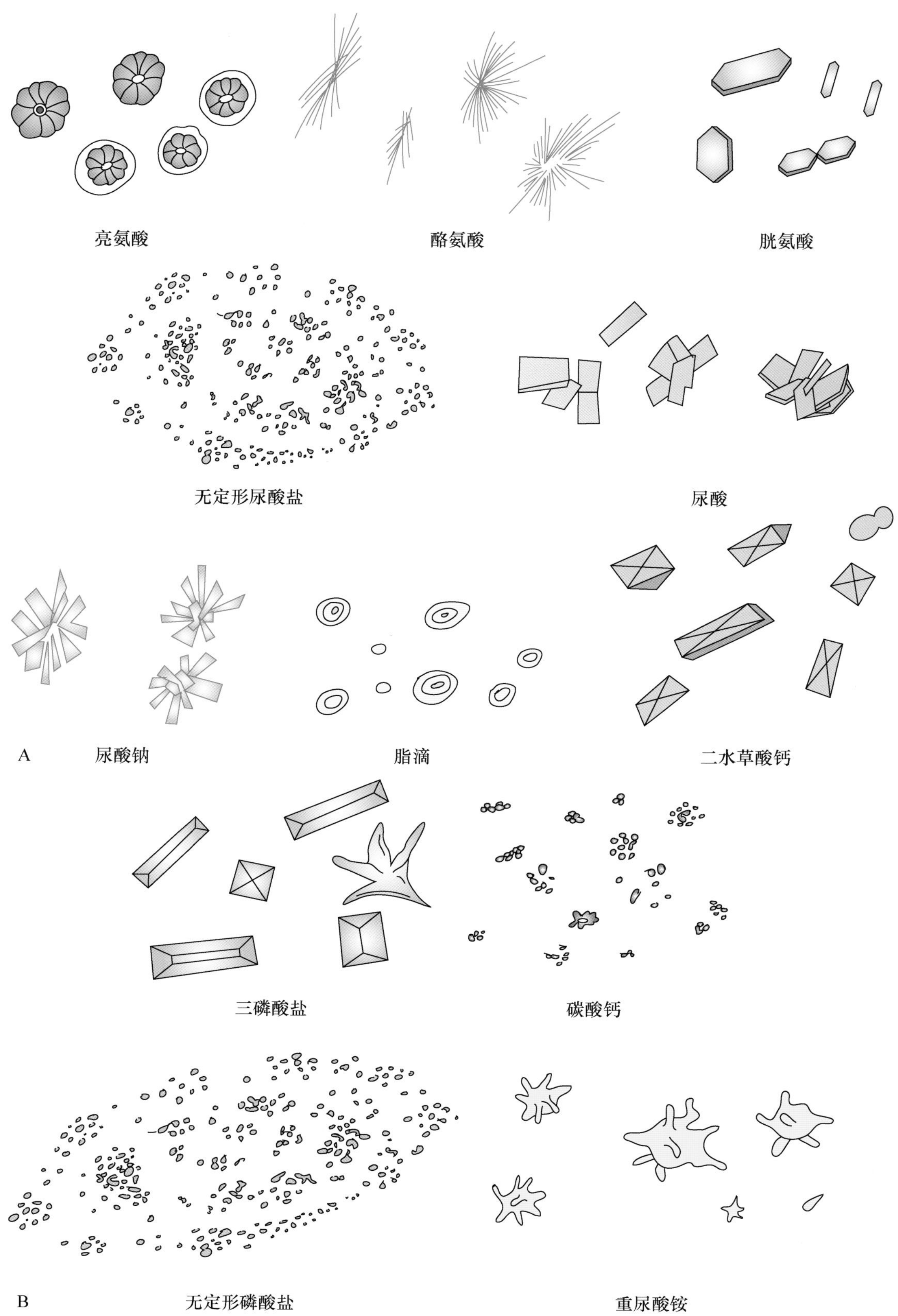

图 29.16　尿液中可能出现的结晶

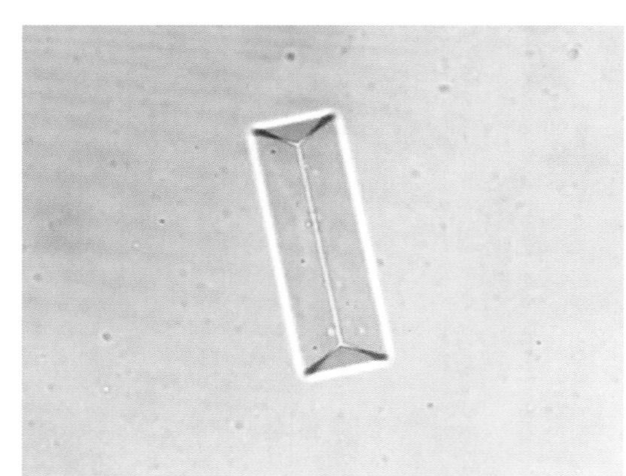

图 29.17 未染色的犬尿液中的鸟粪石结晶，呈棺盖状

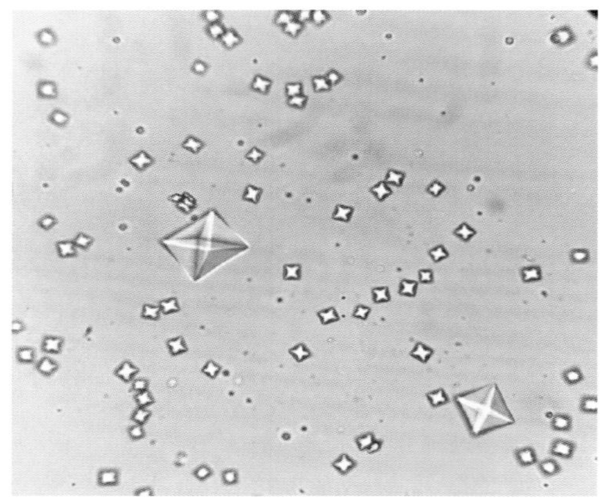

图 29.18 未染色的犬尿液中的草酸钙结晶(二水草酸钙)(引自 VanSteenhouse JL: Clinical pathology. In McCurnin DM, Bassert JM, editors: *Clinical textbook for veterinary technicians*, ed 7, St Louis, 2009, Saunders.)

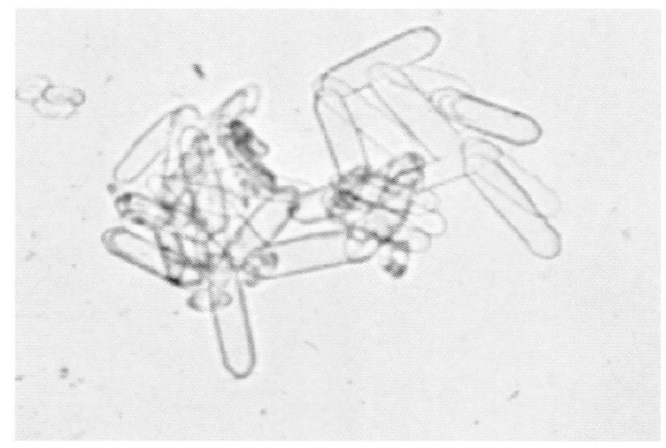

图 29.19 未染色的犬尿液中的草酸钙结晶(一水草酸钙)(引自 VanSteenhouse JL: Clinical pathology. In McCurnin DM, Bassert JM, editors: *Clinical textbook for veterinary technicians*, ed 7, St Louis, 2009, Saunders.)

尿酸结晶

尿酸结晶形状多样，常为钻石状或菱形(图 29.20B)。这类结晶为黄色或棕黄色，不常见于犬，但大麦町犬除外。

无定形结晶

无定形磷酸盐结晶常见于碱性尿，呈颗粒状沉淀(图 29.21)。无定形尿酸盐与无定形磷酸盐类似，呈颗粒状沉淀(图 29.20A)，但前者见于酸性尿，后者见于碱性尿。

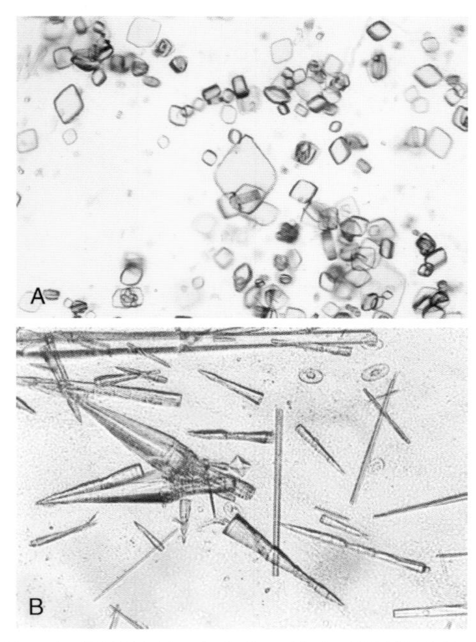

图 29.20 A. 尿酸结晶，未染色。除大麦町犬以外，小动物不常见这类结晶。B. 尿酸盐结晶，未染色。可与重尿酸铵结石并发。也可见一个二水草酸钙结晶(中央)(引自 Raskin RE, Meyer DJ: *Atlas of canine and feline cytology*, St Louis, 2001, Saunders.)

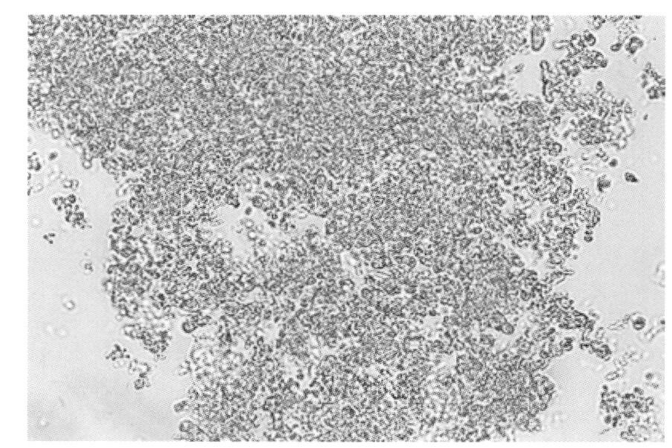

图 29.21 无定形磷酸盐结晶，未染色(引自 Raskin RE, Meyer DJ: *Atlas of canine and feline cytology*, St Louis, 2001, Saunders.)

碳酸钙结晶

碳酸钙结晶常见于马和兔的尿液，呈圆形，多线条呈中心放射状，或呈大的颗粒状团块(图 29.22)，也可能呈哑铃型。通常无临床意义。

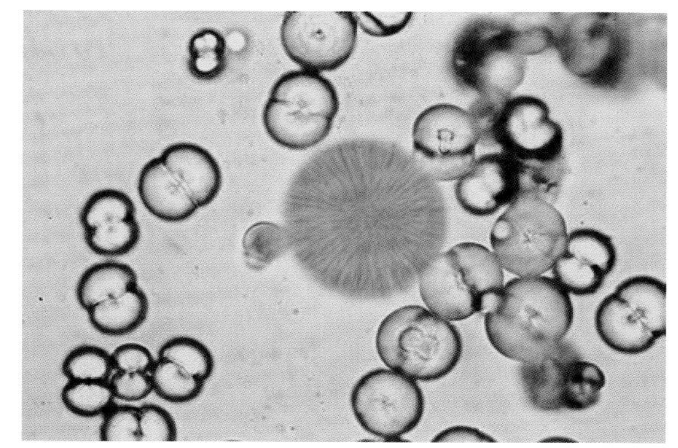

图 29.22　碳酸钙结晶，未染色（引自 Raskin RE, Meyer DJ: *Atlas of canine and feline cytology*, St Louis, 2001, Saunders.）

重尿酸铵结晶

重尿酸铵结晶见于弱酸性、中性或碱性尿，呈棕色、圆形，有长而不规则的突刺（曼陀罗果实样）(图 29.23)。突刺常发生断裂，残留的结晶为棕色，呈放射状细纹。重尿酸铵结晶通常见于患有严重肝病的动物，如门静脉短路。

磺胺类结晶

磺胺类结晶可见于使用磺胺类药物进行治疗的动物。磺胺结晶为圆形，通常色深，单个结晶呈中央放射状。这类结晶在碱性尿液中易溶解，故较少出现在碱性尿液中。碱化尿液和增加动物饮水有助于预防肾小管中产生这类结晶。

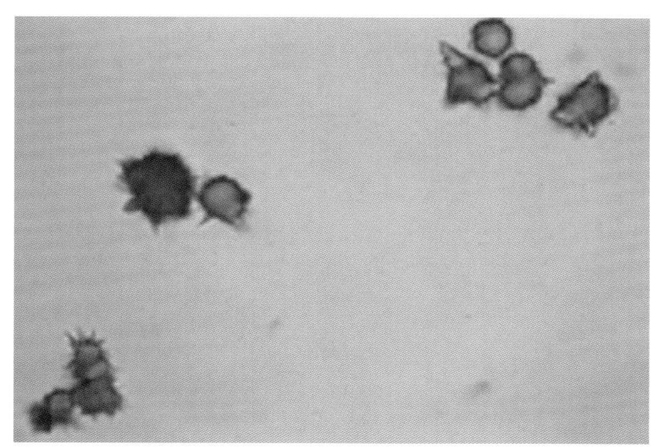

图 29.23　重尿酸铵结晶，未染色（引自 VanSteenhouse JL: Clinical pathology. In McCurnin DM, Bassert JM, editors: *Clinical textbook for veterinary technicians*, ed 7, St Louis, 2009, Saunders.）

胆红素结晶

正常犬的酸性尿中可能会见到胆红素结晶(图 29.24)。但在其他物种的尿液中见到胆红素结晶是不正常的，动物可能处于疾病过程，应进一步检查。

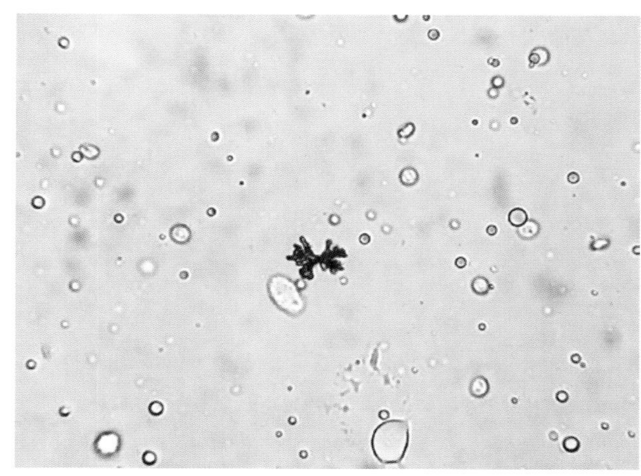

图 29.24　胆红素结晶，未染色

亮氨酸结晶

亮氨酸结晶呈车轮状或“针垫”状，黄色或棕色(图 29.16)。患肝脏疾病动物的尿液中可发现亮氨酸结晶。

酪氨酸结晶

酪氨酸结晶为黑色、具有针状突起且折光性较强(图 29.25)。通常呈簇状。患有肝脏疾病动物的尿液中可能出现酪氨酸结晶。在犬、猫尿液中不常见。

图 29.25　酪氨酸结晶，染色（引自 Cowell RL, et al: *Diagnostic cytology and hematology of the dog and cat*, ed 3, St Louis, 2008, Mosby.）

胱氨酸结晶

胱氨酸结晶为无色、扁平的六边形(图 29.26)。可见于肾小管功能异常或患胱氨酸结石的动物。

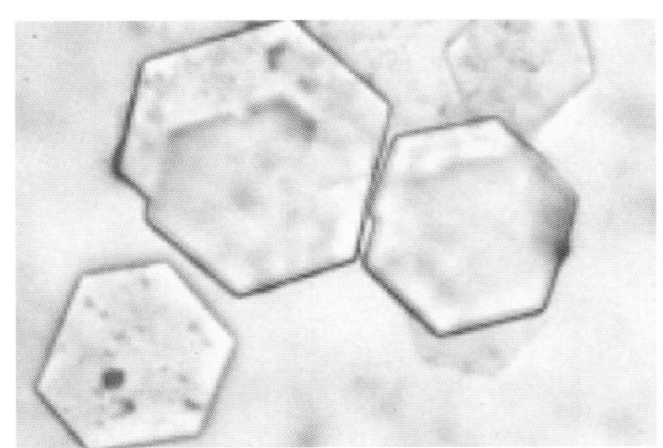

图 29.26 **胱氨酸结晶,未染色(引自 VanSteenhouse JL: Clinical pathology. In McCurnin DM, Bassert JM, editors: *Clinical textbook for veterinary technicians*, ed 7, St Louis, 2009, Saunders.)**

三聚氰胺中毒相关结晶

动物饲喂了被三聚氰胺或三聚氰酸污染的日粮,其尿液可能出现金棕色、圆形至椭圆形晶体,并有放射状条纹。

微生物

在尿沉渣中可能会见到多种微生物,包括细菌、真菌和原虫。正常的尿液是无菌的,但在排尿过程中可能受到阴道、阴门或包皮上皮的细菌污染。通过膀胱穿刺或导尿采集的正常尿液中不含细菌,可认为是无菌的。尿液放置一段时间后,细菌会增殖,尤其是在室温下,故尿液应在采集后立即分析或冷藏。细菌只有在放大后才可观察到,可能为圆形(球菌)或杆状(杆菌),通常具折光性,由于布朗运动而出现震颤。细菌的计数结果可用少量、中量、多量或多到无法计数(TNTC)来记录。大量细菌伴有大量白细胞提示存在感染和泌尿道(如膀胱炎、肾盂肾炎)或生殖道(如前列腺炎、子宫炎或阴道炎)炎症。尿液样本中的细菌若位于白细胞的细胞质内,则最具有临床意义,应对这些样本进行细菌培养(见第 7 单元)。

酵母菌易与红细胞或脂滴相混淆,它们常有特征性的出芽表现,且具有双层折光性细胞壁。家养动物的泌尿道内极少出现酵母菌感染,尿液样本中的酵母菌通常是污染所致。外生殖道的酵母菌感染可使自然排尿样本中出现酵母菌。尿液中也可发现真菌。真菌呈丝状且通常分枝。泌尿道真菌感染不常见,一旦出现就十分严重。

寄生虫卵和微丝蚴

动物尿沉渣检查可发现寄生虫卵,见于泌尿道寄生虫感染或采集尿样时被粪便污染。泌尿道寄生虫包括犬猫的一种膀胱蠕虫——皱襞皮氏线虫(旧称为皱襞毛细线虫)(图 29.27),以及犬的一种肾脏蠕虫——肾膨结线虫。微丝蚴(如犬恶丝虫)可见于感染了心丝虫成虫犬的尿沉渣,因疾病或采样过程中的创伤导致血液进入尿液,可见循环血中的微丝蚴(图 29.28)。

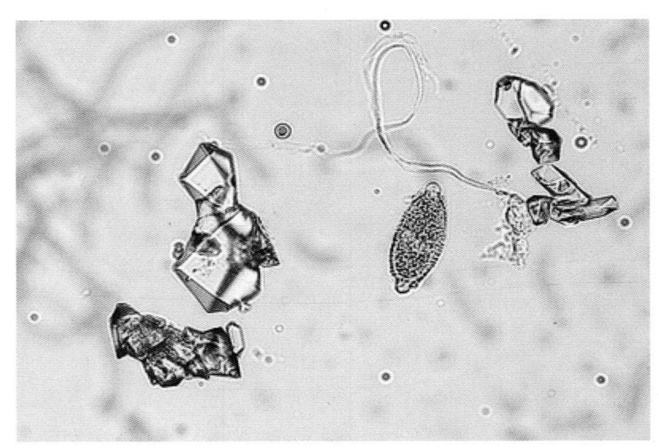

图 29.27 **尿沉渣中的皱襞皮氏线虫卵,未染色(引自 Raskin RE, Meyer DJ: *Atlas of canine and feline cytology*, St Louis, 2001, Saunders.)**

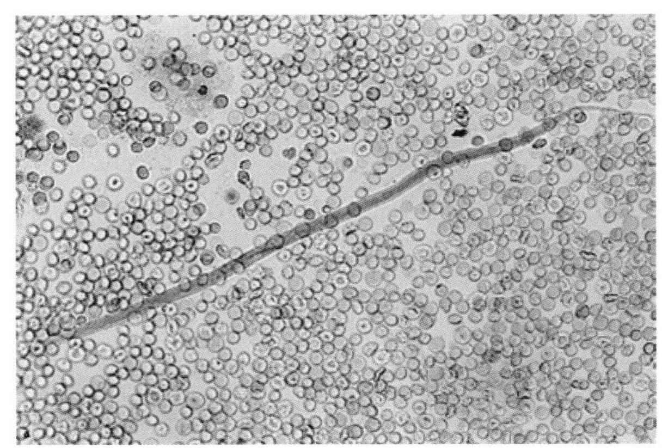

图 29.28 **出血性膀胱炎患犬尿沉渣中的恶丝虫微丝蚴(引自 Raskin RE, Meyer DJ: *Atlas of canine and feline cytology*, St Louis, 2001, Saunders.)**

尿液中的其他成分

黏液线

黏液线易与管型相混淆，但其边缘不如管型清晰。与管型相比，黏液线更像卷曲的丝带。马的肾盂和输尿管中有黏液腺，所以正常马属动物尿液中存在大量黏液。就其他动物而言，黏液表明泌尿道受刺激或样本被生殖道分泌物污染。

精子

精子偶见于未去势雄性动物的尿沉渣，易于辨认且没有临床意义。精子也可见于近期交配的雌性动物。尿液中存在大量精子可引起尿蛋白假阳性。

脂滴

在尿沉渣中，脂滴为浅绿色、折光性强、大小不一的球状小体。由于其大小不一，可以与大小固定的红细胞和酵母菌相区别。尿沉渣制片静置片刻后检查时，脂滴会升到盖玻片下，而其他有形成分会沉降至载玻片上。因此脂滴常与其他有形成分位于不同的聚焦平面上，盖玻片下小的圆形结构通常为脂滴，较低平面上大小固定的圆形结构常为红细胞。用苏丹Ⅲ染液染色的尿沉渣中，脂滴呈橙色或红色。导尿管润滑剂或收集容器及吸管油性表面的脂滴常污染尿液。多数猫尿液中可出现一定量的脂滴，称为脂尿。脂尿也见于肥胖、糖尿病、甲状腺功能减退的患病动物，罕见于高脂饮食后的动物。

人为伪像

在采集、转移或检查尿液样本过程中，可出现许多人为伪像。发现这些结构并不具有提示意义，常规尿沉渣评估不包含这些内容。但这些污染物易造成混淆。

气泡、油滴（通常来自导尿管的润滑剂）、淀粉颗粒（来源于外科手套）、毛发、粪便、植物孢子、花粉、棉纤维、粉尘、玻璃碴或玻璃碎片、细菌和真菌都可能污染尿液。观察到消化道寄生虫虫卵说明尿液样本被粪便污染。

尿石症

尿结石指泌尿道内由不同矿物质构成的结石（石头），出现尿结石称为尿石症。结石可阻碍尿液从膀胱流向尿道，嵌闭于尿道之中，引起严重的急性排尿障碍；或停留于膀胱之中，引起炎症和出血。确定结石的成分很关键，其预防和动物的预后都取决于结石的具体成分。确定结石成分后，可采取合理的治疗措施以去除结石、防止复发。去势的雄性反刍动物常出现尿石症。羔羊和公牛常发生尿道结石阻塞，特别是饲喂高浓缩饲料的动物。这些动物最常见的结石组成成分为钙、镁和碳酸铵或钙、镁和磷酸铵。

可将完整的尿结石送至指定实验室进行矿物成分鉴定和定量分析。根据结石外观、X线影像和尿沉渣中结晶的类型，推断尿结石的成分。犬、猫的尿结石通常为鸟粪石，也可见胱氨酸和草酸盐类尿结石。尿酸盐结石主要见于大麦町犬，因为这种犬会排泄大量尿酸。

关键点

- 尿沉渣显微镜检查时必须使用弱光。
- 不断调节显微镜细准焦旋钮以观察不同结构。
- 为了准确区分不同类型的细胞和细菌，应使用高倍镜（40×物镜）进行观察。
- 尿沉渣中的红细胞有多种不同形态，取决于尿液浓度、pH及从采集到分析的间隔时长。
- 白细胞比红细胞大，可通过特征性颗粒和分叶核来区分。
- 管型在肾小管远端和集合管内形成。
- 管型是一种具有平行边缘的圆柱形结构，存在于酸性尿液中。
- 结晶的形成取决于尿液的pH、浓度、温度以及相应成分的溶解度。

第6单元

Clinical Chemistry
临床生化

单元目录

本单元学习目标

列举并描述可应用于兽医临床实验室的生化分析仪类型。
描述如何合理采集和处理临床生化分析所用的样本。
列举常用的临床生化检查及异常结果的临床意义。
描述电解质和酸碱分析及异常结果的临床意义。

无论人医还是兽医临床，都在朝着提升即时检测能力的方向发展。这种诊断模式对客户服务及兽医诊疗都具有优化作用。确定血液中各种化学物质的浓度对准确诊断、合理治疗及评估治疗反应都十分重要。待检化学成分多与特定器官的功能有关，可能是酶、代谢产物或经脏器加工后的副产物。对这些成分的分析需要采集血清或血浆。

许多兽医诊所购买或租赁生化分析仪以进行常规生化分析，常规生化分析是诊所内部实验室的主要工作，甚至可能是兽医技术员在诊所内最重要的实验室技能。负责实验室的技术员，必须非常熟悉现有的分析仪类型、所用的各种检测流程以及分析原理。技术员对诊所实验室最重要的贡献是提供准确、可靠的检测结果。体外检测结果应尽可能反映血液成分在体内的实际水平。

理论上，我们可对血清样本进行上百种的生化检查，而普通兽医诊所实验室可能仅进行数十种。本单元包含了常见的生化检查以及兽医参考实验室进行的部分检查。虽然这些检查主要按照涉及的器官进行分类，但应注意，一些检查可能受多个器官或系统功能的影响。例如，淀粉酶来源于多个器官，而蛋白质水平受许多因素的影响，包括肝肾损伤、代谢状态和脱水。

有关本单元的更多信息请参见本书最后的参考资料附录。

第30章

Sample Collection and Handling
样本采集与处理

学习目标

经过本章的学习，你将可以：

- 描述恰当的血清样本处理方式。
- 描述恰当的血浆样本处理方式。
- 讨论样本质量对检测结果的影响。
- 列出样本质量不佳的常见原因以及减少这些影响因素的方法。

目　录

关 键 词

溶血

黄疸

脂血

血浆

参考范围

血清

绝大多数化学成分分析都需要采集和制备血清样本。全血或血浆样本可用于某些检测方法或特定类型的设备。应根据化学分析设备所附的说明书选择样本类型。所采集的样本质量将直接影响检测结果的质量。样本采集和处理时的谨慎操作可避免大部分不良因素造成的影响。

化学成分分析应当在采血后 1 h 内完成。当需要延迟检测时，可将样本冷冻以保存大多数组分的完整性。但对于某些检测方法来说，冷冻也可能会造成干扰。解冻后的样本不宜再次冷冻。某些抗凝剂会对特定检测产生干扰，除疾病以外的其他因素也会影响化学分析结果。这些因素可能是分析前、分析中或分析后的（见第 1 单元第 5 章）。

注意：样本需要在采集后 1 h 内进行检测。

具体的采血方案取决于患病动物种属、保定方式、所需血液量及样本类型。因为某些药品和治疗会影响生化检测结果，故必须在治疗开始前采集血样。最适宜于临床检测的样本是餐前样本（动物禁食 12 h 后采集的样本）。餐后样本（动物进食后采集的样本）会导致检测结果不准确。餐后样本可能使包括血糖、尿素及脂肪酶在内的一系列血液组分产生假性数值。无论用何种方式采血，样本采集完毕后都应立即进行标记。采血管上应当标明采样的日期和时间、主人姓名、动物名称以及动物的病历号。如果需要递交样本给外部实验室，则应在送检表上标记包括所有必要的样本识别信息及测定项目。有关血液采集方式及采集多种类型样本顺序的更多信息，见第 2 单元第 7 章。

注意：优先采集治疗开始之前的空腹样本进行检测。

血浆

血浆是全血的液体组分，血细胞悬浮其中。它主要由大约 90% 的水和 10% 的溶质组成，如蛋白质、糖、维生素、激素、酶、脂质、盐类、代谢废物、抗体及其他离子和分子。流程 30.1 叙述了血浆样本的制备过程。离心后，吸取样本时应避免吸取到试管底部的细胞。如果样本不能在 1 h 内离心，则需冷藏保存。如果肝素抗凝血浆在分离后过夜保存或冷冻保存，在检测前应再次离心样本，以去除可能形成的纤维蛋白团块。冷冻可能会影响某些检测结果，因此应详细阅读检测说明，以确定哪些检测必须在样本冷冻前完成。

注意：检查分析仪制造商提供的信息，以确认需要血浆还是血清样本。

流程 30.1　血浆样本的制备

1. 采集血液样本，置于含有抗凝剂的试管内。
2. 缓慢摇动试管 12 次，混匀血液。
3. 确定试管已密封，避免样本在离心过程中蒸发。
4. 以 2 000～3 000 r/min 离心（血样采集后 1 h 内进行）10 min。
5. 小心地用微量移液器将血浆层移出。
6. 将血浆置于标记有日期、采集时间、动物名称和病历号的试管内。
7. 立即操作，或视情况冷藏或冷冻样本。

血清

血清是去除了纤维蛋白原（一种血浆蛋白）的血浆。凝血过程中，血浆中的可溶性纤维蛋白原转变为不可溶性纤维蛋白凝块基质。当血液凝固时，血凝块周围析出的液体即为血清。流程 30.2 描述了血清样本的制备步骤。离心时，转速超过 2 000～3 000 r/min 或离心时间过长都有可能造成溶血。血清分离管（SSTs）内的一种凝胶会在血清或血浆和血细胞之间形成物理屏障。此外，试管内壁还含有能促进凝血激活的二氧化硅微粒。使用血清分离管采集血液后，应上下颠倒几次混匀，并使血液凝固 30 min 后再离心。临床上也可以使用血清分离转移管。它内含的凝胶是标准血清分离管的 2 倍。附加的凝胶屏障可减少离心后血清与血细胞之间的相互作用，以减少延迟检测对测定结果的影响。检测延迟较长时间时，应将血清从血清分离管移入无菌试管中，然后将样本冷藏或冷冻保存。冷冻会影响一些检测结果，因此应详细阅读检测说明，以确定哪些检测必须在样本冷冻前完成。

流程 30.2　血清样本的制备

1. 采集血液样本，并将其置于不含抗凝剂的试管内。
2. 室温下自然凝固 20～30 min。
3. 轻轻地用木棉棒沿着试管壁分离血凝块。
4. 密封试管，以 2 000～3 000 r/min 的速度离心 10 min。
5. 用微量移液器将血清移出。
6. 将血清置于标记有日期、采集时间、动物名称和病历号的试管内。
7. 视情况冷藏或冷冻样本。

影响结果的因素

除疾病外，还有很多因素会影响化学测定结果。溶血、脂血、黄疸、某些药物和不恰当的样本处理都会导致测定结果不准确。表 30.1 总结了样本的影响因素。

溶血

使用湿润的注射器采血、采集后剧烈地混合血样、样本经针头注入试管或将全血样本冷冻都可能造成溶血。注射器内贮留的水会导致溶血，故用于采血的注射器必须完全干燥。强行让血液从小针孔通过时会造成血细胞破裂，因此，必须将注射器的针头拔掉后，方可将血液注入试管内。同时，操作

表 30.1　样本的影响因素

样本特征	影响	结果
脂血症	光线散射	↑
	占据容量	↓
	溶血*	↑↓
溶血/血液成分	分析物释放	↑
	酶释放*	↑↓
	反应抑制	↓
	吸光度升高(吸收率)	↑
	水分释放	↓
黄疸	光谱干扰	↑
	化学物质相互作用	↑
高蛋白血症	黏度增加	↓
	结合分析物*	↑↓
	占据容量	
药物	反应干扰	↑↓

*使用的分析物和试验方法不同,影响也各异。

人必须缓慢地将血液从注射器内推出,避免产生气泡。用过量的酒精擦拭皮肤且皮肤未干时采样也会导致溶血。

无论出于何种原因的溶血都将很大程度地改变血清或血浆的成分。例如,破裂的红细胞内释放出的液体会稀释样本,导致血样成分浓度的假性降低。正常情况下,一些成分在血清或血浆中的浓度不高,当其从破裂的红细胞中逸出时则会造成浓度假性升高。溶血可能会造成血液中钾离子、有机磷和某些酶的浓度升高,还会干扰脂肪酶活性和胆红素的测定。临床化学检测所用的样本中,血清或血浆要优于全血,血清又优于血浆。

注意:溶血、脂血及黄疸是常见的影响样本质量的问题。

化学污染

常规化学测定所需的样本试管无须无菌,但必须是没有化学成分的。重复使用的试管必须将洗涤剂完全清洗干净,以免影响试验结果。

标记不当

采集样本后,如果未立即在试管上进行标记,可能会导致严重错误。试管上必须标明日期、采集时间、动物名称或病历号。兽医技术员应当在样本制备和检测时仔细核对样本标记和申请单。

样本处理不当

理想情况下,所有的化学检测都应在样本采集后 1 h 内完成,但在实际中并非完全可行。此时必须正确处理和保存样本,以确保其化学组分与样本采集时动物体内的水平相近。处理样本时,温度不能过高,高温会破坏样本的某些化学成分并活化另一些物质,如酶类。经冷冻保存过的血清或血浆样本,解冻后必须轻柔颠倒并彻底混匀,避免产生浓度差异。

动物因素

临床上,应尽量采集禁食的动物血样,因为进食后的血糖水平会迅速升高,无机磷水平则会下降。此外,餐后脂血症可导致血浆或血清呈浑浊或云雾状。进食后肾小球滤过率一过性地升高也会影响肾功能指标的检测。采血前不用限制饮水。

参考范围

参考范围,即所谓的正常值。血液中特定成分的参考范围是实验室通过特定的测定方法,对某一物种的健康动物进行大量重复性试验得出的。因此,参考范围可因测定方法或所使用检测设备的不同而不同。许多医学和临床病理学书籍给出了家养动物血液成分的参考范围。其也可由当地诊断实验室或院内实验室制定。附录 B 给出了常见生化成分的参考范围。

注意:参考范围具有检测方法和检测设备的特异性。

对于任何一个实验室来说,建立参考范围都是一件耗费时间与财力的工作。兽医技术员需要检测大量来自健康动物的样本,以建立一系列实验室参考范围。一些研究者建议至少分析 20 只动物的样本,另有一些研究者建议应分析超过 100 只具有相似特征的动物样本。其他需要考虑的因素有:临床中最常见到的品种及种属、待检动物的性别和生殖状态(如是否绝育)、动物所处的环境(包括饲养管理和营养)。气候也是需要考虑的因素,因为剧烈的气候变化也会影响测定结果。

关键点

- 临床化学检测通常需要血清或血浆样本。
- 咨询所用试剂的制造商以获取正确的样本类型信息。
- 为了避免对检测结果产生影响，样本需在 1 h 内进行检测。
- 理想情况下，应在动物禁食后、治疗开始前采集样本。
- 常见的样本的干扰因素包括溶血、脂血及黄疸。
- 溶血、黄疸或脂血的样本可能造成错误的结果。
- 参考范围可能因不同检测方法和设备而不同。

第31章

Automated Analyzers
自动分析仪

学习目标

经过本章的学习,你将可以:

- 阐述折射法的原理。
- 阐述光度测定法的原理。
- 区分动力学法和终点法。
- 列举常见分析仪的特点和优点。

目　录

关键词

比尔定律
终点法
离子选择性电极
动力分析
光密度
折射仪
分光光度计

兽医临床有许多不同类型的化学分析仪。若能够快速得出结果,那么兽医可以更好地诊断疾病和监测动物的治疗情况。兽医临床上使用的化学分析仪大多利用光学原理定量测定血液组分,也有部分是利用电化学方法进行相关测定。

光度测定法

诊所可用的光度计有数种(图 31.1)。分光光度计可测定透过溶液的光量。尽管仪器的厂商有所不同,但分光光度计的基本组成都是相同的。所有分光光度计都具备光源、棱镜、波长选择器、光电探测器和读取器(图 31.2)。光源多采用钨丝灯或卤素灯。棱镜的作用是将白光折射为单色光。大多数分光光度试验所使用的波长为电磁波光谱中可见光的部分。少数试验使用的是光谱中近红外区和紫外光区的波长。波长选择器通常是一个凸轮,仅允许某种特定波长的光线透过样本。光电探测器接收没有被样本吸收的光线，再将接收的信号传输给读取器。根据仪器的类型，读取器的单位可以是透射百分率、吸收百分率、光密度、浓度等单位。某些自动分析仪是基本光度计的变体。采用滤光器选择波长的光度计称为色度计。另一种是探测样本反射的光线，而非透射的光线，这种类型的设备称为反射仪（图 31.3），这种方法称为反射法。

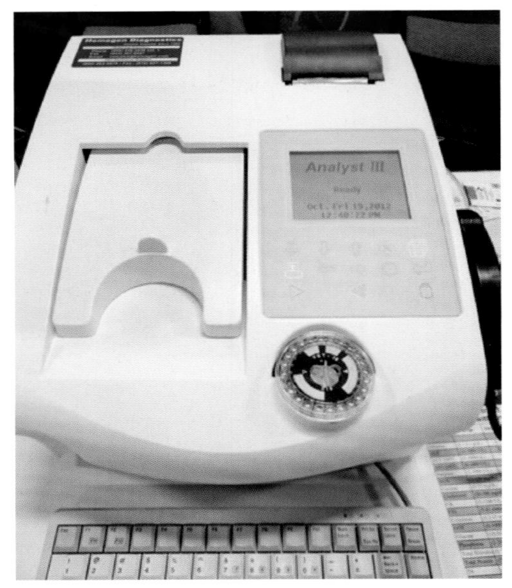

图 31.1 Analyst 血液生化分析仪（Hemagen Diagnostics, Columbia, MD. 供图）

测定某种血液成分时，根据该待检物质的吸光特性选择波长，应当选择透过样本后吸收率最大的波长（即光透射最小）作为检测波长。例如，样本为蓝绿色，那么蓝绿色光的透射量最大，而红色光则会被吸收。因此，光谱中红光段的波长吸收率最大，可以用来测量样本中的该物质。用分光光度法测量某种溶液时，溶液必须符合比尔定律（也称比尔-朗伯定律）。该定律是指当一束单色光（单波长）透过样本时，待检物质的浓度与光线的吸收度呈线性相关；另外，单色光的透射与待检物质的浓度呈反指数关系。溶液的颜色变化程度与浓度呈比例。

终点和动力学法

许多光度测定法分析程序采用终点法。终点，即样本和试剂反应达到稳定状态。分析仪用单点校准或内部标准曲线计算患病动物的结果。每种方法都需使用标准品。标准品为待检物质的非生物性溶液，通常为已知浓度的蒸馏水溶液。对于单点校准法，同时用相同方法分析标准品与患病动物样本，并通过计算比较患病动物样本的反应特征。计算方法因分析仪器而异。但通常为动物样本的光密度（OD）与反应标准品的光密度（OD）之比。OD 为对数函数，可描述光穿透介质的程度。计算公式如下：

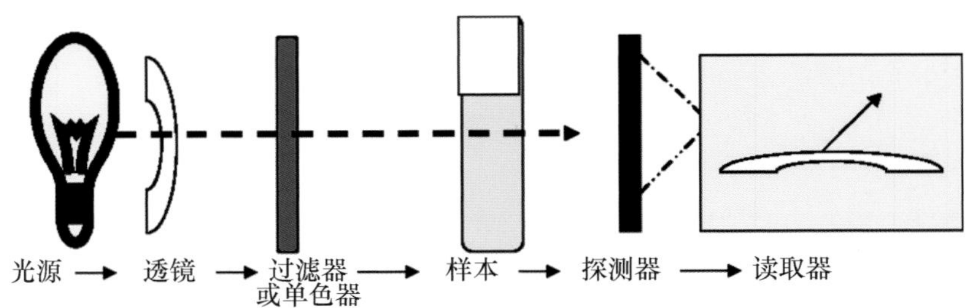

图 31.2 分光光度计检测原理

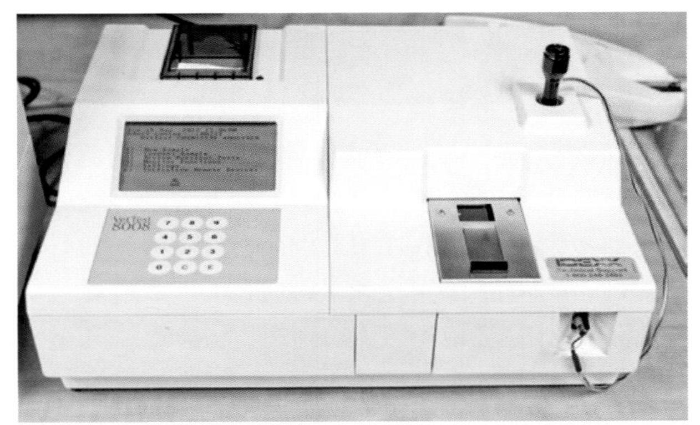

图 31.3 这种分析仪使用光反射法评估样本中的化学组分

动物样本浓度＝患病动物样本 OD×标准品浓度/标准品 OD

对仪器进行校准时可获得内置标准曲线。为建立一条标准曲线，需要对标准品进行成比例稀释，测定每个稀释液的吸光率和透光率。将每个稀释液的结果绘制成一条直线。测定患病动物样本的吸光度值，通过曲线即可计算患病动物样本浓度。使用标准曲线法的设备，每次使用新试剂时都应重新校正。

有些分析仪并非采用终点法，而是用动力学方法进行分析。该方法主要用于酶的测定，或者试剂以酶为基础的检测。酶会诱导其他物质（称为底物）发生化学变化，自身不发生改变。其作为化学反应的催化剂可加快生化反应速率。大多数酶在细胞内生成并在其中发挥作用，所以细胞内的浓度最高。因此，健康动物血液中酶的浓度很低。若酶从受破坏的细胞中释放、细胞生成的酶增多并渗出至细胞外，均会导致血液中酶的浓度升高。特定的酶会催化特定的底物发生反应，并产生特定的产物。反应产生一种新的物质，但是酶并未发生变化。

因为血液中酶的水平很低，很难直接检测酶的浓度，所以可通过直接测定酶的反应产物形成速率或底物消耗速率来间接测定酶的浓度。动力学方法不会达到稳定的终点，因此，即便此时反应仍在继续，也要在反应开始后的特定时间内进行反应结果的记录。如果不在正确的时间进行测定，则往往不能获得准确的结果。动力学方法的检测通常不进行单点校准。但可进行多点评估，通过标准品和患病动物样本吸收率的变化来计算患病动物的结果。制作动力学标准曲线时，选择吸光率变化曲线最接近直线的反应时间。反应开始后，每种物质最接近标准曲线的反应时间均不同。

底物浓度最高、产物浓度为零时，酶的活性最高。若患病动物样本中酶的浓度超过试剂中可利用的底物时，酶的活性与产物的生成不再成比例，则分析无效（底物浓度是酶反应的限制因素）。

为了避免检测无效，底物必须保持高浓度。制造酶/动力学检测试剂盒就是为了有足够的底物来避免此类问题。若患病动物样本中酶的量为原来的 2 倍，反应时间不变，反应速率和产物应是原来的 2 倍。若患病动物样本中酶的量不变，反应时间是原来的 2 倍，产物应是原来的 2 倍。因此，若反应时间和酶的浓度不变，则可以检测反应速率。

影响酶检测最重要的因素是时间和温度。只要底物存在，酶就会继续发挥作用。因此，在恰当的反应时间点记录检测值非常重要。低温会使酶的活性降低，高温会使酶的活性升高。紫外线辐射和重金属盐（如铜和水银）会影响酶的活性。酶是蛋白质，会因温度、pH 和有机溶剂而发生变性。即使酶的多肽链结构发生很小的变化，也会导致酶失去活性，因此，应小心保存进行酶分析的样本。

每种酶有各自的最佳反应温度，在该温度下，酶活性最高。通常，试剂盒或分析仪的说明书中会注明该适宜温度。大多数检测均在 30～37 ℃（86～98.6 °F）完成。反应温度比适宜温度每升高 10 ℃（18 °F），酶活性为原来的 2 倍。因此，密切监测酶反应时恒温箱或水浴温度至关重要。

检测单位

酶的浓度以活性单位来表示。这些测量单位可能使人难以理解。例如，仅在特定条件下，酶活性才与浓度呈正比。曾对酶分析方法做过改进的研究者针对检测结果建立了一套各自的测量单位，通常以研究者的名字体现，如 Bodansky，Somogyi 和 Sigma-Frankel 单位。因为每种分析都在不同条件（如 pH、温度）下完成，很难将一种单位换算成其他单位。为了避免混淆，国际生化联合会将国际单位（U 或 IU）定为酶活性单位。按此方法，酶浓度表示为 mU/mL、U/L 或 U/mL。国际单位是指在指定分析条件（特别是温度和 pH）下，每分钟催化 1 μmol 底物转化的酶量。框 31.1 给出了如何将各种单位转换成国际单位的公式。有些实验室不采用国际单位，而采用公制的系统国际单位制（SI）。在此系统中，Katal 为酶活性的基本单位，是每秒钟转化 1 mol 底物的酶量。

框 31.1　各种酶单位转换成国际单位的系数

碱性磷酸酶
Bodansky 单位×5.37＝IU/L
Shinowara-Jones-Reinhart 单位×5.37＝IU/L
King-Armstrong 单位×7.1＝IU/L
Bessey-Lowry-Brock 单位×16.67＝IU/L
Babson 单位×1.0＝IU/L
Bower-McComb 单位×1.0＝IU/L

淀粉酶
Somogyi（糖化）单位×1.85＝IU/L
Somogyi（37 ℃；5 mg 淀粉/15 min/100 mL）×20.6＝IU/L

脂肪酶
Roe-Byler 单位×16.7＝IU/L

转氨酶
Reitman-Frankel 单位×0.482＝IU/L
Karmen 单位×0.482＝IU/L
Sigma-Frankel 单位×0.482＝IU/L
Wroblewsky-LaDue 单位×0.482＝IU/L

通常以酶作用的底物或酶参与的生化反应来

命名酶。许多酶的名字以“酶”作为后缀。例如，脂肪酶催化脂质(脂肪)水解为脂肪酸的生化反应，乳酸脱氢酶参与乳酸氧化或脱氢转化为丙酮酸的反应。

在多个组织中都含有的酶称为同工酶。同工酶是指催化作用相似但物理特性不同的一组酶。血清中酶的浓度为来自不同组织的所有同工酶的总浓度。若能够确定样本中为何种同工酶，则可确定该同工酶的来源。例如，血清碱性磷酸酶存在于多种组织，特别是成骨细胞和肝细胞。若血清碱性磷酸酶总浓度升高，则无法确定升高是由骨细胞损伤还是肝细胞损伤所引起。但如果可以分析不同碱性磷酸酶同工酶的含量，如来自损伤组织的某同工酶水平升高，便可以定位受损伤的组织。临床实验室还没有检测个别同工酶的方法，故临床测得的碱性磷酸酶是血清碱性磷酸酶总浓度。另外一种有重要临床意义的同工酶是肌酸激酶(CK)，其同工酶广泛分布在多种组织中，活性最强的是脑、心脏和骨骼肌，三种主要同工酶包括 CK-BB(脑型)、CK-MB(混合型)和 CK-MM(肌肉型)。CK 分型分析可测定特定疾病更敏感的指标。

离子选择性电极和电化学法

一些分析仪采用电化学方法或离子选择性电极(ISE)技术确定分析物的浓度。一些分析仪的卡夹采用电化学和光学方法相结合的技术。电化学和 ISE 法常用于电解质和其他离子组分的测定。不同类型的分析仪构造差异很大，但功能相似(图 31.4)。ISE 分析仪有时被称为电位计，内含特殊的电极，只与一种离子发生作用。针对每种待检离子，分析仪包含特制的已知离子浓度的电极，这种电极称为参考电极。样本中的离子和另一离子选择性电极相互作用并产生不同电势或电压差。两个电极的电势差与样本中的离子浓度成比例。电化学分析仪在生物传感器试剂盒或卡夹中加入电极，样本与浸在生物传感器装置中的试剂相互作用，产生与离子浓度相对应的可测量电流(图 31.5)。

常见化学分析仪的特点和优点

许多自动分析仪需要使用液体试剂、干式试剂或含有干式试剂的试纸条。液体试剂可能是散装的，也可能是一次性组合试剂盘。干式试剂多为组合形式。散装液体试剂最经济，但需要预处理和储存空间。有些试剂易燃且有毒性。购买组合试剂可避免试剂预处理带来的风险。干式试剂板一般不需要预处理，且储存便利，但价格更为昂贵。

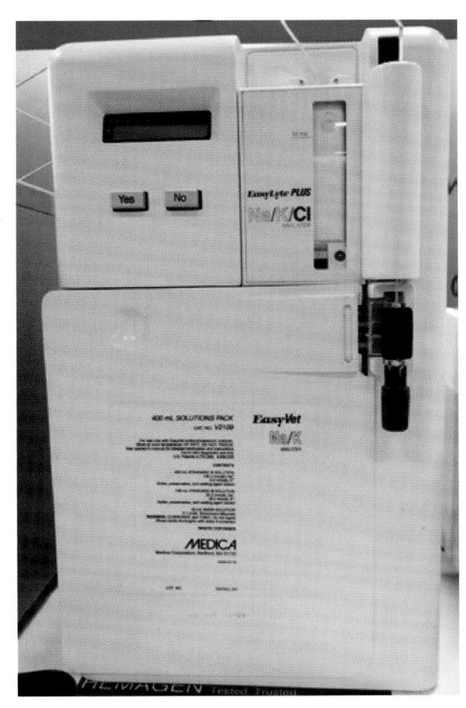

图 31.4 应用离子选择性电极技术的电解质分析仪

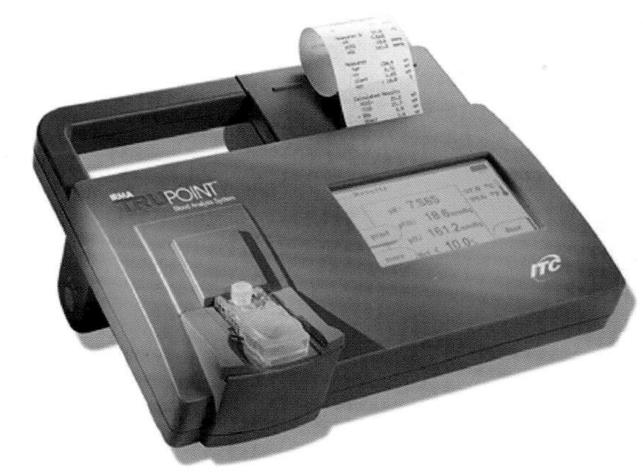

图 31.5 IRMA TruPoint® 分析仪，采用电化学方法测定血气和电解质(International Technidyne, Edison, NJ. 供图)

干式系统的分析仪需使用包被了试剂的试纸板、试纸片或试剂盘。其中大部分分析仪采用反射法进行分析。干式系统的成本大多高于其他类型的分析仪。许多仪器并非动物专用，易出现样本测定失败的情况，尤其是脂血或溶血样本及大动物样本。但这类仪器具有试剂无须预处理、样本逐一测定相对简便等优点。与其他类型的仪器相比，部分干式分析仪检测套组(同一样本测定多个项目)项目花费时间较长。一些干式分析仪一次能放置多个试纸片,可减少套组检测时间(图 31.6)。一些干式系统所用的试剂条与尿液化学分析相似。

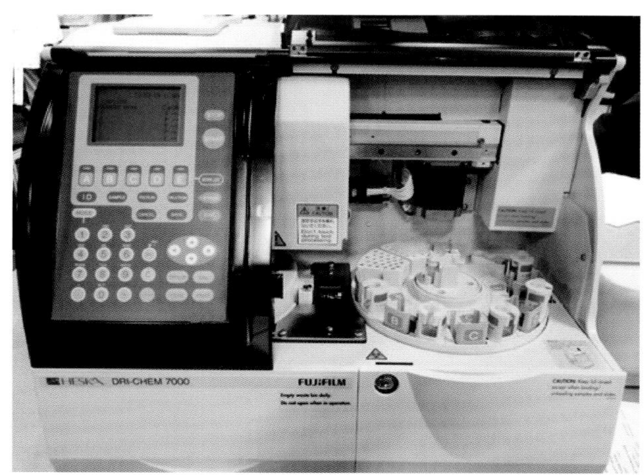

图 31.6　使用干式技术的分析仪。一次可以放置多个试纸片

液体系统包括使用冻干试剂或液体试剂的分析仪。兽医临床最常见的冻干试剂系统均采用试剂盘技术。试剂盘由多个可以添加稀释样本的反应杯组成(图 31.7)。反应杯是光度计中具有光学品质的容器,由塑料或玻璃制成。尽管有些试剂盘系统不是专为兽医设计的,但它们通常可以保证结果准确,且对套组检查而言性价比较高,但不适用于单个检测。其他常用的液体系统包括使用组合试剂盒或散装试剂的仪器。组合试剂系统的优点在于不需要对试剂进行预处理,但价格较其他液体试剂高。此外,该系统分析套组项目比较耗时,但单一测试比较简单。散装试剂系统可能需要稀释,也可能为工作液浓度。后者通常不需要任何特别的试剂处理。这些分析仪更灵活,因为它们可以相对轻松地进行套组分析或单一测试(图 31.8)。大多数需要很少的准备时间。但有的仪器维护所需时间较长,特别是参数校准。有些使用散装试剂的系统用液体槽代替反应杯。分析仪可直接吸入样本和试剂,不需要将反应物移入反应杯。无论采用何种测试方法或进行何种检测项目,几乎所有生产商都可以将各种分析仪(血液学、生化、血凝和电解质)的结果整合到一个软件系统中,自动记录并合并到动物病历中(图 31.9)。

目前有专用于某种检测的分析仪,大多利用电化学技术并且只能测定一种物质,如血糖(图 31.10)。这类分析仪可用于单个项目或急诊病例的检测。

图 31.7　液体化学分析系统的试剂盘

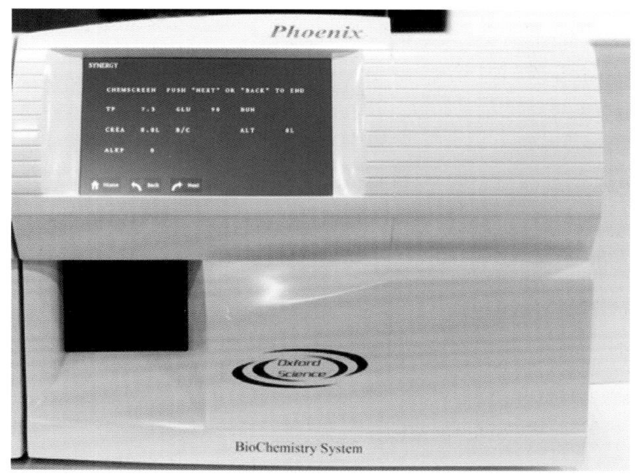

图 31.8　该化学分析仪使用工作液浓度的试剂,可同时为多个动物进行单一或套组测试

图 31.9　大多数制造商可以将多种分析仪整合到一个软件系统中,以便在病历中记录结果

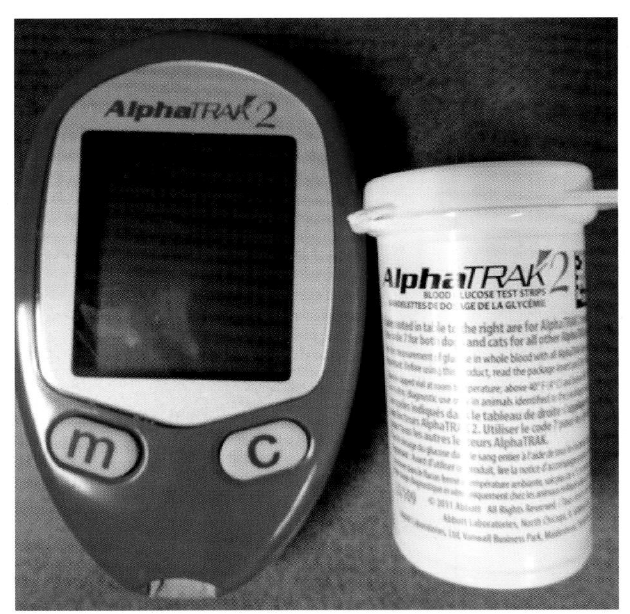

图 31.10 **这种血糖仪在许多药房都有销售，为非处方医疗器械**

仪器保养与维护

化学分析仪比较精密，需要精心维护。实验室操作人员应严格按照制造商操作手册操作。设备一般都需要预热，以便使光源、光电探测器和恒温器在使用前达到稳定状态。理想情况下，实验室最好在早上启动设备并全天开机，使仪器白天处于备用状态，特别是急救情况下。

按照制造商的维护计划进行维护，可延长仪器的使用寿命。实验室中每个仪器都应有维护表，便于迅速检查每个仪器的维护情况。通常制造商都有免费售后电话，当出现问题时，可拨打电话咨询。

关键点

- 临床上，大多数化学分析仪采用分光光度法进行检测，检测原理基于比尔定律。
- 有许多分析仪采用折射法。
- 化学分析仪可能使用终点法或动力学法进行分析。
- 电化学分析仪主要用于电解质的测定。
- 化学分析仪的优点和局限性各不相同。

第32章

Protein Assays and Hepatobiliary Function Tests
蛋白质分析与肝胆功能检查

学习目标

经过本章的学习，你将可以：

- 列出可能引起血清蛋白变化的原因。
- 描述常用的总蛋白和白蛋白检测方法。
- 描述常用的球蛋白检测方法。
- 列出常用的评估肝胆系统的检查。
- 描述胆红素的代谢过程。
- 区分结合胆红素与未结合胆红素。
- 列举哪些是漏出酶，并解释酶活性改变的意义。
- 描述胆汁酸循环及胆汁酸活性改变的意义。

目　录

关键词

急性期蛋白
丙氨酸氨基转移酶
白蛋白
碱性磷酸酶
天冬氨酸氨基转移酶
胆汁酸
胆红素
胆固醇
结合胆红素
γ-谷氨酰转移酶
球蛋白
谷氨酸脱氢酶
肝性脑病
高脂蛋白血症
高蛋白血症
低白蛋白血症

低血糖症
低蛋白血症
山梨醇脱氢酶
黄疸
蛋白质

蛋白质检测

虽然蛋白质检测并非肝功能的特异性指标，但是大部分血浆蛋白都是由肝脏产生的。其余的蛋白质由免疫系统（即网状内皮组织、淋巴组织和浆细胞）产生。机体的蛋白质具有许多功能。多种疾病，尤其是肝肾疾病，会使血浆蛋白的浓度发生变化。

机体共有 200 余种血浆蛋白。某些疾病状态下，部分血浆蛋白的浓度会发生显著变化，故可用于辅助诊断。其他蛋白的浓度变化不明显。同时，年龄也会影响血浆蛋白浓度。框 32.1 总结了血浆蛋白的主要功能。兽医临床常用的血浆蛋白检测有总蛋白、白蛋白和纤维蛋白原。

框 32.1 血浆蛋白的功能

参与形成细胞、器官和组织的结构基质
维持渗透压
作为酶参与生化反应
在酸碱平衡中起缓冲作用
作为激素发挥作用
参与凝血
抵御病原微生物对机体的侵害
作为转运/载体分子，参与血浆大部分成分的运输

总蛋白

血浆总蛋白包括纤维蛋白原，但由于纤维蛋白原在凝血过程中被消耗，实际血清总蛋白检测的是除去纤维蛋白原之外的组分。肝脏合成、蛋白质分布、降解和排出的改变，以及脱水和过度水合均会影响总蛋白的浓度。

总蛋白浓度对于判断机体的水合状态非常有用。脱水的动物通常表现为总蛋白浓度相对升高（高蛋白血症），过度水合时总蛋白浓度则会相对降低（低蛋白血症）。对于出现水肿、腹水、腹泻、体重下降、肝病和肾病，以及凝血障碍的动物，测定总蛋白浓度是有效的初筛手段。

总蛋白检测的两种常用方法是：折射法和双缩脲光度测定法。折射法通过折射仪测定血清或血浆的折射指数（流程 2.1）。样本的折射指数反映了样本内固体微粒的浓度。蛋白质是血浆中最主要的固体成分。这种方法快速、廉价、准确，是一种良好的筛查试验。实验室的分析仪通常使用双缩脲法，该方法可以测定血清或血浆中包含 3 个以上肽键的蛋白分子数量，简单且准确。其他测定蛋白的化学检查包括染料结合法和沉淀法。这类方法在兽医临床中并不常用，一般用于测定尿液和脑脊液中少量的蛋白质。一些参考实验室和研究机构会采用特定试验分离不同的蛋白质，所采用的方法包括盐析法、色谱法和凝胶电泳法（图 32.1），这些试验可以检测血清和血浆以外的样本（如尿液、脑脊液）。其他可用于各类体液的检测方法包括磺基水杨酸法和潘迪试验。有关磺基水杨酸法的介绍见第 5 单元第 28 章。

> **注意**：实验室通常使用折射仪或用双缩脲法测定总蛋白。

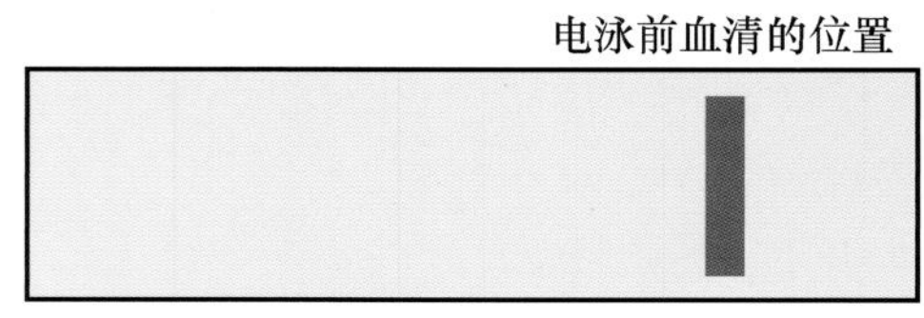

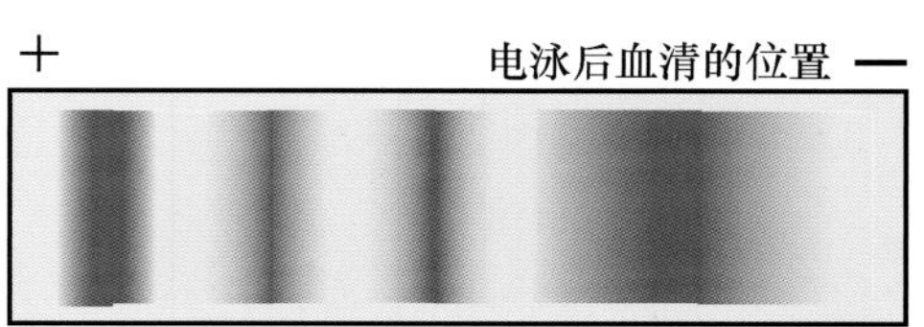

图 32.1 图示为血清电泳的结果。存在 4 个主峰：白蛋白峰和 3 个球蛋白峰（引自 Tizard I: *Veterinary immunology*, ed 9, St Louis, 2013, Saunders.）

白蛋白

白蛋白是血清或血浆中最重要的蛋白质之一。大部分动物的白蛋白占血浆蛋白的 35%～50%。出现显著的低蛋白血症时，最可能的原因是白蛋白丢失。白蛋白由肝细胞合成，所有弥散性肝脏疾病都会导致白蛋白合成减少。肾病、饮食摄入和肠道蛋白吸收也会影响血浆白蛋白水平。白蛋白是血液中主要的结合和转运蛋白，同时负责维持血浆渗透压。兽医临床上检测白蛋白的光度测定试验主要是溴甲酚绿染料结合试验。

框 32.2 汇总了可导致血清蛋白变化的疾病和情况。

框 32.2　与血清蛋白变化相关的情况

- 高蛋白血症和(或)高白蛋白血症
- 血液浓缩(脱水)
- 炎性疾病
- 浆细胞瘤
- 淋巴瘤
- 低蛋白血症和(或)低白蛋白血症
- 血液稀释(水合过度)
- 失血
- 肾小球肾炎
- 肝功能不全
- 吸收不良
- 营养不良

球蛋白

球蛋白由多种蛋白质组成。α-球蛋白由肝脏合成，是主要的运输和结合蛋白质，其中两种重要的蛋白质分别是高密度脂蛋白和极低密度脂蛋白。β-球蛋白包括补体(C3、C4)、转铁蛋白和铁蛋白，主要参与铁的转运、血红素的结合、纤维蛋白的形成和溶解。γ-球蛋白(免疫球蛋白)由浆细胞合成，参与抗体的产生(免疫)。动物体内的免疫球蛋白(Ig)包括 IgG、IgD、IgE、IgA 和 IgM。

球蛋白浓度通常通过测定总蛋白和白蛋白浓度的差值来评估，很少有直接测定球蛋白浓度的化学检测方法。

白蛋白/球蛋白（白球比）

白蛋白与球蛋白比值(A/G)的改变往往是蛋白质异常的第一个指征。白球比应结合蛋白质指标进行分析，可用于检测白蛋白和球蛋白浓度的升降。许多病理状态会改变白球比，但是当白蛋白与球蛋白浓度等比例下降，例如出血时，A/G 值不变。

A/G 即白蛋白浓度除以球蛋白浓度。犬、马、绵羊和山羊的白蛋白浓度通常高于球蛋白浓度(即 A/G>1.00)。牛、猪和猫的白蛋白浓度通常等于或少于球蛋白浓度(即 A/G≤1.00)。

> **注意**：球蛋白浓度通过计算总蛋白和白蛋白浓度的差值来评估。

纤维蛋白原

纤维蛋白原由肝细胞合成，是纤维蛋白的前体，纤维蛋白是形成血凝块基质的不可溶性蛋白，是参与凝血的必要因子之一。如果纤维蛋白原水平下降，就会造成凝血不良甚至无法凝血。纤维蛋白原占血浆总蛋白的 3%～6%。纤维蛋白原在凝血过程中被消耗，故血清中无纤维蛋白原。其是凝血功能检测的一部分，同时作为一项生化指标也十分有意义。急性炎症或组织损伤会导致纤维蛋白原水平升高，可用于检测马的亚临床性炎症。纤维蛋白原可使用热沉淀法进行检测，相关介绍见第 3 单元第 17 章。使用未经加热的试管和加热后的试管分别测定血浆总蛋白，前者减去后者即是纤维蛋白原的值。加热后的试管去除了纤维蛋白原，故蛋白含量较低。一些全自动分析仪也可检测纤维蛋白原的值。

急性期蛋白

急性期蛋白主要由肝细胞合成，是机体在损伤或炎症后立即产生的蛋白质。目前已发现的急性期蛋白有 30 余种。不同物种会产生不同的急性期蛋白，浓度也不同。除血清淀粉样蛋白 A(SAA)外，家养动物重要的急性期蛋白包括：C 反应蛋白(CRP)、纤维蛋白原、触珠蛋白(HP)、铜蓝蛋白、α_1-酸性糖蛋白(AGP)和主要急性期蛋白(MAP)(图 32.2)。白蛋白和转铁蛋白在机体出现损伤和炎症后浓度下降，称为负性急性期蛋白。虽然血清电泳有助于识别急性期蛋白的升高，但测定特定的急性期蛋白更加实用。触珠蛋白可通过化学方法检测，但大多数家养动物的急性期蛋白需使用免疫学方法进行检测。马的 SAA 可用手持式便携分析仪检测。

血清淀粉样蛋白 A 是许多哺乳动物的主要急性期蛋白，对于猫、牛、马尤其重要。机体出现损伤或炎症后数小时内血清淀粉样蛋白水平升高，升高的

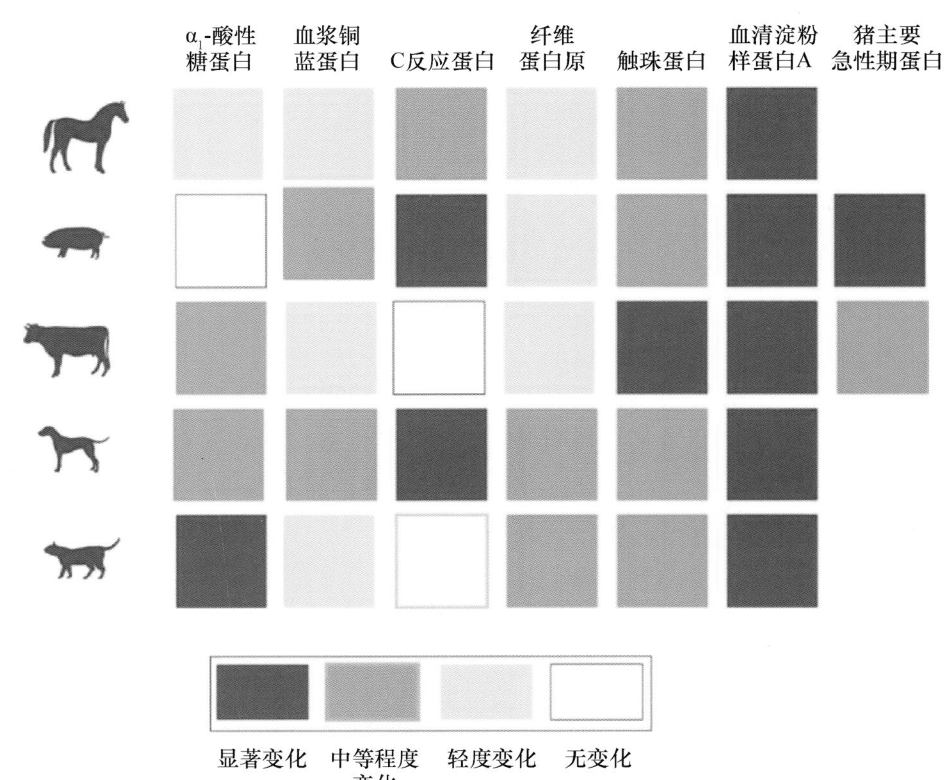

图 32.2 家养动物主要急性期蛋白的物种间差异(引自 Tizard I: *Veterinary Immunology*, ed 9, St Louis, 2013, Elsevier.)

幅度可以有助于特定疾病的诊断。例如,健康猫的SAA值通常低于20 mg/L,SAA升高与特定疾病有关(表32.1)。对于马来说,SAA值可以区分传染性与非传染性疾病,并评估治疗效果。

表 32.1 特定疾病状态下猫的 SAA 值

疾病	预期的 SAA 值/(mg/L)
急性胰腺炎	56.9
猫传染性腹膜炎(FIP)	29.4
甲状腺功能亢进	16.5
糖尿病	14.9
淋巴瘤	13.7
慢性肾衰	8.7

C反应蛋白(CRP)是肝脏产生的炎症生物标志物。对于包括心脏病、败血症和肿瘤在内的多种疾病,CRP都会急剧上升。CRP水平在炎症或创伤发生后6 h内迅速产生反应,在24～48 h之内达到峰值,并在相关疾病得到治疗后迅速降低。

肝胆系统检查

肝脏是体内最大的内脏器官,其结构、功能和病理学特征都很复杂。肝脏的功能多样,包括:氨基酸、糖和脂质的代谢;白蛋白、胆固醇、其他血浆蛋白和凝血因子的合成;与胆汁形成相关的营养物质消化与吸收;胆红素或胆汁的分泌;以及排泄作用,如解毒和药物代谢。这些功能的发挥都需要酶的参与。就解剖位置和功能而言,胆囊和肝脏关系密切。胆囊主要的功能是贮存胆汁。肝脏或胆囊发生功能障碍时,可出现黄疸、低白蛋白血症、止血障碍、低血糖、高脂蛋白血症和肝性脑病等临床症状。

肝细胞功能多样,且受损后具有再生能力,有100多种检查可用于评估肝功能。通常肝脏疾病显著发展后才会出现临床症状。一些肝脏功能检查旨在测定肝脏生成、转化或肝细胞受损后释放的物质,另一些检查可测定胆汁淤积导致血清中酶浓度的变化。肝细胞可分区协作,因此,某一区域受损并不一定影响整个肝脏的功能。通常连续进行肝功能检查并通过不同类型的试验来评估器官的功能状态。对肝胆疾病而言,不存在某一项检查比其他检查更优越。目前有许多新的试验方法正在研究中,以便在肝脏严重受损前检出疾病。框32.3总结了兽医临床中用于评估肝胆的主要指标。

框 32.3 主要肝胆指标

肝细胞损伤释放的酶
- 丙氨酸氨基转移酶(ALT)
- 天冬氨酸氨基转移酶(AST)
- 山梨醇脱氢酶(ID)
- 谷氨酸脱氢酶(GLDH)

与胆汁淤积相关的酶
- 碱性磷酸酶(ALP)
- γ-谷氨酰转移酶(GGT)

肝细胞功能检查
- 胆红素
- 胆汁酸

肝细胞功能检查

许多物质被肝脏吸收、修饰、产生和分泌。肝细胞这些特定功能的改变反映了肝功能的整体情况。兽医临床中,肝细胞功能检查包括胆红素和胆汁酸。肝细胞产生的其他物质对于评估肝功能的敏感性较低,可能在肝脏已经出现 2/3～3/4 的组织受损时才会显现出异常。这些较不敏感的指标包括白蛋白和胆固醇。

胆红素

胆红素是一种不可溶性分子,由脾脏内巨噬细胞降解血红蛋白而产生。胆红素与白蛋白结合并转运至肝脏,肝细胞代谢并结合胆红素,使之转化为胆红素葡糖醛酸酯。后者由肝细胞分泌,构成胆汁的一部分。胃肠道细菌作用于胆红素葡糖醛酸酯,产生一组复合物,统称为尿胆原。尿胆原降解为尿胆素,经粪便排出。胆红素葡糖醛酸酯和尿胆原也可直接吸收入血,由肾脏排泄(图 32.3)。胆红素可在光照下分解,故样本应避光保存以确保结果准确。

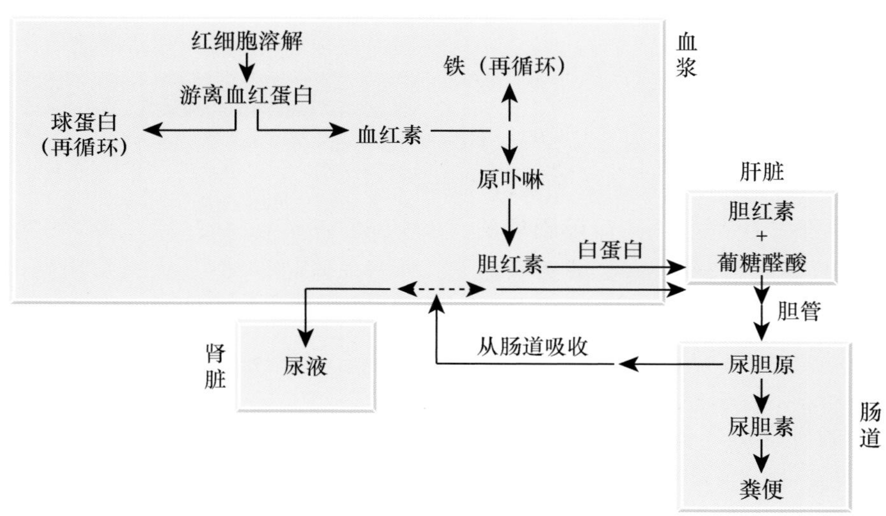

图 32.3　**胆红素代谢**

测定各种胆红素的循环水平有助于确定黄疸的原因。这些分子的相对溶解度不同,有助于单独定量检测。对于大多数动物,肝前性胆红素(与白蛋白结合的胆红素)占血清总胆红素的 2/3,其水平升高表明存在胆红素摄取障碍(肝损伤)。结合胆红素水平升高表明存在胆管阻塞。

> **注意:**未结合胆红素升高提示胆红素摄取障碍(肝损伤),结合胆红素升高提示胆管阻塞。

实验室可直接测定总胆红素(结合胆红素与未结合胆红素)和结合胆红素。可以直接测定样本中结合胆红素的量,因此,结合胆红素也被称为直接胆红素。未结合胆红素的浓度由样本中总胆红素浓度减去结合胆红素浓度所得,因此也被称为间接胆红素。

我们通过检测胆红素来判断黄疸的病因、评估肝功能以及检查胆管是否通畅。肝细胞损伤、胆管受损或阻塞会导致血液中结合(直接)胆红素升高;过量的红细胞破坏或胆红素进入肝细胞内进行结合的运输机制发生缺陷会导致血液中未结合(间接)胆红素升高。

胆汁酸

胆汁酸具有许多功能,通过在胃肠道中形成微胶粒而促进脂肪吸收,胆汁酸的合成还可调节胆固醇水平。胆汁酸以胆固醇为原料在肝细胞中合成，并与甘氨酸或牛磺酸结合。结合胆汁酸由胆小管膜分泌，经胆道系统进入十二指肠。胆汁酸贮存于胆囊内（马除外），进食刺激胆囊收缩将其排出。到达回肠的胆汁酸通过门脉循环转运返回肝脏。90%～95%的胆汁酸在回肠被重吸收，剩余5%～10%由粪便排出。重吸收的胆汁酸被运回肝脏，再次结合和排出，构成胆汁酸的肝肠循环（图32.4）。

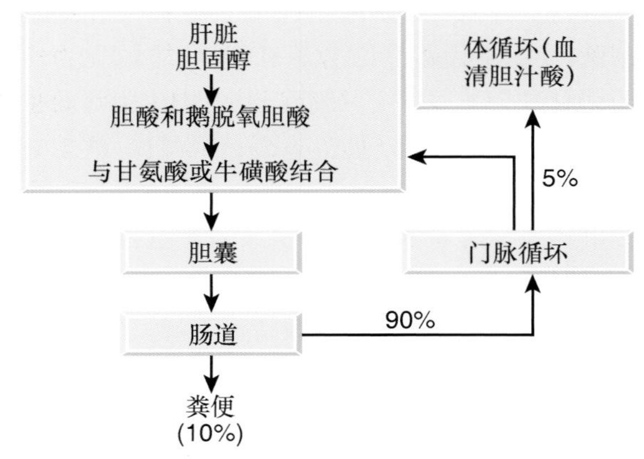

图32.4 **胆汁酸循环**

正常动物可检测到从肝肠循环中溢出的胆汁酸；血清胆汁酸（SBA）浓度与门脉浓度具有相关性，因此餐后SBA浓度高于空腹浓度。任何影响肝细胞、胆道或胆汁酸门脉肝肠循环的病变都会导致SBA浓度升高。SBA作为肝功指标的最大优点是可用于评估肝胆系统主要的解剖结构，并且在体外非常稳定。

正常情况下，动物进食后胆囊收缩，释放进入十二指肠的胆汁酸增多，因此，餐后SBA水平会升高。试验需要两个血清样本，分别于禁食12 h后和餐后2 h采集，并记录样本胆汁酸浓度的差异。马只需要检测一次血样即可。禁食不充分或者自发性胆囊收缩会使禁食胆汁酸水平升高。患病动物即使只闻到食物的香味也会导致胆囊自发性收缩。禁食过久和腹泻会引起胆汁酸浓度降低。

SBA水平升高提示存在肝脏疾病，如先天性门脉短路、慢性肝炎、肝硬化、胆汁淤积或肿瘤。胆汁酸水平不能特异性地指明肝病的类型，仅作为肝病的筛查指标。胆汁酸水平可于动物出现黄疸前升高，从而提示肝脏疾病。胆汁酸还可用来监测治疗期间的病情发展。肝外因素继发引起的肝脏疾病也会导致胆汁酸浓度升高。肠道吸收不良时胆汁酸浓度下降。马患有肝胆疾病或采食量下降时胆汁酸浓度会升高。牛胆汁酸浓度的参考范围很宽，并非敏感的诊断指标。

胆汁酸的测定方法很多，最常用的是酶法。3-羟基胆汁酸先与3-羟类固醇脱氢酶反应，然后与双蚁脂反应，由终点分光光度法测定所产生的颜色变化。进食后出现的乳糜样本应先离心去除脂质，以避免其对分光光度法的干扰。目前兽医临床上也采用免疫学方法（酶联免疫吸附试验）来测定胆汁酸。

胆固醇

胆固醇是一种血浆脂蛋白，主要由肝脏合成，或通过食物摄入。某些动物胆汁淤积会引起血清胆固醇升高。不同动物的血清脂蛋白成分有很大差异，且多数动物的脂蛋白清除机理尚不明确。许多自动分析仪可以测定胆固醇和其他脂蛋白浓度。高脂血症常继发于其他疾病（框32.4）。原发性高脂血症较罕见，与一些品种遗传性疾病有关。

框32.4 继发性高脂血症的原因

- 胆汁淤积
- 糖尿病
- 肝脂质沉积综合征
- 甲状腺功能减退
- 肾上腺功能亢进
- 急性坏死性胰腺炎
- 肾病综合征
- 使用皮质类固醇药物

胆固醇测定有时可用于甲状腺功能减退的筛查试验。甲状腺激素控制着体内胆固醇的合成和分解。在甲状腺激素不足（甲状腺功能减退）时，胆固醇的分解速度比合成速度慢，因此会出现高胆固醇血症。其他与高胆固醇血症相关的疾病包括：肾上腺皮质功能亢进、糖尿病和肾病综合征。高脂肪饮食或餐后脂血症可能引起高胆固醇血症，但饮食造成的高胆固醇血症较罕见。

明显的餐后乳糜血浆现象往往伴有甘油三酯升高，并非由胆固醇本身造成。使用皮质类固醇可造成血胆固醇浓度升高。氟化物和草酸盐抗凝剂可能造成酶法测定的胆固醇结果假性升高。

肝细胞损伤释放的酶

当肝细胞受损时，细胞内的一些酶会渗出至血液，引起血液中与肝细胞相关的酶水平明显升高，这些酶通常称为“漏出酶”，主要包括丙氨酸氨基转移酶(ALT)、天冬氨酸氨基转移酶(AST)、山梨醇脱氢酶(ID)和谷氨酸脱氢酶(GLDH)。氨基转移酶的主要作用是催化一种氨基酸的氨基转移到另一种氨基酸的酮基上，生成新的氨基酸。这类酶存在于蛋白质代谢旺盛的组织内。虽然肝细胞内还有其他转移酶，但临床上常用的检测指标是 ALT 和 AST。脱氢酶主要催化糖酵解过程中氢的转移。氨基转移酶和脱氢酶在肝细胞的细胞质中游离存在或结合于细胞膜上。这些酶在血清中的水平因物种而异，且大部分酶具有肝外来源。

注意：小动物临床常用于肝功能检测的酶是 AST 和 ALT。

丙氨酸氨基转移酶(ALT)

犬、猫和灵长类动物的 ALT 主要来源于肝细胞，在细胞质中游离存在。ALT 被认为是这些物种的肝脏特异性酶。在马、反刍动物、猪和鸟类肝细胞中 ALT 较少，故不具有肝脏特异性。ALT 还可来源于肾细胞、心肌、骨骼肌和胰腺，这些组织受损也会引起血清 ALT 水平升高。使用皮质类固醇或抗惊厥药物会导致血清 ALT 水平升高。ALT 无法精准鉴别出肝病的具体类型，仅作为一项肝脏疾病的筛查指标。血液中 ALT 的水平和肝损伤的严重程度不具有相关性。ALT 水平通常会在肝细胞受损后 12 h 内升高，并在 24～48 h 内达峰值。除非存在慢性肝损伤，否则，一般情况下血清 ALT 水平会在几周内恢复正常。

天冬氨酸氨基转移酶(AST)

AST 存在于肝细胞内，一部分游离于细胞质中，另一部分结合在线粒体膜上。较严重的肝损伤会引起与膜结合的 AST 的释放。AST 升高较 ALT 慢，倘若不存在慢性肝损伤，AST 水平会在一天内恢复正常。许多其他组织也含有丰富的 AST，如红细胞、心肌、骨骼肌、肾脏和胰腺。AST 水平升高表明非特异性肝脏损伤，剧烈的运动或肌内注射也可能导致 AST 水平升高。造成血液 AST 水平升高最常见的原因是肝病、肌肉炎症或坏死、自发或人为造成的溶血。若 AST 升高，必须先检查血清或血浆样本是否溶血。另外，应评估肌酸激酶的活性，以排除肌肉损伤造成的 AST 升高。上述原因排除后，方可考虑为肝损伤造成的 AST 升高。

山梨醇脱氢酶(ID)

ID 主要来源于肝细胞。肾脏、小肠、骨骼肌和红细胞内也存在少量的 ID。尽管 ID 存在于所有常见家养动物的肝细胞内，但是，对于评估大动物，如绵羊、山羊、猪、马和牛的肝损伤尤其有用。这些大动物的肝细胞内 ALT 水平较低，无诊断意义，因此 ID 是这些动物的肝脏特异性诊断指标。肝细胞损伤或坏死会出现血浆 ID 水平迅速升高。ID 测定可用于检测所有物种的肝细胞损伤或坏死，因而也不再需要评估其他指标(如 ALT)。ID 检测的缺点是它在血清中不稳定，其活性在几个小时内就会下降。如果无法及时检测，应将样本冷冻。目前普通兽医实验室无法测定 ID。将样本向外送检时，应用冰袋冷藏运输。

谷氨酸脱氢酶(GLDH)

GLDH 是一种线粒体结合酶，牛、绵羊和山羊的肝细胞内存在高浓度的 GLDH。牛和绵羊体内的 GLDH 升高提示肝细胞损伤或坏死。GLDH 可作为反刍动物和禽类肝脏功能的评估指标，但是兽医临床实验室中还没有可用的标准化的检测方法。

胆汁淤积相关酶

胆汁淤积(胆管阻塞)、肝细胞代谢障碍、某些药物和激素(尤其是甲状腺激素)的作用会导致血液中部分酶的水平升高，这些酶主要结合于细胞膜上。胆汁淤积诱导这些酶水平升高的确切机制尚不清楚。

碱性磷酸酶(AP)

碱性磷酸酶(AP)在许多组织中存在同工酶，尤其是骨骼内的成骨细胞、软骨内的成软骨细胞、肠道、胎盘以及肝脏内肝胆系统的细胞。AP 的同工酶在循环中的寿命为 2～3 d，但肠道的同工酶仅为数小时。当犬受到内源或外源性糖皮质激素升高影响时，皮质类固醇相关的 AP 同工酶会出现。由于 AP 同工酶存在于不同的组织内，商业化实验室或研究实验室可用电泳法或其他检查确定某种同工酶的来源或受损组织的位置。

幼年动物处于活跃的骨发育阶段，因此，AP 主要来源于成骨细胞和成软骨细胞。年长的动物骨骼发育已经稳定，因此，循环中几乎所有 AP 均来源于肝脏。临床实验室中，测定的是血液中 AP 的总浓度。成年犬猫的 AP 浓度最常用于评估胆汁淤积。在牛和羊的正常血液中 AP 水平波动过大，因此，该试验不适用于检测这些动物的胆汁淤积。

注意：碱性磷酸酶可用于评估小动物的胆汁淤积。

γ-谷氨酰转移酶(GGT)

γ-谷氨酰转移酶(GGT 或 gGT)也被称为 γ-谷氨酰转肽酶。GGT 存在于许多组织中，包括肾上皮、乳腺上皮(尤其是哺乳期)以及胆管上皮，但它主要来源于肝脏。牛、马、山羊、绵羊和鸟类的血液GGT 活性比犬、猫高。GGT 还来源于肾脏、胰腺、肠道和肌细胞。患有肝病，尤其是阻塞性肝病时，血液 GGT 水平会升高。

肝功能的其他检查

兽医可借助许多其他检查方法进行诊断和预后评估，许多测试都是与其他器官有关的生化检查，因此，对肝脏疾病的诊断不具有特异性。例如，血糖通常与胰腺功能有关，但是肝脏也参与调节血糖水平，肝脏疾病往往会造成高血糖或低血糖。其他肝功能测试(如染料排泄试验、咖啡因清除率)通常仅在研究条件下开展。

关键点

- 血浆总蛋白检测包含纤维蛋白原，而血清总蛋白检测的是除去纤维蛋白原以外的所有蛋白组分。
- 总蛋白浓度对于确定动物的水合状态十分有用。
- 大多数动物的白蛋白占血浆蛋白总量的35%～50%。
- 血清淀粉样蛋白是一种急性期蛋白，与某些物种的特定疾病相关。
- 一些肝脏功能检查旨在测定肝脏生成、转化或肝细胞受损后释放的物质，另一些检查可测定胆汁淤积导致血清中酶浓度的变化。
- 大多数动物的未结合胆红素约占血清总胆红素的 2/3。
- 胆汁酸可促进脂肪吸收，其合成还可调节胆固醇水平。
- 血清胆汁酸升高通常提示肝脏疾病，如先天性门脉短路、慢性肝炎、肝硬化、胆汁淤积或肿瘤。
- “漏出酶”包括丙氨酸氨基转移酶、天冬氨酸氨基转移酶、山梨醇脱氢酶和谷氨酸脱氢酶。
- ALT 和 AST 是小动物最常用的肝功能检测指标。
- 多种器官可以产生碱性磷酸酶。

第33章

Kidney Function Tests
肾脏功能检查

学习目标

经过本章的学习，你将可以：

- 讨论肾脏在维持稳态中的作用。
- 描述评估肾脏功能的常用检查。
- 描述尿素氮和肌酐之间的关系。
- 明确氮质血症的定义。
- 讨论可评估有效肾血浆流量和肾小球滤过率的检查。
- 讨论含氮产物的分解和肾脏的作用。

目　　录

关键词

尿囊素
氮质血症
血尿素氮
肌酐
有效肾血浆流量
酶尿
电解质清除分数
肾小球滤过率
尿酸

肾脏在维持动物机体稳态方面起着重要作用。它们的主要功能是在负平衡时保存水和电解质，在正平衡时促进水和电解质的排出；排出或保存氢离子，从而将血液 pH 保持在正常范围内；保存营养物质（如葡萄糖、蛋白质）；排出含氮代谢终产物（如尿素、肌酐、尿囊素），使其在血液中保持较低水平。其他功能包括产生肾素（一种控制血压的酶）、促红细胞生成素（红细胞生成所必需的激素）和前列腺素（可刺激子宫和其他平滑肌收缩的脂肪酸）。此外，肾脏还具有降低血压、调节胃酸分泌、调节体温和血小板聚集、控制炎症和辅助激活维生素 D 的功能。

肾脏接受来自肾动脉的血液。血液进入肾单位的肾小球，几乎所有水和小的可溶性溶质都进入集合管。每个肾单位都含有用于重吸收或分泌特定溶质的功能区段。葡萄糖的再吸收发生在近曲小管。矿物盐的分泌和重吸收发生在髓袢升支和远曲小管。肾单位对每种物质都有特定的吸收能力，称为肾阈值。大部分水也被重新吸收。由于水的重吸收，排出的尿液体积比最初进入肾脏的 1% 还小。血液通过肾静脉进入后腔静脉，从肾脏回流到身体的其他部位。尿液和血液均可用于评估肾功能。第 5 单元详细介绍了尿液分析的操作规程。肾功能的血清生化检查主要是尿素氮和肌酐。其他检查包括各种旨在评估肾小球滤过率和滤过效率的分析试验。

> **注意：**肾功能的血清生化检查主要是尿素氮和肌酐。

血尿素氮

有些参考文献使用的是血清尿素氮（SUN），而非血尿素氮（BUN）。尿素是哺乳动物氨基酸分解的主要终产物。基于肾脏清除血液中含氮废物（尿素）的能力，可以通过测定 BUN 水平来评估肾功能。正常情况下，所有尿素均可通过肾小球进入肾小管，其中大约 1/2 在肾小管中被重新吸收，其余的则经尿液排出。如果肾脏功能异常，不足以排出血浆中的尿素，则会导致 BUN 水平升高。

产脲酶菌（如金黄色葡萄球菌、变形杆菌属、克雷伯菌属）污染血液样本可导致尿素分解，进而引发 BUN 水平下降。为了防止这种情况的发生，应在样本采集后的数小时内完成分析，或将样本冷藏。有许多光度测试可用于尿素的检测，其准确性和精准度都可接受。也可通过色谱法试纸获得半定量的血清尿素氮结果（图 33.1）。但这些方法往往不太准确，只能用作快速筛查。

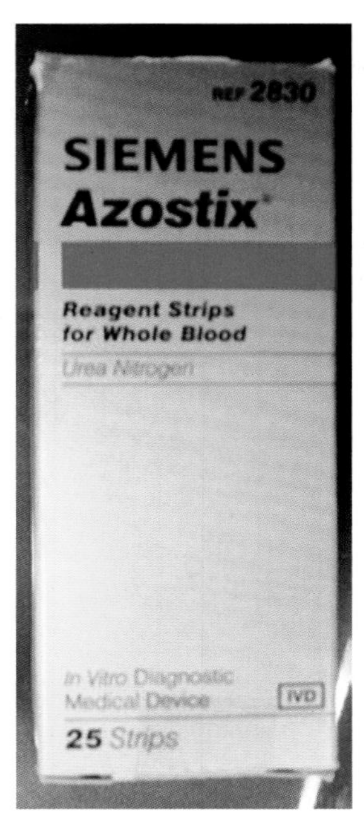

图 33.1 血尿素氮的试纸检测

尿素是一种不可溶性分子，必须随大量水排出。脱水导致尿素在血液中的滞留增多。高蛋白饮食和剧烈运动可导致 BUN 水平升高，其原因是氨基酸分解增加，而不是肾小球滤过率降低。雄性和雌性动物以及幼年和老年动物蛋白质分解代谢率的差异也会影响 BUN 水平。

> **注意：**脱水通常会导致氮质血症。

血清肌酐

肌酐由肌酸形成，后者存在于骨骼肌中，是肌肉代谢的一部分。肌酐从肌肉细胞扩散到包括血液在内的大多数体液中。如果身体活动保持不变，代谢成肌酐的肌酸量保持不变，则血肌酐水平保持不变。肌酐总量是动物肌肉总量的函数值。正常情况下，所有血清肌酐均通过肾小球过滤，并通过尿液排出体外。任何改变肾小球滤过率（GFR）的情况都会改变血清肌酐水平。肌酐也可能存在于汗液、粪便和呕吐物中，并且可能被细菌分解。

肾小球具有从血液中滤出肌酐，并将其在尿液中排出的能力，因此，血肌酐水平可用于评估肾功能。像 BUN 一样，肌酐不是肾功能的准确指标，因为近 75％的肾组织丧失功能，方可引起血肌酐水平升高。常用的血清肌酐测定方法有 Jaffe 法和一些酶分析法。餐后肌酐下降由餐后 GFR 短暂升高引起。

注意：肌酐总量是动物肌肉总量的函数值。

血尿素氮/肌酐

BUN 和肌酐的参考范围都很广，所以它们作为肾功能指标的应用有局限性。GFR 可能降至低于正常值的 4 倍时，BUN 或血清肌酐水平才发生变化。此外，健康动物 BUN 和肌酐可能低于参考范围。患肾病动物的肾组织增生可掩盖肾功能衰竭的早期迹象。血尿素氮与肌酐的比值在人类医学中用于肾脏疾病的诊断。虽然其对于动物的意义尚不完全明确，但它可用于评估动物在治疗期间的状态。

BUN 与肌酐呈反对数关系。随着时间的推移，肌酐的倒数可用于跟踪疾病的进展和治疗效果。BUN 不成比例的增加提示脱水、饮食治疗失败或主人未遵守治疗方案。

尿蛋白/肌酐

肾性蛋白尿的定量评价对肾脏疾病的诊断具有重要意义。如果尿中没有炎性细胞，蛋白尿则提示肾小球疾病。为准确测定蛋白尿，应测定 24 h 尿蛋白值。这种方法烦琐且易于出错。通过比较单次尿液样本中蛋白与肌酐水平的方法更准确和全面。这种尿蛋白与肌酐比(P/C)的检测原理是基于尿蛋白和肌酐浓度在肾小管中的等幅增加。

该方法已经被证实适用于犬。通常在上午 10:00 到下午 2:00 之间收集 5～10 mL 尿液，最好是通过膀胱穿刺。尿样应在 4 ℃或 20 ℃下保存。样本离心，使用上清液。样本的蛋白质和肌酐浓度可以通过各种光度法测定。健康犬的尿 P/C 值应小于 1。尿 P/C 值在 1～5 之间可能有肾前性(如高球蛋白血症、血红蛋白血症、肌红蛋白血症)或功能性(如运动、发热、高血压)异常，而尿 P/C 值大于 5 提示存在肾脏疾病。

尿酸

尿酸是氮分解代谢的副产物，主要存在于肝脏。尿酸通常与白蛋白结合转运至肾脏。在大多数哺乳动物中，这种复合物可通过肾小球，大部分被肾小管细胞重新吸收，然后转化为尿囊素并随尿液排出。在大麦町犬中，尿酸进入肝细胞的障碍会导致尿囊素转化率降低。因此，这个品种会将尿酸(而非尿囊素)排入尿中。

尿酸是禽类氮代谢的主要终产物，约占禽尿排泄总氮量的 60％～80％，由肾小管主动分泌。血浆或血清尿酸的测定被用作评估鸟类肾功能的指标。由于粪便尿酸盐污染，泄殖腔样本中尿酸含量也会增加。肉食性鸟类餐后尿酸浓度增加。在肾脏疾病中，当肾脏功能出现 70％以上受损时，尿酸浓度升高。

注意：尿酸是禽类氮代谢的主要终产物。大麦町犬的尿中也能见到。

肾小球功能检查

在有氮质血症或存在肾脏疾病症状而无氮质血症的患病动物中，可以进行一些额外的检查来评估肾功能。清除率试验需要定时定量收集尿液样本，同时采集血浆样本。主要可做两种清除率检查：有效肾血浆流量(ERPF)和 GFR。ERPF 可使用能被肾小球滤过和被肾脏分泌的测试物质(通常是酰胺对氨基马尿酸)检测。GFR 则使用仅通过肾小球排泌的物质(通常是肌酐、菊粉或尿素)检测。给予受试物，收集尿液和血浆样本。ERPF 和 GFR 的计算方法如下：

$$\text{特定物质 GFR 或 ERPF}[\text{mL}/(\text{kg}\cdot\text{min})] = U_x \times V / P_x$$

U_x 表示尿液中的物质(mg/mL)，V 表示在规定时间内收集的尿液量[mg/(kg · min)]，P_x 表示物质的血浆浓度。

注意：ERPF 可使用能被肾小球滤过和被肾脏分泌的物质进行检测。

肌酐清除试验

内生肌酐清除率

肌酐经肾小球滤过后基本不被肾小管吸收，因此，它是肾小球滤过的天然示踪剂。幸运的是，其短期血液浓度稳定，足以符合菊粉和对氨基马尿酸稳定输注检查所用的清除原则。检测血肌酐并准确、定时的尿液采集相对简单(框 33.1)。精确操作很重要，不当的膀胱导尿和取样会使结果不准确，特别是简化版的操作方法。在试验前后必须冲洗膀胱，冲洗后的尿液保存下来，一起进行肌酐分析。通过将尿肌酐排泄量(尿肌酐浓度×尿量)除以血浆肌酐浓度来计算清除率。尽管该估算值可能不够精确，但非常实用。

框 33.1 内生肌酐清除率试验的概述

- 采集试验前血样并测定血浆肌酐浓度。
- 向膀胱内插入导尿管，并用生理盐水冲洗数次。
- 在指定的时间范围内(通常为 24 h)收集所有排出的尿液。
- 在指定时间结束时，向膀胱内插入导尿管并收集剩余尿液。
- 再次用生理盐水冲洗膀胱，并测定尿液肌酐浓度。
- 肌酐清除率计算公式如下，其中 Uv 代表尿量(mL/min)，Uc 代表尿肌酐质量浓度(mg/dL)，Pc 代表血浆肌酸质量浓度(mg/dL)：

  肌酐清除率＝[Uv×Uc/Pc]/体重(kg)
- 犬正常的清除率为(2.8±0.96) mL/(min·kg)。

为了避免误差，血浆肌酐测定应采用联合肌酐 PAP 试验，而非 Jaffe 法。联合肌酐 PAP 试验是一种测定肌酐浓度的酶显色法。

Jaffe 法还可测定血浆中的非肌酐色原，但在尿液中不存在。血清酮、葡萄糖和蛋白质过多可因颜色干扰和交叉反应，使 GFR 的估算值假性升高。

外源性肌酐清除率

外源性肌酐清除率是测定小动物 GFR 的准确方法。血浆肌酐浓度升高，使非肌酐色原的浓度可忽略不计，从而能够使用 Jaffe 法测定肌酐浓度(框 33.2)。避免动物脱水对本试验的效果至关重要；在进行任何肾小球滤过试验之前，必须确保动物能自由采水。

碘海醇清除率

碘海醇清除率可用于评估犬猫的 GFR。碘海醇是一种造影剂，在动物自由饮水并禁食 12 h 后，单次静脉注射给药。给药后第 2、3、4 h 分别取血清样本，送至参考实验室，评估碘海醇的转运并计算 GFR。

框 33.2 外源性肌酐清除率试验的概述

- 皮下注射肌酐。
- 通过胃管给予确定体积的水。
- 向膀胱内插入导尿管，在规定的时间段(通常为 40 min)后，用生理盐水冲洗膀胱。
- 采集血液样本测定血浆肌酐浓度。
- 在指定的时间段内收集所有排出的尿液，并再次采集血样。
- 使用两次样本的平均值计算肌酐清除率。
- 犬的正常值为(4.09±0.52) mL/(kg·min)。
- 评估肾小球滤过率的类似检查包括使用碘海醇注射液，不需要收集尿液样本。

单次注射菊粉清除率

菊粉可完全通过肾小球滤过排出，并且肾小管不会分泌、再吸收或分解代谢。因此，使用恒定输注速率和定量尿样的菊粉清除试验被认为是评价 GFR 的最佳方法。也可以使用单次注射菊粉清除率这种更简单的方法。在禁食 12 h 后(在试验期间允许自由饮水)，菊粉以 100 mg/kg 或 3 g/m^2(体表面积计算获得的结果更准确)剂量的静脉注射；然后在 20、40、80 和 120 min 时采集血清样本。菊粉清除率采用二室模型计算菊粉浓度下降情况而得出。正常犬 GFR 为 83.5～144.3 mL/(min·m^2)(指单位体表面积)。

限水试验

多尿或多饮通常会令人怀疑存在肾脏疾病，但可能并非如此。多尿和继发的多饮可能提示肾衰竭或肾上腺功能亢进(库欣综合征)、糖尿病或肾源性尿崩症。肾脏可能是正常的，但它们可能没有接收到浓缩尿液的信号，即发生神经性尿崩症。此外，多尿可能继发于病理性水摄入过多(即精神性多饮)，而肾脏对这种状态仅仅起到代偿作用。

来自神经垂体的加压素或抗利尿激素(ADH)通过向肾脏发出保留水的信号，增加集合管对水的通透性。尿液中的水离开集合管，进入高渗肾髓质，从而将残留在集合管中的尿液浓缩。若释放 ADH 以应对低血容量或血浆高渗的神经内分泌途径被阻断，或肾单位无法做出应答，那么上述系统则会出现衰竭(即不当利尿)。

这个测试的目的是观察病患对内源或外源性 ADH 的反应。该试验的基础是安全地使患病动物脱水，直到确实激发出内源性 ADH 的分泌(通常在体重下降约 5%时），这个终点可能是不同的。当限水时，患病动物脱水的速度不同，必须监测体重下降情况、临床脱水症状，以及尿渗透压或比重的增加情况。最后，肾脏应该在严格的内分泌调控下浓缩尿液。持续的利尿和稀释尿表明内源性 ADH 缺乏或肾单位无反应。肾衰竭患犬的这种无反应比氮质血症发生得要早。

本试验的禁忌证包括脱水和氮质血症。脱水的患病动物存在发生低血容量和休克的危险。它们 ADH 的分泌应该已经达到最大量，若它们有浓缩尿液的能力，则会浓缩。在这些疾病条件下，特别是对于患有尿崩症或神经性尿崩症的动物，这种试验是无用且危险的。氮质血症已经提示肾功能不全。这项检查不但不会有新的发现，还会造成肾前性氮质血症的发生。

血管加压素应答试验

当患病动物出现上述症状或先前的限水试验失败时，表明需要进行血管加压素应答试验。血管加压素应答试验只是考察机体对外源性 ADH 的反应；它主要关注肾脏的反应能力。尿渗透压或比重是这项能力的功能指标。尽管患病动物可以自由饮水，但正常肾脏会浓缩尿液。加压素不稳定，易从油剂中沉降下来，故必须小心处理。使用了旧的或混合不完全的溶液可能会导致试验失败。此外，肌内注射加压素会引起疼痛。理论上，由于加压素的血管舒缩作用，怀孕期间的动物禁止使用该药物。

在这两种检查中，即使是正常肾脏也可能无法将尿液浓缩到正常范围。多尿会迅速冲去肾髓质中的溶质，削弱从集合管中吸水的渗透梯度。建议在进行限水试验前，在 3～5 d 内逐渐减少水的摄入，以更新肾脏溶质，从而更好地评估脱水对动物的影响。

基本的限水试验和血管加压素应答试验可以在同一检查中结合进行，有助于区分多尿和多饮的几种原因（框 33.3）。改良的限水试验禁止用于已知存在肾脏疾病、由肾前性或原发性肾脏疾病引起的尿毒症、疑似或明显脱水的患病动物。

框 33.3　限水/血管加压素应答试验的概述

- 在试验开始前 72 h 内，逐渐减少水的摄入量。
- 在试验开始时，停止提供任何食物和水，排空膀胱。
- 在试验开始时测量动物的准确体重，每 30～60 min 重复一次。
- 记录尿液比重、渗透压和血清尿素氮水平，并在测试开始时评估动物的水合和中枢神经系统（CNS）状态，每隔 30～60 min 重复一次，然后在测试结束时再次评估。
- 当动物出现临床脱水症状、病态或体重下降约 5%时，试验结束。
- 在进行血管加压素应答试验之前，获得最终的血样以测定加压素浓度。

血管加压素应答试验

- 通过肌内注射水溶性加压素。
- 在 2 h 内，每隔 30 min，排空膀胱，记录体重、尿比重、渗透压和血清尿素氮水平，并评估动物水合和 CNS 状态。

测试后

- 每 30 min 提供少量饮水，持续 2 h。
- 如果病患在试验后 2 h 没有出现呕吐、脱水或中枢神经系统异常的迹象，则可自由饮水。

电解质清除率分数

清除率分数（FC）——也称为电解质的排泄率分数（FE）——它是表示特定电解质（特别是钠、钾和磷）相对于 GFR 的排泄量的一种数学计算。最常用的 FE 试验物质是钠。碳酸氢盐和氯 FE 试验较少进行。这些试验可以区分肾前性和肾后性氮质血症。需要随机的并同时采集血液和尿液样本。FE_x 的计算如下：

$$FE_x = (U_x/P_x) \times (P_{CR}/U_{CR}) \times 100$$

x 是所用的电解质测量值，可以是 4 种电解质（钠、钾、磷和氯化物）中的任何一种；U_x 和 P_x 分别是该电解质的尿和血浆浓度；U_{CR} 和 P_{CR} 分别是尿和血浆的肌酐浓度。正常结果如下：

- 犬：钠，1；钾，20；氯，l；磷，39
- 猫：钠，1；钾，24；氯，1.3；磷，73

注意：电解质的排泄率分数是一种数学计算，它表示特定电解质相对于 GFR 的排泄量。

无机磷

血清无机磷（Pi）通常和血清钙呈负相关。正常情况下，血清 Pi 在肾小管中被重新吸收。这一机制受甲状旁腺激素的控制，并受血清 pH 的影响。最初，改变 GFR 的肾损伤会导致尿 Pi 降低和血清 Pi 升高。随后，钙和 Pi 的变化导致血清钙升高和 Pi 降低。有关 Pi 检测的更多信息，请参阅本章后面的电解质信息。

酶尿

酶尿是指尿液中存在酶。许多在血清或血浆上进行的化学试验也可以在尿样上进行。肾脏疾病患病动物尿液中可能存在的酶包括尿 GGT 和尿 N-乙酰-β-D-氨基葡萄糖苷酶(NAG)。尿 GGT 和 NAG 是肾小管细胞损伤释放的酶。比较每毫克肌酐中 GGT 或 NAG 的单位量可以判断肾损伤的程度。GGT 和 NAG 会随着肾脏毒性变化而迅速升高,并且比血清肌酐、肌酐清除率或电解质排泄分数的变化更快。

关键点

- 肾脏通过调节水和电解质浓度,维持血液 pH,保存营养物质,清除废物,产生肾素、促红细胞生成素和前列腺素,在维持动物体内平衡方面发挥着重要作用。
- 肾功能的主要血清化学试验是尿素氮和肌酐。
- 尿素是哺乳动物氨基酸分解的主要终产物。
- 尿素必须通过大量水才能排出,故脱水可导致尿素在血液中滞留。
- 任何改变 GFR 的疾病都会改变血清肌酐水平。
- 大麦町犬肝细胞摄取尿酸的障碍导致尿酸直接经尿排泄。
- 尿酸是禽类氮代谢的主要终产物。
- 可在氮质血症患病动物中进行的清除试验包括 ERPF 和 GFR。
- ERPF 可使用能被肾小球滤过和被肾脏排泌的试验物质检测。
- 电解质清除率分数是一种数学计算,表示特定电解质相对于 GFR 的排出率。
- 血清 Pi 通常和血清钙浓度呈负相关。

第34章

Pancreatic Function Tests
胰腺功能检查

学习目标

经过本章的学习，你将可以：

- 区分胰腺腺泡和内分泌的功能。
- 列举并描述评估胰腺外分泌功能的常用试验。
- 解释胰岛素、胰高血糖素和血糖之间的关系。
- 描述用来评估动物高血糖的常用试验。
- 探讨葡萄糖耐量试验的基本概念。

目　录

关键词

腺泡
淀粉酶
淀粉分解
内分泌
果糖胺
胰高血糖素
葡萄糖
葡萄糖耐量
糖化血红蛋白
高血糖
胰岛素
脂肪酶
胰脂肪酶免疫活性
胰蛋白酶
胰蛋白酶原

胰腺实际上是处于一个基质上的两个器官，一个具有外分泌功能，另一个具有内分泌功能。外分泌部分又称为胰腺腺泡，是胰腺最大的组成部分，分泌富含酶的胰液，包括进入小肠参与消化所必需的酶。3 种主要的胰酶是胰蛋白酶、淀粉酶和脂肪酶。这些消化酶通过管道系统释放进入其他器官腔内。胰腺组织受损常伴有胰管的炎症，这种情况会导致阻塞的消化酶进入外周循环。

注意：胰腺同时具有腺泡和内分泌功能。

外分泌腺组织中散布排列的细胞，在组织切片上呈“岛”状的淡染区域，称为胰岛。胰岛细胞有 4 种类型，但无法通过形态学特征区分。这 4 种细胞分别是 α 细胞、β 细胞、δ 细胞和胰多肽（PP）细胞。δ 细胞和 PP 细胞占胰岛细胞的比例小于 1%，分别分泌生长抑素和胰多肽。β 细胞约占胰岛细胞的 80%，分泌胰岛素。其余近 20% 的细胞，即为 α 细胞，分泌胰高血糖素和生长抑素。胰腺几乎没有再生能力。当胰岛被损伤或破坏时，胰腺组织会变坚实或呈结节状，出现出血或坏死区域。这些胰岛细胞丧失正常功能。胰腺疾病可能导致炎症和细胞损伤，从而使得消化酶外泄，酶的生成或分泌不足。

胰腺外分泌检测

通常用来评估胰腺腺泡功能的检测包括淀粉酶和脂肪酶。类胰蛋白酶免疫活性和血清胰脂肪酶免疫活性也可作为评估胰腺功能的指标。已证实血清淀粉酶和脂肪酶活性对于诊断猫胰腺炎的临床意义有限。试验条件下，猫患胰腺炎时血清淀粉酶活性实际上有所下降。患胰腺炎的猫的淀粉酶和脂肪酶的血清活性通常正常。有数种免疫分析法可以定量或半定量地评估犬猫的特异性脂肪酶，以快速区分胰腺炎和其他疾病。

淀粉酶

淀粉酶主要来源于胰腺，但在唾液腺和小肠内也可产生。血清淀粉酶升高，尤其伴有脂肪酶水平升高时，通常由胰腺疾病造成。血淀粉酶升高的水平和胰腺炎的严重程度没有直接的比例关系。连续测定淀粉酶可以获得更多的信息。

淀粉酶的功能是将淀粉和糖原降解为糖，如麦芽糖和葡萄糖。血淀粉酶浓度升高可见于急性胰腺炎、慢性胰腺炎的复发期或胰管阻塞。在肠炎、肠梗阻或肠穿孔时，也可能因吸收入血的肠淀粉酶增多，导致血清淀粉酶升高。另外，淀粉酶经肾脏排泄，所以当任何原因导致肾小球滤过率降低时，都可引起血清淀粉酶升高。血清淀粉酶水平达参考值的 3 倍以上时，通常提示胰腺炎。

测定淀粉酶的方法有两种：糖化法和淀粉分解法。糖化法是测量淀粉酶催化淀粉分解所还原的糖的量，淀粉分解法是测定淀粉经淀粉酶作用分解而减少的量。淀粉酶需要钙的参与才能发挥作用，因此采集的样本不能置于钙结合抗凝剂（如 EDTA）中。脂血症会降低淀粉酶的活性。对犬来说，样本中的麦芽糖酶可能会使检测值假性升高，所以糖化法不是理想的检测方法。正常犬猫的淀粉酶活性可高达人的 10 倍，因此使用人用检测方法，检测犬猫的淀粉酶活性时，应将样本稀释。

脂肪酶

绝大部分血清脂肪酶都来源于胰腺。脂肪酶的作用是降解脂质中的长链脂肪酸。过量的脂肪酶经肾脏滤过，因此在胰腺疾病的早期阶段，脂肪酶仍处于正常水平。随着病情的加重，脂肪酶水平逐渐升高。在慢性进行性胰腺疾病中，受损的胰腺细胞会被结缔组织取代而不能产生酶。因此，淀粉酶和脂肪酶水平会呈现渐进性降低。

化学检测法通常利用动物血清中的脂肪酶将橄榄油乳状液水解为脂肪酸来测定脂肪酶水平。中和脂肪酸所需的氢氧化钠量与样本中脂肪酶的活性成正比。一些新的检测利用免疫学方法检测犬猫胰腺脂肪酶，这些试验已被证实对犬猫胰腺炎的诊断具有高度的敏感性。

与淀粉酶检测相比，脂肪酶对胰腺炎的诊断更敏感。与淀粉酶活性一样，脂肪酶活性与胰腺炎的严重程度无直接关系。通常，同时检测血液淀粉酶和脂肪酶的活性来评估胰腺功能。

脂肪酶活性升高也可见于肾脏和肝脏功能异常，但确切的机制尚不清楚。服用类固醇药物可引起脂肪酶活性升高，对淀粉酶活性无影响。

腹腔液中的淀粉酶和脂肪酶

比较腹腔液与血清中的淀粉酶和脂肪酶活性，可以为临床诊断提供更多信息。在排除肠穿孔的情况下，当腹腔液中的淀粉酶和脂肪酶活性高于血清时，强烈提示胰腺炎。

胰蛋白酶

胰蛋白酶是一种蛋白水解酶，通过催化分解食物中的蛋白来帮助机体消化。在粪便中比在血液中更容易检测胰蛋白酶活性。因此，多数胰蛋白酶分析都是以粪便为检测样本。在正常情况下，粪便中存在胰蛋白酶，不存在则为异常情况。参考实验室有多种粪便检测方法。

血清类胰蛋白酶样免疫活性

血清类胰蛋白酶样免疫活性（TLI）是一种应用胰蛋白酶抗体的放射免疫测定法。该试验可检测胰蛋白酶原和胰蛋白酶。抗体具有种属特异性。胰蛋白酶和胰蛋白酶原仅来源于胰腺。当胰腺受损时，胰蛋白酶原释放到细胞外，并转变为胰蛋白酶进入血循环。该检测仅用于犬猫。

TLI 为犬胰外分泌功能不全（EPI）的诊断提供了敏感且特异的方法。EPI 患犬血清 TLI＜2.5 mg/L。正常犬的参考范围为 5～35 mg/L。其他原因导致同化不良的犬，其血清 TLI 可能正常。慢性胰腺炎患犬的 TLI 值可能正常或介于 2.5～5 mg/L。正常猫的 TLI 参考范围为 14～82 mg/L，EPI 患猫的 TLI＜8.5 mg/L。叶酸和钴胺素（维生素 B_{12}）的检测通常与 TLI 联合进行，以评估胃肠道疾病的严重程度。

随着胰腺功能单元的减少，血清 TLI 水平也会相伴降低。与急性或慢性胰腺炎相关的炎症，会促使胰蛋白酶原和胰蛋白酶从胰腺渗出，引起 TLI 升高。GFR 下降也会导致 TLI 升高（胰蛋白酶原是一种易通过肾小球滤过膜的小分子）。血清 TLI 是诊断胰腺功能的一项重要指标。将其与 N-苯甲酰-1-酪氨酸对氨基苯甲酸结合，并配合粪便脂肪检查结果，可为辨别和诊断同化不全提供更多信息。

进食（尤其是蛋白质）后，血清 TLI 升高，但检测值仍在参考范围内。另外，补充胰酶（外源性）不会改变 TLI。因此，采集血样前，至少应禁食 3 h（12 h 最好）。血液在室温下凝固，血清在 20 ℃条件下保存待检。

血清胰脂肪酶免疫活性

猫胰脂肪酶免疫活性（fPLI）和犬胰脂肪酶免疫活性（cPLI）是胰腺炎的特异性诊断指标，现推荐将它们作为诊断出现胰腺炎临床症状犬猫的血清学试验，替代之前认可的血清 TLI 试验。关于免疫分析的更多信息请参考第 4 单元。

表 34.1 为犬猫急、慢性胰腺炎不同诊断方法的优缺点。

表 34.1　犬猫急、慢性胰腺炎不同诊断方法的优缺点

检查	优点	缺点
催化分析法 （仅限犬，对猫无效）		在严重的±慢性胰腺炎时，可能因酶耗尽±组织损耗导致两者均正常；除非另有说明，否则升高程度没有预后价值；两者都经肾排泄，在氮质血症时可升高 2～3 倍
淀粉酶	广泛用于诊所内分析仪 类固醇不会导致其升高，所以有助于诊断并发肾上腺皮质功能亢进患犬的胰腺炎	由于其他来源（包括小肠）的高基础值，敏感性和特异性较低
脂肪酶	广泛用于诊所内分析仪；比淀粉酶更敏感；升高的程度可能具有预后意义	胰外来源使得基础值较高；类固醇可使其升高达 5 倍
免疫分析法		
犬 TLI	升高可特异性提示胰腺炎	诊断胰腺炎的敏感性低（但对 EPI 的敏感性高）；据说比脂肪酶和淀粉酶上升和下降更快；经肾脏排泄：氮质血症时升高 2 或 3 倍 在严重的±慢性胰腺衰竭病例±组织损耗中可能偏低；无明确的预后意义
猫 TLI	两种可用于猫的检测方法之一	敏感性和特异性均低于犬 TLI——更好地用于诊断 EPI；经肾脏排泄，故氮质血症时升高
犬 PLI	对犬胰腺炎的早期提示，有很好的敏感性和特异性；具有器官特异性，不受胰外来源的干扰 现可进行诊所内检测	患肾脏疾病时升高，但可能不明显？（尚不清楚是否受到类固醇的影响）
猫 PLI	最新的检测方法，也是对猫胰腺炎来说最敏感和特异的检查	关于其用途的公开数据很少

EPI，Exocrine pancreatic insufficiency：胰外分泌功能不全；PLI，pancreatic lipase immunoreactivity：胰脂肪酶免疫活性；TLI，trypsinlike immunoreactivity：类胰蛋白酶免疫活性。引自 Nelson R，Couto C：*Small animal internal medicine*，ed 4，St Louis，2009，Mosby.

胰腺内分泌检测

许多检测可用于评估胰腺的内分泌功能。除了传统的血糖外，其他可用的检查包括果糖胺、β-羟丁酸和糖化血红蛋白。尿液分析、血清胆固醇和甘油三酯也能为胰腺功能的评估提供信息。

> **注意**：胰腺内分泌检测包括葡萄糖、果糖胺和糖化血红蛋白。

葡萄糖

血糖的调节机制比较复杂。胰高血糖素、甲状腺素、生长激素、肾上腺素和糖皮质激素都可以使血糖升高。这些激素在阻碍葡萄糖进入细胞的同时，促进糖原分解、糖异生和脂肪分解，从而提高血糖水平。胰岛素可降低血糖，它促进葡萄糖进入靶细胞，激发合成代谢，将葡萄糖转化为其他物质。这种调节作用可防止血糖浓度超过肾阈值，避免葡萄糖经尿排出。

胰岛可直接对血糖浓度产生应答，根据需要释放胰岛素（来源于β细胞）和胰高血糖素（来源于α细胞）。胰高血糖素的释放也可直接刺激胰岛素的释放。肾上腺素受交感神经控制；高血糖是一种典型的“战斗或逃跑”状态。上文提到的其他激素受下丘脑/垂体的调控。大部分激素每时每刻都在发挥调节血糖浓度的作用。

只有胰岛素具有降血糖作用，因此，其作用稍有偏差即可导致十分明显的临床效应，出现功能减退（糖尿病）或功能亢进（高胰岛素血症）。

血糖水平可作为体内糖代谢的指标，也可用于评估胰腺的内分泌功能。血糖水平反映了葡萄糖生成（饮食摄入、其他碳水化合物转化）和利用（能量消耗、转化为其他产物）之间的净平衡，同时也反映了血液中胰岛素和胰高血糖素的平衡状况。葡萄糖水平可因各种状况（包括营养状况和应激）发生大幅度波动。单次血糖结果反映了采样时的血糖水平。

葡萄糖的利用情况受胰腺产生的胰岛素和胰高血糖素的控制。胰岛素水平升高时，葡萄糖利用率随之升高，血糖水平下降。胰高血糖素作为稳定剂，可避免血糖水平过低。胰岛素水平下降（如糖尿病）时，葡萄糖利用率降低，血糖水平升高。

许多检测可用于评估血糖水平。某些检查仅检测葡萄糖，而另一些则可定量检测血液中的所有糖。可使用的方法有终点法和动力学分析法。酶动力学分析法是最准确和精确的检测方法。动物应合理禁食后再采集血样，且必须立即将血清或血浆与红细胞分离。如果血浆样本和红细胞接触，那么在室温下，血糖水平可能每小时会下降10%。即使使用血清分离试管也无法避免这种情况发生。成熟红细胞会利用葡萄糖提供能量，因此，对于发生高血糖的样本，红细胞可使葡萄糖水平降至假性正常。若样本原本血糖水平正常，则红细胞可消耗葡萄糖至偏低水平甚至为零。如果不能立即分离血浆，应选择氟化钠（每毫升血液6～10 mg）作为抗凝剂。氟化钠与EDTA（每毫升血液2.5 mg）合用时可作为葡萄糖的保存剂。冷藏可以减缓红细胞对葡萄糖的作用。

> **注意**：室温条件下，如果血浆与红细胞接触，样本中的葡萄糖含量可能会每小时下降10%。

果糖胺

葡萄糖可与包括蛋白质在内的多种结构相结合。果糖胺是葡萄糖与蛋白质（尤其是白蛋白）发生不可逆结合的产物。患糖尿病的动物，血糖水平持续升高导致葡萄糖与血清蛋白的结合增多。果糖胺升高表明持续存在高血糖。犬、猫白蛋白的半衰期是1～2周，所以果糖胺反映了1～2周内的平均血糖水平。果糖胺对血糖浓度变化的反应比糖化血红蛋白更快，但对于发生低蛋白血症的动物，其血清果糖胺水平可能会假性降低。

> **注意**：果糖胺升高表明持续存在高血糖。

糖化血红蛋白（血红蛋白A1C）

糖化血红蛋白也称为血红蛋白A1C（HgbA1C），是血红蛋白和葡萄糖发生的不可逆结合反应的产物。高血糖时，血红蛋白和葡萄糖的结合增加，从而使糖化血红蛋白升高。糖化血红蛋白升高表明持续性高血糖。该检测结果反映的是红细胞寿命期间的平均葡萄糖浓度，犬的红细胞寿命为3～4个月，猫的为2～3个月。因此，HgbA1C比果糖胺或单次血糖测定反映了更长一段时间的血糖水平。HgbA1C是一种更特异的糖尿病诊断指标，对糖尿病的监控更为敏感。使用过去的检测方法时，贫血的患病动物的糖化血红蛋白水平可能会假性降低。而新型检测利用免疫分析法，不受血红蛋白降低的干扰。

β-羟丁酸

除了尿酮体外，也可测定血浆中的酮体。酮症酸中毒的动物，体内产生最多的酮体是β-羟丁酸。然而许多血清酮体的检测仅能测定丙酮。目前，兽医临床已逐渐使用酶比色法测定β-羟丁酸。

葡萄糖耐量

葡萄糖耐量试验利用葡萄糖直接刺激胰腺，通过测定血液或尿液中的葡萄糖浓度来评估胰岛素的作用。如果胰岛素释放量充足，且靶细胞的受体正常，则进食所造成的血糖水平升高会在 30 min 时达到峰值，然后开始下降，2 h 内恢复正常，且尿中不会出现葡萄糖。若进食后 2 h 血糖水平正常，则可排除糖尿病的可能性。若出现持续高血糖和糖尿则诊断为糖尿病。若试验后出现严重低血糖则表明可能存在葡萄糖反应性胰腺β细胞瘤。该试验可简化为仅检测进食后 2 h 的葡萄糖浓度。

注意：葡萄糖耐量试验后出现持续高血糖和糖尿提示糖尿病。

口服葡萄糖耐量试验受肠功能异常（如肠炎或蠕动过度）、刺激（如胃内插管引起）的影响，故静脉注射葡萄糖耐量试验是更好的选择。反刍动物仅可通过静脉途径给予葡萄糖。进行静脉注射葡萄糖耐量试验时（流程 34.1），动物（反刍动物除外）禁食 12～16 h 后注射葡萄糖，然后检测血糖，绘制耐受曲线。结果被标准化为半衰期或葡萄糖转换率，以每分钟转化的百分比来表示：

转换率＝(0.693/半衰期)×100

患糖尿病的动物会出现葡萄糖耐量降低（即半衰期延长、转换率下降），患甲状腺功能亢进、肾上腺皮质功能亢进、垂体功能亢进和严重肝病时，葡萄糖耐量也可能出现下降。葡萄糖耐量升高（半衰期缩短、转换率升高）可见于甲状腺功能减退、肾上腺皮质功能减退、垂体功能减退和高胰岛素血症。然而，试验结果也可能有误。以低碳水化合物为饮食的正常动物，可能出现“糖尿病性曲线”。在试验前给予 2～3 d 高碳水化合物食物，可尽量降低这种影响。受采食和禁食的影响，正常马的静脉注射葡萄糖耐量试验结果很不稳定，因此该试验对于马来说没有意义。

流程 34.1 静脉注射葡萄糖耐量试验

1. 评估动物的日粮。对以低碳水化合物饮食为主的动物，试验前饲喂 3 d 高碳水化合物食物(如犬 100～200 g/d)。
2. 对怀疑患有高胰岛素血症的动物，禁食 12～16 h，使血糖水平降至 70 mg/dL（对反刍动物和患胰岛素瘤患犬，不可禁食）。
3. 注射葡萄糖前采集血样，置于含氟化钠的试管中，测定基础血糖值。
4. 以 1.0 g/kg 的剂量在 30 s 内静脉推注葡萄糖溶液并开始计时。
5. 注射葡萄糖后，在 5、15、25、35、45 和 60 min 分别采集血样，用氟化钠作为抗凝剂，测定所有样本中的葡萄糖水平。对于患猫，120 min 时再采集一份血样。
6. 在一张半对数坐标图上绘制血糖曲线，确定葡萄糖水平下降 50%（葡萄糖半衰期）所需的时间。
7. 结果：输注葡萄糖后 30～60 min，血糖水平应降至 160 mg/dL；在 120～180 min，血糖水平降至基础浓度。

葡萄糖耐量试验通常不是诊断糖尿病所必需的。动物出现持续的高血糖和糖尿，且伴有多饮、多尿、多食和消瘦的病史，即可诊断为糖尿病。多数胰腺β细胞瘤不会对葡萄糖产生快速应答，因此，该试验对于高胰岛素血症的诊断具有一定价值。先前的低血糖会导致胰岛素拮抗激素的释放，因此，动物还可能出现糖尿病性葡萄糖耐受曲线。动物应激和化学镇静也会影响葡萄糖耐量试验的结果。如果血液样本中没有加入抗凝剂，并在室温下放置，血糖测定结果会因此而降低。不过，这个试验不受影响，仍可使用。

葡萄糖耐量试验主要应用于临界性高血糖而不伴有持续糖尿的动物。这种进退两难的境地常见于猫，其肾糖阈值较高且常见应激性高血糖，容易误导疾病的诊断。但该试验对动物主人来说性价比较低，也不会明显改变治疗方案。如果同时测定免疫反应性胰岛素浓度，则可以从静脉注射葡萄糖耐量试验中获得更多信息，从而鉴别胰岛素绝对缺乏性糖尿病（Ⅰ型）和靶细胞不敏感性糖尿病（Ⅱ型）或胰岛素不当缓释引发的糖尿病（Ⅲ型）。

胰岛素耐量

胰岛素耐量试验通过皮下或肌内注射 0.1 IU/kg 常规结晶胰岛素（短效）后，评估靶细胞的反应，也可用于探究糖尿病的病因。在注射胰岛素前(即空腹血糖)和注射后的 3 h 内,每隔 30 min 采集血样测定血糖水平。如果在注射胰岛素后 30 min 内,血糖水平没有降至空腹浓度的 50%(即胰岛素抵抗),则为胰岛素受体不应答或是胰岛素作用受到了严重的拮抗。后者可见于肾上腺皮质功能亢进和肢端肥大症。胰岛素抵抗可显著影响预后和治疗方案。如果胰岛素诱导性低血糖持续 2 h(即低血糖无应答),则动物可能患有高胰岛素血症、垂体功能减退或肾上腺皮质功能减退。因为该试验可诱导产生低血糖,造成动物虚弱和抽搐,所以应随时准备快速静脉输注葡萄糖以进行治疗。

胰高血糖素耐量

胰高血糖素耐量试验主要用于胰岛素/葡萄糖试验(见下文)结果正常或处于临界值时,或无法进行胰岛素试验的患病动物。该试验也可评估高胰岛素血症。胰高血糖素可直接或间接刺激胰腺 β 细胞,从而提高血液胰岛素水平。在健康动物中,注射胰高血糖素(以 0.03 mg/kg 静脉注射,犬注射总量不超过 1.0 mg,猫不超过 0.5 mg)可短暂性地使血糖水平升高至 135 mg/dL 以上。正常动物该水平可升至 135 mg/dL 以上,然后降至空腹水平。正常猫的胰岛素水平可在 15 min 时达到峰值,60 min 时降至基础水平。患Ⅰ型糖尿病的猫,胰岛素应答平缓。若动物患有胰腺 β 细胞瘤,血糖峰值则会低于正常值。肿瘤受刺激后会分泌过量的胰岛素,因此机体在 1 h 内会出低血糖(即血糖质量浓度低于 60 mg/dL)。

试验前动物应禁食,直到血糖降至 90 mg/dL 以下(通常在 10 h 内)。注射胰高血糖素,并在注射前和注射后 1、3、5、15、30、45、60 和 120 min 分别采集氟化钠抗凝血样,以监测葡萄糖的反应。然而这个试验的敏感性不高,且 4 h 后动物可能出现低血糖性抽搐,因此试验结束后,应立即让动物进食,并观察数小时。

胰岛素/葡萄糖

同时测定空腹动物的血糖和胰岛素水平,可评估造成高胰岛素血症的原因。在正常情况下,低血糖会抑制胰岛素分泌。胰腺 β 细胞瘤是一种对葡萄糖无应答的高活性肿瘤,它会大量分泌不适合当前血糖水平的胰岛素。因此,尽管高胰岛素血症患病动物的空腹胰岛素浓度通常是正常的,但胰岛素与葡萄糖水平的比值大多是异常的。

可对胰岛素和葡萄糖水平的绝对比值进行修正从而提高诊断的准确性。血糖浓度减 30 即可计算修正胰岛素葡萄糖比(AIGR)。血糖质量浓度≤30 mg/dL 时,一般检测不到胰岛素。因此,这个公式在同一生理状况下设定了葡萄糖和胰岛素的零点。在低血糖时胰岛素浓度的异常升高更明显,所以 AIGR 对已证实血糖质量浓度低于 60 mg/dL 的低血糖动物更有价值。必须用同一份血清样本测定胰岛素和葡萄糖。可连续测定,从中选择一个处于低血糖状态下的胰岛素值。不过这个试验并不完全可靠,当结果为可疑时,可重复此试验或进行其他试验。例如,影像学检查和类胰岛素生长因子试验可用于排除或确诊副肿瘤综合征性低血糖。

胰岛素释放的其他检查

当胰高血糖素应答试验或 AIGR 的结果无法确诊时,可尝试进行葡萄糖、肾上腺素、亮氨酸、甲苯磺丁脲或钙刺激试验。与胰高血糖素一样,这些物质可激发胰岛细胞瘤产生应答,分泌过多胰岛素,从而降低血糖水平。不过,肿瘤对这些物质的敏感性不同,可能出现假阴性结果(无应答)。这些试验可能会引起严重、持久性的低血糖,故具有危险性。

关键点

- 胰腺具有腺泡和内分泌功能。
- 常用于评估胰腺腺泡功能的试验包括淀粉酶和脂肪酶。
- 免疫测试可用于检测胰腺炎。
- 胰腺内分泌功能试验包括葡萄糖、果糖胺和糖化血红蛋白。
- 葡萄糖的利用受胰腺产生的胰岛素和胰高血糖素的控制。
- 葡萄糖耐量试验利用葡萄糖直接刺激胰腺,通过测定血液或尿液中的葡萄糖浓度来评估胰岛素的作用。

● 用于检测血糖的血清和血浆必须在采血后立即与红细胞分离。

● 果糖胺升高表明犬、猫 1～2 周内持续存在高血糖。

● 糖化血红蛋白升高表明犬 3～4 个月、猫 2～3 个月内持续存在高血糖。

● 酮症酸中毒患病动物体内产生的酮体大多为 β-羟丁酸。

● 葡萄糖耐量试验后出现持续高血糖和糖尿，提示动物发生糖尿病。

第35章

Electrolytes and Acid-Base Status
电解质和酸碱平衡

学习目标

经过本章的学习，你将可以：

- 阐述血液缓冲系统及其在维持酸碱平衡中的作用。
- 解释呼吸频率对酸碱平衡的影响。
- 明确呼吸性酸中毒、呼吸性碱中毒、代谢性酸中毒和代谢性碱中毒的定义。
- 列出血浆中主要的阳离子和阴离子，并阐述其作用。
- 列出血清电解质水平改变的常见原因。
- 阐述评估阴离子间隙的作用，并解释如何计算。

目　录

关 键 词

酸碱平衡
酸中毒
碱中毒
阴离子
阴离子间隙
碱剩余
碳酸氢盐
缓冲液
钙
阳离子
氯
电解质

高钙血症
高碳酸血症
高钾血症
高钠血症
高磷血症
低钙血症
低碳酸血症
低钾血症
低钠血症
低磷血症
无机磷
镁
钾
钠

电解质是指机体体液中的负电离子（阴离子）和正电离子（阳离子），其具有维持水平衡、液体渗透压以及正常肌肉和神经生理功能的作用。此外，电解质还有维持和激活多种酶系统、调节酸碱平衡的作用。机体的酸碱状态取决于电解质，所以两者应该结合起来进行判读。

酸碱平衡

酸碱平衡是指机体 pH 处于稳定状态。pH 代表氢离子的浓度（图 35.1），其每变化一个数，氢离子浓度将改变 10 倍。pH 的正常范围非常窄，为 7.35～7.45。当 pH 开始超出理想范围，机体中许多蛋白质的功能就会减弱甚至被破坏。当体液的 pH 小于 7.3 时称为酸中毒，其特征是氢离子过量。当 pH 大于 7.4 时称为碱中毒，其特征是氢离子浓度过低。

正常新陈代谢过程中会不断产生酸，机体通过其他过程中和这些酸性物质。发挥此类作用的即是缓冲系统。机体内存在多个缓冲系统，它们位于细胞内和细胞外，可改变氢离子浓度。缓冲系统中的一些成分可以在细胞内外自由移动，结合或释放氢离子以调节血液 pH。在酸碱失衡的情况下，呼吸系统和肾脏系统都能调节 pH。呼吸系统在几分钟内就能发挥作用，而肾脏系统则会持续作用数日，以使 pH 恢复至正常范围。

注意：酸碱平衡指机体 pH 处于稳定状态。

碳酸氢盐缓冲系统

当血液 pH 酸性增强时，碳酸氢盐（含 HCO_3^-）与过量的游离氢离子结合形成碳酸（H_2CO_3），然后在碳酸酐酶的作用下分解为水和二氧化碳。二氧化碳通过呼吸作用从体内排出。肾脏在调节碳酸氢盐浓度方面起着重要作用。它根据血液 pH 的变化，从滤液中主动分泌或吸收碳酸氢盐。在正常情况下，碳酸氢盐-碳酸缓冲系统使得血液 pH 保持平衡，如图 35.2。注意，该反应是可逆的。

钾离子缓冲系统

血浆和细胞外液（ECF）中钾离子浓度的变化影响血浆中的氢离子浓度。钾离子和氢离子都带正电荷，均可在细胞内液（ICF）与细胞外液之间自由移动。血浆中钾离子浓度下降使得钾离子从细胞内向 ECF 移动，氢离子从 ECF 向细胞内移动。相反，血浆钾离子浓度升高将导致钾离子向细胞内移动，氢离子向 ECF 移动。因此，血浆钾离子浓度与酸碱平衡之间会相互影响。

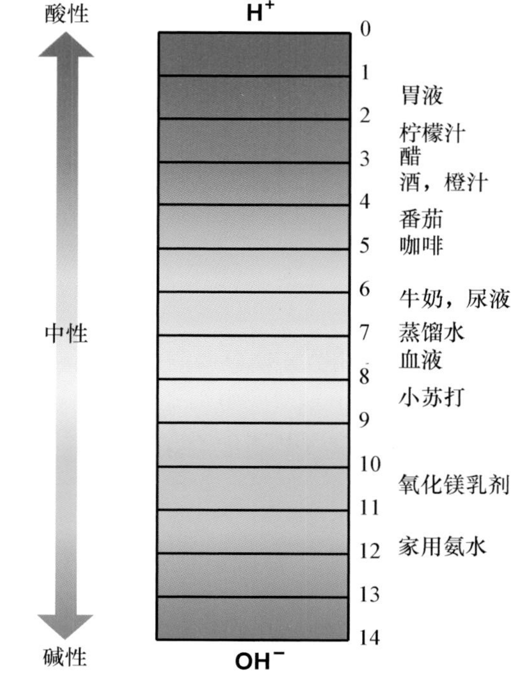

图 35.1 **pH 表。许多常见的化学物质都具有酸碱性。当 H^+ 浓度升高时，溶液的酸性增强，pH 降低。当 OH^- 浓度升高时，溶液的碱性增强，pH 升高（引自 Bassert J, Colville T: *Clinical anatomy and physiology for veterinary technicians*, ed 2, St Louis, 2008, Mosby.）**

$2H_2O + CO_2$	⟷	$H_2CO_3 + H_2O$	⟷	$HCO_3^- + H_3O^+$
水 + 二氧化碳	⟷	碳酸 + 水	⟷	碳酸氢根 + 水合氢离子（溶液中的氢离子）

图 35.2 碳酸氢盐-碳酸缓冲系统的反应原理

蛋白质缓冲系统

许多蛋白质也能结合和释放氢离子。血红蛋白能够结合二氧化碳和氢，因此也可作为一种血液缓冲物质。二氧化碳分子被其运输至肺部，释放并通过呼吸作用排出体外。

注意：碳酸氢盐-碳酸缓冲系统是主要的血液缓冲系统。

酸中毒和碱中毒

酸中毒和碱中毒根据病因进行分类。呼吸性酸中毒或呼吸性碱中毒由呼吸系统异常引起。代谢性酸中毒或代谢性碱中毒由除呼吸系统以外的所有原因引起。需要注意的是，这些条件之间相互关联，也可同时发生。随着酸中毒或碱中毒的进一步发展，呼吸系统和肾脏系统都会试图纠正这种不平衡。例如，随着代谢性酸中毒或碱中毒的发展，呼吸系统将通过适当地增加或减少呼吸频率来进行代偿。

呼吸性酸中毒和碱中毒

当呼吸频率降低时，二氧化碳的排出速率就会降低。过量的二氧化碳与水反应形成碳酸，然后分解成水和氢离子。血液中二氧化碳分压（p_{CO_2}）的升高（高碳酸血症）可部分证明这一点。呼吸系统异常可造成呼吸频率增加（通气过度），导致血液中二氧化碳浓度降低，以及 p_{CO_2} 降低（低碳酸血症）。

代谢性酸中毒和碱中毒

任何导致体内酸性物质聚积的代谢条件都会造成代谢性酸中毒。例如，当葡萄糖代谢异常时（如糖尿病）产生的过量酮体会超出缓冲系统的负荷，导致血液中碳酸氢盐含量降低。电解质紊乱（如呕吐）可导致代谢性碱中毒及血液碳酸氢盐水平升高。

碱剩余

碱剩余是指在 37 ℃下、p_{CO_2} 维持在 40 mmHg（1 mmHg=133.3 Pa）时，滴定 1 L 血液至 pH 为 7.4 所需要的强酸或强碱的量。该值通常根据 pH、p_{CO_2} 和红细胞压积测量值计算得出。碱剩余可用于评价代谢性酸碱紊乱的程度。该值为负时提示存在代谢性酸中毒，为正时提示存在代谢性碱中毒。

表 35.1 血浆中的主要电解质

阳离子	阴离子
Na^+	Cl^-
K^+	HCO_3^-
Ca^{2+}	PO_4^{2-}
Mg^{2+}	
H^+	

电解质的测定

血浆中的主要电解质是钙、无机磷、镁、钠、钾、氯和碳酸氢盐（表 35.1）。电解质浓度的变化可能是由于摄入的增加或减少、电解质在 ECF 与 ICF 间的转移、肾脏潴留或电解质通过肾脏、胃肠道或呼吸系统的丢失增多。

用于电解质评估的自动分析仪便捷且价格合理，许多兽医诊所都可进行电解质测定。许多分析仪还能够进行血气分析（图 35.3）。

脂质的体积置换通常会影响电解质的检测，不过这类影响取决于检测方法。血浆中脂质浓度升高导致其含水量下降。电解质分布于血浆的水分中，并不存在于脂质内。因此，测定总血浆量（每单位血浆）中电解质的方法，如间接电位测定法，会导致测定值假性降低。这种情况仅见于严重脂血症的样本（如甘油三酯质量浓度大于 1 500 mg/dL）。仅测定液相中的电解质，如直接电位测定法，则可得出准确的电解质浓度。

动脉样本是电解质和血气分析的理想选择。静脉样本的参考范围与之存在显著差异。样本采集后必须立即检测，暴露在空气中会导致样本中所溶解的气体浓度发生改变，从而影响样本的 pH。

注意：动脉样本是电解质和血气分析的首选。

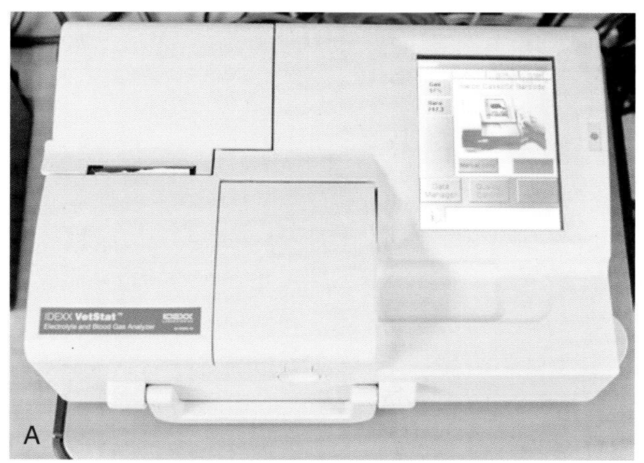

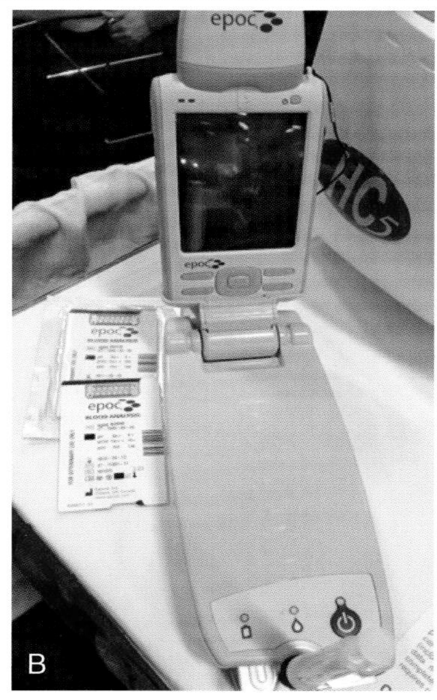

图 35.3　**A 和 B,这些分析仪可以用于分析全血、血浆及血清中的多种电解质和血气**

钠离子

钠离子是血浆和 ECF 中的主要阳离子,在水分分布和维持体液渗透压方面起着重要作用。在肾脏中,钠离子由肾小球滤过,并根据需要通过肾小管与氢离子交换,被重吸收进入体内。因此,钠离子在调节尿液 pH 和维持机体酸碱平衡中起着至关重要的作用。高钠血症指血液中钠离子水平升高,低钠血症指血液中钠离子水平降低。该试验不能使用肝素钠作为抗凝剂,否则会使检测结果假性升高。溶血不会对结果产生显著影响,但红细胞内液会稀释样本,导致结果假性降低。表 35.2 总结了钠离子浓度变化的相关因素。

注意:钠离子是血浆和 ECF 中的主要阳离子。

钾离子

钾离子是细胞内主要的阳离子,对于正常的肌肉功能、呼吸、心脏功能、神经冲动传递及糖代谢起着重要作用。在酸中毒的动物中,钾离子与氢离子交换,进入细胞外液,导致血浆中钾离子水平升高或高钾血症。细胞损伤或坏死时,钾离子被释放进入血液,导致血浆钾离子水平升高。血浆中钾离子浓度降低或低钾血症可能与钾离子摄入不足、碱中毒、呕吐或腹泻导致的体液丢失有关。表 35.3 总结了钾离子浓度变化的相关因素。

在凝血过程中,血小板会释放钾离子,使钾离子浓度假性升高,因此血浆是测定钾离子的最佳样本。红细胞内钾离子浓度高于血浆,当溶血时,钾离子释放入血浆,导致钾离子水平假性升高,因此应避免溶血。血浆和血细胞分离后,才可以冷藏样本,因为即使没有溶血,低温也会加速钾离子的流失。样本在血细胞分离前不可冷冻,否则所引起的溶血会导致样本不适于检测。

表 35.2　影响钠离子浓度的因素

高钠血症	缺水
	通气过度
	渗透性利尿
低钠血症	胃肠道疾病(如呕吐、腹泻)
	酮尿
	肾上腺皮质功能减退
	充血性心衰

表 35.3　影响钾离子浓度的因素

高钾血症	代谢性酸中毒
	泌尿道梗阻
	肾功能不全
低钾血症	厌食
	酮尿
	多尿

氯离子

氯离子是细胞外主要的阴离子,在维持水分布、渗透压、正常阴阳离子比例方面发挥重要作用。因为氯离子和钠离子与碳酸氢盐关系密切,故电解质检查通常包含氯离子。高氯血症指血液中氯离子水平升高,低氯血症指血液中氯离子水平下降。溶血时,红细胞内液稀释样本,从而影响检测结果。未分离血细胞而长时间保存的样本,可导致检测结果轻度下降。

注意：钾离子是细胞内主要的阳离子，氯离子是细胞外主要的阴离子。

碳酸氢盐

碳酸氢盐是血浆中第2常见的阴离子。肾脏通过重吸收所需、排出过量的碳酸氢盐来调节其在体内的水平。通常会根据血液中的二氧化碳水平来估算碳酸氢盐水平，碳酸氢盐约等于总二氧化碳测定值的95%。动脉血是测定碳酸氢盐的首选样本，如果使用血浆，应用肝素锂抗凝。样本应置于冰水中冷藏保存以防止糖酵解改变酸碱组分。冷冻会导致溶血。多数检测方法要求在37 ℃下进行。

镁离子

镁离子是体内第4常见的阳离子、第2常见的细胞内阳离子，存在于所有机体组织中。机体中超过50%的镁位于骨骼中，并且与钙、磷密切相关。镁可激活酶系统，参与乙酰胆碱的生成和分解。镁与钙比例失衡会导致乙酰胆碱的释放，从而引起肌肉抽搐。牛和羊是仅有的会因镁缺乏而出现临床症状的家养动物。高镁血症指血液中镁离子水平升高，低镁血症指血液中镁离子水平降低。除肝素外，多数抗凝剂会使检测结果假性降低。溶血会造成镁从红细胞内释出，导致结果假性升高。

钙

体内超过99%的钙存在于骨骼中，发挥主要作用的是剩余1%或更少量的钙，包括维持神经肌肉的兴奋和张力（钙离子水平降低会导致肌肉抽搐）、维持多种酶的活性、促进凝血以及维持无机离子的跨膜转运。血液中的钙几乎全部存在于血浆或血清中，红细胞内的含量极低。

钙浓度通常和无机磷浓度成反比。一般来说，钙浓度上升时，无机磷浓度下降。高钙血症指血液中的钙浓度升高，低钙血症指血液中的钙浓度降低。

用于测定钙的样本不能用EDTA、草酸盐或柠檬酸盐作为抗凝剂，因为这些物质可以螯合钙，从而影响钙的测定。溶血使红细胞内液稀释样本，造成钙浓度轻度下降。

注意：钙浓度与无机磷浓度呈负相关。

无机磷

体内超过80%的磷存在于骨骼中，发挥主要作用的是其余20%或更少的磷，主要功能为贮存、释放和传输能量；参与糖代谢；参与组成许多具有重要生理功能的物质，如核酸和磷脂。

全血中的磷大部分以有机磷的形式存在于红细胞内。血浆和血清中的磷是无机磷，即在实验室中进行测定的磷。血浆或血清中的无机磷水平可以很好地指示动物体内磷的总量。血浆或血清中钙和磷的浓度成反比。当磷浓度下降时，钙浓度升高。

注意：血浆及血清中的磷是无机磷，红细胞内的磷是有机磷。

高磷血症指血清或血浆磷的浓度升高。低磷血症指血清或血浆磷的浓度降低。从破裂的红细胞中释放的有机磷可能被水解为无机磷，导致无机磷浓度假性升高，因此，不可使用溶血样本进行检测。采集血样后或贮存前，应尽快将血清或血浆与血细胞分离。

阴离子间隙

在正常情况下，正电荷（阳离子）的总数等于负电荷（阴离子）的总数。这种电中性是通过缓冲体系维持的。阴离子间隙指血浆中未测定的阴离子（UA）与未测定的阳离子（UC）浓度间的差值，可根据已测得的电解质值计算得出，主要用于鉴别代谢性酸中毒。一般来说，计算时只使用常规测量的电解质。

阴离子间隙计算公式如下：

$$(Na^{+}+K^{+})-(Cl^{-}+HCO_3^{-})$$
$$=\text{Anion gap（阴离子间隙）}$$

犬的正常阴离子间隙为12～24 mEq/L，猫为13～27 mEq/L。乳酸酸中毒、肾功能衰竭和糖尿病酮症酸中毒时该值通常会升高。阴离子间隙降低常见于低蛋白血症。

关键点

- 兽医临床实验室进行的电解质检测包括钠、钾和氯。
- 一些电解质分析仪还可以评估钙、磷、镁、碳酸氢盐以及血气。
- 血浆中主要的电解质是钙、无机磷、镁、钠、钾、氯和碳酸氢盐。
- 电解质浓度的变化可能由摄入的增多或减少，在细胞外液和细胞内液之间的转移，肾潴留或通过肾脏、胃肠道或呼吸系统的丢失增多所致。
- 动脉血和静脉血的电解质和血气的正常值(参考范围)不同。
- 血浆和细胞外液主要的阳离子是 Na^+，主要的阴离子是 Cl^-。
- 细胞内主要的阳离子是 K^+。
- 钙浓度通常与无机磷浓度成反比。
- 血浆和血清中的磷是无机磷。红细胞内的磷是有机磷。

第36章

Miscellaneous Tests
其他检查

学习目标

经过本章的学习,你将可以:

- 描述肌酸激酶检测与肝脏或骨骼肌损伤的关系。
- 描述乳酸评估在危重患病动物中的应用。
- 讨论促肾上腺皮质激素刺激试验和地塞米松抑制试验的适应证。
- 讨论甲状腺素的产生和功能。
- 描述胃肠道功能的生化检测。
- 描述毒理学检测的样本处理。
- 描述常见的毒理学检测。

目　录

关 键 词

ACTH 刺激试验
艾迪生病
促肾上腺皮质激素
皮质醇
肌酸激酶
库欣病
地塞米松抑制试验
乙二醇

便血
肾上腺皮质功能亢进
甲状腺功能亢进
肾上腺皮质功能减退
乳酸

在兽医临床中还可进行多种其他检测，包括旨在评估内分泌系统异常的检测和其他生化检测，这些生化检测不针对任何器官或系统但仍可提供诊断和预后信息，如血液乳酸检测。除了在兽医临床实验室中可方便进行的血液乳酸检测，许多检测无法在院内实验室进行，而是送至参考实验室或转诊医院实验室。部分检测可通过免疫分析法在院内实验室进行。

肌酸激酶

许多组织中含有肌酸激酶（CK）。膀胱、胃肠道、甲状腺、肾脏、肺脏、脾脏和胰腺中含有少量CK，而骨骼肌、心肌和大脑中含有大量CK。当骨骼肌、心肌受到损伤或破坏时，CK从细胞中渗出，导致血液中CK水平升高。如果动物血液中AST升高但没有肝脏疾病的临床症状，常进行CK的检测（图36.1）。也可测定脑脊液（CSF）中的CK，辅助诊断神经组织非特异性损伤，如神经缺氧、创伤、炎症、占位性病变（如肿瘤）压迫。因此，脑脊液CK水平可能对犬神经系统疾病和早产幼驹的预后有一定指导意义。癫痫发作后也可观察到CK水平升高。

虽然任何损伤肌细胞膜的物质都可导致血液中CK水平升高，但CK同工酶检测可以区分其来源，以辅助诊断。CK有3种主要的同工酶：CK-BB（脑型）、CK-MB（心脏型）、CK-MM（骨骼肌型）。CK-MB升高提示心肌损伤，CK-MM升高提示其他肌肉损伤或创伤。

肌内注射、长期躺卧、手术、剧烈运动、电击、撕裂伤、挫伤和低体温等均可导致肌肉损伤从而引起CK水平升高。肌炎和其他肌肉疾病也会导致血液中CK水平升高。氧化剂（如漂白剂）、EDTA、柠檬酸、氟化物、阳光直射或测定延迟可引起样本中的CK水平假性升高。

肌钙蛋白和脑利钠肽

心肌损伤也可利用肌钙蛋白来评估。心肌肌

黑粪症
黏蛋白凝固试验
铅中毒
促甲状腺激素
甲状腺激素

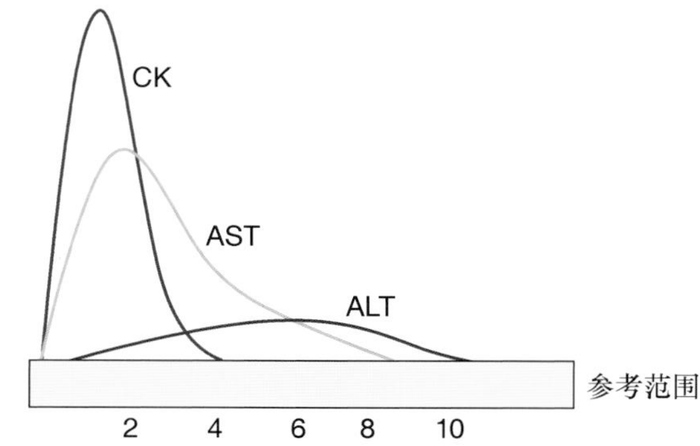

图 36.1 骨骼肌严重损伤后，在血液循环中 CK、AST、ALT 的升高幅度与持续时间可帮助区分损伤主要来自肝脏还是骨骼肌（引自 Meyer D, Harvey JW: *Veterinary laboratory medicine: interpretation and diagnosis*, ed 3, St Louis. 2004, Saunders.）

犬和猫
ALT 升高＞AST 升高，CK 未升高：肝脏损伤
AST 升高＞ALT 升高，CK 升高：骨骼肌损伤
马和反刍动物
AST 升高，CK 未升高：肝脏损伤
AST 升高，CK 升高：骨骼肌损伤或骨骼肌损伤伴肝损伤

钙蛋白（CTns）是一种参与调节骨骼肌收缩起始阶段的蛋白。CTn水平升高表明心肌损伤，且升高的幅度有助于确定损伤的程度和损伤发生的时间。脑利钠肽（BNP）是一种由心肌细胞分泌的维持血压的激素，随心室舒张压升高而升高，有助于心衰的诊断。CTn和BNP都通过免疫分析法进行测定，结果的判读应结合其他诊断试验和临床症状。

乳酸

乳酸由细胞无氧代谢产生，其本身不提示任何特定的疾病。然而，乳酸水平升高表明机体缺氧或灌注不足，可在血浆、腹腔液和脑脊液中测定。某段肠壁缺氧可导致乳酸生成增多，其中大部分在进入循环并被肝脏清除之前扩散到腹膜腔。在马的急腹症病例中，推荐同时测定血液和腹腔液中的乳酸作为诊断依据。正常马的血液乳酸浓度始终高于腹腔液。而发生胃肠道疾病的马，腹腔液的乳酸浓度通常远高于血液。较轻的胃肠道疾病（如嵌闭）相较于更严重的疾病（如肠扭转），其腹腔液和

血液中乳酸的差值会更小。腹膜炎也会使腹腔液中的乳酸水平升高。

注意：乳酸水平升高通常提示机体缺氧或灌注不足。

用于测定乳酸的样本（血液或腹腔液）应使用氟化草酸盐或氟化肝素锂抗凝。氟化物可阻止细胞内的葡萄糖代谢和乳酸的产生。草酸盐避免血液凝固。手持式乳酸检测仪（图 36.2）已被验证可用于兽医临床。

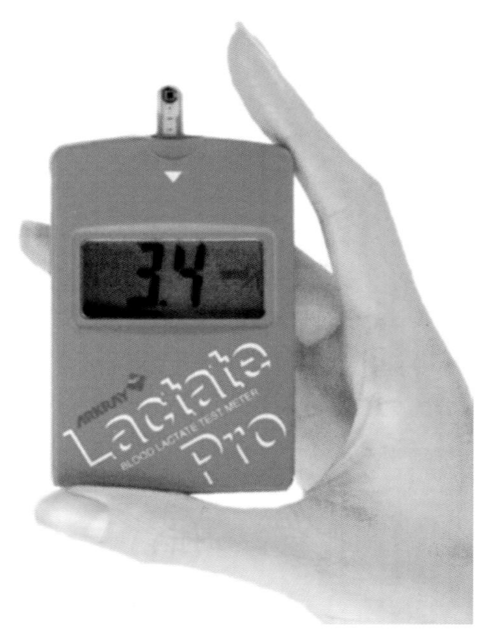

图 36.2 **手持式乳酸分析仪（引自 Sirois M：*Principles and practice of veterinary technology*，ed 3，St Louis，2011，Mosby.）**

乳酸脱氢酶

乳酸脱氢酶（LD）是一种催化乳酸转化为丙酮酸的血清酶。与 CK 一样，LD 也有许多同工酶。几乎所有组织都有 LD，但血液中 LD 水平升高主要来源于肝脏、肌肉和红细胞。与 CK 相比，肌肉损伤后 LD 升高幅度较小。生化检查中通常包含 LD。这种酶不具器官特异性，它来源广泛，且每种组织中的浓度均不高，不足以导致血液 LD 的显著升高。

内分泌系统检查

除了胰腺，许多器官和组织可释放激素发挥内分泌作用。主要的内分泌器官包括肾上腺、甲状腺、甲状旁腺和脑垂体。这些腺体产生功能多样的激素，并直接分泌至毛细血管中，作用于多种靶器官。

肾上腺皮质功能检查

肾上腺皮质功能检查是常用的内分泌检查。肾上腺功能障碍越来越常见，且通常由滥用类固醇激素所引起。肾上腺轴始于下丘脑。来源于对脑部的刺激（如应激），促使下丘脑分泌促肾上腺皮质激素释放激素。在后者的作用下，腺垂体分泌促肾上腺皮质激素（ACTH），这是一种刺激肾上腺皮质（特别是合成糖皮质激素的组织）生长和分泌的激素。皮质醇是家养哺乳动物释放的主要激素，可负反馈抑制促肾上腺皮质激素释放激素和 ACTH 的释放，从而保持系统平衡。

临床常见肾上腺皮质功能亢进或疑似亢进。脑或垂体肿瘤继发的双侧肾上腺增生、特发性肾上腺增生、单侧或双侧肾上腺肿瘤均可导致皮质醇过度释放和肾上腺皮质功能亢进。过度使用糖皮质激素是造成皮质醇过量最常见的原因。与内源性糖皮质激素一样，外源性糖皮质激素可抑制促肾上腺皮质激素，因此医源性肾上腺皮质功能亢进反而会出现肾上腺萎缩。突然停用外源性糖皮质激素会导致肾上腺功能减退。然而，肾上腺皮质功能减退（艾迪生病）的定义中包括盐皮质激素的缺乏，而由突然停用糖皮质激素引发的医源性疾病则不会引起盐皮质激素缺乏。过度使用米托坦（用于治疗肾上腺增生）或特发性病因也可能导致艾迪生病。

注意：过度使用糖皮质激素是造成皮质醇过量最常见的原因。

在进行肾上腺皮质功能亢进的筛查试验时，许多患有非肾上腺疾病（如糖尿病）、肝病、肾病的犬，可能会出现假阳性结果，故应谨慎判读。肾上腺皮质功能亢进应以临床症状结合多种实验室检查结果来确诊。相反，当实验室检查结果为阴性而出现临床症状时，如果临床症状持续存在，应在 1～2 个月后对动物重新进行检查。

检测 ACTH 和皮质醇浓度有助于鉴别原发性（肾上腺依赖性）和继发性（垂体依赖性）肾上腺皮质功能减退。然而，单次检测的意义有限，因为昼夜循环中 ACTH 和皮质醇水平会出现波动。通常使用这些测量值作为基础数据，并与 ACTH 或地塞米松作用于肾上腺后的结果进行对比。由于负反馈作用，患功能性肾上腺皮质肿瘤的动物体内 ACTH 水平较低。垂体依赖性肾上腺皮质功能减退的动物 ACTH 水平较高。当继发性艾迪生病时，ACTH 可能低至无法检测，当原发性艾迪生病时，ACTH 浓度正常或升高。ACTH 是一种不稳定的蛋白质，需要对血浆样本进行特殊处理，即在 EDTA 管中加抑肽酶(蛋白酶抑制剂)或立即冷冻血浆。通过免疫分析法测定皮质醇和 ACTH，部分检查可在兽医临床实验室中进行。某些试验可用血清进行，而其他则只能使用血浆。也有少部分检查通过尿液完成。尿皮质醇/肌酐也可作为肾上腺功能的筛查试验。

促肾上腺皮质激素刺激试验

怀疑肾上腺皮质功能减退(艾迪生病)或肾上腺皮质功能亢进(库欣病)的动物可用 ACTH 刺激试验进行评估。此外，本试验还可用于鉴别医源性和自发性肾上腺皮质功能亢进(流程 36.1)，也可用于评估米托坦、酮康唑或甲吡酮的治疗效果。ACTH 刺激试验可评估肾上腺对外源性促肾上腺皮质激素的反应程度，其反应程度应与腺体的大小和发育成正比。肾上腺增生则应答增强，反之，肾上腺萎缩则应答减弱。本试验可以检测到这些异常，但无法明确病因。ACTH 应答试验是一种筛查试验。由肿瘤引起的肾上腺皮质功能亢进可能对 ACTH 不敏感。尽管如此，目前的数据表明该试验在诊断肾上腺皮质功能亢进的准确率方面，对于犬来说为 80%以上，对于猫来说为 50%以上。

注意：ACTH 刺激试验有助于鉴别医源性和自发性肾上腺皮质功能亢进。

地塞米松抑制试验

地塞米松抑制试验利用肾上腺的负反馈调节对肾上腺进行评估。低剂量试验或代替 ACTH 刺激试验可验证肾上腺皮质功能亢进(库欣病)。高剂量试验可进一步鉴别垂体依赖性和肾上腺依赖性肾上腺皮质功能亢进(流程 36.2)。猫只适用高剂量地塞米松抑制试验。

流程 36.1　ACTH 刺激试验

1. 采集血浆样本，测定血浆基础皮质醇质量浓度。
2. 静脉注射合成 ACTH(cosyntropin)，剂量因物种而异：猫 125 mg；犬 250 mg；马 1 mg。
3. 犬、猫注射 30 min，马注射 2 h 后，采集第二份血浆样本。
4. 犬、猫注射 1 h，马注射 4 h 后，采集第三份血浆样本。
5. 结果：
   a. 试验前正常皮质醇质量浓度：
      犬：0.5 ～ 4 mg/dL 或 14 ～ 110 nmol/L；
      猫：0.3 ～ 5 mg/dL 或 8.3 ～ 138 nmol/L
   b. ACTH 刺激后正常皮质醇质量浓度：
      犬：8 ～ 20 mg/dL 或 220 ～ 552 nmol/L；
      猫：5～ 15 mg/dL 或 138～ 414 nmol/L
6. 判读：
   a. ACTH 刺激后，患肾上腺皮质功能亢进的多数犬(80%)和 51%的猫(16%在临界值)，皮质醇质量浓度明显升高。猫注射皮质醇后采集的两次血样可能只有一个结果升高。
   b. 患艾迪生病、医源性库欣病和使用米托坦、酮康唑或甲吡酮治疗的动物，注射 ACTH 后皮质醇质量浓度低于正常。
   c. 肾上腺依赖性库欣病患犬中，50%会出现注射 ACTH 后皮质醇质量浓度正常，故这种结果无法排除犬库欣病。

流程 36.2　地塞米松抑制试验

低剂量

1. 早上 8:00 采集血液样本，测定血浆基础皮质醇(也有一些临床医生使用 2 或 3 h 的试验)。
2. 立刻静脉注射地塞米松，犬：0.01 mg/kg；猫：0.1 mg/kg。
3. 注射 8 h 后采集第二份血浆样本，测定皮质醇质量浓度。
4. 结果：

肾上腺状态	试验前皮质醇质量浓度	试验后皮质醇质量浓度
正常	1.1～8.0 mg/dL	0.1～0.9 mg/dL(<1.4)
亢进	2.5～10.8 mg/dL	1.8～5.2 mg/dL(>1.4)

高剂量

1. 流程与低剂量相同，但地塞米松的剂量改为犬 0.1 mg/kg，猫 1.0 mg/kg。
2. 结果：
   a. 垂体依赖性肾上腺皮质功能亢进：如上所述低剂量的正常值。
   b. 肾上腺依赖性肾上腺皮质功能亢进：如上所述低剂量的亢进值。

注：成功的抑制是指血浆皮质醇质量浓度较基础值下降 50%。15%的垂体依赖性肾上腺皮质功能亢进的犬，血浆皮质醇水平不能被抑制。约 20%的肾上腺依赖性肾上腺皮质功能亢进的犬，血浆皮质醇水平不被抑制，但所有高于 50%的值都被认为是充分抑制的(即大于 1.5 mg/kg)。

地塞米松是一种有效的糖皮质激素，可抑制正常脑垂体 ACTH 的释放，导致血浆皮质醇浓度下降。无论何种病因的肾上腺皮质功能亢进通常不受低剂量地塞米松的抑制，因为垂体病变后对药物异常不敏感，会继续分泌过量的ACTH，不过仍有35%的垂体依赖性肾上腺皮质功能亢进患犬，地塞米松抑制4 h后的皮质醇水平小于1 mg/dL或低于50%的基础浓度。肿瘤性肾上腺会自主分泌皮质醇，不受内源性促肾上腺皮质激素的控制，生成过多的皮质醇并通过负反馈调节抑制正常垂体分泌ACTH。小剂量地塞米松并不影响血浆皮质醇的测量。然而，这样的剂量可能会使试验结果复杂化，且只能区分正常动物与肾上腺皮质亢进的动物。

地塞米松剂量越大，正常与异常的差异越大。病态垂体对地塞米松的敏感性是不完全的，高剂量的地塞米松可以克服这个问题，使异常高的血浆ACTH和皮质醇浓度下降。然而异常的肾上腺仍会自主分泌皮质醇，因此，若血浆皮质醇浓度对所有地塞米松剂量均无反应，那么可能为原发性肾上腺疾病。高剂量能引起抑制而低剂量不能，则提示垂体疾病。这项试验对区分犬垂体依赖性和肾上腺依赖性肾上腺皮质功能亢进的准确性是73%，对诊断猫肾上腺皮质功能亢进的敏感性是75%。

流程36.3描述了高剂量地塞米松抑制试验和ACTH刺激试验的联合应用。虽然联合试验简化了步骤，但不确定的结果可能需要更多的测试和花费。联合试验中的ACTH刺激试验更容易出错。因为地塞米松改变了肾上腺对ACTH的反应（促进或抑制，取决于作用的持续时间），所以合并实验的关键是计时。流程发生任何改变均必须重新验证并建立试验标准。

流程36.3 地塞米松抑制和ACTH刺激联合试验

1. 采集血浆样本，测定皮质醇水平。
2. 静脉注射地塞米松（0.1 mg/kg）。
3. 注射4 h后采集血浆样本，测定皮质醇水平。
4. 立即静脉注射ACTH，猫的剂量是125 mg，犬的剂量是250 mg。
5. 犬、猫在注射30 min，马在注射2 h后采集第三份血浆样本，测定皮质醇水平。
6. 犬、猫在注射1 h，马在注射4 h后采集第四份血浆样本，测定皮质醇水平。
7. 结果：
   a. 试验前正常皮质醇质量浓度：
   犬：0.5～4 mg/dL或14～110 nmol/L
   猫：0.3～5 mg/dL或8.3～138 nmol/L
   b. 注射地塞米松后正常皮质醇质量浓度：
   1～1.4 mg/dL或28～39 nmol/L
   c. 注射ACTH后正常皮质醇质量浓度：
   犬：8～20 mg/dL或220～552 nmol/L
   猫：5～15 mg/dL或138～414 nmol/L
8. 判读：
   a. 注射地塞米松和ACTH后的皮质醇质量浓度都升高，提示肾上腺皮质功能亢进。
   b. 注射地塞米松后皮质醇质量浓度升高，注射ACTH后正常，提示肾上腺皮质功能亢进。
   c. 注射地塞米松后皮质醇质量浓度正常，注射ACTH后皮质醇质量浓度激增，提示垂体依赖性肾上腺皮质功能亢进。

促肾上腺皮质激素释放激素刺激试验

该试验可用于鉴别垂体依赖性与原发性肾上腺皮质功能亢进。患有肾上腺依赖性库欣病的患犬在接受促肾上腺皮质激素释放激素的刺激后，血浆皮质醇和ACTH水平不会升高。

该试验的流程如下：采集试验前样本测定皮质醇和ACTH浓度，按1 mg/kg的剂量给予促肾上腺皮质激素释放激素，分别于15 min和30 min后再次采样测定皮质醇和ACTH的质量浓度。

甲状腺检查

甲状腺激素作用广泛，影响所有体细胞的新陈代谢速度、生长和分化。因为甲状腺功能障碍的临床症状多样且容易混淆，所以，甲状腺功能检查非常重要。甲状腺的调控机制与肾上腺类似。下丘脑分泌的促甲状腺激素释放激素（TRF）促进腺垂体释放促甲状腺素（TSH）。TSH促进甲状腺生长、发挥作用和释放甲状腺素。甲状腺素实际上由三碘甲腺原氨酸（T_3）和甲状腺素（T_4）两种碘化程度不同的激素组成。在组织中，T_4可转化为活性更高的T_3。甲状腺素通过负反馈调节抑制TRF和TSH的释放。

甲状腺疾病主要有犬、马、反刍动物和猪的功能减退和猫的功能亢进。原因可能是饮食中碘缺乏或过量，或含有致甲状腺肿大因子，后者常见于大动物。对于犬，原发性甲状腺疾病（如肿瘤、自身免疫性疾病、特发性萎缩）占多数，垂体性疾病（继发性甲状腺疾病）仅占甲状腺功能减退患犬的5%。对于肉用动物，需基于临床症状（如流产、死胎、脱毛、胎儿和新生儿甲状腺肿）、血清T_4浓度、血清蛋白结合碘浓度和牧草碘分析来进行诊断。可检测饲料中是否有致甲状腺异常的植物（如芸薹属植物）或过量的钙（可影响碘的吸收）。

注意： 临床实验室中甲状腺测试常用免疫学方法进行。

甲状腺素基础浓度具有诊断意义，但正常值的变化非常大。免疫学方法可用于 T_4 浓度的测定。一些药物（如胰岛素、雌激素）可能会使 T_4 浓度升高，其他药物（如糖皮质激素、抗惊厥剂、抗甲状腺药物、青霉素、磺酰胺甲氧苄啶、地西泮、雄激素和磺酰脲类）可能会使 T_4 浓度降低。另外，甲状腺功能减退患犬可能存在抗 T_4 抗体而导致总 T_4（TT_4）水平升高。针对性测定甲状腺素的活性形式，即非蛋白结合或游离 T_4（FT_4）可更准确地评估甲状腺功能。

促甲状腺素刺激试验

促甲状腺素刺激试验可用于小动物（甲状腺功能亢进的猫除外）和马，为区分甲状腺功能正常和异常的动物提供了可靠的诊断依据（框 36.1）。外源性 TSH 刺激试验可区分临界病例，并将真正的甲状腺功能减退动物与其他疾病或药物抑制甲状腺浓度的动物区分开来，还可确定病变部位。

框 36.1　促甲状腺素刺激试验概述

- 采集血样测定基础血清 T_4 质量浓度。
- 给予 TSH，4～6 h 后采集第二份血样，测定 T_4 质量浓度。
- 结果：给予 TSH 后的 T_4 水平应约为基础值的 2 倍，或超过 2.0 mg/dL 或 25 nmol/L。

本试验通常用于诊断犬甲状腺功能减退。注射 TSH 后，甲状腺随即发生应答（通常是血清 T_4 水平变化，这是最可靠的指标）。正常动物血清 T_4 水平会升高。甲状腺原发性衰竭或不敏感则对外源性 TSH 无应答。事实上，T_4 水平降低，内源性 TSH 的浓度已经很高。因此，这些动物的血清 T_4 水平不会升高。然而，当发生垂体或脑部疾病时，甲状腺仍可正常应答。这些病变导致内源性促甲状腺素过少。此试验中，虽然垂体病变的动物血清 T_4 水平可能会升高，但可能需要 2～3 d 的 TSH 刺激才能观察到升高。这是因为长期的腺体萎缩需要额外的 TSH 来克服，类似于“使泵预热”。

糖皮质激素可抑制 TSH 和 T_4 的分泌，因此，甲状腺功能正常而血清 T_3 水平较低的情况经常伴发于库欣病或糖皮质激素过度治疗。幸好，TSH 和 ACTH 应答试验可以同时进行。在这些动物中，甲状腺仍能对 TSH 产生应答，但刺激前后的血清 T_4 浓度绝对值较低，或低于刺激后参考值下限。猫甲状腺功能亢进通常由功能性甲状腺腺瘤引起。奇怪的是，在外源性 TSH 刺激下，血清 T_4 水平升高幅度很小或不升高，与犬原发性甲状腺功能减退相似。这种现象表明，肿瘤的功能不依赖于促激素，或已经最大限度地在产生和分泌 T_4。对 TSH 不产生应答、相应的临床表现和偏高的血浆 T_4 基础浓度，都可证明患猫发生了甲状腺功能亢进。

马通常自由采食加碘盐饲料，因此罕见碘缺乏所致的甲状腺功能减退。过度摄入碘（海藻粉或维生素和矿物质的混合物）可引发甲状腺功能减退和甲状腺肿。碘过量会抑制甲状腺功能。马正常血清 T_4 水平范围为 1～3 mg/dL，低于其他物种。只有血清 T_4 水平低于 0.5 mg/dL 时，才怀疑甲状腺功能减退。

马偶见垂体中叶肿瘤压迫垂体前叶，可能导致老龄马继发性甲状腺功能减退。垂体损伤会引发多种症状，故 TSH 应答试验尤其有用。

促甲状腺素释放激素刺激试验

促甲状腺素释放激素（TRH）刺激试验适用于小动物，可有效鉴别甲状腺功能正常与异常。FT_4 是甲状腺素中不与蛋白质结合的部分。与 T_4 相比，FT_4 水平受非甲状腺疾病或药物的影响较小。外源性 TRH 刺激可筛选出临界病例，并将真正的甲状腺功能减退和亢进患病动物与其他疾病或药物导致的甲状腺素浓度降低区分开来。当没有 TSH 时，这项检查常用于诊断犬甲状腺功能减退。测定血清 TT_4 和 FT_4 的基础值，静脉注射 TRH（0.1 mg/kg 或总量 0.2 mg），4 h 后出现甲状腺应答（血清 TT_4 和 FT_4 水平变化）。与基础值相比，正常动物血清 TT_4 水平升高 50%，FT_4 水平升高 1.9 倍。当 TT_4 结果为可疑时，评估 FT_4 水平可以更明确地鉴别出甲状腺功能正常与减退的犬。TRH 应答试验可用于诊断轻度到中度的猫甲状腺功能亢进。测定血清 TT_4 和 FT_4 的基础值，静脉注射 0.1 mg/kg TRH，4 h 后测定血清 TT_4 和 FT_4 水平。甲状腺功能亢进的猫血清 TT_4 水平较基础值增加不到 50%。增加至 50%～60% 为可疑，超过 60% 则可排除甲状腺功能亢进。

注意：游离 T_4 是甲状腺素中不与蛋白质结合的部分。

三碘甲腺原氨酸抑制试验

在美国和英国，甲状腺功能亢进常见于中老年猫。可基于静息状态甲状腺激素浓度进行诊断。TT_4 和 FT_4 水平的测定有助于鉴别非甲状腺疾病。FT_4 水平高的同时 TT_4 水平低，提示非甲状腺疾病。FT_4 水平高的同时 TT_4 水平在正常参考范围上限，提示甲状腺功能亢进。然而一些病例可能需要做功能试验来确诊或排除这种疾病。

甲状腺抑制试验以 TSH 的负反馈调节预期为基础，这种调节由循环中的高甲状腺激素浓度所引发。甲状腺功能亢进的猫没有正常的垂体-甲状腺调节。因此，除非反馈调节 TSH 的机制改变，否则，给予外源性 T_3 必然导致内源性 T_4 减少。

该试验需要测定 T_3 和 T_4 的基础值。每 8 h 口服 25 mg 的 T_3，共口服 7 次，可在家中进行。第 7 次口服 2～4 h 后，采集血样测定 T_3 和 T_4。甲状腺功能亢进的猫血清 T_4 水平超过 1.5 mg/dL 或 20 nmol/L，而非甲亢的猫的测定值较低。试验后 T_3 水平低表明外源性 T_3 给药失败，试验无效。

垂体功能检查

犬肢端肥大症可通过生长激素（GH）水平升高进行诊断。患犬的 GH 水平稳定，而非具波动性，因此，可连续测定 GH（采集 3～5 个样本，每次间隔 10 min）来诊断该病。此外，患犬对促生长激素释放激素的刺激不产生应答。本试验需要静脉注射 1 mg/kg 的促生长激素释放激素或 10 mg 可乐定，正常犬注射后血浆 GH 水平升高为 5～15 mg/L，血浆可乐定水平升高为 13～25 mg/L。

胃肠道功能的生化检查

胃肠道（GI）的主要功能是同化营养（通过消化和吸收）和排泄废物。大多数营养物质以复杂或难以吸收的形式被摄入，在胃肠道内，这些物质被溶解和分解成简单分子，从而可以被黏膜上皮吸收。

胃肠道疾病在兽医临床中很常见，因此，需要有针对性的诊断，特别是慢性疾病。对于吸收不良的病例，往往需要肠道活检来获得明确的诊断。为了排除其他疾病以及确认是否需要更具侵入性的操作，可进行功能试验。

同化不全可根据病理生理过程分为消化不良和吸收不良。消化不良是由胃液分泌改变或消化酶缺乏或不足造成的。消化酶大都由胰腺分泌，少部分由肠黏膜分泌。吸收不良最常见的原因是获得性小肠壁疾病或细菌过度增殖综合征。大约 90％的胰腺丧失功能或被破坏后才会出现消化不良的临床症状。犬在失去 85％的小肠时，小肠仍可正常行使功能，但超过 50％时，因代偿不足，可出现“短肠综合征”。

实验室检查可评估胃酸分泌，但大多数检查的目的是检测同化不全及其病因。胃酸的分泌也可通过测定胃液的 pH 来间接评估。正常犬的空腹胃 pH 在 0.9～2.5。胃液 pH 可通过无线电遥测技术进行连续监测。

同化不全检测的是基于粪便中食物的营养成分检测和粪便中的酶活性检测、口服底物或代谢产物后血清中的含量，以及内源性物质的特异性检测。

粪便潜血

肠道出血是蛋白丢失性胃肠病的原因之一。黑粪症或明显便血可证明大量出血。不明显的轻微出血是胃肠道溃疡、肿瘤或寄生虫病的重要症状。慢性轻度出血可导致缺铁性贫血。

用于检测潜血的试剂是愈创木脂。浸渍过的试纸条或药片被粪便中的血红蛋白过氧化物酶氧化变色。这种试剂对食物中的血红蛋白和肌红蛋白都有反应，因此动物必须在测试前 3 d 内禁食肉类。虽然草食动物的相关性不大，但技术员要检查其饮食中是否含有肉和骨头。另一种粪便潜血检测的方法是利用免疫层析法进行检测，但其尚未在动物上得到验证。

单糖吸收试验

这些测试可更有针对性地检查肠道功能。口服试剂后，测定血液中的物质浓度即为吸收率。

D-木糖吸收

D-木糖是一种五碳糖，在空肠中被动吸收，通过肾脏快速清除。因为木糖的吸收简单，而且不会被代谢，所以容易追踪。木糖的吸收效率低，常受某些肠道疾病的影响，但是这项试验因对照值可变而相对不敏感。

本试验主要用于马，也可用于犬，如框 36.2 所述。因瘤胃菌群的干扰，牛、羊无法进行口服试验。向真胃中注射单糖的替代方法操作困难，因此很少使用。

框 36.2　犬和马的单糖吸收试验概述

犬口服木糖吸收试验

- 禁食，测定木糖基础水平。
- 通过胃管给予木糖溶液，给药后 30、60、90、120、180 和 240 min 分别采集血样检测木糖浓度。
- 绘制血液木糖质量浓度的时间曲线。
- 30～90 min 之间的峰值小于 45 mg/dL 则为异常；在 45～50 mg/dL 可能为异常；超过 50 mg/dL 基本是正常的。

马葡萄糖和木糖吸收试验

- 葡萄糖和木糖试验各自按相同的步骤进行。
- 动物禁食 12～18 h，然后禁水。
- 测定木糖（或葡萄糖）基础水平。
- 经胃管给予木糖（或葡萄糖）溶液，每隔 30 min 采集血液样本，持续 4～5 h。
- 预计在 60 min 左右，出现峰值为（20.6±4.8）mg/dL；120 min 时，血糖质量浓度应为给药前的 2 倍。

木糖吸收异常表明肠道同化不全，特别是吸收不良。但是正常和异常范围之间的差别很小，患病动物的试验结果也可能是正常的。因为淋巴系统不参与木糖的吸收，患有淋巴管扩张的动物仍有可能得出正常结果。木糖吸收的速率只取决于给药量、吸收面积、肠道血液循环和胃排空。冷或高渗溶液、疼痛、恐惧或进食会延迟胃排空。需要禁食或 X 线片证明空腹。然而，呕吐和腹水（木糖进入积液）会使血中的浓度假性降低。细菌可代谢木糖，因此，本试验可监测细菌过度增殖。如果怀疑动物发生细菌过度增殖（肠蠕动迟缓或胰酶缺乏的病例），应在口服四环素 24 h 后重复试验。肾病会使血中的木糖浓度假性升高。

另可通过如下方法测定犬的木糖代谢情况：口服 25 g 木糖后，采集 5 h 以内的尿样，测定排出的木糖总量。这种方法更费力，但仅需测定一次木糖。

猫的木糖血浆浓度和动力学与犬相似。但另有研究发现猫对木糖的吸收情况不定，其血浆浓度不能升至与犬相同的水平。口服 500 mg/kg 的木糖后，健康猫体内的血浆质量浓度峰值为 12～42 mg/dL。

胃排空延迟、肠蠕动异常、肠血流量减少、细菌过度增殖和木糖滞留在腹水中，都可能造成假阴性结果。肾小球滤过率下降可能导致假阳性结果。因此，试验时确保患病动物水合良好且无氮质血症至关重要。

口服木糖后，其中 18%会在 5 h 内经肾脏排出。该试验已被改进为同时使用 *D*-木糖和 3-O-甲基-*D*-葡萄糖，对比两种糖的吸收差异，从而消除 *D*-木糖吸收试验中非黏膜因素的影响。

血清叶酸和钴胺素

可通过免疫分析法测定血清叶酸和钴胺素浓度。这两种物质的浓度可因吸收不良而降低。叶酸在近端小肠被吸收，而钴胺素在回肠被吸收。细菌过度增殖也可改变二者的浓度——细菌过度增殖导致叶酸的合成增加，而某些细菌可降低钴胺素的利用率。叶酸和钴胺素（维生素 B_{12}）常与 TLI 联合进行检测，以评估胃肠道疾病的严重程度。

黏蛋白凝固试验

滑液黏蛋白在加入醋酸后会形成凝块。形成的凝块性质反映了透明质酸的质量和浓度。试验方法是，将 1 mL 未抗凝的滑液加入按 0.1∶4 稀释后的 7 mol/L 冰醋酸中。将滑液与醋酸溶液轻轻混匀，室温下静置 1 h，评估是否出现凝块。黏蛋白凝块通常分级为：优（透明溶液中出现一块大的、致密而黏稠的凝块）、良（稍微浑浊的溶液中出现一块柔软的凝块）、中（浑浊的溶液中出现一块易碎的凝块）、差（无凝块形成，仅见浑浊的溶液有一些大的微粒）。轻轻摇晃试管可更好的评估凝块。质优的凝块仍然黏稠，而差的凝块则破碎。如果关节穿刺仅得到几滴滑液，可进行简单的黏蛋白凝固试验。如果细胞学涂片（及有核细胞计数）之后有剩余，滴 1 滴未用 EDTA 抗凝的滑液在一张干净的载玻片上，然后加入 3 滴稀释后的冰醋酸，混匀。约 1 min 后对形成的凝块进行分级，在黑色背景下更容易评估。

毒理学

许多物质可引起犬、猫、马和肉用动物中毒，如除草剂、杀菌剂、杀虫剂、灭鼠剂、重金属（特别是铅）、家用产品（包括酚类）、汽车用品（特别是乙二醇）、药物（包括治疗用药）和各种有毒的动植物。通常通过准确的病史（包括环境因素）、治疗后或剖检后全面的临床检查，可以获得初步诊断。然而在某些情况下，可能很难明确病因。

兽医临床实验室可以做一些简单的试验，但要求技术员熟悉并能完成试验操作，试剂不得过期，以及可能需要特定的设备。除了这些必要条件，再加上临床上需要进行此类试验的需求较少，因此，临床兽医经常将毒理学样本送到专业实验室检测。

毒理学样本

关于样本的处理、包装和运输方法，可咨询毒理学实验室，提前联系同时确保对方能够提供检测服务。送检样本应不受外界环境中化合物或碎屑的污染。不得清洗样本，避免清除毒物残留。不同液体、组织和饲料必须分别存放在无菌、洁净、密封的塑料或玻璃容器内运输。所有容器应标明动物主人、兽医、动物的名字和编号、样本类型，然后才能包装到大容器中送至实验室。

活体动物可提供全血(至少 10 mL，一般肝素抗凝)、血清(至少 10 mL)、呕吐物、胃灌洗液、粪便和尿液(约 50 mL)样本。某些情况下，饲料(至少 200 g)、水和疑似饵剂样本可能对诊断有帮助。如果是致命的中毒病例，完整的尸检应包括采集全血或血清、尿、胃肠道(特别是胃)内容物(至少 200 g，标明采集位置)和器官或组织样本，特别是肝脏和肾脏，但有时也包括大脑、骨骼、脾脏或脂肪(一般每种组织至少 100 g)。送检过量的样本可以丢弃，但样本量过大总要好于样本量不足。

一般来说，血清或全血样本最好冷藏运输，而肠道内容物和组织最好冷冻。通常不需要防腐剂，但组织病理学检查的样本例外，需要 10%的福尔马林固定，且不得冷冻。如果用于化学分析的样本使用了防腐剂，那么应同时送检一些防腐剂用于参考分析。冷冻样本应与其他样本隔离，并且在送达实验室时保持冷冻。建议使用专人急件送至实验室。

因为中毒案件可能会牵涉诉讼，所以在接收病例时应进行准确而详细的记录。与毒理学实验室建立良好的合作，送检样本时提供详细的病史(以及致命中毒病例的尸检结果)，有助于得到最佳的检测结果。

下列所述检查的主要优点是，可在临床实验室快速检测，比送检至毒理学实验室更快得到结果。然而，这些测试最好只用于筛查，为调查病因及治疗指明方向。试验结果(特别是阳性结果)建议送到规范的毒理学实验室进行验证，特别是当客户后续需要进行法律诉讼时。

铅中毒

铅是一种非常常见的环境污染物，存在于城市空气污染、含铅涂料、铅弹(弹药)、油毡、汽车电池、焊料、吊顶材料和石油产品中。所有动物均可发生铅中毒，临床症状因物种而异，主要累及消化道和神经系统(图 36.3)。在铅中毒动物的血液学检查中，可以发现部分红细胞出现嗜碱性点彩，以及循环中的有核红细胞数量增多。这些情况出现在不贫血的动物中，且临床症状符合时，强烈提示铅中毒。

图 36.3 铅中毒造成的趴卧、失明和吼叫。这头 16 个月大的小母牛同时存在无法控制的震颤(引自 Drivers T，Peek S：*Rebhun's diseases of dairy cattle*，ed 2，St Louis，2008，Saunders.)

目前尚无简单可靠的临床实验室检测方法来检测血液、粪便、尿液、乳汁或组织中的铅。毒理学实验室可从 EDTA、肝素或柠檬酸盐抗凝的全血中测定血铅水平，也可对组织样本(特别是肝脏和肾脏)和粪便进行检测。采用改良抗酸染色技术对肝脏、肾脏或骨骼进行组织病理学检查，可分别从肝细胞、肾小管细胞和破骨细胞中发现典型的嗜酸性、抗酸核内包涵体。

硝酸盐或亚硝酸盐中毒

硝酸盐或亚硝酸盐中毒可见于反刍动物、猪和马，这些动物摄食了高浓度的此类化合物，如施了富含氮肥的谷类、草类和块根类植物后，可发生中毒。水也可能含有大量硝酸盐，特别是从由大量施肥的土地中渗出的深井水。硝酸盐在饲料或肠道中转化为亚硝酸盐。从肠道吸收的亚硝酸盐可将红细胞中的血红蛋白转化为高铁血红蛋白，从而降低血液的携氧能力。动物的血液因此变为暗红色至褐色。临床症状的严重程度与摄入量有关，可造成动物发生急性死亡，许多动物同时发生中毒。

一种快速且特异的半定量测试可利用二苯胺进行诊断，后者可被硝酸盐或亚硝酸盐转变成深蓝色的醌型复合物。将 0.5 g 二苯胺溶于 20 mL 蒸馏水，加入浓硫酸配制成 100 mL 的溶液，可直接使用或与 80%的硫酸 1∶1 稀释。将该溶液注入植物茎干的内部，使用未稀释的溶液时，10 s 内出现明显的蓝色，表明硝酸盐含量超过 1%（即饲料可能有毒）。许多物质可能产生假阳性结果，最主要的是铁，一般位于茎干的外侧，所以应谨慎操作避免该情况的出现。

另一种稀释程度较高的二苯胺稀释液（之前的溶液与浓硫酸按 1∶7 稀释）可用于检测血清、血浆、其他体液和尿液中的硝酸盐和亚硝酸盐。在白色背景下，于玻璃载玻片上滴 1 滴样本，然后将 3 滴稀释后的二苯胺溶液与之混合，样本中的硝酸盐和亚硝酸胺立即变为深蓝色，溶血会掩盖颜色变化。

抗凝血灭鼠剂中毒

抗凝血灭鼠剂（如华法林、敌鼠和杀鼠酮）通过抑制体内维生素 K 的代谢而发挥作用。维生素 K 是肝脏产生凝血因子 Ⅱ、Ⅶ、Ⅸ 和 Ⅹ 所必需的。抗凝血灭鼠剂中毒后，凝血因子 Ⅶ 首先被耗尽，故首先出现凝血酶原时间延长。随着其他因子的减少，部分凝血活酶时间和活化凝血时间也会延长。当动物因抗凝血灭鼠剂中毒而出血时，凝血酶原时间和部分凝血活酶时间（或活化凝血时间）通常都会延长。通常基于这些筛查试验和患病动物对维生素 K 治疗的反应来诊断抗凝血灭鼠剂中毒。

致血红蛋白变性的化学物质

许多化合物摄入后会造成红细胞中的血红蛋白损伤（如氧化变性），形成海因茨小体。这些物质包括对乙酰氨基酚和亚甲蓝（猫）、洋葱（犬）、红枫叶（马）、洋葱和芸薹（反刍动物）。血涂片中出现海因茨小体是这类中毒的诊断依据。

缺硒动物由于缺乏谷胱甘肽过氧化物酶（红细胞中的一种酶，有助于减轻此类损伤），更容易出现这种氧化损伤。

乙二醇

乙二醇是大多数防冻液的主要成分。误食可导致严重或致命的中毒，通常发生于犬和猫。毒理学实验室可在全血或血清样本中检测出乙二醇及其代谢产物（图 36.4）。当中毒犬、猫的尿沉渣中含有大量一水草酸钙结晶（见第 5 单元）时，强烈提示乙二醇中毒。致死动物的肾脏组织病理学检查显示肾小管肾病和大量草酸钙结晶。

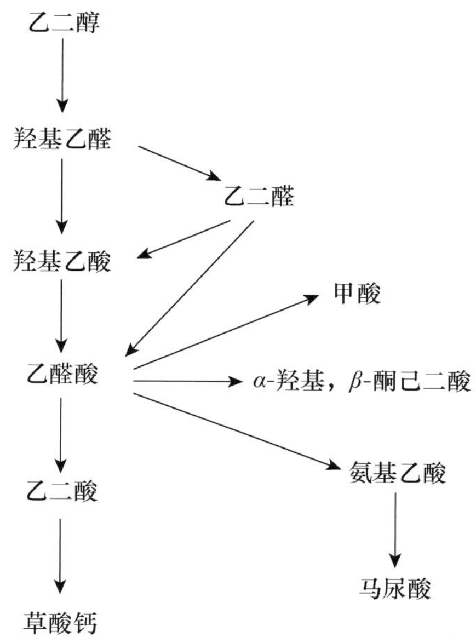

图 36.4　乙二醇代谢途径。左侧垂直路径是产生毒物的主要代谢途径（引自 Plumlee K：*Clinical veterinary toxicology*，St Louis，2004，Mosby.）

管制药物

动物（尤其是犬和猫）可能会接触到各种非法药物和处方药。很多时候患病动物出现临床症状后才开始接受治疗。客户可能不知道动物接触了药物，或者他们担心自己在没有合法处方的情况下承认持有管制药物而受到起诉。由于缺乏暴露史的详细信息，此类中毒往往难以诊断。因药物和摄入总量的不同，临床症状会出现很大的不同。

目前少有关于这些药物在动物体内作用机制的研究。另外，动物接触方式常与人类不同。人类经常吸入或注射的药物可能被宠物摄食。另一个难题是，药物与其他潜在物质混合，而这些物质可能无法确认或不易被发现。研究表明，多达 50%的非法药物可能不包含它们所标注的成分，而含有其他药物和兴奋剂。

血液和尿液的常规生化分析基本无法检测出原本健康的动物在急性暴露后出现的异常。有多种快速筛选测试可辅助诊断。这些检测绝大多数采用竞争免疫分析技术的胶体金试剂板（图 36.5）。只要严格遵守样本采集、处理和测试的要求，其精确度会很高。这些检测与市售的家庭妊娠检测相似，相关数据表明其与实验室结果高度一致。最常

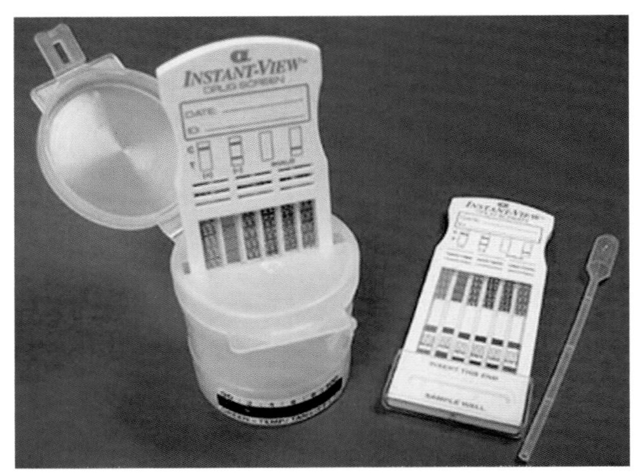

图 36.5 **可用于检测人类滥用药物的免疫分析测试法(引自 Proctor D. Adams A: *Kinn's the medical assistant: an applied learning approach*, ed 11, St Louis, 2011, Saunders. Alfa Scientific, Poway, CA. 供图)**

见的测试方法是尿液试纸法,可做成多种形式,用于测试单个或多个分析物。其中一些检测也可用于其他体液。一些制造商允许购买少量的此类检测产品。

检测的准确性一定程度上取决于摄入的剂量和接触后所经过的时间。这些检测使用了国际监管机构,特别是国家药物滥用研究所、世界卫生组织和美国卫生与公众服务部的物质滥用和精神卫生服务管理局制定的最低浓度水平。还没有关于这些检测在兽医物种中使用有效性的详细研究发表。

关键点

- 肌酸激酶可用于鉴别肝脏疾病和骨骼肌损伤。
- 乳酸水平升高通常提示缺氧或灌注不足。
- ACTH 和皮质醇浓度可能有助于诊断和鉴别原发性和继发性肾上腺皮质功能减退。
- 甲状腺素由两种激素组成:三碘甲腺原氨酸(T_3)和甲状腺素(T_4)。
- 游离 T_4 是甲状腺素中不与蛋白质结合的部分。
- 实验室内检测甲状腺素通常使用免疫分析法。
- 摄入乙二醇可导致严重或致命的中毒。
- 免疫层析测试可用来评估动物是否可能因人类管制药物而中毒。

第7单元

Microbiology 微生物学

单元目录

本单元学习目标

列举并描述微生物学检查所需的设备和材料。
描述细菌和真菌的大体特征。
描述细菌和真菌培养样本的采集流程。
描述细菌和真菌样本常用的染色方法。
描述细菌和真菌样本的标准培养技术。
描述抗菌药物敏感性试验的标准流程。
描述加州乳房炎试验的操作流程。
列举并描述细菌样本常用的生化试验。

微生物学是研究微生物的学科。微生物非常小,肉眼无法识别。细菌、真菌及病毒均为微生物。某些寄生虫也被认为是微生物。研究细菌、真菌和病毒的分支学科又分别被称为细菌学、真菌学和病毒学。兽医临床实验室通常通过免疫学方法进行病毒学检查,而细菌和真菌通过常规微生物学方法进行检查。尽管一些医院会将所有微生物检查外送至参考实验室,但大多数医院都会进行院内诊断。细菌和真菌样本的采集快速、简便、经济,检查无须特殊设备。但为了保证结果可靠,应严格执行质量控制。

机体体表或体内绝大多数微生物是非致病性的（即为正常菌群）。肠道、呼吸道、皮肤及部分泌尿生殖道均分布有正常菌群。但从脊髓、血液及膀胱等部位采集的样本不应含有微生物。某一部位的正常菌群可能定植于其他部位从而引起疾病。

有关本单元的更多信息请参见本书最后的参考资料附录。

第37章

Introduction to Microbiology
微生物学简介

学习目标

经过本章的学习，你将可以：

- 了解细菌、真菌和病毒的一般特点。
- 掌握细菌的生长特点和生长需求。
- 了解细菌的形态和排列特征。
- 掌握细菌芽孢和真菌孢子形成的意义。
- 了解真菌的繁殖方式。
- 鉴别4种致病性真菌。
- 掌握病毒样本采集和处理的一般方法。
- 列出疑似病毒感染样本的检测方法。

目　录

关 键 词

子囊孢子
杆菌
担子孢子
嗜二氧化碳菌
球菌
分生孢子
内生孢子
兼性厌氧菌
苛养菌
鞭毛
菌丝
嗜温菌
微需氧菌
菌丝体
专性需氧菌
专性厌氧菌
原核生物
嗜冷菌
螺旋体
包囊孢子
嗜热菌
酵母菌
接合孢子

了解细菌、真菌和病毒的基本特征有助于兽医技术员采集、制备和检验样本。兽医临床微生物学检查的主要目的是识别细菌感染。虽然在临床上也经常遇到真菌感染和病毒感染，但通常需要在专业参考实验室或者政府支持的检测单位进行检验。

细菌形态学

细菌是非常小的单细胞原核微生物，大小介于0.2～2.0 μm。实验室常见的细菌宽0.5～1.0 μm，长2～5 μm。细菌含有细胞壁、细胞膜和核糖体，有些细菌有荚膜和鞭毛，有的能产生内生芽孢。细菌对温度、pH、氧分压和营养有特定的需求，因此，采集和制备样本时，必须考虑细菌的特定需求。此外，这些特征也有助于某些细菌的鉴定。大多数临床重要细菌所需的pH在6.5～7.5。需要氧气才能存活的细菌称为专性需氧菌；氧气存在时，能够被杀死或者生长受到抑制的细菌称为专性厌氧菌；缺乏氧气时可以存活，但生长受到限制的细菌称为兼性厌氧菌。微需氧菌需要较少的氧分压，而嗜二氧化碳菌则需要高浓度的二氧化碳。

注意：根据对氧气的需求，细菌可被描述为专性需氧菌、专性厌氧菌、兼性厌氧菌、微需氧菌或嗜二氧化碳菌。

不同细菌对营养的需求不同，因此，要根据其营养需求选择适宜的培养基。对营养要求较苛刻的细菌，称为苛养菌。

不同细菌对温度的需求不同。几乎所有对动物有致病性的细菌，其最适生长温度都在20～40 ℃，称为嗜温菌。有较低和较高温度需求的细菌分别称为嗜冷菌和嗜热菌。

注意：大多数致病性细菌在20～40 ℃条件下生长良好。

细菌鉴定方法是依据其特性形成的标准化检测方法，包括细菌的大小、形状、排列方式和化学反应。这些特征常用于特定致病菌的鉴别。

根据细菌形态可将其分为以下5组(译者注：原著为three groups，但列出的为5组)(图37.1)：

1. 球菌：球状。例如金黄色葡萄球菌，能够引起动物乳房炎。

2. 杆菌：杆状或圆柱状。例如炭疽杆菌，能够引起动物或人类炭疽。

3. 螺旋体：通常单个存在，可分为疏螺旋体、密螺旋体和逗点状螺旋体。疏螺旋体，例如引起禽类螺旋体病的鹅疏螺旋体；密螺旋体，例如引起牛红水病(red water disease)的波摩那钩端螺旋体；逗点状螺旋体，例如引起家养动物流产的胎儿弯曲杆菌。

4. 球杆菌：小杆状。例如大肠埃希菌的某些菌株，染色时因两端着色，使其看起来像一对球菌。

5. 多形菌：形状介于球菌和杆菌之间。

图37.1 不同形态的细菌

注意：细菌是根据其形状和排列方式进行分类的。

细菌有多种排列方式，有的单个散在，有的分裂后仍然粘连在一起形成链状或簇状。细菌的排列方式对其鉴别非常重要，常见的排列方式如下(图37.2)：

1. 单个：某些细菌单个存在，例如螺旋体以及大部分杆菌。

2. 成对：某些细菌以成对方式排列，例如肺炎链球菌(双球菌)。

3. 成簇或成束：一些细菌以簇、束或成团的方式排列，例如排列类似葡萄串的金黄色葡萄球菌。

4. 链状：某些细菌呈长链或短链状，例如链球菌属。

5. 栅栏样：某些细菌可以以栅栏或“汉字”的方式排列，例如棒状杆菌属。

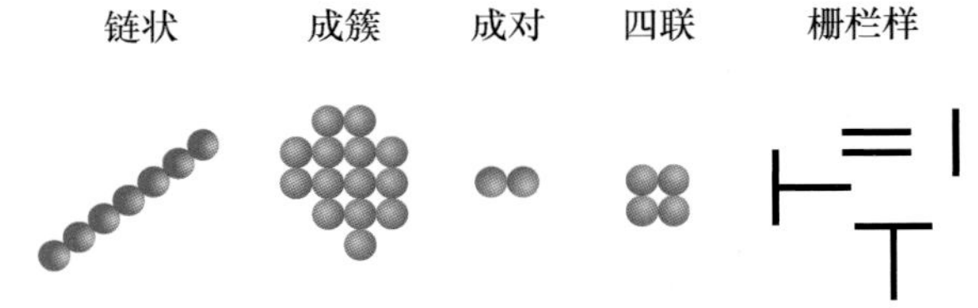

图37.2 细菌的排列方式

对多形态细菌来说，例如棒状杆菌属，很难判断它们是球菌还是杆菌。如果革兰氏染色涂片来自纯培养的单个菌落，且其中有细菌明确呈杆状，则认为其为杆菌。

芽孢

少数细菌在培养时形成细胞内折射体,称为内生芽孢或者芽孢。芽孢杆菌属和梭状芽孢杆菌属可形成芽孢。细菌芽孢可以抵抗热、干燥、化学物质以及辐射。

不同的细菌其芽孢的大小、形状及在细胞中的位置不同,可按以下方式分类(图 37.3):

- 中央芽孢:位于菌体中央,如炭疽杆菌。
- 近端芽孢:靠近菌体末端,如气肿疽梭菌。
- 末端芽孢:位于菌体末端,如破伤风梭菌。

大多数芽孢在革兰氏染色中因不着染而易于观察,所以通常不需要特殊的芽孢染色。

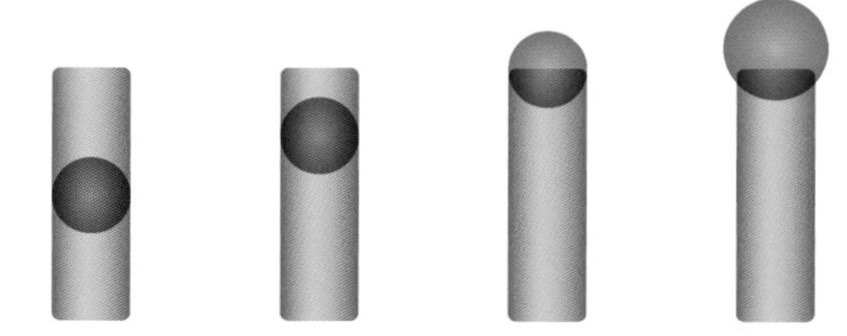

图 37.3 内生芽孢位置分布图

注意:芽孢及其所在位置有助于鉴别细菌的种属。

细菌的生长繁殖

细菌含单链 DNA,主要以二分裂方式增殖。在实验室里,细菌在任何培养基(活组织或者培养皿)中增殖,都要经历 4 个不同的时期(图 37.4)。最初时期称为迟缓期,这是细菌利用新的培养基环境进行自身新陈代谢的过程。如果培养基中存在适合特定细菌生长的因子和条件,则细菌生长进入对数期(又称指数期),这一时期的生长速率常称为倍增时间或传代时间。不同细菌在不同环境条件下的传代时间不同。对数期可持续至必需营养物耗尽、有毒代谢产物蓄积或生长空间受限为止。对数期过后,细菌生长进入稳定期,此时细菌总数没有增长或减少。稳定期的时间长短因细菌不同而不同。最后一个时期为衰亡期,或称为死亡期,死亡速率与最初生长的速率不同,芽孢常在这一时期形成。

真菌特征

真菌是异养微生物,营寄生或腐生生活。除酵母菌外大部分是多细胞微生物。真菌是带有细胞壁

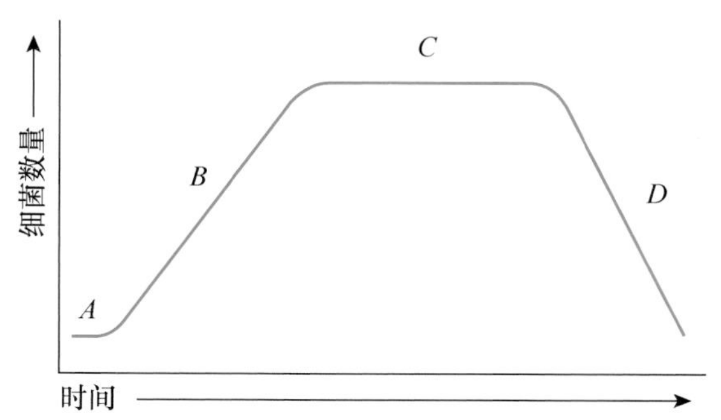

图 37.4 细菌生长曲线

的真核细胞,细胞壁由壳多糖构成。真菌由大量细长管状结构组成,后者呈网状分布,称为菌丝,菌丝朝营养物质方向生长。真菌通过释放消化酶在体外消化食物,然后将消化后的小分子带入菌丝。几个菌丝构成一个分枝网络,叫作菌丝体。菌丝有隔或无隔,菌丝内有横隔膜的为有隔菌丝,可通过横隔的存在与否来鉴别这些生物体。真菌的生殖结构被称为子实体,子实体能够产生并释放叫作孢子的生殖细胞。不同种属的真菌产生不同类型的孢子。酵母菌不以孢子形式而以出芽方式进行生殖。

大部分真菌的生殖包括无性生殖和有性生殖。无性孢子包括孢囊孢子和分生孢子(图 37.5),有性孢子包括子囊孢子、担孢子和接合孢子(图 37.6)。可通过菌丝结构的不同和孢子的存在与否来鉴别真菌。

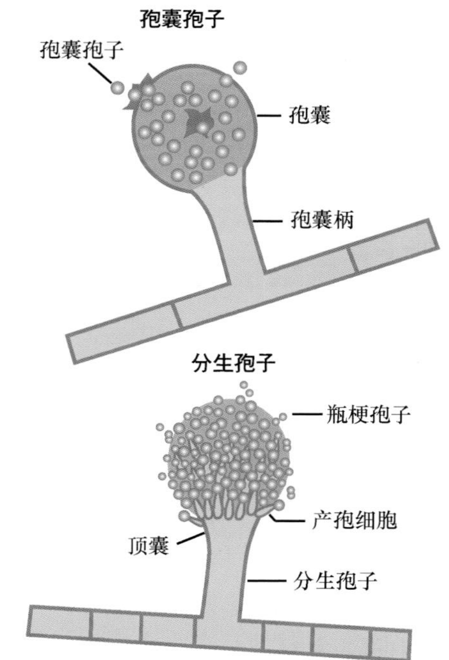

图 37.5 两种主要的无性孢子:孢囊孢子和分生孢子

根据生殖结构的不同将致病性真菌分为以下4组：

1. 担子菌类：蘑菇和担子菌。
2. 子囊菌类：盘菌。
3. 接合菌类：霉菌。
4. 半知菌类：也叫不完全真菌，因为不清楚是否存在有性生殖阶段。

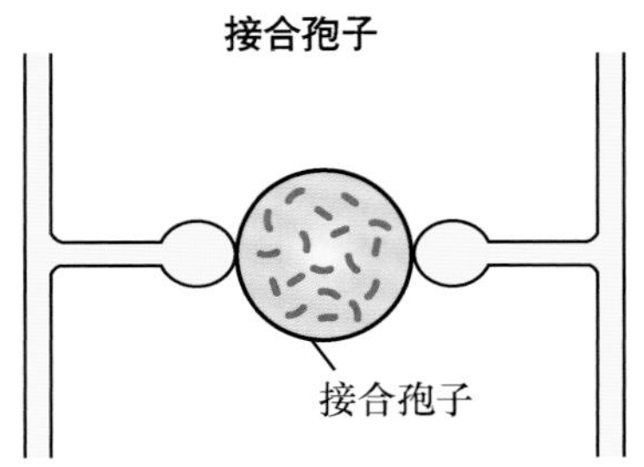

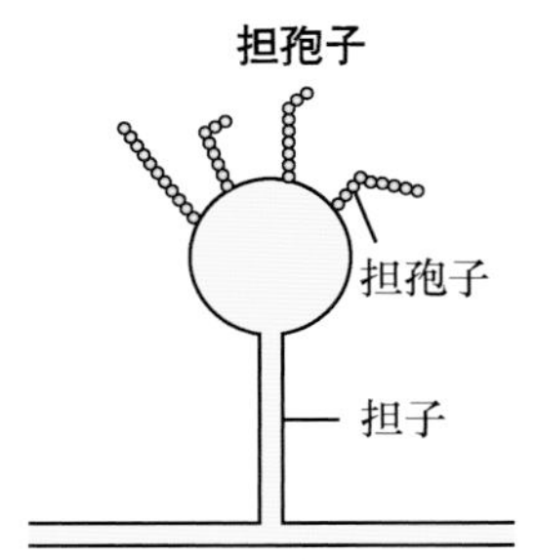

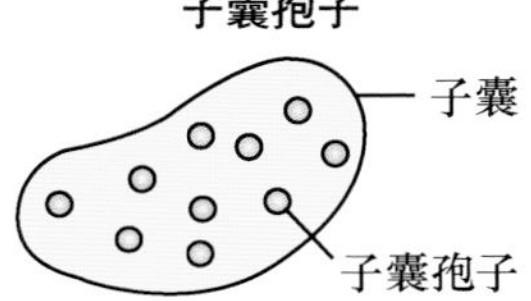

图 37.6　三种有性孢子（通过减数分裂，两个细胞的细胞质和细胞核融合而成）：接合孢子、担孢子和子囊孢子

> **注意**：真菌种属能够通过菌丝的结构和孢子的存在与否进行鉴别。

病毒学

大多数病毒的检测在专业实验室进行，这些检测技术包括组织病理学检测、血清学检测、电镜技术和病毒的分离与鉴定。兽医技术员应该联系上述诊断实验室，从而确定样本的采集方法，以及是否需要转移培养基等。如果怀疑是一种外来病，则应上报主管部门，并就地封存临床病料。

许多病毒病可以通过临床和病理学检查做出诊断。血清学检测也可用于大多数病毒性疾病的诊断。有些血清学检测可能需要多份血清样本，从疾病早期开始，每隔 2～3 周采集一次。抗体滴度升高意味着近期受到过病毒感染。

病毒分离成本高、耗费时间，而且可能在动物康复或者死亡后才做出诊断。但在有些情况下，应该采用病毒分离鉴定的方法，例如：新病毒病的确诊，血清学和其他试验不能确诊者，家畜流行病中病毒免疫类型的确定，以及涉及公共卫生安全问题的病毒病。

许多病毒能够在动物体内持续存在而不引起任何临床症状，所以从患病动物分离到病毒并不意味着这种病毒就是引起疾病的真正病原，其他一些病原或因素也有可能引起疾病。在疾病传染活跃期的早期采集样本最易成功分离到病毒。

病毒通过频繁的变异来保持其在组织和渗出液中的活力。应根据病毒粒子大量分布的位置选择需要采集的样本。当细菌污染样本时，病毒分离的成功率会大大降低。所以应该无菌采集样本，4 ℃保存，并尽可能在最短时间内送往实验室进行检测。

细胞培养

为了证明样本中存在病毒，需要在实验室分离培养病毒或检测病毒的抗原抗体。细菌可以在营养琼脂中生长，但病毒只能在活的细胞中繁殖。将组织细胞放入适宜的含有丰富营养的细胞瓶或者细胞板上，细胞附着于容器的表面并生长成单层细胞。各种类型的细胞都可以用于病毒的培养。大部分动物细胞在体外能够生长几代，但有些细胞可以无限传代，被用于病毒的分离。这些能够在体外传代的单一类型的细胞叫传代细胞系。例如胎儿肾细胞、胚胎气管细胞、皮肤及其他一些来自猴、犬、猫、牛、猪、鼠、仓鼠、兔和其他动物的细胞。病毒样本通常接种于与样本来源相同的动物的原代细胞上。

将病毒样本接种细胞，培养后即可进行检测。如果存在病毒，当病毒粒子侵入组织细胞时，细胞就可能出现可见的损伤，这种损伤被称作细胞病变。可根据细胞病变的不同类型来鉴定病毒的种类。有些病毒可引起细胞溶解，有些病毒则可引起细胞融合而形成巨细胞，有些则可能形成病毒包涵体。

免疫学和分子学诊断

根据临床症状和细胞培养结果可以识别病毒

至科，也可能是属甚至种的水平，但是要准确鉴定病毒则需要基于免疫学原理的血清学方法。有时血清学方法可以直接用于样本检测，既节约时间又节省细胞培养的费用。一些常见的病毒可进行院内检测。第 4 单元详细介绍了用于病毒抗原抗体检测的免疫学实验。

分子学诊断实验（如聚合酶链反应）也经常用于病原的鉴定，更多内容请参阅第 4 单元。

关键点

- 细菌的形态特征描述是以细菌的形态和排列方式为基础的。
- 不同细菌对氧气、温度和营养的需求不同。
- 有些细菌的特殊结构有助于细菌的鉴定（如荚膜和芽孢）。
- 不同种类的真菌产生不同类型的孢子。
- 酵母菌以出芽方式而非孢子形式进行繁殖。
- 真菌根据其生殖结构的类型被分为不同的类群。
- 病毒培养需在专业参考实验室进行。

第38章

Equipment and Supplies
设备和辅助材料

学习目标

经过本章的学习，你将可以：

- 列出采集和检测细菌和真菌样本所需的材料。
- 掌握微生物实验室相关的安全问题。
- 了解细菌培养基的类型。
- 列出常用的培养基，并陈述其特点。
- 了解常用模块培养基。
- 了解真菌培养基的类型。

目　　录

关 键 词

琼脂
α-溶血
β-溶血
血琼脂
培养基
Culturette
鉴别培养基
加富培养基
Enterotubes
苛养菌
γ-溶血
接种环
麦康凯琼脂
Mueller-Hinton 琼脂
沙氏培养基
选择培养基
硫胶质

院内微生物实验室

理想的微生物实验室应该远离诊所交通要道且是一个独立的房间，光线充足、通风良好、地板可以冲洗，并且限制人员往来。实验室至少有两个工作区，一个用于样本处理，另一个用于微生物培养。工作区应表面光滑便于消毒，有电源插座，储存空间充足，可方便地使用恒温箱和冰箱。

实验室安全

微生物实验室中遇到的大多数微生物都具有潜在的致病性，且许多为人兽共患病原。因此，所有样本都应作为潜在的人兽共患病病原样本进行处理。为保障实验室生物安全，工作人员应严格遵守实验室规章制度。在转移或处理传染性介质或样本时，应注意无菌操作。

兽医技术员在处理病患样本时，必须佩戴个人防护装置（干净及膝的长袖白色工作服，或干净的长袖外科刷手服），以防止污染日常衣物或向公众传播病原体。在微生物实验室工作时，需要佩戴一次性手套，当可能产生气溶胶颗粒时还需要佩戴面罩。实验室工作服应至少每周用热水和强力漂白剂清洗一次。如果工作服在诊断过程中被污染了，应立即脱下并放入指定的脏衣篮。所有的实验室工作服应统一清洗，禁止与诊所的其他衣物或实验室外的衣物混洗。

注意：所有样本都应作为潜在的人兽共患病样本进行处理。

兽医技术员在离开实验室前，应取下所有个人防护装置，并彻底洗手。

被潜在的感染原污染的材料在弃置前必须经过无害化处理。剪刀、镊子和手术刀刀柄可在高压灭菌器中灭菌，具有潜在危害的材料（如培养皿、试管、载玻片、移液管和碎玻璃）应放入适当的容器中。如果这些材料需要丢弃，必须先进行高压灭菌消除所有感染因子后再丢至垃圾桶中。工作开始前和结束后，都应用消毒剂（70％酒精或稀释的漂白剂）消毒工作台。溅出的培养物需要消毒处理，即与消毒剂作用 20 min 后予以清除。其他设备的表面，如恒温箱和冰箱，都应每日用消毒剂擦拭消毒。微生物污染的金属接种环应在使用后立即火焰灼烧灭菌。

实验室内禁止饮食、吸烟、接触隐形眼镜或使用化妆品，并适当悬挂明显的提示标牌。佩戴隐形眼镜的工作人员在实验室中应佩戴护目镜或面罩。长发必须绑在后面或塞进工作帽内。技术员要用水而不是唾液润湿标签。不能在实验室储藏食物，食品应存放在实验室外的指定橱柜或冰箱内。所有事故应立即向实验室主管或兽医报告。

微生物实验室所需的设备与材料

一台能保持恒温恒湿的优质培养箱是微生物实验室的主要设备。关于培养箱的更多信息参见第 1 单元。细菌和真菌样本的采集和制备所需的材料如下：

- 无菌棉拭子
- 钝手术刀片
- 3～20 mL 注射器和 21～25G 针头
- 无菌气管插管、颈静脉导管或导尿管
- 采集管和保存剂
- 配有人造纤维拭子的转运培养基，如 Culturette（BD，Franklin Lakes，NJ）（图 38.1）
- 高品质的载玻片和盖玻片
- 接种环或接种针，包括可重复使用的金属接种环或一次性的塑料接种环（图 38.2）和 10μL 接种环
- 本生灯（天然气或丙烷气）（图 38.3）或酒精灯
- 烛罐或厌氧菌罐
- 多种培养基，包括平板和肉汤培养基
- 抗生素纸片和分配器（图 38.4）
- 革兰氏染色剂和其他染色剂
- 剪刀、手术钳、手术刀（置于 70％酒精中进行火焰杀菌）
- 装有消毒剂的“废液缸”，用于丢弃被污染的材料
- 木制压舌器，用于处理粪便样本
- 架子，用于放置试管和瓶子
- “冰袋”和聚苯乙烯运送容器等，用于运送样本到参考实验室

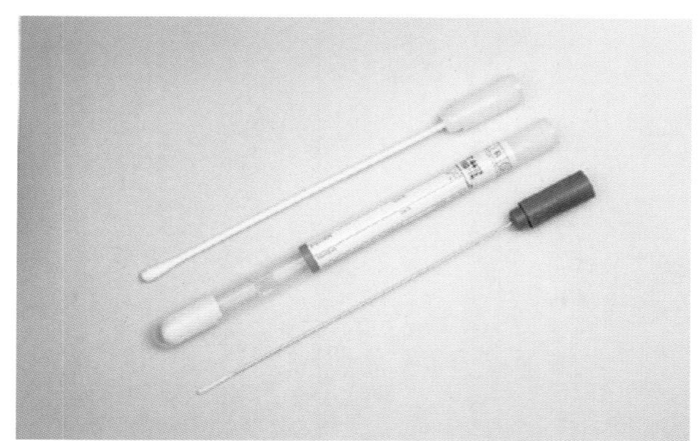

图 38.1 配有人造纤维拭子的转运培养基 Culturette（B. Mitzner，DVM 供图）

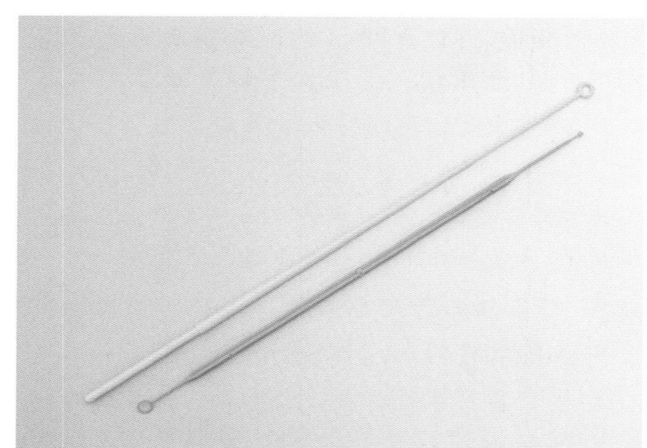

图 38.2 一次性塑料接种环（B. Mitzner，DVM 供图）

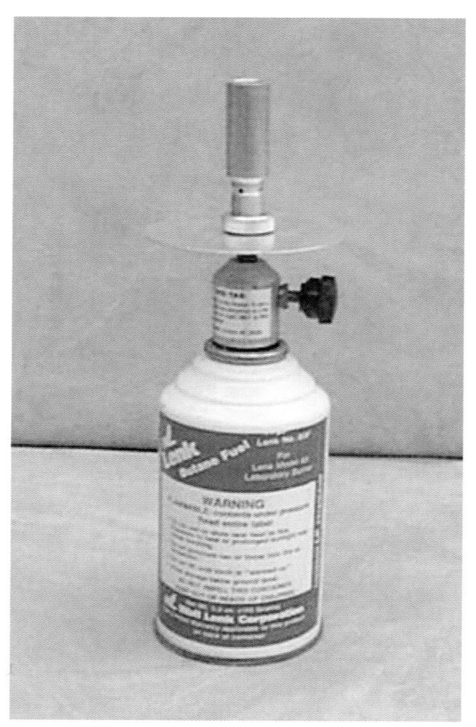

图 38.3 丙烷燃烧器，用于金属接种环灭菌（B. Mitzner，DVM 供图）

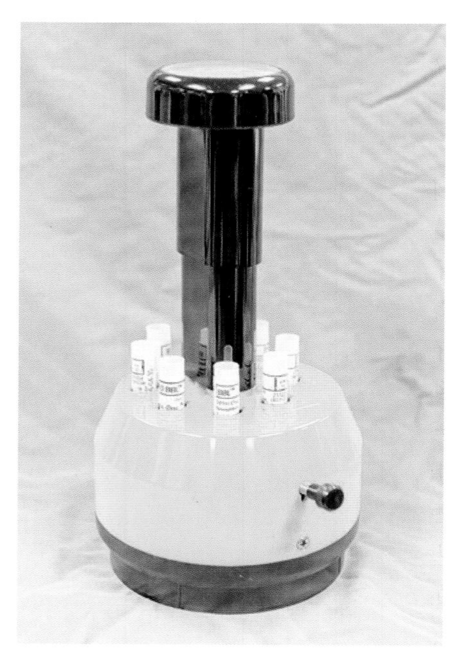

图 38.4 抗生素纸片和分配器

培养基

培养基是能够支持微生物生长的各种固体或液体营养基质。细菌培养基可购买脱水粉末自行制备，也可购买现成的琼脂平板或现成的用于生化试验的液体培养基。所有常用培养基都可以在供应商处购买。大的参考实验室和研究实验室可用脱水粉末制备培养基，灭菌后使用。用于制备固体培养基的凝固剂包括琼脂和明胶。琼脂是海藻的干燥提取物，明胶是从动物组织中提取的一种蛋白质。

为延长使用期，琼脂平板应冷藏放置于 5～10 ℃中，且平板应远离冰箱内壁，避免结冰破坏培养基。

培养基种类

常用培养基有 6 种：转运培养基、普通培养基、加富培养基、选择培养基、鉴别培养基和选择性富集培养基。有些培养基同时具有多种功能。培养基的种类有上百种，但兽医工作中只需要几种（图 38.5）。许多兽医诊所常使用模块培养基，即同一平板中包含有几种不同培养基。在兽医临床中，普通培养基（也称营养培养基）不常用。加富培养基是根据苛养菌的培养需求配制的，是在普通培养基的基础上添加了额外的营养物质（如血液、血清或鸡蛋）。血琼脂培养基和巧克力琼脂培养基都属于加富培养基。选择培养基含有抗菌物质，如胆盐或抗菌剂，可抑制或杀死除少数几种细菌外的大部分细菌，有助于从混合接种物中分离出特定种类的细菌。麦康凯琼脂是一种选择培养基。鉴别培养基根据细菌在培养基中的不同生化反应进行细菌分类，如西蒙氏柠檬酸盐培养基。选择性富集培养基是液体培养基，有利于特定微生物的增殖。这类培养基含有促进特定细菌生长的物质，同时还含有抑制其他细菌生长的物质，如连四硫酸盐肉汤和亚硒酸盐肉汤。转运培养基可维持微生物的活性同时不促进其生长增殖。用于样本采集的 Culturette 是一种已配好所需基质的转运培养基。下文将详细介绍一些常用的培养基，但并非无所不包，其他没有列出的培养基仅在大型参考实验室或研究实验室中使用。

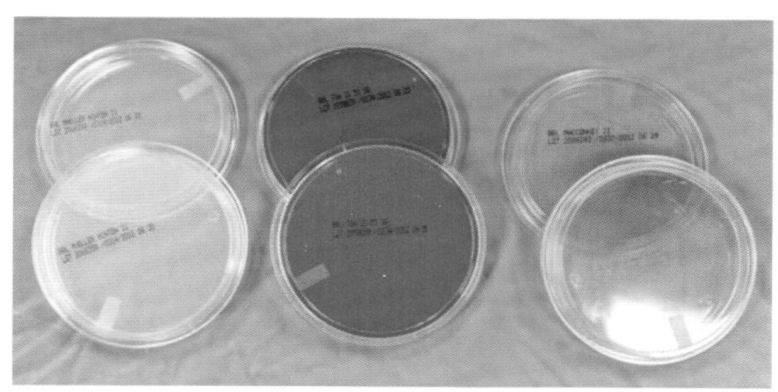

图 38.5 常用培养基（从左至右为 Mueller-Hinton 琼脂、血琼脂和麦康凯琼脂培养基）

注意：培养基的种类包括：转运培养基、普通培养基、加富培养基、选择培养基、鉴别培养基和选择性富集培养基。

血琼脂培养基

这种加富培养基可支持大多数病原菌生长。血琼脂有几种类型，最常用的是加绵羊血的胰蛋白胨大豆琼脂。血琼脂培养基具有加富培养基和鉴别培养基的作用，这是因为在血琼脂上可以呈现 4 种不同的溶血：

1. α-溶血：部分溶血，在菌落周围形成狭窄的绿色或不完全透明的溶血环（图 38.6）。

2. β-溶血：完全溶血，在菌落周围形成一个完全透明的溶血环。

3. γ-溶血：不溶血，培养基表面无变化，菌落周围无溶血环。

4. δ-溶血：双重溶血，菌落周围一圈窄的溶血环被一个宽的溶血环所环绕。

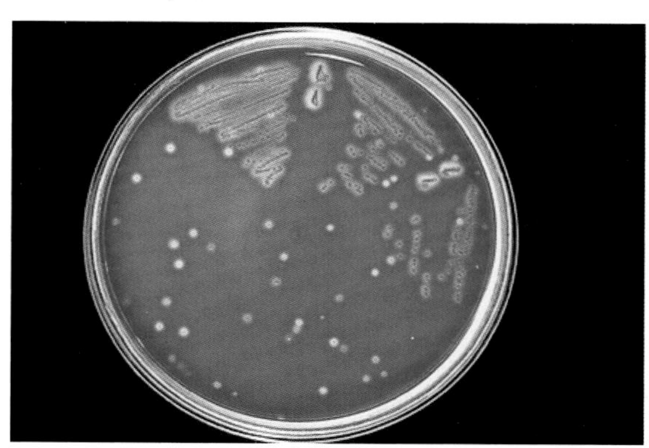

图 38.6 血琼脂上链球菌的 α-溶血（引自 Public Health Image Library, PHIL＃8170, Richard R. Facklam, Atlanta, 1977, Centers for Disease Control and Prevention.）

注意：可以根据不同的溶血模式鉴别细菌种类。

麦康凯琼脂和伊红-亚甲蓝琼脂

麦康凯和伊红-亚甲蓝（EMB）琼脂是选择和鉴别培养基。麦康凯培养基用于分离发酵乳糖的革兰氏阴性肠道杆菌，其原理是：该培养基中含有结晶紫、胆盐、乳糖和中性红等物质，其中结晶紫会抑制革兰氏阳性菌生长，只有肠道杆菌和少量其他菌能够耐受胆盐，中性红的颜色可以区分分解乳糖和不分解乳糖的细菌。在麦康凯培养基上生长与否可以作为初步鉴定革兰氏阴性菌的一种试验方法。EMB 培养基与麦康凯培养基相同，用于分离革兰氏阴性肠道菌，也可用于鉴定乳糖发酵型细菌。

麦康凯培养基中的指示剂是乳糖和中性红。发酵乳糖的细菌能发酵乳糖产酸，在培养基形成粉红色菌落，如大肠埃希菌、肠杆菌属和克雷伯菌属细菌。不能发酵乳糖的细菌，利用麦康凯琼脂中的蛋白胨，产碱并形成无色菌落。常规分离临床样本时，常同时接种于血琼脂和麦康凯琼脂培养基进行培养。同时对培养物进行观察，可以获得更多的信息。例如，在麦康凯琼脂平板上没有生长，而在血琼脂平板上生长良好，说明分离到的病原可能是一种革兰氏阳性菌。

产色琼脂培养基

产色琼脂培养基有很多种，既是选择培养基也是鉴别培养基，可用于鉴别某些细菌种类。多数情况下，因为不需要额外的生化试验，产色琼脂培养基可以更快地鉴别细菌，从而节约时间和成本。一些产色琼脂平板会被分为几部分，另一些则是单独平板。例如，某些产色琼脂培养基通过培养基上菌落的颜色和特征来鉴别某些特定的耐药细菌（图 38.7）。另一些产色琼脂培养基可在肠道细菌中筛选出大肠埃希菌。例如，在大肠埃希菌产色琼脂培养基上，大肠埃希菌菌落将呈现深蓝绿色，而其他肠道菌菌落将呈现洋红色。非肠道细菌在此培养基上无法生长，但如果生长则菌落是无色的。

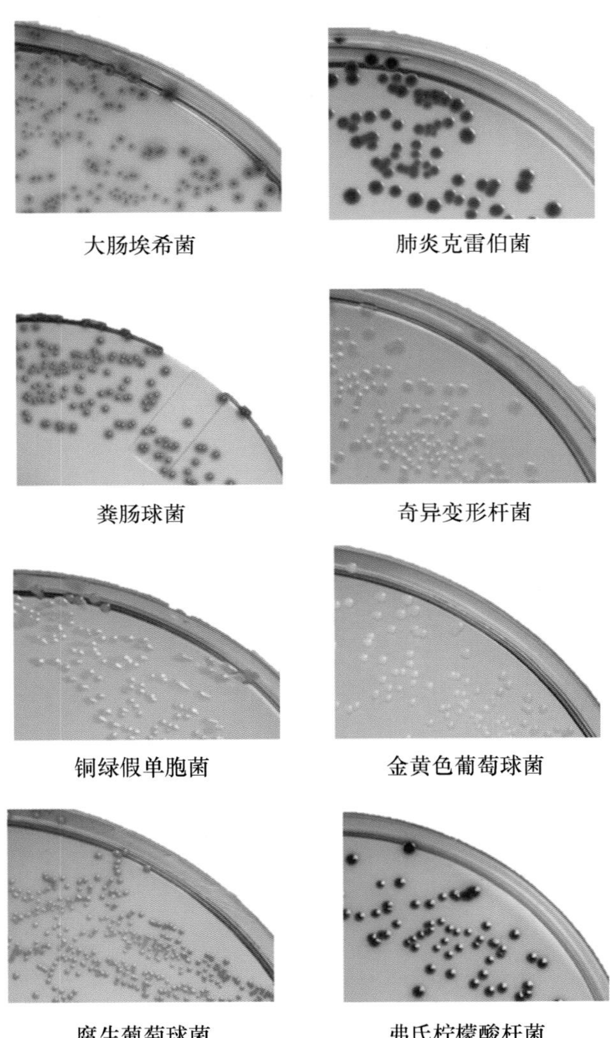

图 38.7 **产色琼脂培养基（引自 Microvet Diagnostics.）**

硫胶质肉汤

硫胶质是用于培养厌氧菌的液体培养基，可用于鉴定微生物对氧的耐受性。该培养基氧浓度梯度稳定，接近琼脂表面的氧浓度高，而靠近底部为无氧环境。

专性需氧菌只能在含氧量丰富的上层生长，而专性厌氧菌只能在试管的底部生长。兼性厌氧菌可以在培养基的任何位置生长，但主要生长在试管中间部位，即富氧区和无氧区之间。在兽医临床中，硫胶质肉汤主要用于增菌和培养血液样本。

尿素管

将接种物在尿素斜面培养基上划线接种，37 ℃过夜培养。尿素培养基呈黄色，如果细菌可分解尿素，生成的氨使培养基变成桃红色，而阴性结果将不发生颜色变化（图 38.8）。

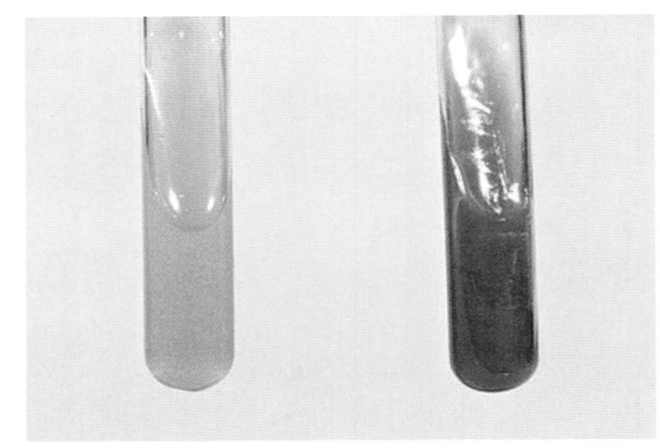

图 38.8 **尿素管。桃红色表示阳性反应（尿素被分解），黄色表示阴性反应（引自 Public Health Image Library, PHIL# 6711, Atlanta, 1976, Centers for Disease Control and Prevention.）**

硫化物-吲哚动力试验管

将接种物垂直刺入硫化物-吲哚动力（SIM）培养基约 1 英寸深，随后小心沿穿刺线原路取出接种针。培养基变黑表明有硫化氢产生。在培养基顶部加入 5 滴 Kovac 氏试剂以显示是否有吲哚产生。如果管中的细菌分解色氨酸产生吲哚，则培养基顶部会立即形成红色环。

西蒙氏柠檬酸盐管

西蒙氏柠檬酸盐培养基根据细菌对柠檬酸盐的利用来鉴别细菌。细菌接种在培养基斜面上，如果细菌能利用培养基中的柠檬酸盐，培养基会变成深蓝色，若不能利用柠檬酸盐则培养基呈现绿色。

三糖铁琼脂培养基

三糖铁琼脂培养基用于鉴定沙门氏菌和肠道杆菌。该培养基含有硫化氢产物指示系统和 pH 指示剂（酚红），未接种的培养基呈红色。所有肠道杆菌都可分解葡萄糖,且有一小部分(0.1%)能够优先快速分解。接种早期,斜面和底部因细菌分解糖产酸而变成黄色。然而,当葡萄糖被代谢完,细菌不能分解乳糖或蔗糖时,则斜面表面会因酸氧化变成红色(碱性)。底层由于厌氧环境仍保持黄色(酸性)(图 38.9)。为确保上述反应的发生,三糖铁琼脂应存放在带有较松的盖子或灭菌棉塞的试管中。

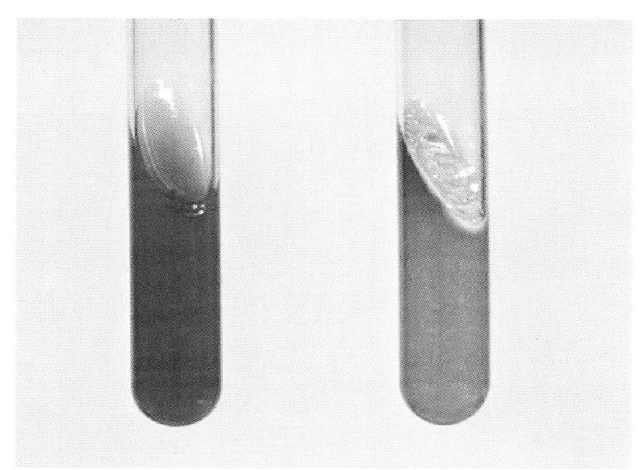

图 38.9 三糖铁琼脂根据细菌发酵葡萄糖、乳糖、蔗糖以及产生硫化氢的能力来鉴别细菌。黄色表示发酵,淡红色表示不发酵(引自 Public Health Image Library, PHIL#6710, Atlanta, 1976, Centers for Disease Control and Prevention.)

如果细菌既能分解葡萄糖又能分解乳糖和(或)蔗糖,则会大量产酸,使得整个培养基均呈黄色(酸性)。1%的乳糖和蔗糖就能够维持酸性环境,使培养基呈现黄色。如果细菌能分解含硫氨基酸产生硫化氢,除上述变化外,还会出现黑色变化。三糖铁斜面应在 37 ℃培养 16 h 后判读结果。但培养时间过长,黑色会蔓延至试管底部,导致底部黄色变得模糊。

沙门氏菌属在三糖铁琼脂上的反应总结如下:

- 碱性(红色)斜面,碱性(红色)底部,不发酵任何糖。
- 碱性(红色)斜面,酸性(黄色)底部,仅发酵葡萄糖。
- 酸性(黄色)斜面,酸性(黄色)底部,除发酵葡萄糖外,还发酵乳糖和(或)蔗糖。
- 穿刺线和整个培养基变黑,产生硫化氢。

用接种针从选择培养基上挑取单菌落,穿刺接种于三糖铁斜面培养基。先将接种针穿刺到琼脂底部,并沿原接种线拔出接种针,随后在斜面上划线接种。这时接种针仍含有足够量的细菌,可继续接种至赖氨酸脱羧酶肉汤中。鉴定沙门氏菌时,需从每个选择性培养基中至少挑取两个疑似菌落,并分别接种于三糖铁琼脂培养基中。三糖铁试管应松盖盖子,在 37 ℃条件下培养 16~24 h。

脑-心浸出液肉汤

脑-心浸出液肉汤是一种常用培养基,用于细菌接种固体培养基之前的增菌培养。可用于病患样本的接种以及为其他试验提供传代培养。

培养血液样本时,可将约 1 mL 病患血液样本加入营养肉汤或商业化的特殊血液培养基中。病患的血液中含有许多抑菌物质,而将血液样本直接加入肉汤中可稀释这些天然抑制剂,从而降低抑菌物质对细菌培养的影响。

甘露醇盐琼脂

甘露醇盐琼脂不常使用,但它是一种选择性很强的葡萄球菌培养基,可从被污染的样本中分离出金黄色葡萄球菌。这种培养基含盐量高(7.5%),还含有甘露醇和 pH 指示剂(酚红)。葡萄球菌耐盐,其中金黄色葡萄球菌还能发酵甘露醇(表皮葡萄球菌通常不能),产生的酸使菌落及周围呈黄色。

亚硫酸铋琼脂

新配制的亚硫酸铋培养基呈亮绿色,可抑制大肠埃希菌的生长同时允许沙门氏菌生长,是一种选择培养基。硫化物为产生硫化氢提供底物。当细菌分解硫化物而产生硫化氢时,硫化氢与培养基中的金属盐生成黑色物质,使得菌落及其周围呈现黑色或棕色。

如果培养基中接种了大量有机物,可能会出现非典型菌落。为防止这种状况发生,可将样本悬于无菌盐水中,取上清液接种。

新配制的培养基具有很强的抑制作用,适用于污染严重的样本。将培养基置于 4 ℃放置 3 d,培养基会变为绿色,且培养基的选择性会减弱,从而降低了对少数沙门氏菌的选择分离能力。

更多重要的细菌在亚硫酸铋琼脂上的菌落形态和典型变化如下:

- 伤寒沙门氏菌:黑色"兔眼"菌落,接种 18 h 后出现黑色金属光泽环,48 h 后培养基全部变为黑色。
- 其他沙门氏菌:18 h 后菌落外观各异(黑色、

绿色、透明或黏液样)，48 h后菌落全部变为黑色，培养基变黑并呈现显著的金属光泽。

- 其他细菌(大肠埃希菌、沙雷氏菌、变形杆菌)：常被抑制生长，但偶尔出现绿色或棕色的菌落，无金属光泽且周围培养基无颜色变化。

Mueller-Hinton 琼脂

Mueller-Hinton 琼脂是一种通用培养基，主要用于琼脂扩散法抗菌药物敏感性试验。培养基中的化学组分不会干扰抗菌药物在琼脂中的扩散。

沙氏葡萄糖和铋-葡萄糖-甘氨酸-酵母菌培养基

这两种培养基都专门用于真菌和酵母菌的培养。铋-葡萄糖-甘氨酸-酵母菌琼脂也称为"biggy"。兽医临床常用的皮肤癣菌鉴定培养基主要是沙氏葡萄糖琼脂。

复合和模块培养基

兽医临床实验室可使用一些模块培养系统。Bullseye 培养基(HealthLink, Jacksonville, FL)(图 38.10)和 Spectrum CS 平板(Vetlab Supply, Palmetto Bay, FL)(图 38.11)系统是包含选择和非选择培养基的多室琼脂平板。Bullseye 平板的中心是一块 Mueller-Hinton 琼脂，用于敏感性试验。"Dipslides"或"paddle"培养基，如 Uri-Cult(Orion Diagnostics)(图 38.12)，是泌尿道感染(UTI)筛查的有力工具。它由一个螺口盖和塑料管组成，螺口盖内侧连接一个塑料板，塑料板两侧浇注了琼脂培养基。这是一种复合培养基，种类众多，最常用麦康凯或 EMB 和胱氨酸-乳糖-电解质缺乏琼脂培养基(CLED)。培养后进行菌落计数，将 CLED 琼脂的颜色与鉴别对照表比较。符合 UTI 定量标准的阳性培养物应送到外部实验室做进一步鉴定和敏感性试验。

> **注意：**常用的模块培养基包括 Bullseye 系统、Uri-Cult 和 Spectrum 平板。

Enterotubes(BD, Franklin Lakes, NJ)(图 38.13)是一种商业化的微生物检测试剂盒，包含多种培养基。这种试剂盒根据生化反应来鉴定肠道细菌。其价格相对较贵，除非对多种微生物进行大量的微生物试验，否则并不经济实用。

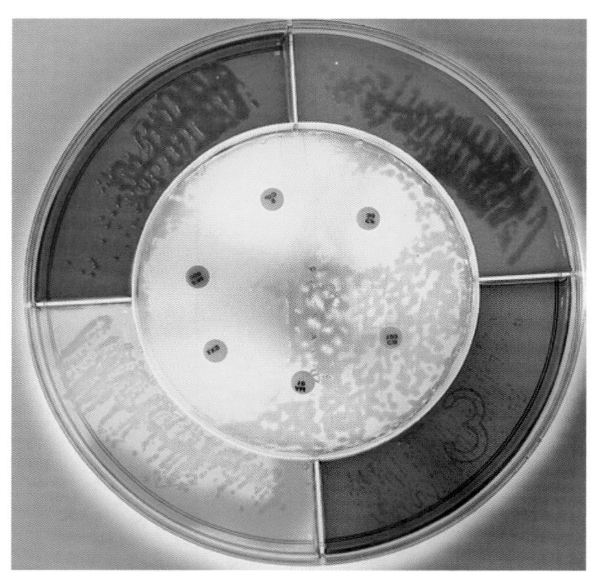

图 38.10 **Bullseye 培养基，中心部分是一块 Mueller-Hinton 琼脂，用于进行药敏试验(引自 HealthLink, Jacksonville, FL.)**

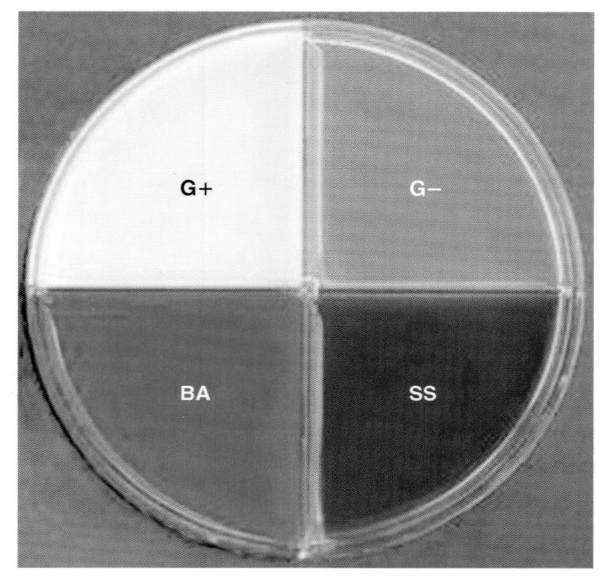

图 38.11 **Spectrum CS 平板，可显示革兰氏阳性菌、革兰氏阴性菌，葡萄球菌筛选和血琼脂区(引自 Vetlab Supply)**

皮肤癣菌鉴定培养基

有多种产品可用于皮肤癣菌的培养，其中最常见的是标准皮肤癣菌鉴定培养基(DTM)，有平板和试管两种类型。DTM 含有一种指示剂，在多数皮肤癣菌存在的情况下会变成红色，同时还含有抑制细菌生长的抑菌剂(图 38.14)。带有颜色指示剂的快速产孢培养基(RSM)或增强产孢培养基(ESM)可与标准 DTM 联用，从而加速大分生孢子的形成，用于皮肤癣菌的鉴定和确诊。标准沙氏培养基也能促进大分生孢子的早期形成，但不含颜色指示剂。

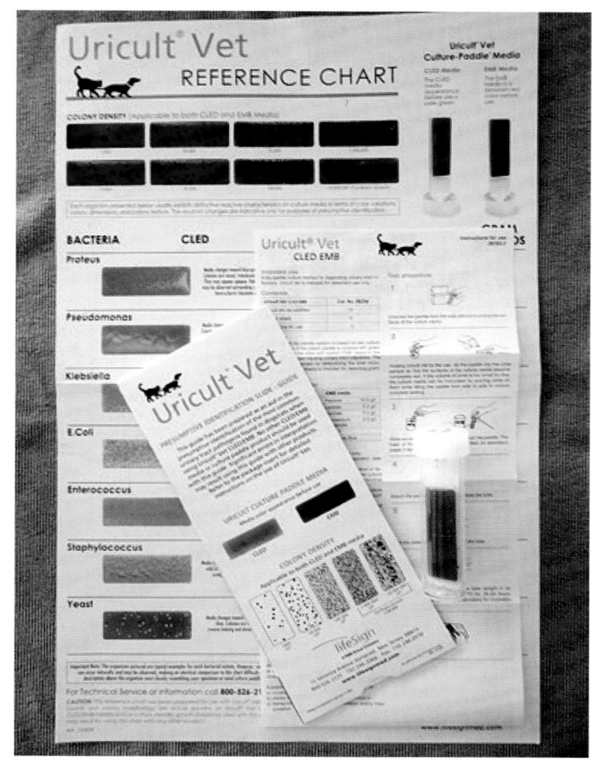

图 38.12 **用于筛查尿路感染病患的 Uri-Cult 培养基**

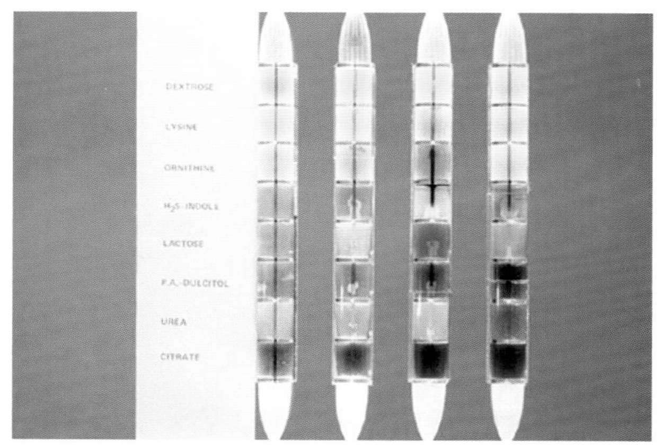

图 38.13 **Enterotube 是包含 8 种不同琼脂培养基的多重测试系统(引自 Public Health Image Library, PHIL＃5421, Theo Hawkins, Atlanta, 1977, Centers for Disease Control and Prevention.)**

> **注意**:DTM 包含沙氏培养基、抗菌剂及颜色指示剂。

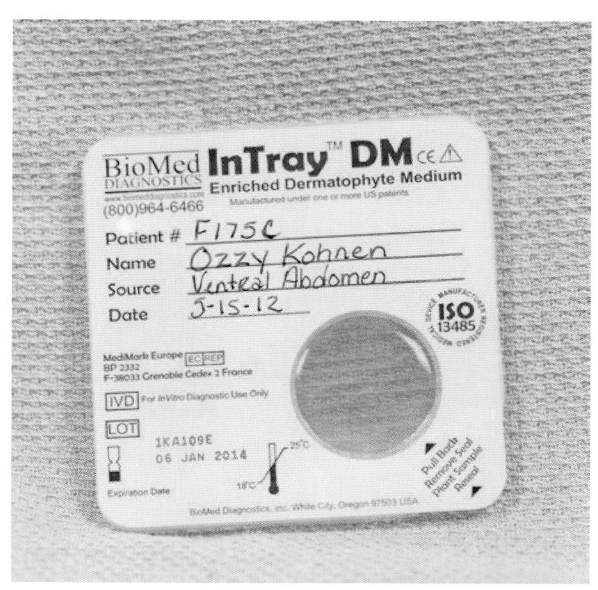

图 38.14 **InTray DTM,这是一种常用的皮肤癣菌鉴定培养基**

微生物培养的质量控制

要做好实验室微生物培养的质量控制,我们需要对培养基、药敏试验、生化试验以及鉴定试验等各种程序及相关材料供应进行监控以确保质量和准确度。例如金黄色葡萄球菌在环腺苷磷酸试验中要出现β-溶血环。许多质控菌株可通过纸片法保存。少数苟养菌(如金黄色葡萄球菌和肠道杆菌)可在不含可利用糖的培养基(如胰蛋白胨大豆琼脂培养基)上生长。这些细菌可穿刺接种于试管培养基中,大约每 2 个月再接种 1 次。

链球菌属、巴氏杆菌属和放线杆菌属在培养平板中会很快死亡。链球菌可保存在煮好的肉汤管中,大约每 4 周再接种 1 次。巴氏杆菌属和放线杆菌属可与 0.5 mL 无菌全血混合在一个小管中,在 −10 ℃或更低的温度下保菌。或者通过在血琼脂平板上每 3 d 再接种培养 1 次进行保菌。对照培养物应放入带有螺旋瓶盖的试管中,可室温保存,但最好在 4 ℃冰箱中保存,这样可以降低微生物的代谢速率。

关键点

- 在临床实验室中进行微生物检测所需的设备与耗材包括一台培养箱、样本采集材料、培养基和染色剂。
- 培养基可以制成试管或平板。试管中可以是固体或液体培养基。

- 培养基的种类很多,但多数兽医临床实验室只需要几种。
- 常用培养基包括血琼脂、麦康凯琼脂、Mueller-Hinton 琼脂和皮肤癣菌鉴定培养基。
- 模块系统有很多种类,多种培养基有助于微生物的鉴定。

第39章

Sample Collection and Handling
样本采集与处理

学习目标

经过本章的学习，你将可以：

- 描述采集细菌样本的一般规则。
- 列出微生物样本的采集方法。
- 描述真菌样本的采集方法。
- 列出并描述不同部位特定样本的采集方法。

目　　录

关 键 词

细针抽吸法
培养基
印压法
拭子法
转运培养基

大多数微生物学样本不需要专门器材就可以快速采集。样本采集方法有很多，包括抽吸法和拭子法。印压组织或体表损伤部位也可以获得合适样本。抽吸法一般用于从空腔器官（如膀胱）和体表病变（如脓疱）中收集样本。具体采样技术取决于病变的类型及其在动物体的位置。应特别注意无菌操作技术，这是获取准确诊断结果的关键。有关抽吸法、拭子法和印压法的更多知识参见第9单元。

注意：微生物样本可通过多种技术采集，包括拭子法、抽吸法和印压法。

采样方法的选择取决于动物体的病变部位和具体的试验要求。一般首选人造纤维或涤纶拭子采集样本，也可用无菌棉拭子采集，但这是最差的采集方法。因为棉拭子污染风险高，且棉花能够抑制微生物生长。此外，棉花纤维可吸附氧气，从而降低了厌氧菌的分离率。如果样本不能及时处理，必须使用带有转运培养基（如Culturette）的人造纤维拭子来保证样本的质量。

所选的样本必须包含致病原。采集样本时，正常菌群和污染菌的存在会影响样本的采集和结果的判读，使其复杂化。而感染很可能由一种主要微生物引起，所以从无菌部位采集样本会取得更好的结果。尿液（经膀胱穿刺采集）或完整的皮肤脓疱就是最好的例子。耳道和粪便样本不太适用于院内微生物检测，因为这些暴露区域通常存在大量的共生和次生微生物。

注意：必须无菌采集微生物学样本。

通用指南

按照下列要求正确采集样本：

1. 必须获得完整的病史和足够的临床数据，这有助于选择最佳的分离潜在病原体的方法。登记信息除包括主人姓名、诊所名称、地址和电话号码外，还应包括患病动物的种类、名称、年龄、性别、感染数或死亡数、病程和主要症状。此外，初步诊断、疑似病原体、治疗方法和所需的实验室调查类型都应被列入记录中。

2. 必须无菌采集样本。样本污染是诊断失败最常见的原因，无菌采集微生物样本的重要性毋庸置疑。应在出现临床症状后尽快采集样本。

3. 多个样本必须独立存放，避免交叉污染。这对于采集肠道样本来说非常必要，因为肠道中通常存在各种菌群。

4. 应做好样本容器的标记。特别是怀疑存在人兽共患病（如炭疽、狂犬病、钩端螺旋体病、布鲁氏菌病或马脑炎）时，应将样本放在密封、防漏、不易破损的容器中，并做好标记。

5. 应保证足够的时间。为了快速获得结果而牺牲准确性是得不偿失的。

表 39.1 为不同部位的样本采集要点。

表 39.1 不同部位的样本采集要点

部位	适宜样本	运输装置	备注
中枢神经系统	脊髓液	血培养基	室温保存、运输
血液	抗凝全血，至少 3 mL	血培养基	室温保存、运输 发热高峰期采集，每 24 h 送检≤3 个样本
眼部	结膜拭子 角膜刮取物 眼内液	Amies 或半固体还原培养基 注射器	室温保存、运输 真菌性角膜炎时直接将角膜刮取物接种到培养基
骨骼和关节	关节抽吸物 骨髓抽吸物，骨骼	血培养基 灭菌管	室温保存、运输
泌尿道	膀胱穿刺抽取的尿液 导尿管导出的尿液	灭菌管	冷藏保存、运输
上呼吸道	鼻咽拭子 窦洗出液 活组织检查样本	半固体还原培养基 灭菌管	除了洗出液、活组织室温运输外，其余需冷藏运输
下呼吸道	气管冲洗液 肺抽吸物或活组织检查	灭菌管 半固体还原培养基	室温保存、运输
胃肠道	粪便 直肠拭子	灭菌杯或灭菌袋 Cary-blair 或半固体还原培养基	粪便：室温保存、运输；疑似弯曲杆菌属、短螺旋体属需冷藏
皮肤	浅表的抽吸物或拭子 深部引流道拭子 活组织检查的组织 结痂、毛发、刮取物	灭菌注射器 半固体还原培养基 装有生理盐水的灭菌管 纸袋	疑似厌氧菌不可冷藏
乳汁	从乳池中无菌收集 5～10 mL 的乳汁	灭菌管	冷冻保存
尸检组织	病变的组织，包括邻近的正常组织，大小为 1～35 cm^3，带有一完整的浆膜或被膜面	Whirl-Pak 袋 带有螺旋瓶盖的广口瓶	需用单独的容器保存，避免交叉污染；冷藏运输
生殖道	前列腺液 新鲜精液 子宫 阴道 流产物	灭菌管 活组织检查 拭子 胎儿的肺、肝、肾、胃内容物、胎盘分别置于 Whirl-Pak 袋或带有螺旋瓶盖的广口瓶内	从子宫小心取样培养，室温保存、运输； 冷藏运输

引自 Songer JG，Post KW：*Veterinary microbiology：bacterial and fungal agents of animal disease*，St Louis，2005，Saunders.

采集皮肤真菌样本时，应清洗皮肤病变处，去除表面污染物，并从病变周围采集样本。断裂的毛发和干燥的皮屑最有可能含有活的真菌。可从该区域采集毛发和皮肤鳞屑，或用牙刷获取样本。用牙刷采集样本时，可取一把新的人用牙刷，在怀疑有损伤的地方刷 1～2 min 后，刷头上应可见明显的毛发。

表 39.2 为真菌样本的采集方法。

表 39.2　真菌样本的采集方法

样本	容器	备注
毛发	纸袋(干燥条件抑制细菌或腐生真菌的过度生长)	用肥皂和水清洗并干燥患处；用手术钳将病灶边缘的毛发(包括发根)顺着生长方向拔起，并查找破损的、粗短的毛发，其通常会被感染。用于皮肤癣菌的诊断
皮肤	纸袋	用酒精纱布海绵清洁皮肤(棉花会留下太多纤维)；用无菌解剖刀刮擦病灶的周围，也可取痂皮。用于皮肤癣菌的诊断
指(趾)甲	纸袋	已证实，动物指(趾)甲感染少见。用酒精纱布清洗感染的指(趾)甲；用手术刀片刮擦指(趾)甲边缘和甲下并收集碎屑。用于甲沟炎的诊断
活组织检查	装有无菌水或无菌生理盐水的灭菌管	应包括正常组织和感染组织。关键是防止样本脱水
尿液	灭菌管	离心并用沉淀物直接检查和培养。用于组织胞浆菌病的诊断
脑脊液	灭菌管	用印度墨水染色法制片，观察酵母样菌的荚膜。用于隐球菌病的诊断
胸腔/腹腔液	灭菌管	如果液体中含有絮片或颗粒，也应该一起培养，因为它们可能是菌落或病原体
气管/支气管灌洗液	灭菌管	离心并用沉淀物直接检查和培养。用于系统性真菌病的诊断
鼻腔灌洗液	灭菌管	离心并用沉淀物直接检查和培养。用于鼻腔曲霉病和喉窝真菌病的诊断
眼内液	灭菌管或注射器	直接检查。收集后立即接种到真菌培养基上。用于眼芽生菌病的诊断

引自 Songer JG，Post KW：*Veterinary microbiology：bacterial and fungal agents of animal disease*，St Louis，2005，Saunders.

注意：通常采集疑似病变处拔取的毛发和皮肤鳞屑作为检验皮肤癣菌的样本。

病毒样本的采集

呼吸系统疾病的急性期早期，病毒通常存在于鼻咽分泌物中。应采集黏膜刮取物而非分泌物拭子。可使用无菌木制压舌板刮取黏膜碎屑。对于全身性卡他性炎症的病毒血症阶段，可考虑从血液样本中分离病毒。痘病毒可通过电子显微镜在早期水泡性病变的液体和痂皮中发现。

另外，可采集样本用于间接研究，如血清学、血液学、组织学和细菌学检查等。病毒性疾病常因继发细菌感染而复杂化，使得轻微的病毒感染发展成严重的疾病。组织病理学检查的样本应切成薄的组织块并立即置于 10% 福尔马林中固定。由于冷冻可能导致正常组织出现损伤，从而误以为是病理损伤，所以，用于组织病理学检查的样本绝对不可冷冻。

用于病毒分离的组织样本应尽量包括患病组织和正常组织，大小为 2 立方英寸(1 英寸＝2.54 cm)。应采集黏膜刮取物代替拭子样本。采集后，每个样本独立分装于带有旋盖的无菌容器中。兽医技术员必须严格遵守无菌操作，并对容器做好标记。

样本送检

因为病毒数量会随温度升高而降低，所以标本应尽可能冷藏保存(4 ℃)。如果标本能在 24 h 内送达病毒学实验室，可将样本用冷却剂或冰袋维持 4 ℃保存，并装入聚苯乙烯保温的纸箱中运输。如果时间超过 24 h，应在－70 ℃下快速冷冻，并使用干冰运输。如果是疑似副流感病毒和流感病毒的样本，最好在－20 ℃保存运输，这样可以保持这些病毒的完整性。干冰中的二氧化碳气体可以降低液体的 pH，从而杀死任何对 pH 敏感的病毒。因此，为了防止二氧化碳进入容器，样本必须装在密封的容器中。

小块组织、粪便或黏液可以放入装有 50% 乙二醇的小瓶中，并于 4 ℃保存。也可用商业化的病毒转运培养基(NCS Diagnostics，Mississauga，ON，

Canada)进行保存运输。由于病毒的存活时间各不相同,应向参考实验室征求关于转运培养基和采样方法的建议。

粪便和液体样本经常被送检进行电子显微镜检查。为防止病毒的过度稀释,固定液(如 10%缓冲中性福尔马林)与样本的混合比例最大不超过 1∶1。

对于尿液样本,应取大约 5 mL,置于无菌容器中存放。不能使用病毒转运培养基转运尿液样本。如果样本在收集后 24 h 内到达实验室,则可以冷藏保存运输;否则,应冷冻运输。

如果采集的血液样本需进行血清学检查,则应按第 4 单元所述方法进行采集和处理。

关键点

- 用于微生物学检查的样本应快速采集,大多数不需要专门的材料或设备。
- 严格无菌操作技术对正确诊断至关重要。
- 微生物样本可以通过拭子法、抽吸法、印压法、活组织检查和各种其他技术采集。
- 检查皮肤癣菌的样本可以从疑似病变部位拔取毛发和刮取皮肤碎屑获得。
- 正常菌群和污染菌可能使样本的采集和后续的结果判读复杂化。

第40章

Staining Specimens
染色

学习目标

经过本章的学习，你将可以：

- 列出微生物样本的常用染色方法。
- 描述革兰氏染色法的组成成分。
- 描述革兰氏染色的步骤。
- 描述氢氧化钾在评估细菌和真菌样本中的作用。
- 列举和描述特定样本的染色步骤。

目　录

关键词

抗酸染色
荚膜染色
芽孢染色
鞭毛染色
吉姆萨染色
革兰氏染色
乳酚棉蓝染色
氢氧化钾
简单染色
改良抗酸染色

细菌和真菌的染色方法很多，最常用的为革兰氏染色和改良抗酸染色。从病患采集的样本在培养前一般应先进行革兰氏染色镜检。镜检获得的信息将有助于确定适用于样本的鉴别方法和样本中的主要病原体，从而选择合适的培养基和药敏试验所需的抗菌药物。革兰氏染色和改良抗酸染色都有商品化试剂盒在售（图 40.1），使用时，若有沉淀则需要过滤。简单染色（如结晶紫或亚甲蓝单一试剂染色）一般用于酵母菌鉴定，乳酚棉蓝染色常用于真菌鉴定。其他许多染色方法也可用于微生物学诊断，但多数仅在大型参考实验室和研究实验室使用。标准血液染色方法不用于细菌鉴定，因为所有细菌和其他形状类似细菌的有形成分都可能被染成紫色，镜下无法区分。

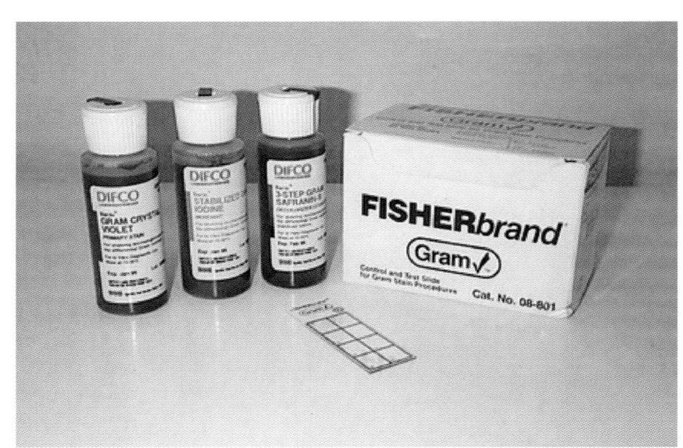

图 40.1　革兰氏染色试剂盒（引自 B. Mitzner，DVM.）

革兰氏染色

基于细菌细胞壁的不同结构，革兰氏染色将细菌分为革兰氏阳性菌和革兰氏阴性菌。革兰氏染色液包括初染剂、媒染剂、脱色剂和复染剂。媒染剂是把染料固定在一种结构上的物质。在革兰氏染色中，它将初染剂固定在细菌的细胞壁上。不同制造商的染色液成分可能不同，但一般初染剂为结晶紫溶液，媒染剂为革兰氏碘溶液，脱色剂是 95% 乙醇或丙酮，复染剂是碱性品红溶液或番红溶液。

> **注意：**革兰氏染色液的组成包括初染剂、媒染剂、脱色剂和复染剂。

染色步骤

将样本在载玻片上涂成薄层，拭子样本可以轻轻滚动涂布于载玻片上。用灭菌接种环从平板上挑取一个菌落就足够用于载玻片涂片。应当挑取幼龄菌落（24 h 培养物）进行染色，老龄菌落在染色时容易发生过度脱色而导致结果错误。

滴一滴水或生理盐水于载玻片上，从平板上挑取菌落与之轻轻混合。如果样本是肉汤培养物，则取 2～3 个菌环量液体置于载玻片上，由中间向外环形涂开。组织或脓疮样本可直接涂布到载玻片上。不管用何种方式（拭子、移液管、金属丝）将样本涂布到载玻片上，都必须小心谨慎，不能破坏细菌。

用蜡笔圈起载玻片上的样本小滴，以便在染色后找到这一区域。涂片干燥后，进行火焰固定。方法是样本面向上，将载玻片在火焰上来回移动 2～3 次。操作人员要注意避免加热过度，可用手背感受温度，以温和不烫手为宜。加热固定既可以防止样本被冲洗掉，也有助于保持样本中的细菌形态，还可以杀死细菌使之易于着色。流程 40.1 包含了革兰氏染色的各个步骤。脱色是这个流程的关键，过度脱色或脱色不充分均可导致模棱两可或错误的结果。应该注意的是，不同的染色试剂盒可能存在细微的差异，请务必查阅试剂盒制造商提供的资料。

> **注意：**样本染色前加热固定可以防止冲洗时脱落，有助于保持细菌形态，并可杀死细菌使之易于着色。

流程 40.1　革兰氏染色步骤

1. 用蜡笔在一张干净的载玻片中间画一个圈。
2. 向圈中滴一滴生理盐水，然后加入少量样本（如用接种环、拭子、金属丝）。
3. 自然风干载玻片。
4. 载玻片上样本面向上，置于火焰上来回移动 2～3 次，加热固定。
5. 将载玻片放置在染色架上。
6. 向样本区域滴加结晶紫染液，静置 30 s。
7. 用水冲洗载玻片。
8. 向样本区域滴加碘溶液，静置 30 s。
9. 用水冲洗载玻片。
10. 加脱色液于载玻片上脱色，直到紫色不再脱去为止（大约 10 s）。
11. 用水冲洗载玻片。
12. 向样本区域滴加碱性品红溶液或番红溶液，静置 30 s。
13. 用水冲洗载玻片。
14. 自然风干载玻片或用吸水纸吸干。

判读

菌体保留了结晶紫-碘复合物而被染成紫色的

细菌称为革兰氏阳性菌(图 40.2)。失去结晶紫或紫色被碱性品红或番红染成红色的细菌称为革兰氏阴性菌(图 40.3)。涂片中细菌的形态也是观察的重点。

革兰氏染色是细菌鉴定过程的重要环节,需要反复实践才能正确操作和准确判读。为了保证染色质量,需用已知的(对照)革兰氏阳性菌和革兰氏阴性菌作为对照染色检查,每周至少一次。每个新批次的染色液也要进行对照染色检查。对照菌应在实验室内长期培养备用。

> **注意**:镜检时,革兰氏阳性菌呈紫色,革兰氏阴性菌呈红色。

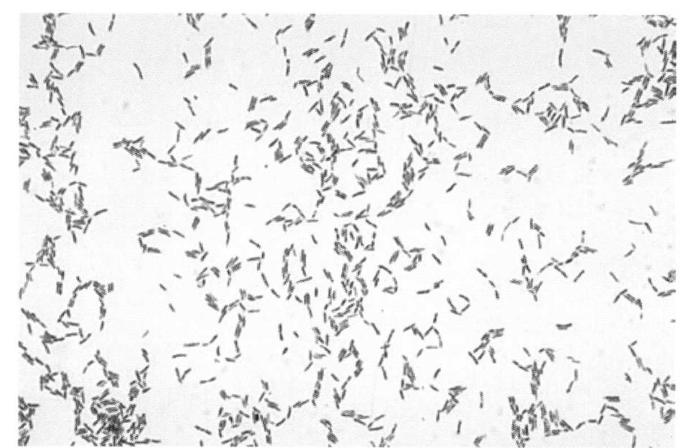

图 40.2　**典型的革兰氏染色阳性的放线菌(引自 Public Health Image Library, PHIL#6711, William A. Clark, Atlanta, 1977, Centers for Disease Control and Prevention.)**

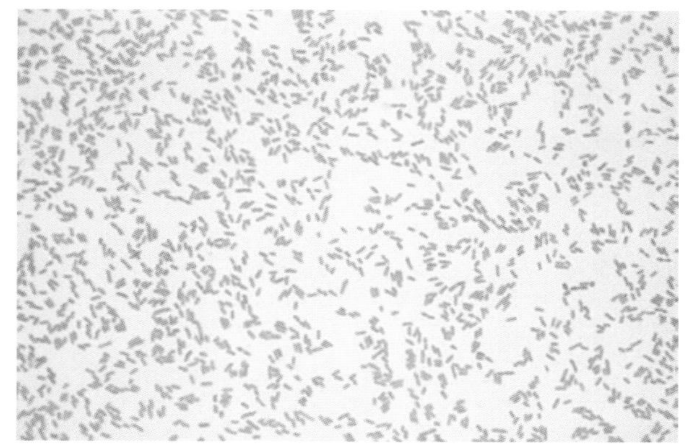

图 40.3　**典型的革兰氏染色阴性的耶尔森菌(引自 Public Health Image Library, PHIL#6711, William A. Clark, Atlanta, 1980, Centers for Disease Control and Prevention.)**

氢氧化钾试验

有时,一种细菌既能被染成革兰氏阳性又可被染成革兰氏阴性,这被称作革兰氏可变反应。原因可能是脱色过度、涂片过厚、加热过度、老龄培养物或染色液质量差等。

发生革兰氏可变反应时,快捷的鉴别方法是氢氧化钾(KOH)试验。步骤如下:

1. 在载玻片上滴加 1 菌环量(必要时加入 2 菌环量)3% KOH 溶液。
2. 从培养基表面取一满环量细菌置于 KOH 溶液中。
3. 用接种环将细菌与 KOH 混合,然后慢慢地提起接种环。混合时间最长 2 min(通常为 30 s)。如果是革兰氏阴性菌,混合物呈黏稠状,当用接种环提起液滴时形成黏性丝。如果是革兰氏阳性菌,混合物仍然呈均匀状态,接种环提起时不产生丝状物。
4. 混合后,呈黏性丝状和黏液团的判定为革兰氏阴性菌,没有黏性丝状和黏液团的判定为革兰氏阳性菌。

> **注意**:当出现革兰氏可变反应时,可用 KOH 试验辅助对细菌分类。

10%~20% KOH 溶液可用于真菌样本的鉴定,并有以下几种不同的操作方法:有的加入二甲基亚砜(DMSO)以提高 KOH 的活性,有的则是加热载玻片,有的添加印度墨汁或罗曼诺夫斯基染色剂等其他成分进行复染。

改良抗酸染色

本染色法主要用于检查分枝杆菌和诺卡氏菌属等抗酸菌。抗酸染色的方法很多,但有的并不符合兽医临床实验室对操作便捷性的要求。抗酸染色液包括初染剂、酸性乙醇脱色剂和复染剂,其中初染剂主要是二甲基亚砜(DMSO)和石炭酸品红溶液,复染剂是亚甲蓝溶液。其操作步骤如下:涂片风干后,样本面朝上,在火焰上方来回移动几次,加热固定;在样本上滴加初染剂使之覆盖整个载玻片,然后将载玻片置于火焰上方加热至染液产生蒸气;室温冷却 5 min;自来水冲洗;于酸性乙醇中脱色 1~2 min 直到没有红色脱下为止;再次用自来水冲洗;滴加复染液复染;水洗,干燥。在染色的第一步中,染液中的 DMSO 能促使染液进入有染色抗性的细胞中,例如分枝杆菌。接着,加入酸性乙醇脱色,如果颜色未脱去,则细菌具有抗酸性,呈红色;

非抗酸菌呈蓝色(图 40.4)。

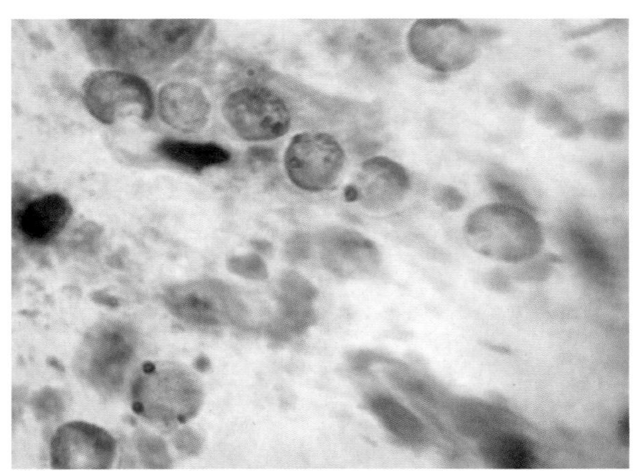

图 40.4 **抗酸染色的分枝杆菌(引自 Marc Kramer, DVM, Avian and Exotic Animal Medical Center, Miami, FL.)**

吉姆萨染色

吉姆萨染色用于检测螺旋体和立克次体,并能显示炭疽杆菌的荚膜和刚果嗜皮菌的形态。涂片用无水甲醇固定 3～5 min,风干。接着将涂片浸入稀释的染色液中染色 20～30 min,染色时间可根据结果适当延长。对鹅疏螺旋体,可将吉姆萨染色液覆盖在涂片上,染色 4～5 min,期间可微微加热,然后水洗、干燥,镜检染成蓝紫色的细菌。

特殊染色

鞭毛染色、荚膜染色、芽孢染色和荧光染色也都是很好的染色方法,但一般兽医临床实验室难以开展。荧光染色通常非常昂贵,主要用于鉴定军团杆菌和假单胞菌属;鞭毛染色液一般含有结晶紫,常用于检测细菌的运动力。对于小型兽医临床实验室来说这些都略显昂贵。其他测定活力的方法包括观察悬滴样本和使用动力试验培养基等。荚膜染色用于检测致病菌,所有含有荚膜的细菌都有致病性,但是,并非所有致病菌都含有荚膜。荚膜染色通常需要使用明视野相差显微镜进行检查。

细菌芽孢含有由角蛋白组成的蛋白质外壳,对大部分的普通染色都具有抵抗力。芽孢染色可检测是否有芽孢存在,以及其位置和形状,从而进行细菌鉴定。芽孢染色必须用老龄培养物(超过 48 h),因为芽孢在衰亡期才形成。染色步骤如下:滴加孔雀绿于载玻片上的样本中,然后将载玻片加热;水洗;番红或碱性品红复染;镜检,芽孢呈现深蓝色或绿色,而细菌其余部分为粉色或红色(图 40.5)。细菌内也可能没有芽孢。

质量控制

每次对临床样本进行染色时,应同时染色对照培养物样本,以此验证染色步骤是否正确和染色液的质量。有专门的商业化革兰氏染色对照玻片。

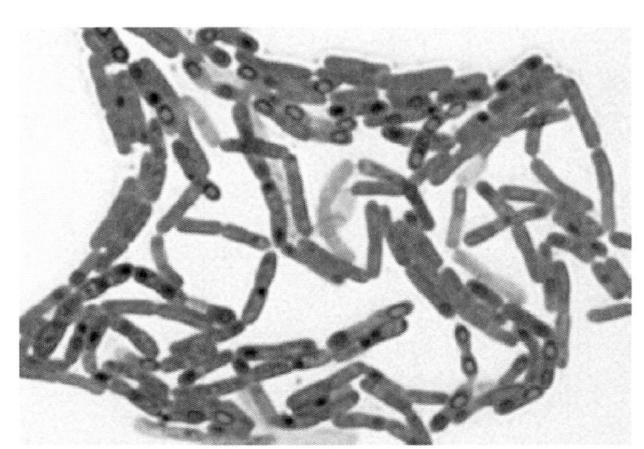

图 40.5 **炭疽杆菌内生芽孢孔雀绿染色(引自 Songer JG, Post KW: *Veterinary microbiology: bacterial and fungal agents of animal disease*, St, Louis, 2005, Saunders.)**

关键点

- 微生物实验室最常用革兰氏染色。
- 革兰氏染色液的组成包括初染剂、媒染剂、脱色剂和复染剂。
- 镜检时,革兰氏阳性菌呈紫色,革兰氏阴性菌呈红色。
- 发生革兰氏可变反应的样本可用 KOH 试验来鉴别。
- 鞭毛染色、荚膜染色、芽孢染色和荧光染色主要在参考实验室里使用。
- 改良抗酸染色用于鉴别抗酸菌。

第41章

Culture Techniques
培养技术

学习目标

经过本章的学习，你将可以：

- 描述细菌鉴定的一般顺序。
- 描述四区划线接种法。
- 描述试管斜面接种法。
- 区分初步鉴定和最终鉴定。
- 讨论平板培养的问题。
- 列出待检细菌的菌落特征。
- 描述厌氧菌的培养方法。

目　　录

关键词

烛罐

丝状

培养

黏液状

初步鉴定

四区划线

根状

斜面试管

波浪形

病原菌鉴定要有一套系统的方法。流程 41.1 列出了细菌鉴定的一般流程。临床实验室应根据最常见的细菌种类制订适合本实验室的鉴定流程图及其具体试验步骤。细菌种群的鉴定通常有几种不同方法可供选择。图 41.1 列出了一个细菌鉴定的流程图。样本首先接种到初始培养基（如血琼脂和麦康凯琼脂培养基）上，培养 18～24 h 后检查生长情况。培养基上生长的疑似病原菌应按照流程图进一步鉴定其属或种。通过染色特征和培养特性一般可以确定病原菌至属，这被称为推断鉴定或初步鉴定。最终鉴定通常需要补充生化试验。应当注意，兽医可以根据初步鉴定结果来决定最初的治疗方案，而补充试验可能不影响治疗方案。通过几个试验就能相当准确地将病原菌确定至属。表 41.1 概括了兽医领域常见病原菌的鉴别特征。表 41.2 概括了兽医领域重要的病原菌及其种属、由此引起的疾病或损伤以及诊断所需的样本。附录 C 兽医临床重要的细菌性病原，总结了在哺乳动物和鸟类中常见的病原微生物的特征和引起的疾病。

流程 41.1　细菌鉴定的一般流程

1. 采集样本。
2. 样本进行革兰氏染色。
3. 接种培养基。
4. 培养 18～24 h。
5. 检查生长情况。
   a. 阴性（不生长）
      1）继续培养。
      2）重新检查。
      3）仍不生长，记录为“不生长”。
   b. 阳性（培养基上有菌落生长）
      1）选择典型的菌落。
      2）革兰氏染色。
      3）继续进行各种鉴定程序（选用其他的培养基、生化试验等）。

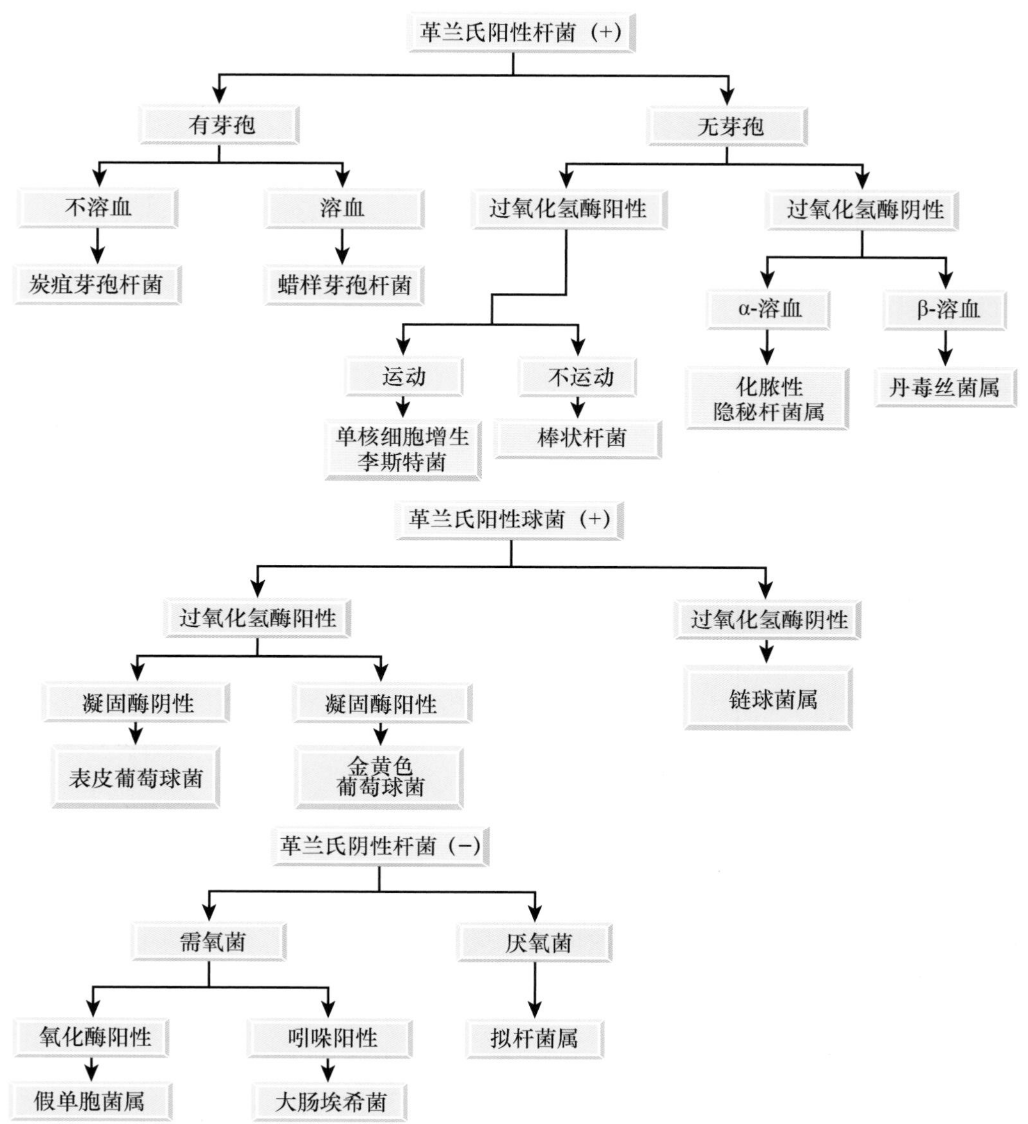

图 41.1　举例说明细菌鉴定流程

注意:临床实验室应制定鉴定最常见病原菌的流程图及其具体的试验步骤。

大多数革兰氏阳性菌和革兰氏阴性菌都可在血琼脂上生长。在麦康凯琼脂上,革兰氏阳性菌通常不生长,而大多数革兰氏阴性菌生长。一般来说,在传代培养时,从血琼脂培养基上挑选菌落优于从麦康凯琼脂培养基上挑选。从选择培养基(如麦康凯琼脂)挑取菌落进行传代有一定风险,这是由于受抑制的病原菌形成的菌落小,一些有意义的细菌可能被忽略。

表 41.1 常见病原菌的鉴别特征

项目	血琼脂	麦康凯琼脂	其他特征
革兰氏阳性			
葡萄球菌	光滑的、有光泽、白色至黄色的菌落	不生长	过氧化氢酶阳性,发酵葡萄糖;双重溶血环,通常凝固酶阳性;凝固酶活性是一种有效的鉴别试验
链球菌	小的、有光泽的菌落;溶血	除了部分肠球菌,其余均不生长	过氧化氢酶阴性,常通过溶血的类型进行鉴别;β-溶血更可能是致病菌;其他常为正常菌群;无乳链球菌 cAMP 呈阳性
化脓性隐秘杆菌	小的、溶血的、似链球菌样菌落	不生长	过氧化氢酶阴性;生长缓慢,形成轮廓分明的菌落常需要 48 h;在烛罐中生长迅速
假结核棒状杆菌	生长缓慢的、不透明的、干燥、易碎的菌落;一般有溶血现象	不生长	过氧化氢酶阳性;脲酶弱阳性
肾棒状杆菌	小的、光滑的、有光泽的菌落(24 h);之后变得不透明、干燥	不生长	过氧化氢酶阳性;脲酶阳性
马红球菌	小的、湿润的、白色菌落(24 h);变大、粉红色菌落;不溶血	不生长	过氧化氢酶阳性;延迟性脲酶阳性
单核细胞增生李斯特菌	小的、溶血的、有光泽的菌落	不生长	过氧化氢酶阳性;室温下能运动
猪丹毒丝菌	48 h 后长成小菌落;绿色 α-溶血	不生长	过氧化氢酶阴性;硫化氢阳性
诺卡氏菌	生长缓慢的、小的、干燥的、颗粒状、白色逐渐变为橙色的菌落	不生长	一部分抗酸;菌落与培养基紧密连接
放线菌	生长缓慢的、小的、粗糙的、结节状的白色菌落	不生长	需要大量二氧化碳或厌氧培养;不耐酸
梭菌	性状各异的、圆形的、边界不清楚、不规则的菌落;常溶血	不生长	专性厌氧菌
芽孢杆菌	性状各异的、大的、粗糙的、干燥的或黏液性的菌落	不生长	常溶血;带有内生孢子的大的杆状
革兰氏阴性			
大肠埃希菌	大的、灰色的、光滑黏液性菌落;溶血性不定	亮粉红色至红色菌落;培养基红色浑浊	溶血性常与毒力相关
肺炎克雷伯杆菌	大的、有黏性的白色菌落;不溶血	大的、黏液性的、粉色菌落	无动力;通过生化试验与肠杆菌属区分
变形杆菌	通常迁徙生长、菌落间界限不明显	无色、迁徙性受限	在三糖铁培养基中产生硫化氢

续表 41.1

项目	血琼脂	麦康凯琼脂	其他特征
其他肠道细菌	灰色至白色、光滑的、黏液性菌落	无色菌落	需要生化试验鉴定；沙门氏菌需显示血清型
假单胞菌	不规则的、散在的、浅灰色菌落；溶血性不定；可能出现金属光泽	无色、不规则的菌落	氧化酶阳性；有水果味；在透明的培养基上可能产生黄色至绿色的可溶性色素
支气管败血性博代氏菌	很小、圆形的、露滴状菌落；溶血性不定	小的、无色菌落	可能需要 48 h 才能形成清晰可见的菌落；氧化酶阳性；脲酶阳性；柠檬酸盐试验阳性
犬布鲁氏菌	48～72 h 后形成很小、圆形、针尖状菌落；不溶血	不生长	氧化酶阳性；过氧化氢酶阳性；脲酶阳性
莫拉菌	圆形、半透明的灰白色菌落；溶血性不定	不生长	氧化酶阳性；过氧化氢酶阳性；常规生化试验没有反应；菌落侵蚀培养基产生陷窝
放线杆菌	圆形、半透明菌落；溶血不定	生长状况不定；无色菌落	发酵葡萄糖；无动力；脲酶阳性；菌落有黏性
溶血性曼氏杆菌	圆形的、灰色的、光滑菌落；菌落下溶血	生长状况不定；无色菌落	三糖铁培养基发酵葡萄糖；氧化酶弱阳性
多杀性巴氏杆菌	灰色、黏液性、圆形至融合菌落；不溶血	不生长	三糖铁培养基发酵葡萄糖；氧化酶试验和吲哚实验弱阳性

cAMP，环磷腺苷；TSI，三糖铁培养基。

表 41.2 重要病原菌及其种属

群	属	
螺旋体	钩端螺旋体属 密螺旋体属	疏螺旋体属 短螺旋体属
螺旋和弯曲的细菌	弯曲杆菌属 螺旋杆菌属	
革兰氏阴性需氧杆菌	假单胞菌属 布鲁氏菌属 博代氏菌属	弗朗西斯菌属 奈瑟菌属
革兰氏阴性兼性杆菌	埃希菌属 志贺氏菌属 沙门氏菌属 克雷伯菌属 肠杆菌属 沙雷氏菌属	变形杆菌属 耶尔森菌属 柠檬酸杆菌属 气单胞菌属 放线杆菌属 嗜血杆菌属 巴斯德菌属
革兰氏阴性厌氧杆菌	拟杆菌属 梭杆菌属	
革兰氏阳性杆菌	芽孢杆菌属 梭菌属 乳酸杆菌属	李斯特菌属 丹毒丝菌属
革兰氏阴性多形菌	立克次体 埃里希体 无形体 支原体	支原体 附红细胞体 衣原体
革兰氏阳性球菌	葡萄球菌属 链球菌属 肠球菌属	

培养基接种

接种培养基和处理样本时应注意防止污染。任何环节都必须无菌操作。从尸体或离体器官采集样本时，先用烧红的刀片在待取样部位表面烧烙，然后从烧焦部位切开，从切口深部采集样本。除接种或挑取菌落做试验时，培养皿应一直保持密封状态。从试管中取出或移入样本前后，都要对试管口部进行火焰灼烧消毒，同时不要将试管盖放在台面上，而是用小指和无名指夹住试管盖。当灼烧接种环或接种针时，先将接种针的近端放入火焰中，然后向被污染的一端移动。先将被污染的一端放入火焰中，可能会导致细菌飞溅，发生气溶胶污染。当采集的样本为液体时，可用无菌拭子或细菌环蘸取少量混合均匀的样品接种到平板的边缘。在没有本生灯的情况下，由于玻璃棒可高压灭菌，所以，某些实验室使用预消毒的玻璃棒对样品进行划线处理。也可以使用一次性接种环和金属丝。无菌拭子采集的样本，可直接在培养基上划线接种(图 41.2)。

平板划线培养

四区划线法是在琼脂培养平板上划线的首选方法(流程 41.2 和图 41.3)，目的是获得分离良好的菌落做进一步检验。图 41.3A，展示了划线方法

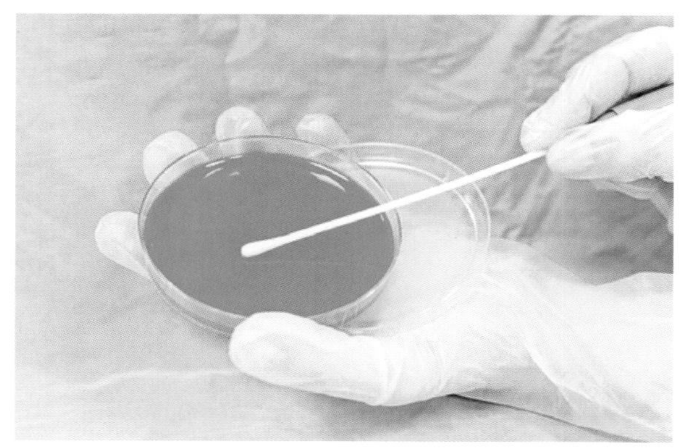
图 41.2 用无菌拭子采集的样品可直接接种

及分区。在进行图 41.3B、C 和 D 所示的划线之前，接种环可灼烧，也可不灼烧，这取决于样本中细菌的预估数量。若灼烧应先将其冷却后再使用。在实践中可使用两个接种环，使用一个划线时，另一个灼烧消毒冷却后备用。

注意：四区划线法设计的目的是获得单个分离菌株。

流程 41.2 四区划线法分离细菌

1. 用无菌接种环从培养皿上挑取少量菌落，或从肉汤培养基取一菌环量培养物。
2. 可选：用黑色记号笔在培养皿底层标记，将一个平皿分成 4 个区域。
3. 手持接种环水平地贴着培养基表面划线，以避免在划线时刺破培养基。
4. 用接种环在平板的 1/4 区域（A 区）轻轻地来回划线，确保每条划线彼此分开。
5. 将接种环在火焰上灼烧灭菌，并等它冷却。
6. 将接种环从 A 区边缘划线至 B 区，并在 B 区来回划线。
7. 将接种环在火焰上灼烧灭菌，并等它冷却。
8. 将接种环置于 B 区边缘，并向 C 区划线，然后在 C 区来回划线。
9. 将接种环在火焰上灼烧灭菌，并等它冷却。
10. 将接种环置于 C 区的边缘并向 D 区划线，然后在 D 区来回划线。

每个划线区域只重叠一两次，避免在同一区域内细菌过多生长而不能形成单个菌落。单个菌落通常出现在图 41.3D 所示区域。整个平板全部都划线是很重要的，为了包含尽可能多的线条，划线要紧密，但注意不要与其他线条重叠。如果一个平板上生长了几种菌落，则需将每种菌落分别接种到单独的平板上分离培养，重复这一过程，直到获得单个菌落的纯培养物。

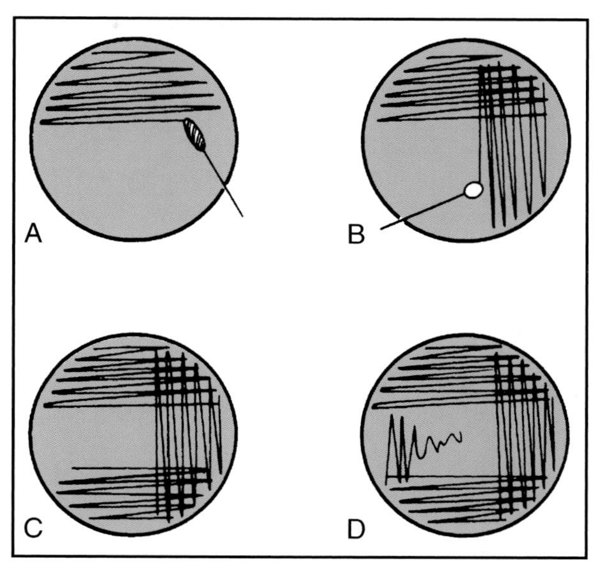

图 41.3 四区划线法分离细菌（引自 McCurnin DM, Bassert JM: *Clinical textbook for veterinary technicians*, ed 6, St Louis, 2006, Saunders.）

斜面接种

琼脂斜面接种，可以只在斜面表面划线，也可在底层和斜面表面都接种。若只在斜面表面接种，可用火焰灼烧过的接种针从原分离板上挑取单个菌落，然后在斜面表面做 S 形划线。若在底层和表面都接种，则先用接种针穿刺至底层，然后按原路小心取回接种针，接着在斜面表面 S 形划线（流程 41.3 和图 41.4）。穿刺接种底层后，接种针还应有足够的细菌接种斜面。试管塞不应塞得过紧。

注意：在试管斜面表面做 S 形接种。

流程 41.3 琼脂斜面和底层接种

1. 使用无菌接种针从培养皿中挑取少量菌落，或从肉汤培养液中取出一环量的细菌培养物。
2. 将接种针从培养基的中心平行试管刺入，直至试管的底部。
3. 顺原路径从培养基中取出接种针。
4. 从斜面一边开始，在斜面上来回划线。

培养条件

能够侵入动物内脏器官的病原菌，其最佳生长温度通常在 37 ℃左右。某些鱼类病原菌、皮肤病原菌（如皮肤癣菌）和环境中的微生物，它们的最佳生长温度相对较低。应注意保持培养箱在 37 ℃这一最佳温度，高于这个温度，大多数病原菌不能生长。

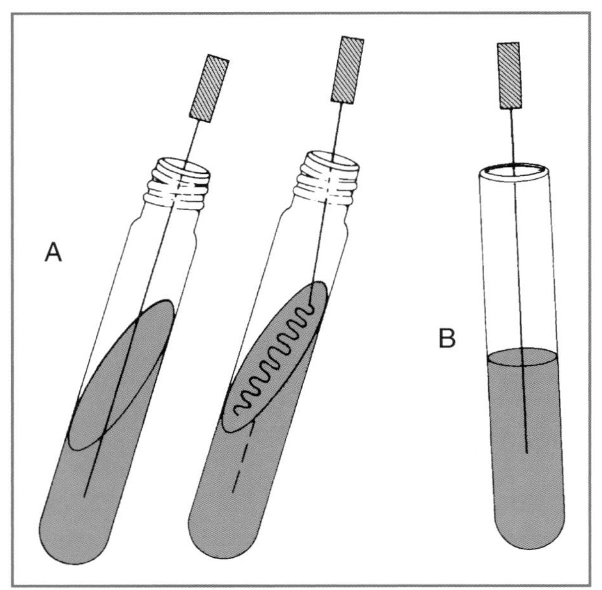

图 41.4 **试管培养基接种步骤。A. 琼脂斜面和底层接种，如三糖铁培养基。B. 动力试验培养基接种（引自 McCurnin DM, Bassert JM: *Clinical textbook for veterinary technicians*, ed 6, St Louis, 2006, Saunders.）**

培养时间取决于每种细菌的传代时间和生长所用的培养基类型。常规培养时间为 48 h，在培养 18～24 h 后应检查培养皿上的生长状况。像诺卡氏菌这样的微生物可能需要培养 72 h 后才能看到生长菌落。培养皿在培养过程中应倒置，这样琼脂表面就不会聚集水分，避免菌落融合。

> **注意：**培养 18～24 h 后检查培养基上细菌的生长情况。

有些细菌生长需要二氧化碳，烛罐可以实现这一需求。将培养皿放在一个大罐子里，点燃一根蜡烛放在培养皿上，然后将罐子密封。蜡烛很快燃尽，这时罐子中氧气含量减少，二氧化碳含量增加（这样并不能创造厌氧环境）。培养 18～24 h 后检查生长情况。如果未见细菌生长，可将培养皿放入烛罐中继续培养 18～24 h，并重新检查是否有细菌生长。大型实验室可能有二氧化碳培养箱，可以自动监测温度、二氧化碳和氧气浓度以及湿度。

菌落特征

经验丰富的技术员可以通过肉眼观察菌落形态而识别多种细菌。以下所列的各种菌落特征参数有助于相关细菌的鉴定（图 41.5）：

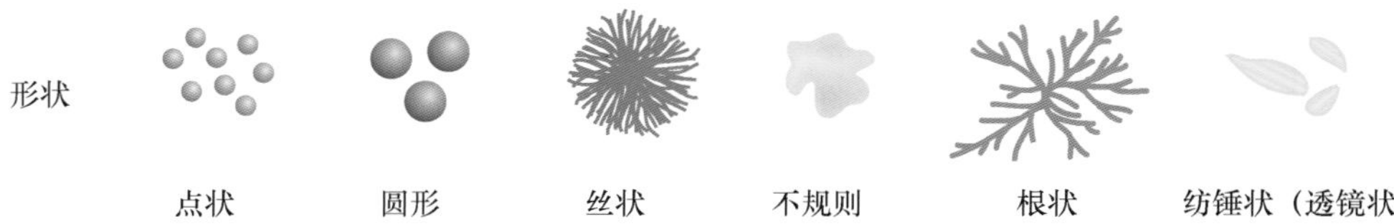

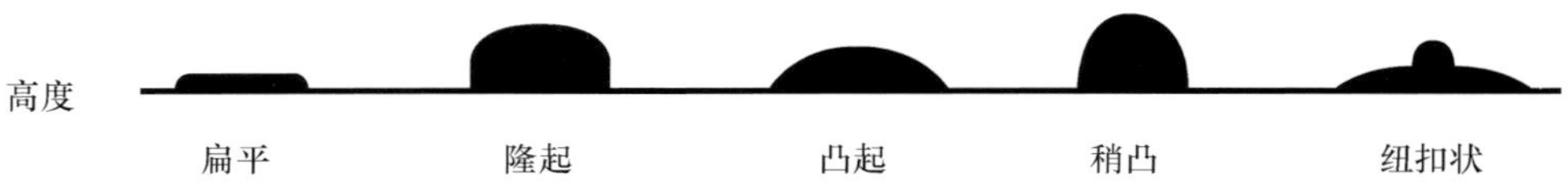

图 41.5 **根据形状、高度和边缘来描述细菌菌落**

- 大小(用毫米表示,或描述为针尖大小、中等或大的)
- 颜色
- 透明度(如,不透明、透明)
- 高度(如,隆起、扁平、凸起、露珠样)
- 形状(如,圆形、不规则、根状、丝状、波形)
- 质地(如,有光泽、光滑、黏液、奶油样、易碎、黏性)
- 气味(如,刺激性、芳香)
- 溶血(如,α、β、γ)

注意:菌落形态特征应以纯化菌落为准,菌落形态特征有助于细菌的初步鉴定。

许多模块培养基都附有详细的彩色指示图,可根据菌落形态进行细菌鉴定(图 41.6)。

厌氧菌培养

由于大多数厌氧菌在空气中存活时间不到 20 min,不宜用拭子法收集厌氧培养样本。首选的厌氧样本为置于封闭无菌容器中的组织块(最小为 2 立方英寸),无菌注射器采集的脓液和渗出物,还可选择专门的厌氧样本采集装置。应注意的是,使用无菌注射器采集时需排出注射器内的空气,针头用橡胶塞塞住或向后弯曲。

样本采集后应尽快培养。将样本接种到血琼脂平板和硫胶质肉汤中。血琼脂平板需放在能提供厌氧环境的厌氧罐中,也可使用一个独立系统,如气袋(Gas Pack)(Oxoid, Columbia, MD)。

对于软组织脓肿、术后创伤、腹膜炎、败血症、心内膜炎、子宫内膜炎、坏疽、肺部感染和牛羊猪的腐蹄病等情况,厌氧菌的分离培养很有意义。分离出的厌氧菌可能是唯一的病原,也可能是与其他病原共同作用的病原之一。例如,肉牛屠宰时发现的肝脓肿,通常可分离到厌氧的坏死梭杆菌和需氧的化脓性放线菌。大多数实验室使用荧光抗体技术鉴别诊断气肿疽梭菌、腐败梭菌、诺氏梭菌和索氏梭菌。样本可以是感染的肌肉组织和含有骨髓的肋骨。

关键点

- 应制定病原培养的系统方法。
- 采用四区划线法分离获得纯培养物。
- 试管斜面接种可以在斜面表面、底部或这两个区域进行接种。
- 高二氧化碳环境可以通过烛罐来实现。
- 在 37 ℃条件下培养,18～24 h 进行初次检查。
- 通过观察菌落的形态可以进行细菌的初步鉴定。
- 菌落形态评估包括菌落大小、颜色、透明度、高度、形状、质地和气味,以及是否存在溶血。

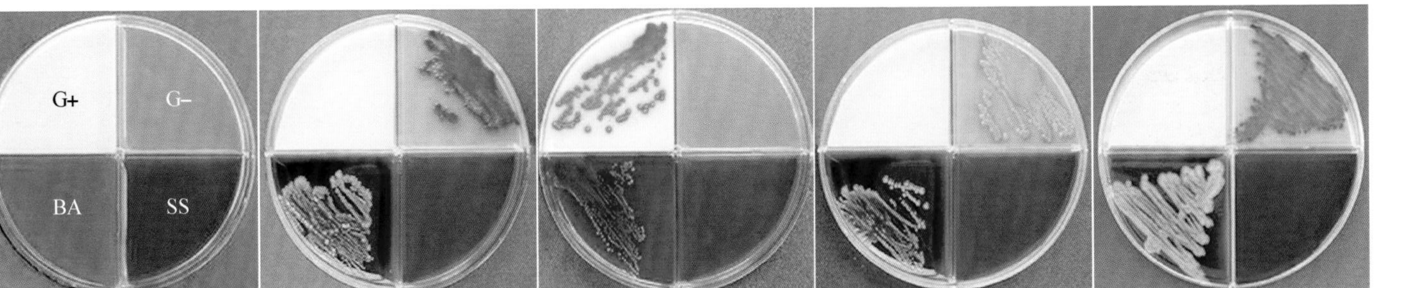

Spectrum CS:平板分为革兰氏阳性菌培养琼脂、革兰氏阴性菌培养琼脂、葡萄球菌培养琼脂、TSA/血琼脂。

肠杆菌属（*Enterobacter* spp.）：大的、有金属光泽的蓝色菌落，周围有浅粉色的光晕。

肠球菌（*Enterococcus*）：蓝绿色至蓝色的小菌落。部分菌种可能在SS琼脂上产生黑色菌落而培养基颜色不变。

大肠埃希菌（*E. coli*）：中等至大的、粉红至红色菌落。部分罕见菌种可能在SS琼脂上形成黑色菌落而培养基颜色不变。

肺炎克雷柏菌（*Klebsiella pneumoniae*）:中等的、有金属光泽的蓝色菌落，伴或不伴有周围的粉色光晕。部分菌种可能在SS琼脂上产生黑色菌落而培养基颜色不变。

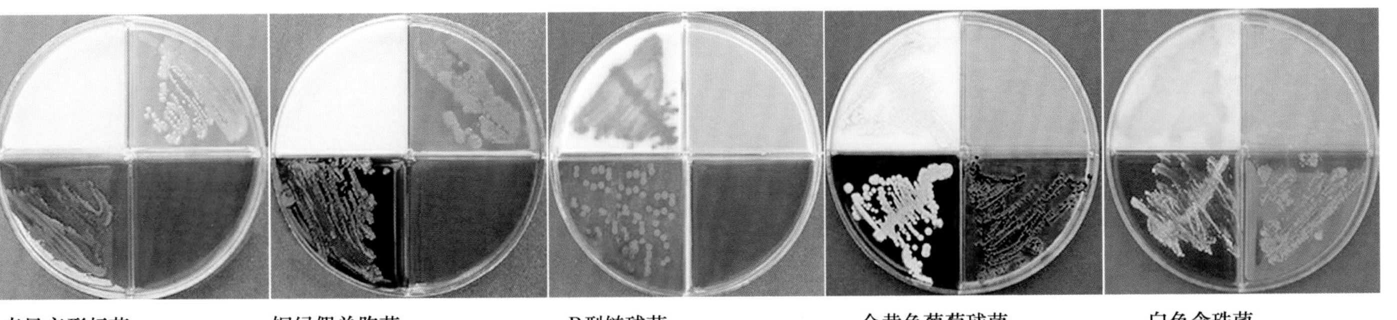

奇异变形杆菌（*Proteus mirabilis*）：菌落呈透明至轻度橘色，周围可见棕色色素。TSA/血琼脂：灰色的、黏液状、迁徙生长。

铜绿假单胞菌（*Peudomonas aeruginosa*）：菌落呈白色透明至绿色，部分扩散至培养基中。

B型链球菌（*Grp. B Streptococcus*）：菌落呈浅蓝色、针尖大小。TSA/血琼脂：菌落呈针尖大小，周围有清晰的β溶血环。有些菌种不溶血。

金黄色葡萄球菌（*Staphylococcus aureus*）：淡紫色至白色的菌落。部分菌种呈淡黄色。SS琼脂：黑色菌落，周围培养基呈黄色。

白色念珠菌（*Candida albicans*）(酵母菌类)：24 h后4个区域均可见菌落生长。革兰氏染色检查大的芽生孢子。

＊也可用于 Spectrum Ⅳ Quad 平板。

注意:用于判读的微生物应为纯培养物。混合培养物在判读时应谨慎。Spectrum CS 培养系统和 Spectrum-Ⅳ平板为兽医专用,它的目的是辅助鉴定某些常见的病原体。初步鉴定结果应使用传统的培养方法进行验证。

图 41.6 **Spectrum CS 鉴别指南。Spectrum CS 鉴别指南是基于菌落形态制定的(引自 Barry Mitzner,DVM.)**

第42章

Antimicrobial Sensitivity Testing
抗菌药物敏感性试验

学习目标

经过本章的学习，你将可以：

- 了解抗菌药物敏感试验（药敏试验）的适应证。
- 掌握琼脂扩散法药敏试验的步骤。
- 了解测量抑菌圈的步骤和测量的意义。
- 掌握菌落计数的方法。

目　　录

关键词

药敏纸片
药敏试验
Bauer-Kirby 法
β-内酰胺酶
直接敏感性试验
间接敏感性试验
麦氏浊度
最小抑菌浓度
抑菌圈

抗生素耐药性

抗生素耐药性是世界性的对人类和动物健康造成威胁的重要问题之一。细菌以某种方式发生改变或突变可导致治疗或者预防该菌的药物疗效下降或者失效，这便是抗生素耐药性。几乎所有细菌都会产生耐药性。抗生素可以杀死或抑制易感细菌的生长，偶尔，其中的某个细菌因通过中和或逃避抗生素的作用而存活下来，进而增殖并替代了所有被杀死的细菌。选择性压力使得暴露于抗生素中并存活下来的细菌更容易产生抗药性。对某种抗生素敏感的细菌可以通过遗传物质突变或从其他细菌获取编码抗性物质的 DNA 片段来获得抗性。编码抗性物质的 DNA 插入易于转移的质粒中，通过质粒转移，细菌获得对多种抗菌药物的抗性。一些细菌可在被抗生素伤害前将其中和；另一些在抗生素侵入菌体后迅速将其泵出；还有一些细菌通过改变抗生素作用位点来逃避抗生素的作用，但自身功能不受影响。

这些耐药菌可以迅速传播给其他动物甚至是同住人员，并以一种更难治愈、治疗成本更高的新型传染病威胁社区。正因如此，抗生素耐药性成为疾病预防控制中心（CDC）和美国农业部（USDA）最关注的问题。抗生素耐药性会给先前很容易用抗生素治疗的普通感染病患带来严重危险和痛苦。细菌可以对特定药物产生抗药性。常见的误解是动物对特定药物产生抗药性，其实，对药物产生抗药性的是细菌而不是动物。

当细菌对多种药物产生抗性时，治疗由它引起的感染变得困难甚至不可能。动物感染了对某种药物具有抗性的微生物时，这种有抗药性的感染可以传递给另一动物。通过这种方式，难以治疗的感染可以从一只动物传播到另一只动物，甚至传播给人类。在某些情况下，感染可导致严重残疾甚至死亡。

> **注意**：产 β-内酰胺酶的细菌对 β-内酰胺抗生素有抗药性。

细菌最常见的突变和耐药方式是产生超广谱 β-内酰胺酶（β-lactamase，ESBL）。β-内酰胺酶（也称为青霉素酶）是一些细菌产生的酶，使其对 β-内酰胺抗生素产生多重抗性。β-内酰胺抗生素包括青霉素类、头孢菌素类和头孢霉素类，因抗菌谱广被广泛用于治疗各种革兰氏阳性和革兰氏阴性细菌引起的感染。β-内酰胺酶通过破坏抗生素的结构产生抗性。β-内酰胺类抗生素都有一个分子结构相同的四原子环，这个环被称为 β-内酰胺。通过水解，细菌产生的内酰胺酶切割 β-内酰胺环，导致药物抗菌性失活。ESBLs 常见于大肠埃希菌、克雷伯菌属和奇异变形杆菌，但也可见于其他革兰氏阴性杆菌。

药敏试验

当从病患体内分离到某种细菌后，可以做药敏试验来判断这种病菌对特定抗生素的敏感性和耐药性。

兽医可以根据药敏试验结果选用最合理的抗生素治疗方案。用作药敏试验的样本必须在治疗前采集。兽医可以在获得药敏试验结果前就对动物进行治疗，在获得药敏试验结果后再调整成更加有效的药物。

> **注意**：药敏试验的结果可以让兽医选择最合适的抗生素治疗病患。

琼脂扩散法

琼脂扩散法是最常用的药敏试验方法。这是一种定量测试，用抗生素浸渍的纸片进行药敏试验，通过测量抑菌圈的大小来评价细菌对药物的敏感性。纸片含有的药物浓度可以指示用于治疗动物的药物浓度。常用的扩散方法有美国食品药品管理局（FDA）法，标准纸片扩散法，即改良 Bauer-Kirby 法，以及国际标准纸片技术。其中，最常用的药敏试验方法是 Bauer-Kirby 法。

> **注意**：琼脂扩散法是药敏试验最常用的方法。

传统的方法是用单个 M-H（Mueller-Hinton）琼脂平板做培养，但是模块化培养系统或专用培养基在兽医临床中应用得更加广泛。某些微生物如链球菌，在普通的 M-H 琼脂上生长受限，难以判读。这种情况下，就必须在 M-H 琼脂中添加含量为 5% 的血液。但是不能根据标准方法解读抑菌圈大小。例如，当培养基中添加血液时，新生霉素的抑菌圈会变小，但大部分链球菌仍然对青霉素敏感。

根据临床常用抗生素种类及其剂量购置相应的药敏纸片。不同药敏纸片抑菌圈解读指示见表 42.1。四环素类或磺胺类药物间存在交叉耐药性，所以可以用一种药物代表组内其他药物进行药敏试验。例如，如果一种细菌对四环素类中的某一种药物具有耐药性，那么通常对其他所有四环素类药物都具有耐药性。

表 42.1 不同细菌对不同抗生素的相对耐药性和敏感性

抗菌药物	纸片含药量	敏感/mm	中度敏感/mm	耐药/mm
Amikacin 阿米卡星	30 μg	≥17	15～16	≤14
Amoxicillin/clavulanic acid 阿莫西林/克拉维酸(葡萄球菌)	20/10 μg	≥20		≤19
Amoxicillin/clavulanic acid 阿莫西林/克拉维酸(其他细菌)	20/10 μg	≥18	14～17	≤13
Ampicillin 氨苄西林 *(革兰氏阴性肠道菌)	10 μg	≥17	14～16	≤13
Ampicillin 氨苄西林 *(葡萄球菌)	10 μg	≥29		≤28
Ampicillin 氨苄西林 *(肠球菌)	10 μg	≥17		≤16
Ampicillin 氨苄西林 *(链球菌)	10 μg	≥26	19～25	≤18
Cefazolin 头孢唑啉	30 μg	≥18	15～17	≤14
Ceftiofur 头孢噻呋(只针对呼吸道病原体)	30 μg	≥21	18～20	≤7
Cephalothin 头孢噻吩 †	30 μg	≥18	15～17	≤14
Chloramphenicol 氯霉素	30 μg	≥18	13～17	≤12
Clindamycin 克林霉素 ‡	≥2 μg	≥21	15～20	≤14
Enrofloxacin 恩诺沙星	5 μg	≥23	17～22	≤16
Erythromycin 红霉素	15 μg	≥23	14～22	≤13
Florfenicol 氟苯尼考	30 μg	≥19	15～18	≤14
Gentamicin 庆大霉素	10 μg	≥15	13～14	≤12
Kanamycin 卡那霉素	30 μg	≥18	14～17	≤13
Oxacillin 苯唑西林 §(葡萄球菌)	1 μg	≥13	11～12	≤10
Penicillin G 青霉素 G(葡萄球菌)	10 U	≥29		≤28
Penicillin G 青霉素 G(肠球菌)	10 U	≥15		≤14
Penicillin G 青霉素 G(链球菌)	10 U	≥28	20～27	≤19
Penicillin/novobiocin 青霉素/新生霉素	10 U/30 μg	≥18	15～17	≤14
Pirlimycin 吡利霉素 ‖	2 μg	≥13		≤12
Rifampin 利福平	5 μg	≥20	17～19	≤16
Sulfonamides 磺胺类药物	250 或 300 μg	≥17	13～16	≤12
Tetracycline 四环素¶	30 μg	≥19	15～18	≤14
Ticarcillin 替卡西林(铜绿假单胞菌)	75 μg	≥15		≤14
Ticarcillin 替卡西林(革兰氏阴性肠道菌)	75 μg	≥20	15～19	≤14
Tilmicosin 替米考星	15 μg	≥14	11～13	≤10
Trimethoprim/sulfamethoxazole 甲氧苄啶/磺胺甲噁唑 **	1.25/23.75 μg	≥16	11～15	≤10

引自 McCurnin DM, Bassert JM: *Clinical textbook for veterinary technicians*, ed 6, St Louis, 2006, Saunders.
修改自国家委员会临床实验室标准文件 M31-A2，第 55～59 页，表 2，2002。
* 氨苄西林用于检测阿莫西林和海它西林的敏感性。
† 头孢噻吩用于检测所有第一代头孢菌素的敏感性，如头孢匹林、头孢羟氨苄。头孢唑林用于检测革兰氏阴性肠道菌的敏感性。
‡ 克林霉素用于检测克林霉素和林可霉素的敏感性。
§ 苯唑西林用于检测甲氧西林、萘夫西林和氯唑西林的敏感性。
‖ 通过灌注法治疗泌乳期奶牛乳房炎。
¶ 四环素用于检测金霉素、土霉素、米诺环素和多西环素的敏感性。
** 甲氧苄啶/磺胺甲噁唑用于检测甲氧苄啶/磺胺嘧啶和奥美普林/磺胺地索辛的敏感性。

药敏纸片通常置于 4 ℃冰箱冷藏保存，使用后应尽快放回原处。禁止使用过期的药敏纸片。药敏纸片的效力可以用已知敏感的对照菌来检测。药敏试验还需要一个纸片投放器、一个卡尺和一个透明罩。并非所有产品都可以相互替换，纸片投放器应从药敏纸片生产单位统一购置。建议平板划线接种的同时进行硫胶质培养基或胰蛋白胨大豆肉汤培养基接种。如果本实验室得出的结论不可靠，可将肉汤培养物送至外部实验室进行验证。

间接药敏试验是从平皿中取菌落接种于肉汤培养基中，培养成浊度相当于 0.5 麦氏标准比浊度（0.5 McFarland）（图 42.1）的悬浮液，然后用拭子或接种环将细菌悬液均匀涂布于 M-H 培养基上。制备肉汤培养液时，需用无菌接种环刮取 3～4 个菌落表面，然后置于生理盐水或肉汤中制成悬浮液。从菌落表面刮取可以避免刮取到菌落底部的污染物。每种细菌要挑取一个以上的菌落，因为单一菌落可能是一个突变体，它的敏感性与亲本菌株不同。适当的菌落密度是保证获得重复性结果的重要因素。接种培养后，细菌"菌苔"应该均匀分布，必须避免极高浓度"菌苔"出现的情况。

注意：间接试验比直接试验更精准，但不能快速获得结果。

像尿液等一些未被稀释的样本，可直接涂布于 M-H 培养基平板上，按照直接药敏的方法进行试验。这种方法虽然不如间接试验准确，但当只有一种细菌存在时，也可以得到可靠结果。当培养获得多种细菌时，应慎重解读所做的药敏试验结果。

用药敏纸片投放器或无菌钳将药敏纸片置于接种后的琼脂培养基表面，投放器或无菌钳在每次使用后都要进行火焰灼烧并在冷却后使用。药敏纸片至培养皿边缘的距离应不小于 10～15 mm，药敏纸片之间也要保持足够的距离以避免抑菌圈重叠。当用不具有自压实功能的药敏纸片投放器时，可用另一个无菌拭子轻轻地将药敏片压进琼脂。需在药敏纸片置于培养基后的 15 min 内将培养基放入培养箱中，并在 37 ℃有氧条件下进行培养。培养皿应倒置，防止琼脂表面有水汽凝集。叠放的培养皿最好不要超过 4 个，否则处于中间的培养基不容易达到所需的培养温度。

注意：测量的抑菌圈大小需与标准的图表相比较以确定细菌对抗生素的敏感性。

无论是使用直接试验法还是间接试验法，都要通过测量抑菌圈的大小来判断细菌对抗生素的敏感性（图 42.2）。通过将测量值与表格中所列的抑菌圈的值进行比较，来判断细菌对被检抗生素的相对抗性（表 42.1）。

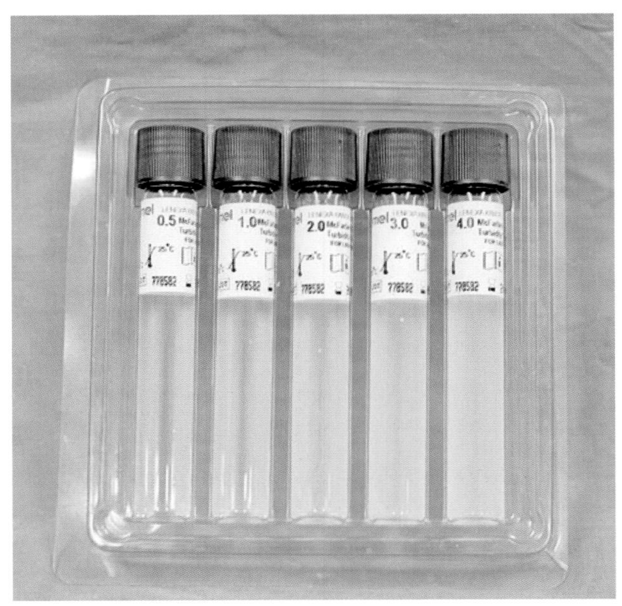

图 42.1 麦氏比浊管

抑菌圈测量

应在固定时间读取药敏结果，最好在过夜培养后（如 18～24 h）读取。有些药物在 37 ℃不稳定，延长培养时间可能改变抑菌圈的大小或者使抑菌圈不易读取。若想快速获得试验结果，可在培养 6～8 h 后读取抑菌圈大小。为了确保结果的准确性，最好在过夜培养后再查看一下抑菌圈的大小。要在培养皿的底部用游标卡尺或透明尺子测量每个抑菌圈的直径（包括药敏纸片的直径），结果要精准到毫米。如果使用 M-H 血琼脂培养基，则应把培养皿的盖子拿掉后在上面进行测量。

抑菌圈大小的判读

表 42.1 列出了一些常用的抗生素，并给出了美

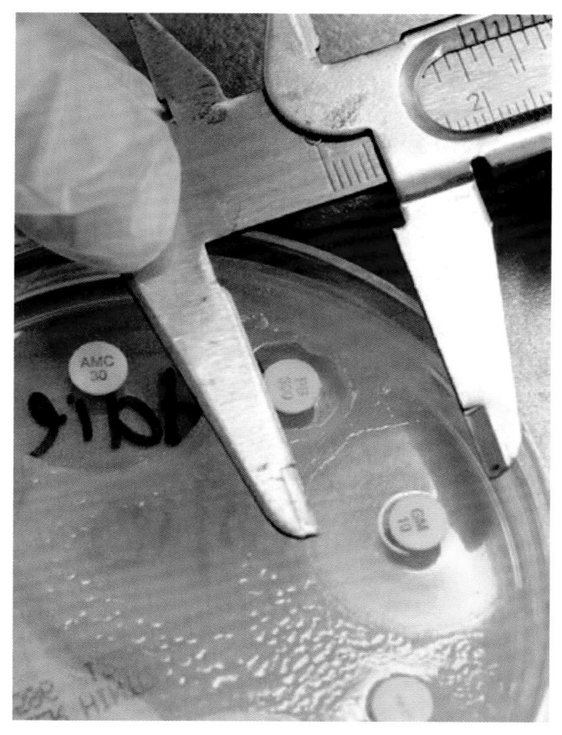

图 42.2 使用游标卡尺来测量抑菌圈的大小

国 FDA 标准药敏纸片所得的抑菌圈大小及其对应的结果解读。根据抑菌圈的大小，细菌对药物的敏感性被划分为两大类：耐药或敏感，后者又被划分为中度敏感和敏感两类。耐药的细菌不大可能对药物治疗有反应，由此可预测药物的疗效。敏感是指细菌对常规剂量的抗生素易感；中度敏感意味着当药物集中分布在尿液或组织中时，常规剂量有效。如果高剂量的抗生素是安全的，那么它可以用于治疗全身感染。

抑菌圈的大小不能单独作为抗生素效用的指标。一些药物如万古霉素和多粘菌素在琼脂中不容易扩散，即使被测菌株高度敏感，也往往得到较小的抑菌圈。因此，不能通过比较不相关的抗生素抑菌圈的大小来直接判断细菌对药物的敏感性。

参考菌株

应定期用敏感性参考菌株进行试验，如金黄色葡萄球菌 ATCC25923 和大肠埃希菌 ATCC25922。最好对每一批抗生素进行药敏试验时都进行平行试验。这些参考菌株可以用来检测培养基的生长支持能力、药敏纸片的效力和影响试验结果的其他可变因素。

试验的局限性

FDA 的方法是针对生长快速的细菌设计的，而对于厌氧菌和生长缓慢的细菌，目前尚无确定的抑菌圈直径释义判断标准。就相同的最小抑菌浓度而言，生长慢的细菌比生长快的细菌的抑菌圈直径稍大一些。

有些罕见的葡萄球菌对甲氧西林和其他耐青霉素酶的青霉素具有抗性。常规试验无法检测这些菌株，但可以在 30 ℃下通过其他的甲氧西林敏感性试验进行检测。在 30 ℃培养时，若甲氧西林抑菌圈的直径减小或没有出现抑菌圈，则可认为细菌对甲氧西林具有抗性。

最小抑菌浓度

与琼脂扩散法相似的另一种药敏试验方法是测定抗生素的最小抑菌浓度（minimum inhibitory concentration，MIC），即能够抑制一种细菌生长的特定抗生素的最低浓度。特定抗生素使用浓度与 MIC、感染部位和抗生素折点有关。折点是细菌开始显示抗性的抗生素的浓度。需考虑的其他因素包括患畜的特征（如年龄、种类），总体健康状况，药物可能的副作用、成本、易用性以及给药频率和途径。

琼脂扩散法药敏试验是将含不同浓度抗生素的纸片或者条带置于新接种的培养基进行孵育。测量每个药敏纸片周围的抑菌圈大小将有助于兽医为病畜选择恰当的药物浓度。

此外 MIC 可以用含有多种已知浓度抗生素的微孔板来测定（图 42.3）。挑取纯菌落配制成 10^5 CFU/mL 的标准菌悬液接种于孔中。MIC 的数值是抑制某种细菌生长的抗生素的最低质量浓度（μg/mL）。折点和稀释度范围因药物和细菌种类的不同而异。因此，比较不同抗生素的 MIC 不仅与 MIC 数值有关，还与 MIC 和折点的距离、感染部位及其他因素相关。例如，对大肠埃希菌而言，阿莫西林的 MIC 是 2 μg/mL，头孢氨苄的 MIC 则为 8 μg/mL。对于阿莫西林，稀释质量浓度为 2 μg/mL 时，MIC 距离折点为 4 个稀释度，而对于头孢氨苄，MIC 为 8 μg/mL，距离折点为 2 个稀释度，因此，基于 MIC 数值，该大肠埃希菌对阿莫西林比头孢氨苄更加敏感。微生物生长的药物浓度距离折点越远，抗生素就越有效。

试验的局限性

要使抗菌药物达到治疗感染的效果，药物必须能够到达感染部位并在该部位的浓度达到感染细菌的MIC。有时感染部位的细菌浓度大于试验中常规细菌的浓度。对于产ESBL的菌株，细菌量超过 10^5 CFU/mL时，MIC通常会提高。在较高浓度的细菌环境中，药物因无法抵御ESBL浓度的增加而导致临床治疗失败。其他因素也可影响药物的临床效果，例如感染部位的药物浓度是否达到或者高于感染细菌的MIC，感染部位药物有效浓度的持续时间等。应检测所有大肠埃希菌属、克雷伯菌属和奇异变形杆菌的ESBL。这些是最常见的产ESBL细菌，但也发现了其他能够产ESBL的细菌。在评估抗生素治疗的有效性时，应考虑ESBL可能产生的副作用。

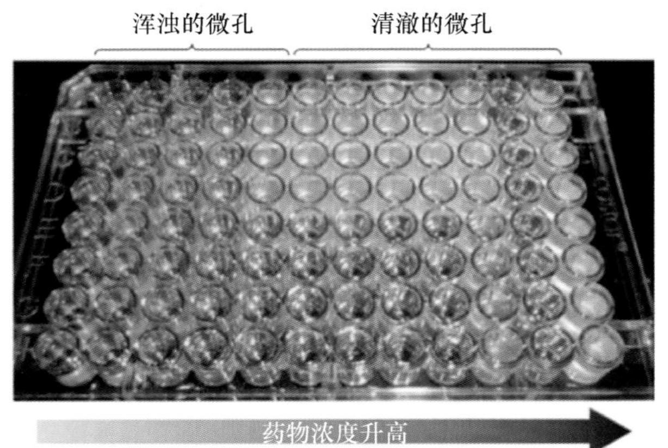

图42.3 用来测定MIC的含有不同浓度抗生素的微孔板

菌落计数

出现病原菌并不代表一定存在感染，例如，尿液正常情况下被认为无菌，但即使通过膀胱穿刺采集尿液，偶尔也可能从中发现少量细菌。对尿液样本培养结果进行菌落计数有助于对尿路感染做出诊断。菌落计数时可以用定量接种环取10 μL尿液在血琼脂或其他非选择性琼脂培养基上划线接种(图42.4)，培养后进行菌落计数，所得菌落数乘以100即为每毫升尿液内的细菌数量。虽然只是参考，但当菌落计数在膀胱穿刺尿液中大于1 000 CFUs，或用导尿管收集的尿液样本大于10 000 CFUs时，结果就很有意义。不推荐使用自然排泄的尿液进行培养，但当犬的大于100 000 CFUs，猫的大于10 000 CFUs时有一定意义。

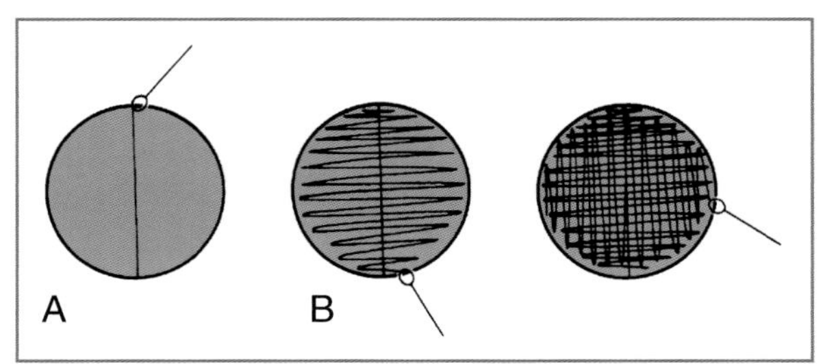

图42.4 尿液培养半定量菌落计数接种步骤。A. 首先用定量接种环划线接种。B. 垂直于先前的接种线连续划线培养(引自McCurnin DM, Bassert JM: *Clinical textbook for veterinary technicians*, ed 6, St Louis, 2006, Saunders.)

关键点

- 细菌以某种方式发生改变或突变导致治疗或者预防该菌的药物疗效下降或者失效。
- 产β-内酰胺酶的细菌对β-内酰胺类抗生素有抗性。
- 药敏试验用于确定细菌对特定抗生素的抗性或敏感性。
- 将未稀释样本直接涂布于M-H培养基的方法称为直接药敏试验法。
- 间接药敏试验要求从培养平板上采集菌落样本，接种到肉汤中，培养至与0.5标准麦氏浊度相当的悬浊液。
- 使用投放器或无菌手术钳将药敏纸片放置于已接种细菌的培养基表面，每次使用前应进行火焰灼烧和冷却。
- 药敏试验时，需使用卡尺、透明尺或模板在平板的背面测量抑菌圈的直径(包括药敏纸片的直径)。
- 应确定MIC，以确保选择最有效的抗生素和最恰当的药物浓度。
- 出现致病菌并不一定存在感染。
- 对尿液样本培养结果进行菌落计数有助于尿路感染的诊断。

第43章

Additional Testing
其他细菌学试验

学习目标

经过本章的学习，你将可以：

- 列举并描述细菌运动力检测方法。
- 列举常用的生化试验。
- 描述常用的生化试验。
- 描述加州乳房炎的检测流程。

目　　录

关 键 词

加州乳房炎试验
过氧化氢酶(触酶)
凝固酶
悬滴
吲哚
Kovac's 试剂
动力培养基
氧化酶

细菌初步鉴定结果常常给兽医提供制定诊断和治疗计划的充足信息。然而某些病原菌需进行其他试验从而鉴定到种。部分常用的试验如下。

运动力试验

检测细菌运动力的常用方法有：悬滴法、湿片法、运动力培养基检查法。湿片法需用新鲜肉汤培养物。将细菌接种于几毫升营养肉汤中室温培养2～3 h，制备成适宜浓度的菌悬液。取一接种环培养物置于载玻片上，盖上盖玻片后置于高倍镜下观察。如果细菌有明显的运动，则可看到个体细菌在其他细菌间来回运动，则判定细菌具有运动力。需注意勿将布朗运动误认为细菌的运动。布朗运动是细菌或粒子的运动，个体之间无相对运动。

湿片在显微镜下水分挥发迅速，若不额外补充水分，有些细菌的运动力表现可能不明显。悬滴检查法可避免这些问题，所用玻片是中央凹陷的专用载玻片。玻片在使用前需先用酒精清洁并擦干。悬滴前先在载玻片凹陷周围涂抹一小圈凡士林，然后将一滴菌悬液滴加于盖玻片上，而后将其反转倒扣在载玻片凹陷处，轻轻向下按压盖玻片，使凡士林密封凹陷区，菌悬液即被悬挂于玻片凹陷中。这种方法制备的样品不会很快变干，可以被观察很长一段时间。

如果显微镜检查未发现细菌运动，则可能需要用运动力培养基检查。取两管运动力培养基[如硫化物-吲哚动力(SIM)培养基]穿刺接种细菌，将一支试管置于 37 ℃，另一支试管置于室温，培养 24～48 h。若细菌仅在穿刺接种线上生长则代表没有运动力，若在培养基中扩散生长则表明具有运动力。为便于观察，可将试管对着亮处观察并用一只未接种的试管作为对照。SIM 培养基不适用于产生硫化氢的微生物的运动力检查，因为硫化氢使培养基变黑，检查结果难以观察判断。SIM 培养基也适用于吲哚试验，以评估细菌能否产生吲哚。Kovac's 试剂加到试管培养基后，产生吲哚的细菌可使培养基变红(图 43.1)。

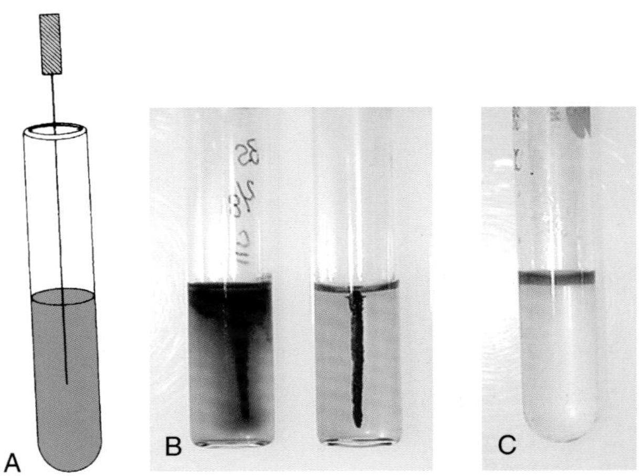

图 43.1 **A. 运动力试验接种。接种针刺入培养基并沿原路径抽出。B. 左侧试管培养的细菌具有动力，而右侧则无动力。C. 加入 Kovac's 试剂来检测吲哚的产生(引自 McCurnin D, Bassert J: *McCurnin's clinical textbook for veterinary technicians*, ed 7, St Louis, 2010, Saunders.)**

吲哚试验

虽然可用上述 Kovac's 试剂和 SIM 培养基进行吲哚试验，但最常做的吲哚试验是斑点试验。该试验方法有几种：用棉拭子从纯培养中挑取少量细菌，然后向其上滴加一滴 Kovac's 试剂，棉签变成红色至粉色判断为反应阳性，无颜色变化为阴性反应；同样，可将几滴吲哚试剂滴于一张洁净的滤纸上，然后将一接种环细菌涂布于滴加试剂的区域。Kovac's 试剂不适用于厌氧菌的吲哚试验，其他试剂可被用于厌氧菌和需氧菌的斑点试验。选择的试剂不同，发生的颜色变化也可能不同。选用 DMACA 试剂时，出现蓝色变化为反应阳性。

触酶试验

触酶试验用于检测革兰氏阳性球菌和革兰氏阳性小杆菌是否产生过氧化氢酶。过氧化氢酶分解过氧化氢生成水和氧气。从血琼脂培养基挑取少量细菌置于洁净的载玻片上，然后滴加 1 滴过氧化氢试剂(3%过氧化氢)与之混合，若菌落产生气泡则表明触酶阳性(图 43.2)，无气泡产生则表明触酶阴性。

挑取菌落时注意避免挑取血琼脂，因为血琼脂可产生轻微的阳性反应而干扰结果。若挑取了混合菌落也可能出现阳性反应(即一个触酶阳性和一个触酶阴性的细菌菌落生长在一起时，试验也呈阳性)。为了获得单一菌落，必须仔细划线接种。葡萄球菌可用作触酶阳性对照，链球菌则可用作触酶阴性对照。

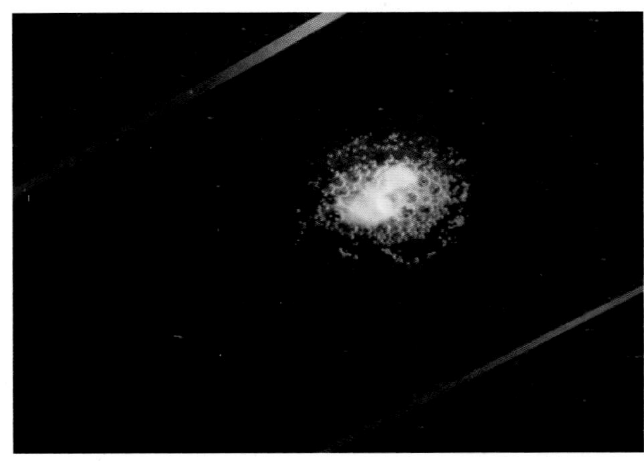

图 43.2 **当过氧化氢与玻片上的样本混合时有气泡产生，则为触酶试验阳性(引自 McCurnin D, Bassert J: *McCurnin's clinical textbook for veterinary technicians*, ed 7, St Louis, 2010, Saunders.)**

凝固酶试验

凝固酶试验用于鉴别触酶阳性的革兰氏阳性球菌。金黄色葡萄球菌可产生凝固酶，这是一种可凝固血浆的酶。该试验有两种方法：玻片法和试管法。凝固酶试验可用于区分凝固酶阳性的金黄色葡萄球菌、中间型葡萄球菌和凝固酶阴性的葡萄球菌（如表皮葡萄球菌或腐生葡萄球菌）。

试管法是先将冻干血浆（购自医药供应商）按照说明书进行适当稀释，再将大约 0.5 mL 血浆置于试管内，接着向管内接种一环无抑制物培养基（如血琼脂培养基）上培养的细菌，于 37 ℃培养 4 h。培养过程中，每小时观察一次。有凝集块形成视为阳性，无凝集块形成视为阴性。若试验结果是阴性，需将样本继续培养 24 h 后再观察结果。

玻片凝固酶试验是商业化的快速筛查试验，可检测表面结合的凝固酶或凝集因子。95%以上的产凝固酶葡萄球菌含凝集因子。从一个菌落挑取一接种环量的葡萄球菌置于一滴水或生理盐水中进行乳化形成菌悬液，再滴加一滴新鲜兔/人血浆并用无菌接种环搅拌均匀。5～20 s 内出现凝集块视为阳性。

氧化酶活性

氧化酶试验检测细菌中是否存在细胞色素 c 氧化酶。将一片滤纸条放入培养皿中，取一滴 1%的四甲基对苯二胺滴加其上，润湿滤纸但不可浸透。预包被了干式试剂的载玻片也可用于氧化酶试验，且可省去试剂处理的过程。用玻璃棒或一端弯曲成钩状的巴氏吸管蘸取样本，然后在玻片或滤纸上划一道短的样本线。以轻柔动作涂抹样本即可，勿使用镍铬丝菌环，因为任何微量的铁都能产生假阳性结果。

试剂在 60 s 内被还原为深紫色视为阳性；若颜色变化时间超过 60 s，则视为阴性。氧化酶试剂较不稳定，会随时间发生变色。如果试剂变为深紫色则不能使用。铜绿假单胞菌可作为氧化酶阳性对照，大肠埃希菌可作为氧化酶阴性对照。干式玻片试剂盒可用于此检测（图 43.3）。

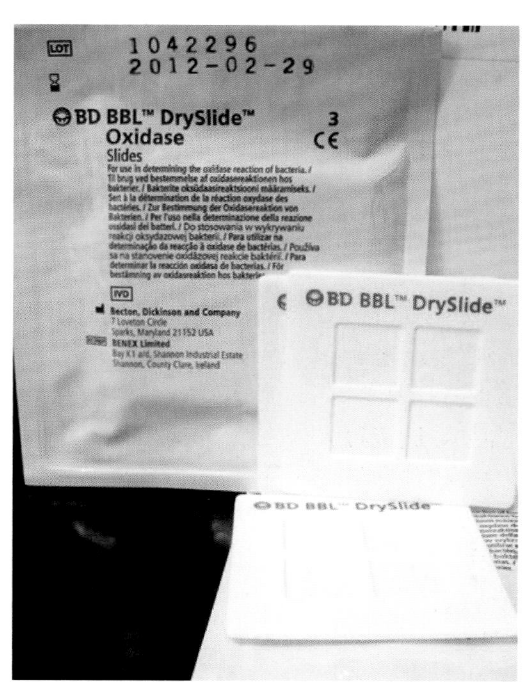

图 43.3 **DrySlide 氧化酶测试板**

葡萄糖产酸

将细菌接种到一支含 1%葡萄糖和 pH 指示剂的蛋白胨肉汤试管中，于 37 ℃培养 24～48 h。对于苛养微生物如链球菌属，应在蛋白胨液体培养基中加入约 5 滴无菌血清，否则可能不易生长。

加州乳房炎试验

乳房炎可由细菌或霉菌引起。诊断乳房炎有多种实验室方法，包括加州乳房炎试验（CMT）、体细胞计数和乳汁培养。快速检查细菌可把乳房炎乳汁制备成薄的涂片，加热固定后，用革兰氏染色液或亚甲蓝染色液染色。最常见的引起乳房炎的微生物包括金黄色葡萄球菌、无乳链球菌、乳房链球菌、大肠埃希菌、棒状杆菌属、铜绿假单胞菌。

CMT 是一种定性筛查试验，可用作“牛旁”检测。该试验基于试剂与体细胞中的 DNA 发生胶凝反应的原理，随着牛乳中体细胞数量增加，胶凝作用也随之增强。因此，该试验提供了对体细胞的间接计数方法。根据凝集反应程度可分为阴性、微量、1 级、2 级和 3 级。

做 CMT 时，向 CMT 板上的 4 个反应杯中分别加入大约 2 mL 牛乳，并滴加等量试剂（图 43.4），然后将反应板轻轻旋转约 10 s，使牛乳和试剂混匀。根据等级判断表对杯中的样品进行判断分级（表 43.1）。

做该试验的注意事项：

1. 样本长时间放置，体细胞中 DNA 会发生降解。如果该试验是作为实验室检测，乳样需冷藏，但不应超过 48 h。未冷藏的乳样放置超过 12 h，则检测结果不准确。

图 43.4 **加州乳房炎试验，加入试剂**

2. 白细胞往往随乳脂迁移，因此检测前需将样品充分混匀。

3. CMT 反应必须在混合开始后 10～15 s 内进行结果判定。较弱的反应会随着时间推移而消失。

只有 CMT 或体细胞直接计数鉴定为阳性的乳样才进行培养（图 43.5）。把乳样接种到血琼脂和麦康凯琼脂培养基上，于 37 ℃培养 24 h。乳样也需同时孵育培养。如果 24 h 后培养基上细菌很少生长或没有生长，则将孵育培养的乳样接种到血琼脂和麦康凯琼脂上进行传代培养。传代培养的平板和初次接种的培养板都要在 37 ℃条件下培养 24 h。可通过细菌菌落形态特征对其进行快速初步鉴定，然后进行验证性试验（如三糖铁、赖氨酸、SIM、甲基红、柠檬酸、凝固酶和触酶试验）。

表 43.1 加州乳房炎试验（CMT）结果分级

标记	结果	可见的反应	判读
—	阴性	混合物清亮无沉淀	0～200 000 细胞/mL 0%～25% PMNs
T	微量	形成极少沉淀物，来回倾斜托盘可见沉淀在杯底流动；继续摇动，沉淀消失	150 000～500 000 细胞/mL 30%～40% PMNs
1	弱阳性	有明显沉淀物，但没有形成凝胶，某些样品，反应不稳定，随着托盘继续运动旋转，沉淀可能消失	400 000～1 500 000 细胞/mL 40%～60% PMNs
2	阳性	混合物立即变稠，并有形成凝胶的倾向。当混合物旋转时它倾向于移向中心，使杯子外缘的底部暴露在外。当运动停止时混合物再次平铺于杯底	800 000～5 000 000 细胞/mL 60%～70% PMNs
3	强阳性	凝胶形成使得混合物表面凸出。通常在托盘停止运动后仍然存在，黏性明显增加沉淀易黏附于杯底	5 000 000 细胞/mL 70%～80% PMNs

PMN，多形核白细胞/分叶核中性粒细胞。

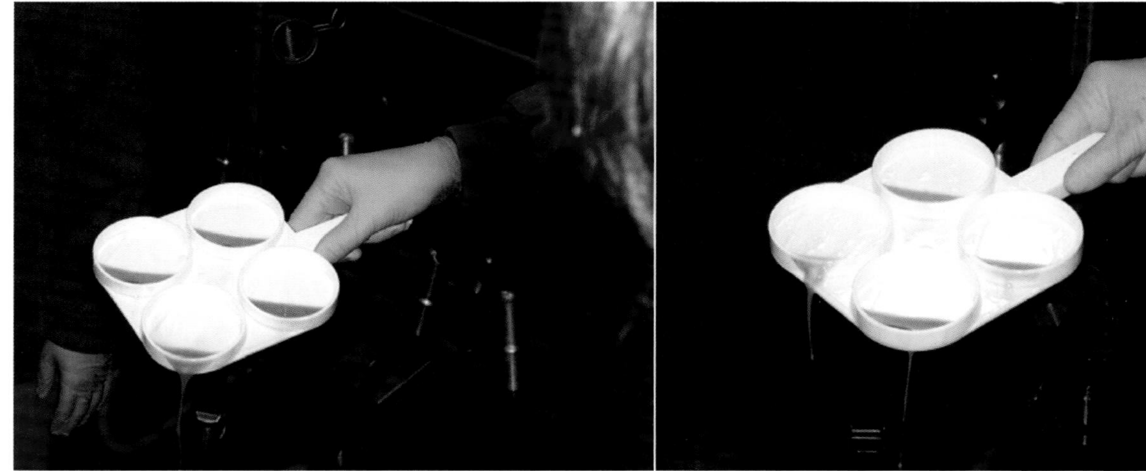

图 43.5 **加州乳房炎试验阳性（引自 Holtgrew-Bohling K：*Large animal clinical procedures for veterinary technicians*, ed 2, St Louis, 2012, Mosby.）**

免疫学检验

多种免疫学检测方法可用于鉴定病原菌，尤其是专性细胞内寄生细菌。更多关于免疫学检测可参见第 4 单元。

关键点

- 有时需要其他试验鉴定细菌菌株。
- 细菌运动力可用湿片法、悬滴法或运动力检测培养基检验。
- 细菌常用的生化检验包括触酶、凝固酶和氧化酶试验。
- 加州乳房炎试验是一常用的检测乳房炎的“牛旁”试验。

第44章

Mycology
真菌学

学习目标

经过本章的学习,你将可以:

- 描述皮肤真菌培养的流程。
- 描述显微镜判读真菌培养物的步骤。
- 描述伍德氏灯的用法。
- 讨论非皮肤真菌的培养方法。
- 列出具有兽医学重要意义的酵母菌的特点。
- 列出系统性双相真菌的一般特征。
- 描述临床样本中真菌的显微镜下特征。

目　录

关 键 词

皮肤癣菌测试培养基
氢氧化钾
癣菌
沙氏培养基
伍德氏灯

采集和检查真菌样本所需的器材与细菌的要求基本相同。特殊器材包括手术钳、拭子、乳酚棉蓝染色液、氢氧化钾溶液和真菌培养基(DTM或沙氏琼脂)。伍德氏灯可能会有助于真菌的检查。采集某些类型的真菌样本时还会用到透明胶带。

最好在单独的房间和培养箱内进行真菌培养,因为真菌孢子可能污染细菌培养基。当培养箱不幸被真菌孢子污染时,请用70%乙醇或异丙醇彻底擦拭培养箱内部,或在空的培养箱底部放一碗水和上述两种醇之一,关闭培养箱门,于37 ℃作用24 h。

> **注意**:将细菌和真菌分开培养可以最大限度地降低真菌孢子和细菌样本的交叉污染。

在兽医领域,大多数具有重要临床意义的真菌是皮肤上的霉菌,即皮肤癣菌。因为它们在感染动物的皮肤上形成特征性的环形病变,这些微生物通常被叫作癣菌。皮肤癣菌是腐生性产生菌丝的真菌，具有溶解角质的特性，可以侵入皮肤、指（趾）甲和头发，其中一些癣菌能感染人类。

皮肤癣菌有 30 多种，分类学上隶属小孢子菌属和毛癣菌属。最常见的是犬小孢子菌、石膏样小孢子菌和须毛癣菌。皮肤癣菌可以通过它们最易被发现的栖息地进行分类：嗜人类真菌，仅感染人类；嗜动物性真菌，寄生于动物；嗜土性真菌，通常是土壤中营自由生活的腐生菌。在 15 种已知的嗜土性真菌中，有 5 种偶尔可能成为机会致病菌，只有 1 种石膏样小孢子菌，通常会引起动物损伤。这些嗜土性真菌在诊断上有一定的困难，因为必须将它们与嗜动物性真菌进行区分。大约有 98%的猫和 50%～70%的犬，其真菌感染源于犬小孢子菌。

皮肤癣菌检查

大部分皮肤癣菌生长在毛发的毛干外面。一些病例中，可将经 10%KOH 或 KOH 与二甲基亚砜（DMSO）混合液处理的样本封固在载玻片上进行显微镜下观察。用 DMSO 作用时，可以不用加热载玻片就迅速地透明样本。检测皮肤癣菌时，从可疑病变部位边缘拔下几根毛发放在载玻片上，加 1～2 滴透明剂，然后盖上盖玻片。如果仅使用 10% KOH，则需轻轻加热载玻片 2～10 min 后，再在镜下观察，当看到附着在毛干上的小球状关节孢子时，表示检查结果阳性。

> **注意**：只有 50%的犬小孢子菌感染的病例在伍德氏灯下显示出荧光。

伍德氏灯是一种紫外光灯，可以用来筛查皮肤癣菌感染引起的可疑损伤（图 44.1），但结果可能会模棱两可。来自犬、猫的毛发或动物自身都可以在伍德氏灯下检查。在暗室里的伍德氏灯下，一些小孢子菌感染的毛发可以发出清晰的苹果绿荧光（图 44.2）。大约 50%的犬小孢子菌感染病例可发出荧光，这主要取决于感染的真菌是否正处于产生荧光的生长阶段。经伍德氏灯检查没有发出荧光并不能排除癣菌的感染。

> **注意**：伍德氏灯使用之前，至少需要预热 5 min。

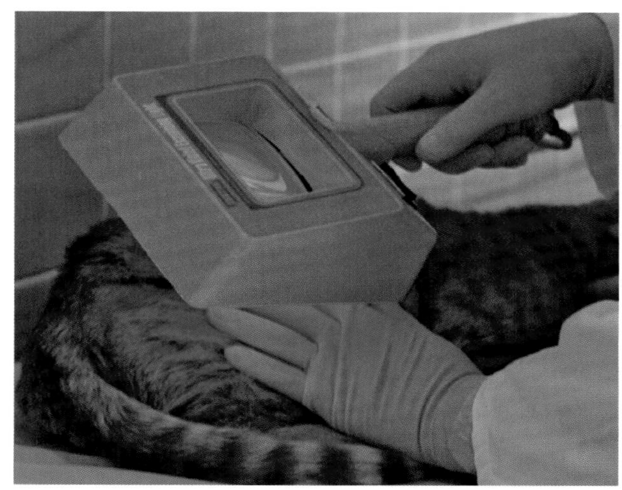

图 44.1 **在暗室里，用伍德氏灯对患病动物进行检查（引自 Taylor S: *Small animal clinical techniques*, St Louis, 2010, Saunders.）**

图 44.2 **由犬小孢子菌引起的猫颈部皮肤损伤，病变周围的毛发发出了绿色荧光（引自 Taylor S: *Small animal clinical techniques*, St Louis, 2010, Saunders.）**

皮肤癣菌培养基有数种，最常用的是标准 DTM，它含有一种指示剂，大多数皮肤真菌都能使之变成红色。这种培养基有瓶装（图 44.3）和平皿装两种类型，后者在菌落取样时操作更方便。快速孢子形成培养基（RSM）或者含有颜色指示剂的促孢子形成培养基（ESM）可以与标准 DTM 培养基联合使用，以加速大分生孢子的形成，可被用来鉴别和鉴定真菌（图 44.4）（DermatoPlate, Vetlab Supply, Palmetto Bay, FL）。标准的沙氏培养基也可以促进大分生孢子的形成，但它不含有颜色指示剂。

采集皮肤癣菌培养的样本时，应首先清洁皮肤病变部位，除去那些表面污染物，然后从病变部位的边缘采集样本。断裂的毛干和干燥的皮屑最有可能含有活的病原体。将采集的样本完全或部分

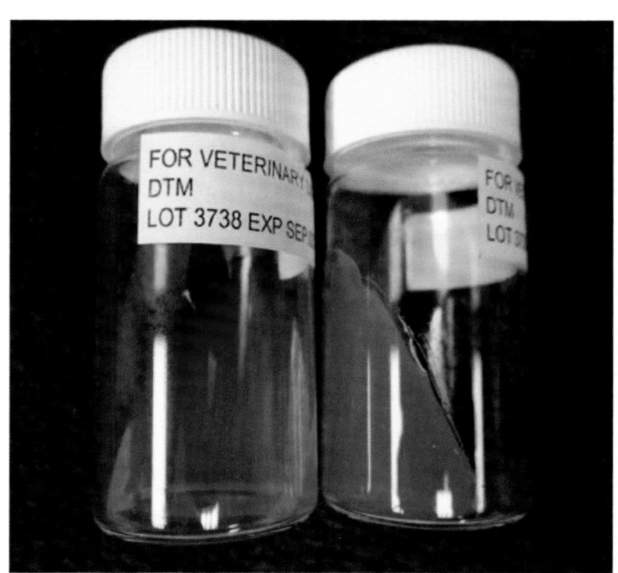

图 44.3 瓶装皮肤癣菌培养基

图 44.4 双隔真菌培养系统，包括标准 DTM 和促进孢子形成培养基（引自 Vetlab Supply.）

植入培养基表面下（图 44.5），平皿盖或者瓶盖轻轻地盖在培养皿上，室温培养，每天观察生长情况。一旦培养基颜色改变，就用真菌胶带（Scientific Device Laboratory，Des Plaines，IL）或是干净的透明胶带做一张湿片，并进行乳酚棉蓝染色，以确认病原体的存在。应注意，仅仅依靠出现的红色（DTM）或蓝绿色（ESM 和其他培养基）不能确认皮肤癣菌感染。在某些条件下，细菌和非致病性真菌都可引起阳性颜色反应，因此，还需要显微镜检查来确诊（图 44.6）。

注意：所有皮肤癣菌感染都需要显微镜检查确诊。

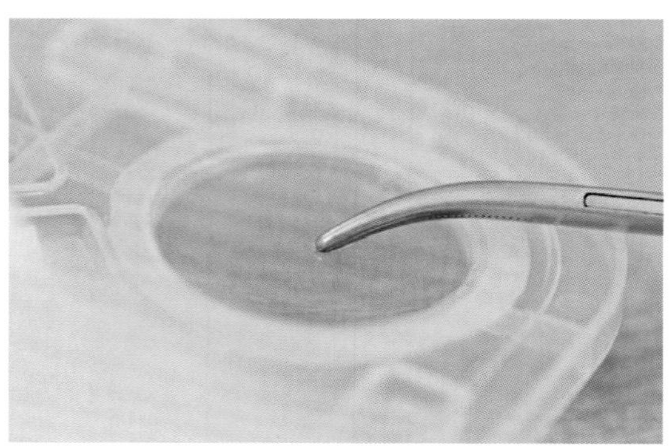

图 44.5 样本放在培养基上，轻轻按压，将部分样本植入培养基内

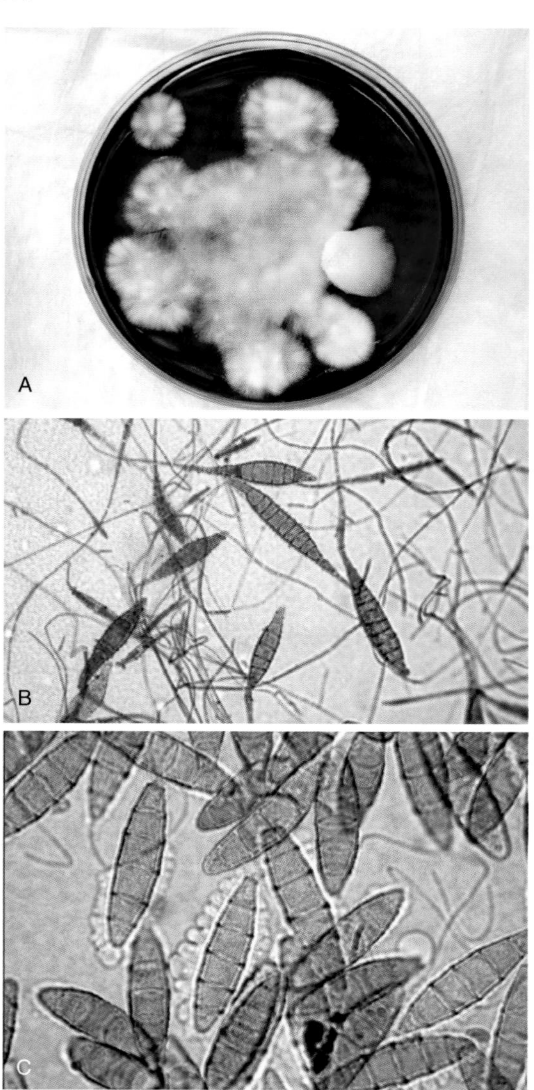

图 44.6 皮肤癣菌培养基的真菌培养。A. 犬小孢子菌表现出典型的白色、绒毛样菌落生长，培养基变为红色。红色变化应伴随菌落的生长而出现。B. 10 倍物镜下的犬小孢子菌显微图像，注意 6 个或更多的细胞分隔。C. 10 倍物镜下的石膏样小孢子菌显微图像，注意 6 个或更少的细胞分隔（引自 Hnilica K：*Small animal dermatology*，ed 3，St Louis，2011，Saunders.）

真菌培养

与细菌培养相同，非皮肤癣菌通常划线接种在血琼脂或者沙堡葡萄糖琼脂上。对不产生孢子的真菌来说，培养前先用无菌解剖刀在沙堡葡萄糖琼脂培养基中心切除一块 1 cm^2 大小的琼脂，再从菌落边缘取同样大小的样本置入这个孔中。因为菌落中心的老龄菌丝体往往不具有活力，所以从真菌菌落边缘取样来做传代培养。

能够侵入组织的真菌可在体温(37 ℃)条件下生长。进行非皮肤真菌的初代培养时，这个温度能抑制许多污染的腐生菌生长。如芽生菌和组织胞浆菌等双相型真菌既能在体温条件下生长，也可以像霉菌一样在 25 ℃生长。培养这类样本时，应在两种温度下同时培养。兽医上重要的双相型真菌特征见表 44.1。

和白色念珠菌、烟曲霉菌一样，许多致病性真菌无处不在。组织切片显示有真菌时，可能需要进一步的真菌感染的确诊。有时，用于细菌学检验的血琼脂培养基上也会出现丝状真菌或酵母菌。当然，这些真菌或酵母菌可能是污染菌，但是对于需要固定在 10%福尔马林中进行组织病理学检查的原始样本而言，这种可能性不高。在 KOH 湿片上检查真菌也很有意义。表 44.2 列出了兽医临床中常见的酵母菌特征。

培养后，检查鉴定培养物中孢子的类型。用大约 2.5 英寸干净的透明胶带，黏性面朝下，按压胶带中部到菌落中心，将菌丝和孢子粘到胶带上；然后把胶带黏性面朝下放在滴有乳酚棉蓝染液的载玻片上，此处，透明胶带起了盖玻片的作用；最后将制备好的玻片在显微镜低倍镜下观察。如果有必要也可以用高倍镜观察。真菌在显微镜下的形态特征见表 44.3。

表 44.1 系统性双相型真菌的特点

菌名	生态学	腐生形态	寄生形态
皮炎芽生菌	微酸性土壤和木材，可能与动物排泄物、水源和海狸坝有关	有菌丝，卵圆形，末端梨形，侧生分生孢子，直径 2～10 μm	非荚膜酵母菌，有厚的具有折光性的双层壁，直径 5～20 μm
粗球孢子菌	高盐的碱性沙漠土壤和碳化的有机材料	厚壁菌丝或者桶形分生孢子，被薄壁中空的细胞所分隔	直径 10～100 μm 的小球体，具有双层折光细胞壁，内含直径 2～5 μm 的内生孢子
荚膜组织胞浆菌	含高氮的潮湿土壤，尤其那些被鸟类和蝙蝠排泄物污染的土壤	有菌丝，球形小分生孢子，有结节或无结节的大分生孢子，直径 8～16 μm	微小卵圆形的窄基出芽酵母菌，直径 2～4 μm

引自 Songer JG，Post KW：*Veterinary microbiology: bucterial and fungal agents of animal disease*，St Louis，2005，Saunders.

表 44.2 兽医上重要的酵母菌特征

属	假菌丝	真菌丝	芽生孢子	节孢子	脲酶	25 ℃加入放线菌酮生长	马铃薯葡萄糖琼脂上 37 ℃生长
念珠菌属	+	+	+	−	−	变化不定	+
地丝菌属	−	+	−	+	−	−	−
马拉色菌属	−	−	−	−	+	+	+
毛孢子菌属	+	−	+	+	+	+	+

引自 Songer JG，Post KW：*Veterinary microbiology: bucterial and fungal agents of animal disease*，St Louis，2005，Saunders.

表 44.3 临床样本中的真菌的显微镜检下形态

疾病	镜检方法	形态
曲霉病	湿片法（乳酚棉蓝染色或 KOH）	菌丝具隔膜，并成二叉状分枝，可以看到孢子头
芽生菌病	湿片法	厚的、双层细胞壁的芽生酵母菌，通过宽的基底与母细胞相连
念珠菌及其他酵母菌感染	湿片法	芽生或非芽生酵母菌，可能存在假菌丝
球孢子菌病	湿片法	含或不含内生孢子的球孢子
隐球菌病	墨汁	有荚膜的酵母菌
皮肤癣菌病	湿片法	具有分节孢子的毛发（毛内癣菌或毛外癣菌）。在皮肤和甲周围可见菌丝或孢子鞘
组织胞浆菌病	血液学染色	小酵母菌通过细颈与母细胞相连，常在巨噬细胞内
足菌病	湿片法	在压碎的颗粒中有深棕色原膜孢子和透明菌丝
暗色丝孢霉病	湿片法	深色菌丝
肺孢子虫病	血液学染色	具有滋养体和包囊
原壁菌病	湿片法	球形，椭圆形无芽，小和大的细胞，含有 2 个或多个似亲孢子
鼻孢子虫病	湿片法	有或没有内生孢子的内孢囊（有的大）
孢子丝菌病	血液学染色	小椭圆形至圆形的雪茄烟形的酵母菌
接合菌病	湿片法	宽的，相对无隔的菌丝

引自 Songer JG，Post KW：*Veterinary microbiology：bacterial and fungal agents of animal disease*，St Louis，2005，Saunders.

关键点

- 采集和检查真菌样本所需器材与细菌的要求基本相同。
- 在兽医上，大多数临床重要的真菌是皮肤霉菌，即癣菌。
- 对于犬小孢子感染的病例，伍德氏灯荧光仅能检出大约 1/2。
- 最常见的皮肤癣菌是犬小孢子菌、石膏样小孢子菌和须毛癣菌。
- 诊断皮肤癣菌必须依靠显微镜检查。

第8单元

Parasitology
寄生虫学

单元目录

本单元学习目标

了解家养动物常见的体内寄生虫。

了解家养动物常见的体外寄生虫。

掌握家养动物常见寄生虫的生活史。

了解家养动物常见寄生虫的治疗和控制原则。

了解诊断寄生虫病常用的检查方法。

寄生虫学是研究生活在另一种动物体内(内寄生虫)或体表(外寄生虫)的寄生生物、宿主及二者营养关系的学科。寄生是一种共生关系。共生指两种生活在一起的生物间的关系,包含3种类型:①共栖关系:一种生物获益,另一种生物不受影响;②共生互利共生:两种生物均获益;③寄生关系:一种生物获益,另一种生物受害。

被寄生虫寄生的动物称为宿主。宿主包括终宿主和中间宿主,前者是寄生虫成虫或有性生殖阶段所寄生的动物,后者是寄生虫幼虫或无性生殖(未成熟)阶段所寄生的动物。此外,某些寄生虫还有旁栖宿主或转续宿主,寄生虫在这些宿主体内不增殖或不发育。寄生虫的生活史分两种类型,简单生活史指寄生虫可直接传播,复杂生活史则需要一或多个媒介,后者又分为机械性和生物性媒介。机械性媒介可传播寄生虫病,但寄生虫在其中不发育。生物媒介则可作为寄生虫的中间宿主。寄生虫的生活史指其在一个或多个宿主中的完整发育阶段。寄生虫为了生存,必须从一种宿主转移至另一宿主,并具有在宿主中发育和增殖的能力，此外，不应对宿主造成严重伤害，以下非常重要：

- 侵入宿主的方式（感染阶段）。
- 靠近易感宿主（终宿主）。
- 适应宿主的营养和增殖环境（如胃肠、呼吸、循环、泌尿或生殖系统）。
- 离开宿主的方式（如粪便、精液、血液、尿液、生殖道），并且进入可生存和发育的生态环境。

寄生虫在宿主动物体内分布广泛，可能会对宿主造成不良影响，包括：

- 侵入时造成损伤（如匐行疹）。
- 移行时造成损伤（如疥螨）。
- 寄居时造成损伤（如心丝虫）。
- 化学或生理损伤（如消化紊乱）。
- 宿主反应引发的损伤（如超敏反应、瘢痕组织）。

寄生于动物体内的寄生虫称为内寄生虫，它们通过宿主获取营养和保护。内寄生虫多种多样，生活史也各不相同。每种寄生虫的生活史都特点鲜明，包括多个发育阶段，可能均位于同一宿主体内，也可能在多个宿主中完成。内寄生虫包括单细胞的原虫、吸虫、绦虫（及续绦期）、线虫和棘头虫。某些节肢动物（如马蝇蛆）也是内寄生虫。外寄生虫通常寄生于动物体表或皮肤内，对动物造成侵害。

被成虫、成熟期或有性生殖阶段寄生虫寄生的宿主称为终宿主。犬是心丝虫的终宿主；雌性和雄性心丝虫成虫寄生于犬的右心室和肺动脉。而被幼虫、未成熟或无性生殖阶段寄生虫寄生的宿主称为中间宿主。蚊子是心丝虫的中间宿主，第一、第二、第三阶段幼虫在蚊子体内发育。

大多数寄生虫存在从一个宿主向另一个宿主转移的过程，许多诊断检查都基于这一过程进行。因此，寄生虫这一段生活史称为诊断期，如寄生虫通过排泄物（如粪便、尿液）离开宿主，或经血流通过节肢动物（如蚊子）离开宿主。犬心丝虫的诊断期为微丝蚴阶段；雌蚊在吸血时摄入微丝蚴。

兽医诊所常常进行内寄生虫相关的检查。只有兽医和助理充分了解当地或动物所处环境中寄生虫的流行情况，才能更准确地诊断内寄生虫。然而，现今动物主人及宠物流动性较大，因此，当对内寄生虫进行鉴别诊断时，其居住或旅行涉及的地域都需要考虑。

寄生虫感染较重的动物通常会出现受累器官系统相关的临床表现，可能包括腹泻或便秘、厌食、呕吐、便血或脂肪痢。感染动物通常嗜睡或沉郁、体重下降或发育迟缓、被毛粗乱、脱水或贫血。动物还可能出现咳嗽或呼吸困难。

动物内寄生虫种类繁多，从宿主的组织或体液中摄取营养，也可直接同宿主竞争肠道内的食物。寄生虫的大小各异，小的无法用肉眼（通过显微镜）观察，大的则可长达 1 m。寄生虫在宿主体内寄生的位置以及在宿主间传播的方式也各不相同。由于这些差异的存在，我们无法用单一检查来诊断所有内寄生虫。

从寄生虫感染到可进行诊断的时间称为寄生虫的潜伏期。例如，利用粪便漂浮观察虫卵的方式来诊断一只一周龄幼犬是否发生钩虫（犬钩口线虫）感染，由于从感染钩虫到成虫在肠道内产卵（潜伏期）至少需要 12 d，所以，这种检查没有意义。兽医不可只依靠粪便漂浮结果来诊断钩虫感染，还需要结合幼犬的病史、临床表现和其他实验室检查（如血液学）来获得明确的诊断。

寄生虫分类：家养动物的寄生虫包括原生动物界、动物界的许多动物。不同参考书对这些寄生虫的分类存在差别，并且当其生化信息出现更新时，其分类也往往发生改变。附录 G 中名为“动物界”的框总结了家养动物常见寄生虫的分类。

本单元主要包含伴侣和农场动物常见的寄生虫，异宠动物常见的寄生虫见附录 E。

人兽共患病：人兽共患病指可从动物向人传播的疾病。兽医助理有责任教育客户如何预防人兽共患寄生虫的感染。人兽共患寄生虫包括原虫、吸虫、绦虫、线虫和节肢动物。常见的人兽共患寄生虫见附录 H“人兽共患内寄生虫”。

有关本单元的更多信息请参见本书最后的参考资料附录。

第45章

Nematodes
线 虫

学习目标

经过本章的学习，你将可以：

- 描述线虫的大体特征。
- 描述线虫大概的生活史。
- 辨别直接生活史和间接生活史。
- 列举家养动物常感染的蛔虫种类。
- 列举家养动物常患的钩虫、肺虫和鞭虫的种类。
- 讨论犬心丝虫的生活史。

目 录

关 键 词

蛔虫
表皮
终宿主
直接生活史
内寄生虫
间接生活史
中间宿主
微丝蚴
线虫
孤雌生殖
潜伏期
假体腔

线虫门

线虫门的生物通常被称为线虫，因为它们体型呈圆柱形。线虫是多细胞生物。它们拥有由外层、非细胞层和保护层组成的体壁，被称作表皮；在表皮下的细胞层被称作皮下层；一层纵向的骨骼肌起到运动的功能。线虫的消化道和生殖器官是管形的，悬于体腔内（假体腔）。消化道为直管结构，由口延伸到尾端终点（肛门）。大多数线虫是雌雄异体的，生殖器官也是管形，但通常比躯体长，并在虫体的肠道周围盘旋。线虫有神经系统和外分泌系统，但没有呼吸系统。

> **注意**：线虫门的生物通常称线虫。

线虫的生活史遵循一个标准的模式，由不同的发育阶段组成：卵、4 个幼虫期和性成熟成虫期，其中幼虫期虫体外观也形似蠕虫。感染期可能是含有幼虫的卵、自由活动的幼虫，以及中间宿主或转运宿主体内的幼虫。若虫体发育到感染期并不一定需要中间宿主，则生活史可被当作直接生活史；若必须要中间宿主才能发育到感染期，则生活史为间接生活史。虫体感染新的终宿主（性成熟的成虫所寄生的宿主）的方式包括经口摄入、感染期幼虫穿透皮肤、摄入中间宿主、中间宿主将感染期幼虫沉积到皮肤表面或内部（图 45.1）。

在线虫进入新的宿主后，可能在终末部位发育到成虫期，或者在终宿主的身体内广泛移行后再发育。处于可诊断时期的线虫一般存在于粪便、血液、痰液或尿液中。大多数线虫都能在它们各自的终宿主的小肠中被发现，但有些会在肺、肾脏、膀胱或者心脏中被发现。表 45.1 总结了兽医动物会遇见的线虫寄生虫。

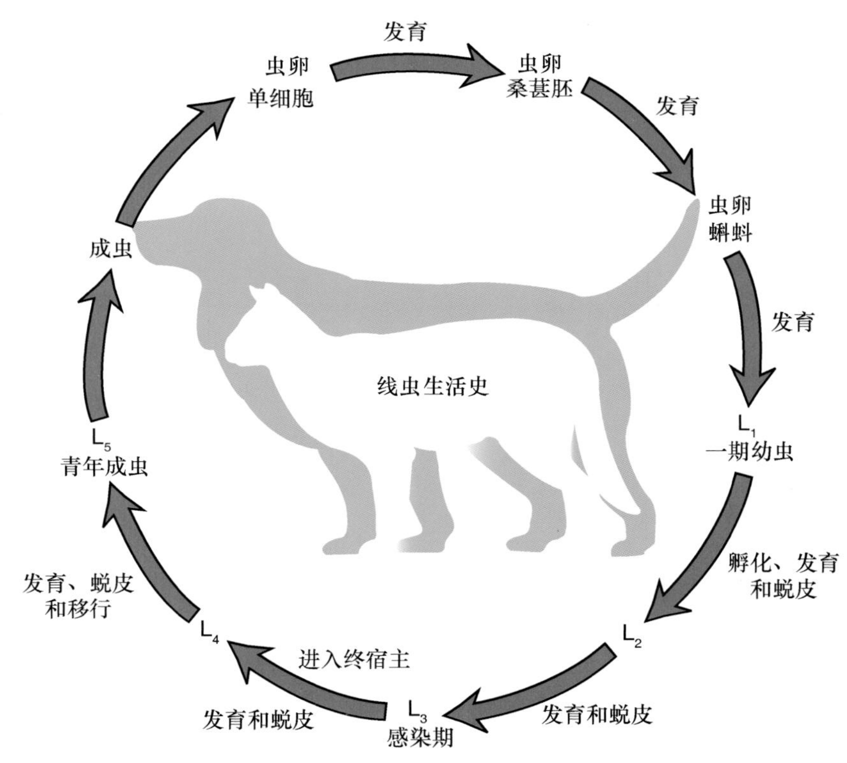

图 45.1 线虫的一般生活史（引自 Hendrix CM, Robinson E: *Diagnostic parasitology for veterinary technicians*, ed 4, St Louis, 2012, Mosby.）

以下是兽医常见分类：

1. 蛔总科
2. 类圆线虫总科
3. 毛圆总科
4. 小杆总科
5. 后圆总科
6. 鞭尾总科
7. 尖尾总科
8. 旋尾总科
9. 龙线总科
10. 膨结总科
11. 丝虫总科

表 45.1　部分兽医物种的线虫

学名	常用名	在宿主体内的常见位置
犬		
隐现棘唇线虫(*Acanthocheilonema reconditum*)(曾用名:棘唇线虫 *Dipetalonema reconditum*)	皮肤丝虫	小肠
巴西钩口线虫(*Ancylostoma braziliense*)	钩虫	
犬钩口线虫(*Ancylostoma caninum*)	钩虫	胃
皱襞皮氏线虫(*Pearsonema plica*)	膀胱线虫	膀胱
肾膨结线虫(*Dioctophyma renale*)	巨肾虫	膀胱
犬恶丝虫(*Dirofilaria immitis*)	犬心丝虫	右肾
标志龙线虫(*Dracunculus insignis*)	龙线虫	右心室/肺动脉
嗜气真鞘线虫(*Eucoleusaero philus*)(曾用名:嗜气毛细线虫 *Capillaria aerophila*)		细支气管/肺泡管
波氏真鞘线虫(*Eucoleus boehmi*)		皮肤
肺丝虫(*Filaroides hirthi*)	犬肺虫	气管/支气管
米氏丝虫(*Filaroides milksi*)	犬肺虫	鼻腔/颚窦
奥氏丝虫(*Filaroides osleri*)	犬肺虫	肺实质
类圆小杆线虫(*Pelodera strongyloides*)		细支气管
泡翼线虫(*Physaloptera* species)	胃虫	皮肤
狼尾旋毛虫(*Spirocerca lupi*)	食管虫	小肠
粪类圆线虫(*Strongyloides stercoralis*)	蛲虫	气管
肿胀类圆线虫(*Strongyloides tumefaciens*)	蛲虫	胃
加利福尼亚吸吮线虫(*Thelazia californiensis*)	眼线虫	小肠
犬弓首蛔虫(*Toxocara canis*)	圆虫/蛔虫	皮肤
狐毛首线虫(*Trichuris vulpis*)	鞭虫	胃黏膜表面
狭首弯口线虫(*Uncinaria stenocephala*)	北部犬钩虫	食管壁
猫		
深奥猫圆线虫(*Aelurostrongylus abstrusus*)	肺虫	
巴西钩口线虫(*Ancylostoma braziliense*)	钩虫	
管形钩口线虫(*Ancylostoma tubaeforme*)	钩虫	
普氏奥科什克线虫(*Aonchotheca putorii*)(曾用名:帕特尔毛细线虫 *Capillaria putorii*)	猫胃毛细线虫	结膜囊/泪腺
猫皮氏线虫(*Pearsonema feliscati*)	囊尾蚴	小肠肠腔
嗜气真鞘线虫(*Eucoleus aerophilus*)(曾用名:嗜气毛细线虫 *Capillaria aerophila*)		细支气管/肺泡管
三尖壶肛线虫(*Ollulanus tricuspis*)	猫圆线虫	小肠肠腔
泡翼线虫(*Physaloptera species*)	胃虫	皮肤
狼尾旋毛虫(*Spirocerca lupi*)	食管虫	小肠
加利福尼亚吸吮线虫(*Thelazia californiensis*)	眼线虫	小肠

续表 45.1

学名	常用名	在宿主体内的常见位置
狮弓蛔虫(*Toxascaris leonina*)	圆虫/蛔虫	小肠
猫弓首蛔虫(*Toxocara cati*)	圆虫/蛔虫	小肠肠腔
风铃草毛首线虫(*Trichuris campanula*)	鞭虫	盲肠和结肠
有齿毛首线虫(*Trichuris serrata*)	鞭虫	盲肠和结肠
反刍动物		
仰口线虫属(*Bunostomum* species)	牛钩虫	皱胃/小肠
夏伯特线虫属(*Chabertia* species)	毛圆线虫	皱胃/小肠
古柏线虫属(*Cooperia* species)	毛圆线虫	皱胃/小肠
丝状网尾线虫(*Dictyocaulus filaria*)	绵羊/山羊肺虫	支气管
胎生网尾线虫(*Dictyocaulus viviparus*)	牛肺虫	支气管
施氏血管线虫(*Elaeophora schneideri*)	绵羊血管虫	颈动脉
美丽筒线虫(*Gongylonema pulchrum*)	反刍动物食管虫	食道
血矛线虫属(*Haemonchus* species)	牛毛圆线虫	皱胃/小肠
马歇尔属(*Marshallagia* species)	牛毛圆线虫	皱胃/小肠
穆勒毛细线虫(*Muellerius capillari*)	绵羊/山羊毛细线虫	细支气管
细颈线虫属(*Nematodirus* species)	牛毛圆线虫	皱胃/小肠
食道口线虫属(*Oesophagostomum* species)	牛毛圆线虫	皱胃/小肠
奥斯特线虫属(*Ostertagia* species)	牛毛圆线虫	皱胃/小肠
原圆线虫属(*Protostrongylus* species)	绵羊和山羊肺虫	细支气管
唇突鬃丝虫(*Setaria cervi*)	腹虫	腹腔
斯蒂勒斯冠丝虫(*Stephanofilaria stilesi*)		皮肤
乳头类圆线虫(*Strongyloides papillosus*)	肠蛲虫	小肠
大口吮吸线虫(*Thelazia gulosa*)	眼虫	结膜囊
罗氏吮吸线虫(*Thelazia rhodesii*)	眼虫	结膜囊
毛圆线虫属(*Trichostrongylus* species)	毛圆线虫	皱胃/小肠
羊毛首线虫(*Trichuris ovis*)	鞭虫	盲肠/结肠
马		
安氏网尾线虫(*Dictyocaulus arnfieldi*)	肺虫	支气管/细支气管
大口德拉西线虫(*Draschia megastoma*)		胃黏膜
小口丽线虫(*Habronema microstoma*)		胃黏膜
蝇柔线虫(*Habronema muscae*)		胃黏膜(成虫);皮肤(幼虫)
马颈盘尾丝虫(*Onchocerca cervicalis*)	丝虫	项韧带
马蛲虫(*Oxyuris equi*)	蛲虫	盲肠/结肠/直肠
马蛔虫(*Parascaris equorum*)	圆虫	小肠
马鬃丝虫(*Setaria equina*)	腹虫	腹腔
韦氏类圆线虫(*Strongyloides westeri*)		大肠

续表 45.1

学名	常用名	在宿主体内的常见位置
无齿圆线虫(*Strongylus edentatus*)		大肠
马圆线虫(*Strongylus equinus*)		大肠
普通圆线虫(*Strongylus vulgaris*)		大肠
泪吸吮线虫(*Thelazia lacrymalis*)	眼虫	结膜囊/泪腺
艾氏毛圆线虫(*Trichostrongylus axei*)		胃
猪		
猪蛔虫(*Ascaris suum*)	猪蛔虫	小肠
圆形似蛔线虫(*Ascarops strongylina*)	胃虫	胃
红色猪圆线虫(*Hyostrongylus rubidus*)	红胃虫	胃
长刺后圆线虫(*Metastrongylus elongatus*)	肺虫	支气管/细支气管
食道口线虫属(*Oesophagostomum* species)	结节虫	大肠
大翼猪胃虫(*Physocephalus sexalatus*)	胃虫	胃
有齿冠尾线虫(*Stephanurus dentatus*)	肾虫	肝、肾和肾周组织
兰氏类圆线虫(*Strongyloides ransomi*)	肠蛲虫	大肠
旋毛虫(*Trichinella spiralis*)	旋毛虫	小肠
艾氏毛圆线虫(*Trichostrongylus axei*)		胃
猪毛首线虫(*Trichuris suis*)	鞭虫	盲肠/结肠
兔		
穴兔尖柱线虫(*Obeliscoides cuniculi*)		胃
有距毛圆线虫(*Trichostrongylus calcaratus*)		小肠
鼠		
四翼无刺线虫(*Aspiculuris tetraptera*)	蛲虫	盲肠
鼠管状线虫(*Syphacia muris*)	蛲虫	盲肠
隐匿管状线虫(*Syphacia obvelata*)	蛲虫	盲肠
粗尾似毛体线虫(*Trichosomoides crassicauda*)	膀胱虫	膀胱

蛔总科(蛔虫)

犬弓首蛔虫(*Toxocara canis*)、猫弓首蛔虫(*Toxocara cati*)和狮弓蛔虫(*Toxascaris leonina*)是感染犬猫的蛔虫。世界大多数区域的犬猫小肠内都可见这些蛔虫。所有带到兽医诊所的幼犬、幼猫都应该接受检查,以确定是否有这些大而强健的线虫(图 45.2)。蛔虫成虫的长度从 3 cm 至 18 cm 不等。在转移时,它们通常会紧密盘旋(图 45.3)。蛔虫的虫卵呈椭圆形,其中心深度着色,壳的外周有粗糙的散点(图 45.4)。犬弓首蛔虫(*Toxocara canis*)的虫卵直径大小为 75～90 μm,而猫弓首蛔虫(*Toxocara cati*)要小一些,为 65～75 μm(图 45.5)。狮弓蛔虫(*Toxascaris leonina*)的虫卵为椭圆形至卵圆形,大小约为 75 μm×85 μm。虫卵的外壳光滑,有一个透明质或者"毛玻璃"样的中央部分。图 45.6 展示了典型的狮弓蛔虫(*Toxascaris leonina*)虫卵。犬弓首蛔虫(*Toxocara canis*)的潜伏期为 21～35 d,而狮弓蛔虫(*Toxascaris leonina*)的潜伏期为 74 d。

> **注意:**犬弓首蛔虫(*Toxocara canis*)、猫弓首蛔虫(*Toxocara cati*)和狮弓蛔虫(*Toxascaris leonina*)是犬猫常见蛔虫。

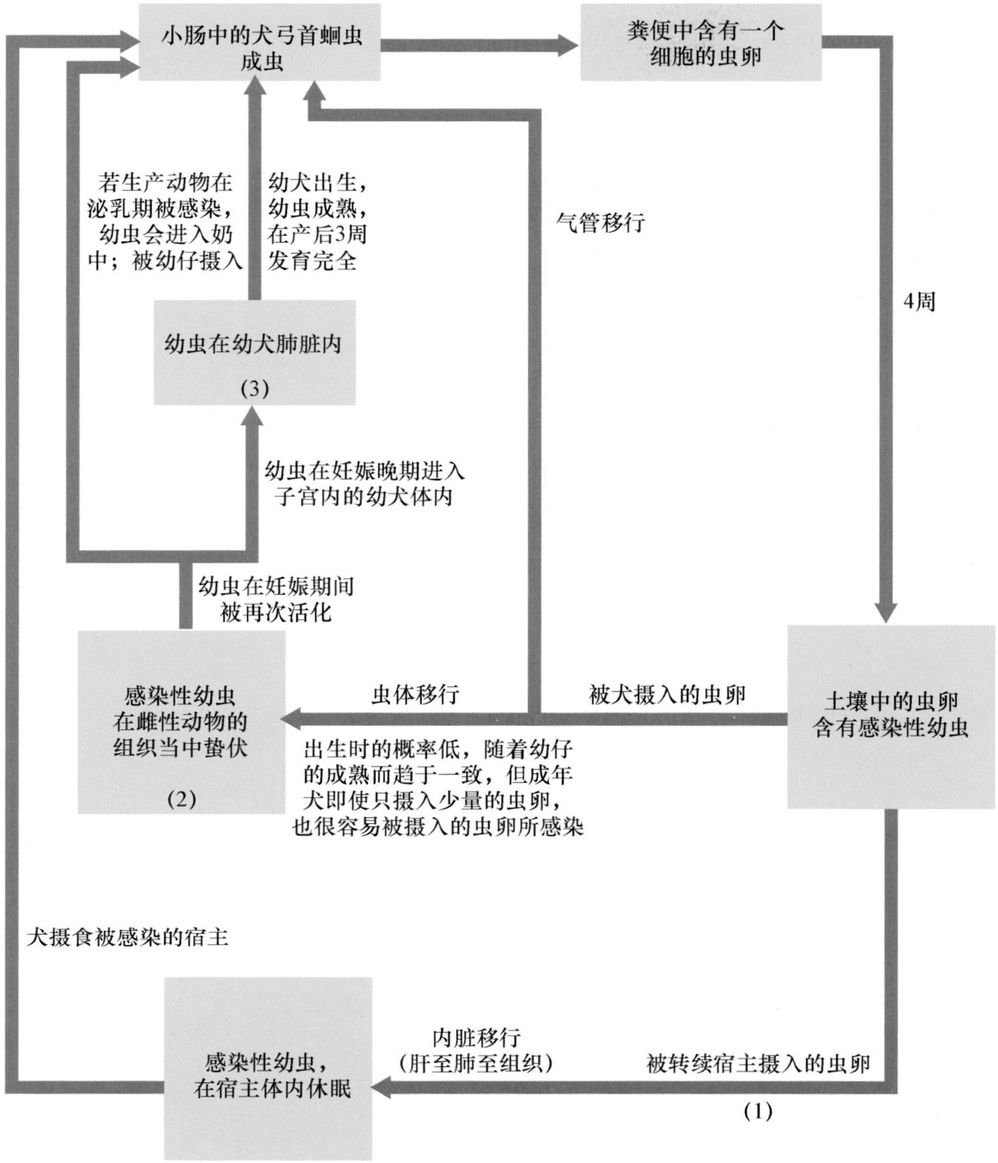

小肠中的犬弓首蛔虫成虫

粪便中含有一个细胞的虫卵

若生产动物在泌乳期被感染，幼虫会进入奶中；被幼仔摄入

幼犬出生，幼虫成熟，在产后3周发育完全

气管移行

4周

幼虫在幼犬肺脏内

(3)

幼虫在妊娠晚期进入子宫内的幼犬体内

幼虫在妊娠期间被再次活化

感染性幼虫在雌性动物的组织当中蛰伏

(2)

虫体移行

被犬摄入的虫卵

土壤中的虫卵含有感染性幼虫

出生时的概率低，随着幼仔的成熟而趋于一致，但成年犬即使只摄入少量的虫卵，也很容易被摄入的虫卵所感染

犬摄食被感染的宿主

感染性幼虫，在宿主体内休眠

内脏移行（肝至肺至组织）

被转续宿主摄入的虫卵

(1)

图 45.2　犬弓首蛔虫(*Toxocara canis*)的生活史(引自 Bowman D:*Georgis' parasitology for veterinarians*,ed 9,St Louis,2009,Saunders.)

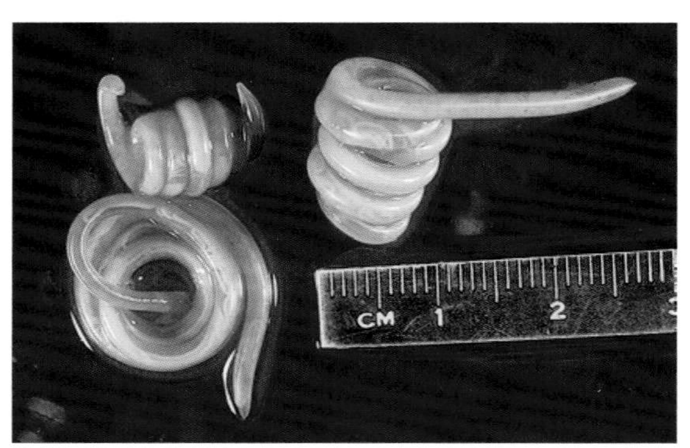

图 45.3　蛔虫成虫的长度从 3 cm 至 18 cm 不等。随粪便排出时，它们通常为紧密盘旋状(引自 Hendrix CM, Robinson E:*Diagnostic parasitology for veterinary technicians*, ed 4, St Louis, 2012, Mosby.)

马副蛔虫通常被称作“马蛔虫”或“马线虫”。它在马的小肠中被发现，尤其是幼马。潜伏期为 75～80 d。从年轻马粪便中收集的虫卵为棕色圆形，壳较厚，表面有细密的颗粒。虫卵的直径为 90～100 μm。虫卵的中心含一个或两个细胞(图 45.7)。虫卵可通过标准粪便漂浮试验轻松地收集。

牛弓首蛔虫(新蛔虫)通过泌乳途径传播给犊牛。这是一种大型蠕虫，且虫卵有一个厚的带点的壳。猪蛔虫或大型肠线虫是猪小肠内可见的最大的线虫。虫卵可通过标准粪便漂浮法收集。它们呈圆形和金棕色，有厚的白蛋白外壳，上面有突起。虫卵大小为(70～89) μm×(37～40) μm(图 45.8)。

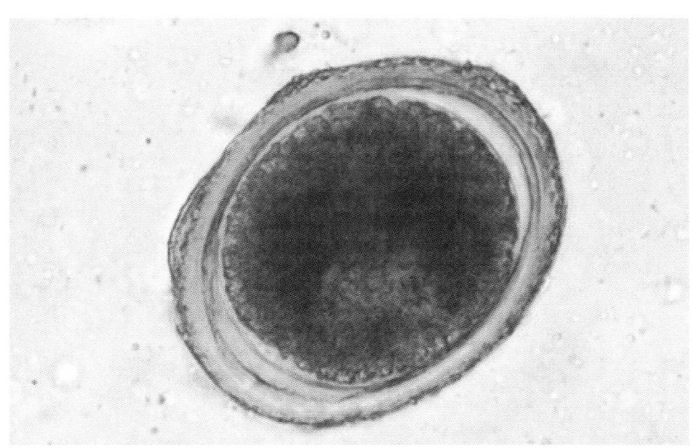

图 45.4 典型的蛔虫卵。虫卵为椭圆形，其中心深度着色，壳的外周有粗糙的散点。犬弓首蛔虫（*Toxocara canis*）的虫卵直径大小为 75～90 μm（引自 Hendrix CM, Robinson E: *Diagnostic parasitology for veterinary technicians*, ed 4, St Louis, 2012, Mosby.）

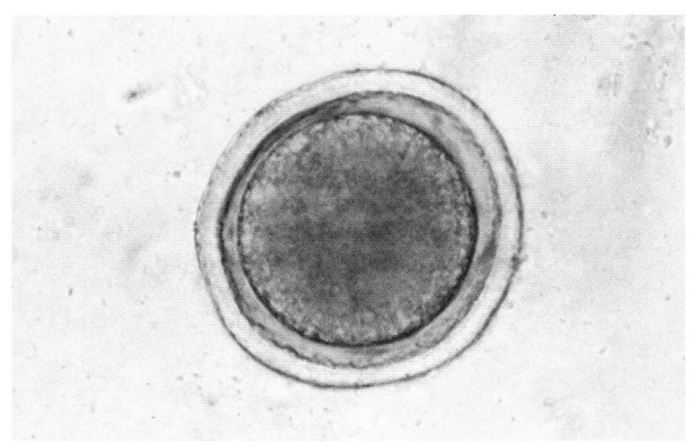

图 45.5 典型的猫弓首蛔虫（*Toxocara cati*）虫卵。猫弓首蛔虫（*Toxocara cati*）的卵要小一些，直径为 65～75 μm（引自 Hendrix CM, Robinson E: *Diagnostic parasitology for veterinary technicians*, ed 4, St Louis, 2012, Mosby.）

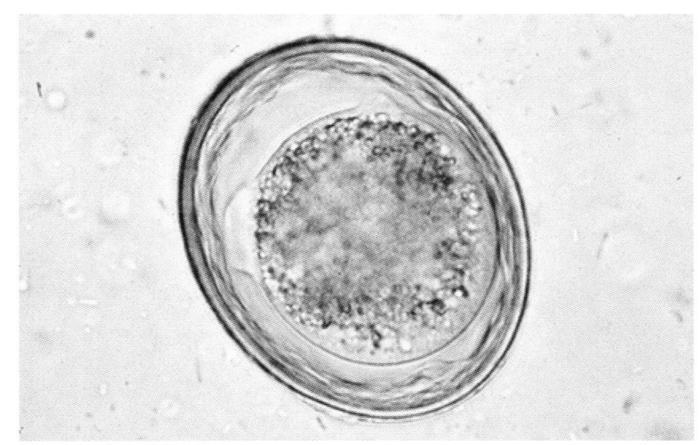

图 45.6 典型的狮弓蛔虫（*Toxascaris leonina*）虫卵。虫卵为椭圆形至卵圆形，大小约为 75 μm×85 μm。虫卵的外壳光滑，有一个透明质或者"毛玻璃"样的中央部分（引自 Hendrix CM, Robinson E: *Diagnostic parasitology for veterinary technicians*, ed 4, St Louis, 2012, Mosby.）

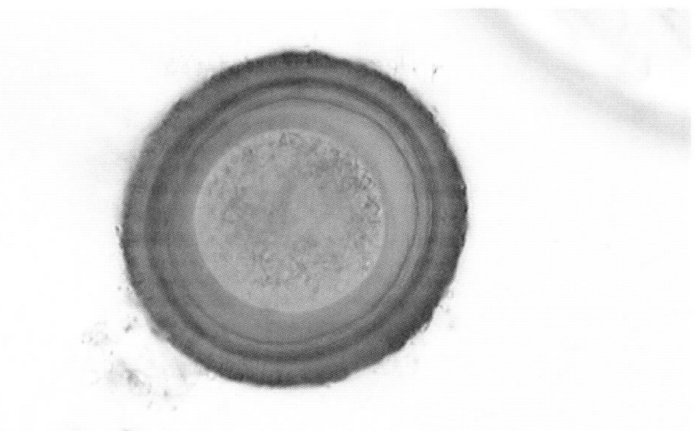

图 45.7 典型的马蛔虫或马圆虫虫卵。壳较厚，表面有细密的颗粒。虫卵的直径为 90～100 μm。虫卵的中心含一个或两个细胞（引自 Hendrix CM, Robinson E: *Diagnostic parasitology for veterinary technicians*, ed 4, St Louis, 2012, Mosby.）

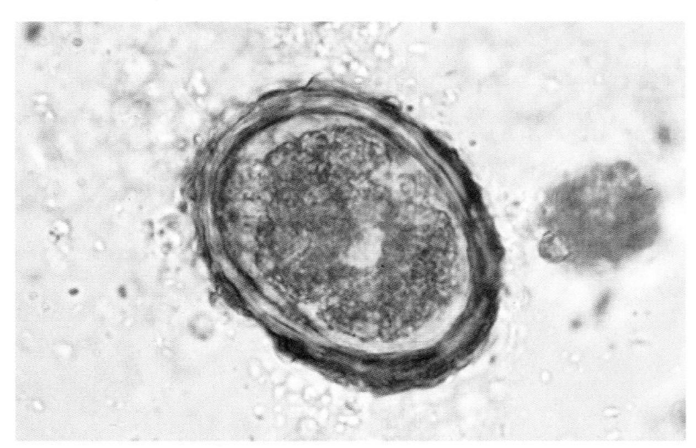

图 45.8 典型的猪蛔虫或猪大肠圆虫虫卵。虫卵呈圆形和金棕色，有厚的白蛋白外壳，上面有突起。这些虫卵大小为（70～89）μm×（37～40）μm（引自 Hendrix CM, Robinson E: *Diagnostic parasitology for veterinary technicians*, ed 4, St Louis, 2012, Mosby.）

圆线总科

犬钩口线虫（*Ancylostoma caninum*），犬钩虫；管形钩口线虫（*Ancylostoma tubaeforme*），猫钩虫；巴西钩口线虫（*Ancylostoma braziliense*），犬和猫的钩虫；狭首弯口线虫（*Uncinaria stenocephala*），一种北部犬钩虫；上述都是小肠线虫。全世界都可见钩虫，它们在北美的热带和亚热带地区常见。钩虫感染可导致幼猫、幼犬出现严重的贫血，可对犬舍和猫舍造成严重的问题。潜伏期取决于钩虫的种类和感染的途径（图 45.9）。牛仰口线虫是反刍动物的钩虫，产生毛圆线虫样的虫卵。

注意：钩虫的虫卵在环境中会迅速孵化成幼虫。

所有钩虫的虫卵都为圆形或者椭圆形,外壁较薄,当到达动物粪便中时,其内含有 8～16 个细胞。这些虫卵在外界环境中会迅速变为幼虫(例如排粪后 48 h),所以诊断是否有钩虫感染需要采集新鲜的粪便。犬钩口线虫(*Ancylostoma caninum*)的虫卵大小为(56～75) μm×(34～47) μm(图 45.10)。管形钩口线虫(*Ancylostoma tubaeforme*)大小为(55～75) μm×(34.4～44.7) μm。巴西钩口线虫(*Ancylostoma braziliense*)的虫卵大小为 75 μm×45 μm,而狭首弯口线虫(*Uncinaria stenocephala*)的虫卵大小为(65～80) μm×(40～50) μm。这些虫卵通常可在标准粪便漂浮试验中收集。

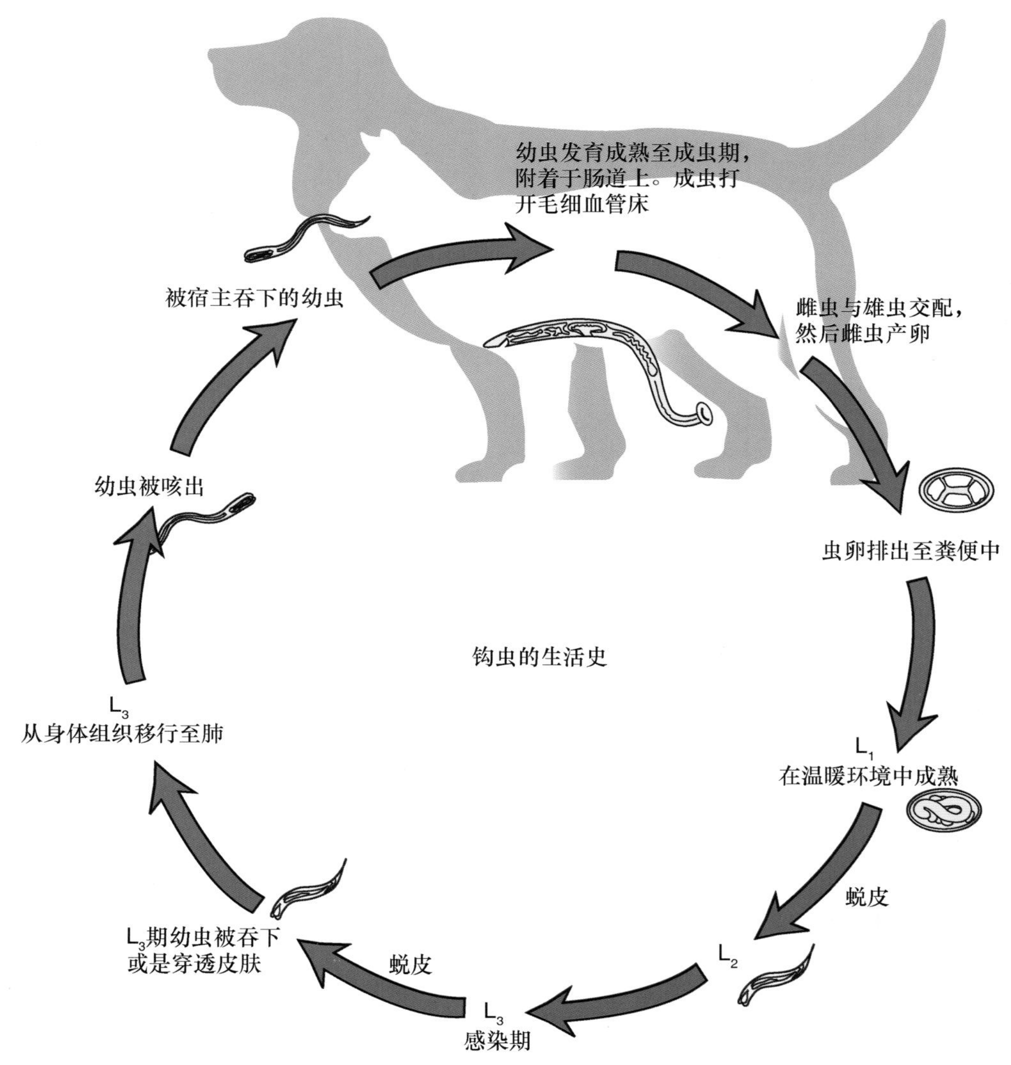

图 45.9 **钩虫的生活史(引自 Hendrix CM, Robinson E: *Diagnostic parasitology for veterinary technicians*, ed 4, St Louis, 2012, Mosby.)**

圆线虫是寄生在马的大肠里的线虫。它们通常可分为两类:大圆线虫属和小圆线虫属。小圆线虫有多个种属,其致病性各不相同。大圆线虫属包括圆线虫家族,它们是圆线虫中致病性最强的。普通圆线虫、无齿圆线虫和马圆线虫均属于大圆线虫属(图 45.11)。

无论这些内寄生虫是小圆线虫属或是大圆线虫属,它们的虫卵看起来都是一样的,需要通过粪便培养和幼虫辨识才能确定是哪一种虫种。圆线虫虫卵最常在标准粪便漂浮试验中被观察到。这些虫卵含有 8～16 个细胞的桑葚胚,大小为(70～90) μm×(40～50) μm。当在粪便漂浮试验中发现这些典型虫卵时,应记录为“圆线虫型虫卵”而不是某个圆线虫种。

有齿食道口线虫(“猪结虫”)在猪的大肠中可见,潜伏期为 50 d。虫卵为毛圆线虫样,虫卵为圆形,外

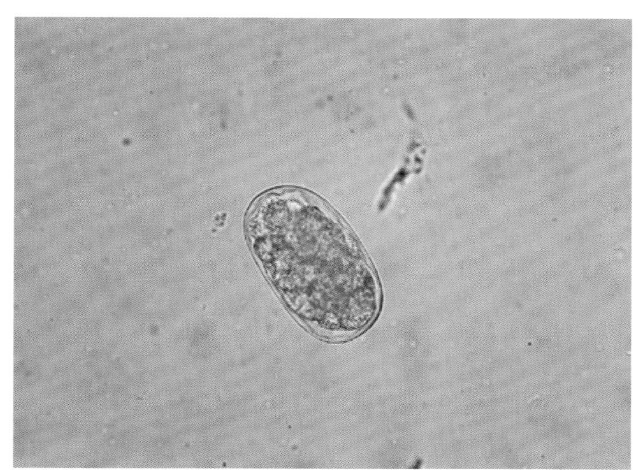

图 45.10 **典型的钩虫虫卵。犬钩口线虫(*Ancylostoma caninum*)的虫卵大小为(56～75) μm×(34～47) μm(引自 Hendrix CM, Robinson E: *Diagnostic parasitology for veterinary technicians*, ed 3, St Louis, 2006, Mosby.)**

壳较薄,含有4～16个细胞,大小约为40 μm×70 μm。这些细胞可以通过标准粪便漂浮试验收集。与牛毛圆线虫一样,有齿食道口线虫只能通过粪便培养和幼虫辨识来得出确切的诊断。

毛圆总科

牛毛圆线虫包含多种牛以及其他反刍动物皱胃、小肠及大肠内的圆虫。能产生毛圆线虫样虫卵的属有仰口线虫属、古柏线虫属、夏伯特线虫属、血矛线虫属、食道口线虫属、奥斯特线虫属和毛圆线虫属。

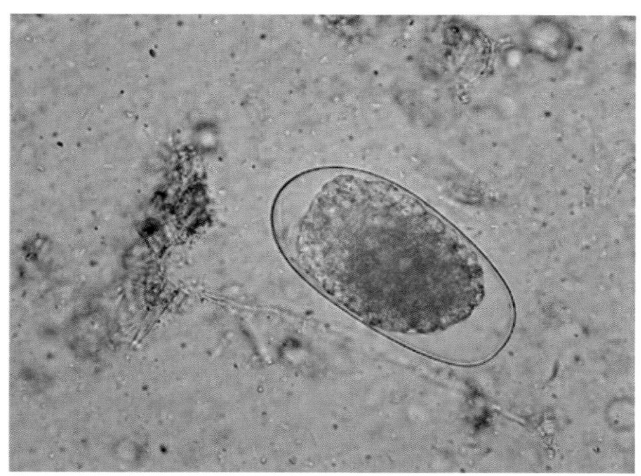

图 45.11 **马的圆线虫样虫卵。这些虫卵含有8～16个细胞的桑葚胚,且虫卵大小大为(70～90) μm×(40～50) μm(引自 Hendrix CM, Robinson E: *Diagnostic parasitology for veterinary technicians*, ed 3, St Louis, 2006, Mosby.)**

这7个虫属(以及其他)会产生圆形、薄壳的虫卵。虫卵中含有4个或更多的细胞,且长度为70～120 μm。其中有些虫卵可以辨认出其对应的虫属。然而辨识起来通常较困难,因为牛毛圆线虫的混合感染非常常见。

一旦辨识出典型的虫卵,则将结果记录为毛圆线虫样虫卵(图45.12)。这些结果绝不应记录为各自的属名。通常只能通过粪便培养和幼虫辨识来辨别属种。

> **注意**:要辨识出毛圆线虫样虫卵的确切虫种通常需要粪便培养和幼虫辨识。

细颈线虫属和马歇尔线虫属也是牛毛圆线虫,但是它们的虫卵要比之前提到的虫属大许多,是毛圆线虫家族中最大的。图45.13展示了细颈线虫属的大虫卵。细颈线虫属的虫卵在标准粪便漂浮试验中较大[(150～230) μm×(80～100) μm],它们的尾部逐渐变细,含有4～8个细胞。马歇尔线虫属的虫卵也较大[(160～200) μm×(75～100) μm],侧边相平行,末端较圆,含有16～32个细胞。

网尾线虫种是牛(胎生网尾线虫)、绵羊和山羊(丝状网尾线虫)的肺虫。在这些动物的支气管中会发现成虫。安氏网尾线虫,也就是马肺虫,在马、骡和驴的支气管和细支气管中可见。不同虫种之间潜伏期有差异,但大约为28 d。马肺虫的潜伏期为42～56 d。虫卵通常会被咳出然后咽下去。它们在小肠中孵化,在此产生幼虫并可能在粪便中被收集到。丝状网尾线虫的幼虫在其小肠细胞中含有棕色食糜颗粒、一个较钝的尾端和头侧的角质结节。这些幼虫的长度为300～360 μm(图45.14)。

淡红猪圆线虫是指猪的"红胃虫"。虫卵为毛圆线虫样(也就是说它们为圆形带有薄外壳的虫卵)。它们有4个或更多的细胞,大小为(71～78) μm×(35～42) μm。这些虫卵可能在粪便漂浮试验中被收集到。正如牛毛圆线虫那样,确切的诊断只能通过粪便培养和幼虫辨识而得出。淡红猪圆线虫潜伏期大约为20 d。

三尖壶肛线虫(*Ollulanus tricuspis*)是"猫毛圆线虫"。这种寄生虫通常与猫的呕吐有关。它最有可能在猫的呕吐物中通过分离或者折射显微镜被辨识出来。

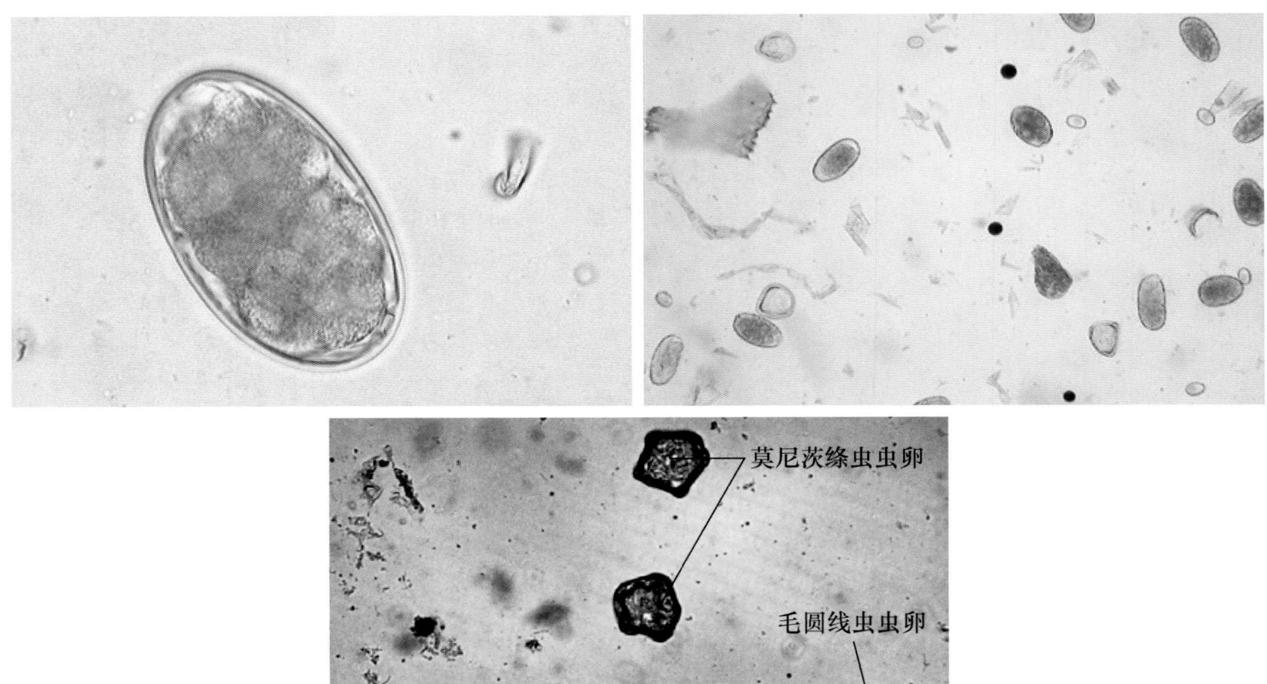

图 45.12 典型的牛毛圆线虫虫卵。这些圆的带薄外壳的虫卵内含 4 个或更多的细胞。其中有些虫卵可以辨认出其对应的虫属；然而辨识起来通常较困难，因为牛毛圆线虫的混合感染非常常见（引自 Hendrix CM，Robinson E：*Diagnostic parasitology for veterinary technicians*，ed 3，St Louis，2006，Mosby.）

小杆总科（类圆线虫属）

粪类圆线虫（*Strongyloides stercoralis*）、肿胀类圆线虫（*Strongyloides tumefaciens*）和乳头类圆线虫常被当作"肠蛲虫"。这类线虫十分独特，只有孤雌生殖的雌虫（例如雌虫无须与雄虫交配就能产卵）是在宿主身上寄生，不存在寄生性雄虫。这些雌虫会产卵，在犬的小肠中孵化并释放出一期幼虫。图 45.15 展示了类圆线虫种的寄生性雌虫成虫、虫卵和一期幼虫。幼虫长度为 280～310 μm。它们有杆状（棍形）的食道、头段体部为杆状、中狭部较窄以及尾段的球部。潜伏期为 8～14 d。韦氏类圆线虫通常指马的"小肠蛲虫"。这些雌虫会产生隐卵（larvated eggs），这些卵的大小为（40～52）μm×（32～40）μm。可以通过对新鲜粪便进行漂浮而收集到虫卵，潜伏期为 5～7 d。兰氏类圆线虫，猪的小肠蛲虫，在猪的小肠中可见。这些雌虫产生的隐卵大小为（45～55）μm×（26～35）μm。通常可以通过对新鲜粪便进行粪便漂浮来收集虫卵。潜伏期为 3～7 d。

后圆总科

毛细缪勒线虫通常被称作"毛肺虫"。成虫在细支气管中可见，在绵羊或山羊的肺实质结节中最常见。虫卵会在终宿主的肺内发育，接着一期幼虫被咳出、吞咽，然后随粪便排出。它们的长度为 230～300 μm。幼虫尾部有一个波形的尖端，背侧有棘（图 45.16）。

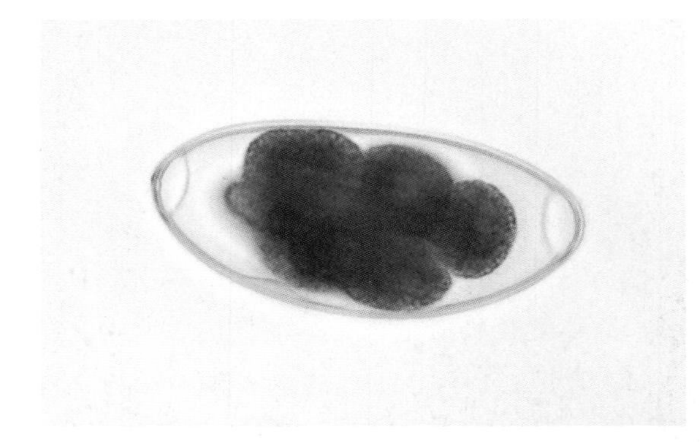

图 45.13 典型的细颈线虫属的大虫卵（引自 Hendrix CM，Robinson E：*Diagnostic parasitology for veterinary technicians*，ed 3，St Louis，2006，Mosby.）

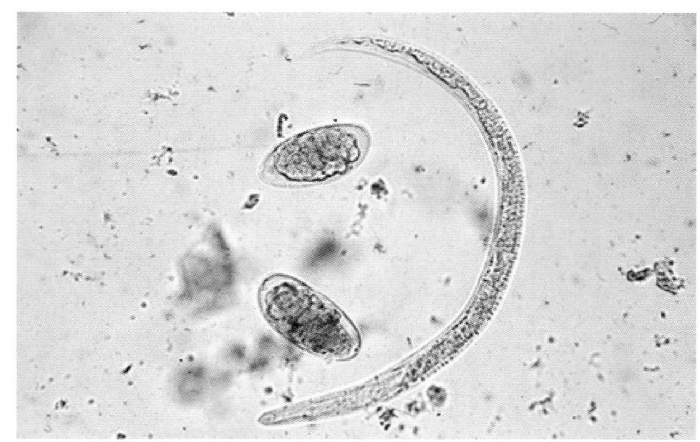

图 45.14 网尾线虫(牛肺虫)具有代表性的虫卵和幼虫(引自 Hendrix CM, Robinson E: *Diagnostic parasitology for veterinary technicians*, ed 3, St Louis, 2006, Mosby.)

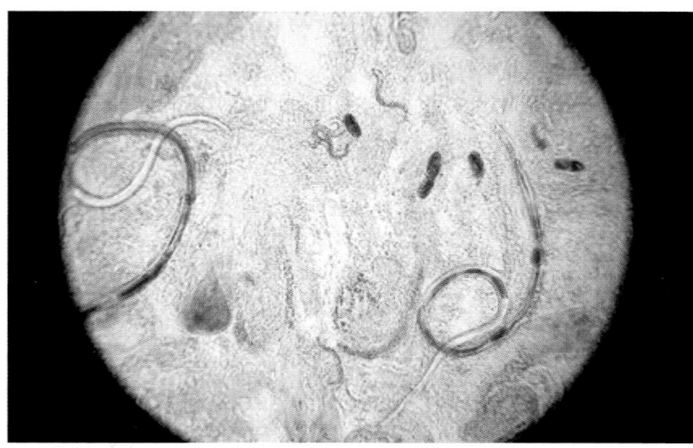

图 45.15 类圆线虫的雌虫成虫、虫卵和一期幼虫(引自 Hendrix CM, Robinson E: *Diagnostic parasitology for veterinary technicians*, ed 3, St Louis, 2006, Mosby.)

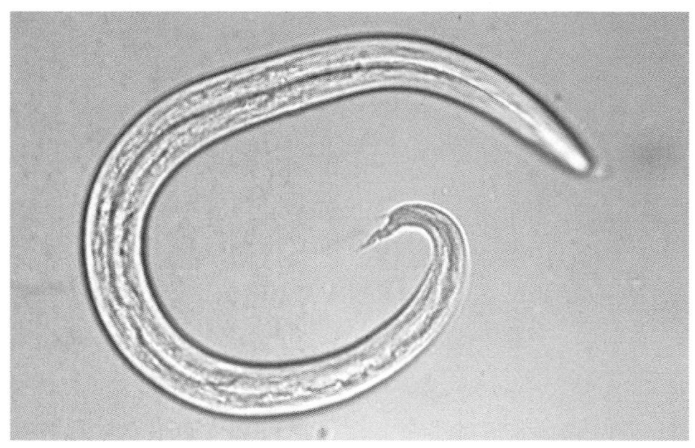

图 45.16 毛细缪勒线虫别名绵羊和山羊"毛肺虫",图为其一期幼虫(引自 Hendrix CM, Robinson E: *Diagnostic parasitology for veterinary technicians*, ed 3, St Louis, 2006, Mosby.)

原圆线虫的成虫会在绵羊和山羊的小细支气管中出现。虫卵也会在终宿主的肺内发育,接着一期幼虫被咳出、吞咽,然后随粪便排出。这些幼虫的长度为 250~320 μm。这种圆虫的幼虫尾部有波形的尖端,但没有背棘。贝尔曼技术可用于反刍动物肺虫感染的诊断。

猪肺圆线虫,即猪肺虫,在猪的支气管和细支气管中可见。卵呈椭圆形,有厚壁,大小为 60 μm×40 μm,卵中含有幼虫。可以用比重大于 1.25 的介质进行粪便漂浮来收集虫卵,或者使用粪便沉淀技术。潜伏期大约为 24 d。

奥氏丝虫(*Filaroides osleri*)、肺丝虫(*Filaroides hirthi*)和米氏丝虫(*Filaroides milksi*),即犬"肺虫",分别可在犬的气管、肺实质和细支气管中发现。幼虫长度为 232~266 μm,尾部较短,呈 S 形。丝虫属在线虫中较为独特,它们的一期幼虫可以立即感染终宿主犬。在宿主体外无发育期。可通过粪便漂浮试验辨识典型幼虫或使用贝尔曼技术进行诊断。图 45.17 展示了奥氏线虫独特的感染性幼虫。奥氏丝虫的结节通常在气管分叉处可见,可以通过内镜发现它们。奥氏丝虫的潜伏期大约为 10 周。

深奥猫圆线虫(*Aelurostrongylus abstrusus*)是猫肺虫。成虫在终末呼吸性细支气管和肺泡管中生活,并在此产生小的虫卵巢或者结节。这些寄生虫的虫卵被动进入肺组织,而后孵化成为典型的一期幼虫,长度大约为 360 μm。每个幼虫都有尾部,呈 S 形弯曲,并且有背棘(图 45.18)。辨识粪便漂浮试验中的标志性幼虫或使用贝尔曼技术可证明它们的存在。使用气管冲洗进行幼虫的收集也有可能发现虫体(图 45.19)。潜伏期大约为 30 d。

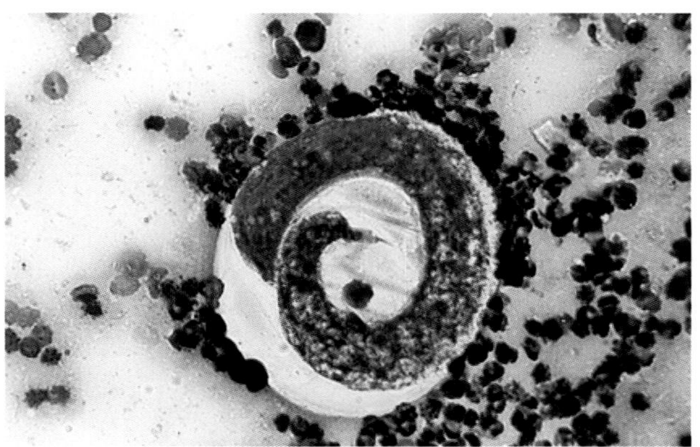

图 45.17 典型的奥氏线虫——一种犬肺虫——的感染性一期幼虫(引自 Hendrix CM, Robinson E: *Diagnostic parasitology for veterinary technicians*, ed 3, St Louis, 2006, Mosby.)

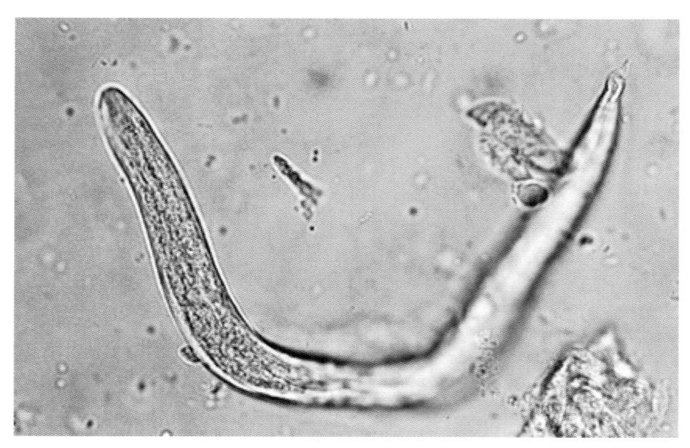

图 45.18 典型的猫肺虫——深奥猫圆线虫的一期幼虫(引自 Hendrix CM, Robinson E: *Diagnostic parasitology for veterinary technicians*, ed 3, St Louis, 2006, Mosby.)

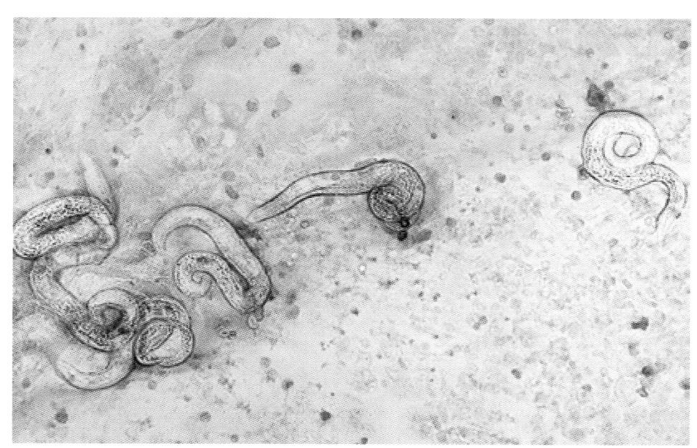

图 45.19 气管冲洗中收集到的大量深奥猫圆线虫一期幼虫(引自 Hendrix CM, Robinson E: *Diagnostic parasitology for veterinary technicians*, ed 3, St Louis, 2006, Mosby.)

鞭尾总科(毛首线虫属、真鞘线虫、旋毛虫)

狐毛首线虫(*Trichuris vulpis*)(即犬鞭虫)、风铃草毛首线虫(*Trichuris campanula*)和有齿毛线虫(即猫鞭虫),在各自宿主的盲肠和结肠中生活。犬鞭虫常见,但猫的鞭虫在北美少见,且在全世界也只有零星的诊断。鞭虫名字的来源于其成虫的头端较细呈丝状(即辫子的鞭梢)而尾端较厚(即鞭子的把手)。鞭虫的虫卵为旋毛虫样,有一个厚且对称的棕黄色外壳,两端有极栓。这些虫卵在产下时是不含胚的(无法成幼虫)。狐毛首线虫的虫卵为(70～89) μm×(37～40) μm。图 45.20 为典型的狐毛首线虫虫卵。狐毛首线虫的潜伏期为 70～90 d。

风铃草毛首线虫(*Trichuris campanula*)和有齿毛线虫的虫卵可能很容易与普氏奥科什克线虫(*Aonchotheca putorii*)、嗜气真鞘线虫(*Eucoleus*

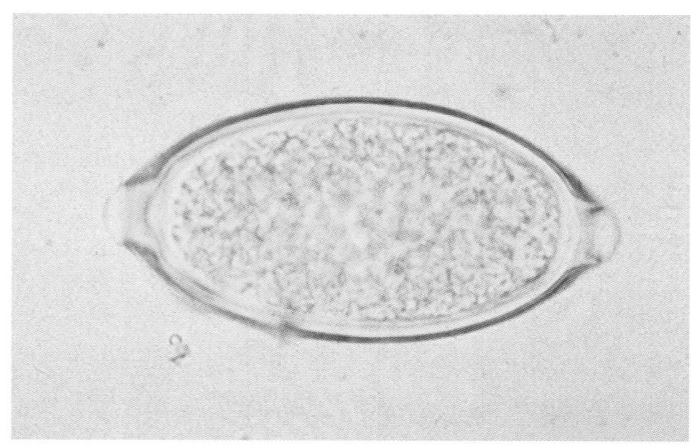

图 45.20 典型的狐毛首线虫虫卵(引自 Hendrix CM, Robinson E: *Diagnostic parasitology for veterinary technicians*, ed 3, St Louis, 2006, Mosby.)

aerophilus)和猫皮氏线虫(*Pearsonema feliscati*)的相混淆,它们分别是猫胃、气道和泌尿系统的寄生虫。风铃草毛首线虫的虫卵大小平均为(63～85) μm×(34～39) μm。在检查猫粪便中是否有猫旋毛线虫时,兽医应注意可能出现假性寄生虫。旋毛线虫或嗜气毛细线虫的虫卵常常通过宿主寄生在室外猫的猎物身上,例如鼠、兔和鸟。这些旋毛线虫或嗜气毛细线虫的虫卵可能在猫的胃肠道没有发生任何变化就被排出来了,仍然完整且没有胚胎,因此看起来像是感染了宿主猫。

羊毛首线虫感染反刍动物的盲肠和结肠。牛鞭虫的虫卵大小为(50～60) μm×(21～25) μm。猪毛首线虫是猪鞭虫,虫卵大小为(50～60) μm×(21～25) μm。潜伏期 42～49 d。

普氏奥科什克线虫(*Aonchotheca putorii*)通常被称作猫的胃毛细线虫。它以前以曾用名普氏毛细线虫而被人知晓。这种毛细线虫常常寄生在鼬科动物身上,例如貂,但有关猫的报道也有。这些线虫在北美罕见报道。普氏奥克氏科线虫的虫卵容易与其他旋毛线虫的虫卵相混淆(见猫鞭虫的部分)。它们的虫卵大小为(53～70) μm×(20～30) μm,有与嗜气真鞘线虫(*Eucoleus aerophilus*)虫卵相似的网状表面,是一种上呼吸道毛细线虫。普氏奥克氏细线虫的虫卵致密且没有嗜气真鞘线虫的虫卵那样细致,虫卵的结构呈纵向排列。虫卵侧边平整,内含单细胞或双细胞胚。

嗜气真鞘线虫(嗜气毛细线虫 *Capillaria aerophila*)是在犬猫气管和支气管中可见的毛细线虫,潜伏期约为 40 d。标准粪便漂浮试验中的虫卵常与旋毛线虫(鞭虫)混淆。嗜气真鞘线虫的虫卵要比鞭虫卵小[(59～80) μm×(30～40) μm]，呈更宽的桶形，颜色更浅。虫卵外表面也很粗糙，外观为网状。波氏真鞘线虫(*Eucoleus boehmi*)在犬的鼻腔和额窦中可见。它的虫卵比嗜气真鞘线虫的更小且外表面更光滑，壳呈点状。这种寄生虫可以通过标准粪便漂浮法辨识。

皱襞皮氏线虫(*Pearsonema plica*)(毛细线虫)和猫皮氏线虫(*Pearsonema feliscati*)(毛细线虫)分别是犬和猫的膀胱线虫。可能会在尿液里或是在被尿液污染的粪便里发现它们的虫卵。虫卵的颜色为透明至黄色，大小为(63～68) μm×(24～27) μm，两侧末端有平整的极栓(图 45.21)。它们的外表面粗糙。这些虫卵可能会跟呼吸系统的或胃内的毛细线虫以及鞭虫混淆。

> **注意**：皮氏线虫可能会在尿液或是被尿液污染的粪便中出现。

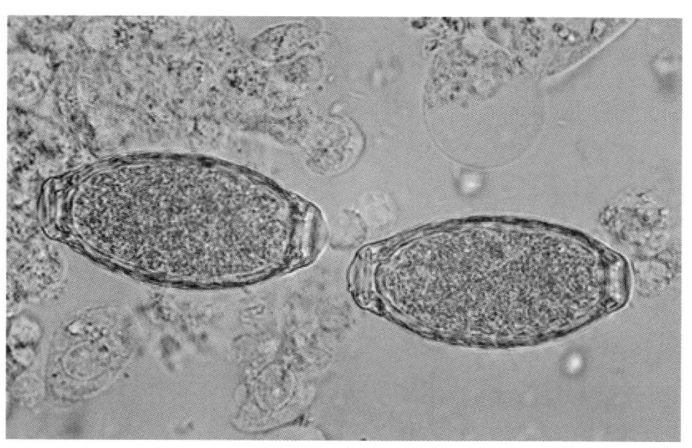

图 45.21 皱襞皮氏线虫即尿路毛细线虫的虫卵(引自 Hendrix CM, Robinson E: *Diagnostic parasitology for veterinary technicians*, ed 4, St Louis, 2012, Mosby.)

旋毛虫在多种肉食动物和杂食动物中都有发现，但主要与生猪肉或没煮熟的猪肉有关。当动物(包括人类)摄入含感染期幼虫(幼年)的肉时，就会被旋毛虫感染。幼虫在宿主小肠中待数周后会发育成成虫，然后雌虫会生产幼虫。

雄虫在对雌虫授精后就会死去，雌虫在生产幼虫后就会死去。幼虫进入宿主的血液中，最终到达肌肉组织。幼虫在肌肉中发育成感染性囊包幼虫。当下一个宿主摄入这些幼虫后便会被感染。人类通过摄入生猪肉或没煮熟的猪肉而感染旋毛虫病，这可能是这种寄生虫广为人知的原因。通过正确的肉品检查可以检出。据追溯，美国最近一次暴发的旋毛虫病是由没有经过检查而私自屠宰的猪肉制品所致。

> **注意**：大多数旋毛虫病感染的动物是因为摄入未煮熟的猪肉。

尖尾总科

马尖尾线虫是马的蛲虫。成虫在动物的盲肠、结肠和直肠中可见。在马的肛门常常可以观察到凸出来的成虫。雌性成虫会产生黏性的胶状物质将虫卵黏附在肛门上，这会引起被感染的马肛门瘙痒。雌虫的活动也会产生刺激，引起瘙痒。虫卵也可以从粪便中收集到，大小约为 90 μm×40 μm，带有一个厚而光滑的壳。虫卵有卵盖，一侧较为平直，且它们有可能是隐性感染(图 45.22)。潜伏期为 4～5 个月。诊断需要使用显微镜检查肛门表面的玻璃纸印片或刮片，看是否有典型的虫卵。

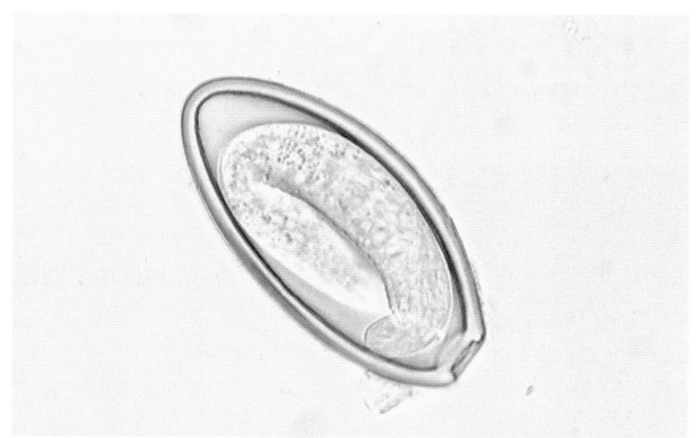

图 45.22 典型的马蛲虫(马的蛲虫)虫卵(引自 Hendrix CM, Robinson E: *Diagnostic parasitology for veterinary technicians*, ed 3, St Louis, 2006, Mosby.)

蠕形驻肠蛲虫是人的蛲虫，它不会寄生于犬猫。然而家养宠物常常会被家庭医生或儿科医生误认为是儿童感染蛲虫的来源。

旋尾总科

丽线虫和大口德拉西线虫是在马胃内可见的线虫。小口柔线虫和蝇柔线虫存在于胃黏膜，位于厚的黏膜层之下；大口德拉西线虫常常与胃黏膜内大且厚的纤维结节有关。两者的幼虫都有可能寄生在皮肤病灶上，引起一种叫"夏疮"的疾病，潜伏期大约为 60 d。幼虫卵或者幼虫也许可以通过标准粪便漂浮法收集。这两种虫属的虫卵都是细长的，且带有薄壁，大小为(40～50) μm×(10～12) μm

(图 45.23)。

加利福尼亚吸吮线虫是犬猫的“眼线虫”。成虫可在结膜囊和泪管中收集到。检查泪液分泌时可能发现虫卵或者一期幼虫。

罗氏吸吮线虫和大口吸吮线虫是牛、绵羊和山羊的“眼线虫”。图 45.24 为在牛的结膜囊中的吸吮线虫成虫。

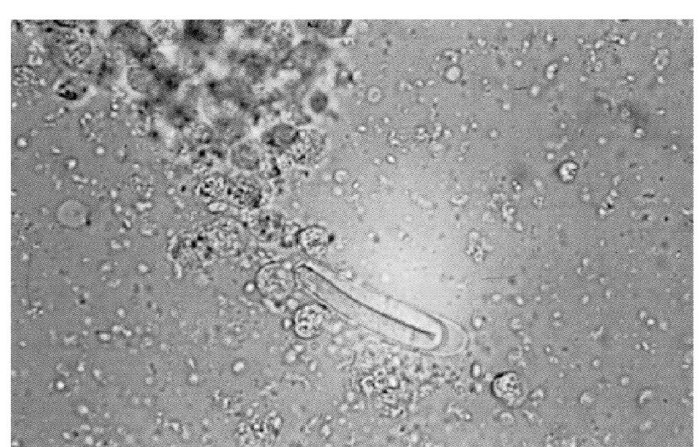

图 45.23　**丽线虫和德拉西线虫的幼虫卵或幼虫可能通过标准粪便漂浮法收集(引自 Hendrix CM, Robinson E:*Diagnostic parasitology for veterinary technicians*, ed 3, St Louis, 2006, Mosby.)**

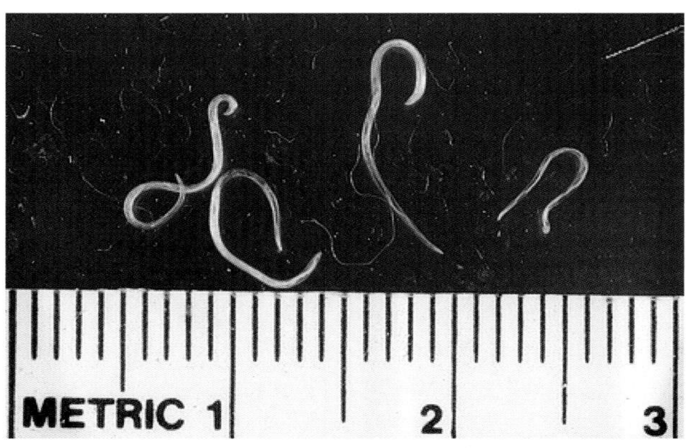

图 45.24　**牛的结膜囊中的吸吮线虫成虫(眼线虫)(引自 Hendrix CM, Robinson E:*Diagnostic parasitology for veterinary technicians*, ed 4, St Louis, 2012, Mosby.)**

泪腺睑线虫是马的眼线虫,在全世界范围内可见。成年寄生虫可能可以从结膜囊或者泪管当中收集到。泪液分泌检查时可能会发现虫卵或者一期幼虫。

狼尾旋毛虫(*Spirocerca lupi*)是一种通常在犬猫食道壁上形成结节(肉芽肿)的食道线虫。有时可在猫胃内的结节中发现。成虫在这些结节的深层生活并通过肉芽肿上的瘘管开口排出虫卵。虫卵经过宿主动物的食管腔,然后随粪便排出。其厚壳虫卵大小为(30～38) μm×(11～15) μm,产卵时,其内含有幼虫。这些虫卵有独特的回形针形状(图 45.25)。虫卵通常可见于粪便漂浮试验,对呕吐物进行漂浮时也可能收集到。影像学或内镜检查或许可以看见食道或是胃内的特征性肉芽肿。潜伏期为 6 个月。

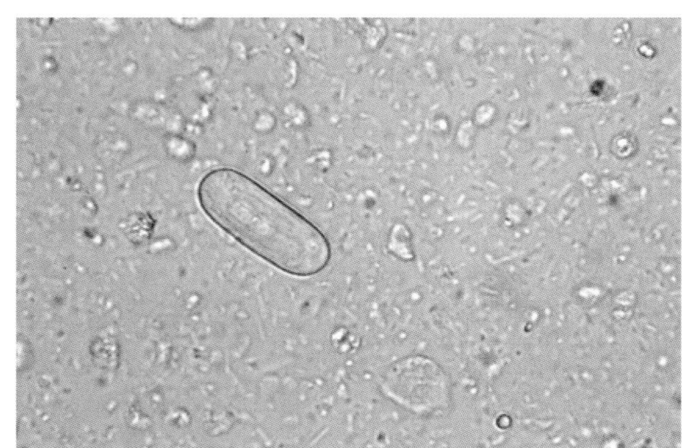

图 45.25　**典型的狼尾旋毛虫虫卵(引自 Hendrix CM, Robinson E:*Diagnostic parasitology for veterinary technicians*, ed 3, St Louis, 2006, Mosby.)**

泡翼线虫(*Physaloptera* species)是犬猫的胃虫。尽管泡翼线虫偶尔会出现在胃内或者小肠腔中,但是它们更多时候是紧密结合在胃黏膜之上,并在此吸血。通过内镜也许可以在这个位置观察到这些线虫。它们的食物由宿主胃黏膜的血液和组织构成。寄生虫脱离后,结合处会持续出血。感染的动物可能出现呕吐、食欲不振和深色柏油样便。

成虫为乳白色,有时紧密盘旋,长度为 1.3～4.8 cm。通常可在宠物的呕吐物中收集到,可能会与蛔虫或圆虫相混淆。有一个快速鉴别的方法是将成虫样本剖开,如果样本恰好是雌虫,可在显微镜下检查剖出的虫卵。粪便排出的泡翼线虫虫卵很小、光滑、带厚壳且有胚。虫卵大小为(30～34) μm×(49～58) μm,产卵时,其内含有幼虫。图 45.26 为典型的泡翼线虫虫卵。通常可以用相对密度大于 1.25 的溶液进行标准粪便漂浮来收集虫卵。潜伏期为 56～83 d。

圆形似蛔线虫和大翼猪胃虫是猪胃的“厚胃虫”。这两种线虫都会产生厚壁且带幼虫的虫卵,可以通过粪便漂浮法收集。两种虫的虫卵类似。圆形似蛔线虫的虫卵大小为(34～39) μm×20 μm,虫卵的厚壳围绕着一层薄膜,形成一种不规则的轮

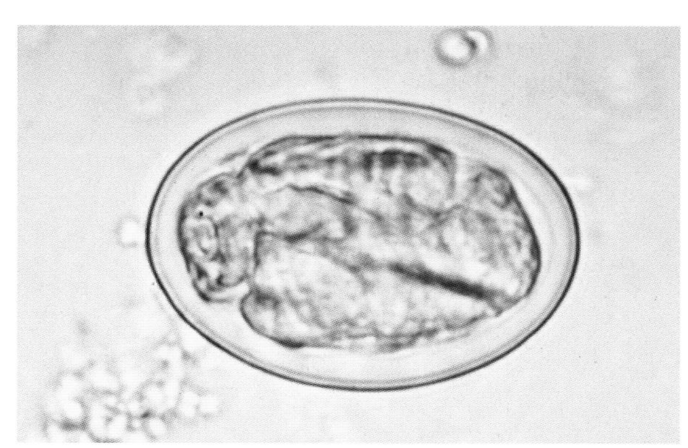

图 45.26　**典型的泡翼线虫虫卵(引自 Hendrix CM, Robinson E:*Diagnostic parasitology for veterinary technicians*, ed 3, St Louis, 2006, Mosby.)**

廓。大翼猪胃虫的虫卵为(34～39) μm×(15～17) μm。两种虫的潜伏期均约为 42 d。

龙线总科

龙线虫这一类寄生虫在犬猫和其他肉食动物身上并不常见。生活史需要桡足类中间宿主的参与,终宿主需要食入桡足类才能被感染。

膨结总科

肾膨结线虫(*Dioctophyma renale*)是犬的“巨肾虫”。这种大型寄生线虫常常会感染犬的右肾,并逐步吞噬肾实质,只留下肾的包囊。可通过离心或者检查尿沉渣来收集虫卵。虫卵具有典型的两极桶形、呈黄棕色,壳为点状外观,虫卵大小为(71～84 μm×(46～52) μm(图 45.27)。肾膨结线虫可能也会在腹腔中游离。当它在腹腔里时,虫卵不会排出到外环境。潜伏期大约为 18 周。

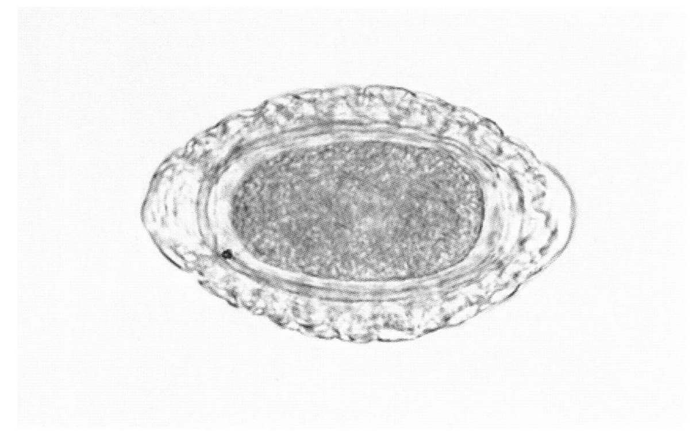

图 45.27　**从尿沉渣收集到典型的肾膨结线虫虫卵(引自 Hendrix CM, Robinson E:*Diagnostic parasitology for veterinary technicians*, ed 3, St Louis, 2006, Mosby.)**

有齿冠尾线虫(*Stephanurus dentatus*)是猪肾虫,可在猪的肾脏、输尿管和肾周组织中发现。虫卵为圆线虫样(即圆形带有薄壳),含有 4～16 个细胞,大小为(90～120) μm×(43～70) μm。有时可以通过尿液的尿沉渣收集虫卵。潜伏期特别长,为 9～24 个月。

丝虫总科

犬恶丝虫(*Dirofilaria immitis*)也就是犬心丝虫,是美国家养动物的血管系统中最为重要的寄生虫。这种线虫也可以在猫和貂身上寄生。心丝虫成虫可存在于右心室、肺动脉和肺动脉细分支。这种寄生虫常在一些较奇怪的地方被发现,例如脑、眼前房和皮下。在犬体内的潜伏期大约为 6 个月,猫为 7～8 个月。犬恶丝虫的生活史需要蚊子作为中间宿主在动物之间传播(图 45.28)。成虫在右心室和肺动脉中生活,会阻塞此处的血管。雄虫与雌虫交配,然后雌虫产下微丝蚴。微丝蚴进入宿主的血液,随后通过血液被雌蚊摄入。微丝蚴在蚊体内生长蜕皮,直到它们到达感染期获得感染能力后,会在蚊子下一次采食时感染新的宿主。当进入新宿主的体内后,幼虫会在各个组织当中蜕皮并移行直至心脏。幼虫在此期间会在心脏以外的地方生长蜕皮变为成虫。

> **注意**:犬恶丝虫在犬体内的潜伏期大约为 6 个月。

感染微丝蚴的犬需要通过使用一种或多种浓缩技术(改良 Knott 检查),或者是市售过滤技术(图 45.29 和图 45.30)来观察血液样本中是否有微丝蚴,从而获得诊断。微丝蚴血症在猫中不常见,即使出现也只持续几周,且微丝蚴的数量也很少。使用市售的检测雌性成虫抗原的免疫诊断产品更易诊断出是否感染微丝蚴。

隐现棘唇线虫(*Acanthocheilonema reconditum*)是一种犬皮下丝虫,也会在外周血产生微丝蚴。一定要将这种非致病性线虫的微丝蚴与犬恶丝虫的微丝蚴鉴别开来。马颈盘尾丝虫的无鞘微丝蚴,马丝虫,被误认为是马反复性皮炎、周期性结膜炎和致盲的病因。成虫生活在项韧带,雌虫会产生移行到皮肤的微丝蚴。中间宿主是库蠓属的蝇。

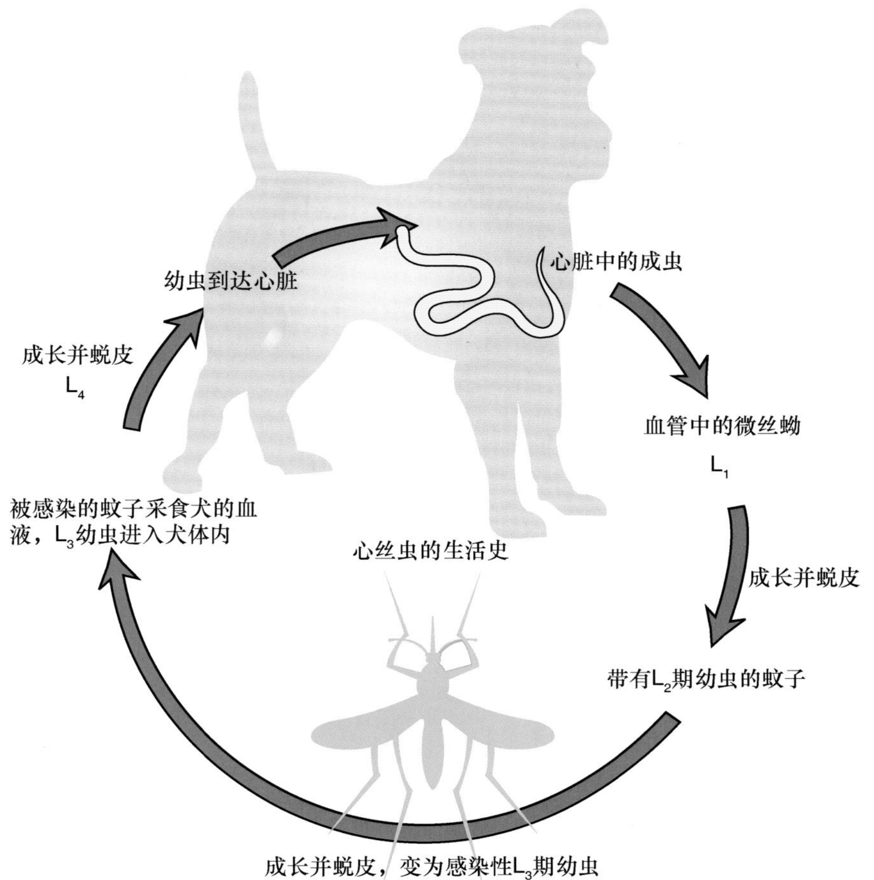

图 45.28 **犬恶丝虫(*Dirofilaria immitis*)的生活史(引自 Hendrix CM, Robinson E: *Diagnostic parasitology for veterinary technicians*, ed 4, St Louis, 2012, Mosby.)**

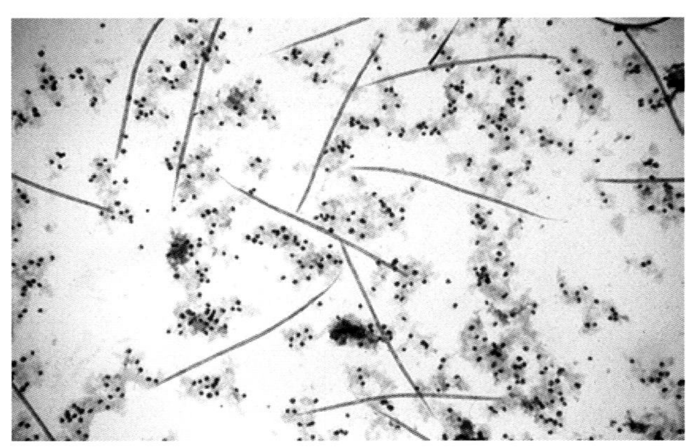

图 45.29 **改良诺茨试验的外周血样本中的犬恶丝虫微丝蚴(引自 Hendrix CM, Robinson E: *Diagnostic parasitology for veterinary technicians*, ed 3, St Louis, 2006, Mosby.)**

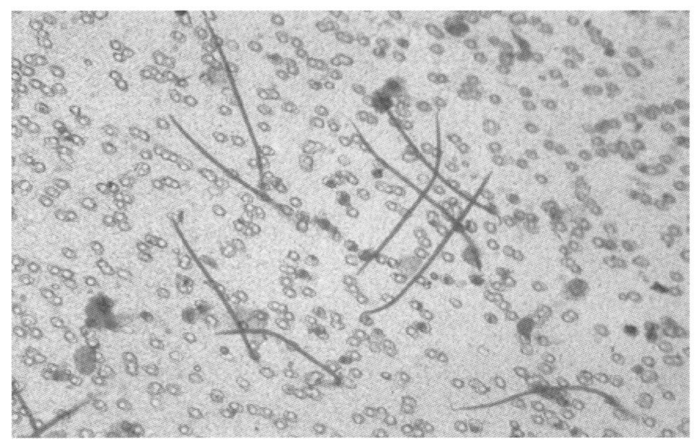

图 45.30 **市售过滤检查的外周血样本中的犬恶丝虫微丝蚴(引自 Hendrix CM, Robinson E: *Diagnostic parasitology for veterinary technicians*, ed 3, St Louis, 2006, Mosby.)**

唇突鬃丝虫是牛的“腹虫”。马鬃丝虫是马的腹虫。成虫在腹腔中游离存在。带鞘微丝蚴的长度为 240～256 μm。诊断的基础是血涂片发现微丝蚴。

施氏血管线虫，即“动脉蠕虫”，在美国西部和西南部地区绵羊的颈总动脉中可见。微丝蚴的长度约为 270 μm，厚度为 17 μm，头侧钝圆，尾侧逐渐变窄。它们在皮肤中可见，通常位于前额和脸部的毛细血管中。绵羊的面部、项部和足部可见微丝蚴性皮炎。

诊断需要发现典型病灶以及辨识出皮肤中的微丝蚴。最令人满意的诊断方法是将一块皮肤浸入温热的生理盐水当中，约 2 h 后检查当中是否有微丝蚴。绵羊罕见微丝蚴感染，且它们可能不会出现在受感染动物的皮肤中，可能需要尸检来佐证诊断。潜伏期为 18 周或更久。

关键点

- 线虫的生活史由多个发展阶段组成：虫卵期、4 个幼虫期和性成熟成虫期。
- 感染期的线虫可能是含有幼虫的虫卵，或是自由生活的幼虫，或是在中间宿主或转运宿主体内的幼虫。
- 若不是通过必需中间宿主发育成感染期，则其生活史为直接生活史。
- 属于间接生活史的生物需要中间宿主参与，才能发育到感染期。
- 感染性幼虫可以通过被摄入，穿透新的宿主的皮肤，寄生的中间宿主被摄入或者通过中间宿主沉积到皮肤内层或表面的方式，转移至一个全新的宿主身上。
- 兽医常见的线虫属于 11 个分类的超级家族。
- 犬猫常见的线虫寄生虫包括弓首蛔虫属、钩虫属、鞭虫属和犬恶丝虫。

第46章

Cestodes, Trematodes, and Acanthocephalans
绦虫、吸虫和棘头虫

学习目标

经过本章的学习,你将可以:

- 区分真绦虫和假绦虫。
- 描述多节绦虫的一般特征。
- 描述假绦虫的一般特征。
- 描述犬复孔绦虫的生活史。
- 描述常见绦虫卵的外观。
- 描述绦虫潜在的人兽共患风险。
- 描述吸虫的一般特性。
- 描述肝片吸虫的生活史。

目　录

关键词

吸槽
尾蚴(cercaria)
绦虫
钩毛蚴(钩球蚴)
六钩蚴
囊蚴(metacercaria)
毛蚴(miracidium)
节片
雷蚴(redia)
顶突
头节
胞蚴(sporocyst)
链体(横裂体)
吸虫

吸虫、绦虫隶属于扁形动物门,均为没有体腔的扁形虫。在生物学分类中,绦虫纲包含两个亚纲:真绦虫亚纲和假叶纲。其中属于真绦虫亚纲的绦虫称为真绦虫,而属于假叶纲的绦虫称为假绦虫。棘头动物门包括棘头虫，这些都不是伴侣动物临床中常见的寄生虫。

绦虫的生活史通常经过一个或两个中间宿主。中间宿主可能是节肢动物、鱼类或哺乳动物。家养动物可以是绦虫的中间宿主或终宿主，也可以既是中间宿主也是终宿主。家养动物体内的一些绦虫的幼虫阶段被称为囊尾蚴，它类似于有一个或多个头节的充满液体的囊腔。终宿主通过食用含有囊尾蚴的中间宿主而感染，囊尾蚴从中间宿主的组织中释放出来，并在终宿主的消化道内发育成成虫。有些绦虫的幼虫呈实心结构［即，原尾蚴（procercoid），裂头蚴（plerocercoid）和四盘蚴（fourthyridium）］。动物通过摄入绦虫卵或原尾蚴而感染绦虫幼虫。

多节绦虫属

真绦虫是没有体腔的多细胞生物，器官嵌在疏松的细胞组织（实质）内。绦虫体较长且背腹扁平，主要由 3 个部分组成。头节是一个吸附器官，有 2～4 个肌肉构成的吸盘，部分绦虫吸盘上有小钩。头部可能有一个顶突，可以固定或伸缩，顶突上也可能有小钩（图 46.1）。在头节后是一段较短而未分化的组织称为颈节，颈节之后是链体（体节）。虫体是由不同发育阶段的节片组成的。颈部附近是未成熟节片，随后是成熟节片，再后面是含有虫卵的孕节片。孕节片会从虫体脱落并随粪便排出终宿主的体外（图 46.2）。

颈节未分化的组织不断向后萌生新的节片。绦虫没有消化道，它们直接通过体壁吸收营养物质。绦虫的生殖器官最为发达，每个节片都同时具有雄性和雌性生殖器官，异体受精和自体受精均可进行。同时，绦虫也有神经系统和排泄系统。

> **注意**：绦虫背腹扁平且具有节片。

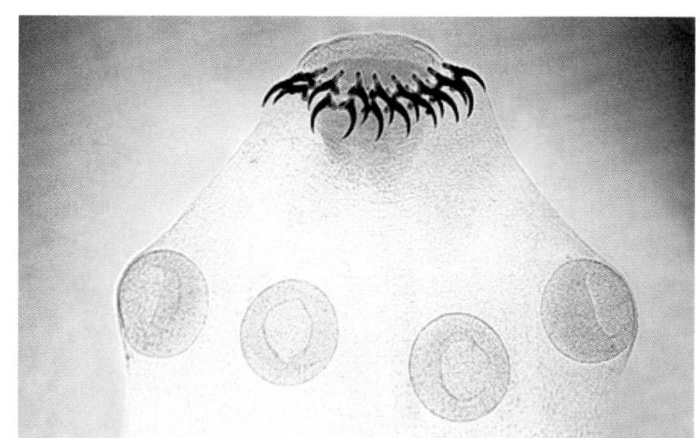

图 46.1　**犬带绦虫的头节细节，包含 4 个吸盘和具有小钩的顶突（引自 Hendrix CM，Robinson E：*Diagnostic parasitology for veterinary technicians*，ed 4，St Louis，2012，Mosby.）**

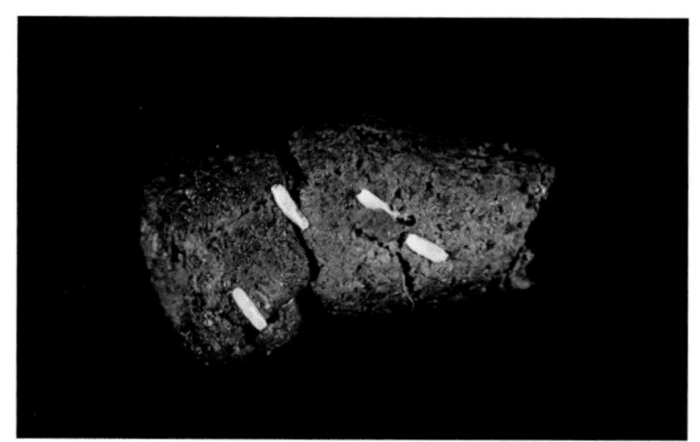

图 46.2　**犬粪便表面典型的犬复孔绦虫（*Dipylidiun caninum*）运动的末端孕节片。新鲜时，这些节片像黄瓜种子，因此俗名叫"黄瓜种子"绦虫**

绦虫卵内包含一个发育完全的胚胎，其有 3 对 6 个钩子，称六钩蚴（图 46.3）。在大多数情况下，单个或呈链状的孕节片随粪便排出后，会破裂并释放虫卵。然后，虫卵需要被中间宿主摄入，并发育为中绦期幼虫。

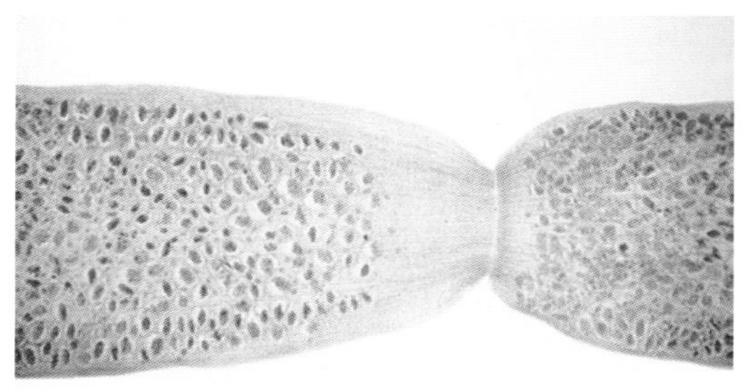

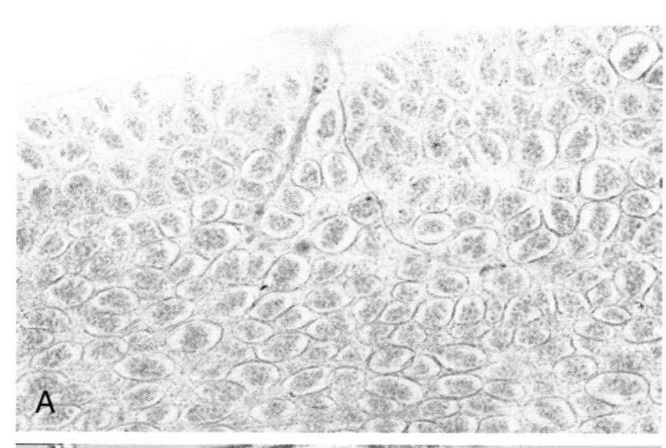

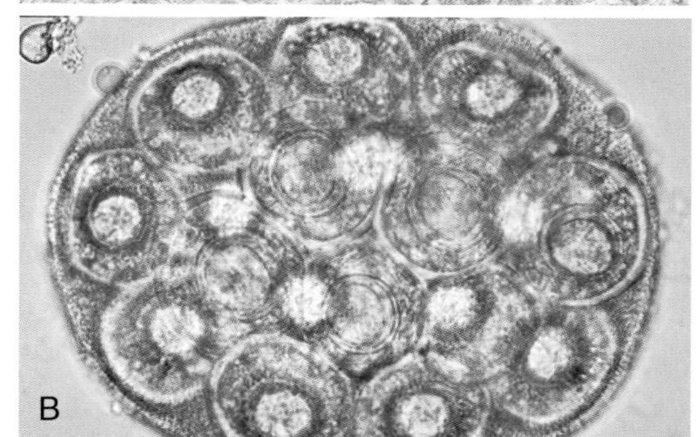

图 46.3　**A. 犬复孔绦虫（*Dipylidiun caninum*）孕节片中充满上千个卵袋。B. 典型的犬复孔绦虫卵袋，每个卵袋含有 30 个左右六钩蚴胚胎**

中绦期幼虫的形态包括囊尾蚴、多头蚴、棘球蚴或四盘蚴。终宿主在摄入包含中绦期幼虫的中间宿主后感染，随后幼虫逸出，附着在小肠内壁上，逐渐发育为成虫。

假绦虫的结构与真绦虫相似，唯一区别是它们的生殖器官和生殖孔位于体节中央而不是外侧。其吸附器官是一对沟样的吸槽，被称为吸沟，位于头节侧面。虫卵具有卵盖，通常由子宫孔释放出来，然后随粪便排出体外。

虫卵内包含一个钩毛蚴（钩球蚴），其在虫卵入水后释放出来。钩毛蚴被一种微小水生甲壳类动物（第一中间宿主）摄入，然后发育成原尾蚴。含有原尾蚴的甲壳类动物被鱼类或两栖动物（第二中间宿主）吞食，随后原尾蚴在第二中间宿主的肌肉系统中发展为中绦期幼虫（即实尾蚴或裂头蚴）。之后终宿主在吞食第二中间宿主后受到感染。

表 46.1 总结了各种动物的绦虫种类。

表 46.1 各种动物的绦虫种类

学名	俗称	中间宿主	潜伏期
犬			
双叶槽属（*Diphyllobothrium* species）	鱼阔节绦虫	桡足动物/鱼类	40 d
犬复孔绦虫（*Dipylidium caninum*）	黄瓜种子绦虫	跳蚤	14～21 d
中绦属绦虫（*Mesocestoides* species）		螨虫、鼠类/爬行动物	20～30 d
迭宫属绦虫（*Spirometra* species）	拉链绦虫	桡足动物/鱼类/两栖动物	15～30 d
细粒棘球绦虫（*Echinococcus granulosus*）	棘球蚴病绦虫（Hydatid disease tapeworm）	反刍动物	45～60 d
多房棘球绦虫（*Echinococcus multilocularis*）		小鼠/大鼠（mice/rats）	
多头带绦虫（*Taenia multiceps*）		绵羊	30 d
连续带绦虫/链形带绦虫（*Taenia serialis*）		兔	30～60 d
泡状带绦虫（*Taenia hydatigena*）		兔/绵羊	51 d
羊带绦虫（*Taenia ovis*）		绵羊	42～63 d
豆状带绦虫（*Taenia pisiformis*）		兔/反刍动物	56 d
猫			
多房棘球绦虫（*Echinococcus multilocularis*）	棘球蚴病绦虫（Hydatid disease tapeworm）	啮齿类动物	28 d
带状泡尾绦虫（*Taenia taeniaeformis* or *Hydatigera taeniaeformis*）	猫绦虫	小鼠/大鼠（mice/rats）	40 d
双叶槽属（*Diphyllobothrium* species）	鱼阔节绦虫	桡足动物/鱼类	40 d
犬复孔绦虫（*Dipylidium caninum*）	黄瓜种子绦虫	跳蚤	14～21 d
中绦属绦虫（*Mesocestoides* species）		螨虫、鼠类/爬行动物	
迭宫绦虫属（*Spirometra* species）	拉链绦虫	桡足动物/鱼类/两栖动物	15～30 d
反刍动物			
牛囊尾蚴（*Cysticercus bovis*）	牛带绦虫幼虫		
猪囊尾蚴（*Cysticercus cellulosae*）	猪肉绦虫幼虫		
细颈囊尾蚴（*Cysticercus tenuicollis*）	泡状带绦虫幼虫		
贝氏莫尼茨绦虫（*Moniezia benedeni*）		贮粮螨虫	40 d
扩展莫尼茨绦虫（*Moniezia expansa*）		贮粮螨虫	22～45 d
牛带绦虫（*Taenia saginata* 或 *Taeniarhynchus saginata*）	人牛肉绦虫	牛	70～84 d
放射缝体绦虫（*Thysanosoma actinoides*）	缝体绦虫	虱子	不明

续表 46.1

学名	俗称	中间宿主	潜伏期
马			
大裸头绦虫(*Anoplocephala magna*)		甲螨	4～6 周
叶状裸头绦虫(*Anoplocephala perfoliata*)			4～6 周
侏儒副裸头绦虫(*Paranoplocephala mamillana*)	侏儒绦虫		4～6 周
猪			
猪肉绦虫(*Taenia solium*)		猪	35～84 d
啮齿动物			
缩小膜壳绦虫(*Hymenolepis diminuta*)		无	
短小包膜绦虫(*Hymenolepis nana*)		跳蚤/谷物甲虫/蟑螂	

犬、猫多节绦虫

犬复孔绦虫(*Dipylidium caninum*)

犬复孔绦虫是犬、猫小肠内最为常见的绦虫，犬、猫通过摄入中间宿主跳蚤而感染。跳蚤经常携带其具感染性的拟囊尾蚴(图 46.4)。在宠物的粪便、被毛或主人的被褥上常可找到能运动的末端孕节。如果新鲜的犬复孔绦虫(*D. caninum*)节片被挑开或者弄破，它们会暴露上千个独立的卵袋，每个卵袋包含 20～30 个六钩蚴胚胎(图 46.3)。犬复孔绦虫卵经常在外界环境中因失水而干燥。水分丢失后发生皱缩呈现生米粒样外观(图 46.5)。如果重新吸收水分，干燥的节片通常可恢复为之前的黄瓜种子样的外观。犬复孔绦虫的潜伏期为 14～21 d。

注意：犬复孔绦虫是犬、猫最常见的绦虫。

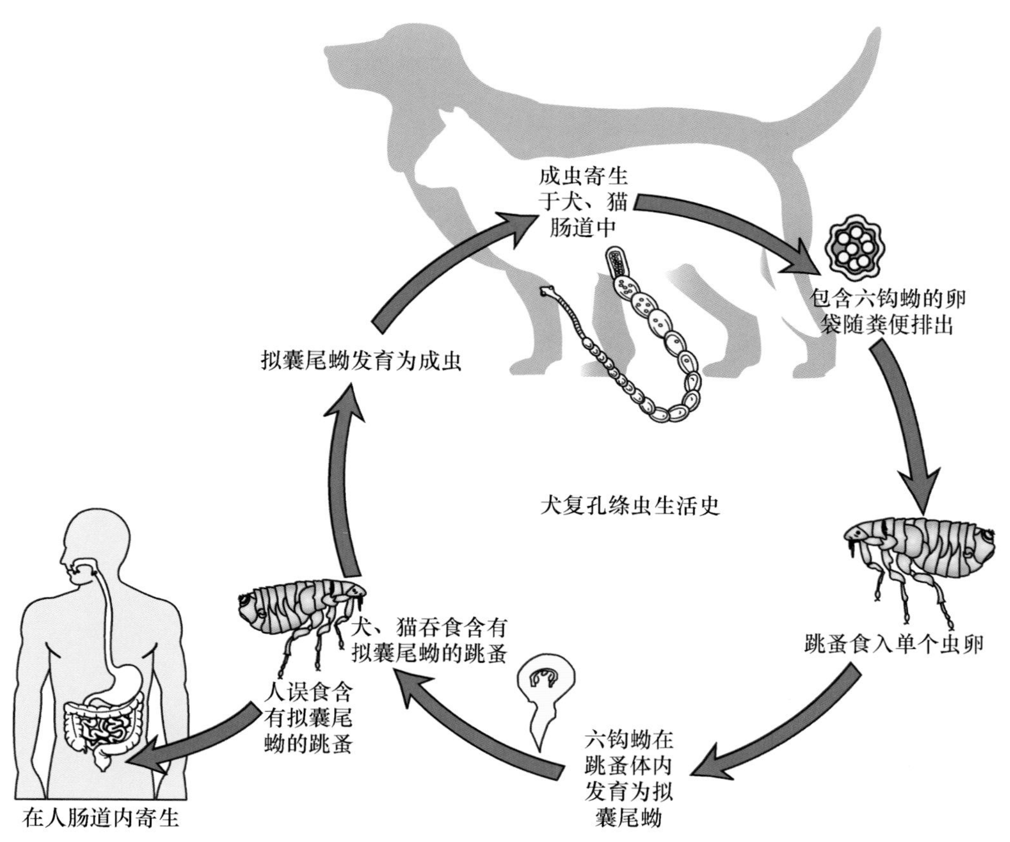

图 46.4 犬复孔绦虫生活史(引自 Hendrix CM, Robinson E: *Diagnostic parasitology for veterinary technicians*, ed 4, St Louis, 2012, Mosby.)

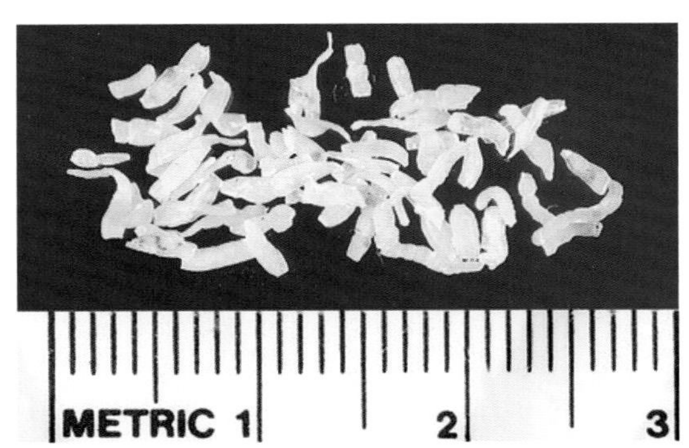

图 46.5 犬复孔绦虫干燥的节片像生米粒。加水后，它们会恢复自然状态(引自 Hendrix CM, Robinson E: *Diagnostic parasitology for veterinary technicians*, ed 3, St Louis, 2006, Mosby.)

犬带绦虫

豆状带绦虫(*Taenia pisiformis*)、泡状带绦虫(*Taenia hydatigena*)和羊带绦虫(*Taenia ovis*)均为犬带绦虫属。和犬复孔绦虫一样，带属绦虫能运动的末端孕节片可见于宠物的粪便、被毛或主人的被褥。在新鲜节片的一条长边的中点处会有一个侧孔(与双孔绦虫相反)。犬食入含有囊尾蚴的中间宿主而被感染(图 46.6)。豆状带绦虫的中间宿主是家兔和野兔。泡状带绦虫、羊带绦虫的中间宿主是反刍动物。

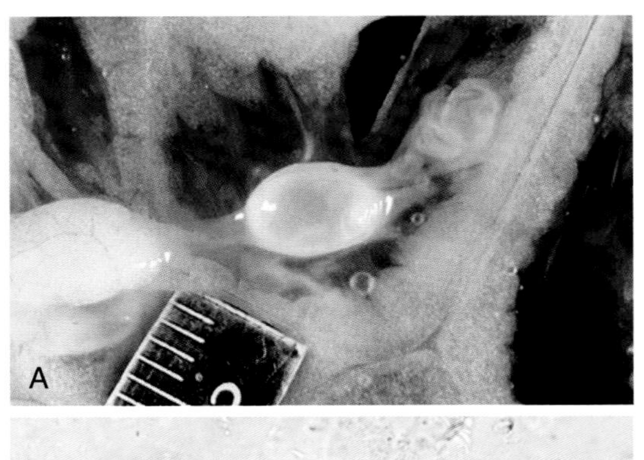

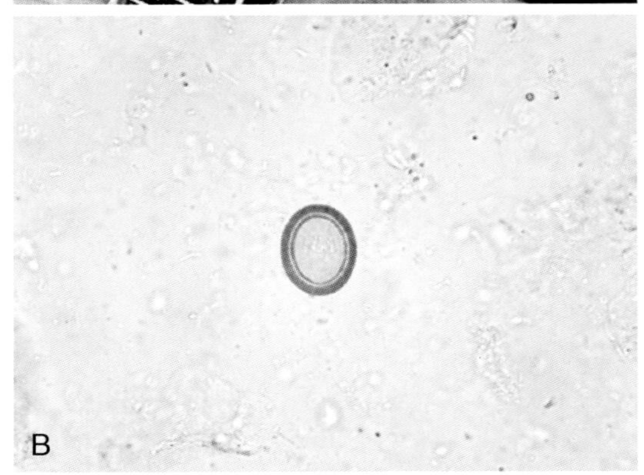

图 46.6 A. 豆状带绦虫的幼虫通常吸附于中间宿主兔子的大网膜或其他腹腔器官上。B. 豆状带绦虫的虫卵(引自 Hendrix CM, Robinson E: *Diagnostic parasitology for veterinary technicians*, ed 4, St Louis, 2012, Mosby.)

和犬复孔绦虫一样，新鲜节片被挑开或者弄破后会暴露上千个六钩蚴胚胎。带属绦虫节片会在外界环境中因失水干燥呈现生米粒样外观，重新吸收水分后也会恢复之前的单孔外观。若从犬或猫的粪便中收集到带属绦虫的孕节片，应撕开节片或在玻片上用一滴盐水浸软，然后用复式显微镜观察其特征性虫卵。

带属绦虫卵稍呈椭圆形，豆状带绦虫卵大小为(43～53) μm×(43～49) μm，泡状带绦虫卵大小为(36～39) μm×(31～35) μm，羊带绦虫卵大小为(19～31) μm×(24～26) μm。带属绦虫卵包含一个有 3 对小钩的六钩蚴。六钩蚴常称六钩蚴胚胎。图 46.7 是这种带属绦虫的特征。虫卵和棘球绦虫属、多头绦虫属的虫卵相似。

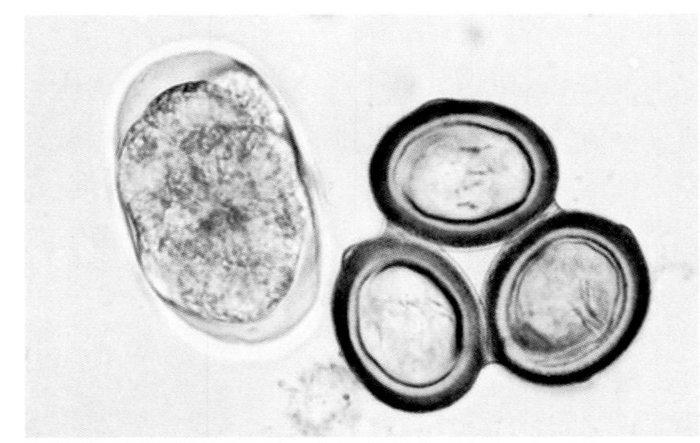

图 46.7 右侧为典型的带属绦虫卵，略呈椭圆形。左侧为犬钩口线虫卵，即钩虫(hookworm)卵(引自 Hendrix CM, Robinson E: *Diagnostic parasitology for veterinary technicians*, ed 3, St Louis, 2006, Mosby.)

带状带绦虫(*Taenia taeniaeformis*)或者肥颈泡尾绦虫(*Hydatigera taeniaeformis*)，被称作"猫绦虫"或"猫带属绦虫"。其在经常外出并捕食一些小型哺乳动物的猫上并不常见(图 46.8)。虫卵直径 31～36 μm，包含一个有 3 对小钩的六钩蚴。六钩蚴又常叫作六钩蚴胚胎。与犬带属绦虫卵一样，该绦虫卵与棘球绦虫属虫卵相似。

多头绦虫

多头多头绦虫(*Multiceps multiceps*)和链形多头绦虫(*Multiceps serialis*)也是寄生于犬科动物小肠的绦虫。多头多头绦虫(*M. multiceps*)卵直径 29～37 μm，而链形绦虫(*M. serialis*)卵是椭圆形的，大小为(31～34) μm×(29～30) μm。其都包含一个有 3 对小钩的六钩蚴。与犬、猫带属绦虫卵一样，多头绦虫属和棘球绦虫属的虫卵相似。

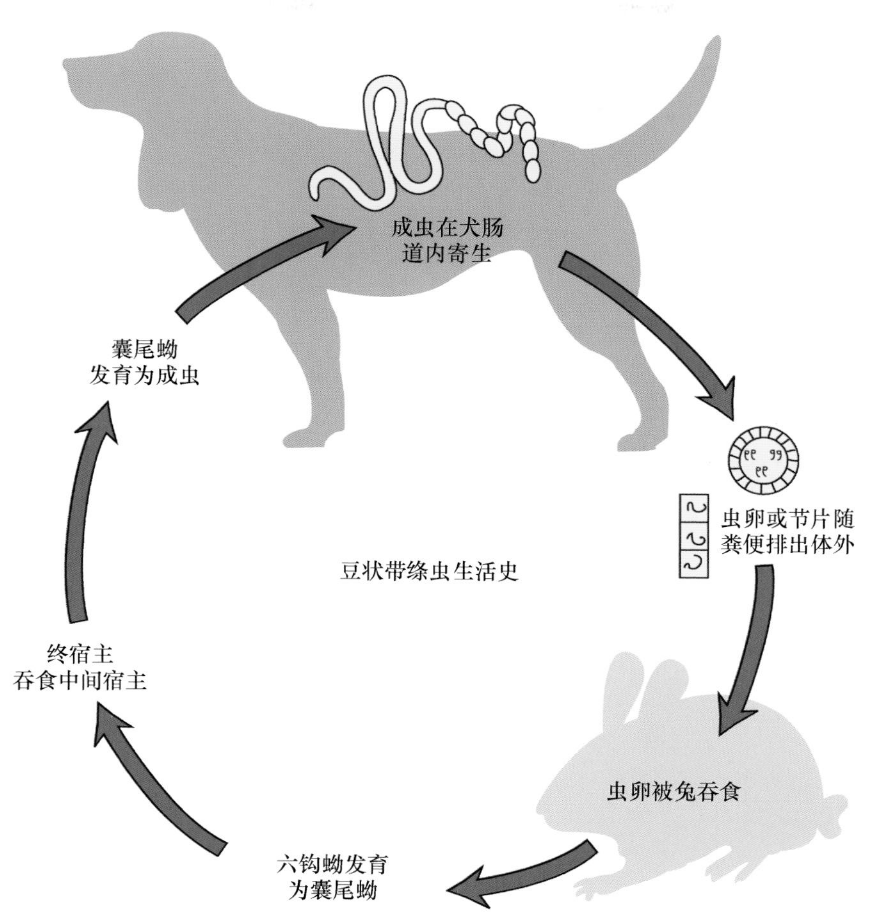

图 46.8 **豆状带绦虫生活史(引自 Hendrix CM, Robinson E: *Diagnostic parasitology for veterinary technicians*, ed 4, St Louis, 2012, Mosby.)**

棘球绦虫

细粒棘球绦虫(*Echinococcus granulosus*)和多房棘球绦虫(*E. multilocularis*)是与单房和多房棘球蚴病相关的绦虫。细粒棘球绦虫是犬的棘球绦虫,多房棘球绦虫是猫的棘球绦虫。它们具有很强的人兽共患风险,是非常重要的寄生虫(图 46.9)。细粒棘球绦虫卵为卵圆形,大小是(32～36) μm×(25～30) μm。其包含一个有 3 对小钩的六钩蚴。多房棘球绦虫卵也是卵圆形的,直径 30～40 μm,也包含一个有 3 对小钩的六钩蚴。这些虫卵在外观上和带属绦虫、多头属绦虫的虫卵很像。

> **注意**:由棘球属绦虫产生的包虫囊肿可在人类中间宿主的多种器官中寄生。

棘球绦虫成虫是一种小型绦虫,只有 1.2～7.0 mm 长。整个绦虫只有 3 个节片:1 个未成熟节片、1 个成熟节片和 1 个孕节片(图 46.10)。排出时

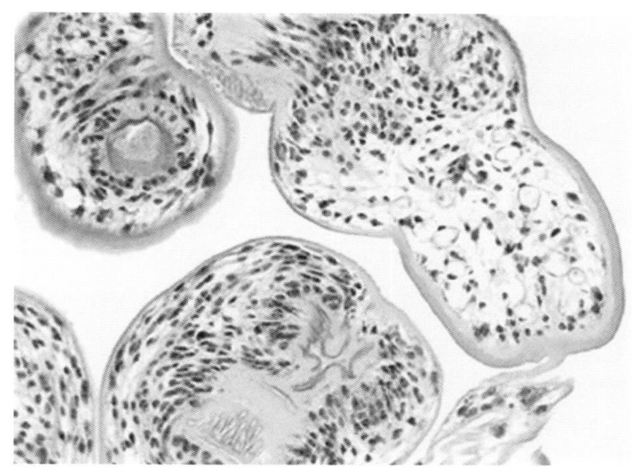

图 46.9 **人类肺组织内一个棘球蚴中的多个棘球属原头节(600×)(图片引自 CDC 网站 In Sirois M: *Principles and practice of veterinary technology*, ed 3, St Louis, 2011, Mosby.)**

孕节片非常小,所以经常被就诊者、兽医技术员和兽医忽视。棘球绦虫感染最好的确诊方法是从宿主肠道中取出成虫并进行鉴定。在少数怀疑棘球绦虫感染的病例中,可口服剂量为 3.5 mg/kg 的槟

槲碱氢溴化物，收集犬、猫粪便进行生前诊断。这种方法一般仅用于严重怀疑棘球绦虫感染时。完整的虫体或节片可以在最后干净的黏液中发现。棘球绦虫具有感染人畜的风险，所以要小心处理所有排泄物。用过的橡胶手套应废弃，并焚烧检查用完的粪便。

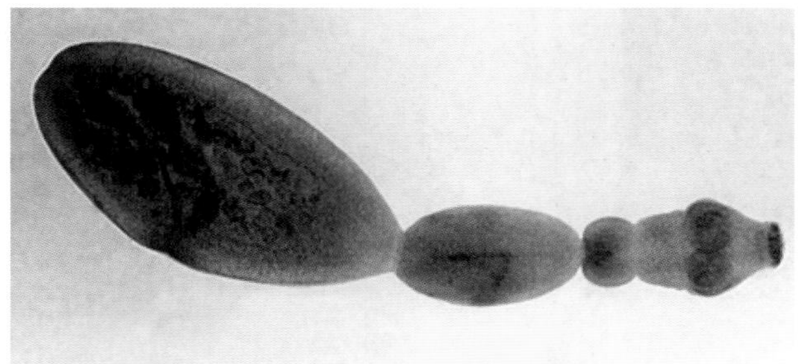

图 46.10 **棘球属绦虫成虫是一种体型较小的绦虫，长度仅有 1.2～7 mm（引自 Hendrix CM, Robinson E: *Diagnostic parasitology for veterinary technicians*, ed 4, St Louis, 2012, Mosby.）**

反刍动物和马属动物多节绦虫

叶状裸头绦虫（*Anoplocephala perfoliata*）、大裸头绦虫（*Anoplocephala magna*）和侏儒副裸头绦虫（*Paranoplocephala mamillana*）是马的绦虫。叶状裸头绦虫寄生在小肠、大肠和盲肠中。大裸头绦虫在小肠中可见，偶见于胃。侏儒副裸头绦虫也分布于小肠，偶见于胃。叶状裸头绦虫的卵壳厚，有一个或多个平面，直径 65～80 μm。大裸头绦虫的卵与之相似，不同的是直径稍小，为 50～60 μm。侏儒副裸头绦虫卵呈椭圆形、壁薄，直径为 51～37 μm。3 种绦虫卵都有 3 层卵壳，最内层组织形似梨，称为梨形器。马的绦虫卵都可通过标准粪便漂浮法回收。3 种绦虫的潜伏期为 28～42 d。

莫尼茨属绦虫（*Moniezia* species）是寄生于牛、绵羊、山羊小肠中的绦虫。这种绦虫产出立方形或锥形的虫卵，复式显微镜下这些虫卵的侧影呈正方形或三角形。常见的有两种：牛的贝氏莫尼茨绦虫（*Moniezia benedeni*）和牛、绵羊、山羊的扩展莫尼茨线虫（*Moniezia expansa*）。这两种绦虫卵可用标准粪便漂浮法进行区分。图 46.11 为典型的莫尼茨属绦虫虫卵。扩展莫尼茨绦虫卵呈三角形，直径 56～67 μm。贝氏莫尼茨绦虫呈正方形，直径约 75 μm。这些绦虫的潜伏期大约为 40 d。

缝体绦虫（*Thysanosoma actinoides*）是寄生于反刍动物的胆管、胰管和小肠的"缝体绦虫"。绦虫的虫卵 6～12 个包在一个卵袋中，每个虫卵大小是 19 μm×27 μm。

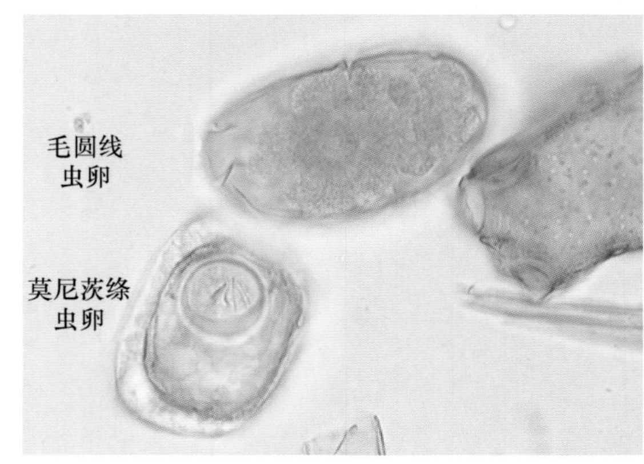

图 46.11 **莫尼茨属绦虫的典型虫卵（引自 Hendrix CM, Robinson E: *Diagnostic parasitology for veterinary technicians*, ed 3, St Louis, 2006, Mosby.）**

幼虫期

泡状带绦虫的囊尾蚴（幼虫期或中绦虫期）细颈囊尾蚴，可存在于大多数的反刍动物腹腔内的大网膜上。这些囊虫通常在死后剖检时被发现。牛带绦虫的囊尾蚴（幼虫期或中绦虫期）——牛囊尾蚴，可出现在中间宿主牛的肌肉系统中。该囊虫病俗称"牛囊虫病"，通常在死后的肉品检查中被确诊。人类通常因食用未煮熟的牛肉而感染成虫。

猪肉绦虫的囊尾蚴——猪囊尾蚴（幼虫期或中绦虫期），也可出现于中间宿主猪的肌肉系统中。该囊虫病俗称"猪囊尾蚴病"，通常在死后的肉类检查中被确诊。人类可能因食用含有猪囊尾蚴的未煮熟的猪肉而感染成虫，或因食入含有猪肉绦虫卵的肌肉或神经组织（如脑或眼组织）而感染猪囊尾蚴。

小型哺乳动物多节绦虫

短小包膜绦虫（*Vampirolepis nana*，又称短小膜壳绦虫，*Hymenolepis nana*/*Rodentolepis nana*）和缩小膜壳绦虫（*Hymenolepis diminuta*）常寄生于啮齿动物小肠，偶寄生于人类和犬的小肠内。这种绦虫的特点是它的生活史能够在同一个宿主体内完成。存在于粪便中的虫卵（图 46.12），被跳蚤、粉甲虫或其他昆虫吞食后，在其体内发育为具有尾巴样构造的似囊尾蚴。部分短小包膜绦虫卵在小肠孵化释放出六钩蚴，之后六钩蚴钻入肠黏膜中发育为似囊尾蚴；随后似囊尾蚴再重新进入肠道，继续完成发育。之后循环往复，虫卵随粪便排出，被粉虱或跳蚤吞食后继续在体内形成似囊尾蚴。缩小膜壳绦虫一般通过吞食被感染的昆虫而感染，所以人类感染这种绦虫的可能性较小。

注意：短小膜壳绦虫是唯一不需要中间宿主即可完成整个生活史的绦虫。

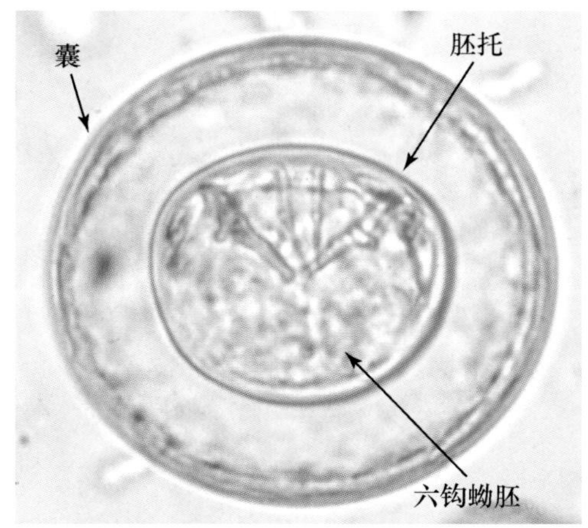

图 46.12　**缩小膜壳绦虫（Hymenolepididae）卵，该绦虫为啮齿类动物的常见寄生虫（引自 Bowman D：*Georgis' parasitology for veterinarians*，ed 9，St Louis，2009，Saunders.）**

假绦虫

迭宫属绦虫（*Spirometra* species）经常被称作"拉链"绦虫或裂头蚴绦虫（图 46.13）。这种绦虫常寄生于犬猫小肠以及佛罗里达州和北美大陆海岸沿线的宠物体内。其虫卵具有卵盖，这在临床上很奇特。迭宫属绦虫的每个节片都有一个位于中心的螺旋形子宫，且有一个可以排出虫卵的连接着子宫的子宫孔。这类绦虫的特点是持续释放虫卵直到子宫内所有卵排尽，而孕节片通常不排放到粪便中。

这种绦虫特殊之处在于，尽管它附着在宿主的空肠上，但是其成熟节片经常会有一小段沿纵轴裂开，形似拉开的拉链，这也是它俗称"拉链"绦虫的来源。失去功能的"拉上"和"未拉上"的节片经常出现在宠物的粪便中。

迭宫属绦虫卵很像吸虫卵或复殖吸虫卵（图 46.14），在卵壳的一端上有一个明显的卵盖。卵呈卵圆形，棕黄色，平均大小为 60 μm × 36 μm，外表不对称，有一端很尖。虫卵破裂后，可以看到一个明显的卵盖。虫卵排入粪便时没有胚胎化。

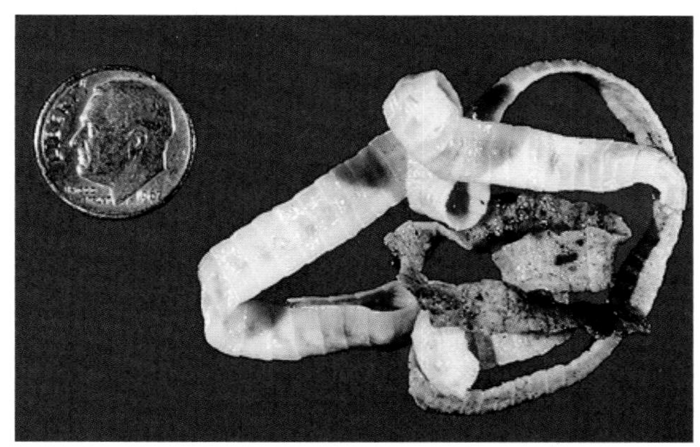

图 46.13　**曼森迭宫绦虫（*Spirometra mansonoides*）即"拉链绦虫"失去效能的节片（引自 Hendrix CM，Robinson E：*Diagnostic parasitology for veterinary technicians*，ed 3，St Louis，2006，Mosby.）**

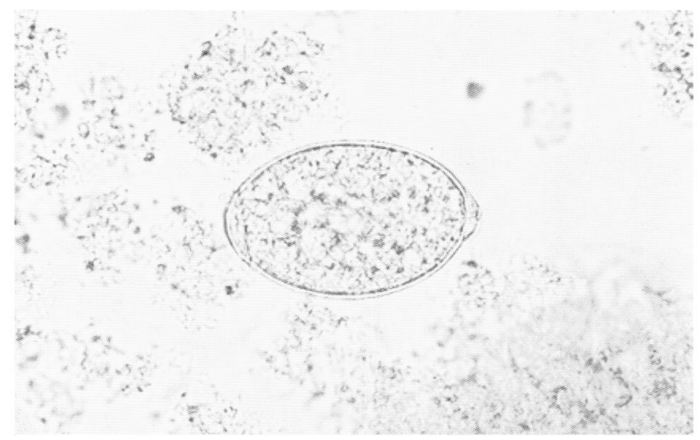

图 46.14　**曼森迭宫绦虫的典型虫卵（引自 Hendrix CM，Robinson E：*Diagnostic parasitology for veterinary technicians*，ed 3，St Louis，2006，Mosby.）**

双叶槽属绦虫（*Diphyllobothrium* species）经常被称作鱼阔节绦虫。这种绦虫长 2～12 m，但在犬猫体内可能长不到 12 m。其每个节片都有一个位于中心的玫瑰花结样的子宫，并且有一个排放虫卵的且与子宫相连的子宫孔。这些绦虫持续释放虫卵直到子宫内的虫卵排尽，因此末端的节片已经非常衰老而不再是孕节片，且会成串脱落而不是单独脱落。

双叶槽属绦虫卵也和吸虫的虫卵相似（复殖吸虫）。虫卵呈卵圆形，在卵壳一端有明显的卵盖。卵呈浅棕色，平均大小为（67～71）μm ×（40～51）μm，它们一端趋于钝圆，卵盖位于圆端的对面，虫卵排入粪便中时未胚胎化（图 46.15）。

注意：兽医中较重要的假绦虫包括迭宫属绦虫和双叶槽属绦虫。

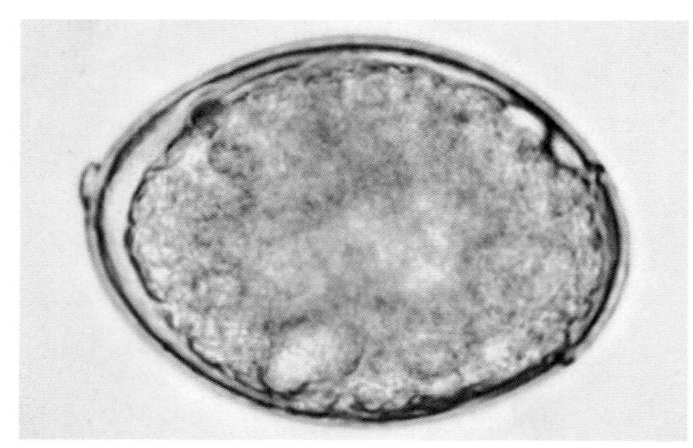

图 46.15 双叶槽属绦虫(*Diphyllobothrium* species)卵和复殖吸虫(*Digenetic trematode*)的虫卵相似(引自 Hendrix CM, Robinson E: *Diagnostic parasitology for veterinary technicians*, ed 4, St Louis, 2012, Mosby.)

吸　虫

吸虫是不分体节、呈叶状的扁形蠕虫。器官嵌在松散的实质组织中,它们具有两个肌肉附着器官,即吸盘。前吸盘位于口孔,腹吸盘(sucker 或 acetabulum)位于靠近虫体身体中部或尾部末端的腹侧表面。吸虫主要有三大类,但只有复殖吸虫寄生于家养动物。单殖吸虫主要是寄生于鱼类、两栖动物和爬行动物体表。

复殖吸虫具有外体壁或表皮。其有一个简单的消化道,由口、咽、食道和下分为两条盲肠的肠管组成。在吸虫内,主要是生殖器官。除少数吸虫种类外(如分体吸虫),大多数吸虫均为雌雄同体。吸虫也具有神经系统和排泄系统。

复殖吸虫的生活史较为复杂(图 46.16)。其经历多个不同的幼虫阶段(毛蚴、胞蚴、雷蚴、尾蚴和囊蚴),通常需要一个或多个中间宿主,其中一个中间宿主是软体动物(如螺、蛞蝓)。复殖吸虫在中间宿主内进行无性繁殖,在终宿主内进行有性繁殖。虫卵有卵盖,内部包含一个外被纤毛的胚胎——毛蚴。毛蚴被螺吞食进入体内,经过几个幼虫阶段的发育,最后形成活跃的有尾部的尾蚴。之后尾蚴从螺体内排出,活跃地游动。有时,个别种类吸虫的尾蚴会附着在植物上,进入包囊阶段形成囊蚴,进而感染终宿主。而其他种类的吸虫,尾蚴直接侵入终宿主的皮肤或侵入第二中间宿主体内形成囊蚴。表 46.2 总结了吸虫在兽医学中的重要性。

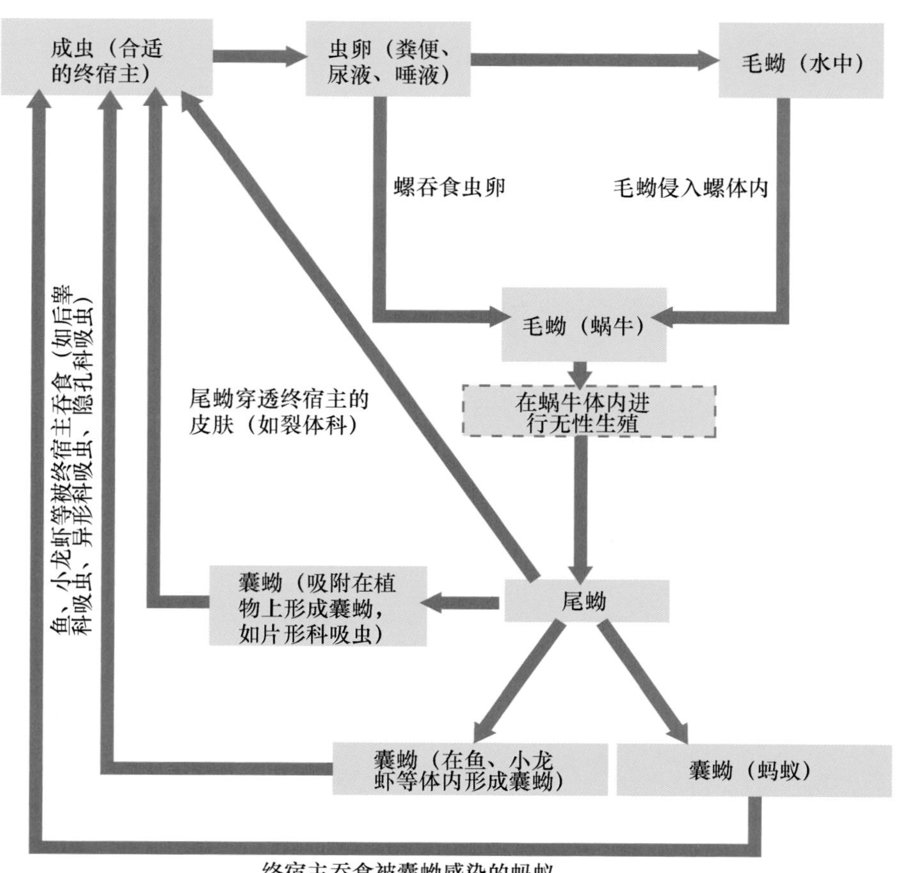

图 46.16 家养动物的吸虫生活史(引自 Bowman D: *Georgis' parasitology for veterinarians*, ed 9, St Louis, 2009, Saunders.)

表 46.2 重要吸虫信息简表

	种属	地理分布	宿主	寄生部位	引起疾病	成虫体长	虫卵长度	中间宿主	潜伏期
片形科(Fasciolidae)	肝片吸虫(*Fasciola hepatica*)	热带地区、美国	食草性哺乳动物	胆道	肝脏硬化	3 cm	120 μm	附着植物的囊蚴	60 d
	大片形吸虫(*Fasciola gigantica*)	非洲	人类	胆道	肝脏硬化	5 cm	120 μm	附着植物的囊蚴	60 d
	布氏姜片吸虫(*Fasciolopsis buski*)	亚洲	猪、人类	肠道	肠胃病	8 cm	120 μm	附着植物的囊蚴	90 d
	大拟片形吸虫(*Fascioloides magna*)	美国、欧洲	白尾鹿	肝脏(包囊)	肝炎，可致死部分鹿科动物和小型反刍动物，牛的非专性囊肿(nonpatent cysts in cattle)	10 cm	120 μm	附着植物的囊蚴	270 d
前后盘科(Paramphistomoidea)	前后盘属、殖盘属(*Paramphistomum* and *Cotylophoron*)	世界范围	反刍动物	瘤胃	未成熟吸虫造成肠道损伤	10 cm	120 μm	附着水生植物的囊蚴	80 d
隐孔科(Troglotrematidae)	鲑隐孔吸虫(*Nanophyetus salmincola*)	北太平洋沿岸	犬、猫	肠道	作为蠕虫新立克次体(*Neorickettsia helminthoeca*)的传播媒介	1 mm	80 μm	鱼	7 d
	猫肺并殖吸虫(*Paragonimus kellicotti*)	美国东部	水貂、犬、猫	肺脏	肺囊肿	6 mm	90 μm	小龙虾	30 d
异形科(Heterophyidae)	隐穴属(*Cryptocotyle*)	美国、东海岸	鸟类	肠道	肠炎	2 mm	30 μm	鱼	14 d
	异形属(*Heterophyes*)	中东	犬、猫	肠道	肠炎	2 mm	30 μm	鱼	14 d
后睾科(Opisthorchidae)	后睾属(*Opisthorchis*)	亚洲、欧洲	犬、猫	胆道	轻微症状	6 mm	30 μm	鱼	30 d
	次睾属(*Metorchis*)	美国	狐狸、猪	胆道	轻微症状	6 mm	30 μm	鱼	17 d
	支睾属(*Clonorchis*)	亚洲	犬、猫	胆道	轻微症状	6 mm	30 μm	鱼	60 d
歧腔科(Dicrocoelidae)	枝歧腔吸虫(*Dicrocoelium dendriticum*)	纽约、魁北克、不列颠哥伦比亚、欧洲	绵羊、牛、猪、鹿、土拨鼠	胆道	慢性纤维化	10 mm	40 μm	蚂蚁	80 d

续表 46.2

	种属	地理分布	宿主	寄生部位	引起疾病	成虫体长	虫卵长度	中间宿主	潜伏期
	法斯特平体吸虫(*Platynosomum fastosum*)	加勒比海、美国南部	猫	胆道、胆囊	肝炎、纤维化、呕吐、黄疸、腹泻	7 mm	45 μm	蜥蜴	30 d
双穴科(Diplostomatidae)	犬翼形属吸虫(*Alaria canis*)	美国北部、加拿大	犬、狐狸	肠道	无明显症状	4 mm	100 μm	青蛙 转续宿主()	35 d
	特斯复口吸虫(*Alaria marcianae Fibricola texensis*)	美国南部	浣熊、负鼠						
分体科(Schistosomatidae)	曼氏分体吸虫(*Schistosoma mansoni*)	世界范围	人类	肠系膜静脉	肝硬化	10～20 mm;雌雄异体	55～145 μm;侧棘	无;直接侵入皮肤	60 d
	埃及分体吸虫(*Schistosoma haematobium*)	非洲	人类	膀胱静脉	侵蚀膀胱壁	10 mm;雌雄异体	60 μm×140 μm;端棘	无;直接侵入皮肤	
	日本分体吸虫(*Schistosoma japonicum*)	亚洲	人类、猫、哺乳动物	肠系膜静脉	肝硬化	10 mm;雌雄异体	58 μm×85 μm;无棘	无;直接侵入皮肤	70～84 d
	牛分体吸虫(*Schistosoma bovsi*)	非洲	牛	肠系膜静脉	肝硬化	10 mm;雌雄异体	62 μm×207 μm;端棘	无;直接侵入皮肤	35～42 d
	Schistosoma margrebowiei	非洲	马、反刍动物	肠系膜静脉	肝硬化	10 mm;雌雄异体	60 μm×80 μm;无棘	无;直接侵入皮肤	42 d
	Bivitellobilhania loxodontae	非洲	象	肠系膜静脉	肝硬化	10 mm;雌雄异体	71 μm×87 μm;无棘	无;直接侵入皮肤	38 d
	美洲异毕吸虫(*Heterobilharzia americana*)	美国	浣熊、犬、负鼠	肠系膜静脉	肝硬化	10 mm;雌雄异体	71 μm×87 μm;无棘	无;直接侵入皮肤	不明
	鸟属(Bird genera)	世界范围		皮肤	哺乳动物表现皮炎症状	10 mm;雌雄异体	长度多样	无;直接侵入皮肤	60 d

改自 Bowman D:*Georgis' parasitology for veterinarians*, ed 9, St Louis, 2009, Saunders.

犬猫吸虫

法斯特平体吸虫(*Platynosomum fastosum*)是猫的“蜥蜴中毒吸虫”(lizard-poisoning fluke)(图 46.17)。成虫寄生于肝、胆囊、胆管,偶尔也寄生于小肠。虫卵呈褐色、有卵盖,大小为(34～50) μm×(20～35) μm。

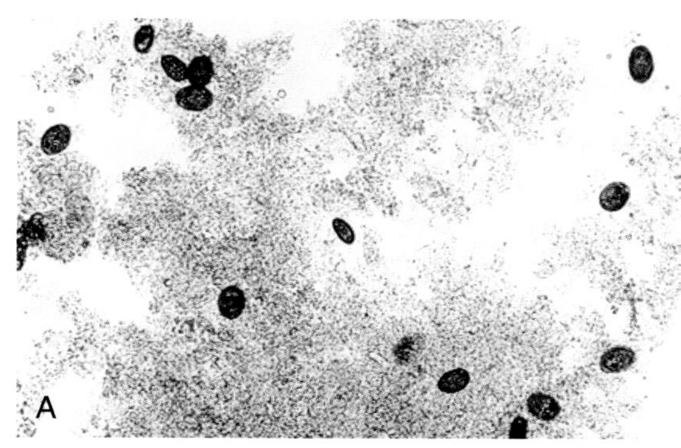

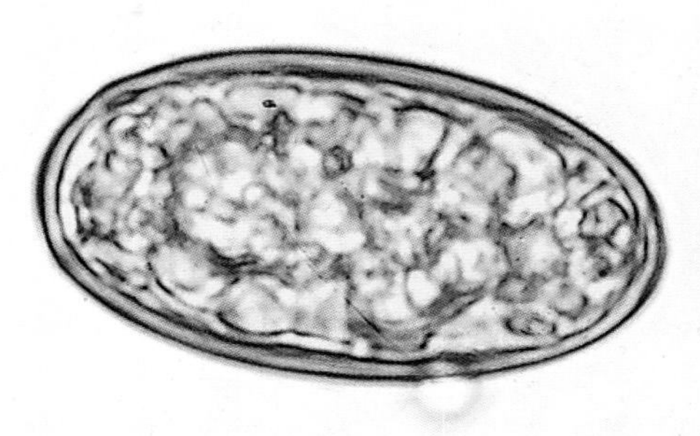

图 46.17　**A. 法斯特平体吸虫卵,猫的“蜥蜴中毒吸虫”。B. 褐色、有卵盖的虫卵,大小为(34～50) μm×(20～35) μm(引自 Hendrix CM, Robinson E: *Diagnostic parasitology for veterinary technicians*, ed 3, St Louis, 2006, Mosby.)**

鲑隐孔吸虫(*Nenophyetus salmincola*)是在北美太平洋的西北地区犬的“鲑鱼中毒吸虫”(salmon-poisoning fluke)。成虫常寄生于小肠,并且是立克次体的传播媒介,可引起犬的“鲑鱼中毒”(salmon poisoning)和“埃洛科明吸虫热”(Elokomin fluke fever)。虫卵产出时不含胚胎,大小为(52～82) μm×(32～56) μm(图 46.18)。它们有明显的卵盖,在卵盖的对面有一个小的、钝圆形的点。

重翼吸虫(*Alaria* species)是犬、猫的肠道吸虫,出现在北美的北半部。它们的虫卵较大,呈金棕色,有卵盖(图 46.19),大小为(98～134) μm×(62～68) μm。

美洲异毕吸虫是一种寄生于犬的小肠、大肠肠系膜静脉和肝门静脉的血吸虫。这种吸虫在密西西比三角洲和路易斯安那州的沿海沼泽地成地方性流行。虽然这种吸虫寄生于血管系统,但其主要临床表现为血性腹泻,患犬也表现出消瘦和厌食。可通过鉴别其薄壁的虫卵而确诊,虫卵大小约为 80 μm×50 μm,卵内包含一个毛蚴。图 46.20 展示了美洲异毕吸虫卵的形态特征。潜伏期可持续约 84 d。

克氏并殖吸虫(*Paragonimus kellicotti*)是犬的“肺吸虫”。雌雄同体的成虫寄生于犬、猫肺实质的囊性腔隙,囊性腔隙与终末细支气管相连。痰液或粪便中可找到虫卵。虫卵呈黄棕色,有一个卵盖,大小为(75～118) μm×(42～67) μm(图 46.21)。吸虫卵通常可以用粪便沉淀法收集,但克氏并殖吸虫卵需要用标准粪便漂浮液进行收集,也可通过气管冲洗从痰液中回收。寄生于肺实质囊性腔隙的成虫可以在胸部 X 线片中观察到。该吸虫的潜伏期是 30～36 d。

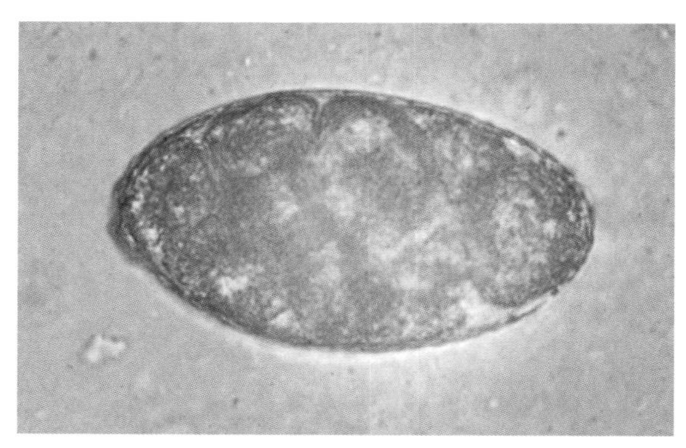

图 46.18　**鲑隐孔吸虫典型虫卵(引自 Hendrix CM, Robinson E: *Diagnostic parasitology for veterinary technicians*, ed 3, St Louis, 2006, Mosby.)**

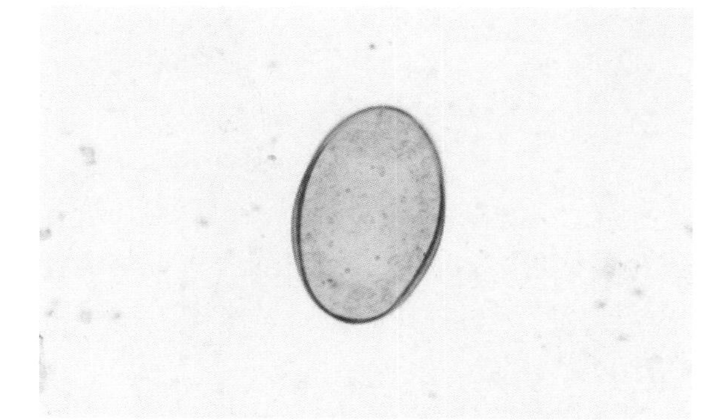

图 46.19　**典型的翼形吸虫虫卵,犬、猫的肠道吸虫。它们遍布北美北部(引自 Hendrix CM, Robinson E: *Diagnostic parasitology for veterinary technicians*, ed 3, St Louis, 2006, Mosby.)**

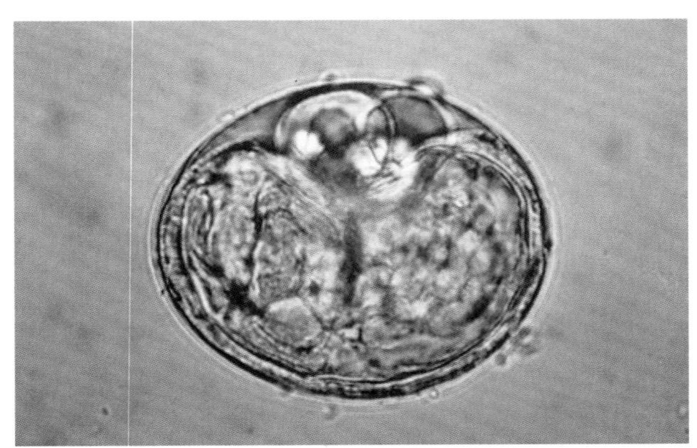

图 46.20 美洲异毕吸虫典型的薄壁虫卵。这些虫卵大约 80 μm×50 μm，包含一个毛蚴（引自 Hendrix CM, Robinson E: *Diagnostic parasitology for veterinary technicians*, ed 3, St Louis, 2006, Mosby.）

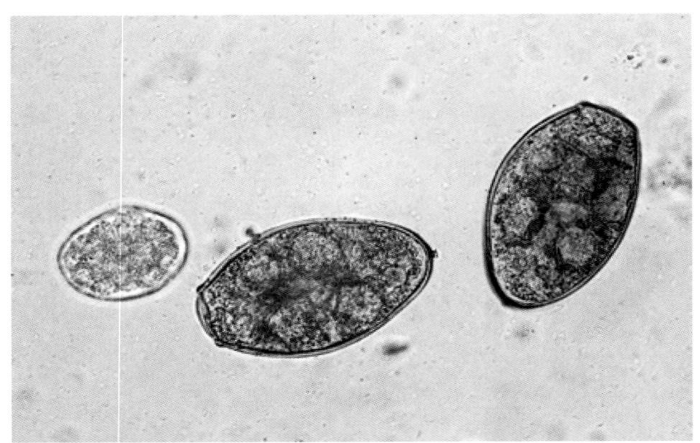

图 46.21 标准粪便漂浮法收集的犬肺吸虫——猫肺并殖吸虫的典型虫卵。这些虫卵可以在痰液或粪便中找到，常通过粪便漂浮收集。左边是一个犬钩虫（*Ancylostoma caninum*）虫卵（引自 Hendrix CM, Robinson E: *Diagnostic parasitology for veterinary technicians*, ed 3, St Louis, 2006, Mosby.）

反刍动物吸虫

肝片吸虫（*Fasciola hepatica*）是牛、绵羊和其他反刍动物的"肝吸虫"。成虫雌雄同体，寄生于肝的胆管（图 46.22）。虫卵大小为 140 μm×100 μm，呈黄棕色，卵圆形，有卵盖（图 46.23）。肝片吸虫的潜伏期约为 56 d。肝吸虫在所有寄生于动物的吸虫中引起的经济损失最为严重。其生活史也相当复杂（图 46.24）。

枝歧腔吸虫（*Dicrocoelium dendriticum*）是绵羊、山羊和牛的"矛形吸虫"。这些小型吸虫寄生于胆管的细小分枝中。褐色的虫卵有一个不清晰的卵盖，大小为（36～45）μm×（20～30）μm。这种以及前面提到的吸虫虫卵均可以用粪便沉淀法或商品化的吸虫卵回收法从粪便中收集。

"瘤胃吸虫"包含两种主要的属，前后盘属吸虫（*Pcircimphistomum*）和殖盘属吸虫（*Cotylophoron*）。成虫寄生于牛、绵羊、山羊和其他多种反刍动物的瘤胃和网胃。前后盘属吸虫卵大小为（114～76）μm×（73～100）μm，殖盘属吸虫卵大小为（125～135）μm×（61～68）μm。前后盘属吸虫潜伏期为 80～95 d。

分体属吸虫（*Schistosoma*/*Bilharzia* species）是人类的"血吸虫"。其尾蚴直接侵入宿主皮肤进行感染。这些吸虫与美洲异毕吸虫相似，寄生于人类肠系膜静脉的血管系统和一些与腹腔内主要器官（即大肠、小肠和膀胱）相关的血管系统。

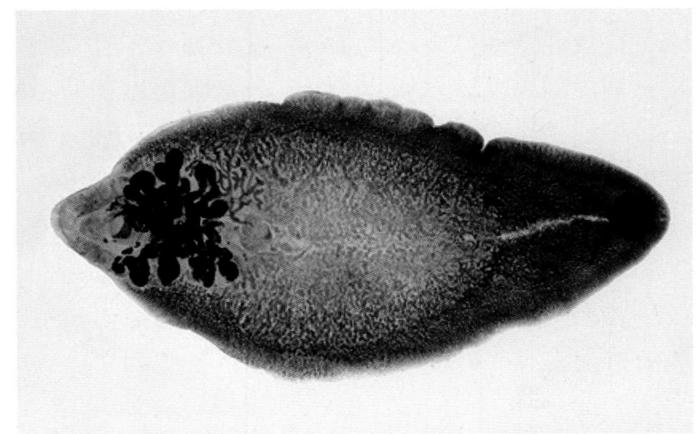

图 46.22 肝片吸虫成虫体前部较宽，且前端有一个锥状突起，其后是突出的肩部（引自 Hendrix CM, Robinson E: *Diagnostic parasitology for veterinary technicians*, ed 4, St Louis, 2012, Mosby.）

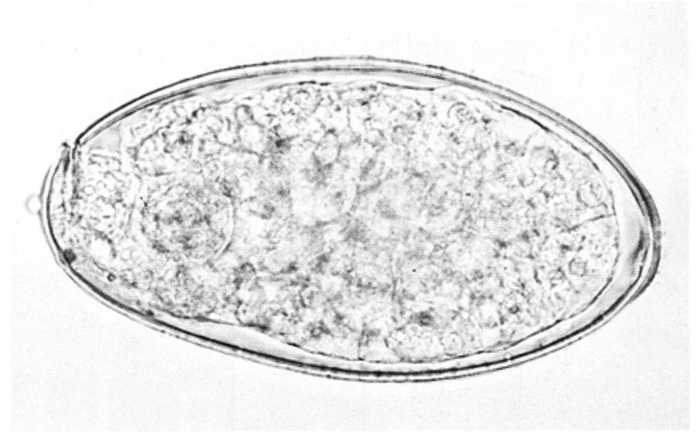

图 46.23 典型的有卵盖的肝片吸虫虫卵，是牛、绵羊和其他反刍动物的肝吸虫（引自 Hendrix CM, Robinson E: *Diagnostic parasitology for veterinary technicians*, ed 3, St Louis, 2006, Mosby.）

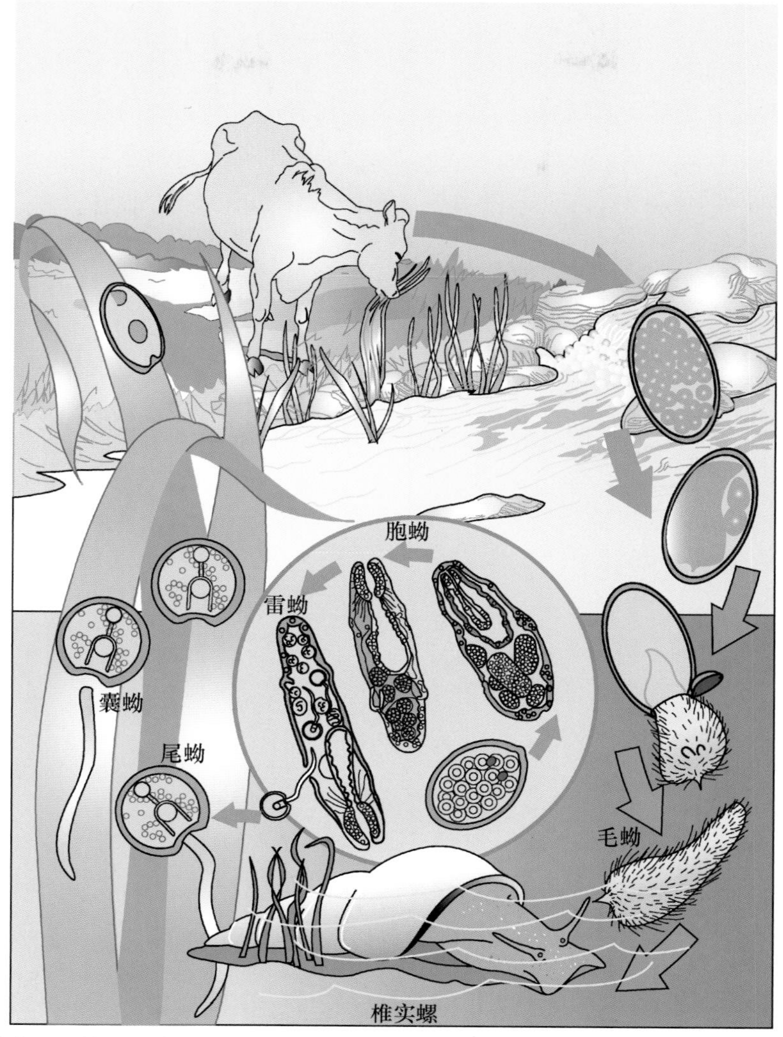

图 46.24 肝片吸虫生活史。肝片吸虫成虫释放出虫卵，虫卵通过胆总管和肠道离开宿主。若虫卵进入水中，根据水温不同，在数周或数月内，将在卵内形成外被纤毛的毛蚴。虫卵破裂后，毛蚴进入椎实螺体内，进行多个阶段的发育，包括一代胞蚴，两代雷蚴。第二代雷蚴发育成为可以游动的尾蚴，从螺体内逸出，然后在水内各物体（包括水生植被）上进入包囊阶段即形成囊蚴。反刍动物和其他动物通过食入携带囊蚴的水生植物而感染肝片吸虫（引自 Bowman D: *Georgis' parasitology for veterinarians*. ed 9, St Louis, 2009, Saunders.）

棘头虫

棘头虫是一种不常见的寄生虫，具有复杂的生活史。和大多数线虫一样，它们是雌雄异体。在这些蠕虫的前端有一个多刺的使虫体附着在肠壁内侧的吻突。棘头虫没有真正的消化道，它们通过体壁吸收营养。通常在尸体剖检时被发现（图 46.25）。

最著名的棘头虫是蛭形巨吻棘头虫（猪巨吻棘头虫）（*Macracanthorhynchus hirudinaceus*），其是猪的一种寄生虫。其是在家养动物寄生虫中科学命名最长的。犬钩棘头虫（*Oncicola canis*）是一种寄生于犬小肠的棘头虫。

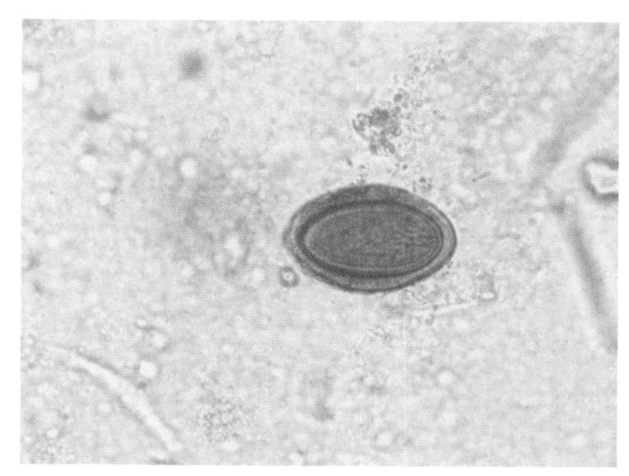

图 46.25 从野猪中回收的棘头虫的卵

关键点

- 扁形动物门常见的扁形虫是绦虫和吸虫。
- 属于真绦虫亚纲的绦虫称为真绦虫。
- 属于假叶纲的绦虫称为假绦虫。
- 绦虫有一个间接的生活史，需要一个或多个中间宿主。
- 真绦虫有2～4个肌肉吸盘，用来把虫体吸附在肠壁上。
- 假绦虫的吸附器官是一对沟样的吸槽，被称为吸沟，位于头节侧面。
- 犬复孔绦虫是寄生于犬猫小肠的最常见的绦虫。
- 犬复孔绦虫的中间宿主是跳蚤。
- 犬猫通过吞食含有囊尾蚴的中间宿主而感染带绦虫。
- 细粒棘球绦虫和多房棘球绦虫是与单房和多房棘球蚴病相关的绦虫。
- 叶状裸头绦虫(*Anoplocephala perfoliata*)、大裸头绦虫(*Anoplocephala magna*)和侏儒副裸头绦虫(*Paranoplocephala mamillana*)是马属动物的绦虫。
- 吸虫属于扁形虫，其生活史相当复杂，包括多个不同的幼虫阶段(毛蚴、胞蚴、雷蚴、尾蚴和囊蚴)，且通常需要一个或多个中间宿主，其中某个中间宿主常为软体动物(如螺、蛞蝓)。
- 犬、猫吸虫包括猫肺并殖吸虫、法斯特平体吸虫、鲑隐孔吸虫、翼形吸虫、美洲异毕吸虫。
- 反刍动物吸虫包括肝片吸虫、枝歧腔吸虫、前后盘属吸虫、殖盘属吸虫。

第47章

Protozoa and Rickettsia
原虫和立克次体

学习目标

经过本章的学习,你将可以:

- 列出在兽医领域较为重要的常见原虫及其终宿主。
- 描述原虫发育成包囊所需的环境条件。
- 描述贾第鞭毛虫的生活史。
- 描述孢子虫的生活史。
- 描述弓形虫在猫及其他宿主内的生活史。
- 列出兽医领域较为重要的常见立克次体寄生虫。

目　录

关键词

无鞭毛体
慢殖子
纤毛
球虫病
鞭毛
血液原虫
传染性肠肝炎
裂殖子
前鞭毛体
卵囊

原虫
伪足
立克次体
速殖子
滋养体
锥鞭毛体
波动脊

在世界范围内，目前已知的原生动物约有65 000种，其中有一小部分为寄生。原生动物是单细胞生物，有一个或多个膜包被的核，核内含有DNA，细胞质内含有一些特殊细胞器。寄生原生动物(原虫)主要有3类:肉鞭动物门、顶复门和纤毛门。这些原虫可以感染宿主体内的多个组织部位。血液是最常见的检测原虫的样本，在血内寄生的原虫被称为血液原虫或血液原生动物，而能够在粪便样本中检测的原虫则称为肠道原虫。在美国，大多数血液原虫都是在染色血涂片中的红细胞内发现的。蜱通常作为中间宿主，将含有血液原虫的红细胞在动物间进行传播。原虫的生活史有的简单、有的复杂。生殖方式是无性生殖(二分裂、裂殖生殖、出芽生殖)或有性生殖(配子生殖、接合生殖)。对于某些原虫种类可通过其生殖阶段来鉴别。滋养体(也称繁殖体)是原虫生活史中能够进食、运动和生殖的阶段。表47.1总结了一些兽医学常见的原虫种类。

注意:滋养体是指原虫的活动和进食阶段。

运动的细胞器包括鞭毛(长，鞭状结构)、纤毛(短鞭毛，通常排列成行或簇状)、伪足(体壁的暂时伸展和收缩)和波动脊(在细胞膜上形成并向后移动的蛇状小波)。常通过鉴定运动细胞器及附属结构来鉴别动物体内的原虫种类。滋养体通常过于脆弱而无法在转移到新宿主的过程中存活，通常不具传染性。原虫通常在包囊阶段感染宿主。当寄生虫处于包囊阶段时，多数代谢功能会停止。包囊壁能够防止虫体干燥。包囊通常在营养物质缺乏、氧张力低、水缺乏、pH低、废物堆积过度和拥挤的条件下形成。

注意:原虫通常在包囊阶段进行传播。

肉鞭动物门

肉鞭动物门包括阿米巴虫和鞭毛虫。属于肉鞭动物门的已知物种约有44 000个，但只有2 300种是寄生的。鞭毛虫在滋养体阶段具有一个或多个鞭毛。滋养体是寄生虫的活动阶段。阿米巴虫通过伪足进行运动，它们既有可活动的滋养体阶段，也有包囊阶段。在兽医领域中较为重要的属于肉鞭动物门的属有锥虫属(*Trypanosoma*)、利什曼原虫属(*Leishmania*)、贾第鞭毛虫属(*Giardia*)、毛滴虫属(*Trichomonas*)、组织滴虫属(*Histomonas*)和内阿米巴虫属(*Entamoeba*)。

贾第鞭毛虫

贾第鞭毛虫(*Giardia*)是具有鞭毛的原虫，常可以从发生腹泻的犬、猫粪便中发现，但从动物的正常粪便中也可以找到。这种寄生虫有2种形态:一种是运动、摄食状态，称为滋养体;另一种是有抵抗力的包囊状态(图47.1)。马、牛、绵羊、山羊和猪也容易受到感染。运动状态呈梨形，并且背腹扁平，包含4对鞭毛，大小为(9～21) μm×(5～15) μm。在细胞的头部有2个核和1个突出的黏性圆盘，很像一对眼睛向后盯着观察者。

成熟的包囊呈卵圆形，大小为(8～10) μm×(7～10) μm 。它们有折光性的壁和4个核。未成熟的包囊为新成囊运动态，只包含2个核。犬可能在感染贾第虫5 d后就发生腹泻，卵囊最早1周后在粪便中出现。图47.2描述了贾第鞭毛虫的生活史。

注意:贾第鞭毛虫的滋养体通常出现于腹泻动物，而包囊则更常见于粪便成形的动物。

贾第虫感染可用标准粪便漂浮法进行诊断。硫酸锌(比重1.18)是最好的收集包囊的浮集溶液。包囊通常扭曲成半月形。用等渗盐水将新鲜粪便稀释涂片，偶尔可观察到运动的滋养体。鲁氏碘液可用于显示包囊和滋养体的内部结构。免疫诊断方法也常用于检测粪便。

表 47.1　原虫寄生的动物类别

	中间宿主	在终宿主的寄生部位
犬		
纤毛虫(Ciliates)		
结肠小袋虫		盲肠/结肠
阿米巴虫(Sarcodines/Amoebas)		
溶组织内阿米巴虫		大肠
鞭毛虫		
贾第鞭毛虫属		小肠
克氏锥虫	猎蝽科的某些昆虫 Reduviid bugs	外周血
利什曼原虫属	白蛉、沙蝇	巨噬细胞
顶复门		
犬巴贝斯虫	蜱	红细胞
犬隐孢子虫		小肠
美洲肝簇虫	蜱	白细胞
犬肝簇虫	蜱	白细胞
犬囊等孢球虫(之前称犬等孢球虫)		小肠/盲肠
猫囊等孢球虫(之前称猫等孢球虫)		小肠/回肠
俄亥俄囊等孢球虫(之前称俄亥俄等孢球虫)		小肠/盲肠/结肠
芮氏囊等孢球虫(之前称芮氏等孢球虫)		小肠/盲肠/结肠
伯氏囊等孢球虫(*Cystoisospora burrowsi*)之前称伯氏等孢球虫(*Isospora burrowsi*)		小肠/盲肠/结肠
肉孢子虫属		小肠
猫		
鞭毛虫		
贾第鞭毛虫属		小肠
顶复门		
猫隐孢子虫		
猫胞簇虫	蜱	红细胞
猫囊等孢球虫(之前称猫等孢球虫)		小肠/回肠
芮氏囊等孢球虫(之前称芮氏等孢球虫)		小肠/盲肠/结肠
肉孢子虫属		小肠
刚地弓形虫		肠黏膜细胞
马		
驽巴贝斯虫	蜱	红细胞
马巴贝斯虫	蜱	红细胞
鲁氏艾美耳球虫		小肠
马贾第虫		小肠
神经肉孢子虫(*Sarcocystis neurona*)		脊髓,其他中枢神经系统组织
反刍动物		
双芽巴贝斯虫	蜱	红细胞
隐孢子虫属		小肠
牛艾美耳球虫		小肠
胎儿三毛滴虫		生殖系统
猪		
艾美耳球虫属		
隐孢子虫属		
猪囊等孢球虫(之前称猪等孢球虫)		
兔		
无残艾美耳球虫		小肠
大型艾美耳球虫		小肠
中型艾美耳球虫		小肠/大肠
穿孔艾美耳球虫		小肠
斯氏艾美耳球虫		胆管

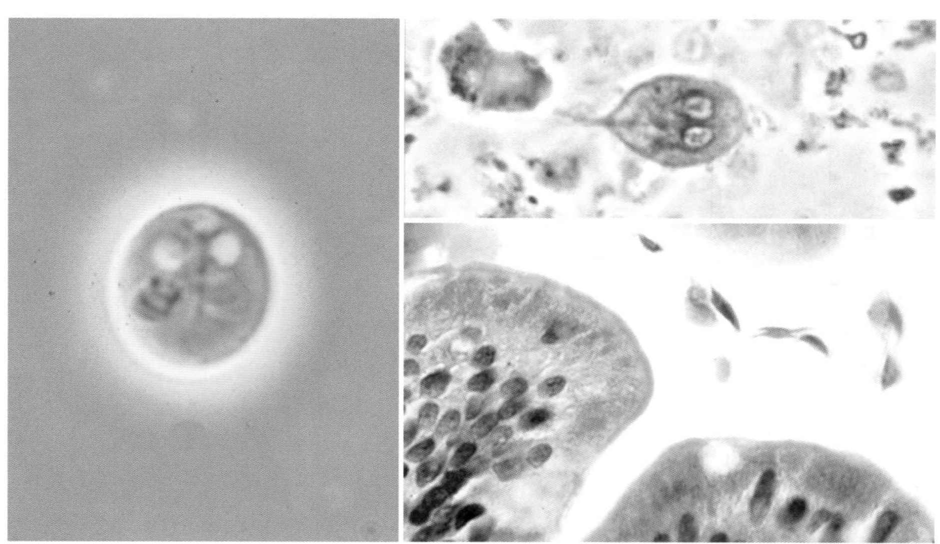

图 47.1 贾第鞭毛虫。左图，粪便排出的包囊，在靠近图像上方的位置，相差显微镜显示出包囊内 4 个核中的 2 个。右上图，三色染色(trichrome-stained)的粪便涂片中一个贾第虫滋养体。右下图，在感染贾第虫的动物的肠黏膜切片中，发现肠腔内脱落的滋养体(引自 Bowman D: *Georgis' parasitology for veterinarians*, ed 9, St Louis, 2009, Saunders.)

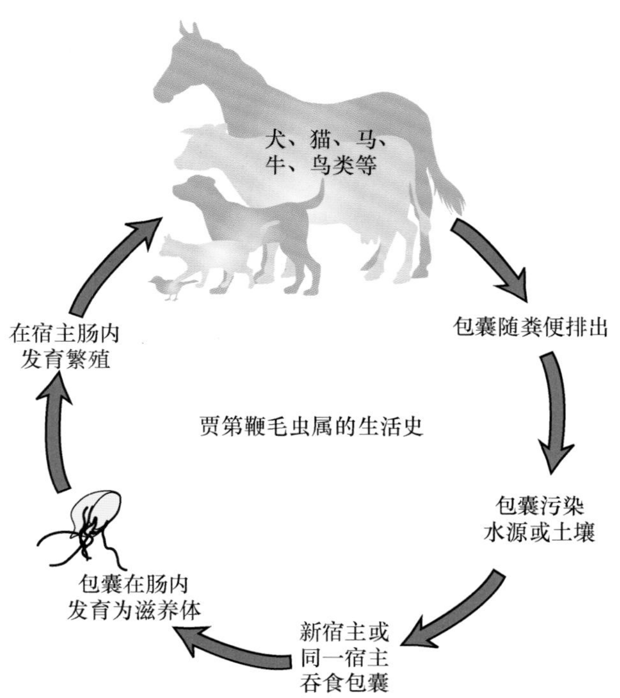

图 47.2 贾第鞭毛虫属的生活史(引自 Hendrix CM, Robinson E: *Diagnostic parasitology for veterinary technicians*, ed 4, St Louis, 2012, Mosby.)

锥虫

锥虫是一种血液原虫，偶见于美国南部。克氏锥虫可感染人类、鸟类和牛，也偶见于犬。锥虫是在细胞外寄生，游离于血液中而不在红细胞内。其长度是红细胞直径的 3～10 倍，呈香蕉状。它们有侧生的波动膜和细长的鞭状尾巴(鞭毛)便于游动(图 47.3)。而这种游动的阶段称为锥鞭毛体。锥虫也有包囊阶段(称为无鞭毛体)，常存在于心肌或其他组织。其可通过吸血节肢动物(猎蝽科的某些昆虫)进行传播。

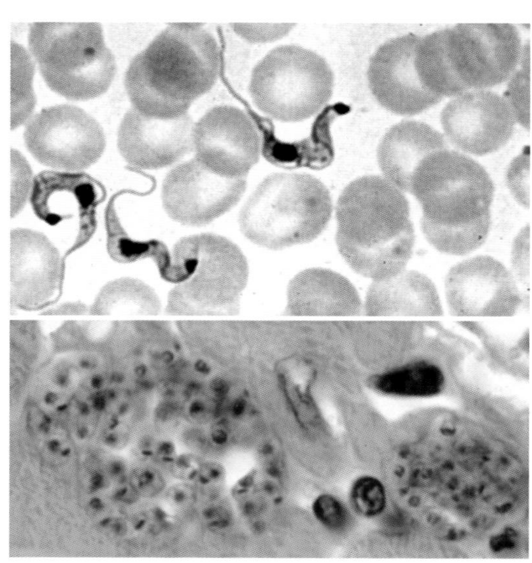

图 47.3 克氏锥虫。自然感染锥虫的犬的血液淡黄层涂片进行瑞氏染色，发现了上图所示的锥鞭毛体(trypomastigote)。下图展示了在心肌内的无鞭毛体(amastigote)阶段(Steven S. Barr 博士供图。引自 Bowman D: *Georgis' parasitology for veterinarians*, ed 9, St Louis, 2009, Saunders.)

利什曼原虫

利什曼原虫属(*Leishmania* species)为血液原虫，能够感染多种哺乳动物，包括犬、猫、人类等。该寄生虫通过白蛉和沙蝇进行传播，有实验表明某些蜱类也能传播。有很长一段时间，人们认为北美以外的宠物才会感染利什曼原虫。然而，随后在美国的多个州也发现了利什曼原虫，尤其是得克萨斯州。目前公认的利什曼原虫病有 2 种形式：一种为皮肤型，主要由巴西利什曼原虫（*Leishmania braziliensis*）引起，以皮肤溃疡为临床特征；另一种为内脏型，主要由杜氏利什曼原虫（*Leishmania donovani*）和婴儿利什曼原虫（*Leishmania infantum* 或 *Leishmania chagasi*）引起，损伤多种内脏器官（如脾脏、肝脏、骨髓）。

利什曼原虫的生活史较为简单。它们在具有鞭毛的前鞭毛体阶段通过昆虫媒介的叮咬传播给宿主。然后前鞭毛体被宿主的巨噬细胞吞噬（图 47.4）。前鞭毛体以二分裂形式繁殖，发育为无鞭毛体，随巨噬细胞破裂而释出，释放出来的无鞭毛体继续感染新的巨噬细胞。大量的虫体可存在于各种组织器官中。之后沙蝇从感染宿主身上吸血摄入无鞭毛体。在沙蝇体内，无鞭毛体继续发育为前鞭毛体完成整个生活史。一般通过荧光抗体检测或分子学诊断进行确诊。

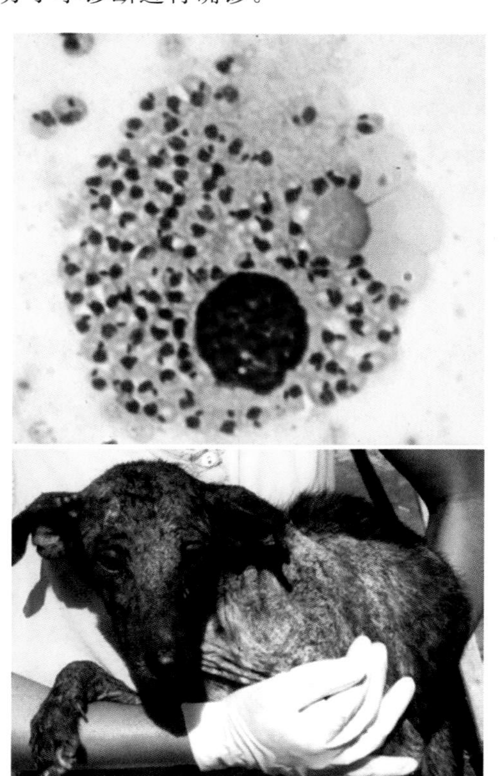

图 47.4　婴儿利什曼原虫。上图展示了患犬骨髓内一个巨噬细胞包含大量的无鞭毛体。下图展示了一只来自巴西的感染了婴儿利什曼原虫的犬，表现出因长期感染而导致的典型皮肤症状（引自 Bowman D：*Georgis' parasitology for veterinarians*，ed 9，St Louis，2009，Saunders.）

毛滴虫

毛滴虫（Trichomonads）虫体细长，背侧面伸出一根鞭毛，形成帆状结构，当其游动时，会产生波纹。

胎儿三毛滴虫（*Tritrichomonas foetus*）寄生于牛的生殖系统，其存在于公牛的包皮及母牛的阴道、子宫颈和子宫内。症状表现为不孕不育、自发性流产和子宫积脓。胎儿三毛滴虫呈梨形，体长为 10～25 μm，有 3 根前鞭毛。可通过阴道或包皮冲洗液离心后的上清液中观察活动的滋养体来进行诊断。

禽毛滴虫（*Trichomonas gallinae*）常发现于鸽子、斑鸠和家禽的嗉囊清洗液和拭子。它仅通过与受感染的禽类直接接触或饮用被污染的水而传播。禽毛滴虫会引起食道、嗉囊和前胃的坏死性溃疡。许多家养动物的盲肠和结肠中也发现了一些非致病性的毛滴虫种类。可通过观察嗉囊内容物的直接盐水涂片来诊断，注意其特征是具有 4 个前鞭毛。风干后的涂片进行瑞氏染色显示，禽毛滴虫呈椭圆形，着染蓝色的虫体内有一红色的轴柱。

> **注意**：胎儿三滴虫可导致不孕不育、自发性流产和子宫积脓。

组织滴虫属

黑头组织滴虫感染火鸡、鸡、野鸡等鸟类。鸟类可以通过吞食含有组织滴虫的鸡异刺线虫（转续宿主）卵而感染组织滴虫。蚯蚓是鸡异刺线虫的转续宿主，鸟类吞食蚯蚓也可能会感染组织滴虫。有鞭毛的滋养体从盲肠内的线虫幼虫中释放出来，脱去鞭毛，以变形虫形式进入盲肠上皮细胞和肝脏后进行繁殖，引起炎症和组织坏死。组织滴虫会引起一种火鸡的致命的肝脏疾病，称为传染性肠肝炎（infectious enterohepatitis），又称“黑头病”。需要肝脏的组织病理学检查进行该病的诊断。

内阿米巴虫属

经常在健康的牛、绵羊、山羊、马和猪的粪便涂片或标准粪便漂浮试验中观察到多种阿米巴原虫的滋养体和包囊，但这些通常没有临床意义。溶组织内阿米巴虫（*Entamoeba histolytica*）是热带地区一种主要的人类寄生虫。溶组织内阿米巴虫可能会导致犬急性或慢性腹泻。其他种类的阿米巴原虫也可使灵长类动物和乌龟致病。

顶复门

顶复门虫类均为孢子虫。顶复门下属 4 600 种原虫，均为寄生。孢子虫的独特之处在于，除了合子外，它们的所有生命周期阶段都是单倍体。图 47.5 展示了一种孢子虫的生活史。孢子虫寄生于肠道细胞和血细胞等宿主细胞内。肠道寄生原虫的包囊阶段称作卵囊。兽医领域中最重要的几种胞内寄生虫如下：

- 囊等孢球虫 *Cystoisospora*（等孢球虫 *Isospora*）
- 弓形虫（*Toxoplasma*）
- 隐孢子虫（*Cryptosporidium*）
- 胞簇虫（*Cytauxzoon*）
- 肉孢子虫（*Sarcocystis*）
- 疟原虫（*Plasmodium*）
- 巴贝斯虫（*Babesia*）
- 艾美耳球虫（*Eimeria*）

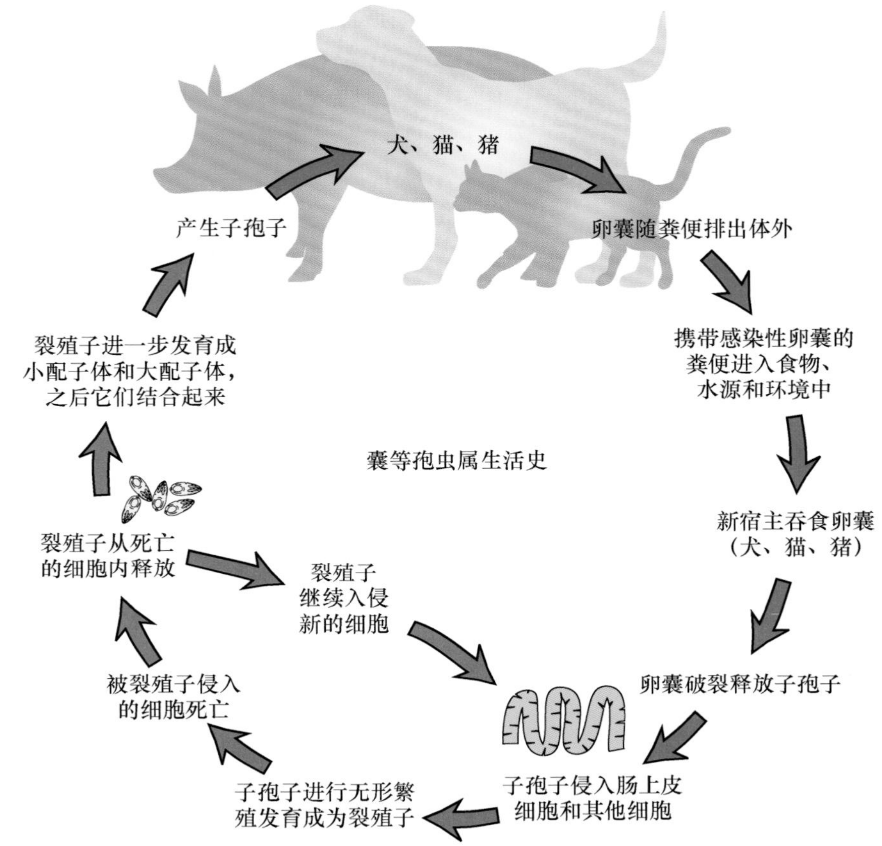

图 47.5 **囊等孢虫属生活史（引自 Hendrix CM，Robinson E：*Diagnostic parasitology for veterinary technicians*，ed 4，St Louis，2012，Mosby.）**

囊等孢球虫

囊等孢球虫（等孢球虫）是寄生于犬、猫小肠的原虫。它们引起的临床综合征是球虫病，是最常诊断出的幼龄犬、猫的原虫病。球虫病在成年动物很少发生。卵囊可见于诊断期的新鲜粪便浮集物中。卵囊在新鲜的粪便中还未孢子化，且一般等孢球虫的卵囊大小、形状各不相同（图 47.6）。

犬球虫及其卵囊的大小是：犬囊等孢球虫（*Cystoisospora canis*），为（34～40）μm×（28～32）μm；俄亥俄囊等孢球虫（*Cystoisospora ohioensis*），为（20～27）μm×（15～24）μm；华氏囊等孢球虫（*Cystoisospora wallacei*），为（10～14）μm×（7.5～9.0）μm。猫球虫及其卵囊的大小是：猫囊等孢球虫（*Cystoisospora felis*），为（38～51）μm×（27～29）μm；芮氏囊等孢球虫（*Cystoisospora rivolta*），为（21～28）μm×（18～23）μm。不同种类的球虫潜伏也不同，通常是 7～14 d 不等。

注意：球虫是幼龄犬、猫体内最常见的寄生虫。

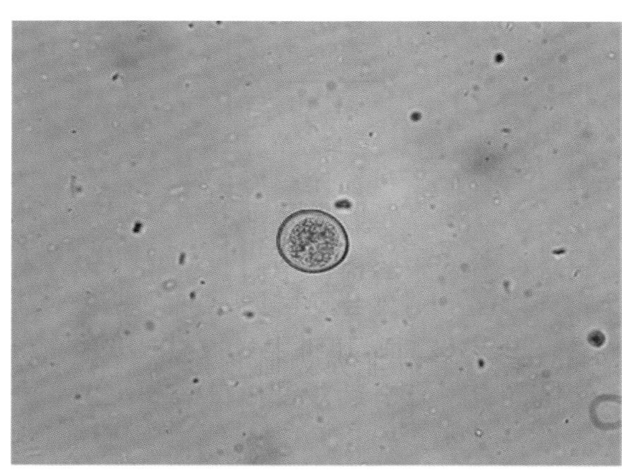
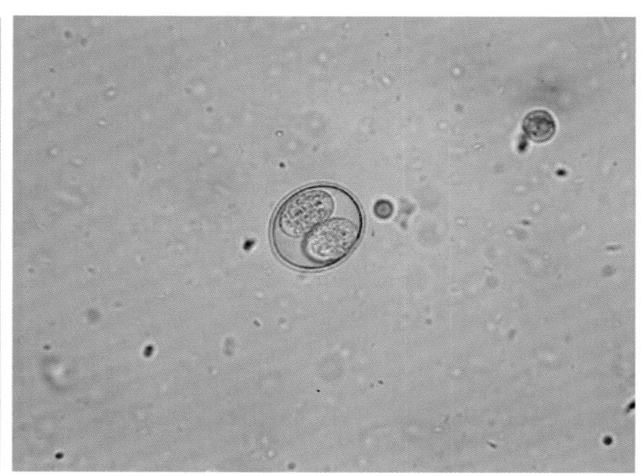

图 47.6 猫囊等孢球虫未孢子化的卵囊(左图)和孢子化的卵囊(右图)(引自 Bowman D:*Georgis' parasitology for veterinarians*,ed 9,St Louis, 2009, Saunders.)

猪等孢球虫(*Isospora suis*)是寄生于猪小肠的球虫,特别是仔猪。通过新鲜粪便漂浮实验可发现卵囊。卵囊为近球形,无卵孔,大小为 18~21 μm。对于有临床症状但不排卵囊的仔猪,可剖检后对空肠涂片进行 Diff-Quik 染色,发现香蕉形裂殖子即可确诊。其潜伏期为 4~8 d。

弓形虫

刚地弓形虫(*Toxoplasma gondii*)是另一种猫的肠道球虫,它的卵囊通常可用标准粪便漂浮法检测到。卵囊在新鲜粪便中尚未孢子化,大小是 10 μm×12 μm。几种利用全血或血清的免疫诊断方法可以用来诊断弓形虫感染。其潜伏期变化较大,5~24 d 不等,且依感染途径不同而不同。生活史较为复杂,有多个发育阶段,包括速殖子、慢殖子、裂殖子、小配子体和大配子体。

> **注意**:感染了刚地弓形虫的猫在其一生中总共排卵不超过 2 周。

虽然刚地弓形虫的终宿主是猫,但其在不同发育阶段均可以感染包括人类在内的其他物种(图 47.7)。弓形虫通常对普通的人无致病性,但它会对孕妇腹中的胎儿可造成严重危害。弓形虫病可以通过摄入猫粪便中的感染性卵囊而从猫传播给人,但是大多数人是通过食用未煮熟的肉而感染该病。孕妇应避免清洁猫砂盆,并注意在开展园艺工作时佩戴手套。

隐孢子虫

隐孢子虫(*Cryptosporidium*)是另一种广泛寄生于各种动物小肠的球虫,其宿主包括犬、猫,尤其是牛犊。粪便中孢子化的卵囊呈卵圆形或球形,直径仅 4~6 μm。可用标准粪便漂浮法进行诊断。卵囊非常小,镜检时和其他卵囊及寄生虫卵不在同一个聚焦平面上,仅在紧靠盖玻片的下方能够被发现(图 47.8)。对新鲜粪便涂片进行特殊染色(改良抗酸染色)也有助于诊断。由于人类也可能被隐孢属球虫感染,所以必须谨慎处理怀疑含有该类原虫的粪便。

肉孢子虫

肉孢子虫(*Sarcocystis*)是另一种寄生于小肠的球虫,其中有几种会感染犬、猫。鉴定肉孢子虫的具体种类较难。肉孢子虫的卵囊排入粪便时已经孢子化。每个卵囊包含 2 个孢子囊,每个孢子囊内含有 4 个子孢子。卵囊大小为(12~15) μm×(8~12) μm,可通过新鲜粪便的标准粪便漂浮法进行诊断。

巴贝斯虫

犬巴贝斯虫(*Babesia canis*)是一种细胞内寄生虫,可以在犬的红细胞中找到,也称为梨浆虫(梨形虫体)(图 47.9)。可以通过观察染色血涂片红细胞内的梨形、嗜碱性滋养体进行诊断。双芽巴贝斯虫(*Babesia bigemina*)是一种细胞内寄生虫,存在于牛的红细胞内;是一种大型的梨浆虫,长 4~5 μm,宽约 2 μm。它在红细胞内的典型形态是成对的梨形,尖端以锐角相连。其中间宿主是具环牛蜱(*Boophilus annulatus*)。马巴贝斯虫(*Babesia equi*)和驽巴贝斯虫(*Babesia caballi*)是存在于马红

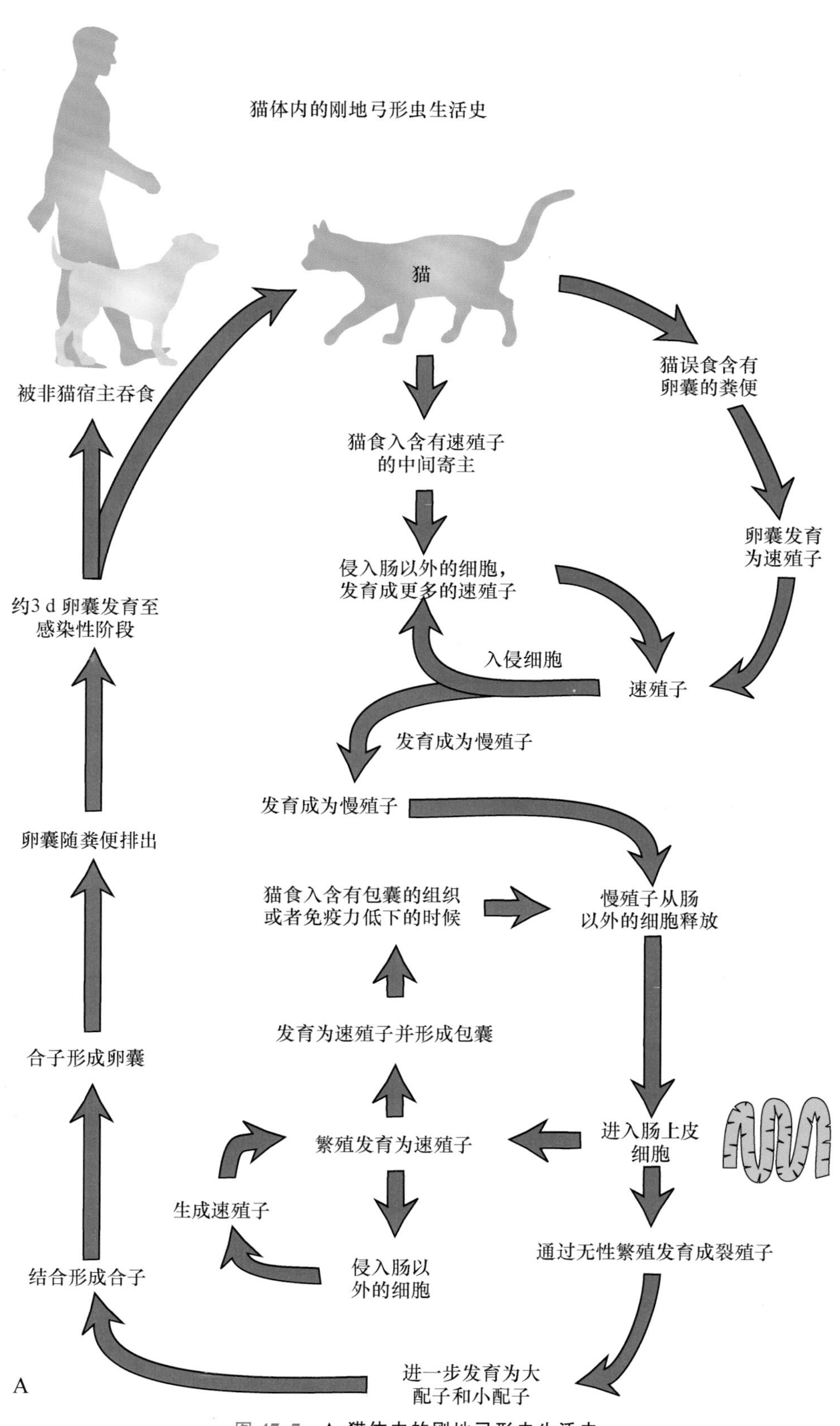

图 47.7 **A.** 猫体内的刚地弓形虫生活史

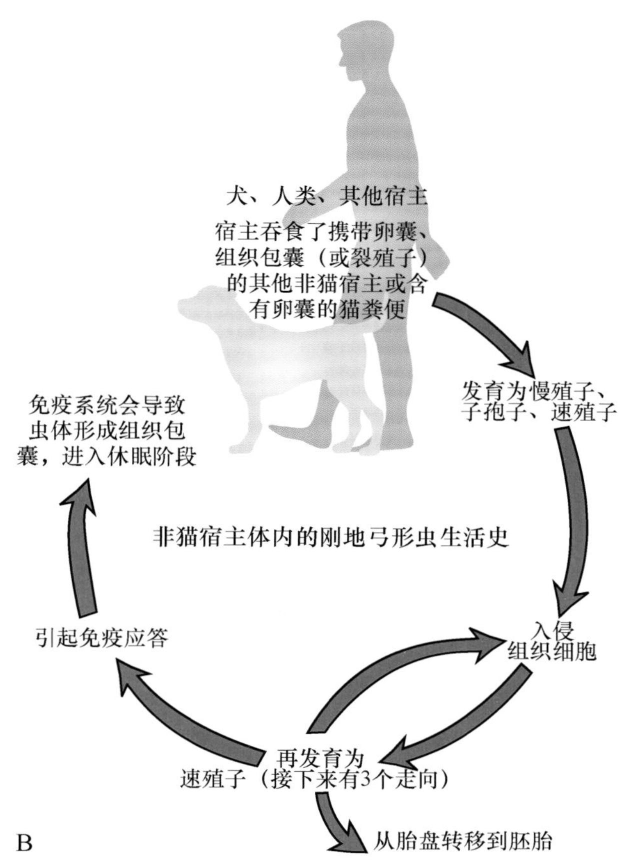

续图 47.7 **B. 非猫宿主体内的刚地弓形虫生活史（引自 Hendrix CM, Robinson E: *Diagnostic parasitology for veterinary technicians*, ed 4, St Louis, 2012, Mosby.）**

细胞内的细胞内寄生虫，也称为马梨浆虫。也可通过观察染色血涂片红细胞内的梨形、嗜碱性滋养体进行诊断。马巴贝斯虫滋养体呈圆形、变形虫状或梨形。4 个滋养体相连，呈马耳他十字形；单个滋养体长度为 2～3 μm。驽巴贝斯虫滋养体呈梨形、圆形或椭圆形，长 2～4 μm。它们的典型形态是成对出现，且彼此成锐角相连。

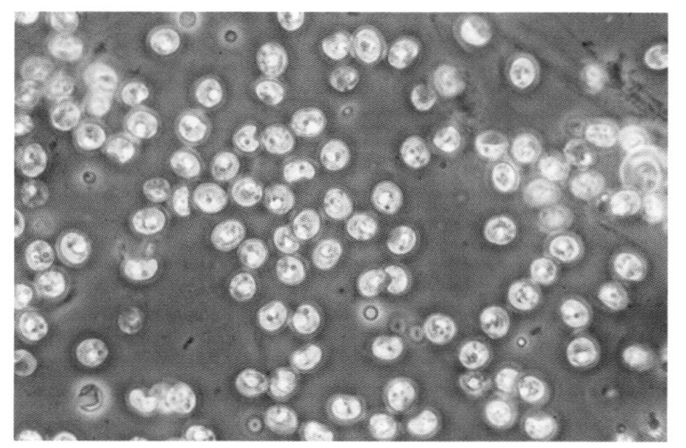

图 47.8 **隐孢属球虫（*Cryptosporidium* species）卵囊（引自 Hendrix CM, Robinson E: *Diagnostic parasitology for veterinary technicians*, ed 3, St Louis, 2006, Mosby.）**

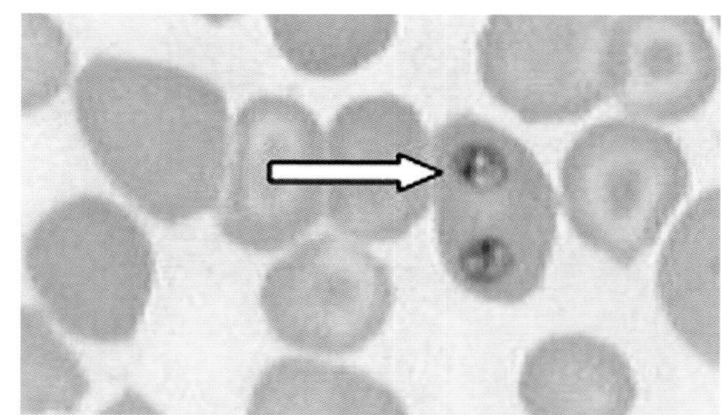

图 47.9 **染色血涂片中存在于犬红细胞内的巴贝斯虫嗜碱性、梨形滋养体（引自 Hendrix CM, Robinson E: *Diagnostic parasitology for veterinary technicians*, ed 3, St Louis, 2006, Mosby.）**

胞簇虫

猫胞簇虫（*Cytauxzoon felis*）是另一种细胞内寄生虫，在美国的部分地区（如密苏里州、阿肯色州、乔治亚州、得克萨斯州）偶有报道出现在猫的红细胞内。其通过变异革蜱（*Dermacentor variabilis*）、美洲钝眼蜱（*Amblyomma americanum*）等其他种类的蜱虫叮咬进行传播。随着蜱虫出现范围的扩大，猫胞簇虫病的流行范围也逐渐扩大，该寄生虫病已经在大西洋中部出现。它能感染野生和家养猫科动物。传播媒介蜱虫叮咬宿主后，其体内的胞簇虫裂殖体侵入宿主巨噬细胞。裂殖体在巨噬细胞内进行无性繁殖，然后巨噬细胞变大使静脉血流受阻。随后巨噬细胞破裂，释放出裂殖子入侵红细胞。在红细胞内的虫体称作梨浆虫，形状很像"宝石戒指"，在染色的血涂片中称为环状体（图 47.10）。梨浆虫在红细胞内进行无性繁殖，从而破坏红细胞，导致贫血。急性胞簇虫病发生在裂殖体阶段，可导致多器官衰竭和死亡。在急性感染期和经过急性感染期后存活下来的猫体内可发现梨浆虫。梨浆虫阶段出现在病程后期。病程早期，在淋巴结、肝脏或脾脏的细针抽吸物内可发现充满裂殖体的巨噬细胞。其可通过聚合酶链式反应（polymerase chain reaction，PCR）检测技术确诊。

> **注意：**猫胞簇虫病通常是致命的。

肝簇虫

犬肝簇虫和美洲肝簇虫是感染犬的疟疾样、细胞内寄生虫。这种原虫的血液形式（配子体）可在白细胞中找到。在外周血涂片中含犬肝簇虫配子

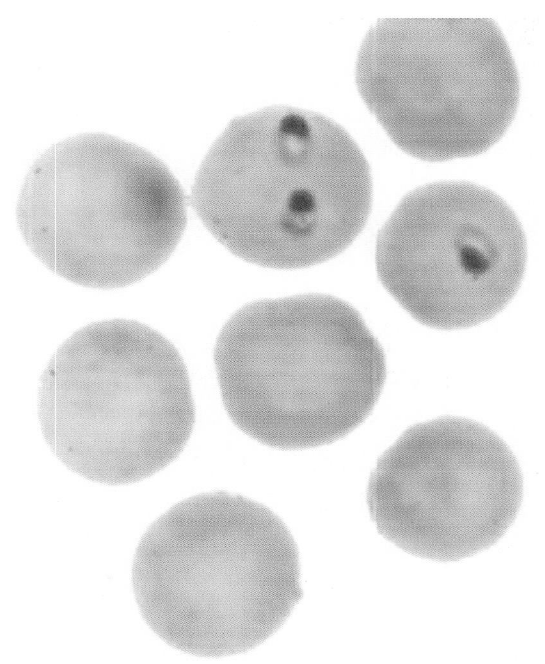

图 47.10 猫红细胞内含有典型印戒样的胞簇虫（梨浆虫）（引自 Little S: *The cat*, Philadelphia, 2011, W. B. Saunders.）

体的白细胞很常见，但含有美洲肝簇虫的白细胞很少见。裂殖体可以在脾、骨髓和肝的内皮细胞中被找到。配子体被一个精致的囊包裹，染色后呈浅蓝色，中间有一个紫红色的核。在白细胞的胞质内可见很多粉红色小颗粒。在犬骨髓肌中可找到美洲肝簇虫的“洋葱皮样”组织包囊（图 47.11）。犬通过误食含有肝簇虫的蜱（如美洲钝眼蜱）而感染肝簇虫，但该寄生虫对犬来说并不常见。犬肝簇虫能够很好地适应犬科宿主并产生亚临床症状或引起轻微的疾病。美洲肝簇虫会引起烈性的、频繁致死的疾病过程。理论上，它可以越过种属的障碍，从野生动物传播至家犬。

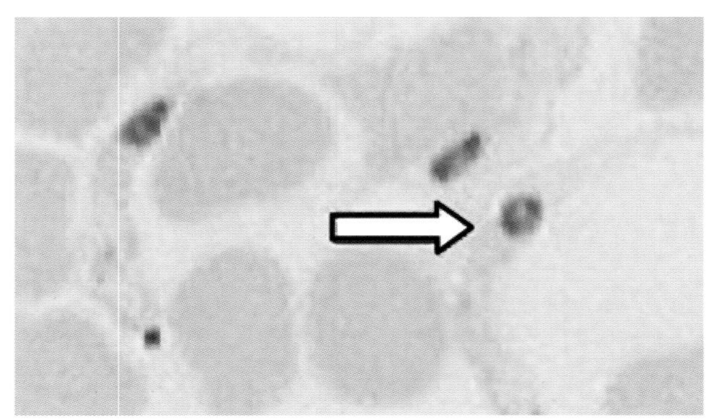

图 47.11 犬骨骼肌中观察到的美洲肝簇虫（*Hepatozoon americanum*）的“洋葱皮”样组织包囊（引自 Hendrix CM, Robinson E: *Diagnostic parasitology for veterinary technicians*, ed 3, St Louis, 2006, Mosby.）

艾美耳球虫

鲁氏艾美耳球虫（*Eimeria leuckarti*）是马小肠内的球虫。它具有独特特征：卵囊很大（80～87）μm×（55～60）μm，卵壳厚，卵孔清晰，呈深棕色。可通过粪便漂浮法收集卵囊，是最大的球虫卵囊。在组织病理学检查中较为常见。潜伏期为 15～33 d。

反刍动物是多种艾美耳属球虫的宿主。各种球虫卵囊在大小和形态上相似，所以鉴定球虫的种类较难。牛艾美耳球虫（*Eimeria bovis*）和邱氏艾美耳球虫（*Eimeria zuernii*）是两种常见的牛球虫，可通过标准粪便漂浮法进行鉴别。牛艾美耳球虫的卵囊呈卵圆形，有一个卵孔，大小为 20 μm×28 μm，而邱氏艾美耳球虫呈球形，没有卵孔，大小为（15～22）μm×（13～18）μm。通过粪便漂浮发现卵囊后，通常均记录为“球虫”。有些种类的艾美耳球虫可感染兔子（图 47.12），尤其是斯氏艾美耳球虫（*Eimeria stiedai*）。其发生严重感染会导致胆管堵塞和肝功能衰竭。幼兔的死亡率很高。

> **注意**：严重感染艾美耳球虫通常是致命的，特别是幼兔。

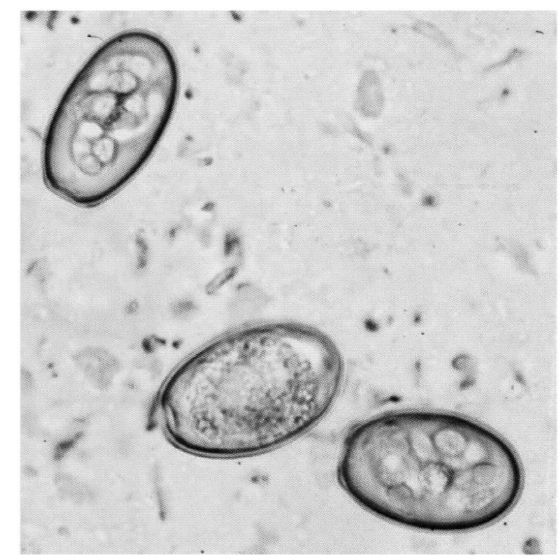

图 47.12 家兔粪便中孢子化的大型艾美耳球虫卵囊（引自 Bowman D: *Georgis' parasitology for veterinarians*, ed 9, St Louis, 2009, Saunders.）

疟原虫

不同种类的疟原虫能够引起哺乳动物、鸟类和爬行动物的疟疾。疟原虫通过蚊子传播，并在肝细胞内发育成裂殖子。肝细胞破裂释放出裂殖子，侵入红细胞和网织红细胞。可通过观察血涂片或组织器官触片，以及进行肝脏和脾脏的组织病理学检查来诊断；分子学诊断也可行。住白细胞虫（*Leucocytozoon*）和血变原虫（*Haemoproteus*）是入侵鸟类红细胞的两种相似的寄生虫。

纤毛门

纤毛门下属 7 200 种，其中约 2 200 种为寄生。只有肠袋虫属（*Balantidium*）在兽医领域具有重要意义。

结肠小袋虫（*Balantidium coli*）是寄生在猪大肠中的纤毛虫。尽管在新鲜腹泻粪便的显微镜检查中常发现该虫体，但它们是非致病性的。粪便中的虫体有 2 种形态：包囊和能动的滋养体（图 47.13）。2 种形态的大小不同。结肠小袋虫是一种大型原虫，滋养体大小为 150 μm×120 μm，其大核形状从香肠形到肾形不等。虫体周身覆盖多排纤毛，在显微镜视野可见运动活跃。包囊形状从圆形至卵圆形，直径 40～60 μm，淡黄绿色。显微镜检查肠内容物和新鲜腹泻粪便时，2 种形态均很好辨认。

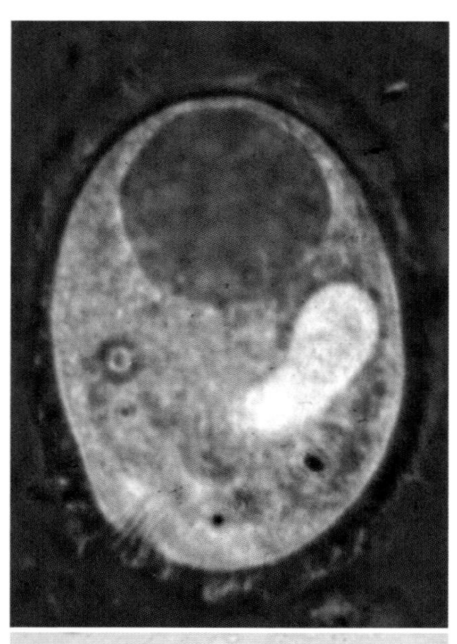

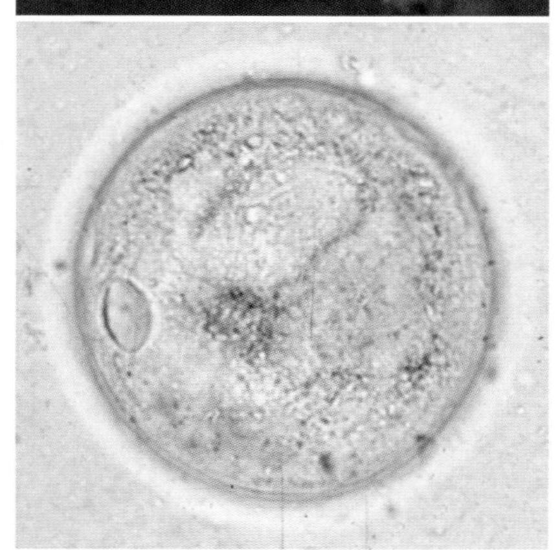

图 47.13 结肠小袋虫。上图，能活动的有纤毛的滋养体电镜图片。下图，包囊。正常猪的大肠内含有大量的滋养体，包囊随粪便排出体外（引自 Bowman D：*Georgis' parasitology for veterinarians*，ed 9，St Louis，2009，Saunders.）

立克次体寄生虫

立克次体是一种专性胞内革兰氏阴性菌。在生物学分类上属于立克次体科（表 47.2）和无形体科（表 47.3），立克次体科又包括立克次体属、东方体属、柯克斯体属；无形体科又包括无形体属（图 47.14）、埃立克体属（图 47.15）、沃尔巴克氏体属和新立克次体属。立克次体一般通过节肢动物和蠕虫传播。

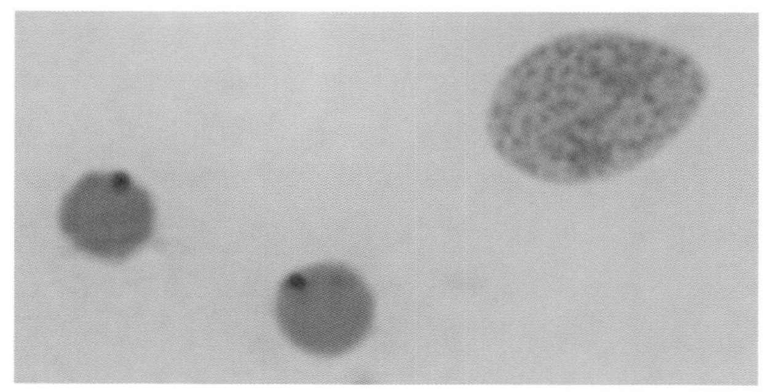

图 47.14 患有无形体病的牛血涂片中有两个虫体分别寄生于红细胞和未成熟红细胞内（Raymond E. Reed 供图。引自 Songer JG，Post KW：*Veterinary microbiology*：*bacterial and fungal agents of animal disease*，St Louis，2005，Saunders.）

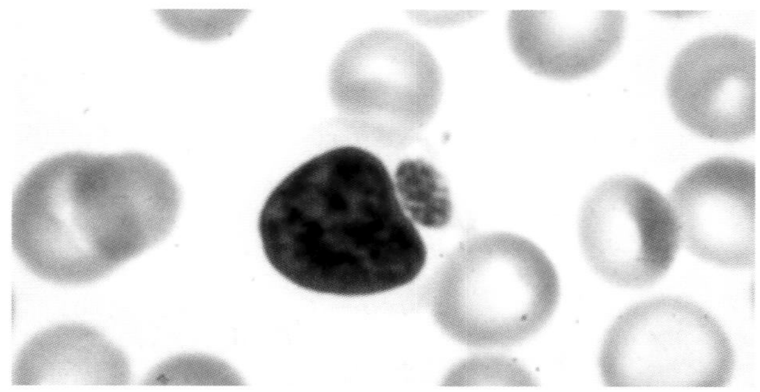

图 47.15 被犬埃立克体感染的淋巴细胞（Raymond E. Reed 供图。引自 Songer JG，Post KW：*Veterinary microbiology*：*bacterial and fungal agents of animal disease*，St Louis，2005，Saunders.）

表 47.2 致病性立克次体科

病原	疾病	偶然宿主(incidental hosts)	保虫宿主	传播媒介	地理分布
落基山立克次体(*Rickettsia rickettsii*)	落基山斑疹热(Rocky Mountain spotted fever)	人类、犬	啮齿动物	革蜱属蜱虫(*Dermacentor* spp. ticks),卡延花蜱(*Amblyomma cajennense*),血红扇头蜱(*Rhipicephalus saguineus*)	西半球
猫立克次体	猫蚤斑疹伤寒(Cat flea typhus)	人类	挪威鼠(Norway rat) 家猫,负鼠(opossum)	猫栉首蚤(猫蚤)	西半球、欧洲
康氏立克次体(*Rickettsia conorii*)	南欧斑疹热(Boutonneuse fever) 地中海斑疹热(Mediterranean spotted fever) 以色列斑疹热(Israeli spotted fever) 阿斯特拉罕热(Astrakhan fever)	人类	啮齿动物、犬	扇头蜱属	欧洲南部、非洲、亚洲
伤寒立克次体(*Rickettsia typhi*)	鼠型斑疹伤寒(Murine typhus)	人类	大鼠(rats)、负鼠(opossums)、犬	印度鼠蚤(*Xenopsylla cheopis*)(鼠蚤)	世界范围
普氏立克次体(*Rickettsia prowazekii*)	流行性斑疹伤寒(Epidemic typhus)	家养动物	鼯鼠(flying squirrels)、人类、鸟类、大鼠(rats)	体虱(human body louse),鼯鼠虱(lying squirrel louse),松鼠蚤(squirrel flea)	世界范围
恙虫热立克次体(*Orientia tsutsugamushi*)	恙虫病(Scrub typhus)	人类、犬	鸟类、大鼠(rats)	螨	亚洲东部、澳大利亚北部,西太平洋群岛
鲑鱼立克次体(*Piscirickettsia salmonis*)	鱼立克次体病(Piscirickettsiosis)	鲑鱼(Salmonid fish)	未知	未知	智利、挪威、爱尔兰、加拿大

引自 Songer JG, Post KW:*Veterinary microbiology:bacterial and fungal agents of animal disease*,St Louis,2005,Saunders.

表 47.3 较为重要的无形体科寄生虫

病原	宿主	疾病	传播媒介和保虫宿主(vector reservoirs)	感染细胞	地理分布
埃及小体属(*Aegyptianella* spp.)	鸟类、爬行动物、两栖动物	贫血、猝死	*Argus*,花蜱属(*Amblyomma*),硬蜱属(*Ixodes* spp.);未知	红细胞	非洲、亚洲、南美洲、欧洲南部、得克萨斯州南部
牛无形体(牛埃立克体)[*Anaplasma* (*Ehrlichia*) *bovis*]	牛	牛埃立克体病(*Bovine ehrlichiosis*)	*Rhipicephalus appendiculatus*, *Amblyomma variegatum*, *A. cajennense.*, *Hyalomma excavatum*;兔,哺乳动物?	单核细胞	非洲、亚洲、南美洲

续表 47.3

病原	宿主	疾病	传播媒介和保虫宿主(vector reservoirs)	感染细胞	地理分布
Anaplasma caudatum, centrale, marginale, ovis	反刍动物	无形体病(边虫病)	牛蜱属,革蜱属,硬蜱属,扇头蜱属;反刍动物,野鹿	红细胞	世界范围
Anaplasma phagocytophilum(马埃立克体 *Ehrlichia equi*,人粒细胞埃立克体 HGE 病原,*E. phagocytophila*)	人类、马、小型反刍动物	人类和马的粒细胞埃立克体病,蜱传热(human and equine granulocytic ehrlichiosis, tick-borne fever)	硬蜱属;鹿,绵羊,白足鼠属(white-footed mice)	粒细胞	世界范围
Anaplasma(*Ehrlichia*)*platys*	犬	传染性循环血小板减少症(infectious cyclic thrombocytopenia)	血红扇头蜱? 反刍动物?	血小板	美国、欧洲南部、中东、委内瑞拉、中国台湾
犬埃立克体	犬科	犬单核细胞埃立克体病(canine monocytic ehrlichiosis)	血红扇头蜱(*Rhipicephalus sanguineus*),美洲花蜱? 犬科动物	单核细胞	世界范围
查菲埃立克体	人类、犬、鹿	人单核细胞埃立克体病(human monocytic ehrlichiosis)	美洲花蜱(*Amblyomma americanum*),变异革蜱(*Dermacentor variabilis*);家犬,白尾鹿	单核细胞	美国
伊氏埃立克体(*Ehrlichia ewingii*)	犬、人类	犬粒细胞埃立克体病(canine granulocytic ehrlichiosis)	美洲花蜱; 犬科动物	粒细胞	美国
缪里斯埃立克体(*Ehrlichia muris*)	小鼠	无名	*Haemaphysalis flava*; 未知	单核细胞	未知
Ehrlichia(*Cowdria*)*ruminantium*	反刍动物	心水症	花蜱属蜱虫; 反刍动物	粒细胞、内皮细胞、巨噬细胞	撒哈拉以南非洲地区,加勒比
蠕虫新立克次体(*Neorickettsia Helminthoeca*)	犬科	鲑中毒病(Salmon poisoning disease)	吞食被吸虫感染的鲑鱼; 被吸虫感染的鱼	单核细胞	美国太平洋西北部
Neorickettsia(*Ehrlichia*)*risticii*	马	波托马克马热,马单核细胞性埃立克体病(potomac horse fever, equine monocytic ehrlichiosis)	吞食被吸虫感染的昆虫; 吸虫	单核细胞、肠上皮细胞	南美洲
Neorickettsia(*Ehrlichia*)*sennetsu*	人类	森里特苏热(Sennetsu fever)	吞食被吸虫感染的鱼; 被吸虫感染的鱼	单核细胞	日本,东南亚

HGE,human granulocytic ehrlichiosis:人粒细胞埃立克体;RBCs,red blood cells:红细胞。

引自 Songer JG, Post KW:*Veterinary microbiology:bacterial and fungal agents of animal disease*,St Louis,2005,Saunders.

关键点

- 寄生原虫分为3个门：肉鞭动物门、顶复门和纤毛门。
- 原虫通常在包囊阶段进行传播。
- 贾第鞭毛虫是一种常见的鞭毛虫，可感染多种哺乳动物，包括人类。
- 锥虫和利什曼原虫均为人兽共患寄生虫，主要分布于美国南部。
- 胎儿三毛滴虫是一种寄生于牛生殖道的寄生虫，可引起不孕不育、自发性流产和子宫积脓。
- 顶复门虫类（孢子虫）寄生于宿主细胞内，且通常是肠道细胞和血细胞。
- 猫胞簇虫是一种细胞内寄生虫，偶见于猫的红细胞，且通常是致命的。
- 多种艾美耳球虫能够感染反刍动物和小型哺乳动物。
- 立克次体是专性胞内寄生虫，在生物学分类上属于2个主要的科：立克次体科和无形体科。

第48章

Arthropods
节肢动物

学习目标

经过本章的学习，你将可以：

- 描述节肢动物门中生物的一般特征。
- 区分昆虫和蛛形纲动物。
- 描述昆虫的一般生活史。
- 描述蛛形纲动物的一般生活史。
- 描述跳蚤的一般特征。
- 列出在兽医物种中常见的跳蚤种类。
- 区分食毛目和虱目。
- 描述虱子的生活史。
- 列举并描述家养动物上可能寄生的苍蝇物种。
- 描述蜱的生活史。
- 区分硬蜱和软蜱。
- 列举动物常见的寄生蜱的种类。
- 描述疥螨亚目螨虫的一般特征。
- 讨论疥螨亚目螨虫的一般生活史。
- 列举兽医常见的寄生动物的螨虫。

目　录

关 键 词

疥螨
蛛形纲
外寄生虫
跳蚤叮咬性皮炎
水蛭病
口下板

龄期
疥螨亚目
蝇蛆病
幼虱
若虫
虱病
周期性寄生虫
蛹
蜱麻痹
牛皮蝇蛆

节肢动物门的生物特征是身体分节，由几丁质外骨骼组成节段。在更高级的节肢动物中，一些节段融合在一起形成身体部分，如头、胸和腹部。节肢动物具有体腔、循环系统、消化系统、呼吸系统、排泄系统、神经系统和生殖系统。雌雄异体，并通过卵子进行繁殖。只有部分节肢动物是寄生的，而其他节肢动物可以作为前面章节所述的体内寄生虫的中间宿主。当寄生虫寄生在其宿主表面时，其被称为外寄生虫。大多数外寄生虫是昆虫(如跳蚤、虱子、苍蝇)或蛛形纲动物(如蜱、螨)。一些线虫幼虫也是外寄生虫。水蛭(吸血环节动物)也被认为是外寄生虫。感染水蛭后发病称为水蛭病。

以下的特征可以区分兽医上两种重要的节肢动物：

昆虫有 3 对腿，身体清晰分为 3 个部位(即头部、胸部和腹部)，还有 1 对触须。蛛形纲动物(成年)有 4 对腿，身体分为 2 个区(头胸部和腹部)，没有触须。

舌虫是另一类寄生性节肢动物，是呼吸系统上少见的节肢动物。这些生物在成虫阶段类似于蠕虫而不是节肢动物。成虫在嘴附近有 2 对弯曲的可伸缩的钩。不成熟的阶段像螨虫，有 2～3 对腿。

注意：昆虫的口器具有咀嚼/咬、海绵刷洗或刺/吸的特性。

昆虫的口器因进食习惯的不同而有所差异，以适应其咀嚼/咬、海绵(舔食)或穿孔/吸吮的特性。胸部除了 3 对有分节的腿外，可能还有 1～2 对有功能的翅膀。雌雄异体，交配产生卵或幼虫进行繁殖。完全变态发育经过卵、幼虫、蛹、成虫 4 个阶段，其中幼虫通常包括 3 个或 3 个以上的幼虫阶段，称为龄虫期。而不完全变态发育经过卵、若虫、成虫 3 个阶段，其幼虫在形态上与成虫相似，但体积较成虫小。跳蚤和苍蝇为完全变态发育，虱子为不完全变态发育。昆虫的幼虫或成虫或两者皆可能对它们的终宿主有害。

蛛形纲动物包括扁虱、螨虫、蜘蛛和蝎子。虽然有些蜘蛛和蝎子会通过毒液伤害家养动物，但蜱和螨虫却是兽医学中比较重要的蛛形纲动物。蛛形纲动物通常很小，甚至需要用显微镜观察。它们的口器由假头基构成，假头基又由一对适于切割的螯肢和一对有感觉结构的须肢组成。口下板具有可以附着在宿主上的倒齿，并带有允许节肢动物唾液和宿主血液或淋巴流动的沟。生活史包括卵、幼虫、若虫和成虫 4 个阶段。可以有一个以上的若虫龄期，若虫在形态上与成虫相似，但体型较成虫小。通常只有一个幼虫阶段，与若虫和成虫的大小不同，只有 3 对腿。

蚤目(跳蚤)

跳蚤是犬、猫、啮齿动物、鸟类和人类的吸血寄生虫。它们是某些疾病的载体，如黑死病和兔热病。全世界已经发现了 2 000 多种跳蚤。成年跳蚤通常是具有寄生性的，寄生于哺乳动物和鸟类。寄生于犬、猫的跳蚤相对较少。犬猫跳蚤——猫栉首蚤(*Ctenocephalides felis*)和犬栉首蚤(*Ctenocephalides canis*)分别可以作为复孔绦虫的中间宿主。幼年动物严重的跳蚤感染可以引起贫血。跳蚤具有抗原性和刺激性，导致动物强烈的瘙痒和超敏反应，即我们熟知的跳蚤叮咬性皮炎或粟粒性皮炎。

跳蚤两侧扁平，无翅膀，有多对适合跳跃的腿(图 48.1)。成年跳蚤有刺吸式(虹吸式)口器，用来吸食宿主的血。它们可在寄主之间快速移动。犬和猫跳蚤感染很常见。大多可以在尾巴底部、腹部和下巴下方发现。

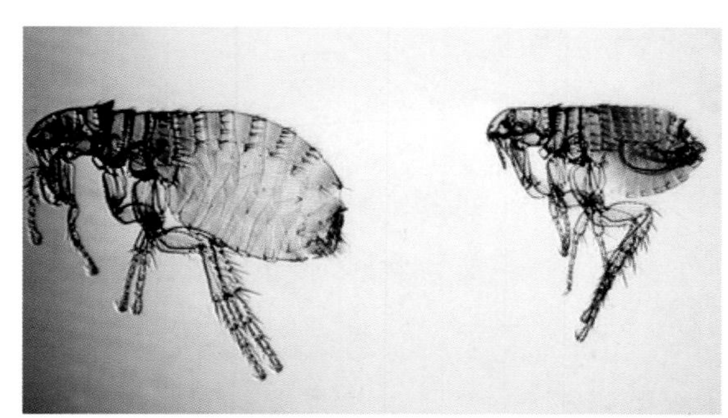

图 48.1 成年雌性和雄性猫栉首蚤(*Ctenocephalides felis*)，猫跳蚤(引自 Hendrix CM, Robinson E: *Diagnostic parasitology for veterinary technicians*, ed 4, St Louis, 2012, Mosby.)

跳蚤的发育为完全变态(图 48.2)。寄主上的卵脱落到环境中并发育成幼虫。幼虫偶尔会在寄主动物的床上、家具或寄主动物环境的裂缝和罅隙中被发现。幼虫形似蛆虫,有头壳和鬃毛(图 48.3)。跳蚤幼虫以有机物为食,包括成年跳蚤的排泄物。跳蚤的粪便呈红棕色,呈逗号形状的脱水血块(图 48.4)。动物毛发上发现跳蚤粪便表明有跳蚤感染。

注意:如果在跳蚤粪便上缓慢滴水,则会看到粪便化为血水。

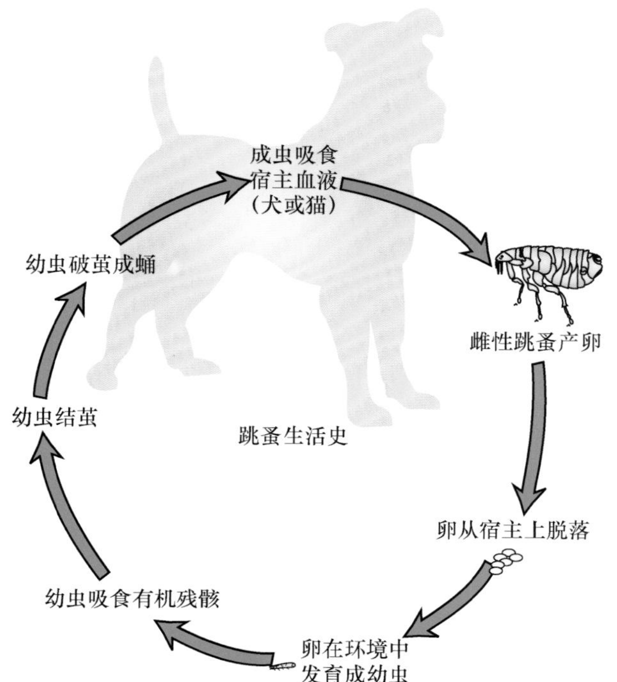

图 48.2　**跳蚤的生活史(引自 Hendrix CM, Robinson E: *Diagnostic parasitology for veterinary technicians*, ed 4, St Louis, 2012, Mosby.)**

图 48.3　**猫栉首蚤的幼虫,幼虫像小蝇蛆;体长 2～5 mm,白色(摄食后变为褐色),体毛稀疏(引自 Hendrix CM, Robinson E: *Diagnostic parasitology for veterinary technicians*, ed 4, St Louis, 2012, Mosby.)**

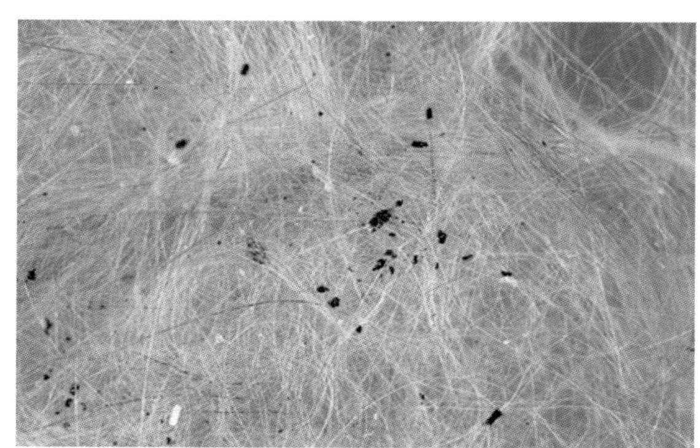

图 48.4　**猫栉首蚤的粪便,发现该粪便提示当前或最近有跳蚤感染(引自 Hendrix CM, Robinson E: *Diagnostic parasitology for veterinary technicians*, ed 4, St Louis. 2012, Mosby.)**

跳蚤的鉴定需要具有专业知识的昆虫学家来鉴别。其他在兽医上重要的蚤是人蚤、印度鼠蚤、客蚤属、禽冠蚤。跳蚤有宿主偏爱性,但如果找不到合适的宿主,它们会攻击任何拥有血液的生物。成年跳蚤也能在寄主体外长时间存活,随后可能大量感染宿主。

禽角头蚤(*Echidnophaga gallinacea*)也被称为家禽的"紧叮蚤",常寄生于鸡和珍珠鸡,也可寄生于犬和猫。这种跳蚤有独特的进食习惯,雌性跳蚤将口器刺入皮肤,并一直附着在该部位。这些昆虫与扁虱类似,但它们却是跳蚤。

跳蚤在马或反刍动物上并不常见。但当畜棚有大量野猫或过度使用草垫时,也可能在小牛身上发现大量跳蚤,并导致严重的贫血。人身上的跳蚤——人蚤,也可寄生在犬、猫上,特别是在美国东南部。

食毛目和虱目(虱)

虱背腹扁平,无翅,有爪的附属器可用来夹住宿主动物的毛发。体节可分为 3 个部分:头部,有口器和触角;胸部,有 3 对腿,没有翅膀;腹部,包含生殖器官。根据虱口器的吞食方式是刺入/咀嚼或吮吸而分为食毛目和虱目。虱目以血液为食,在宿主身上缓慢移动,个头比食毛目大,身体颜色根据从宿主摄取的血液量的多少而不同(由红到灰)。它们的头又长又窄。食毛目以上皮碎片为食,能在宿主身上快速移动。它们有一个宽而圆的头(比胸腔最宽的部分宽),个头比虱目小,而且它们的颜色通常是黄色的。虱具有特定的宿主,紧贴宿主皮毛,并在宿主上有特定的寄生部位(表 48.1)。虱子可以将它们的卵(图 48.5)黏附于宿主毛发或羽毛上。卵很小,长度为 0.5～1.0 mm,椭圆形和白色,在成年雌虱产卵后 5～14 d 孵化出来。幼虱与成虫类似，只是比成虫小，缺乏生殖器和生殖器开口。虱的发育分为3个阶段，且后一发育期均比前一发育期长。若虫期持续2～3周。

注意：食毛目比虱目昆虫体型大，但头更窄。

表 48.1 家养动物和人身上的虱

宿主	虱目	食毛目
犬	刚毛长颚虱	犬毛虱，*Heterodoxus spiniger*
猫	无	猫毛虱属(*Felicola subrostratus*)
奶牛	血虱属(*Haematopinus eurysternus*)，*Haematopinus quadripertusus*，*Haematopinus tuberculatus*、颚虱属、管虱属	牛毛虱(*Damalinia bovis*)
马	血虱属(*Haematopinus asini*)	马毛虱属(*Damalinia equi*)
猪	血虱属(*Haematopinus suis*)	无
绵羊	颚虱属(*Linognathus ovillus*，*Linognathus pedalis*，*Linognathus africanu*)	羊毛虱属(*Damalinia ovis*)
山羊	颚虱属(*Linognathus africanus*，*Linognathus stenopsis*)	毛虱属(*Damalinia caprae*)，*Damalinia crassipes*，*Damalinia limbata*
老鼠	鳞虱属(*Polyplax spinulosa*)	无
小鼠	鳞虱属(*Polyplax serrata*)	无
几内亚猪	无	海狸虱(*Gliricola porcelli*)、圆猪虱、毛鸟虱科(*Trimenopon hispidum*)
人	人头虱、体虱、耻阴虱(*Pthirus pubis*)	无

引自 Bowman D：*Georgis' parasitology for veterinarians*，ed 9. St Louis，2009，Saunders.

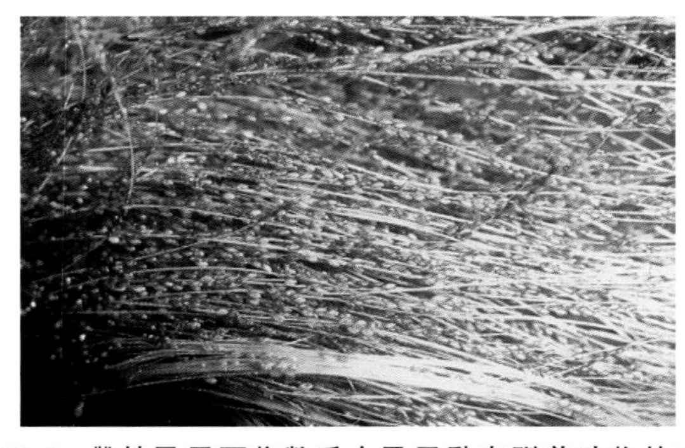

图 48.5 **雌性虱子可将数千个虱子黏在驯养动物的毛发上。这只小牛的尾巴上成千上万的虱子(引自 Hendrix CM, Robinson E：*Diagnostic parasitology for veterinary technicians*，ed 4，St Louis，2012，Mosby.)**

成虫与幼虫形态相似，但体型更大，且有功能性生殖系统。雌虱和雄虱交配后产卵，卵通常黏附在宿主毛发上，并开始下一个生活周期。完整的生活周期需要3～4周。幼虫和成虫离开宿主后，在环境中存活时间不超过7 d。在温暖气候中，卵的孵化期为2～3周，一般在宿主身上完成。通常通过直接接触传播，但也可通过接触被卵、若虫或成虫污染的器具而感染。

幼年、年老或营养不良的动物感染虱病更严重，特别是在拥挤的环境和寒冷的月份。吸吮虱会引起贫血，而咬虱会刺激动物，使动物烦躁不安。家养动物常见的咬虱包括毛虱属 *Trichodectes canis*(犬)(图 48.6)、毛虱属 *Damalinia equi*(马)、毛虱属 *Damalinia bovis*(奶牛)、毛虱属 *Damalinia ovis*(绵羊)、毛虱属 *Damalinia caprae*(山羊)、猫毛虱属 *Felicola subrostratus*(猫)。家养动物常见的吸吮虱包括颚虱属 *Linognathus setosu*(犬)(图 48.7)、马血虱属 *Haematopinus asini*(马)、血虱属 *Haematopinus vituli*，*Haematopitius eurysternus*，*Solenopotes capillatus*，*Haematopinus quadripertusus*(奶牛)、颚虱属 *Linognathus ovillus*、*Linognathus pedalis*(绵羊)和血虱属 *Haematopinus suis*(猪)。

注意：感染虱后称为虱病。

诊断时应仔细检查，很容易在被感染动物的毛发或羽毛上发现虱及其卵。剃毛也是保存虱的好方法。毛发厚的动物感染虱后很容易被忽视。手持放大镜或头戴双目放大镜可帮助检查者不仅观察到穿行或黏在毛发上的成虱和若虫虱，还能观察到黏在个别毛发上的小虱子。用拇指钳将观察到的任何虱或卵收集起来，然后滴一滴矿物油在载玻片上，盖上盖玻片于显微镜下观察。鉴别虱属于何种属是很困难的，而且通常也没必要鉴别到种属。

双翅目(蝇)

双翅目是昆虫纲中一个大而复杂的目。大多

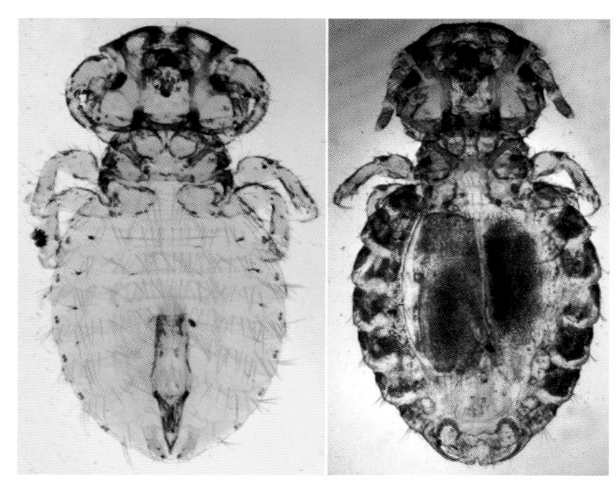

图 48.6 犬毛虱属虱(食毛目)。左侧为雄性,右侧为雌性(引自 Bowman D:*Georgis' parasitology for veterinarians*,ed 9, St Louis,2009,Saunders.)

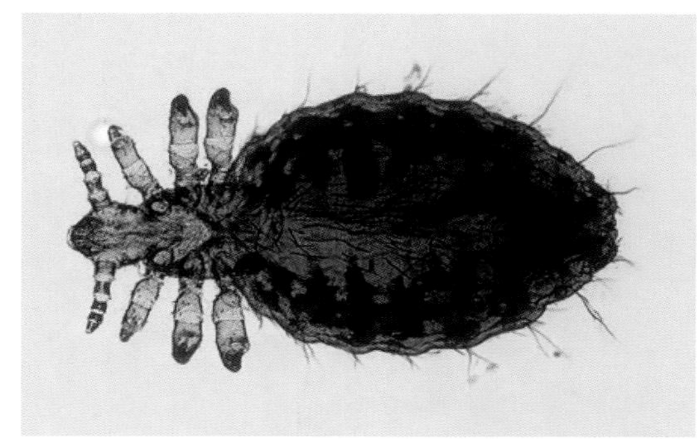

图 48.7 犬毛虱属吸血虱(引自 Hendrix CM,Robinson E:*Diagnostic parasitology for veterinary technicians*,ed 4,St Louis,2012,Mosby.)

数成虫都有 1 对翅膀,因此命名为双翅目:“di-”的意思是两个,“-ptera”的意思是翅膀。双翅目成员在许多方面都存在差异,如体型、偏爱的食物、寄生在动物上的发育阶段和造成的病变。苍蝇是一种完全变态的多形态昆虫。它们的翅膀可能是鳞片状或膜状的,并拥有一对称为“笼头”的平衡结构。口器为刮舐式或刮吸式。苍蝇除通过咬伤、吸血、产生过敏反应、在溃疡处产卵、幼虫在寄主的组织中迁移以及穿透皮肤上的小孔(疣)逃逸而造成宿主身体的各种不适,还可作为其他病原体的媒介和中间宿主。双翅目成虫经常间歇性地在脊椎动物上寄生,被称为周期性寄生虫。因其幼虫在动物宿主的组织或器官中发育而造成的损伤称为蛆病。作为周期性昆虫,可以根据吸血成虫的性别以及采食的偏好对食血双翅目昆虫进行分类。在某些种群中,只有雌虫以脊椎动物血液为食;它们需要脊椎动物的血液才能产卵。其他吸血双翅目群中,雌蝇和雄蝇都需要吸食脊椎动物血液。

注意:苍蝇除通过咬伤、吸血、产生过敏反应、在溃疡处产卵、幼虫在寄主的组织中迁移和穿透皮肤上的小孔(疣)逃逸而造成宿主身体的各种不适,还可作为其他病原体的媒介和中间宿主。

黑蝇和蠓

库蠓是小型库蠓属(也称“看不见”),体长 1~3 mm(图 48.8)。雌性库蠓通过吸血、叮咬造成疼痛。一些库蠓叮咬可以造成过敏性皮炎,其他物种可以通过吸血传播蠕虫、原虫或病毒。马被叮咬后会产生过敏反应,抓伤或摩擦叮咬的地方出现脱毛、擦伤和皮肤增厚。这种病变有多种名字,如“昆士兰疥疮”“汗疥疮”“甜疥疮”“夏季皮炎”(因病变通常出现在炎热季节而起名)。这些飞蝇不仅是马皮肤内的马颈盘尾丝虫幼虫的中间宿主,还能传播绵羊蓝舌病毒。

图 48.8 库蠓属(长角亚目:蠓科),也称为“看不到”(引自 Bowman D:*Georgis' parasitology for veterinarians*,ed 9,St Louis,2009,Saunders.)

蚋属的成员(黑蝇,水牛虻)是小飞蝇,体长 1~6 mm,特征是有一隆起的背弓,并有一对宽阔无斑点的翅膀,沿着翅膀的颅缘有突出的叶脉。因其有锯齿状、剪刀状的口器而给动物带来叮咬的痛苦。它们与库蠓产生的危害相似,在其大量存在的情况下,可导致宿主失血过多。

因为雌蝇需要在氧气丰富的水中产卵,所以这些飞蝇经常出没于水流湍急的溪流附近。它们急速飞行，结伴成群，造成疼痛性叮咬并吸食血液。牛被叮咬后可能由于疼痛而无法进食或奔窜。动物的耳朵、脖子、头部和腹部是它们最喜欢叮咬的部位。这些飞蝇也可寄生于家禽，还可作为原生动物寄生虫——白细胞虫的中间宿主。

白蛉和蝇

白蛉是一种蛾类苍蝇，主要以传播利什曼病和病毒性疾病而闻名。雌性吸血。

蝇类包括家蝇、秋家蝇、角蝇和厩蝇。家蝇和秋家蝇不吸血，但它们却很讨厌，因为它们会靠近粪便和分泌物。它们都可作为旋尾虫的中间宿主（丽线虫属 *Habronema* spp. 和结膜吮吸线虫属 *Thelazia* spp.），同时可以通过叮咬传播细菌。角蝇（扰血蝇）和厩蝇会疼痛性叮咬和吸血。角蝇大部分时间都生活在宿主身上（牛）。厩蝇只会在吸食血液时在宿主身上停留片刻。它们基本上是户外飞蝇，只在晚秋和雨季飞入畜棚。

厩蝇可以向马和牛传播病毒和细菌，也是马蝇胃线虫的中间宿主（*Habronema*）。厩蝇（*Stomoxys calcitrans*）也被称为“吸血厩蝇”。体型大小与普通马蝇差不多。厩蝇无海绵样的口器，而是具有从头向前突出的刺刀样的喙（图 48.9）。其通常采用“坐式”方式落在宿主身上而不在宿主身上移动。厩蝇叮咬后非常疼痛，刺破皮肤并导致流血。大量的厩蝇攻击奶牛，会导致其产奶量下降；攻击肉牛，会引起其拒绝采食而导致增重下降。厩蝇呈世界性分布。在美国，它们分布在中部和东南部的牧牛群中。雄苍蝇和雌苍蝇都是贪婪的吸血者，不会放过任何家养动物。它们通常叮咬家养动物的腿部和腹部，也可叮咬耳朵。其还能叮咬德国牧羊犬这样的立耳犬的耳朵。被叮咬的犬耳尖毛发稀少，耳尖布满干燥的血痂。

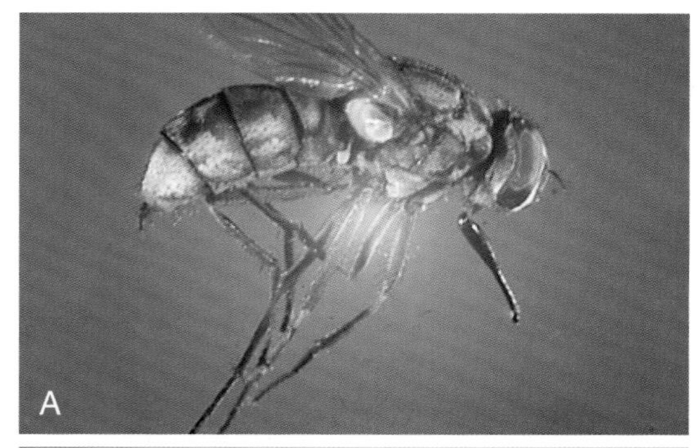

图 48.9　**厩蝇（咬家蝇），与家蝇（*Musca domestica*）体型大小相当**

虻和牛虻

斑虻（鹿蝇）和牛虻（马蝇）体型庞大，长约 3.5 cm，有一对强有力的翅膀和大眼睛，是强壮的双翅目昆虫。马蝇和鹿蝇是双翅目群体中最大的飞蝇，只有雌蝇才能吸食动物血液。图 48.10 为最大的吸血双翅目昆虫——牛虻。而马蝇比鹿蝇更大。鹿蝇翅膀边缘有一条暗色的条纹从头侧延伸至尾侧。

图 48.10　**牛虻，双翅目最大的吸血昆虫。该虻体长约 2.5 cm**

蝇的成虫在开放水域附近产卵，发育的幼虫在水生或半水生环境中生活，通常深埋在湖泊和池塘底部的淤泥中。成虫在夏季出现，喜阳光。雌蝇喜欢在开放水域附近采食，具有复式剪刀状的口器。它们能利用这种锋利的、似刀刃的口器撕裂组织，然后舔吸伤口渗出的血液。这些飞蝇主要以牛、马这样的大型动物为食。首选叮咬部位为腹部下侧的脐部周围、腿部或颈部和肩部。飞蝇通常会在多个点叮咬吸血多次后才停止。动物拍打尾巴或皮肤颤动时，蚊虫会停止吸血，并离开动物，但此时血液仍会从伤口渗出。叮咬后的疼痛使得马、牛烦躁不安。这些蝇可以叮咬多个动物，所以它们可以在动物间机械性地传播炭疽病、无形体病和马传贫病毒。这些昆虫可以传播微丝蚴，作为细菌、病毒和立克次体的载体，它们同时也是家养动物严重的病害昆虫。

绵羊虱蝇（羊蜱蝇）

羊蜱蝇（*Hippoboscids*）或绵羊虱蝇（*Melophagus ovitxus*）背腹扁平、无翼的双翅目昆虫，与蜱虫类似。它们吸食血液，终生生活在羊上。叮咬可引起皮肤瘙痒，损坏毛发。绵羊虱蝇多毛、皮质强韧、长 4～7 mm。头部短而宽，胸部为褐色，腹部宽呈浅褐色。一对强有力的腿附着锋利的螯（图 48.11）。有人认为绵羊虱蝇的外观虽然像虱子，但其实与虱子无关。

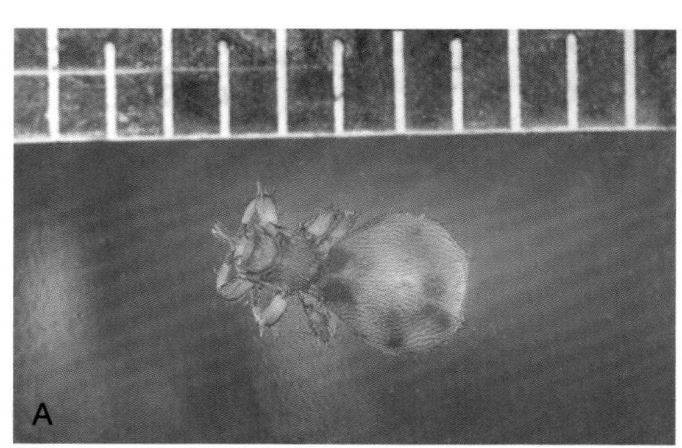

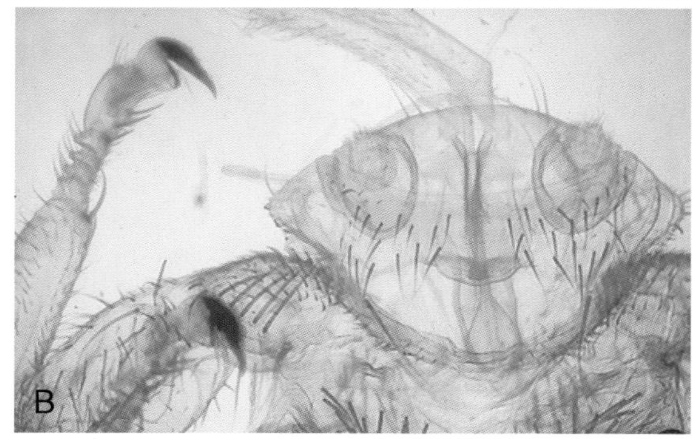

图 48.11　羊蜱蝇或绵羊虱蝇

苍蝇引起的蝇蛆病

绿头苍蝇、肉蝇和螺旋蝇都是具有鲜艳花纹的大苍蝇。成虫不吸血，但它们会把卵储存在腐烂伤口、化脓性伤口或者鲜肉上。在北美，美洲锥蝇（*Callitroga hominivorax*）和污蝇属（*Wohlfahrtia opaca*）是唯一能侵袭组织的苍蝇。其他种类的苍蝇侵袭感染性伤口，被称为次级入侵者。马蝇（图 48.12）（*Gasterophilus* spp.，*Hypoderina* spp.，*Cuterebra* spp.，*Oestrus ovis*）是一种不采食的似蜜蜂的苍蝇。成虫产卵后将其黏附在毛发上或嘴唇、鼻子等入口处。幼虫孵化后即可移行穿透皮肤。有的昆虫在宿主全身爬行迁移，有的则只在局部繁殖。幼虫期（蛆）主要定植于绵羊的鼻道（牛虻）、马胃（*Gasterophilus*）以及牛的皮下组织（蝇属）。黄蝇是兔子和啮齿动物毛发上的寄生虫，也可感染犬、猫和人。它们可在宿主皮下组织和皮肤上打孔形成疣（图 48.13）。

图 48.12　马蝇的最后幼虫阶段通常在马的粪便中发现。注意虫体带钩，幼虫附着于胃黏膜（引自 Hendrix CM，Robinson E：*Diagnostic parasitology for veterinary technicians*，ed 4，St Louis，2012，Mosby.）

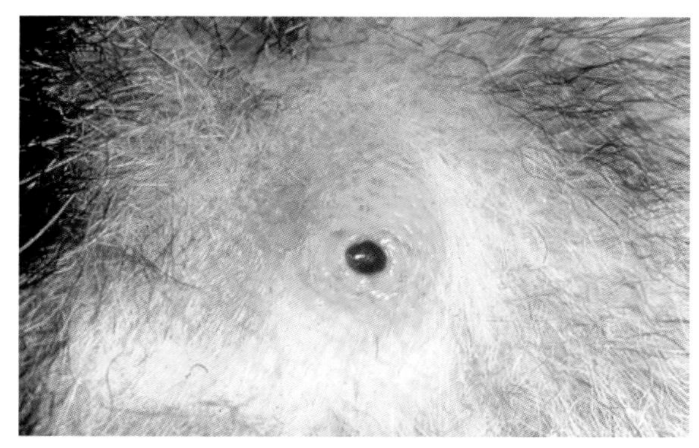

图 48.13　黄蝇幼虫通常见于肿胀、囊性的皮下组织内，并有瘘管（孔或洞）与外界相通，幼虫可通过该孔呼吸（引自 Hendrix CM，Robinson E：*Diagnostic parasitology for veterinary technicians*，ed 4，St Louis，2012，Mosby.）

疟蚊、伊蚊和库蚊（蚊子）

蚊子是很小、脆弱的双翅目昆虫，但却是家养动物和人类身上最贪婪的吸血昆虫（图 48.14）。雌性吸血，它们因向动物和人类传播许多原虫、病毒和线虫疾病而闻名。蚊子会叮咬牲畜，特别是它们成群叮咬时，家养动物会由于瘙痒难耐而停止吃草或受惊逃窜。大量蚊虫吸血导致家养动物贫血。大部分蚊子一般在小水域附近产卵。蚊子可在人与人之间传播疟疾、黄热病和内皮病，并可作为心丝虫或恶心丝虫的中间宿主。

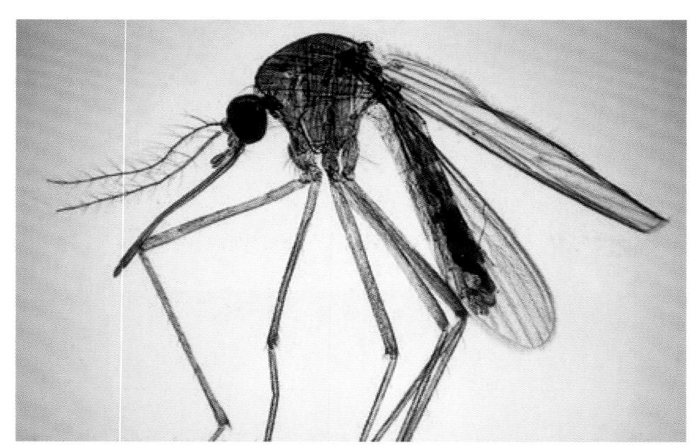

图 48.14　雌性库蚊，是几个致病属之一(引自 Hendrix CM, Robinson E: *Diagnostic parasitology for veterinary technicians*, ed 4, St Louis, 2012, Mosby.)

蜱螨目(螨和蜱)

蜱

螨虫或蜱虫感染被称为螨病。蜱是吸血蛛形纲动物。在未充血状态下，背部和腹部扁平。蜱虫的头称为假头，起着切割和附着的作用。它是由具有穿透力的、类似锚的吸吮器官口下板和 4 个附属器官(2 个螯肢和 2 个须肢)组成。当蜱虫寄生在宿主时，这些附属器官可充当传感器和支持器官。口器可以隐藏在蜱虫的身体下面，或从颅缘伸出。多数蜱是无花纹的，也就是说它们是无纹理的红色或红褐色。有的品种有花纹，在黑色盾片上显现出特有的白色图案。成年蜱有 8 条腿，跗节末端都有 1 个爪。蜱在其一个生活周期可能寄生在 1～3 个不同的宿主，因此这些蜱被称为寄主、双寄主或三寄主蜱(图 48.15)。

蜱分为硬蜱(硬蜱科)和软蜱(软蜱科)两种。硬蜱可携带原虫、细菌、病毒和立克次体等病原。某些雌蜱的唾液具有毒性，叮咬后可造成人和动物"蜱麻痹"。能引起蜱麻痹的蜱有安氏革蜱(落基山斑点热蜱)、西洋革蜱(太平洋沿岸蜱)、全环硬蜱(澳大利亚麻痹蜱)、变异革蜱(木蜱)。

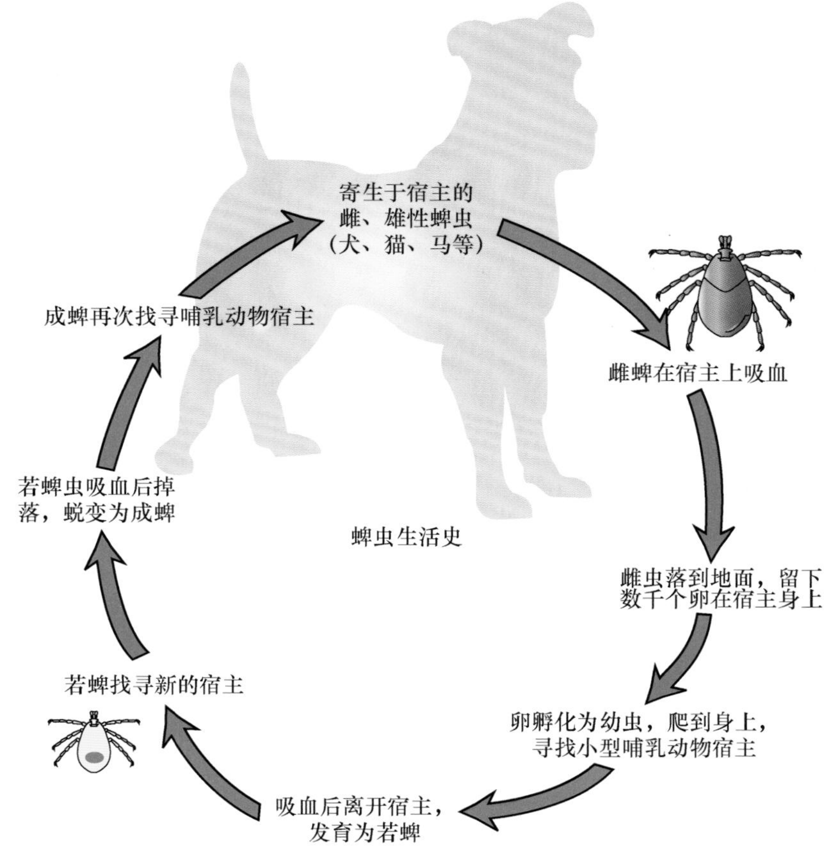

图 48.15　蜱虫的生活史(引自 Hendrix CM, Robinson E: *Diagnostic parasitology for veterinary technicians*, ed 4, St Louis, 2012, Mosby.)

成蜱、幼蜱和若蜱以宿主血液为食。卵会掉落在环境中。硬蜱背腹扁平，未吸血时，可以看到明显的侧缘。身体的背表面覆盖一层坚硬的几丁质(表皮)。硬蜱盾板有沟、缘凹、缘垛等特征。北美重要的硬蜱有：血红扇头蜱(*Rhipicephalus sanguineus*)(图 48.16)、变异革蜱(*Dermacentor variabilis*)(图 48.17)、安氏革蜱(*Dermacentor andersoni*,)、西方矩头蜱(*Dermacentor occidentals*)、白纹革蜱(*Dermacentor albipictus*)、肩突硬蜱(*Ixodes scapularis*)、*Ixodes cookei*、太平洋硬蜱(*Ixodes pacificus*)、美洲钝眼蜱(*Amblyomma americanum*)(图 48.18)、*Amblyomma maculatum*、野兔血蜱(*Haemaphysalis leporispalustris*)、血红扇头蜱(*Rhipicephalus annulatus*)。血红扇头蜱与其他蜱不同的是只能在室内或犬舍感染。

> **注意**：蜱分为硬蜱(硬蜱科)和软蜱(软蜱科)两种。

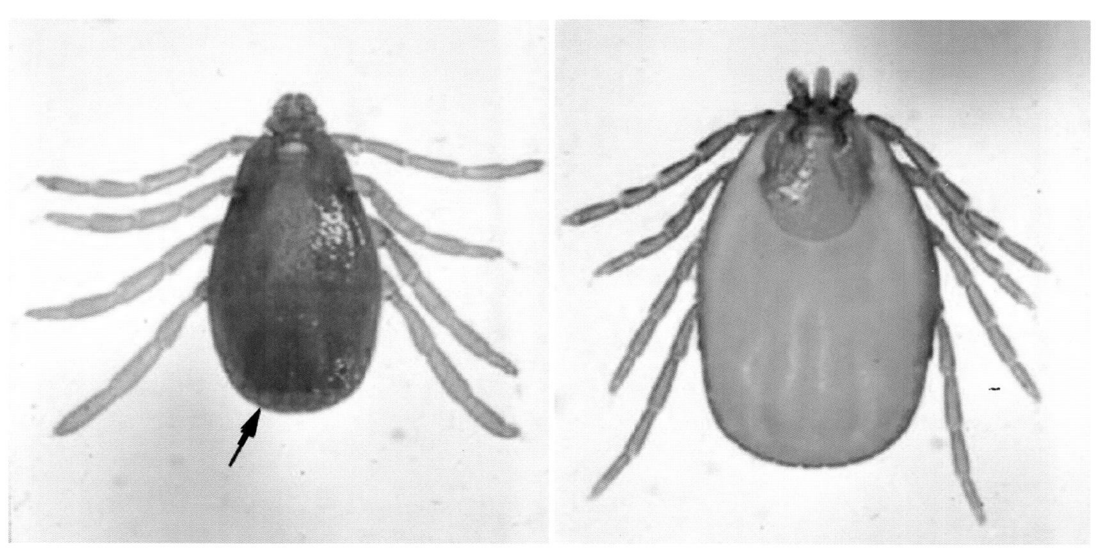

图 48.16 **血红扇头蜱雄虫(左)，雌虫(右)(引自 Bowman D:*Georgis' parasitology for veterinarians*, ed 9, St Louis, 2009, Saunders.)**

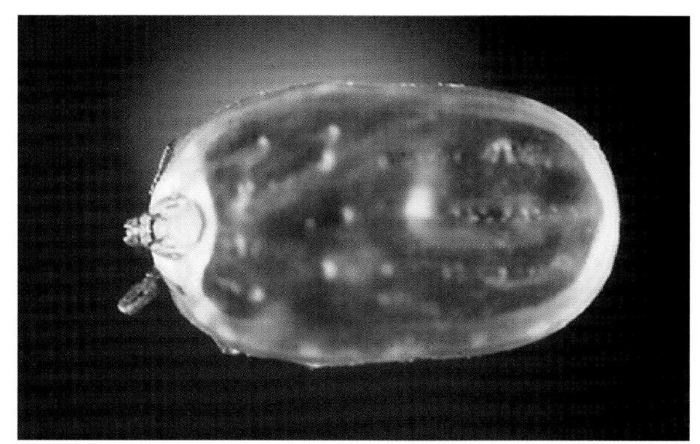

图 48.17 **吸血后的雌性变异革蜱成虫。未吸血时长约 6 mm，吸血后雌虫可达 12 mm 长，呈蓝灰色(引自 Hendrix CM, Robinson E: *Diagnostic parasitology for veterinary technicians*, ed 4, St Louis, 2012, Mosby.)**

软蜱无盾板，口器不能从背面看到，身体侧缘为圆形。软蜱更常吸血，吸血后产卵。卵通常会从宿主身上脱落下来。软蜱比硬蜱更耐干燥，它们可以在干燥条件下生活数年。兽医中重要的 3 个属为：锐缘蜱属、麦格氏耳蜱属、钝缘蜱属。

锐缘蜱属是鸟类的外寄生虫。幼虫、若虫和成虫生活在家禽舍的裂缝和缝隙中，大约每月一次夜间进食。叮咬禽类会导致它们坐立不安、生产力低下以及严重的贫血。同时还可作为鸟类的细菌和立克次体病的媒介。麦格氏耳蜱是一种多刺的耳蜱，常见于家养动物、犬甚至人身上，只有幼虫和若虫阶段具有寄生性(图 48.19)。它们寄生于外耳道的深处，吸食宿主血液。动物的抓挠导致炎症并产生蜡样分泌物。钝缘蜱属生活在沙壤土、原始房屋、树周围的阴暗地方。与家养动物相比，这些昆虫在人或啮齿动物上的意义更大。但是在加利福尼亚州，皮革钝缘蜱可以传播引起牛流行性流产的病原。

螨

螨属于蛛形纲动物，以寄生和自由生活两种形式生存，有些螨可作为吸虫的中间宿主。大多数螨为专性寄生虫，它们一生都寄生在宿主皮肤内，造

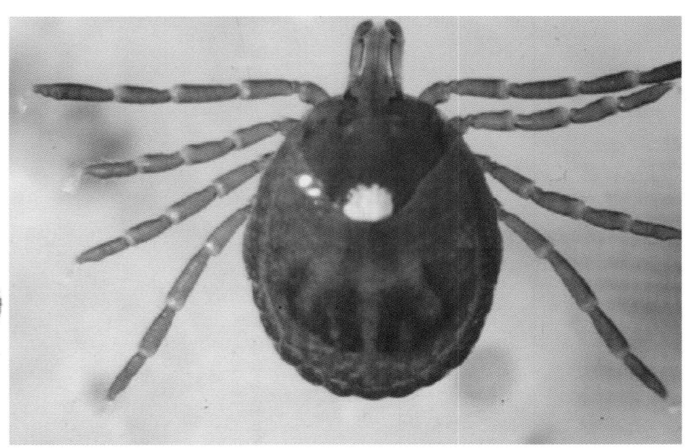

图 48.18 钝眼花蜱。雄性蜱虫盾板有明显的珐琅色斑，雌性蜱虫盾板有一个大而色浅的圆点，因此得名独角星蜱（引自 Bowman D:*Georgis' parasitology for veterinarians*, ed 9, St Louis, 2009, Saunders.）

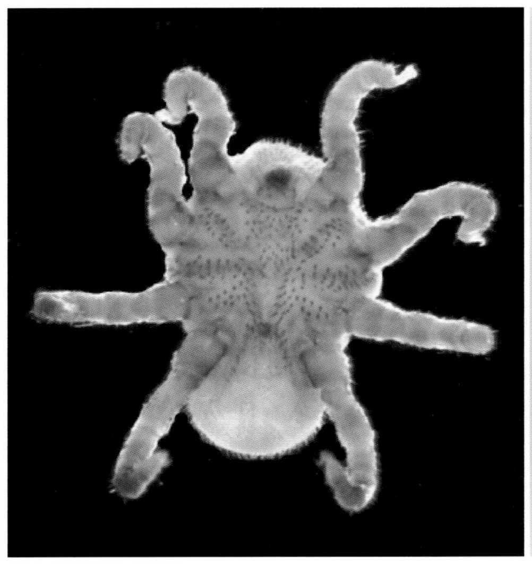

图 48.19 麦格氏耳蜱属。第一期幼虫（左），第二期幼虫（右）（引自 Bowman D:*Georgis' parasitology for veterinarians*, ed 9, St Louis, 2009, Saunders.）

成皮肤病，也就是我们认为的疥螨。鸟类和啮齿动物身上的螨会离开宿主，只有当需要采食时，才重新回到宿主身上（如鸡皮刺螨、柏氏禽刺螨）。大多数螨虫通过直接接触感染动物。穴居螨可在皮肤内打洞，造成深部皮肤感染和周围组织损伤。

第一类寄生性螨虫为疥螨亚目的螨虫，它们有几个共同的关键性特征。这些螨虫能够寄生在家养动物上并造成严重的皮肤病，导致各种皮炎并伴有严重的瘙痒。疥螨亚目螨虫大约只有一粒盐的大小，用肉眼几乎无法观察。体型为圆形或椭圆形。这些螨虫的足末端有爪间蒂或小柄。柄有长有短，如果柄较长，它可能是直的（无关节），也可能是有节的。在每个柄的末端有一个小吸盘。兽医人员可以根据柄的长短以及关节的有无来鉴别这些螨虫的种类。另一类螨为恙螨，只有其幼虫为营寄生生活。

疥螨亚目分为 2 个基本科：疥螨科，螨虫在表皮内挖掘隧道；痒螨科，寄生于皮肤表面或外耳道内。疥螨科包括：疥螨属（图 48.20）、背肛螨属（图 48.21）、膝螨属。这些虫体寄生于宿主表皮内，挖掘隧道，以表皮内的组织液为食。疾病初期，仅在局部出现炎症和脱毛，但随后迅速扩散到全身。10～15 d 内，雌虫会在隧道内产下 40～50 个虫卵。雌性疥螨产卵后随即死亡。虫卵经 3～10 d 孵化为幼虫，并离开隧道爬到宿主皮肤表面。幼虫在皮肤的毛囊或毛孔内蜕皮发育至若虫期，并在第 12～17 天内孵育为有生殖能力的成虫，开始新的生命周期。

由疥螨引起的疾病称为疥螨病，可以感染包括人在内的大多数动物，但是最常见的是犬和猪。特征是引起脱毛和剧烈瘙痒。每个动物都有特定感染的疥螨种类，不会发生交叉传播。然而，短暂感染时，螨虫可能尚未在皮肤上寄生。而背肛螨的感

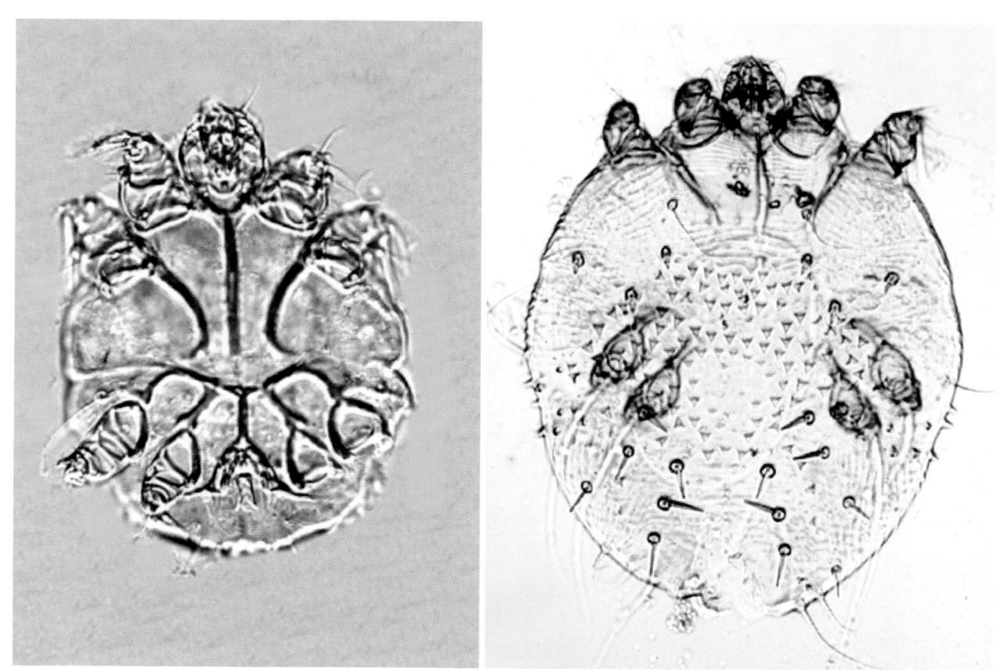

图 48.20 **雄性疥螨(左)和雌性疥螨(右)(引自 Bowman D:*Georgis' parasitology for veterinarians*, ed 9, St Louis, 2009, Saunders.)**

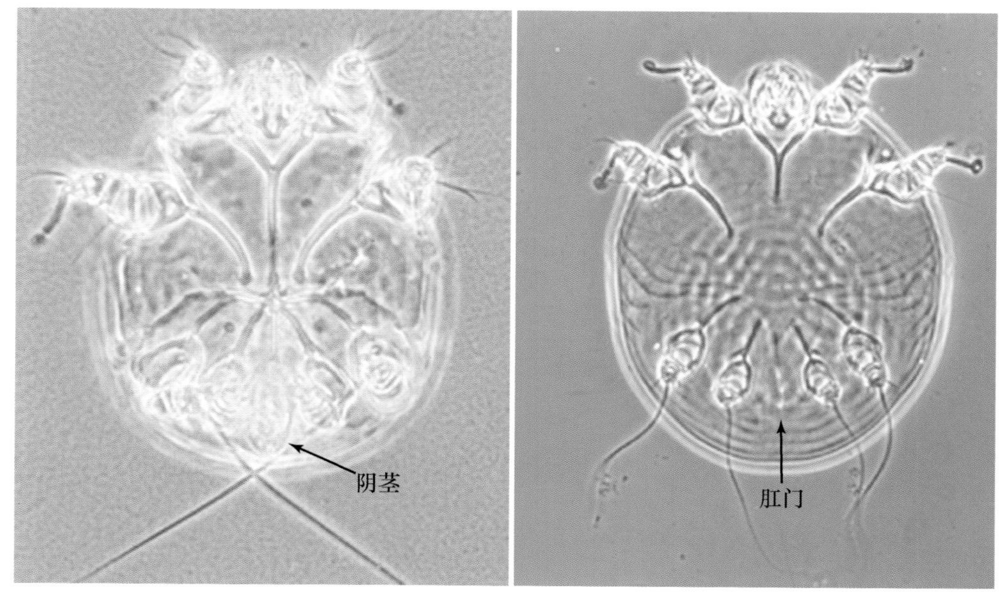

图 48.21 **雄性背肛螨(左)和雌性背肛螨(右)(引自 Bowman D:*Georgis' parasitology for veterinarians*, ed 9, St Louis, 2009, Saunders.)**

染(由背肛螨属引起)宿主通常有限,一般寄生于猫,偶尔也寄生于兔。膝螨感染(由膝螨属引起)一般见于鸟类。这种螨虫在脚垫和小腿表皮层内打洞。严重时,也会感染喙和颈部。此种螨虫引起的特征性变化是黄色或灰白色蜂窝状的肿块。可能会损坏鸟类的面容。螨虫刺穿皮肤至鳞屑下,从而引起炎症,产生渗出物覆盖在鳞屑表面,使鳞片表皮变硬。这一过程导致皮肤增厚和鳞痂化。

蠕形螨是毛囊和皮脂腺内的穴居螨虫。大多数哺乳动物正常皮肤中也可检查到。蠕形螨病最常见于犬。感染可以是局部性的,也可以是全身性的。遗传性免疫缺陷病或螨虫感染都会造成明显的临床症状。该病的特征是脱毛、皮肤增厚和脓疱。蠕形螨感染引起的瘙痒并不严重。深层皮肤刮片可以检查是否有蠕形螨的存在(图 48.22)。

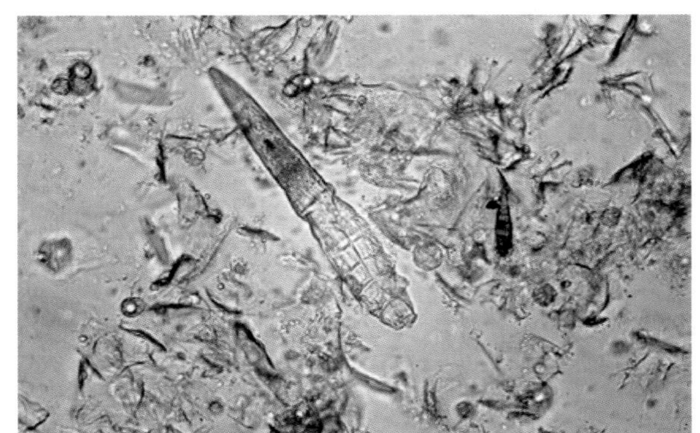

图 48.22 **犬蠕形螨成虫。犬蠕形螨看起来像 8 条腿的美洲短吻鳄鱼。呈长条形,身体前半段腿短而粗。成虫和若虫有 8 条腿,而幼虫只有 6 条腿(引自 Hendrix CM, Robinson E: *Diagnostic parasitology for veterinary technicians*, ed 4, St Louis, 2012, Mosby.)**

注意:宿主免疫缺陷感染蠕形螨可导致明显的临床症状。

痒螨科包括痒螨属、足螨属和耳螨属。这些螨虫生活在皮肤表面,以角质化的鳞片、毛发和组织液为食。痒螨属、耳螨属、绵羊痒螨(*Psorergates ovis*)和姬螯螨属都是非穴居螨。痒螨对绵羊危害性很大。这些螨虫活跃于皮肤表面的角质层,用口器刺穿皮肤。囊泡形成,伴有结痂和强烈的瘙痒。足螨感染较轻微,且往往仅限于局部。牛足螨是最重要的一个属,也是牛常见的寄生虫之一。

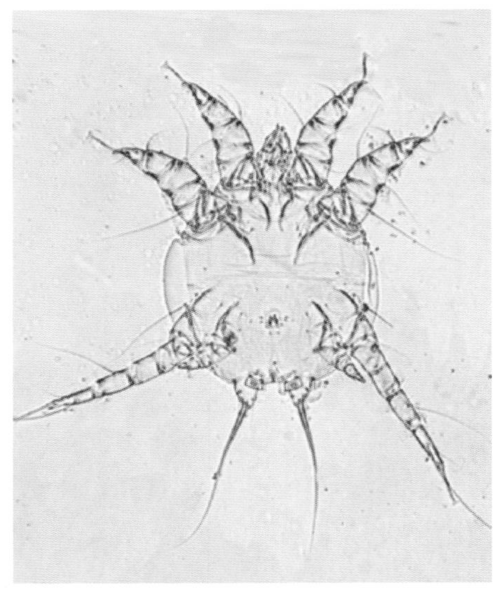

图 48.23 **雄性痒螨成虫。该螨虫通常见于兔子耳道内(引自 Bowman D: *Georgis' parasitology for veterinarians*, ed 9, St Louis, 2009, Saunders.)**

姬螯螨和耳螨是犬猫寄生虫。姬螯螨被称为"行走的皮屑",造成的症状轻微。耳螨(图 48.24)寄生在犬猫外耳道,产生褐色蜡样渗出物或硬皮,瘙痒导致溃疡,并可能继发细菌感染。感染动物会经常挠耳朵或甩头。甩头会导致血管破裂和耳廓血肿。耳螨通常可以在耳道内蜡样渗出物和硬皮中找到。

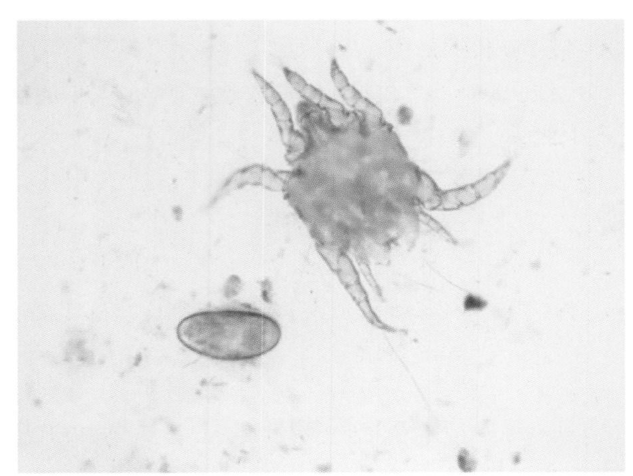

图 48.24 **成年耳螨以及其卵**

舌形虫

舌形虫虽然与蠕虫相似,但实际上与节肢动物有着亲缘关系。拉丁文 *serrata* 是"犬舌虫"。其通常为蛇和爬行动物的寄生虫,但它也可寄生于犬的鼻腔和呼吸道。与蠕虫一样,具有类似于螨虫的幼虫阶段,它也被归类于节肢动物。卵大小为 70～90 μm。经常可在卵内部看到像螨虫样的幼虫,相互以爪子连接。

环节动物门(节段虫)

医用水蛭(Medicinal Leech)

水蛭是环节动物,它们不被认为是真正的蠕虫,但它们经常被当作寄生虫来介绍。水蛭是人类、家养动物和野生动物的体外寄生虫,属于环节动物门和水蛭纲。水蛭在兽医中扮演着致病性或有益的作用。

水蛭病一词来源于经典的林奈分类系统命名法。水蛭侵入鼻、嘴、咽部或喉部,或附着于皮肤上。水蛭是贪婪的吸血动物。宿主可能会贫血甚至因失血而死亡,这有赖于寄生水蛭的数量多少。由于可以作为重建组织结构和微循环的工具,水蛭近来受到了人们的青睐。而这种用途已经用在人类医学中，相信不久也会应用于兽医。

水蛭是节段虫，身体呈细长、叶状、无毛发。典型的水蛭有 2 个吸盘：一个是大的黏附尾部的吸盘；另一个是较小的包围在嘴部的吸盘。大多数水蛭生活在淡水中，少数生活在咸水中，还有一部分生活在陆地上。

关键点

- 家养动物的体外寄生虫包括昆虫（如跳蚤、虱子、苍蝇）和蛛形纲动物（如螨、蜱）。
- 线虫的幼虫和成虫可能寄生于动物的皮肤或皮下组织。
- 寄生于家养动物的昆虫主要是半翅目、食毛目、虱目、双翅目和蚤目。
- 昆虫有 3 对腿，身体清晰分为 3 个部位（头部、胸部和腹部），还有 1 对触须。蛛形纲动物（成年）有 4 对腿，身体分为 2 个区（头胸部和腹部），没有触须。
- 蜱和螨虫的生活史包括卵、幼虫、若虫和成虫，可能有 1 个以上的幼虫龄期。
- 感染咀嚼或吮吸虱被称为虱病。
- 跳蚤感染被称为蚤病（siphonapterosis）。
- 蜱或螨感染称为螨病。
- 猫栉首蚤和犬栉首蚤是常见的感染犬的跳蚤。
- 感染大量跳蚤时，特别是幼年动物，极易导致贫血。
- 跳蚤的唾液具有抗原和刺激性，会引起机体强烈的瘙痒和过敏，被称为跳蚤叮咬性皮炎或粟粒性皮炎。
- 根据虱的口器的吞食方式是刺入/咀嚼或吮吸而分为食毛目和虱目。
- 苍蝇除通过咬伤、吸血、产生过敏反应、在溃疡处产卵、幼虫期在宿主的组织迁移和穿透皮肤上的小孔（疣）逃逸造成身体各种不适，还可作为其他病原体的媒介和中间宿主。
- 成年蜱有 8 条腿，跗节末端有一个爪。蜱在其一个生活周期可能寄生在 1～3 个不同的宿主。
- 硬蜱（硬蜱科）是原虫、细菌、病毒和立克次体疾病的重要病原媒介。
- 某些雌蜱的唾液具有毒性，叮咬后可造成人和动物无力与麻痹（如蜱麻痹）。
- 大多数寄生螨是专性寄生虫，它们的整个生命周期都在宿主身上度过，造成的皮肤病称为螨病。
- 疥螨亚目分为 2 个基本科：疥螨科，螨虫在表皮内挖掘隧道；痒螨科，寄生于皮肤表面或外耳道内。
- 蠕形螨是一种生活在毛囊和皮脂腺内的穴居螨。
- 痒螨科包括痒螨属、足螨属和耳螨属。

第49章

Sample Collection and Handling
样本采集与处理

学习目标

经过本章的学习，你将可以：

- 描述小动物粪便样本的采集方法。
- 描述大动物粪便样本的采集方法。
- 说明皮肤刮片的制作流程。
- 说明使用透明胶带制片的流程。
- 描述用于血液寄生虫诊断的样本采集方法。
- 描述使用真空采样技术采集样本的流程。

目　　录

关键词

透明胶带制片

粪环

混合样本

皮肤刮片

真空采样

寄生虫可感染动物的口腔、食管、胃、小肠、大肠及其他内部器官。通过粪便显微镜检查，发现其某个阶段的虫体便可确诊。这些阶段包括：虫卵、卵囊、幼虫、节片（绦虫）和成虫。体外寄生虫可通过皮肤刮片、透明胶带制片、真空采集和梳理被毛进行检测。

粪便样本采集

用于常规检验的粪便样本越新鲜越好，这是因为卵、卵囊或生活周期的其他阶段随时可能因生长发育而发生改变，从而使诊断变得困难。在几小时内不能进行检验的样本应该放在冰箱内或加入等体积的10%的福尔马林。

小动物的粪便样本

采集伴侣动物的粪便有几种方法。主人可在动物排便后立即采集粪便样本。粪便可贮存于自封袋或干净的小瓶等容器内。动物医院会根据就诊动物的需要发给主人相应的容器。每项检查本身只需少量的粪便样本(1 g)。理论上应多点采样进行粪便样本的收集,且所有样本要正确标明主人的姓名、动物的名字和动物种类。

在动物医院也可用手套或粪环直接进行动物粪便样本的采集(图 49.1)。如果用手套,可将粪便留在手套中,并将手套的里面翻到外面,系紧并做好标记。如果使用粪环,应将粪环末端涂抹润滑剂,然后轻轻插入动物的直肠采集粪便样本。当粪便样本量较小时,一般使用粪环进行采集,并直接用于检验。

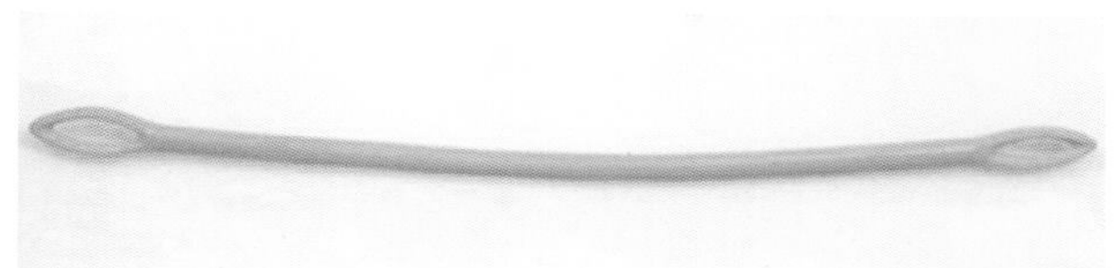

图 49.1 **粪环由一根长塑料轴和两端的小环组成(引自 Sonsthagen T:*Veterinary instruments and equipment*, ed 2, St Louis, 2011, Mosby.)**

大动物的粪便样本

家养动物粪便样本可直接从单个动物的直肠采集或从动物群体中获取混合样本。采集直肠粪样时,可佩戴手套进行采样,并将粪便留在手套中,将手套的内面外翻,系紧并做好标记。

对群养动物,可采集混合粪样,然后放入一个容器中,以了解动物群体寄生虫感染的程度。混合样本可收集到洁净且可密封的任何容器中,标明动物种类、畜舍号或种群号。

皮肤刮片

皮肤刮片是检查动物体外寄生虫的一种常见诊断方法。需要的器材包括:一个带 40 号刀片的电推子,一个手术刀或刮刀和装在小滴瓶里的矿物油。采样时,针对典型的病灶或位置刮取样本,因为其最可能隐藏着特殊的寄生虫(如在耳缘寻找犬疥螨)。

用带或不带刀柄的 10 号手术刀片进行刮片。有些临床医生更喜欢用 165 mm 的不锈钢刮勺(Sargent-Welsh Scientific, Detroit, MI)。用食指和大拇指捏住手术刀片(图 49.2)。刮片前,将刀片蘸一点要滴在载玻片上的矿物油(图 49.3),或是直接将矿物油滴在要刮的皮肤上。

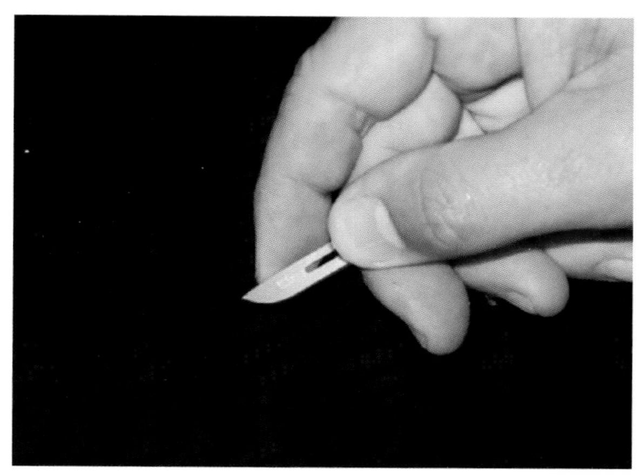

图 49.2 **拇指和食指握住手术刀片进行皮肤刮片**

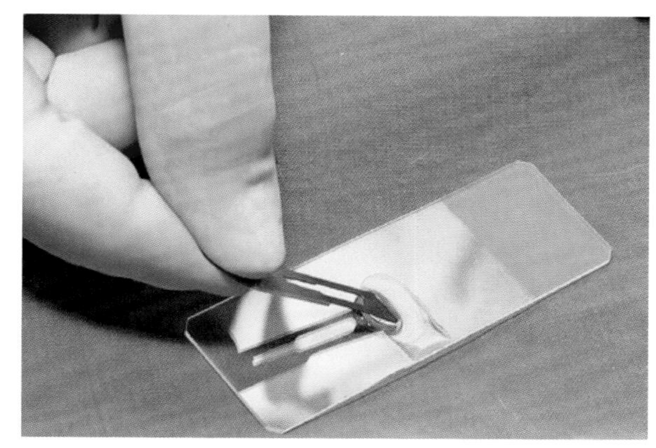

图 49.3 **在刮皮肤之前,用手术刀片蘸取少量矿物油(引自 Taylor SM:*Small animal clinical techniques*, St Louis, 2010, Saunders.)**

刮片时,手握的刀片必须与皮肤垂直,以防止其他角度接触皮肤导致意外的割伤。刮取的平均面积为 3～4 cm^2。多个位置刮取采样可以提高查出寄生虫的概率。

刮片的深度由要寻找的寄生虫的典型位置决定。当要刮取生活在皮肤隧道内的螨虫(如疥螨)或毛囊内的螨虫(如蠕形螨)时,兽医技术员应该一直刮到皮肤上出现少量的毛细血管渗血为止(图 49.4)。刮片前应该用 40 号剃刀剃除过多妨碍刮片的被毛,这样不仅能更好地看清病灶,同时还能更易收集表皮碎屑。刮取感染和未感染位置的交界处很重要。对于表面寄居的螨虫(如姬螯螨、痒螨或皮螨),应该刮取浅表皮肤,收集脱落的皮屑或结痂。怀疑体表有螨虫感染时,刮片前不必剃毛。

将所有粘在刀片上刮取下来的碎屑涂布在滴

过矿物油的载玻片上(图 49.5)。将盖玻片盖在样本之上，再将准备好的载玻片放置在显微镜上，用低倍物镜(4 倍)扫描式检查。

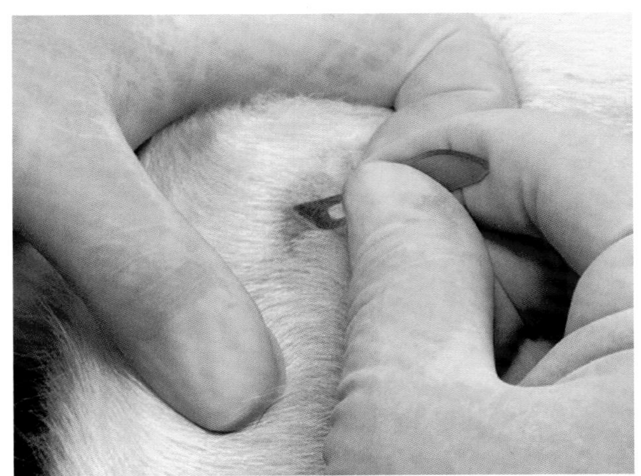

图 49.4 深层皮肤刮片，需一直刮到皮肤上出现少量的毛细血管渗血为止(引自 Taylor SM: *Small animal clinical techniques*, St Louis, 2010, Saunders.)

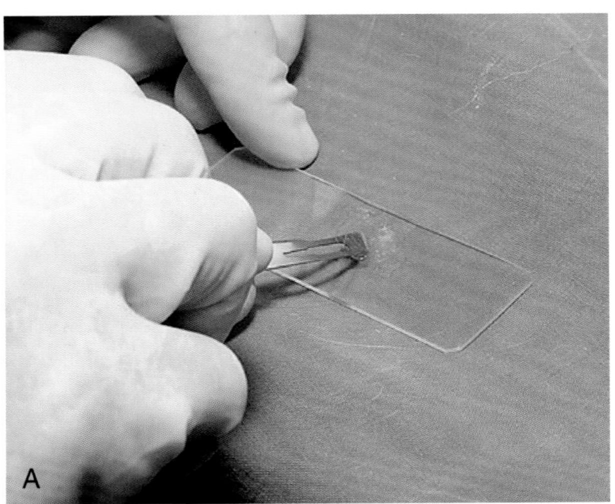

图 49.5 将刮取的皮肤样本涂布在滴过矿物油的载玻片上(A)，盖上盖玻片(B)(引自 Taylor SM: *Small animal finical techniques*, St Louis, 2010, Saunders.)

透明胶带制片

当想要寻找主要生活在皮肤表面的虱或螨虫(如姬螯螨、痒螨或皮螨)时，可以使用透明胶带制片。先用透明胶带收集表皮碎屑(图 49.6)，然后滴一滴矿物油在玻璃载玻片上，将胶带的粘贴面放置在矿物油上(图 49.7)。必要时可以再放些矿物油和盖玻片在胶带上，防止胶带形成褶皱(但不是必需的)。然后用显微镜检查载玻片。

可以通过对宠物喷洒杀虫剂来采集跳蚤。喷洒杀虫剂数分钟后，死亡的跳蚤会从动物身上掉落。此外，也可以使用密齿跳蚤梳梳理毛发收集跳蚤，该梳子在各兽医用品店或宠物店均有销售。

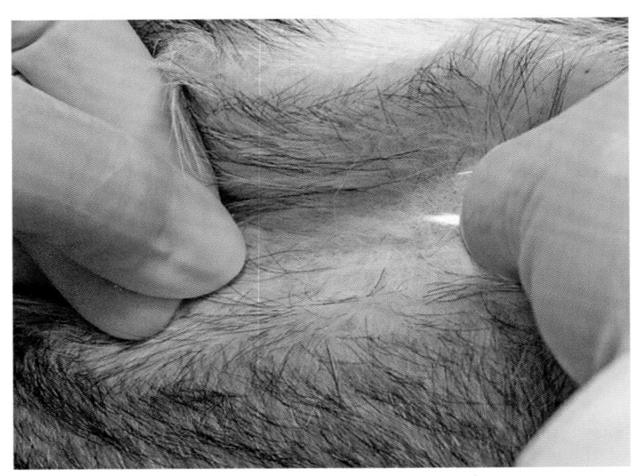

图 49.6 将透明胶带的粘贴面贴在皮肤上采集寄生虫样本(引自 Taylor SM: *Small animal clinical techniques*, St Louis, 2010, Saunders.)

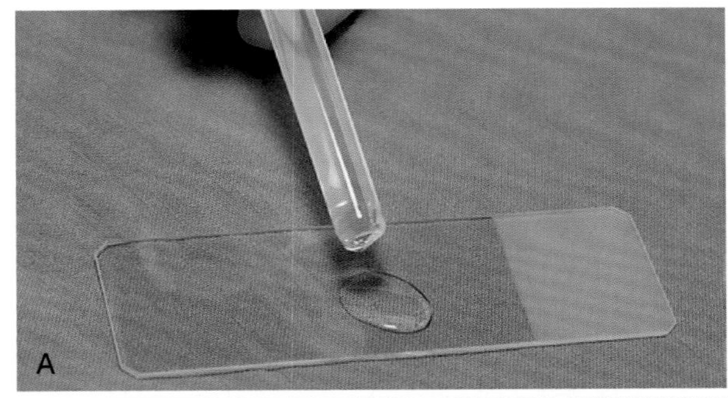

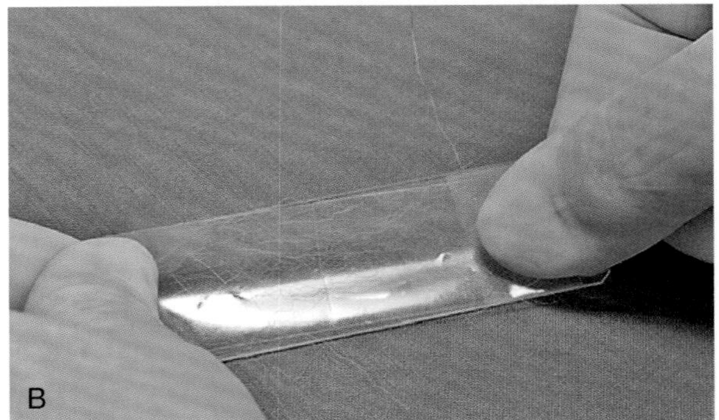

图 49.7 A. 在盖玻片上滴入少量矿物油。B. 将胶带的粘贴面放置在矿物油上(引自 Taylor SM: *Small animal clinical techniques*, St Louis, 2010, Saunders.)

真空采样

存在于皮肤表面或毛发上的寄生虫可使用真空吸尘器(vacuum cleaner)采集。一般需对病畜稍进行保定,因为吸尘器的噪声可能会使动物产生紧张。此外,还需将一张滤纸放在真空管附件的末端(图 49.8)。应对皮肤和头发的多个区域进行吸取,特别是有明显碎屑的地方。

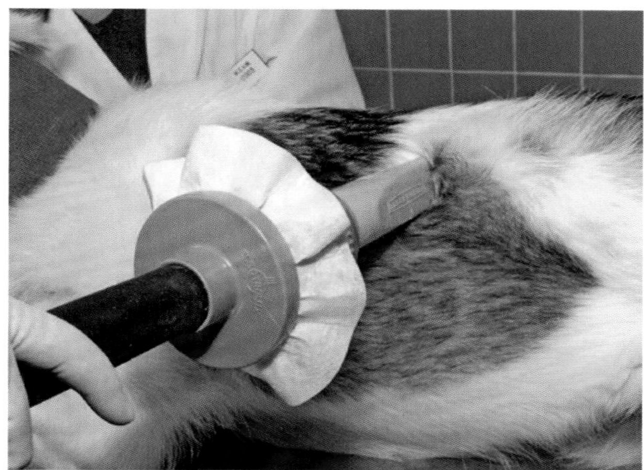

图 49.8　**可以用真空吸尘器采集样本,在真空管的末端放一张滤纸(引自 Taylor SM:*Small animal clinical techniques*, St Louis, 2010, Saunders.)**

尸体剖检的样本采集

尸体剖检是对包括寄生虫病在内的许多疾病进行诊断的重要方法。寄生虫幼虫和成虫在体腔内、组织中造成的病变类型和感染组织的组织病理学特征都可用于诊断。兽医技术员要负责采集样本,并确保准确地包装、保存、标记和运输样本。

从剖检尸体的消化道中获得寄生虫的方法有 2 种:倾倒法和过筛法(框 49.1 和框 49.2)。无论使用何种方法,兽医技术员都必须将消化道的不同部分分开,并对每一段的内容物进行单独操作。

从消化道回收的寄生虫可保存在 70%的乙醇溶液或 10% 的中性福尔马林中,以便后续的鉴定。偶尔可见囊尾蚴附着于家养动物的内脏。对此要小心处理,因为其囊内的液体可引起过敏,可能具有传染性。

框 49.1　倾倒法

- 剖开每段消化道,将内容物倒入容器。
- 用压舌片刮器官的内表面,将刮取物加到容器中或单独检查。
- 在每个容器中加入与其内容物等量的水,充分混匀。
- 容器静置大约 45 min。
- 倾倒出液体,将沉淀物留到容器底部。
- 向容器中倒入与沉淀等体积的水,充分混匀。
- 重复以上操作直到沉淀上面的液体清亮为止。
- 将沉淀转入解剖盘,并在立体显微镜或放大镜下检查。
- 将发现的任何寄生虫用镊子轻轻取出并放好保存。

框 49.2　过筛法

- 将内容物(包括内表面的刮取物)放置到容器内并混入等量的水。
- 混合物倒入 18 号筛网,然后再倒入 45 号滤网。
- 将滤网上的物体用水冲洗。
- 用立体显微镜或放大镜检查滤网上的固体物质。
- 将发现的任何寄生虫用镊子轻轻取出并放好保存。

血液样本的采集

采集血样需要用到酒精和已消毒的器械。血液可用注射针管和针头或真空采血管(Beeton Dickinson, Rutherford, NJ)来采集。所有样本应标记主人姓名、动物名字和采集日期(血样采集详见第 2 单元第 7 章)。

关键点

- 消化道寄生虫的诊断需要对粪便样本中的卵、卵囊、幼虫、绦虫节片和成虫进行检查。
- 小动物粪便样本可以在动物排便后采集,也可以使用粪环或温度计进行采集。
- 对于群养大型动物,一般采集的样本为混合粪样。
- 存在于皮肤表面的寄生虫可以用透明胶带法采集。
- 对存在于毛囊中的寄生虫,必须进行深层皮肤刮取来采集。

第50章

Diagnostic Techniques
诊断技术

学习目标

经过本章的学习，你将可以：

- 掌握粪便样本的大体检查。
- 掌握粪便直接涂片的流程。
- 掌握粪便漂浮的操作流程。
- 了解不同粪便漂浮液的优劣。
- 掌握离心漂浮法。
- 掌握贝尔曼装置的使用。
- 掌握淡黄层涂片的操作流程。
- 掌握改良诺茨试验。

目　　录

关 键 词

贝尔曼法
离心漂浮法
直接涂片
粪便沉渣
麦克马斯特技术(McMaster technique)
改良诺茨试验
简单粪便漂浮法
硫酸锌

寄生虫可能寄生于动物的口腔、食道、胃、小肠、大肠、内脏器官和皮肤。在唾液、粪便、血液、尿液、生殖器官的分泌物和皮肤的表皮层中找到寄生虫卵即可确诊。检验样本应要尽可能新鲜，并最好在收集后 24 h 内尽快检查。处理样本时，应佩戴手套，采取适当的预防措施以防止感染。特别在处理人兽共患病病原时，要保证自身健康。处理完毕后，最好用温水和肥皂清洗双手，并对工作区域进行清洁和消毒。此外，清洁设备也应经常消毒。

注意：处理粪便时一定要戴上手套和穿上合适的防护服，因为有些寄生虫是人兽共患的，且有些可以通过皮肤进入人体。

完整的样本记录非常重要。标签信息包括客户的姓名、采集日期、患宠姓名和物种。记录应该包括动物基本信息、操作步骤和结果。完整的病史信息包括临床症状、症状的持续时间、用药史、生活环境、疫苗史、饲养密度以及患病动物所检查的项目。

显微镜检是检测寄生虫感染最可靠的方法。其需要一个具有 10 倍、40 倍和 100 倍物镜的双目显微镜。立体显微镜也有助于鉴定肉眼可见的寄生虫。校准的目镜测微计（参见本书第 1 单元第 3 章）可确定像微丝蚴这个寄生阶段的虫体的大小和特征。样本通常放在玻璃载玻片上，滴上液体，并盖上盖玻片。粪便样本应在 10 倍镜下进行系统全面的扫查，一般是从载破片的一角开始，并在相对的另一角结束。多数虫卵与气泡和玻片边缘处于同一焦点平面。低倍镜下发现的任何可疑虫体或虫卵都应在更高倍物镜下进一步检查。兽医技术员掌握双目显微镜的使用和柯勒照明的调节知识对寄生虫检查十分重要。

粪便样本检查

根据动物的临床症状和病史怀疑患宠很有可能感染某种特定病原，用以辅助选择合适的检测方法。

粪便寄生虫检查首先是粪便眼观检查，包括粪便黏稠度、颜色、是否带血、黏液、成虫或异物（如线）。正常粪便成形或偏软。寄生虫感染可引起腹泻或便秘。大多数分泌物是透明的，脱落细胞量适中。粪便带有过多黄色的黏液怀疑可能有感染。粪便样本中带血，可能是鲜红色因部分降解（溶血）或滞留时间过长而呈现红棕色至黑色。过多的黏液通常表明肠道黏膜受到刺激，产黏膜细胞快速增殖。这些表现在呼吸系统和下消化道寄生虫感染时很常见。如绦虫和蛔虫成虫可在粪便和呕吐物中发现而确诊。

注意：粪便眼观检查包括粪便黏稠度、颜色、是否带血、黏液、成虫或异物（如线）。

直接涂片检查

粪便直接涂片是最简单的检测方法。使用流程 50.1 中描述的方法可以检查粪便、唾液、尿液、阴茎和血液样本。这种涂片需要的耗材和设备最少，并可对粪便寄生虫进行快速镜检观察。可使用粪便环或直肠温度计（在测量动物体温后）从动物身上取得粪便样本，并直接涂片。将少量粪便放在干净的玻片上，随后在显微镜下检查有无虫卵和幼虫。这种方法能观察到像贾第虫这样的原虫的滋养体。

流程 50.1 粪便直接涂片法

准备材料

- 玻璃载玻片（25 mm）
- 玻璃盖玻片（22 mm^2[＃1]）
- 木制治疗棒
- 水或生理盐水

流程

1. 用木棒蘸取粪便（木棒黏附少量样本）。
2. 在载玻片上滴一滴盐水。
3. 将粪便和盐水混匀成均质的乳液，透过涂层可清晰观察到报纸的字体（常见错误：涂片太厚）。
4. 盖上盖玻片。
5. 在 100 倍和 400 倍下检查玻片，观察是否有虫卵卵囊、滋养体、幼虫。

然而，直接涂片并不是检查粪便寄生虫的有效检查方法。缺点是粪便样本量太少导致当寄生虫含量过低时不一定能检测到虫卵。另外载玻片上大量无关的粪便碎片可能会与寄生虫混淆。虽然如此，我们也应将直接涂片法纳入任何寄生虫检测的常规步骤中。

注意：粪便直接涂片法所需粪便样本量较少，很有可能漏诊寄生虫感染。

粪便漂浮法

粪便漂浮法是基于粪便或粪便残渣中寄生虫的比重不同而进行的方法。操作方法见流程 50.2。

比重是指特定物体的质量与等体积蒸馏水质量的比值。大部分寄生虫卵的比重为1.10～1.20 g/mL(表50.1)。漂浮液溶液的比重比常见虫卵的比重高。因此,虫卵可漂浮在溶液的表面。糖和各种盐的饱和溶液可用作漂浮液,其比重在1.18～1.40。当粪便残渣和虫卵的比重大于漂浮液的比重时不使用漂浮法检测虫卵。除了少数几种(如并殖吸虫、侏体吸虫),吸虫卵通常比大多数常用的漂浮液的比重高,因此通常不会使用漂浮法富集虫卵。虽然线虫幼虫可以被漂浮液悬浮起来的,但虫体在漂浮过程中极易变形而导致难以识别。如果漂浮液的比重过高,也会将粪便残渣漂浮起来,而过多的杂质可能会遮住寄生虫卵。

流程 50.2 简单粪便漂浮法

材料

- 玻璃载玻片(25 mm)
- 玻璃盖玻片(22 mm^2[#1])
- 木质压舌板
- 蜡纸杯(90～150 mL)
- 粗棉布或纱布(10 cm)或金属丝网滤茶器
- 漂浮瓶(1.25～2.0 cm或5.0～7.5 cm)或15 mL锥形离心管
- 饱和盐或糖漂浮溶液

流程

1. 取2～5 g粪便放入纸杯中。
2. 加入20 mL漂浮液。
3. 使用压舌板将粪便搅匀,呈均匀悬浮的乳剂。
4. 如果使用粗棉布或纱布,将杯子的两边捏成一个壶嘴,然后用纱布绷紧杯口,同时将悬浮液倒入漂浮瓶中。如果使用金属过滤器,将悬浮液通过金属过滤器倒入另一个杯子。然后将滤液装满漂浮瓶。
5. 向瓶中注入液体使之在管口顶部形成凸液面。切记不要加水将液面溢出。如果纸杯中没有足够的液体,可加入新鲜的漂浮液使之注满。
6. 在漂浮瓶上方轻轻盖上盖玻片。
7. 静置10～20 min。
8. 将盖玻片直立拿起放到新的载玻片上,液体一侧朝下。
9. 在10倍镜下全面检查盖玻片下方的区域。

常用漂浮液包括糖溶液、氯化钠溶液、硝酸钠溶液、硫酸镁和硫酸锌溶液。每种溶液在成本、实用性、有效性、保质期、结晶化、腐蚀性等方面各有利弊(表50.2)。溶液的选择主要取决于操作方法和地区性常见寄生虫的种类。漂浮液的比重可用比重计测定,通过在溶液中加入更多的盐或水来调整。在溶液底部留下多余的盐晶体可以保证溶液的饱和度。

表 50.1 不同寄生虫卵的比重

种类	比重
钩虫	1.06
弓首蛔虫	1.09～1.10
狐毛首线虫	1.15
绦虫	1.22
囊等孢球虫	1.11
刚地弓形虫	1.11
贾第虫	1.05

一些公司已经生产商品化的漂浮试剂盒,内包含硝酸钠或硫酸锌溶液、一次性塑料瓶和过滤器(图50.1)。这些试剂盒使用起来简单方便,提供了相应的漂浮法操作步骤,可降低工作人员接触粪便的可能性,但其价格较贵。

离心漂浮法

该方法的原理与漂浮法相似,不同之处在于其在混合样本和漂浮液混合之后,需离心过滤以除去多余的碎屑。加入盖玻片后,将样本于400～650g下离心5 min。只要事先保证离心管平衡,离心力就会在旋转过程中将盖玻片固定。离心后,用细菌接种环从试管表面取一滴液体放到载破片上,并于显微镜下进行观察。离心漂浮比简单漂浮法更敏感,它可以在更短的时间内从样本中富集更多的虫卵和包囊(流程50.3)。不便的是,此法需要一个可以配有转筒的台式离心机。固定角度转子可能用处并不大,但固定角度后可以不用将离心管填满,也可不使用盖玻片。

注意:与标准漂浮法相比,离心漂浮法可在更短的时间内富集更多的虫卵和包囊。

粪便沉淀法

当怀疑感染寄生虫卵太大(如吸虫卵)而不能用标准漂浮法浮富集时,可使用粪便沉淀法。将少量水与粪便混合后过滤,滤液导入离心管中,400g离心5 min或静置20～30 min,弃去上清液。用移液管取一滴沉淀物,从沉渣的上层、中间、下层各取一滴,并在显微镜下镜检观察。沉淀物将虫卵和粪便残渣进行浓缩(流程50.4)。沉淀的残渣可能会掩盖寄生虫卵,因此通常在怀疑吸虫感染时才使用沉淀法。大部分吸虫卵不能被漂浮起来,同时高比重的漂浮液会使虫卵变形而导致检查困难。可以在水中滴加几滴洗涤剂，通过其表面活性剂作用去除样本中多余的油脂和杂质。

注意：粪便沉淀法主要在怀疑吸虫感染时使用。

表 50.2 常用漂浮溶液

	比重*	成分	建议
硫酸镁($MgSO_4$)（泻盐）	1.20	450 g $MgSO_4$ 1 000 mL 自来水	腐蚀性、易形成晶体
硫酸锌($ZnSO_4$)	1.18～1.20	331 g $ZnSO_4$ 1 000 mL 温自来水	某些吸虫和假绦虫卵不能漂浮；该漂浮液使虫体变形性最小
硝酸钠($NaNO_3$)	1.18～1.20	338 g $NaNO_3$ 1 000 mL 自来水	静置超过 20 min 时易形成结晶且虫卵易变形
改良 Sheather's 溶液	1.27	454 g 砂糖 355 mL 自来水 6 mL 甲醛	将糖和水在双层蒸锅顶部或小火加热溶解；若溶液不清澈，用粗滤纸进行过滤
饱和盐溶液(NaCl)	1.18～1.20	350 g NaCl 1 000 mL 自来水	易形成结晶、虫体变形、腐蚀装置

* 用比重计测量溶液比重，并在室温下保存溶液。

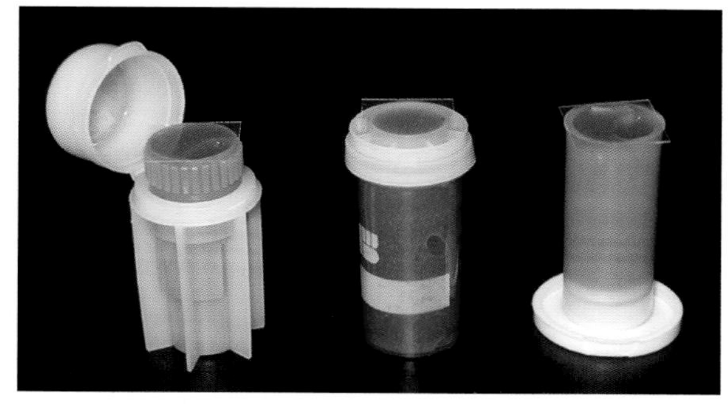

图 50.1 三种商用粪便漂浮试剂盒。从左到右依次为 Fecalyzer、Ovassay 和 Ovatector。这些试剂盒是根据简单漂浮法的原理制成的(引自 Hendrix CM, Robinson E: *Diagnostic parasitology for veterinary technicians*, ed 4, St Louis, 2012, Mosby.)

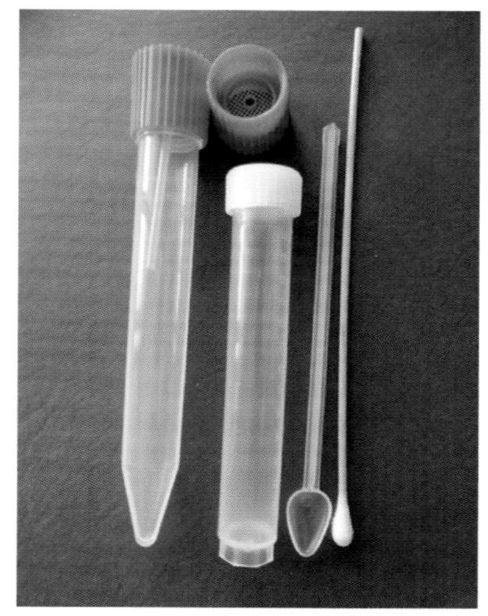

图 50.2 自带过滤装置的粪便寄生虫浓缩装置取代了传统的漏斗-纱布过滤装置

图 50.3 用细菌环取一滴离心后的漂浮液。注意环与手柄呈 90°角(引自 Hendrix CM, Robinson E: *Diagnostic parasitology for veterinary technicians*, ed 4, St Louis, 2012, Mosby.)

透明胶带制片法

透明胶带制片法可用于检测马蛲虫（pinvorms），有助于绦虫检测。将透明胶带的粘贴面朝外缠绕在压舌板上，将动物尾巴抬起，把透明胶带紧贴在其肛门周围，取下胶带后，贴在表面蘸有少量水的载玻片上，并放置在显微镜下观察。

贝尔曼法

贝尔曼法可用于检测粪便中的幼虫。该操作需要贝尔曼装置来完成。装置包括一个大漏斗和起支撑作用的环形支架。漏斗一端连着一根橡胶管，并在橡胶管下放置一收集管。粪便样本放在漏斗顶部的金属网上，加入温水盖住样本(图 50.4)。温水会促进幼虫移动，并沉降到漏斗底部。取从漏斗底部滴下的 1 滴液体，在显微镜下观察是否有幼虫。贝尔曼法可用于检测粪便、粪便培养物、土壤、牧草和动物组织中的线虫幼虫(流程 50.6)。幼虫在温水中移动和自由活动，并慢慢沉降到橡胶管底部。此时收集的检测样本含有极少量的粪便杂质。兽医技术员一定要将寄生虫卵与自由生活的幼虫进行区分，特别是从地面、土壤或牧草上收集的样本。有时候可能需要经验丰富的寄生虫学家判读结果，这时可以添加 5%～10% 的福尔马林保存样本，寄送给专家。在粪便球团中加入 1% 的盐酸可杀死幼虫，且检查时不需要加热装置。不足的是，该方法很难检查活动的幼虫。

流程 50.3 离心漂浮法

材料

- 玻璃载玻片(25 mm)
- 玻璃盖玻片(22 mm^2[#1])
- 蜡纸杯
- 粗棉布或纱布(10 cm)或金属丝网滤器
- 漏斗
- 锥形离心管(15 mL)
- 试管架
- 漂浮液
- 带转桶的离心机*
- 木质压舌板
- 天平

流程

1. 取 2～5 g 粪便和 30 mL 漂浮液制备成混合液。
2. 将粪便混合液滤过纱布和滤器后放入离心管中(将漏斗放置在离心管上方，滤液直接过滤到离心管中)。
3. 添加液体时离心管形成凸液面。
4. 离心管上方放置一盖玻片。
5. 用装有水或样本的试管配平离心管。
6. 将离心管放入离心桶中，天平称重并配平。
7. 400～650g 转速离心 5 min(约 1 500 r/min)。
8. 竖直拿起盖玻片放置于载玻片上。
9. 以 100 倍放大率系统地检查载玻片。

流程 50.4 粪便沉淀法

材料

- 蜡纸杯
- 木质舌压板
- 粗棉布或纱布(10 cm)或金属丝网滤器
- 漏斗
- 锥形离心管(50 mL)
- 一次性吸管(2 mL)
- 玻璃载玻片(25 mm)
- 玻璃盖玻片(22 mm^2[1#])

流程

1. 将 2 g 粪便与 30 mL 自来水在杯中混合。
2. 将混悬液经漏斗和纱布过滤到锥形离心管中(离心管放置于漏斗下方)。
3. 用水冲洗样本，直到试管装满为止。
4. 静置 15～30 min。
5. 将上清液倒出，然后将沉淀物重新注入水中。
6. 重复步骤 4 和 5 两次以上。
7. 弃去上清液而不能搅乱下层的沉渣。
8. 用移液管混合沉渣，并吸取一滴放置在载玻片上。
9. 盖上盖玻片放置在显微镜下于 100 倍下观察。
10. 重复第 8 步和第 9 步，直到检查完所有沉渣。

流程 50.5 透明胶带法

材料

- 透明胶带
- 木质压舌板
- 玻璃盖玻片(25 mm)

流程

1. 将透明胶带粘贴面朝外缠绕在压舌板上。
2. 将胶带紧紧地贴在肛门周围的皮肤上。
3. 在载玻片上滴 1 滴水，将胶带从压舌板上取下来并将粘贴面朝下贴在载玻片上。
4. 显微镜下观察玻片上的蛲虫卵。

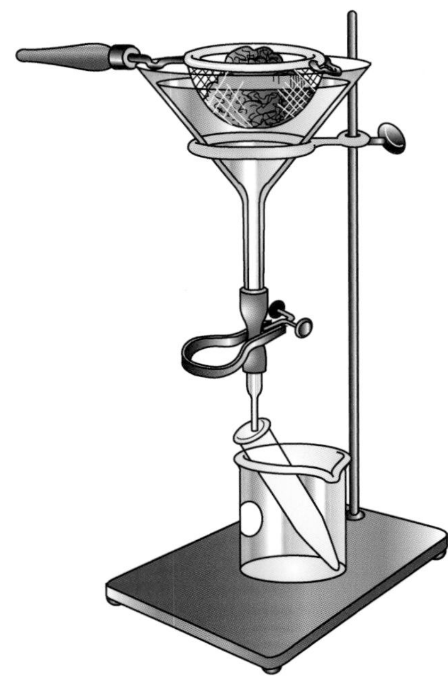

图 50.4 贝尔曼装置用于检测粪便、土壤或动物组织中的蛔虫幼虫。尤其是检测肺线虫的幼虫(引自 Bowman D: *Georgis' parasitology for veterinarians*, ed 9, St Louis, 2009, Saunders.)

流程 50.6 贝尔曼装置

材料

- 贝尔曼仪器(如环形支架、环、漏斗、橡胶管、夹钳、丝网)
- 粗棉布或纸巾
- 一次性吸管
- 离心管(15 mL)或培养皿
- 夹钳

流程

1. 把环固定到支架上构造贝尔曼装置,将 3～4 英寸的橡胶管连接到漏斗的细管口上,确保连接紧密(也可用胶水粘住)。把漏斗放置于铁环上,在漏斗上方加上网筛,防止粪便掉落。网筛上可以包裹几层纱布或粗棉布。需用夹钳夹住橡胶管的末端,为保证密封性良好,可加水检查是否漏水。向网筛中加入 30～50 g 粪便,并向漏斗中加入温水(而非热水)直至漫过粪便样本(另一种更实用的方法是使用长柄中空塑料香槟酒杯,粪便被纱布包裹得如茶包一样,然后放入玻璃杯中,加入适量温水漫过全部粪便。
2. 静置最少 1 h,最多不超过 24 h。
3. 在橡胶管底部接取液体,并将其转移到皮氏培养皿或离心管中。
4. 在立体显微镜下观察皮氏培养皿中的幼虫;或将溶液离心,弃去上清液,吸取沉淀物于载玻片上观察。

贝尔曼法常用于检查家养动物是否感染肺线虫(如网尾线虫、圆线虫、丝状虫、环体线虫、缪勒线虫等)。理想状况下,粪便样本应尽量新鲜并来源于直肠。当犬、猫怀疑感染类圆线虫时,应使用贝尔曼法。如果样本不新鲜,可能需要通过粪便培养才能区分圆线虫和钩虫的第 1 阶段幼虫。类圆线虫第 3 阶段幼虫具诊断意义,其特点是食道是幼虫的 2 倍长度且尾部分叉。类圆线虫可引起潜在的人兽共患病,在处理其粪便时应当小心。

其他粪便检查方法

某些寄生虫可能导致肠道出血,可在粪便中看到鲜血或呈黑便。某些肠道出血只能用粪便潜血检测这类化学方法进行检测。几款用于潜血检测的商品化试剂盒的原理主要是检测血红蛋白。

呕吐物检查也可用于诊断寄生虫感染。某些寄生虫(如犬弓首蛔虫)经常可在感染病患的呕吐物中见到。

当寄生虫虫卵与其幼虫很难通过新鲜粪便检查鉴别时,可进行粪便培养(流程 50.7)。毛圆线虫卵和类圆线虫卵在感染反刍动物的粪便中无法区分。在马粪便中,小型圆线虫和大型圆线虫也不易区分。犬猫感染钩虫时,其第 1 阶段幼虫很难与草地和土壤中自由生活的类圆线虫相区分。而粪便经过培养后,发育的第 3 阶段幼虫可鉴定至属水平。由于某些物种的生活史、致病性和流行病学可能有所不同,所以有必要对其进行鉴定,以便进行适当的治疗和控制。物种鉴定可能需要有经验的寄生虫学家的帮助。

流程 50.7 粪便培养

材料

- 带有密封盖的玻璃瓶
- 木炭或蛭石
- 木质压舌板

流程

1. 用水湿润 50 g 木炭或蛭石,让其变得发潮而不至于湿润。
2. 用压舌板取等量的粪便与湿润的培养基混合。
3. 将粪便混合物放入玻璃瓶中,用盖子密封。
4. 将罐子置于室温下间接光照 7 d。
5. 定期检查罐子,使基质保持湿润。如果排泄物太干,可以加水润湿使其发潮。
6. 每隔 48 h 对粪便用贝尔曼法检测虫卵,评估发育阶段。有些幼虫会爬到管壁,聚集在凝结的水滴中,可以通过冲洗容器的侧面来收集虫卵。

另一种粪便漂浮法是改良麦克马斯特试验。这种检测可以估计每克粪便中卵和卵囊的数量,主要用于家养动物和马的寄生虫检测(流程 50.8)。这种方法最初用于计算感染钩虫的人中存在的钩虫数量。然而,实际上很难去评估宿主感染的寄生虫数量,特别是马和家养动物,因为影响虫卵的因素太多,而虫卵数随寄生虫种类和数量的变化而不同。

通常情况下,家养动物和马可以同时感染几种蠕虫,有些种类的蠕虫比其他种类的数量更多,致病性也更强,病变主要由未成熟阶段的寄生虫造成。反刍动物主要的寄生虫为球虫和毛圆线虫。马对大型和小型圆线虫都易感。毛圆线虫和圆线虫都可感染反刍动物和马,而这两种线虫的虫卵很难区分,所以统称为圆线虫卵。当虫卵数超过 1 000 则认为是严重感染,而超过 500 则认为是中度感染。虫卵数低表明感染程度低或是严重感染时寄生虫虫卵已发育成熟。虫卵数必须始终与临床症状、动物年龄、性别、营养水平以及畜群的放养密度结合进行综合解释。

虫卵计数已被用于疾病的流行病学调查和畜群的健康管理项目,作为预测不同地区或单个农场污染峰值和疾病传播潜力的指标。这些信息可以指导包括使用广谱驱虫剂和草地轮作在内的为了降低牧场感染率和暴露率的防控措施。群体检测时，需每次从群体抽取10%的样本。虫卵计数也可被用来检测驱虫剂的耐药性问题。虫卵计数可在给药前和给药后的3周进行，以此来监测所用药物的有效性以及其耐药性。

流程 50.8 改良麦克马斯特法虫卵计数技术

材料

- 麦克马斯特玻片(Olympic Equine Products. 5004 228th Avenue S. Issaquah，WA 98027)
- 蜡纸杯(90～150 mL)或烧杯
- 量筒
- 天平
- 饱和氯化钠溶液
- 木质压舌板
- 一次性吸管
- 旋转搅拌器

流程

1. 用天平称量5 g粪便放入杯中。
2. 向杯中加入少量漂浮液。
3. 用压舌板将粪便和漂浮液混匀。
4. 加漂浮液至75 mL。
5. 使用转动搅拌器混匀粪便漂浮液；如果没有旋转搅拌器，可用压舌板搅拌至均匀粪汁。
6. 用吸管吸取粪汁注入麦克马斯特板计数室里。
7. 玻片静置10 min。
8. 使用10倍物镜，聚焦在麦克马斯特玻片的计数网格上。记录在6列方格中观察到的卵或卵囊的总数，并分别记录每种虫卵的个数。
9. 计算的数量乘以适当的稀释系数(这取决于计算的平方数)则为每克粪便的虫卵数。网格计数区的体积为0.15 mL，75 mL液体含5 g粪便相当于每15 mL液体含1 g粪便，也就是每0.15 mL液体含0.01 g粪便。如此，如果为1个网格，则乘以系数100；若为2个网格，则乘以系数50。

染色流程

粪便染色可以鉴别滋养体和包囊的某些结构特征。直接涂片常用到鲁氏碘液和新亚甲蓝染液。虽然这些染色片不能长期保存，但是它们确实有助于样本的检查，从而使鉴定更容易。

如果直接涂片不能鉴别某些原虫寄生虫，可以将粪便涂片干燥，使用Diff-Quik、瑞氏或吉姆萨染色后送到相关诊断实验室检测。

抗酸染色用于鉴定粪便中的隐孢子虫。隐孢子虫是人和许多动物的胃肠道寄生虫，其卵囊直径为2～8 μm。对于没有经验的检验人员来说，很难在粪便漂浮液中检测到隐孢子虫。抗酸染色有助于检测粪便涂片中的卵囊。

Diff-Quik染色可用于鉴别等孢子球虫。肠黏膜刮片染色可检测裂殖体和裂殖子等球虫的其他生长阶段。检查程序为刮取空肠黏膜并置于载玻片上，风干，Diff-Quik染色后使用油镜镜检观察。

血液样本评估

血液学检查可以在血液中或细胞内观察到血液寄生虫成虫及其各发育阶段。很多方法都可以用于该项检测。薄或厚血涂片的制备方法与白细胞分类计数涂片的制备方法相同(具体操作详见第2单元第10章)。制备血涂片时，大多数寄生虫可随层流而被带到玻片边缘。寄生虫可能存在于细胞间、细胞表面或胞质内。薄血涂片是观察原虫或立克次体最有效的方法。如果血液寄生虫含量较低，则很有可能漏诊。厚血涂片或淡黄层涂片法因浓缩了更多的细胞而更有效(流程50.9)。

淡黄层涂片法是检测白细胞中立克次体和原虫的血液浓缩方法。其使用微量血细胞比容管离心分层细胞进行检测。可能在血浆顶部发现微丝蚴和某些原虫(图50.5)。此方法操作快捷，但不能鉴别犬恶丝虫和隐现棘唇线虫。

注意：淡黄层涂片法可用于检测白细胞中的立克次体和原虫。

流程 50.9 淡黄层涂片法

材料

- 微量血细胞比容管
- 密封胶
- 比容离心机
- 玻璃载玻片(25 mm)
- 玻璃盖玻片(22 mm^2[#1])
- 锉刀
- 中性树胶封片剂

流程

1. 将血液注入红细胞比容管中，用密封胶封住一端。
2. 样本离心5 min。
3. 淡黄层位于比容管中间的红细胞和血浆之间。
4. 用锉刀在淡黄层下面的比容管壁划线，轻轻反向用力将玻璃管折断。
5. 保留淡黄层和血浆部分，在载玻片上轻敲管子，使淡黄层和少量血浆流出。如果血浆过多，用干净的吸水纸吸走。
6. 在淡黄层上方盖上载玻片，向反方向快速拉动玻片。
7. 风干玻片，罗曼洛夫斯基染色液染色。
8. 染色后，使用中性树胶封片。
9. 在40倍和100倍镜下观察染片。

图 50.5 红细胞比容管中的淡黄层（引自 Hendrix CM, Robinson E: *Diagnostic parasitology for veterinary technicians*, ed 4, St Louis, 2012, Mosby.）

直接滴片法

直接滴片法是最简单的血液评估方法，其所用样本量较小，准确性最低。在玻片上滴一滴抗凝血于显微镜下观察，可观察到在细胞外自由活动的虫体。

过滤试验

过滤技术是用于诊断血液中微丝蚴的常用方法（流程 50.10）。该方法原理与改良诺茨试验一致，不同的是检测时需要用微孔过滤器过滤血液。商品试剂盒包含洗涤裂解液和鉴别染色剂（图 50.6）。过滤法也比改良诺茨试验操作更简单快速，不足的是前者微丝蚴的鉴别特征并不明显。准确识别微丝蚴的特征需要 2% 的福尔马林固定，因此使用商品化试剂盒时可能不易识别出表 50.3 中的特征。

流程 50.10 微孔过滤流程

材料

- 5 μm 微孔过滤器
- 微孔过滤器支架
- 2.5% 亚甲蓝染色
- 2% 福尔马林
- 玻璃载玻片（25 mm）
- 玻璃盖玻片（22 mm^2[#1]）
- 12 mL 一次性注射器

流程

1. 连接微孔过滤器与过滤器支架。
2. 注射器中加入 1 mL 血液。
3. 向注射器中继续加入 9 mL 的 2% 福尔马林，并插上柱塞。
4. 将注射器连接到过滤装置上，并缓慢推动注射器柱塞。
5. 取下注射器，加入自来水，并留几毫升空气在其中。将水从过滤器中洗出。
6. 取下过滤器，倒置于载玻片上。
7. 在滤器上滴 1 滴亚甲蓝染液，并加上盖玻片。
8. 在 100 倍物镜下检查载玻片是否有微黄粉。

改良诺茨试验

利用改良诺茨试验对血液中的微丝蚴进行富集，有助于区分犬恶丝虫和隐匿双瓣线虫。离心管中混合血液和福尔马林，室温孵育 1～2 min 后离心 5 min。弃去上清液，于沉淀中滴加 1 滴亚甲蓝溶液。混合取一滴染色沉渣在显微镜下观察（流程 50.11）。该技术在固定微丝蚴时对其进行了浓缩，并裂解了红细胞。应该要记住的是：制备 2% 的福尔马林裂解液时，无论是 37% 的甲醛溶液还是 100% 甲醛溶液都一样。另一个关键点是稀释液是水而非生理盐水，因为生理盐水不会使红细胞发生裂解。为了更准确地鉴别微丝，显微镜必须有一个校准的目测千分尺。最准确的鉴别特征是体宽、体长和头端形状，而其他特征差异较大。改良诺茨试验不能检测到是否有隐匿性心丝虫感染。

注意：改良诺茨试验、直接滴片法、过滤试验等可以用于检测微丝蚴和隐匿棘唇线虫。

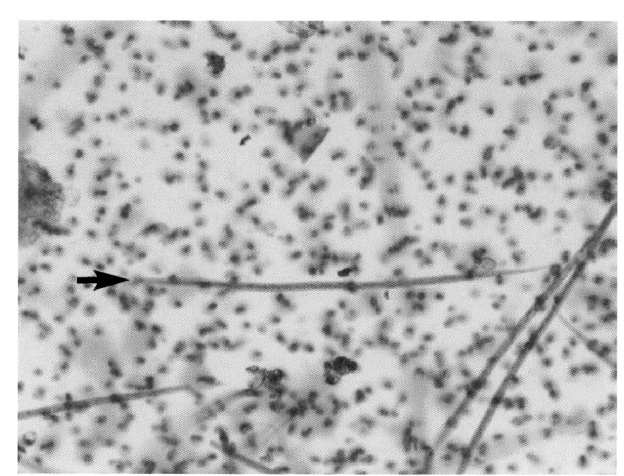

图 50.6 Difil 试验检测到的犬心丝虫微丝蚴（引自 Hendrix CM, Robinson E: *Diagnostic parasitology for veterinary technicians*, ed 4, St Louis, 2012, Mosby.）

表 50.3 使用改良诺茨试验鉴别微丝蚴

	犬心丝虫	隐匿双瓣线虫
体长	310 μm	290 μm
体中部宽度	6 μm	6 μm
头	锥形	钝圆形
尾	直	钩状*

* 福尔马林固定。

流程 50.11 改良诺茨技术

材料

- 血液采集管
- 15 mL 锥形离心管
- 2%福尔马林(2 mL 的 37%甲醛加入 98 mL 的水)
- 2.5%亚甲蓝(每 100 mL 水 2.5 g 亚甲蓝)
- 台式离心机
- 玻璃载玻片(25 mm)
- 玻璃盖玻片($22\ mm^2$[#1])
- 吸管

流程

1. 离心管中加入 1 mL 血液和 9 mL 2%的福尔马林,颠倒离心管混合均匀。
2. 1 500 r/min 离心 5 min。
3. 弃去上清液,向底部沉渣滴入 1～2 滴亚甲蓝染液。
4. 将染液与沉渣混匀,取一滴于载玻片上。
5. 盖上盖玻片,与 100 倍和 400 倍镜下观察沉渣中的微丝蚴。

免疫学和分子学诊断方法

很多其他方法也可用于检测抗原和抗体从而确诊特定寄生虫的感染。大多数检测方法是基于酶联免疫吸附试验(ELISA)的原理。这些方法具有较高的精确度,还可以检测隐性感染。所以通常用这些方法来诊断犬心丝虫和弓形虫感染。ELISA方法是利用单克隆抗体检测犬血清或血浆中成虫的抗原,快速且易操作,比检测微丝蚴的方法的敏感性和特异性高。美国心丝虫协会目前推荐使用抗原检测方法作为筛查技术。在猫,抗原检测方法优于微丝蚴浓缩法是因为微丝蚴在宿主内循环时间极短。然而,有时由于猫血液中的抗原水平太低而无法进行检测。放射学等其他方法也可以用于猫心丝虫的检查。

大约 25%的犬为隐匿性心丝虫感染,其特征是循环血液中无微丝蚴。未感染、感染心丝虫成虫为单一性别或机体的免疫清除消除了血液中的微丝蚴均会出现血液中无微丝蚴的现象。如果感染成虫的动物服用了伊维菌素类药物,也可能发生隐匿性感染,因为这些药物会干扰虫卵的形成并杀灭成虫。

特定原生动物寄生虫(如隐孢子虫、贾第虫)的鉴定也可使用聚合酶链式反应这类分子学诊断方法。

其他寄生虫鉴定方法

如前文所述,醋酸纤维胶带可以用于检测螨虫、虱和跳蚤这类生活在皮肤表面的寄生虫。而对于寄生在毛囊内或在皮肤内打洞的寄生虫通常使用皮肤刮片法进行诊断。

用棉签可以采集耳朵、呼吸道和生殖道的样本,样本的制备同细胞学样本。气管和支气管灌洗液也可检查呼吸系统寄生虫。泌尿系统寄生虫可使用尿沉渣检查。压片(impression smears)可诊断细胞内寄生虫,还可用于寄生虫、肿瘤、真菌性疾病的诊断。方法详见第 9 单元。大多数情况下,原虫可寄生于淋巴结、肝、肺、骨髓、脾、大脑、肾和肌肉的网状内皮细胞而导致系统性疾病。此外,肝、肺、淋巴结、骨髓和脾可过滤掉血液中受损和异常的细胞,从而收集被寄生的细胞。运用细胞学技术可诊断弓形虫病、利什曼原虫病、埃立克体病和巴贝斯虫病等寄生虫病。

皮肤刮取物可用于诊断皮肤病,尤其是家养动物的疥癣病。浅表刮擦对检测某些像疥螨这类的可在表皮深处的瘘洞和毛囊中生存的螨虫无效。有的螨虫生活在皮肤表层,使表皮变硬或产生鳞片,诊断这类疾病时则不需要深部刮擦。厚层结痂会干扰寄生虫的检查,这时需加入 10%的氢氧化钾,溶解角质层,使螨虫显现出来。螨虫通常会有特定的感染部位(如耳缘、尾尖),具体感染部位与螨虫的种类有关。之后可能导致全身感染而不易诊断。需要注意的是,疥螨和姬螯螨可以感染人并引起瘙痒。生物学分类可以帮助螨虫的特异性诊断。

诊断是否有姬螯螨感染,可以将梳理毛发落下的皮屑放在黑纸上,观察皮屑是否移动。耳螨可以通过耳镜检查确诊,或用棉签取耳内深色蜡质分泌物,添加矿物油于显微镜下观察。胎儿三毛滴虫是牛生殖道的一种有鞭毛的原生动物寄生虫,可引起早期流产和配种失败。可在流产胎儿的皱胃、子宫分泌物、阴道和包皮冲洗液中发现该寄生虫。然而,目前该种微生物的感染率较低,滴虫培养可以帮助确诊。偶然情况下,也有可能被肠道鞭毛虫污染。这时必须要与胎儿三毛滴虫进行鉴别,后者有 3 个头极鞭毛和 1 个黏附波动膜的尾极鞭毛。胎儿三毛滴虫的分离株可以在培养基中多次传代,而肠道鞭毛虫通常不能。也可以收集样本并转运到诊断设备中进行培养和鉴定。InPouch TF (Biomed Diagnostics, White City, Ore.) 是一种优秀的转运介质。

表 50.4 和表 50.5 列出了家养动物内寄生虫的诊断特征。附录 H 概述中的表格列出了一些人兽共患的内寄生虫。

表 50.4 家养动物内寄生虫的诊断特征

寄生虫	潜伏期	诊断时期	诊断方法
棘唇线虫属(原双瓣线虫)	9 周	微丝蚴	改良诺茨试验 微孔过滤
猫圆线虫	4～6 周	L_1 期:S 形尾巴和背脊,长 360 μm,食道为体长的 1/3	贝尔曼法
巴西钩口线虫	3 周	钩虫卵,大小(75～95) μm×(41～45) μm	粪便漂浮法
犬钩口线虫	2～3 周	透明、光滑、薄壁钩虫卵;8～16 个细胞的桑葚胚受精卵;大小(55～65) μm×(27～43) μm	粪便漂浮法
裸头绦虫属	1～2 个月	透明、壁厚呈方形卵,具有梨形器,内含六钩蚴	粪便漂浮法
猪蛔虫	7～9 周	棕黄色,厚壁,有乳头状突(mammillated egg)的单细胞受精卵;大小(50～80) μm×(40～60) μm	粪便漂浮法
猪胃虫	6 周	呈长圆形,透明,光滑,厚壁,有幼虫的卵;大小(30～40) μm×(18～22) μm	粪便漂浮法
结肠小袋纤毛虫		薄壁、绿色包囊、透明细胞质,40～60 μm;有成排纤毛的滋养体大小(30～150) μm×(25～120) μm	粪便漂浮法 直接涂片
仰口线虫属	2～3 周	圆形虫卵	粪便漂浮法
毛细线虫属	60 d	粗糙、条纹、厚壁、桶状、琥珀色卵、两头不对称;单细胞受精卵;大小(60～68) μm×(24～30) μm	尿沉渣
鼠隐孢子虫	4～10 d	透明、光滑、薄壁卵囊,含有 4 个子孢子,大小 5 μm×7 μm	粪便漂浮法
隐孢子虫属	4～10 d	透明、光滑、薄壁卵囊,含有 4 个子孢子,大小 5 μm×5 μm	粪便漂浮法
Cyathostoma (小圆线虫)	2～3 个月	光滑、薄壁、清晰的圆形卵,内含 8～16 个细胞的桑葚胚,虫卵大小因物种而异	粪便漂浮法
矛形双腔吸虫	10～12 周	卵呈深褐色、有卵盖,大小(36～45) μm×(22～30) μm	沉淀法
安氏网尾线虫	2～4 个月	L_1 期:肠道具有深色颗粒,食道长度为幼虫体长 1/3,锥形尾巴	粪便漂浮法 贝尔曼法
网尾线虫属	3～4 周	L_1 期:肠道具有深色颗粒,食道长度为幼虫体长 1/3,直尖尾巴,体长 550～580 μm	贝尔曼法
肾膨结线虫	5 个月	深褐色、厚壁、桶状卵,一极有卵盖;单细胞受精卵,大小(71～84) μm×(46～52) μm	尿沉渣
犬复孔绦虫	3 周	双侧生殖孔含节片,卵含六钩蚴胚胎,长 35～60 μm	粪便漂浮法识别节片
犬恶丝虫	6～8 个月	微丝蚴(L_1)不含食道	改良诺茨试验 微膜过滤 ELISA 抗原检测
龙线虫属	309～410 d	有食道的直尾巴的逗号状幼虫,长 500～750 μm	水疱液体直接涂片
棘球绦虫	47 d	与猪带绦虫相似	粪便漂浮法
留氏艾美球虫	15～33 d	深棕色、梨状的厚壁卵囊,大小(70～90) μm×(49～69) μm	粪便漂浮法
艾美耳球虫属	4～30 d	光滑或粗糙、薄壁、清晰的黄褐色卵囊;单细胞受精卵,虫卵大小因种属而异	粪便漂浮法
施氏血线虫	4～5 个月	微丝蚴存在于皮肤表面的污物中,大小 207 μm×13 μm	皮肤活检
嗜气真鞘线虫(嗜气毛细线虫)	6 周	粗糙、颗粒状、厚壁、桶状的淡黄色虫卵,不对称双极卵盖;单细胞受精卵;大小(58～79) μm×(29～40) μm	粪便漂浮法
肝片吸虫	10～12 周	深琥珀色、椭圆形、有盖卵;大小(130～150) μm×(63～90) μm	粪便沉淀法

续表 50.4

寄生虫	潜伏期	诊断时期	诊断方法
胃蝇属		2.5 cm 的粗壮幼虫，有成排的体刺和整齐的螺旋状缝隙(呼吸导管)	粪便漂浮法
贾第虫属	7～10 d	光滑、透明、薄壁的包囊含有 2～4 个核，大小(4～10) μm×(8～16) μm	粪便漂浮法
贾第虫属		梨状、两侧对称、内含 2 个核及 4 对鞭毛的绿色滋养体，大小(9～20) μm×(5～15) μm	直接涂片法
小口丽线虫和大口德拉西线虫属	2 个月	薄壁的隐匿虫卵(极少见)	成虫尸检
红色猪圆线虫	15～21 d	圆线虫卵	粪便漂浮法
等孢子球虫属	4～12 d	清晰的、呈球形到椭球体的，薄壁卵囊；大小随品种而异	粪便漂浮法
猪巨吻棘头虫	2～3 个月	深棕色、有 3 层壳的厚壁卵；受精卵为前侧带钩的棘头蚴；大小(67～110) μm×(40～65) μm	粪便漂浮法
线中殖孔绦虫	16～20 d	光滑的、薄壁含有六钩蚴的卵，20～25 μm；球状节片带副子宫	粪便漂浮法
后圆线虫属	24 d	粗糙的、清晰的、厚壁的卵表面呈波纹状；大小(45～57) μm×(38～41) μm	粪便漂浮法
莫尼茨绦虫	6 周	厚壁、透明的、三角形或方形的卵，具梨形器，含有六钩蚴	粪便漂浮法
鲑隐孔吸虫	1 周	圆形、棕色、有卵盖的卵，大小(52～58) μm×(32～56) μm	粪便沉淀法
有齿食道口线虫	32～42 d	圆线虫卵	粪便漂浮法
盘尾属	1 年	腹中线皮肤发现微丝蚴	皮肤活检
马蛲虫	5 个月	清晰、光滑薄壁卵，一侧扁平，有卵盖；大小 90 μm×42 μm	醋酸胶带法
猫肺并殖吸虫	1 个月	光滑、棕色、呈瓮状的有卵盖卵，大小(75～118) μm×(42～67) μm	尿沉渣
前后盘属吸虫	7～10 周	淡绿色、呈椭圆的、有卵盖的卵，大小(114～176) μm×(73～100) μm	粪便沉淀法
马副蛔虫	10 周	粗糙、褐色、厚壁、球形的卵；单细胞受精卵；大小(90～100) μm	粪便漂浮法
泡翼线虫	56～83 d	光滑、透明、厚壁、有幼虫的卵；大小(45～53) μm×(29～42) μm	粪便漂浮法
六翼泡首线虫	6 周	透明、光滑、厚壁、有幼虫的卵；大小(31～45) μm×(12～26) μm	粪便漂浮法
法斯特平体吸虫	8～12 周	深黄褐色、卵圆形、有盖的卵，含有毛蚴；大小(34～50) μm×(20～35) μm	粪便沉淀法
红色圆线虫	30～37 d	L_1 期幼虫：一条直而尖的尾巴，长 48～56 μm，没有背脊；幼虫大小(340～400) μm×(19～20) μm	贝尔曼法
肉孢子虫属	7～33 d	含有 2 个孢囊的薄壁卵囊，每个包囊含 4 个子孢子，大小随品种而异	粪便漂浮法
马鬃丝虫		血液中的额微丝蚴，长 190～256 μm	成虫尸检血涂片鉴定
狼尾旋毛虫	5～6 个月	透明、光滑、厚壁、回形针似的卵，含幼虫；大小(30～37) μm×(11～15) μm	漂浮法
拟曼森迭宫绦虫	10～30 d	不含胚胎的卵呈薄壁、光滑、深棕色卵，有卵盖；大小 70 μm×45 μm	粪便漂浮法
斯氏冠丝虫(*Stephanofilaria stilesi*)		微丝蚴寄生于皮肤体中线，长 45～60 μm	皮肤活检

续表 50.4

寄生虫	潜伏期	诊断时期	诊断方法
有齿冠尾线虫	3～4 个月	圆线虫卵	尿沉渣
兰氏类圆线虫	3～7 d	光滑、壁薄、含幼虫的卵，侧边平行，大小(45～55) μm×(26～35) μm	粪便漂浮法
粪类圆线虫	8～14 d	L_1 期幼虫具有横纹肌状食道和直而尖的尾巴；L_3 期幼虫具有丝状食道和双裂尾	贝尔曼法
氏类圆线虫	8～14 d	光滑、壁薄、有幼虫的卵，大小(40～50) μm×(32～40) μm	粪便漂浮法
带绦虫属	2 个月	深棕色、厚壁、放射状条纹的壳；内含六钩蚴；大小 32～37 μm；有单侧生殖孔的矩形节片	鉴别节片
加利福尼亚吸吮线虫	3～6 周	成虫寄生在结膜囊	鉴别成虫
放射縫体绦虫		含六钩蚴的薄壁卵；21～45 μm	粪便漂浮法
狮弓蛔虫	11 周	透明、光滑、厚壁的壳，含有波动状的内膜；单细胞受精卵，但不能覆盖整个虫卵；75 μm×85 μm	粪便漂浮法
犬弓首蛔虫	3～5 周	深褐色、厚壁、壳有斑点的卵；单细胞受精卵，75～90 μm	粪便漂浮法
猫弓首蛔虫	8 周	深褐色、厚壁、壳有斑点的卵；单细胞受精卵，65～75 μm	粪便漂浮法
刚地弓形虫	1～3 周	透明、光滑、薄壁球形卵囊；单细胞；8～10 μm	粪便漂浮法
旋毛虫	2～6 d	L_3 期幼虫横纹肌中形成包囊；食管由单细胞腺体组成(单细胞堆叠在一起)；卵囊大小(400～600) μm×250 μm	肌肉压缩
毛滴虫		呈纺锤形至梨状的滋养体，有 3～5 个前鞭毛，一个波动的膜和一个后鞭毛	直接涂片法
毛圆线虫(血矛属；胃线虫属；古柏属；毛圆线虫属)	15～28 d	圆线虫卵	粪便漂浮法
猪毛首线虫	2～3 个月	黄褐色、光滑、厚壁的卵，对称双极栓头；单细胞受精卵；大小(50～56) μm×(21～25) μm	粪便漂浮法
狐毛尾线虫	3 个月	光滑、琥珀色、厚壁、桶形的卵，两极栓塞；单细胞受精卵；大小(72～90) μm×(32～40) μm	粪便漂浮法
狭首弯口线虫	2 周	钩虫卵；大小(63～93) μm×(32～55) μm	粪便漂浮法

引自 Sirois M：*Principles and practice of veterinary technology*，ed 3，St Louis，2011，Mosby.

表 50.5 家养动物血液寄生虫的诊断特征

寄生虫	确定宿主	宿主寄生部位	潜伏期	诊断时期	诊断方法
巴贝斯虫属	人、犬、奶牛、马	红细胞	10～21 d	红细胞内成对的梨状(泪滴状)裂殖子	血涂片罗曼诺夫斯基染色、间接荧光抗体试验
锥虫属	人、犬、猫、牛、羊、马	血液、淋巴结、心脏、横纹肌、网状内皮组织肌肉	急性和慢性疾病	锥虫(有波动膜、中心核和动基体的梭形鞭毛虫)存在于血液	血涂片、动物异种诊断(将怀疑动物样本给正常动物食用，并能从后者中分离到病原)、动物接种、组织活检、血清学
				无鞭毛体(细胞内的球状体，具有单核状或杆状动基体)，可寄生于心肌、横纹肌和巨噬细胞的细胞内	
杜氏利什曼虫	人、犬	网状内皮系统巨噬细胞胞质内	几个月至 1 年	巨噬细胞胞质内的簇状的无鞭毛体(呈卵圆形体，带有单核和杆状动基体)	压痕涂片；皮肤、淋巴结和骨髓组织活检

关键点

- 粪便样本检查包括粪便眼观检查和显微镜检查。
- 粪便样本显微镜检查包括浓缩粪便样本或样本直接镜检，如粪便漂浮法或沉淀法。
- 血液寄生虫(血液寄生虫)可通过镜检外周血涂片或采用多种浓缩技术来识别(如改良诺茨技术)。
- 粪便浓缩法是鉴别粪便中虫卵、幼虫和包囊的首选方法。与直接涂片相比，使用的粪便量更大，因此，如果粪便中存在发育阶段寄生虫，则更有可能被观察到。
- 粪便漂浮液的比重在1.2～1.25之间，用于漂浮寄生虫卵、包囊和幼虫，同时粪便物质下沉到容器底部。
- 粪便稀释液有：蔗糖溶液、硝酸钠溶液、硫酸锌溶液。
- 粪便离心法是粪便漂浮试验的首选方法。与简单粪便漂浮法相比，离心后可以漂浮的卵、包囊或幼虫的浓度更高。
- 粪便沉淀法用于检测吸虫卵，吸虫卵比其他虫卵的比重大，因此不能漂浮。
- 薄血涂片用于检测红细胞内的巴贝斯虫和泰勒虫等血液寄生虫。然而，它不能用于犬恶丝虫(*D. immitis*)和隐现棘唇线虫的准确鉴别。
- 淡黄层涂片技术和改良诺茨技术可以很好地鉴别犬恶丝虫(*D. immitis*)和隐现棘唇线虫。

第9单元

Cytology
细胞学

单元目录

本单元学习目标

描述细胞学样本采集与处理方法。
描述细胞学样本需用到的制片技术。
描述评估细胞学样本的流程。
描述从炎性病灶中获得细胞学样本的一般特征。
描述从肿瘤性病灶中获得细胞学样本的一般特征。
讨论不同位置采集的细胞学样本在显微镜下的形态。

脱落细胞学主要研究机体表面脱落的细胞。它包括对体液中细胞(如脑脊液、腹腔液、胸腔液以及滑膜液)、黏膜表面(如呼吸道或阴道)或分泌物中细胞的评估(如精液、前列腺液和乳汁)。细胞学评估的首要目的是区分炎症和肿瘤。正确采集和制备的细胞学标本中的细胞类型和数量可以为临床医生的快速诊断提供信息。我们可以快速且不需特殊材料或设备采集细胞学检测所需样本。使用适宜的方法即可获得高质量的细胞学样本,必须注意采样、制片、染色方法等技术的质量控制。这些样本可为临床医生提供有价值的信息,从而避免为确诊、治疗和预后而进行的更具侵入性的检查。

细胞学提供的信息与组织病理学有所不同。组织病理学是观察细胞与相邻细胞之间的关系,评估的是组织的细胞结构。制备组织病理学样本需要涉及几个复杂的过程和一些特殊的设备:组织浸泡在福尔马林中进行固定,经过多步脱水后进行石蜡包埋,将组织蜡块切成薄片并移至玻片上,最后染色。细胞学是观察单个或形成小簇的细胞。细胞学涂片中的细胞是随机分布的,无法体现细胞在体外时相互之间的关系。

有关本单元的更多信息请参见本书最后的参考资料附录。

第51章

Sample Collection and Handling
样本采集与处理

学习目标

经过本章的学习,你将可以:

- 列举可用于细胞学样本采集的技术。
- 描述拭子法采集样本的步骤。
- 描述压印法采集样本的步骤。
- 描述细针活检法采集样本的技术。
- 描述气管灌洗采集样本的技术。
- 描述穿刺采集样本的一般步骤。
- 列出能够富集细胞的方法。

目 录

关 键 词

腹腔穿刺
关节穿刺
穿刺术
细针活检
腹腔穿刺术
钻孔活检
胸腔穿刺
经气管灌洗
细胞学检查准备
楔形活检

可以通过拭子、刮片或压印来采集动物身体上或通过手术切除获得的实质性肿块的细胞学样本。

拭子法

在压印、刮片和细针抽吸无法进行时，通常使用拭子采样，如窦道和阴道的样本采集。使用湿润、无菌棉制或人造纤维棉签涂拭病灶区域（图51.1）。应使用无菌等渗液体（如0.9%生理盐水）润湿棉签。湿润的棉签有助于在采样和涂片时保持细胞的完整性。阴道棉签样本的采集步骤如下：动物保持站立并尾部上举，清洁并冲洗阴门，然后将润滑后的开张器或平滑的塑料管伸入尿道口的头侧。采集到的是阴道壁（上皮细胞和中性粒细胞）和子宫脱落的细胞，尤其是母犬处于发情前期和发情期时，阴道内有从子宫内流出的红细胞。如果从湿润的病灶采样，棉签无须提前润湿。采集样本后，将棉签在玻片上轻柔地滚动（图51.2），但不要将棉签在玻片上摩擦，这样会导致细胞过度破坏。

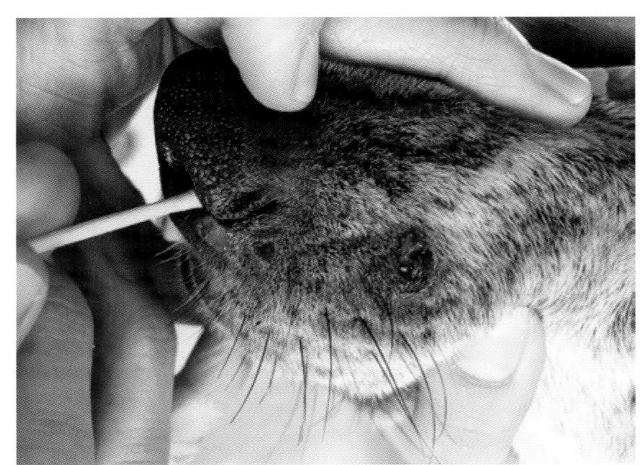

图51.1 使用润湿的棉签采集一些细胞学样本

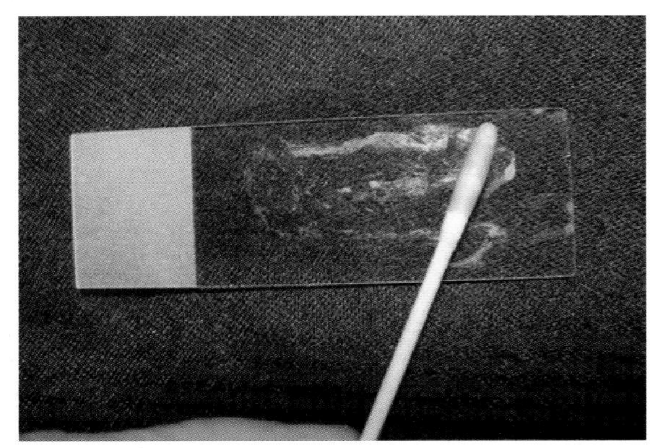

图51.2 将棉签在干净的载玻片上滚动制片

注意：棉签在采样前必须用无菌生理盐水润湿。

耳拭子样本可能含有大量蜡状物从而干扰对样本的评估。为了降低其影响，可以微微加热玻片。将玻片快速经过火焰，或使用吹风机轻微加热，使蜡状物溶解。一定要避免过度加热，因为这样会破坏样本中的细胞成分。除革兰氏染色外，这是唯一需要对细胞学样本进行加热的情况。

刮片法

刮取后制片可用于尸体剖检或手术切除的组织或活体动物外部病变的采样。刮片的优点是可以从组织中获得大量的细胞，尤其是肿物质地坚硬且脱落细胞量少的时候。刮片的缺点是采样较困难且只能采取浅表的样本。刮取的浅表性病变样本通常只能反映继发的细菌感染或炎症导致的组织发育异常，严重影响与肿瘤相关的诊断。

在刮片时，应该先找准病灶，清洁并吸干其表面的液体，然后持手术刀片垂直于病变刮擦病灶数次。将刮取获得的样本置于载玻片的中间（图51.3），之后使用本章后面所述的一种或多种针对实体肿物细针抽吸样本的制片方法进行制片。

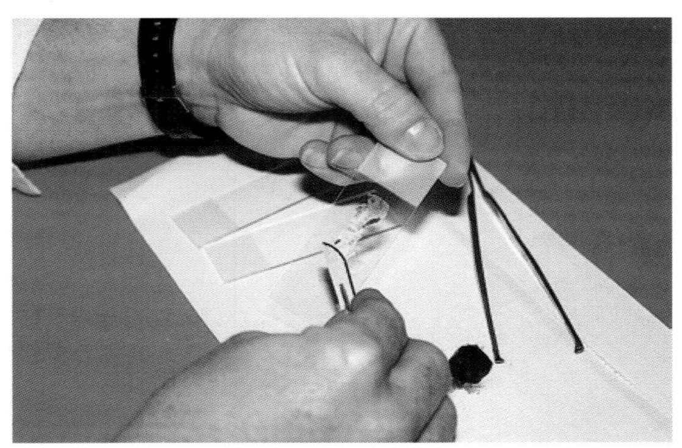

图51.3 可使用手术刀片从实体肿瘤采集细胞

压印法

压印法同样用于采集活体动物体表病变或通过手术及尸体剖检获得的组织样本。该方法采样较容易且受到的限制较少，但比刮片法获得的细胞量少。与细针抽吸法相比，该方法易采集到大量污染物（细菌和细胞）。因此，对于浅表病变的压印法制片通常只反映局部继发的细菌感染或炎症导致的发育异常。在许多病例中，细菌和组织发育异常都会严重影响肿瘤的准确诊断。

Tzanck制片法是一种适用于体表病变的压印采样方法。使用该方法前需要准备至少6张干净的载玻片。在清理病变部位前先使用一张载玻片进行压印,并标记为 1 号片。然后使用无菌生理盐水浸润的手术纱布清洁病变部位,再使用另一张载玻片按压制片,标记为 2 号片。再进行清创处理并压印制片,标记为 3 号片。如果病变处存在结痂时,将结痂的内侧面进行压片,并标记为 4 号片(图 51.4)。撕开结痂后的创面,可按压制片,也可刮取或用棉签采集样本。

注意:应使用一张干净的载玻片进行多次小的压片。

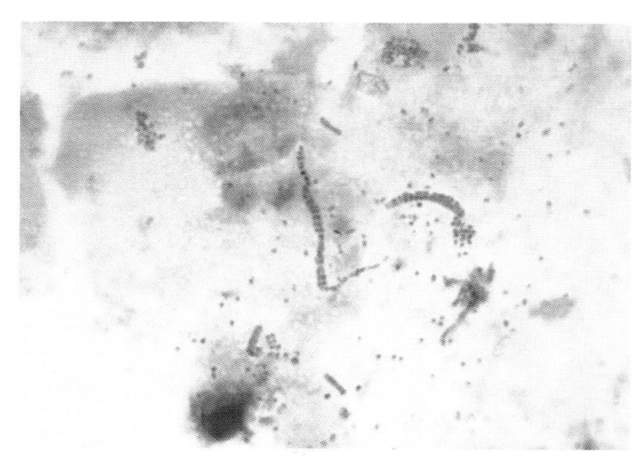

图 51.4 对病变结痂的内侧面进行压印法制片获得样本。可见鳞状上皮细胞和链状球菌样微生物(刚果嗜皮菌)

当用压印法采集手术切除或尸检的组织样本时,首先应使用干净的、可吸收的材料除去病变表面的血液和组织液(图 51.5)。过量的血液和组织液会阻止组织上的细胞黏附在载玻片上,从而导致制作出的玻片所含细胞不够丰富。此外,过量的液体会抑制细胞的扩散,使其无法呈现出风干涂片所呈现的大小和形状。如果采样不及时,可先使用刀片刮出新鲜创面,再吸干创面上过多的液体,然后按压制片。接着,将干净的玻璃显微镜载玻片的中间与要进行压片的组织涂抹表面进行接触。每张载玻片上通常有多个印痕(图 51.6)。如有必要,可将几张载玻片进行压片,以便于特殊染色。

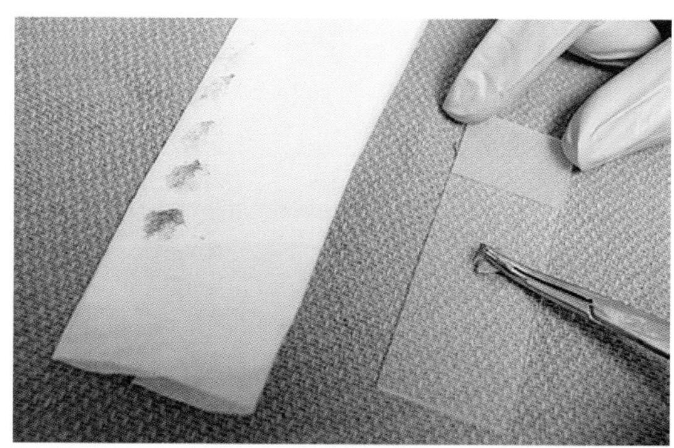

图 51.5 在压印制片前,必须彻底吸干组织上的血液和组织液

图 51.6 对每一块组织都应重复多次按压。如果发现按压涂片上存在血液和组织液,应再次吸干组织液样本上的水分

细针活检法

细针活检法(FNBs)可用于采集包括淋巴结、结节性病变和内脏器官在内的肿块样本。对于皮肤病变,此方法的优势是可以避免浅表细菌和细胞污染。但相比刮片法等其他采样方法,其获得的细胞量较少。细针活检时,既可抽吸也可不抽吸。

采样部位的准备

如果采集的样本需要进行微生物检查或需穿透腹腔、胸腔或关节腔等体腔进行采样,则需对采样部位按照手术的要求进行预处理。其他情况下的采样准备方法与疫苗接种或静脉注射时一样,使用酒精棉签清洁采样部位。

注射器和针头的选择

细针抽吸活检可使用 21～25G 针头和 3～20 mL 注射器。抽吸的组织越柔软,使用的针头和注射器规格越小。即使对纤维瘤这种质地较硬的组织,通常也很少使用大于 21G 的针头。使用更大规格的针头容易抽吸出组织团块,从而导致吸出的适用于制备细胞学涂片的游离细胞较少。此外,较大的针头容易造成严重的血液污染。

应根据要抽吸组织的质地选择注射器的规格。对于像淋巴结这样较柔软的组织通常可采用 3 mL 注射器。对于纤维瘤和鳞状细胞癌这样的硬质组织,为了获得足够的细胞需要更大抽吸力度的注射器。如果抽吸前无法判定适于肿块的理想规格,通常可选用 12 mL 的注射器(译者注:译者根据实践经验,认为书中推荐"通常可选用 12 mL 的注射器"对犬猫病患而言尺寸过大,更推荐常规选用 5 mL 的注射器,仅供参考)。

注意：细针活检可以使用抽吸和不抽吸两种技术进行。

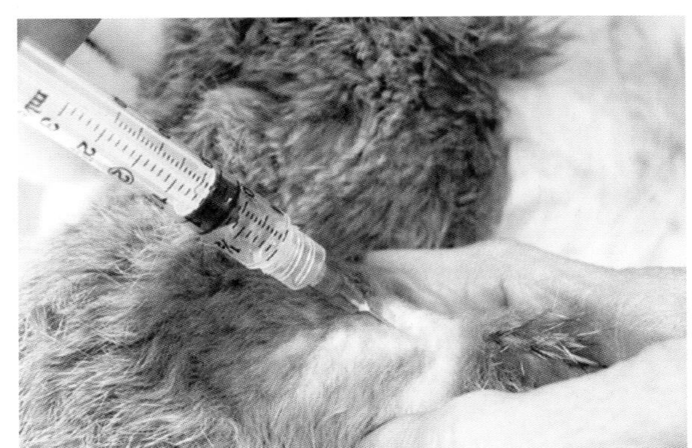

图 51.7 使用细针活检抽吸技术采集样本

抽吸步骤

穿刺时应牢牢固定皮肤和肿块，控制好针头方向。将带有注射器的针头刺入肿块的中心，抽拉注射器栓至注射器体积的 3/4 以形成强力的负压。要对肿块的多处区域进行采样，但必须避免将样本抽入注射器内，也不能抽吸肿物周围会污染样本的组织。如果肿物的体积大到足够允许注射器针头在肿块内部改变方向采集多个区域且不会使针头脱出肿块，应在改变方向和移动的过程中保持负压状态。但如果肿物不够大，无法保证注射器在移动时不脱出肿物，应在针头改变方向和移动期间解除负压。即在这种情况下，只有当针头静止时才制造负压。高质量的采样通常在注射器中看不到样本，有时甚至在针座中也看不到抽吸出的物质。

当可以在针头的针座中看到一些有形物质或是对多处进行采样后，便可解除注射器内的负压，并将针头抽离肿块和皮肤。然后将针头与注射器分离，在注射器中抽入空气。再次连接针头和注射器，通过迅速推挤注射器栓，将针筒和针座中的组织样本排出至载玻片的中央。如果可能的话，应制备多张玻片，详细过程参见后续章节。

无抽吸活检步骤（毛细技术、穿刺技术）

该技术的操作要比抽吸技术更加简单，因为它无须像抽吸技术那样一只手既要控制针头和注射器的方向，又要抽拉注射器栓。穿刺时应牢牢固定皮肤和肿块，并控制针头的方向。推荐使用 22G 针头。注射器应除去注射栓以方便抓握（图 51.8）。针头在肿块内沿着同一通道迅速移动 5～6 次。通过切割和毛细作用采集细胞。随后将针头从肿块和皮肤拔出，并连接在一个抽满空气的 10 mL 注射器上。迅速推出注射器栓（图 51.9），将针头内的物质排至载玻片的中心部位。被排出的物质应该选用一种后面章节介绍的制片技术进行制片。

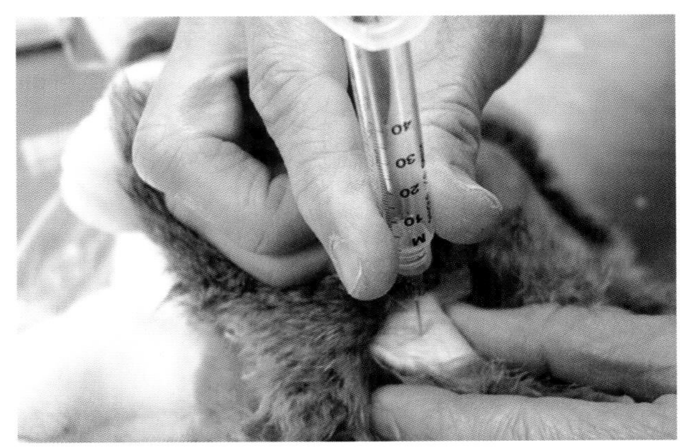

图 51.8 使用细针活检无抽吸技术采集样本

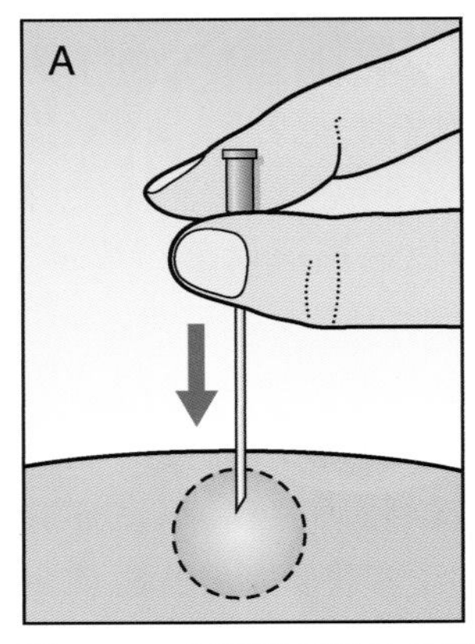

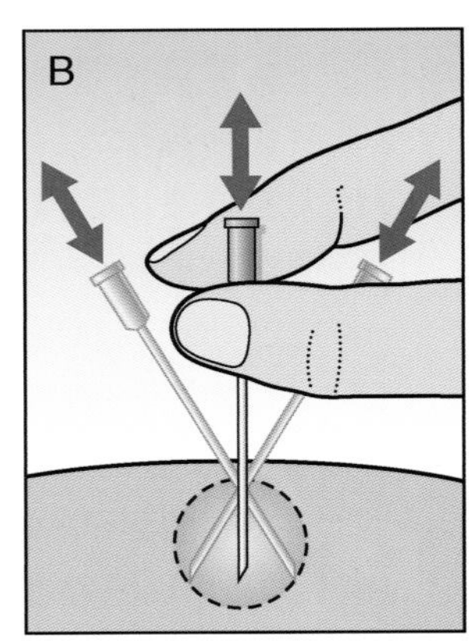

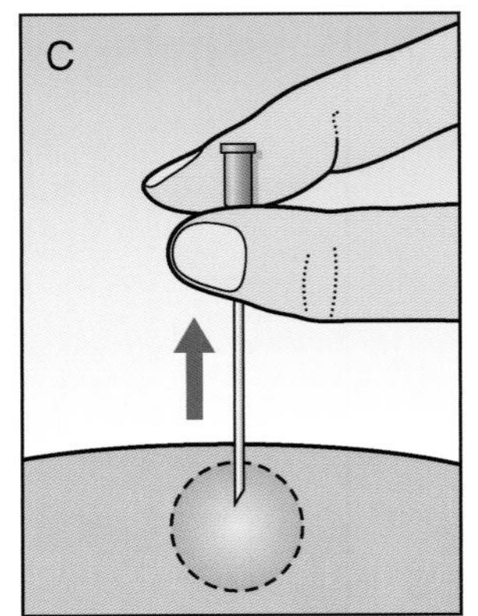

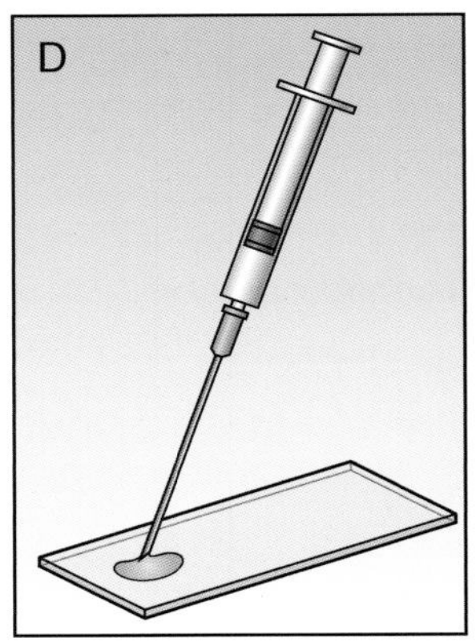

图 51.9 细针穿刺活检无抽吸技术，活检步骤的图解。A. 针头被插入目标组织。B. 针头在目标组织内改变角度进行前后移动。C. 将针头回抽。D. 将针头与注射器相连，样本被排到显微镜载玻片上（引自 Raskin R，Meyer D：*Canine and feline cytology*，ed 2，St Louis，2010，Saunders.）

总之，以此技术采样所获取的物质仅仅能够制作一张涂片。因此，应该在肿块的不同位置重复 2～3 次这样的操作，才能保证有足够的制片数量和足够大肿块区域用于评估。

组织活检

组织活检指用一块组织样本进行细胞学和(或)组织病理学检查。包括肾、肝、肺、淋巴结、前列腺、皮肤、脾和甲状腺，或肿块(肿瘤)在内的许多器官或组织均可进行活组织检查。活组织检查技术包括刀片轻刮、针抽吸和切除，其中切除技术又包括钻孔活检和内镜引导的活检。要根据组织的位置、性状及可操作性等因素选用相应的活检技术。先为活检组织的皮肤表面剃毛，注意不要造成皮肤的刺激和引起人为的炎症。不建议清洁活检部位，而且这样做也无任何必要。一定不要擦洗掉病变表面的任何鳞屑、结痂或杂质，因为这些都可能提供有价值的诊断线索。

楔形活检

椭圆楔形活检样本通常需要用手术刀获取。楔形活检的优点是：该技术可获得大且大小不一的组织样本而便于病理技术员识别。单个病变时最好通过这种技术切除。当用楔形活检技术采样时，应使用锋利的刀片切除整个病变，或是切除带有部分过渡组织和正常组织的局部病变。病理技术员沿长轴进行修剪，从而使病理医生观察载玻片时既能看见病变组织，也能看见过渡和正常组织。

钻孔活检

钻孔活检技术比楔形活检有更多优势，能使采样的过程更容易、更快。最常用 Keyes 皮肤活检钻取器(3、4、6 和 8 mm 一次性皮肤活检钻取器)(图 51.10)。

对于钻孔活检来说，4 mm 的活检损伤无须缝合，6～8 mm 的活检损伤需要缝合 1～2 针。理想的采样应该是来自不同病变的 2～3 个钻孔活检样本。将活检钻轻轻地朝一个方向旋进，直到活检钻的刀刃完全切断组织(图 51.11)。活检钻只能向一个方向旋转，因为来回旋转会使组织的受力方向改变，增加组织损伤的可能性。

用于组织病理检查的组织样本通常使用 10%

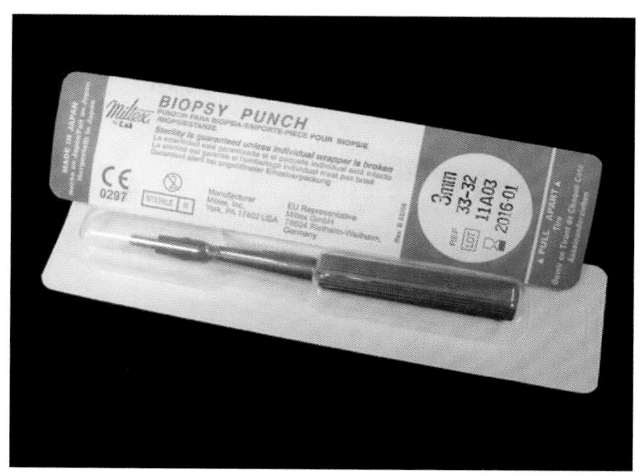

图 51.10　一次性钻孔活检针

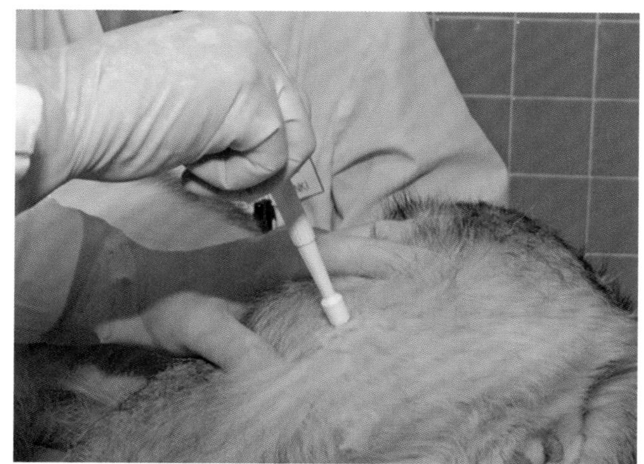

图 51.11　将钻孔活检针压入皮肤，同时沿一个方向做旋转运动(引自 Taylor SM：*Small animal clinical techniques*，St Louis，2010，Saunders.)

中性福尔马林固定。为了确保固定效果，应将不超过 1 cm 厚的组织样本放在装有约有样本体积 10 倍的福尔马林固定液的密封瓶中。对于更大的组织，可先固定 24 h 后，转移到含有较少固定液的小密封瓶中。

> **注意**：钻孔活检是通过将活检器轻压入皮肤并朝着一个方向旋转采集样本。

不论是使用楔形还是钻取方法进行活检，一旦获得样本，应该用细镊子轻轻夹住组织的边缘小心放置。新鲜未固定的组织极其脆弱。内镜采集的样本可以用灭菌生理盐水轻轻将其从采样器的顶部冲出(图 51.12)。用软质吸水纸小心吸干样本表面过多的血液，然后放在一块木质压舌板或厚纸板上(图 51.13)。皮肤样本应该使皮下组织面朝下放置。轻柔按压活检样本，帮助其黏附于薄板上，以便在实验室中所能观察的样本形成适当的解剖方向。让组织在薄木板上晾干。

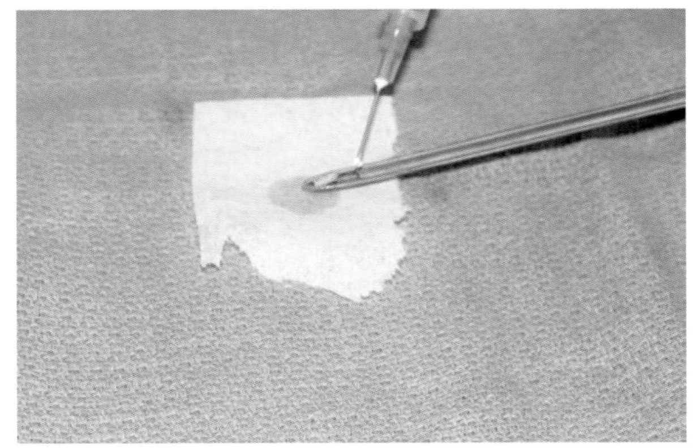

图 51.12 **轻柔地冲下内镜采样器顶部的样本**

图 51.13 **活检钻取采集的样本可以用无菌针头拔出，放置在薄木板上**

将样本和其附着的薄木板浸泡或让样本面向下漂浮在固定液中。及时将样本放置在固定液中是非常关键的，因为人为导致的异常变化会在取样后 1 min之内开始发生。在加工制作前，应对样本充分固定，至少需要 24 h。福尔马林在 11 ℃(－24 ℉)时会结冰，而冰冻会对还未完全固定的样本造成大量的人为损伤。因此，为了保证适当的固定，样本至少要在室温下放置 6 h之后才能冷冻。

穿刺术

穿刺术是指将针头刺入体腔或器官，从中吸取液体。在小动物临床中，从腹腔（腹腔穿刺术）和胸腔（胸腔穿刺术）内采集液体是很常见的操作。膀胱穿刺（经皮肤从膀胱内抽吸尿液）已在第 5 单元讨论过。用于细胞学评估的液体样本也可以来自脊柱周围、关节内（关节穿刺术）和眼部。采集脑脊液、关节液、眼房水和玻璃体液时需要进行全身麻醉。

采集腹腔液和胸腔液之前，应该对采样部位进行灭菌处理，并准备好所需设备和辅助材料。为保证收集到体液后立刻涂片，应事先准备充足数量的载玻片。部分液体样本需放在 EDTA 管中。最常用的为 21G 针头，并配合一个 60 mL 注射器。对小动物病例进行胸腔穿刺时，动物保持站立姿势，针头沿第 7 或第 8 肋间肋骨的头侧刺入。进行腹部穿刺时，动物保持站立或侧卧姿势（图 51.14）。针头的刺入点位于脐后腹中线偏右 1～2 cm。对稀有动物和农场动物行穿刺术时，有所不同。

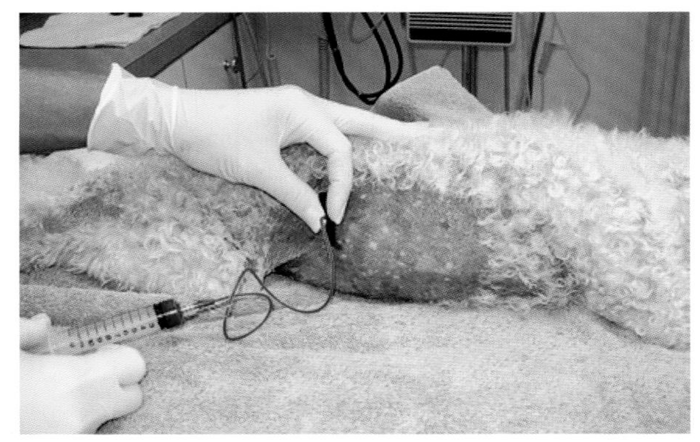

图 51.14 **通过腹腔穿刺收集腹腔液**

采集过程的难易程度反映了体腔内的液体量和（或）压力，其也受操作者技术的熟练程度和动物配合度的影响。在收集过程中，必须记录液体量、液体颜色、浑浊度等外观特征。随后还要确定有核细胞总数、细胞类型和形态特征。

颜色与浑浊度

颜色和浑浊度受蛋白质浓度和细胞数量的影响。外观上颜色的改变伴有浑浊度提高，可能是由医源性外周血污染、新的或陈旧性出血、炎症或以上的原因联合导致。

因采样造成的浅表血管破损能引起外周血液污染样本。这种与血液混合的样本在采集时可以明显地观察到透明液体中的血丝。体腔内的血性液体可能是近期或陈旧性出血导致。如果是外周血液污染和近期出血，在离心后会出现透明的上清液和红色沉淀物（富含红细胞）。近期的溶血会使上清液变为红色。2 d 以上的出血通常会造成黄色的上清液（血红蛋白分解），常伴有少量红细胞沉淀（图 51.15）。

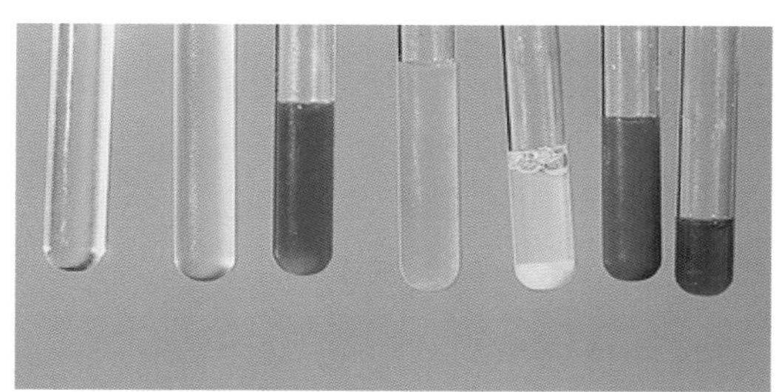

图 51.15 不同液体的外观(从左至右):无色透明、轻度浑浊的黄色、溶血性的轻度浑浊、浑浊的橘黄色、有沉淀的液体、血性浑浊液、轻度浑浊的棕色

对液体的细胞学检查还能帮助判定出血时间。近期出血通常是医源性(操作者引起)的,可以观察到血小板凝块。这些凝块约 1 h 后就不明显了。血液在体腔内出现几个小时后,红细胞才开始被巨噬细胞吞噬。如果采样前大约 1 d 发生过出血,有可能在巨噬细胞内发现血铁黄素等血红蛋白降解产物。炎症也能使液体颜色发生改变,浑浊程度与白细胞数量有关。红细胞数量和完整性决定了液体颜色的变化,从象牙色或乳白色到乳红色或深棕色。

描述细胞类型时,务必使用统一的术语。描述每种细胞类型形态特征的特殊细节对临床医生的诊断也很有帮助。应该描述中性粒细胞和巨噬细胞是否存在空泡或吞噬物质,肿瘤细胞应该描述其有丝分裂象和嗜碱性细胞质等恶性变化。

气管/支气管灌洗

从气管、支气管或细支气管获得样本进行细胞学评估有助于动物肺部疾病的诊断。气管灌洗可通过将导管经口或经鼻插入已麻醉动物的气管进行,或对有意识但处于镇静状态下的动物通过经皮肤和气管穿刺直接插入导管进行。经气管通路获得的样本被咽部污染的可能性最小,但是这个过程中损伤性强且需要无菌操作。以上操作对大、小动物均适用。

> **注意:**气管灌洗可通过气管内或经皮通路方式进行。

经皮灌洗技术

经皮方法需要使用一个 18～20G(颈静脉)套管针。对喉部区域进行剃毛和消毒处理。将小剂量(通常 0.5～1.0 mL)2%利多卡因注射到环甲软骨膜和外周皮肤间。针头通过环甲软骨膜刺入气管(图 51.16)。以 0.5～1.0 mL/kg 的量经导管注入生理盐水。当动物咳嗽时,将注射器栓回抽几次。然后将采集的液体放入一个无菌的空管后,立即进行样本处理。

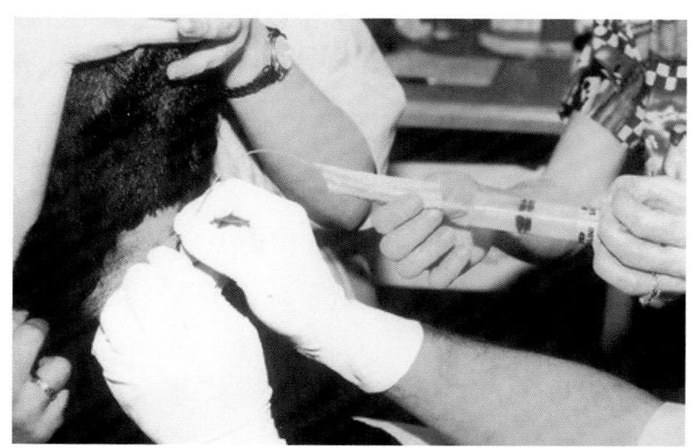

图 51.16 使用经皮法采集气管冲洗样本

经口腔气管灌洗技术

该技术适用于非常小或易怒的动物。动物必须轻度麻醉,并且进行气管内插管。然后通过气管内插管放入一个导尿管或静脉导管注入生理盐水,注入生理盐水的方法与经皮法相同。可使用红色橡胶管,但是抽吸高黏滞样本时橡胶管可能发生塌陷(图 51.17)。由于麻醉程度不一,有些动物经常不会咳嗽,所以盐水在几秒钟内就要抽回并进行评估。支气管肺泡灌洗(BAL)是一种主要用于收集下呼吸道样本的经口插入的技术。支气管镜检查是实施 BAL 的理想方法,但其需要支气管镜等特殊设备。

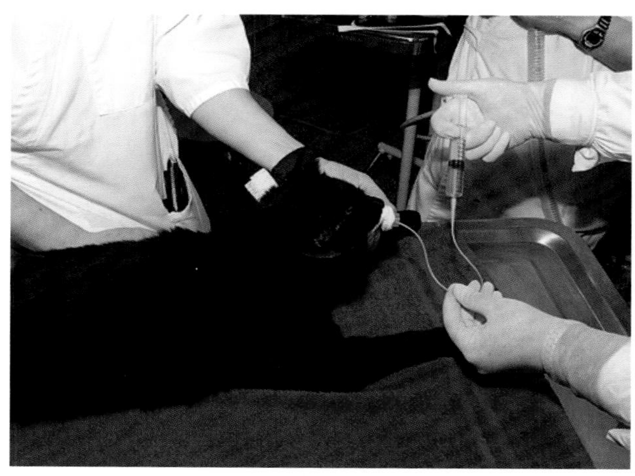

图 51.17 使用经口腔气管法采集气管冲洗样本(引自 Taylor SM: *Small animal clinical techniques*, St Louis, 2010, Saunders.)

无论哪种方法，仅仅灌注少量的盐水就能在最初的采集中获得丰富的样本。动物随后的咳嗽也能排出具有意义的细胞，因此应采集动物回笼后咳嗽出的全部液体。把这些液体放置在一个无菌管中并标记采样位置。虽然这种样本经常已被污染，但是一旦初期采集的样本不能提供足够的信息，这些二次采集的样本便可作为弥补样本进行评估。

黏液含量少的样本（通常相应地含有少量细胞）应该低速离心，将沉淀物制片。含有多量黏液的样本（经常伴有很多量细胞）可以不离心，直接制片。一般不检测气管冲洗液的有核细胞总数。通过评估涂片，可以记录细胞量的主观印象。健康动物的气管冲洗液涂片中通常包含少量的细胞和黏液。黏液在显微镜下一般呈现嗜酸性至紫色条束状，细胞则位于其中。主要的细胞类型为上皮细胞。

对来自鼻腔的样本进行细胞学评估可用于检查上呼吸道疾病。用注射器或吸管将液体（普通盐水）通过鼻孔注入鼻腔，再吸出，此过程称为鼻腔冲洗。以此操作收集样本的处理流程与气管冲洗相同。通过鼻腔冲洗结果能够证实有多种异常，如继发于败血症、真菌、酵母菌和肿瘤的炎症。这些异常表现不要与手套上的滑石粉污染混淆，这种情况在部分样本中可能会出现。

富集技术

如果用于细胞学制片的液体内细胞总数少于 500 个/μL，务必进行细胞的富集（即使在细胞数量较多的情况下，富集也是很有帮助的）。具体介绍以下 4 种方法。

低速离心法

为使样本富集，可选用半径臂长 14.6 cm 的离心机（此臂长最常用于尿的离心）对液体在 165～360g 的重力下以 1 000～1 500 r/min 离心 5 min。离心后，分离上清液并测量其蛋白质浓度。轻弹试管壁，使沉淀与少许上清液再次混匀。滴 1 滴混合后的液体至载玻片上，然后以血涂片或压片制备技术制作涂片。如果可能，每种技术制作多张涂片。添加的血浆能帮助细胞黏附于载玻片上。载玻片风干后，进行罗曼诺夫斯基染色。

重力沉淀法

重力沉淀法是另一种富集细胞的方法，常用于脑脊液（cerebrospinal fluid，CSF）的评估。通过加热载玻片，在载玻片上放置一圈石蜡，让试管的平滑端口浸入熔化的蜡中的操作将一个玻璃圆筒（可以是切除底部的玻璃试管）黏着在载玻片上。1 mL CSF 中的细胞在 30 min 内沉降下来。用吸管小心吸取上清液，拿掉玻璃管。过多的 CSF 可以用滤纸吸走。风干玻片，刮掉残存的石蜡，然后进行罗曼诺夫斯基染色。

膜过滤法

乙醇稀释的 CSF 液的薄膜过滤法也用于富集细胞。孔径为 5 的薄膜比较适用。可使用固定在注射器上的过滤装置。脑脊液从针筒中靠重力作用流入或被轻轻推注到过滤器上，速度不超过 1 滴/s。滤纸必须保持水平，使细胞能够平均分布。如果过滤阻力增加，说明细胞或蛋白质堵塞了过滤孔，脑脊液无法再通过滤纸。用新的滤纸过滤较少的脑脊液会导致富集的细胞量较少。

撤去针筒后，滤纸用 95% 的乙醇固定至少 30 min。在固定和染色时，使用滤纸夹固定滤纸。必须使用三色法染色。罗曼诺夫斯基染色法会造成滤纸的过度着染，故不适用。理想的染色流程如下：按顺序将滤纸依次浸入 80%、70%、50%和 30% 乙醇以及蒸馏水中各 2 min；然后苏木精 4 min，流动的自来水 5 min，Pollak 染色液 4 min，0.3%乙酸 1 min，95%乙醇 1 min，N-丙基醇（丙醇）2 min，1∶1 的丙醇和二甲苯混合液 2 min，最后在二甲苯中漂洗 3 次，每次漂洗 2 min。所有操作过程均要求轻柔以免冲掉细胞。将滤纸放置在载玻片上（细胞面朝上），根据过滤器的大小裁剪出相应的滤纸。用与滤纸折光率相近的封固剂（折光率大约为 1.5）覆盖滤纸，然后盖上盖玻片。

细胞学检查可发现，被薄膜吸附的细胞比经沉淀法获得的圆（因此较难辨认），并较难对焦于同一平面。而且，滤纸作为背景有一定干扰性。避免过度染色和使用合适的封固剂能减少干扰。滤纸的孔径通常过大，不能吸附细菌。薄膜过滤收集的细胞数量比其他两种沉淀法多。

细胞离心法

细胞离心机可以用于像脑脊液这样的低细胞含量液体的细胞学涂片。但其设备一般都非常昂贵，是专业实验室的常备仪器，但不适用于私人诊所。这项技术能使细胞小范围地富集在载玻片上。

关键点

- 动物身体或手术切除的实质肿块可通过拭子法、刮片法、压印法采集细胞学样本。
- 细针活检既可适用于实质样本也可用于液体样本。
- 细针活检可通过抽吸或非抽吸两种方式进行。
- 穿刺是指从体腔收集液体。
- 可通过气管冲洗技术采集样本对气管、支气管及细支气管进行评估。
- 气管冲洗术可通过经皮或经气管内方式进行。
- 细胞量少的样本可使用细胞富集技术。

第52章

Preparation of Cytology Smears
细胞学涂片的制备

学习目标

经过本章的学习，你将可以：

- 列出可用于制备细胞学样本以供评估的方法。
- 掌握按压制片技术。
- 掌握线形制片技术。
- 掌握海星制片技术。
- 掌握改良压片制备技术。
- 掌握细胞学样本固定、染色的步骤。
- 列出可能遇到的染色问题，并描述可能的解决方案。

目　录

关键词

按压制片

固定

印压制片

线形制片

改良压片制备

新亚甲蓝染色

罗曼诺夫斯基染色

海星制片

细胞学样本可通过多种技术进行制片，包括印压制片、按压制片、改良压片、线形制片、海星制片以及楔形制片。根据样本的特点选择具体的制备方法。有些样本还需要离心浓缩。液体样本需要抗凝剂或防腐剂。每个样本通常有几种不同的制备方法。这样可以进行附加的诊断性检测而无须重复采样。细胞学样本有多种染色方法。有些样本需要用不止一种染色方法来处理。

涂片制备

实质性病变的涂片制备

适合淋巴结和内脏器官等实质性病变细胞学评估的涂片制作方法有多种。涂片制备技术的选择由个人经验和样本特征决定，建议联合使用这些制备技术。部分细胞学制备技术描述如下。

按压制片

按压制片技术，有时也称挤压制片，可制作出非常好的细胞学涂片。然而，没有经验的操作经常会因破坏了太多细胞或样本、不够伸展而制作出无法判读的细胞学涂片。按压制片是将抽吸物排放到载玻片的中间，然后在抽吸物上轻轻平放上另一张载玻片（涂抹玻片），并与第一张载玻片（制备玻片）垂直平放（图 52.1 和图 52.2），然后将涂抹玻片快速而平滑地拉过制备玻片。不要在涂抹玻片上额外加向下的压力，以免因其引起过多的细胞破损而使样本无法判读。

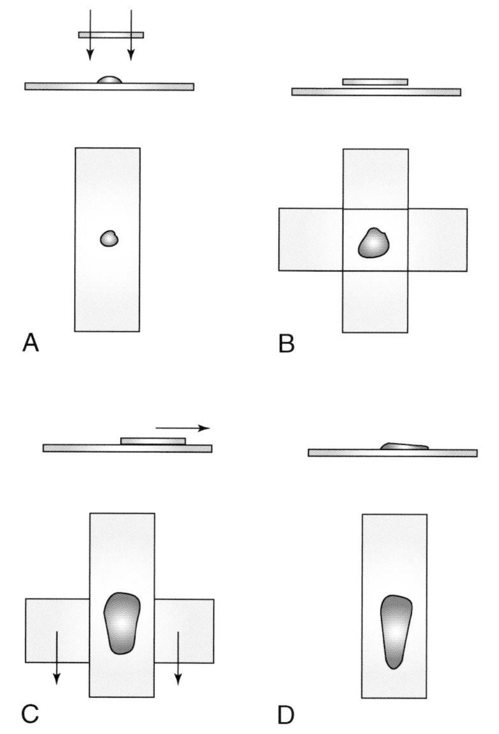

图 52.1 **按压制片。A. 抽吸物的一部分被排放在载玻片上。B. 另一张载玻片被放置在样本上，散布样本。如果样本不能被很好地散布，轻轻地用指尖按压上面的玻片。一定要注意不能施加过多的压力，因为这样会引起细胞的破坏。C. 玻片被顺畅地滑开，这样可制作出一张分布良好的涂片。D. 但是有可能导致细胞的过度破坏**

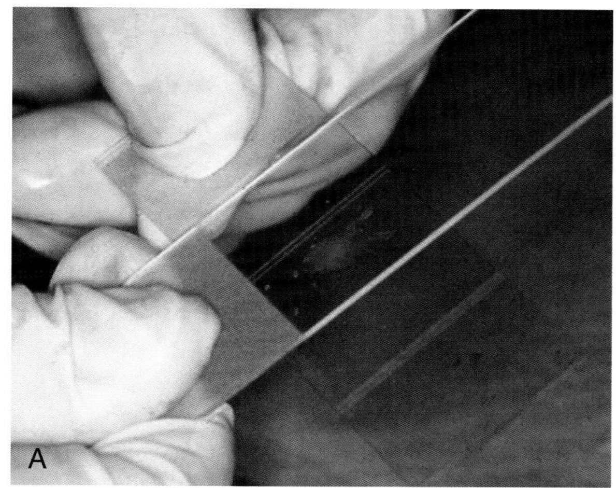

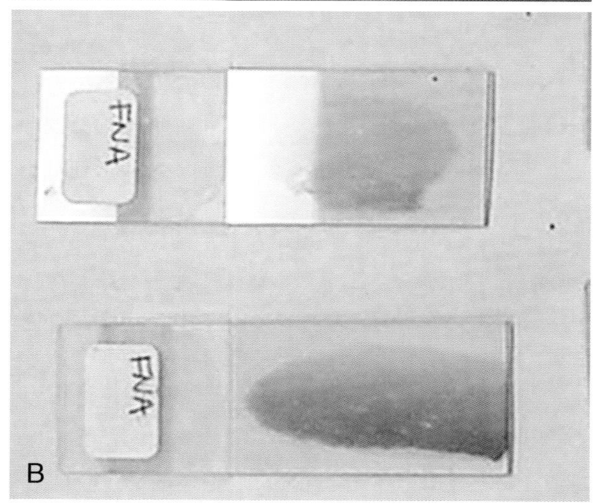

图 52.2 **A. 按压涂片的制备。B. 制备好的按压涂片**

> **注意**：按压制片适用于各种细胞学样本。

另有一种改良的按压制片法能够减少细胞的损伤，就是将第二张玻片放在抽吸物上，让第二张玻片转动 45°角，然后向上抬起（图 52.3）。

联合制片技术

联合制片技术是将样本放置到干净的载玻片或制备玻片中心，将制备玻片放在平坦稳定的水平面上。与制备玻片呈 45°角放置另一张玻片（涂抹玻片）并向后拖动涂抹玻片至它接触到将近 1/3 的抽吸物，需要像制作血涂片一样，平稳快速地滑动涂抹玻片。接着将涂抹玻片平放在后 1/3 的抽吸物上并与制备玻片垂直。通常涂抹玻片自身的重量足以使样本分散开。因此要避免对玻片施加人为的压力。让涂抹玻片保持水平，使用快速、流畅的动作让涂抹玻片滑过制备玻片（图 52.4）。

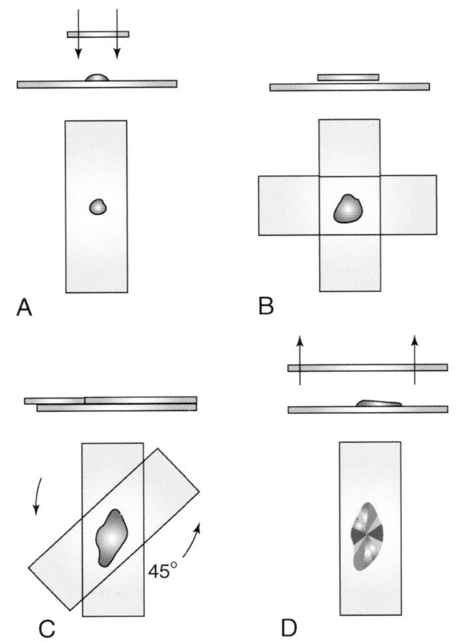

图 52.3　改良的按压制片。**A.** 一部分抽吸物被置于载玻片上。**B.** 另一张玻片放在样本上，使样本被玻片压散开。如果需要，轻轻按压上面的玻片，使样本分散得更好。务必小心，不要施加太大的压力，以免破坏细胞。**C.** 将上面的玻片旋转 45°角，然后直接向上抬起。**D.** 制作出带有微弱凹凸纹理的挤压制片

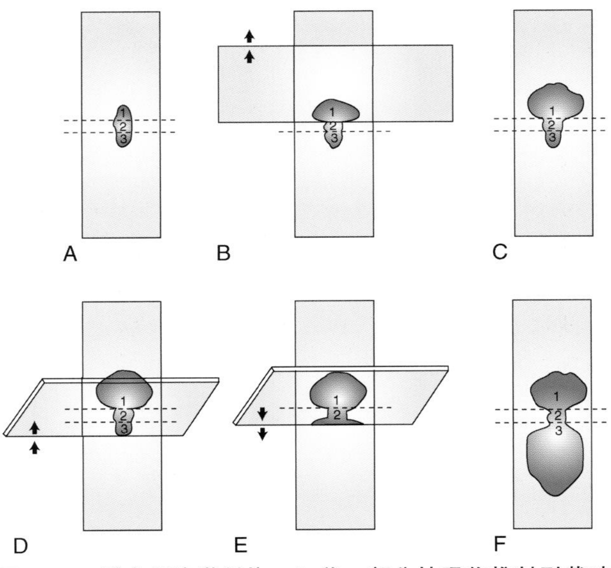

图 52.4　联合细胞学制片。**A.** 将一部分抽吸物推射到载玻片上。**B.** 将另一张载玻片盖在 1/3 的抽吸物上。如果需要更好地分散抽吸物，可以轻轻按压。但应该避免过分的按压。**C.** 涂抹玻片向前流畅地滑过，这一按压制片过程只针对抽吸物的近 1/3 部分（1 号区）。涂抹玻片上也含有细胞成分（图中未显示）。下一步，将载玻片（另取一张涂抹玻片）倾斜，让其边缘向按压制片的相反面滑动，直至接触到抽吸物的另外 1/3 部分（**D** 和 **E**）。**F.** 然后让第二张涂抹玻片顺畅而快速地向前滑动。以上步骤制作出 3 号区，这种涂布的机械力与血涂片的制备类似。中间（2 号区）未被触碰，其中含有高度浓集的细胞

这种技术对后 1/3 部分的抽吸物进行了按压制片，中间 1/3 部分的抽吸物未被触及，前 1/3 部分的抽吸物轻轻地涂布散开。如果抽吸物属于脆弱组织，前 1/3 部分会有足够的完整细胞用于细胞学评估。如果抽吸物中包含细胞团块，后 1/3 部分的抽吸物在按压制作的切力作用下也已充分伸展涂布开。如果抽吸物的细胞含量低，中间 1/3 部分因未涂抹而拥有足够细胞密度以供研究。

海星制片

另一种用于分散抽吸物的技术是用注射器的针尖沿多个方向向周边拖拉抽吸物，形成海星状（图 52.5）。这一过程不会破坏脆弱的细胞，但是会让细胞的周围残存着一层厚厚的组织液。有时候这样厚层的组织液会影响细胞的伸展，并干扰对细胞细节的评估。尽管如此，该方法还是可以制备出可供判读的区域。

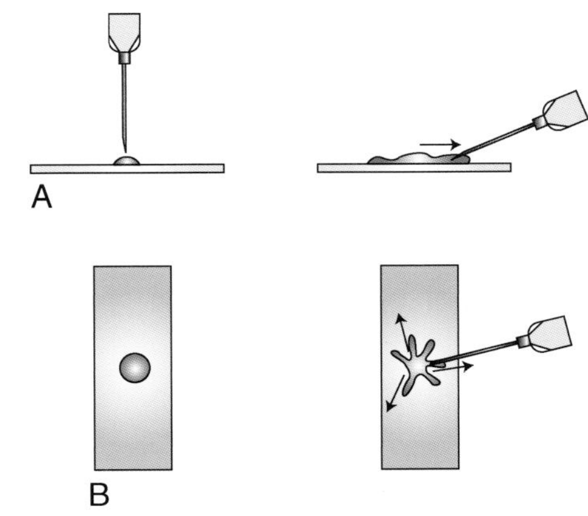

图 52.5　针头涂布或"海星"制片。**A.** 抽吸物被置于载玻片上。**B.** 将针尖从抽吸物中间向外周划动，拖出一个样本的尾部。再向不同方向重复操作，最后制作出一个多突起形状

> **注意：** 海星制片也称为细针散布（needle-spread）技术，适用于黏性高的样本。

液体样本的涂片制备

采集到液体样本后，应立即制作细胞学涂片。如果可能的话，应该把用来进行细胞学检查的液体样本收集在 EDTA 管中。可以用新鲜的、被摇匀的液体直接制片，或是用经离心的样本沉淀物进行楔形制片（血涂片）、线形制片和（或）按压制片技术。根据液体中的细胞数量、黏度和均匀性选择相应的制片技术。

线形制片

如果液体不能离心浓集，或离心后依然细胞量少，可采用线形制片技术来浓集玻片上的细胞（图 52.6）。把一滴液体滴在干净的载玻片上，然后使用血涂片技术制片，唯一的区别是当涂抹玻片推至通常血涂片的 3/4 距离时，直接向上抬起，形成一条密度远远高于其他部位的细胞线。但同时，过量的液体也被保留在“线”上，从而会阻止细胞很好地扩散。

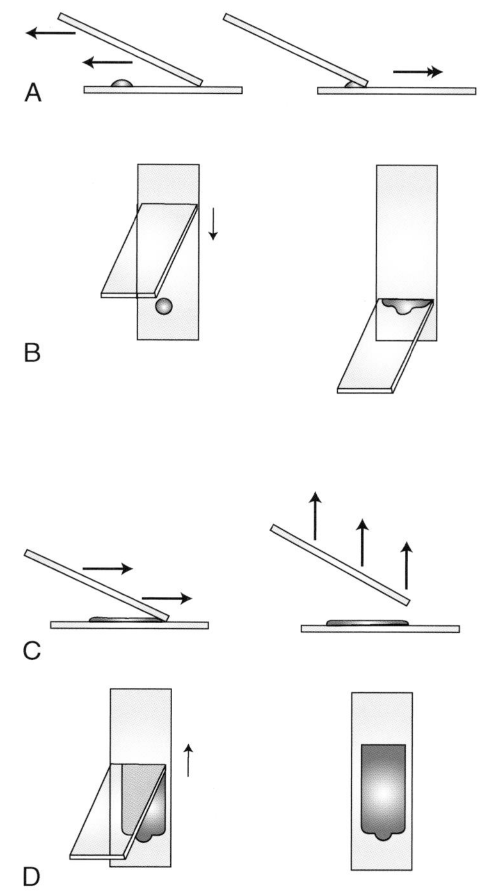

图 52.6 线形浓集技术。A. 在载玻片一端滴加一滴样本。B. 将另一载玻片从远端回拉直至与样本前端接触。当载玻片接触到液滴时，样本随即沿玻片接触缘散开。C. 快速而平稳地向前推动载玻片。D. 当样本铺满 2/3～3/4 的载玻片，即血涂片羽状缘所在的位置时，直接将上面的载玻片向上抬起。这种技术制备的涂片使细胞富集在线形片尾，而非形成羽状缘

涂布黏性样本和含有微粒的样本经常使用按压制片技术，这种技术形成的涂布效果要好于血涂片和线形制片技术。血涂片技术对细胞含量高于 5 000 个/μL 的均值液体，能够制作出有足够细胞量的、扩散效果很好的涂片，但是对细胞含量少于 5 000 个/μL 的液体，制作的涂片细胞含量不足。线形制片技术可以用于浓集低细胞量液体，但是却不能使细胞含量高的液体中的细胞扩散。总的来说，半透明液体中的细胞含量很低或中等，而不透明液体通常细胞含量较高。因此，半透明液体经常需要使用离心或线形制片技术来浓集细胞。如果条件允许，离心是更好的选择。

> **注意**：体积小、细胞量少的样本应该用线形制片法。

用楔形技术制备涂片（血涂片）时，将一小滴液体滴在距离载玻片尾部 1.0～1.5 cm 处。另一张玻片以 30°～40°角向后拖动，直至接触到样本液滴。当液体沿着载玻片之间的接触边缘散开后，将第二张玻片快速而平滑地向前推移，直到液体从第二张玻片上耗尽。此方法制作的涂片尾部有一个羽状缘。

细胞学样本的固定及染色

虽然许多方法在染色的同时也能起到固定细胞的作用，但是分开执行各个步骤才有利于制作出最高质量的染色玻片。对细胞学样本固定效果较好的试剂是 95% 的甲醇，甲醇必须新鲜且未被染液和细胞碎屑污染。甲醇容器必须非常密闭，防止其挥发或吸收空气中的水分。因为吸收水分会使载玻片上出现伪像。细胞学样本的载玻片应该固定 2～5 min，以提高染色质量，且不会破坏样本。

> **注意**：制备的细胞学玻片在染色前应至少在固定液中固定 2～5 min。

用于细胞学制片的染色液有多种。两种最常见的染色类型是罗曼诺夫斯基染色（如瑞氏染色、吉姆萨染色和 Diff-Quik 染色法）和巴氏染色以及其衍生的方法，如萨诺氏三色染色法（Sano's trichrome）。以上两大类染色方法各有优缺点。但是，由于罗曼诺夫斯基染色法的效果更好、更实用且更容易购买，在后文中主要介绍罗曼诺夫斯基染色法的操作过程。

罗曼诺夫斯基染色

罗曼诺夫斯基染色液价格不贵，且容易购买、制备、保存和使用。它能很好地将微生物和细胞质染色。虽然罗曼诺夫斯基染色法不能像巴氏染色法那样将细胞核和核仁的细节染得更容易识别，但是染出的细胞核和核仁的细致程度也足够用于辨认肿瘤和炎症以及评估是否是恶性肿瘤细胞（恶性标志）。在使用罗曼诺夫斯基染色之前应该先风干涂片。风干能够使细胞牢固地保存（固定）在载玻片上，使它们不易在染色过程中脱落。

包括 Diff-Quik（Dade Behring，Deerfield，Ill），DipStat（Medichem，Inc.，Santa Monica，Calif）和其他快速瑞氏染色剂在内的许多罗曼诺夫斯基染色剂都能在市场上购买到（图 52.7）。大部分的细胞学制片都可以使用罗曼诺夫斯基染色。Diff-Quik 染色不会发生异染反应。因此，有些肥大细胞颗粒不会被染色，被误认为是巨噬细胞，导致部分肥大细胞瘤被漏诊。延长固定时间至 15 min，可能会减少该问题的出现。在血液或骨髓涂片的评估中，Diff-Quik 染色不能很好地染出多染性红细胞，偶尔也不能染出嗜碱性粒细胞。如果读片人经常使用罗曼诺夫斯基染色且对此非常熟悉，那么上述的情况将不会引起很大的问题。

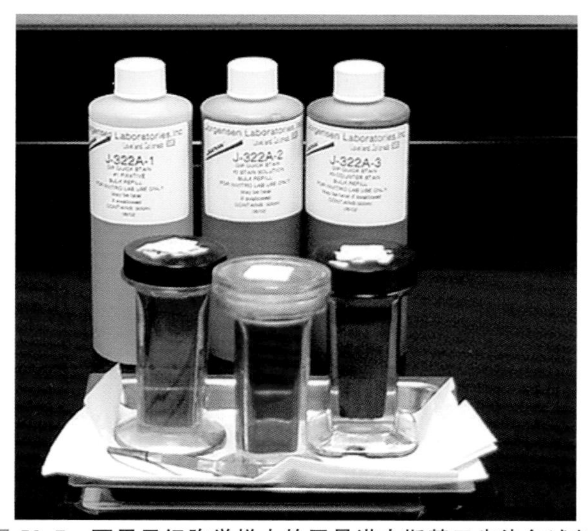

图 52.7 可用于细胞学样本的罗曼诺夫斯基三步染色试剂

每种染色方法都有单独的染色流程。这些流程的细节都应该依据涂片的类型、厚度以及操作者的个人习惯而变化。涂片越薄，液体的总蛋白浓度越低，需要的染色时间越短。涂片越厚，液体的总蛋白浓度越高，需要的染色时间越长。因此，像腹腔液这样的低蛋白、低细胞含量的液体涂片，染色时间一定要少于推荐时间，甚至只用平时时间的一半。对于厚的涂片，如肿大的淋巴结抽吸涂片，时间可以加倍，甚至更长。每名技术员在染色技术方面都有自己的习惯。可以通过改变常规染色推荐的时间间隔，突出每种涂片的不同特征。

新亚甲蓝染色

新亚甲蓝（new methylene blue，NMB）染色常被用于辅助罗曼诺夫斯基染色（图 52.8）。此方法染出的细胞质不清楚，但可非常清楚地染出细胞核和核仁的细微结构。NMB 染出的细胞质颜色很淡，因而能更好地突出细胞团中细胞核的细节。通常 NMB 不能染出红细胞，其只呈现为一个淡蓝的阴影，因此，涂片中大量红细胞的存在不会遮盖有核细胞。

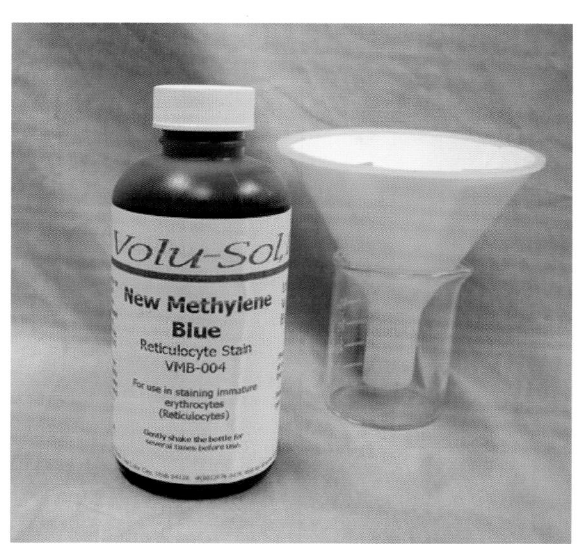

图 52.8 需要观察细胞核的关键细节时使用新亚甲蓝染色，在使用前染色剂需要过滤

巴氏染色

巴氏染液能够出色地染出细胞核和细胞质的细微结构。它能让观察者清楚地看到细胞团中的多层细胞，并能很好地评估细胞的细胞核和核仁的变化。此法不能像罗曼诺夫斯基染色那样对细胞质进行强力染色，因此，不能很好地显示细胞质的变化。它对细菌和其他微生物的显示也不如罗曼诺夫斯基染色清晰。

巴氏染色法需要多重步骤和较长的时间。另外，此试剂在临床门诊中很难获得、制备和保存。巴氏染色法和其衍生法需要对样本湿固定（即涂片在干燥之前就应该被固定）。湿固定需要样本与固定液一起被涂布，或涂片制备后立即放入甲醇中。

涂片制作时应该使用蛋白质包被的载玻片，以免放入甲醇中浸泡时细胞从载玻片上脱落。

染色问题

不论是对新手还是有经验的细胞学家来说，低质量的染色都是他们最大的困扰。如果注意以下方面，绝大部分染色问题都可以被避免：

- 永远使用新的、干净的载玻片。甚至可以在使用前先用乙醇擦拭以去除附着物。
- 要使用新配制的、过滤好的（如果需要定期过滤）染色剂和新制的缓冲液（如果需要缓冲液）。
- 细胞学涂片应该风干后立即固定，除非它们将被送往别的实验室。在固定前要先咨询专业实验室人员。
- 任何时候都不要让手触碰载玻片或涂片的表面。

偶尔样本会被外源物污染（如耦合剂）而改变样本的染色。表 52.1 展示了罗曼诺夫斯基染色中容易发生的问题和解决方法。

表 52.1 罗曼诺夫斯基染色时可能遇到的问题及解决方法

问题	解决方法
过度蓝染（红细胞可能呈蓝绿色）	
与染液接触时间过长	减少染色时间
冲洗不够	延长冲洗时间
样本太厚	尽可能制作较薄的涂片
染液、稀释液、缓冲液或冲洗液偏碱	用 pH 试纸测试并调整 pH
暴露于福尔马林蒸汽	储存和运输细胞学制片时，要与福尔马林容器分开
未干燥的涂片在乙醇中固定	固定前风干涂片
延迟固定	尽快固定涂片
载玻片表面偏碱	使用新的载玻片
过度粉染	
染色时间不足	延长染色时间
冲洗时间过长	减少冲洗时间
染液或稀释液偏酸	用 pH 试纸测试并调整 pH；更换新鲜的甲醇
在红色染液中的时间过长	减少在红色染液中的浸泡时间
在蓝色染液中的时间过短	延长在蓝色染液中的浸泡时间
在制片干燥前放置盖玻片	让制片彻底干燥后再放置盖玻片
淡染	
与一种或多种染液接触时间不足	延长染色时间
过期（旧的）染液	更换染液
染色时被其他载玻片覆盖	将载玻片分开
染色不均	
载玻片表面的 pH 不同，（可能由于载玻片被触摸过或载玻片不干净）	使用新的载玻片，在制作前后避免接触载玻片的表面
染色和冲洗后水分仍然停留在载玻片的某些部分	倾斜载玻片近乎垂直，使水分从表面流干或用风扇吹干
染色液和缓冲液混匀不够	充分混匀染色液和缓冲液
制片上的沉淀	
染液过滤不充分	过滤或更新染液
对染色后的载玻片冲洗不够	染色后充分冲洗载玻片
使用了不清洁的载玻片	使用清洁的新载玻片
染色期间载玻片上的染液干了	使用足够的染液，而且不要使其在载玻片上停留时间过长
其他	
制片的过度染色	用 95%的甲醇脱色并重新染色；使用 Diff-Quik 染色的涂片可以用红色脱去蓝色；但是这样做会污染红色染液
使用 Diff-Quik 染色造成红细胞上的人为折光现象（固定液中的水分过多）	更换固定液

细胞学样本的送检

当门诊不具备对细胞学涂片进行评价的条件时，可将制备好的涂片提交给兽医临床病理学家或细胞学家来判断，或是直接进行组织取样和组织病理学检查来代替细胞学检查。如果可能的话，先与将要送检的细胞学家取得联系，讨论采取何种特殊的方式处理细胞学涂片（如送检涂片的数量，送检前是否需要固定或染色）。

如果可能，送检 2～3 张风干的、未被染色的涂片和 2～3 张干燥的罗曼诺夫斯基染色涂片。病理学医生可能会选择用罗曼诺夫斯基法或新亚甲蓝对未染色的涂片进行染色。但同时送检罗曼诺夫斯基染色涂片是一种安全保证。因为一些风干后的涂片染色差，多日后无法着染。而且，载玻片会在运输过程中偶尔发生碎裂，送到后也无法染色。对于经过染色的载玻片，即使已经断裂，大的碎片依然能使用显微镜观察诊断。如果制备的涂片不多，至少也要送检一张未染色的风干涂片，另一张风干、固定和染色。涂片要用防乙醇的笔标记，或是使用其他持久的方法标记。如果使用巴氏染色法，要提交几张湿固定的涂片。

液体样本应该立即制作成涂片。应该提交直接制片和浓缩制片，而且还应该提交装在 EDTA 管（淡紫色瓶盖）和无菌血清管（红色瓶盖）内的液体样本。加 EDTA 的样本可以进行有核细胞计数和总蛋白浓度测定，还可以对血清管中的样本进行生化分析。

载玻片邮寄时需要保护好。如果只用邮寄的纸箱而不进行箱内填充，就不能提供足够的保护而导致载玻片破碎。即使在外包装上标注“易碎”“玻璃”“勿摔”等字样也不会起到很强的保护作用。放入泡沫塑料或聚苯乙烯等填充物，使其围绕在载玻片周围并卡住载玻片，能有效防止破碎。邮寄载玻片也可以用塑料载玻片盒或小药瓶等更有创意的容器。

未固定的涂片不能与含有福尔马林的样本一起邮寄，而且应做防湿保护。福尔马林蒸汽能改变涂片的染色特征，而水会让细胞溶解（图 52.9）。

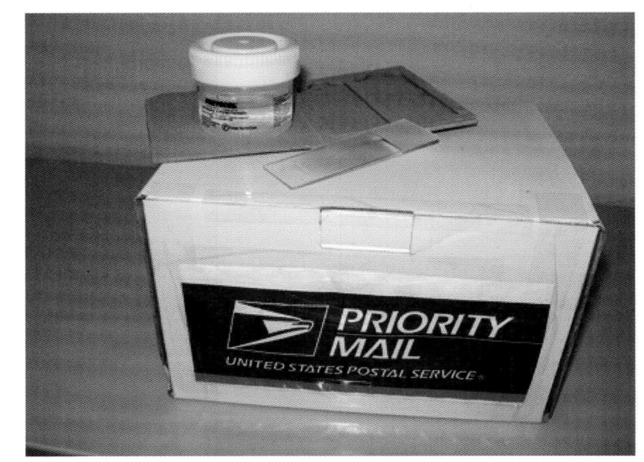

图 52.9　**准备寄往参考实验室的样本。未固定的涂片不得放在盛有福尔马林的容器附近**

关键点

- 实体肿块细胞学评估的常规制片方法包括按压制片、海星制片和联合方式制片。
- 液体样本可以用按压法或线形法制片。
- 制片方法取决于样本的特点和采集的样本量。
- 可能需要多种制备方法，通常需要多次准备。
- 按压制片法是最常用的方法。
- 当样本体积小、细胞量少的时候，线形法是首选。
- 细胞学玻片在染色前使用甲醇固定。
- 大多数细胞学样本可以使用罗曼诺夫斯基法染色。

第53章

Microscopic Evaluation
显微镜评估

学习目标

经过本章的学习，你将可以：

- 描述细胞学样本评估的一般流程。
- 描述炎症病变样本的一般外观。
- 描述肿瘤病变样本的一般外观。
- 说明恶性肿瘤的细胞核评判标准。
- 区分化脓性、肉芽肿性、化脓性肉芽肿性和嗜酸性炎症。
- 描述一般的肿瘤类型。
- 说明每一种肿瘤的一般分类特征。

目　　录

关 键 词

细胞核大小不等
核仁大小不等
良性
癌
离散性圆形细胞瘤
嗜酸性
上皮细胞肿瘤
组织细胞瘤
核溶解
核破裂
淋巴瘤
恶性
肥大细胞瘤
黑色素瘤
间质细胞瘤
肿瘤
核塑型
浆细胞瘤
多形性
核固缩
化脓性肉芽肿性
肉瘤
化脓性
传染性性病肿瘤

细胞学评估的主要目的是区分炎症和肿瘤。以系统的方式评估，重点确定主要的细胞类型，记录和量化形态学异常，并注意是否存在感染原。图53.1总结了细胞学标本评估的步骤。细胞学制片并评估时，应先使用低倍镜（100倍）观察整张载玻片是否充分染色，同时寻找细胞数量丰富的区域。滴1滴镜油在载玻片和盖玻片之间可以降低光的折射，从而提高分辨率。按部就班地执行检查流程以保证结果准确。诸如细胞团块、寄生虫、结晶和真菌菌丝等较大的物体均能在低倍镜下检查。初步评估的目的是辨认细胞种类和每种细胞相应的数量，以确定细胞的构成特征和样本成分。然后在高倍镜（400倍或450倍）检查下，评估和比较单个细胞和更多的细胞特征。用油镜来鉴别特殊细胞核的恶性标准和细胞质是否存在恶性变化以及各种炎性反应。细胞学报告应该写明所发现的细胞种类及其外观特征和数量比例。

注意：始终在低倍镜下检查整个涂片，以确定其染色是否充分，并检测细胞增多的局部区域。

炎 症

炎症是机体对组织损伤和微生物侵害的正常生理反应。这种损伤释放的物质对某些白细胞具有趋化性，因而这些趋化因子能够吸引白细胞到达炎症位置。首先到达的白细胞是中性粒细胞，中性粒细胞吞噬坏死组织和微生物，这种吞噬过程改变了中性粒细胞内部和病变处的pH。pH的改变导致中性粒细胞无法再发挥其吞噬活性，并很快死亡。此时巨噬细胞进入病变位置，继续发挥吞噬活性。因此，炎症部位的细胞学样本特征是出现白细胞，特别是中性粒细胞和巨噬细胞，偶见嗜酸性粒细胞或淋巴细胞。在液体样本中，如果有核细胞计数超过5 000个/μL，通常说明发生了炎症。

根据不同类型细胞出现的相对数量，炎症可分类为化脓性（脓性）、肉芽肿性、化脓性肉芽肿性或嗜酸性。

注意：炎症病变样本的特征是白细胞占优势。

化脓性（脓性）炎症（图53.2）是以大量中性粒细胞的出现为特征，一般占有核细胞总数的85%以上。当巨噬细胞明显增加时（即占总计数的15%以上），样本可以分类为肉芽肿性或脓性肉芽肿性炎症（图53.3）。真菌和寄生虫性感染常引发此类炎症。嗜酸性粒细胞出现比例高于10%，同时中性粒细胞数量显著增加，该反应为嗜酸性炎症（图53.4）。这种炎症常发于寄生虫感染，但是也发生于肿瘤疾病中。

一旦确认为炎症反应，就要进一步评估细胞是否发生变性和是否存在微生物。炎性细胞（如中性粒细胞）的细胞核可能出现核溶解、核碎裂和核固缩，核溶解的出现最有意义，核固缩意味着慢性细胞死亡（老化），可见细胞核变小、浓缩和深染，还可能出现碎片（核碎裂）。发生核溶解说明细胞快速死亡，如在一些败血性（细菌性）炎症反应中常发生细胞核肿胀、残破和细胞膜破损、淡染。此外，还应评估是否出现细菌。败血症是指炎性细胞内出现被吞噬的微生物（图53.5）。能被细胞吞噬的其他物质包括：红细胞、寄生虫和真菌（图53.6）。

注意：核溶解、核破裂和核固缩是炎症细胞中常见的核变化。

肿 瘤

肿瘤样本与炎症不同，它通常只存在一种细胞的均质细胞群。但肿瘤区域同时发生炎症时，也会出现混合细胞群。当涂片中出现的细胞起源于相同组织时，即显示为肿瘤。一旦确认是肿瘤，技术员应进一步确定组织来源，并评估细胞的恶性特征（表53.1）。

注意：肿瘤样病变的特征是同一组织来源的均质细胞群。

必须先鉴别肿瘤是良性还是恶性。良性肿瘤表现为一种增生现象，细胞核无恶性标志。所有细胞属于同种，外观相对一致。细胞至少存在3种异常的细胞核构型，才能称为恶性。恶性的细胞核标准如下：

- 细胞核大小不等：细胞核整体大小的异常变化。
- 多形性：同种细胞大小、形状各异。
- 细胞核/细胞质值增高或改变。

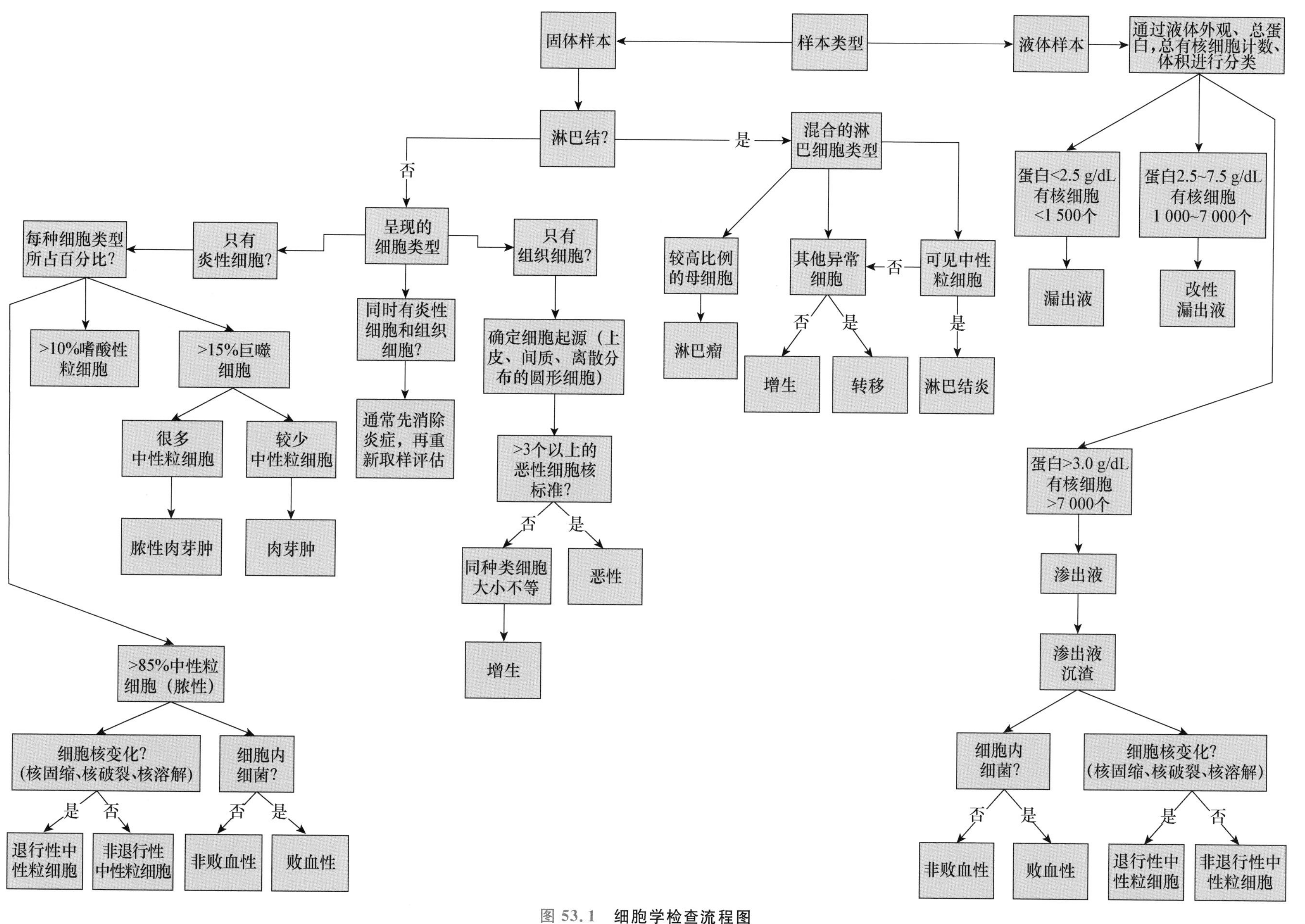

图 53.1 细胞学检查流程图

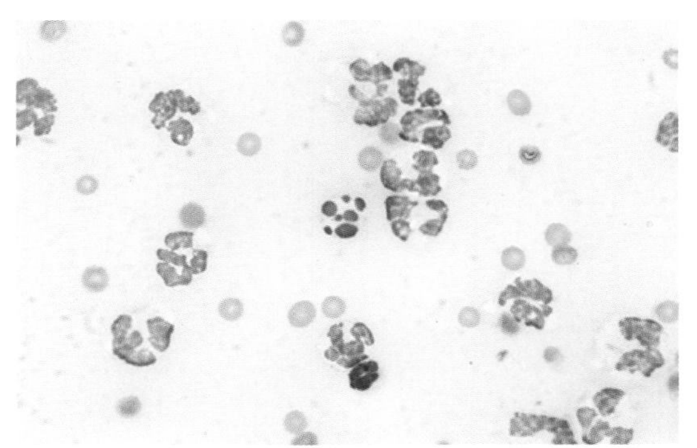

图 53.2 出现大量的中性粒细胞是化脓性炎症的明显标志。注意图中心的细胞出现核碎裂

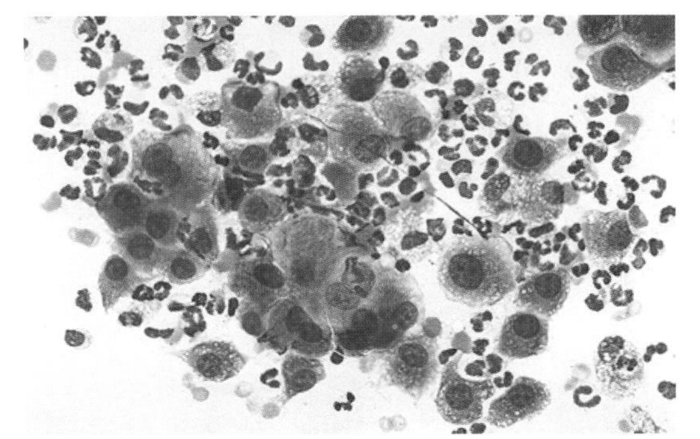

图 53.3 脓性肉芽肿性炎症。巨噬细胞占所有细胞的比例超过 15%

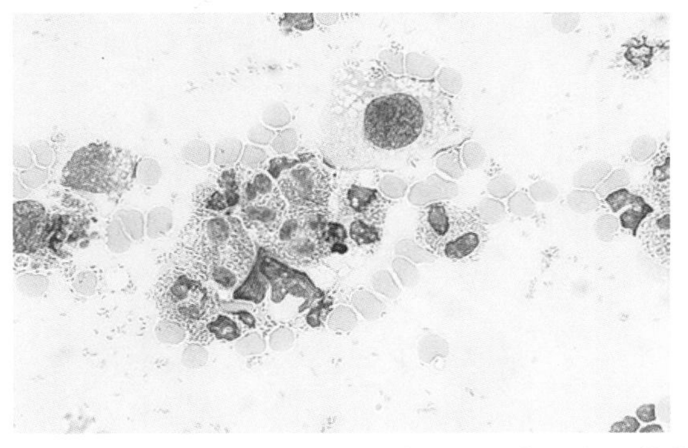

图 53.4 嗜酸性炎症。注意单个的巨噬细胞和大量游离的嗜酸性颗粒

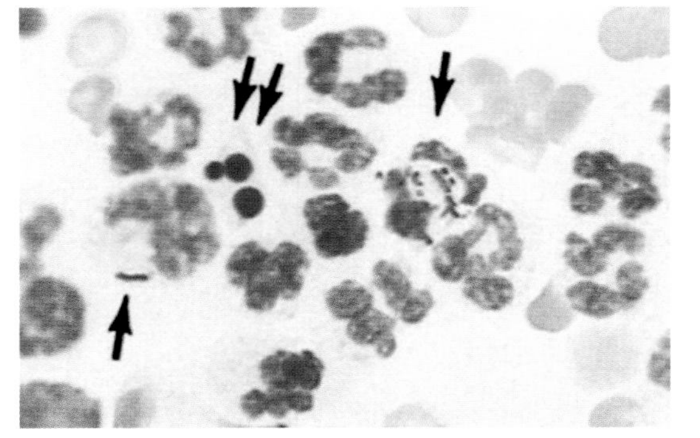

图 53.5 败血性炎症。中性粒细胞吞噬杆菌后变性。同时还存在一个核碎裂的细胞(双箭头)

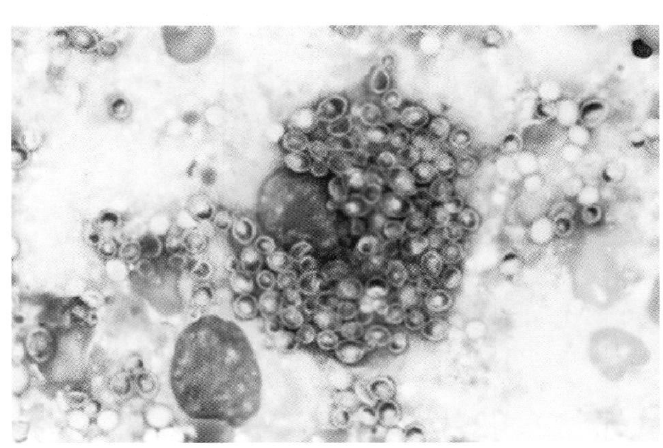

图 53.6 一个吞噬荚膜组织胞浆菌的巨噬细胞，还有许多微生物游离于周围

- 有丝分裂活性增加：正常组织中的有丝分裂很罕见，且细胞通常平均分为两部分。有丝分裂现象的增加或是细胞分裂不均都可认为是恶性标准。
- 染色质粗糙：染色质模式比正常细胞粗糙，还有可能呈黏丝状或带状。
- 细胞核塑型：在同一个细胞内或相邻细胞间的细胞核相互挤压，引起核变形。
- 多核现象：一个细胞内存在多个细胞核。
- 核仁的变化：大小(核仁大小不均)、形状(角形核仁)、核数量(多核仁)。

总之，如果出现 3 种或更多的恶性标准，就可以认为样本是恶性的。其也有例外，如同时出现炎症或只是少数细胞显示出恶性特征。细胞学评估还需组织病理学的进一步证明，这对大多数肿瘤确诊(不论在细胞学表现为良性或恶性)都很重要。而且，细胞学检查出的良性细胞也可能来自恶性肿瘤。组织病理学检查的优点是能够评价多种因素，如肿瘤细胞的局部组织浸润，对血管或淋巴管的侵害。这些恶性肿瘤的特征无法靠细胞学证明。

> **注意**：显示至少 3 种异常核结构的细胞被确定为恶性。

对已经分类为恶性的样本应开展进一步的评估，以确定肿瘤的细胞类型。在兽医临床中，可能遇到的肿瘤的基本类型可以分为：上皮细胞瘤、间质细胞瘤和离散的圆形细胞瘤。表 53.2 总结了每种细胞类型的样本总体特征。

表 53.1　细胞核的恶性标准

标准	描述	示意图
细胞核标准		
巨细胞核	细胞核增大。细胞核的直径＞10 μm，提示恶性	
细胞核∶细胞质值(N∶C)增加	正常的非淋巴类细胞。根据组织的不同，通常 N∶C 为 1∶(3～8)，比值＞1∶2 是恶性	见巨细胞核
细胞核大小不等	细胞核大小各异。多核细胞中的细胞核大小不同，非常有意义	
多核现象	一个细胞内出现多个细胞核。这些细胞核的大小不同非常有意义	
有丝分裂现象增加	正常组织中罕见有丝分裂	
异常有丝分裂	常染色体排列异常	参见有丝分裂现象增加
染色质粗糙	染色质模式比正常的粗糙 可能出现黏丝状或带状	
细胞核塑型	在一个细胞或相邻内细胞核被另一个细胞核按压变形	
巨核仁	核仁增大。核仁≥5 μm，强烈提示恶性。可以将红细胞作为参考，猫的红细胞是 5～6 μm，犬是 7～8 μm	
角形核仁	核仁变成纺锤形或其他带棱角的形状：正常的核仁为圆形或略微椭圆形	
核仁大小不等	核仁的形状或大小不等。在同一细胞核内核仁的变化尤其有意义	参见“角形核仁”

表 53.2　三种基本肿瘤类型的一般外观

肿瘤类型	细胞大小	细胞形状	示意图	抽吸细胞量	团块或常见成簇
上皮细胞	大	圆形至尾状		通常细胞量较多	是
间质细胞(梭形)	小至中等	纺锤形至星形		通常细胞量较少	否
离散的圆形细胞	小至中等	圆形	肥大细胞　淋肉肉瘤 传染性性病肿瘤　组织细胞瘤	通常细胞量较多	否

引自 Sirois M：*Principles and practice of veterinary technology*，ed 3，St Louis，2011，Mosby.

上皮细胞瘤也称癌或腺癌。样本中通常含有较多细胞，且经常成群或成片脱落(图 53.7)。间质细胞瘤也可称肉瘤，一般细胞含量少。这种纺锤形细胞容易单个脱落或是成束出现(图 53.8)。离散的圆形细胞瘤易于脱落，但是不会成群或成片出现。圆形细胞瘤包括组织细胞瘤、淋巴瘤、肥大细胞瘤、浆细胞瘤、传染性性病肿瘤和黑色素瘤。组织细胞瘤和传染性性病肿瘤看起来有点相似，但是组织细胞瘤脱落细胞量通常较少(图 53.9)。浆细胞瘤的特征是含有大量带偏心细胞核和明显的细胞核外周空白区的细胞(图 53.10)。肥大细胞瘤的细胞特征是细胞内含有明显的紫色或黑色的颗粒(图 53.11)。黑色素瘤的细胞特征是细胞内有明显的暗黑色颗粒(图 53.12)，偶尔可见分化不良的肿瘤细胞的颗粒较少或无颗粒(无黑色素性黑色素瘤)。各种各样的术语被用来描述这些不同的肿瘤类型，一些参考文献可能在它们对特定类型肿瘤的分类上有所不同。

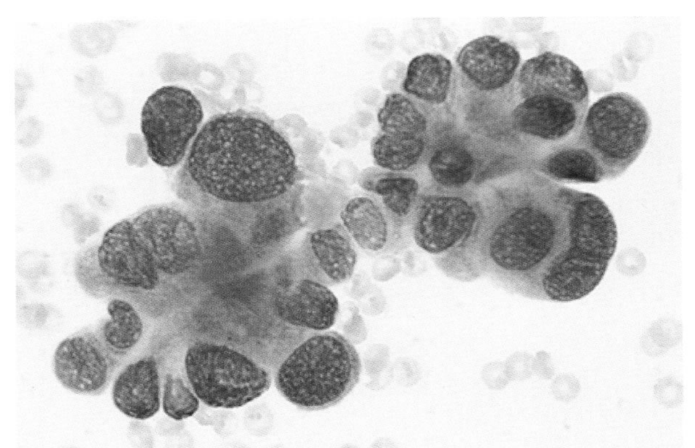

图 53.7　肺癌。图中细胞成簇分布，细胞核大小不等，双细胞核，细胞核/细胞质值增加或变化

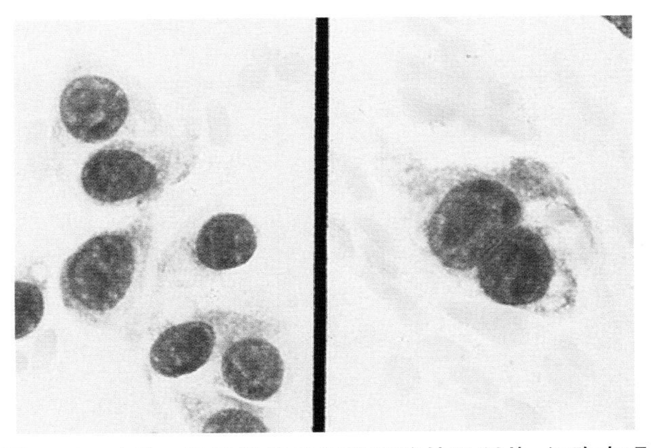

图 53.8　肉瘤。恶性纺锤形细胞瘤的抽吸制片，细胞表现出细胞核大小不等，核仁大小不等，核仁大而明显，偶尔可见角形核仁

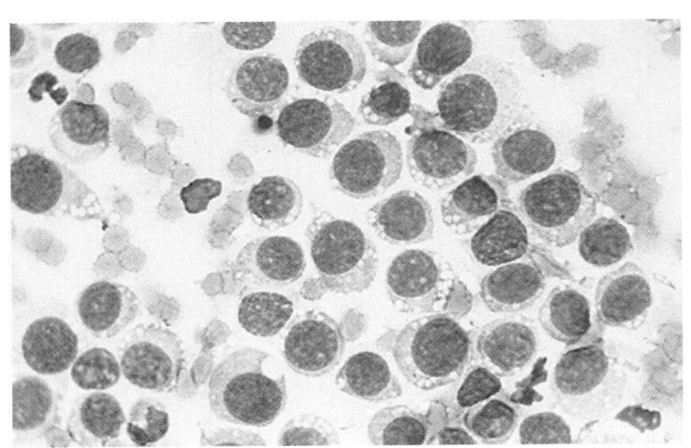

图 53.9　传染性性病肿瘤细胞印片显示大量圆形细胞

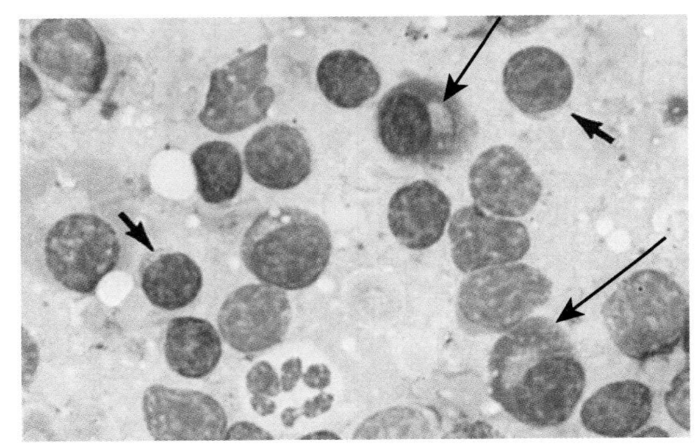

图 53.10　图中可见数个浆细胞(长箭头)，来自增生的淋巴结。还可见一些小淋巴细胞(短箭头)

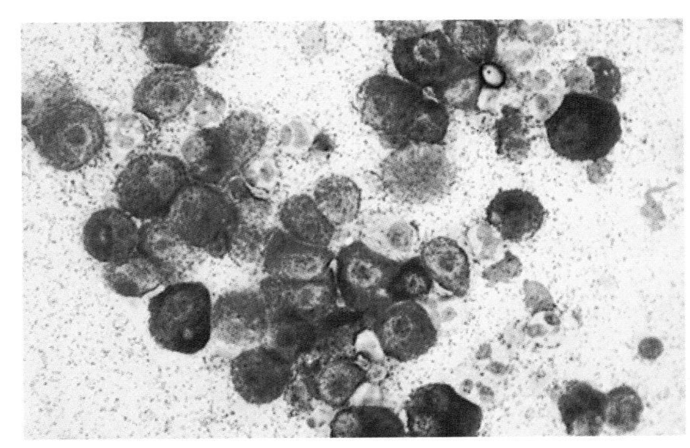

图 53.11　颗粒丰富的肥大细胞瘤的抽吸制片。可见少量嗜酸性粒细胞

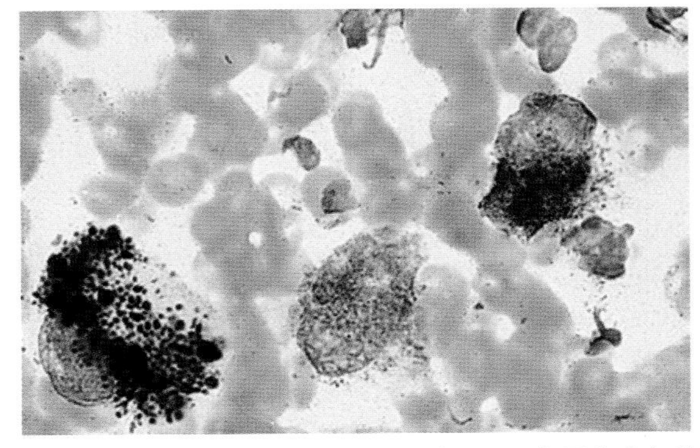

图 53.12　一个噬黑色素细胞(最下方)和两个黑色素细胞

关键点

- 根据出现的各种细胞类型的相对数量，炎症样本可分为化脓性（脓性）、肉芽肿性、化脓性肉芽肿性或嗜酸性。
- 肿瘤样本通常包含单一细胞类型的均质细胞群。
- 良性肿瘤被描述为增生，细胞核不存在恶性的诊断标准。
- 细胞核的恶性标准包括细胞核大小不等；多形性；细胞核/细胞质值增高或改变；有丝分裂活性增加；粗糙的染色质模式；核塑型；多核；核仁随大小、形状和数量的变化。
- 上皮细胞瘤的样本中通常含有较多细胞，而且经常成群或成片脱落。
- 间质细胞瘤的样本中的细胞含量少。这种纺锤形细胞容易单个脱落或是成束出现。
- 离散的圆形细胞瘤的样本中细胞易于脱落，但是不会成群或成片出现。
- 浆细胞瘤的特征是含有大量带偏心细胞核和明显的细胞核外周空白区的细胞。

第54章

Cytology of Specific Sites
特殊部位细胞学检查

学习目标

经过本章的学习，你将可以：

- 描述正常腹腔和胸腔积液的特征。
- 描述用于将样本分类为漏出液、改性漏出液或渗出液的标准。
- 列举并描述正常淋巴结中的细胞类型。
- 描述反应性淋巴结样本外观。
- 描述正常关节液样本特征。
- 描述通过气管灌洗收集样本外观。
- 描述正常雌性动物阴道细胞学样本外观。
- 描述精液样本评估。

目　录

关键词

角质化	腹腔积液
库什曼螺旋	胸腔积液
渗出液	反应性淋巴结
淋巴瘤	关节液
改性漏出液	漏出液
副基	波浪运动

胸腔和腹腔积液

正常情况下，腹腔和胸腔所含的液体只够润滑器官和腔壁表面。将采集的液体放入 EDTA 管中，可用于有核细胞计数、细胞学检查和折射法测定蛋白，放入未加 EDTA 的管中则可测定总蛋白浓度。腹腔液和胸腔液很少用于其他的临床生化检查。

颜色、浑浊度和气味

正常腹腔液和胸腔液是无色至淡黄色的透明或轻微浑浊的无味液体。肉眼观察到的颜色改变或浑浊度增加可能是由液体内的细胞数量和(或)蛋白质浓度增加所致。腹腔穿刺抽出恶臭的腹腔液，意味着腹腔内肠道的坏死、肠道破裂后肠内容物的逸出，或是穿刺时意外刺破肠管。结合临床症状，这些问题可通过细胞学检查予以区分。乳糜胸虽不常见，但当动物刚刚进食后，因乳糜渗出液中含有丰富的脂肪和大量成熟的淋巴细胞，可明显表现为一种“乳白色”液体。如果动物禁食，液体颜色会变为黄褐色。与含有大量白细胞的液体(颜色可能同样发白)不同，乳糜液离心后的上清液并不清亮。乳糜液中的脂肪以小脂滴的形式存在(乳糜微粒)，可用苏丹Ⅲ或苏丹Ⅳ染色。乳糜液中的脂肪在被氢氧化钾或碳酸氢钠碱化后可被乙醚溶解。如果液体内存在相当数量的红细胞可能会呈现红色。

有核细胞总数计数

进行有核细胞总数计数(TNCC)的方法与全血细胞计数相同(详见第 2 单元)。总的来说，各种动物正常腹腔液和胸腔液所含的有核细胞计数少于 10 000 个/μL，通常在 2 000～6 000 个/μL。单核样细胞经常成群出现而使得细胞分类计数变得困难。

进行分类计数至少要分类 100 个有核细胞，并注意细胞的类型和形态特征。有核细胞可分为中性粒细胞、大的单核样细胞(间皮细胞和巨噬细胞的组合群)、淋巴细胞、嗜酸性粒细胞和其他有核细胞。细胞形态特征的描述应包括细胞核和细胞质的外观。如果发现细菌，必须记录其形态特点(杆菌、球杆菌和球菌)和出现的位置(游离的或在细胞内，后者即细胞吞噬现象)。对于这些病例，应再制作一张涂片进行革兰氏染色，并进行液体的微生物培养。

> **注意**：评估腹腔液和胸腔液的颜色、透明度、气味和 TNCC。

细胞成分

正常的腹腔液和胸腔液中含有少量红细胞，应评估涂片上红细胞的数量。结果可以分为罕见、少量、许多和大量。采样方法会影响红细胞数量。如前所述，医源性污染和急、慢性出血可以靠肉眼进行鉴别。如果红细胞在液体中存在几个小时，会被巨噬细胞吞噬(噬红细胞作用)(图 54.1)。

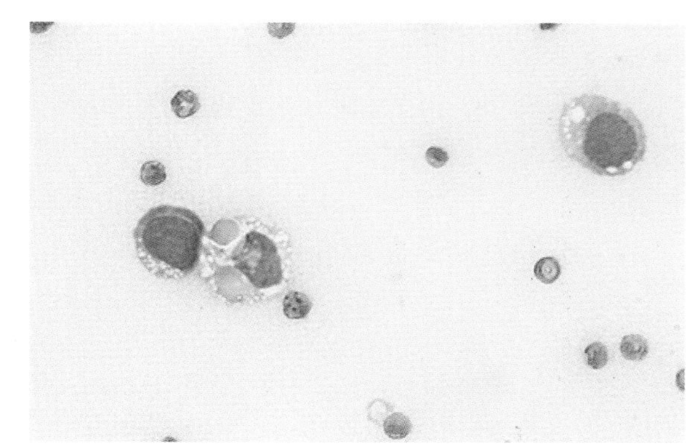

图 54.1 **抽吸液体中的巨噬细胞，一个细胞显示噬红细胞现象**

还应评估腹腔液和胸腔液样本的细胞结构。通过样本的 TNCC 和总蛋白值可区分漏出液、改性漏出液或渗出液(表 54.1)。已发表的有关犬猫腹腔液和胸腔液细胞学正常值的资料很少。马的平均正常值是55%～60%的中性粒细胞，25%～30%的大的单核样细胞，10%～20%的淋巴细胞，以及少量嗜酸性粒细胞(少于1%)。牛的数值与马有些相似，但常常发现正常动物的中性粒细胞和淋巴细胞比例接近。

表 54.1 液体样本特性

	漏出液	渗出液	正常	改性漏出液
来源	非炎症 低白蛋白血症 血管阻塞 肿瘤	炎症 感染 坏死		猫传染性腹膜炎 乳糜液 淋巴液
液体量	多	不定	少	不定
颜色	无色，透明或淡红色	浑浊，白色或浅黄色	无色、透明	不定，通常透明
蛋白质	<3.0 g/dL	>3.0 g/dL	<2.5 g/dL	2.5～7.5 g/dL
TNCC	<1 500/μL	>5 000/μL	<3 000/μL	1 000～7 000/μL
细胞类型	混合的单核样细胞、巨噬细胞、淋巴细胞和间皮细胞*	炎性细胞：中性粒细胞、巨噬细胞、淋巴细胞[1]和嗜酸性粒细胞[1]	与漏出液相同	淋巴细胞、非变性中性粒细胞、间皮细胞、巨噬细胞和肿瘤细胞

* 正常的，反应性的。
[1] 数量不定。

渗出液是炎症引起的细胞量和蛋白质浓度升高产生的液体。所有动物的概况如下：化脓性炎症反应有核细胞总数升高，中性粒细胞与有核细胞比值高于85%，绝对值也增加。化脓性炎症反应通常引起有核细胞总数增至正常高值或高于正常范围，其中中性粒细胞的百分比升高，同时间皮细胞和(或)巨噬细胞数量增加。间皮细胞覆盖于体腔内，当体腔内的液体量增多时，这些细胞变为反应性(即多核，同时伴有细胞大小不等，细胞核大小不等，核仁明显，细胞质嗜碱性)(图54.2)。反应性间皮细胞很难与一些肿瘤细胞区分开。有些间皮细胞会成簇或成排出现。这些细胞簇是由渗出液降低了腹膜表面两侧细胞间的接触性抑制而使得腹膜层或间皮层细胞增殖并脱落所致。巨噬细胞可能会吞噬变性的细胞或细胞碎片。移行的寄生虫幼虫能使中性粒细胞和嗜酸性粒细胞百分比升高，同时伴有或不伴有有核细胞总数(TNCC)的升高。

细胞形态学特征的观察包括是否有微生物和细胞质空泡出现，以及一些少见的细胞核变化。细胞质内的空泡、细胞核肿胀和破碎(核分裂)，以及普遍存在的细胞变性或碎片都是细胞形态改变的依据。中性粒细胞和巨噬细胞的细胞质内可能发现细菌(图54.3)。简单的腹膜炎病例可能会发现单一种类的细菌，如果出现肠道失活或肠破裂，就会发现多种混合的细菌群。腹腔穿刺造成意外肠道穿孔时，也能在涂片上发现混合的菌群感染。但在这种情况下，白细胞的数量和形态特征一般是正常的，细菌和微生物经常未被吞噬。在马大肠穿孔时，还有可能发现大的有纤毛的有机体。

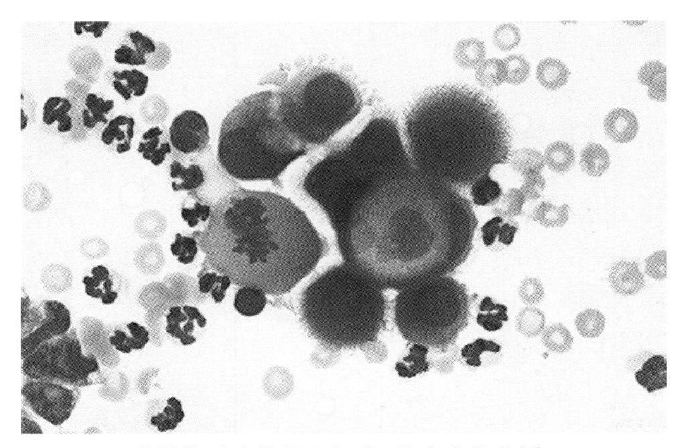

图 54.2 **成簇的反应性间皮细胞，注意有丝分裂**

典型的漏出液(腹水)含有低浓度的蛋白和少量的有核细胞(<1 500/μL)，有核细胞的分类正常或大的单核样细胞百分比升高(图54.4)。单核样细胞基本上属于间皮细胞，可能会成群或成片出现，有时带有反应性外观。漏出液经常继发于充血性心力衰竭或低白蛋白血症。

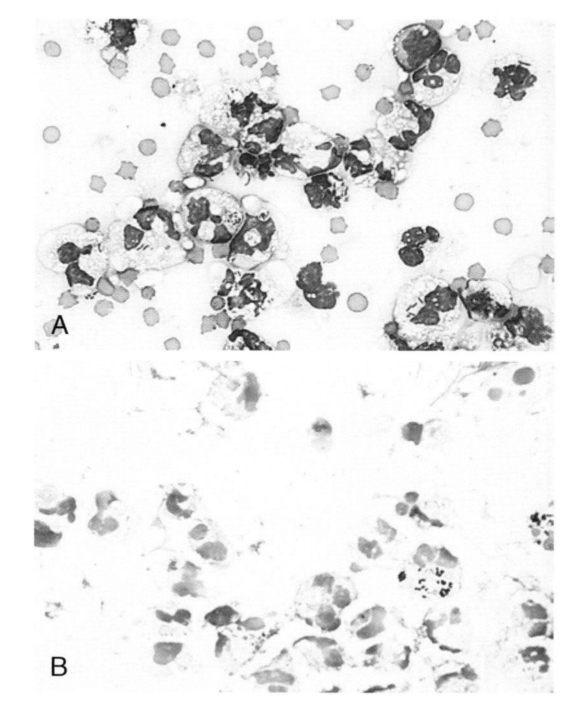

图 54.3　败血性渗出液，注意出现的革兰氏阳性杆菌

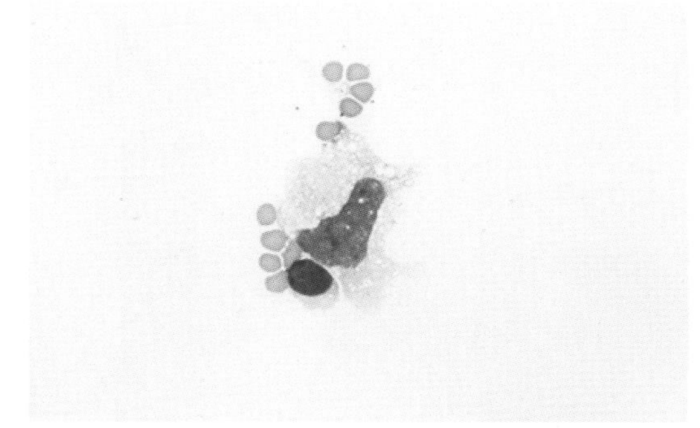

图 54.4　巨噬细胞、小淋巴细胞和几个红细胞。该样本具有正常液体的特征，为漏出液

改性漏出液的特点是含有相对较少或中等数量的有核细胞，主要是由于淋巴液的漏出。这种漏出导致了漏出液的高蛋白质含量。细胞的组成包括少量的炎症细胞（非变性），主要是成熟的小淋巴细胞，少数巨噬细胞和一些间皮细胞（图 54.5）。

腹腔内的肿瘤可能会脱落细胞并进入腹腔液中。这种肿瘤的细胞学诊断很困难，经常需要细胞学专家来完成判读。但是技术员应该通过前面对恶性肿瘤标准的概述，学会辨认异常的淋巴细胞和可疑的多形性、分泌型细胞。一定要注意样本中不应该出现的细胞，如肥大细胞。

注意：对液体样本的细胞成分进行评估，可将样本分为渗出液、漏出液或改性漏出液。

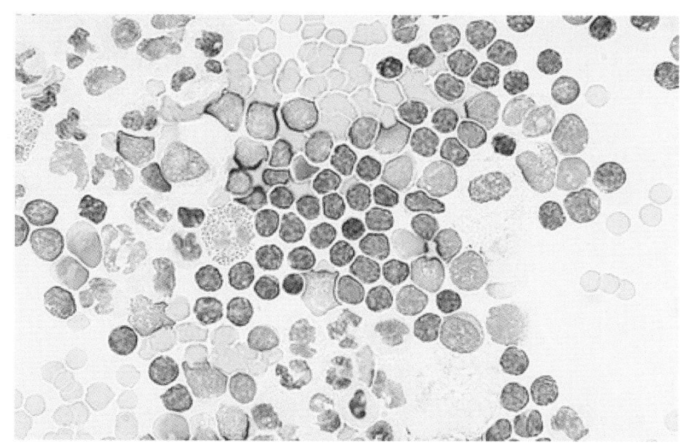

图 54.5　乳糜液涂片。成熟淋巴细胞、中性粒细胞和嗜酸性粒细胞的混合物。这是改性漏出液的特征

淋巴结

对淋巴结组织进行细胞学评估是为了找出淋巴结增大的原因，并鉴别炎症、原发性肿瘤（淋巴瘤）和转移性肿瘤。淋巴结可能出现的病变有炎症（淋巴结炎）、增生（良性肿瘤）、混合性病变（炎症细胞和肿瘤细胞同时存在）、肿瘤（淋巴结细胞的细胞核异常）和转移（从其他身体组织转移到淋巴结的肿瘤细胞）。以上每种病变都有其特殊的细胞变化。

淋巴结组织的样本采集一般都是通过细针活组织检查的方法，抽吸增大的淋巴结的外周部分。以上对于全身性淋巴结病的病例，应该选择两个淋巴结进行样本采集。应避免采集口腔和肠道淋巴结，因为在机体正常的情况下，这类淋巴结也会受到抗原刺激。应该使用压片法制备涂片，并以标准的罗曼诺夫斯基法染色。

在淋巴结抽吸物中能发现多种细胞类型，包括淋巴细胞、浆细胞、白细胞和肿瘤细胞。微生物、淋巴小体和细菌也可能出现。淋巴小体不是病理学特征，它存在于细胞之间，是小的细胞质碎片。表 54.2 总结了淋巴结抽吸物中出现的细胞类型。

正常淋巴结中主要的细胞类型是小的成熟的淋巴细胞。它们可能占到全部细胞的 3/4 以上。其他细胞包括少量的中间淋巴细胞、淋巴母细胞以及巨噬细胞，偶尔可见浆细胞（图 54.6）。肥大细胞在淋巴结组织的细胞学涂片中比较少见。如果淋巴结发生像前面描述的炎症（淋巴结炎），则会出现大量吞噬性白细胞（图 54.7）。

表 54.2 在淋巴结抽吸中发现的细胞类型

细胞类型	特征
小淋巴细胞	外观上类似于在外周血涂片上看到的小淋巴细胞;略大于红细胞;细胞质稀疏;核致密
中淋巴细胞	细胞核大约是红细胞的 2 倍;丰富的细胞质
淋巴母细胞	红细胞大小的 2～4 倍;通常含有核仁;弥散的核染色质
浆细胞	位于偏心位置的细胞核,细胞质嗜碱性,核周透明区;位于偏心位置的细胞核,细胞质嗜碱性,核周透明区
浆母细胞	与淋巴母细胞相似,嗜碱性细胞质更丰富;可能含有空泡
中性粒细胞	可能与外周血中性粒细胞相似或出现退行性变化
巨噬细胞	大的吞噬细胞;可能含有吞噬的碎片、微生物;丰富的细胞质
肥大细胞	圆形细胞,通常略大于淋巴母细胞;独特的紫红色颗粒,使用 Diff-Quik 可能不能充分染色
癌细胞	上皮组织来源;通常成簇出现;多形性
肉瘤细胞	结缔组织的起源;通常单发,纺锤形状的细胞质
组织细胞	大的,多形性的,单核或多核的;细胞核呈圆形至椭圆形

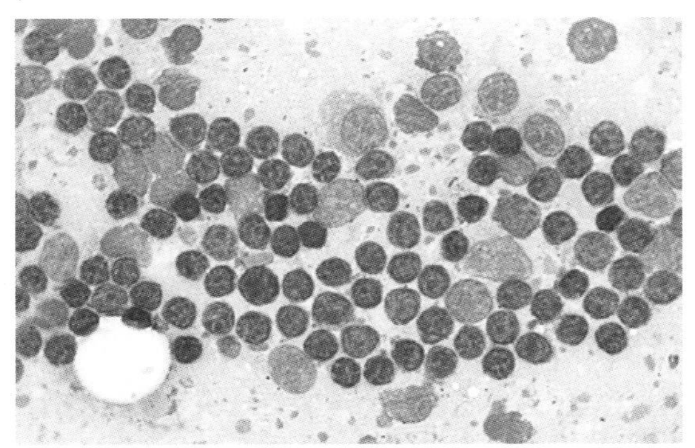

图 54.6 从正常淋巴结抽吸。小而成熟的淋巴细胞占优势

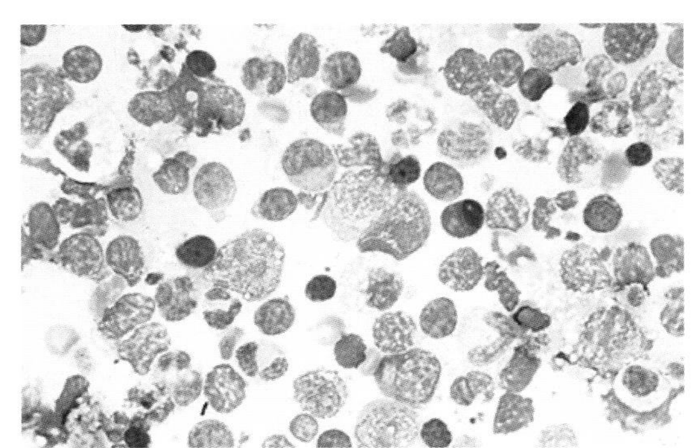

图 54.7 化脓性肉芽肿性淋巴结炎。可见大量巨噬细胞和中性粒细胞,以及淋巴细胞的混合类型

注意:正常淋巴结的特征是以小而成熟的淋巴细胞为主。

反应性淋巴结

对抗原刺激做出反应的淋巴结仍然主要由成熟的小淋巴细胞组成,称为反应性淋巴结。然而,浆细胞、淋巴母细胞和中间淋巴细胞比例较正常淋巴结有所增高(图 54.8)。偶尔可见莫特细胞(含有免疫球蛋白分泌泡的浆细胞)(图 54.9)。抗原刺激也可引起炎症反应,中性粒细胞、巨噬细胞或两者同时存在是其特征性变化。

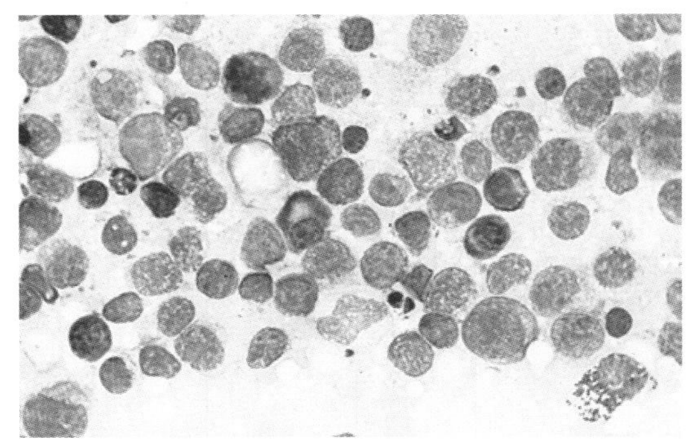

图 54.8 反应性淋巴结的印片。注意小、中、大淋巴细胞、浆细胞和肥大细胞(右下)的混合群

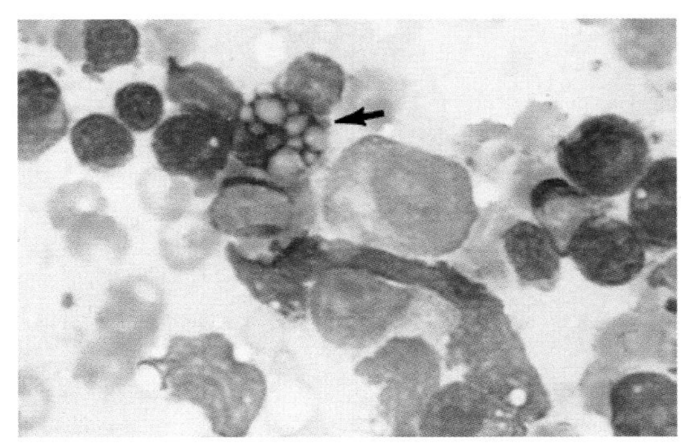

图 54.9 呈空泡状的浆细胞(箭头)为含有拉塞尔体的莫特细胞。也存在小淋巴细胞和淋巴母细胞

注意:反应性淋巴结主要由成熟的小淋巴细胞以及浆细胞、淋巴母细胞和中淋巴细胞组成。

恶性肿瘤

原发性淋巴细胞肿瘤,或称淋巴瘤,以淋巴母细胞占优势为特征,常见有丝分裂象。也可能存在巨噬细胞,罕见浆细胞。其他可能出现于淋巴结抽吸物中的肿瘤细胞包括肥大细胞、癌细胞、肉瘤细胞和组织细胞。至少显示出 3 种以上细胞核结构异常的细胞通常被认为是恶性的(图 54.10)。淋巴结样本也会含有来自身体其他部位转移的细胞(图 54.11)。

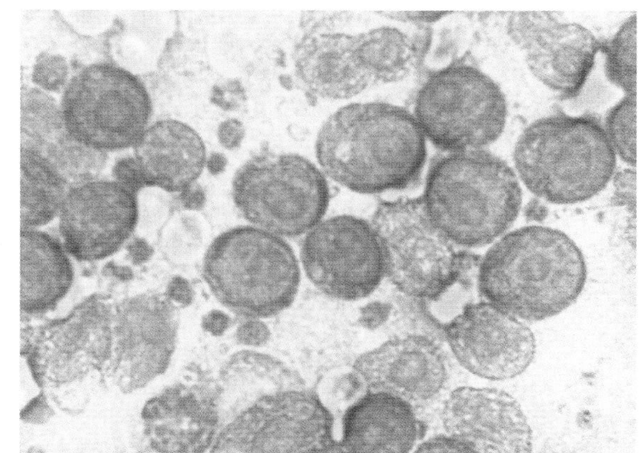

图 54.10 **患有恶性淋巴瘤犬的未成熟肿瘤性淋巴细胞**

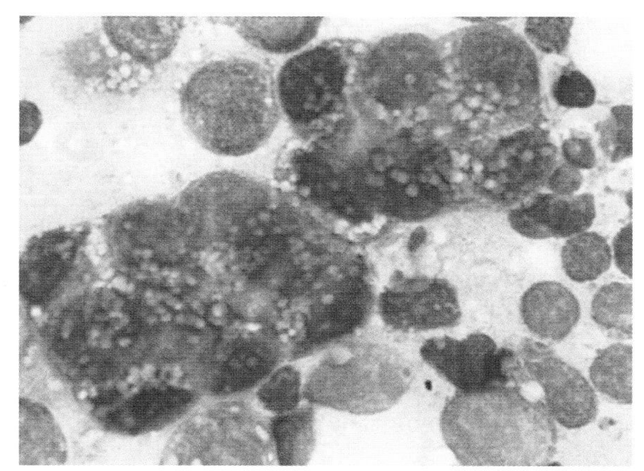

图 54.11 **转移到局部淋巴结的移行细胞癌,可见成簇的上皮细胞**

脑脊液

不同动物的普遍性指标:正常脑脊液(CSF)不含红细胞,每毫升含有少于 25 个有核细胞(通常为 0～10 个/L)。脑脊液细胞增多是指脑脊液中有核细胞总数的升高。正常的脑脊液含有 95%～100%的单核样细胞,几乎所有的单核样细胞都是淋巴细胞。脑脊液的细菌感染一般会引起显著的脑脊液细胞增多,主要是中性粒细胞的增加。病毒、真菌、肿瘤或退行性疾病引起的炎症可引起轻度的脑脊液细胞增多,其中单核样细胞(通常是淋巴细胞)占很大比例。有时可见嗜酸性粒细胞,特别是在寄生虫引发炎症反应时。总之,经常无法通过细胞学发现病因。在脑脊液中很少能够发现肿瘤细胞。

正常 CSF 实际上不应出现红细胞。未被稀释和染色的 CSF 样本混匀后放入血细胞计数板中,可以计数红细胞量。在计数板单边的全部最大区域中的所有细胞都应被计数。以此方法,红细胞和有核细胞都能被观察到。虽然可以区分这两类细胞,但是不能将有核细胞再进一步分类。未稀释的 CSF 乘以 1.1 得出每毫升的有核细胞总数(如果用乙醇稀释 CSF,细胞计数应该乘以 2.2)。对未染色的 CSF,难以将红细胞从有核细胞中区分开。使用此方法时,需要用所有细胞总数减去有核细胞数得出红细胞数。

为了避免来自外周血白细胞的污染,建议使用各种校对方法对 CSF 中有核细胞计数进行校正。由于正常脑脊液中不含有红细胞,如果知道每微升 CSF 中红细胞的数量,就可以校正观察到的有核细胞计数。最简单的方法是根据已知每 500～1 000 个红细胞伴有一个白细胞来计算。

除了细胞学评估外,还应对脑脊液样本进行多种化学和免疫学检测。

眼房水和玻璃体液

眼部的液体与 CSF 相似,都是低细胞液体。主要由小的单核样细胞组成,基本上没有红细胞,蛋白质浓度低。眼房液的判读与脑脊液相似。

关节液分析

如果就像一些犬猫的正常关节一样只能采集到一两滴关节液,最实际的处理方法是肉眼观察液体的颜色和浑浊度,再将这一两滴液体直接制片进行细胞学检查,同时通过主观印象评估液体的黏度。如果收集到 0.5～1 mL,除了上面提到的检查项目,还可以进行有核细胞计数和折射法测定蛋白质(需要添加 EDTA)。更多的液量可进行更多的试验,如黏蛋白凝固试验(参见第 6 单元第 36 章)。

> **注意:**关节液的最基本的评估包括颜色、浑浊度和直接涂片检查。

颜色和浑浊度

正常的关节液呈透明至淡黄色,并且不浑浊。黄色的关节液在尤其是马这样的大动物中常见。如果液体浑浊,常与细胞、蛋白质(或纤维)或软骨有关。

正常的关节液中含有少量的红细胞。关节穿刺常见医源性污染。区分污染和近期或陈旧性出血的方法前面已经提到过。

黏度

黏度反映了透明质酸的质量和浓度，而透明质酸是关节液黏蛋白复合物的一部分，黏蛋白的作用是润滑关节。黏度可以用黏度计定量测定，但是通过主观评价是最实用的。

正常关节液具有黏性。如果将一滴关节液放置在大拇指和食指之间，当两指分开，液体能在两指之间拉伸出一条1～2英寸的细丝。

总之，黏度在正常和变性的关节样本中不会下降。细菌透明质酸酶降解黏液蛋白，故关节炎时黏液酶活性降低。黏液蛋白和透明质酸的稀释，导致关节大量积液(包括关节积水)。

EDTA可以降解透明质酸，用于检测黏度和黏蛋白凝块形成试验的液体不能添加抗凝剂。如果由于液体纤维蛋白原浓度高而需要抗凝剂，肝素是首选抗凝剂。

用于细胞学检查时，可选用添加EDTA的或未加抗凝剂的液体制备涂片，后者特别适合只有几滴的样本且获得后需立即进行制片的情况。缓慢前推涂抹玻片即可制作出很薄的涂片。因为正常的关节液黏度很高，细胞通常不会蓄积在涂片的羽状边缘。液体黏度下降容易使细胞聚集在涂片边缘。如果细胞总数低，特别是细胞量低于500个/μL时，需要使用离心机离心浓缩，沉淀物与少量的上清液混匀后制片，这样制作的涂片中细胞含量较高。涂片一般使用罗曼诺夫斯基法进行染色。表54.3总结了关节液的分类。

表54.3 关节液的分类

	正常	关节积血	退行性关节病	炎性关节病
外观	透明至淡黄色	红色、浑浊或黄色	透明	云雾状
蛋白	<2.5 g/100 mL	增加	正常至降低	正常至增加
黏度	高	降低	正常至降低	正常至降低
黏蛋白凝块	良好	正常至差	正常至差	一般至差
细胞计数/μL	<3 000(犬) <1 000(猫)	红细胞增加	1 000～10 000	5 000～10 000
中性粒细胞	<5%	与血液相关	<10%	10%～100%
单核样细胞	>95%	与血液相关	>90%	10%～90%
解释	只有少量(在大多数关节<0.5 mL)	噬红细胞有助于确认以前出血	滑膜细胞通常是巨噬细胞或滑膜内衬细胞，以厚的片状出现	感染性和非感染性病因；在受感染的关节中很少发现细菌

引自 Raskin R, Meyer D: *Canine and feline cytology*, ed 2, St Louis, 2001, Saunders.

正常关节液通常包括大于90%的单核状细胞和少于10%的中性粒细胞(图54.12)。嗜酸性粒细胞罕见。单核样细胞包含等量的淋巴细胞和无空泡、无吞噬性的单核/巨噬系统的细胞。正常关节液的分类计数中，具有大的空泡或吞噬性的单核样细胞所占的比例不超过10%。正常关节液收集后，巨噬细胞会在一段时间内空泡化。因此迅速制备涂片才能避免这种伪像。

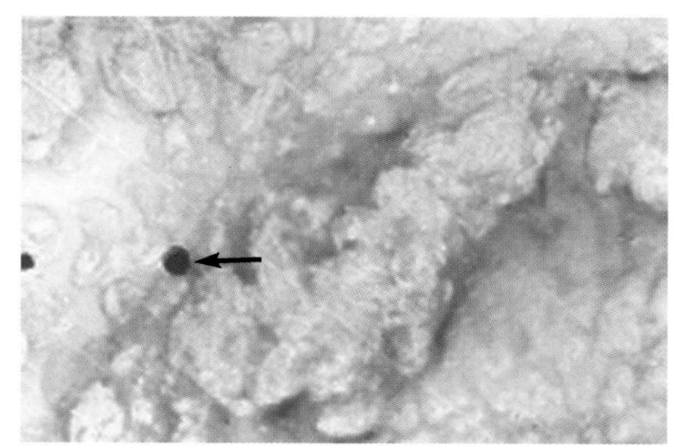

图54.12 正常关节液的有核细胞数较低，细胞之间有较厚的颗粒状至黏稠的背景物质分隔。低数量的细胞通常意味着在高倍镜检查中可见不到1～2个中小型单核细胞(箭头)(引自 Raskin R, Meyer D: *Canine and feline cytology*, ed 2, St Louis, 2010, Saunders.)

黏度正常的关节液中的细胞容易在直接制片时排成狭长的一行，形成“干草列”外观(图54.13)。罗曼诺夫斯基染色的涂片中，黏蛋白沉淀物质形成一种嗜酸性颗粒背景，其密度反映出涂片的厚度。黏度高的液体涂片中，细胞不容易很好地扩散在载玻片上，从而难以鉴别。这样的液体可以用盐水复溶的透明质酸酶 1∶1 稀释(150 U/mL)。几分钟即可降低黏度，使涂片的细胞形态更确切。

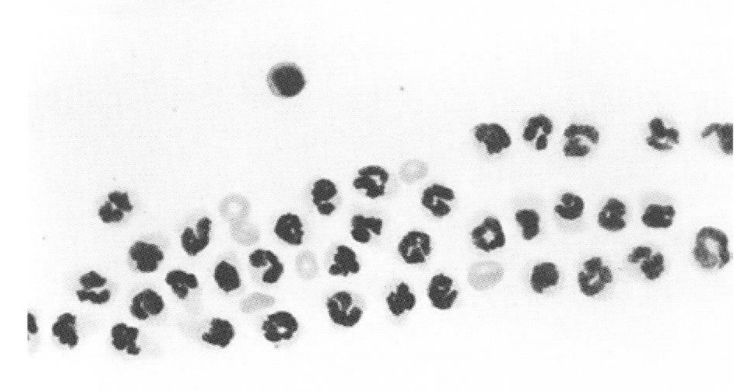

图 54.13　**炎性关节疾病患者滑膜液。这些中性粒细胞是典型的"干草列"排列，常见于关节液(引自 Raskin R，Meyer D：*Canine and feline cytology*，ed 2，St Louis，2010，Saunders.)**

总之，在创伤和变性关节病中以单核样细胞为主，通常表现出大的空泡化和吞噬性细胞增多。偶尔当关节病变侵蚀发展到软骨以下，可能发现破骨细胞。相反，在由细菌、病毒和支原体等引起的感染性关节炎和许多诸如类风湿性关节炎和全身性红斑狼疮等非感染性疾病则主要存在中性粒细胞。当涂片上的细胞聚集在一起时，NMB 染色可以显示出互锁的纤维束。在败血性关节液的细胞学检查中，极少能观察到致病性微生物，尤其当发生吞噬现象时。当怀疑存在感染时，应进行培养。当中性粒细胞和空泡化/吞噬性的巨噬细胞同时增加时，提示存在肉芽肿性关节病。在患全身红斑狼疮动物的关节液中，偶尔能看到中性粒细胞或巨噬细胞内吞噬了细胞核染色质。

气管冲洗

一般对气管冲洗液不进行有核细胞总数计数。细胞数量的评估可以通过观察涂片记录主观印象。正常动物的气管冲洗液通常只含有少量细胞和黏液。黏液在显微镜下呈现为嗜酸性的紫色条束，细胞位于其中，其主要的细胞类型是上皮细胞。如果从气管采集样本，主要细胞类型是纤毛上皮细胞，其呈柱状或立方形，细胞核位于与纤毛相反的一边(图 54.14)。如果样本来自支气管，常见支气管肺泡上皮细胞，其呈圆形、无纤毛、细胞质嗜碱性，可能成簇聚集，也可见少量杯状细胞(分泌上皮胞)。

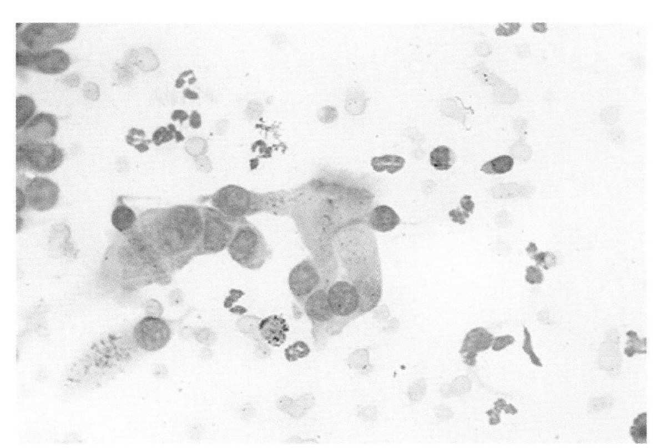

图 54.14　**正常气管冲洗样本中正常纤毛柱状上皮细胞**

如果通过支气管肺泡冲洗获得样本，主要含有肺泡巨噬细胞。其为一些大的、单个出现的细胞，细胞核呈圆形或椭圆形，中等数量的细胞质、嗜碱性。如果这些细胞变为反应性或具有活性，其细胞质的量会增加，而且会出现更多的颗粒和空泡。中性粒细胞、淋巴细胞、嗜酸性粒细胞、浆细胞、肥大细胞和红细胞在正常动物的样本中极少出现。

异常的气管冲洗液通常是渗出液。这些样本包含大量的黏液束和细胞。来自小的细支气管的螺旋管型(Curschmann 螺旋)提示有慢性细支气管病变(图 54.15)。样本中的细胞高度多样化。许多细胞可能无法识别。存在大量的中性粒细胞和巨噬细胞。在急性炎症中，中性粒细胞是主要的细胞类型，占有核细胞的 95%以上(图 54.16)。当发病过程为慢性时，单核巨噬细胞会有所增加。涂片中可能出现致病性细菌或真菌，呈游离状和(或)被吞噬或两者都有。应该对气管冲洗的样本进行常规微生物培养。

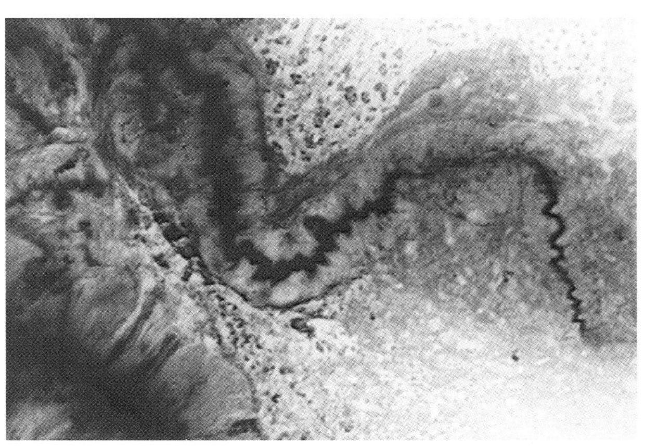

图 54.15　**患有慢性支气管疾病的犬的气管冲洗样本。一个大的 Curschmann 螺旋和几个巨噬细胞。嗜酸性背景代表黏液**

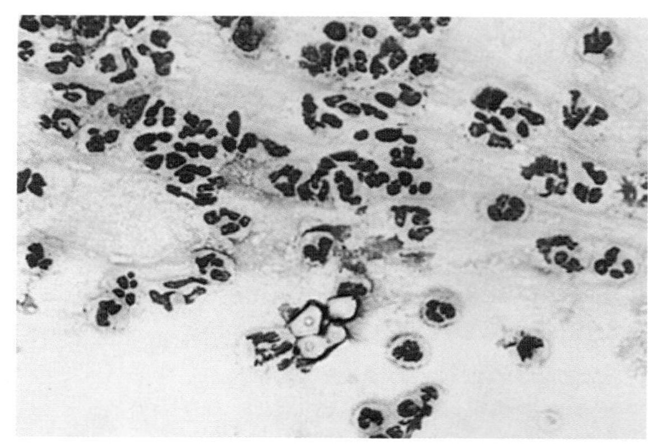

图 54.16 气管冲洗样本中中性粒细胞、肺泡巨噬细胞，由 4 粒玉米淀粉组成的手套粉团

注意：异常的气管冲洗通常是渗出液。

气管冲洗液中出现细菌或真菌不一定意味着这些微生物有致病性。植物或真菌孢子的出现有时是因为动物食草（从草籽上吸入）造成的气管污染，这些也能被巨噬细胞吞噬。口腔或咽部对采样器械的污染或动物用力吸气对气管上段的污染可能导致气管冲洗样本中出现细菌。这些细菌常常靠近或附着于咽部黏膜的鳞状上皮细胞。

过敏或寄生虫引起的炎症中，嗜酸性粒细胞明显增加（可能占有核细胞的 10%以上）。由于细胞容易破损，经常只能看到嗜酸性颗粒而不是完整的嗜酸性粒细胞。很少在涂片中看到寄生虫虫卵或幼虫。

在正常气管冲洗液中红细胞很少见。涂片中存在大量完整的红细胞说明近期有过出血。相反，陈旧性出血时可见少量红细胞，许多巨噬细胞可能含有血铁黄素颗粒（深蓝色或红色的细胞质颗粒）肿瘤细胞也会出现在气管冲洗液样本中。恶性肿瘤的诊断标准在前面已经描述过。肿瘤细胞类型经常是成簇分布的上皮细胞，通常表现为分泌性外观（如细胞质嗜碱性和空化）。

鼻腔冲洗

正常动物的鼻腔冲洗液中含有角化和非角化鳞状上皮细胞，常附有细菌，可以忽略出血或炎症。通常此操作可以发现各种异常，如继发于败血症、真菌、酵母菌和肿瘤的炎症（图 54.17）。有些样本中出现的手套粉末（图 54.16）不应与以上提到的现象混淆。

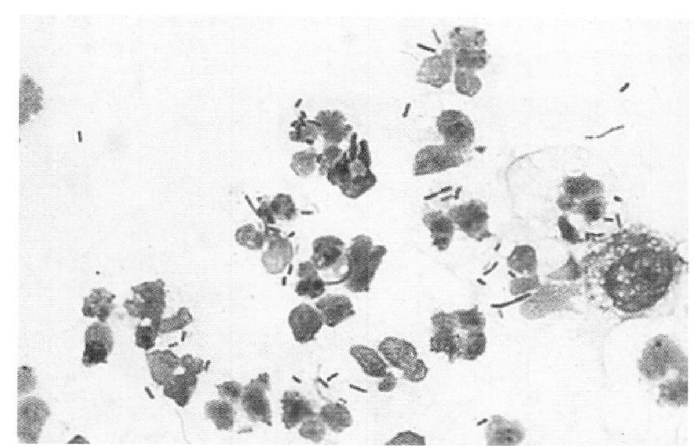

图 54.17 细菌性鼻炎患者的鼻腔冲洗。注意细胞内外都存在大量退化性中性粒细胞和细菌

耳道拭子

耳道样本的评估有助于外耳炎的诊断。在开始治疗前，使用棉签收集样本，直接或通过耳镜进入耳朵（图 54.18），每只耳朵使用一个单独的棉签。将收集到的分泌物滚动涂到一个干净的载玻片上。理想情况下，每个拭子应准备 2 张载玻片。第一个不染色，并添加少量矿物油到样本中，盖上盖玻片，在低倍镜和光线较暗时对载玻片进行观察，以确定是否存在寄生虫。第二张载玻片是风干后使用常规血液学染液或革兰氏染液进行染色。染色的涂片最适用于细菌和酵母菌的鉴定。耳部细胞学应使用独立的染色缸，以便样本中的任何细菌或酵母菌不会污染用于血液学检查的染色缸。

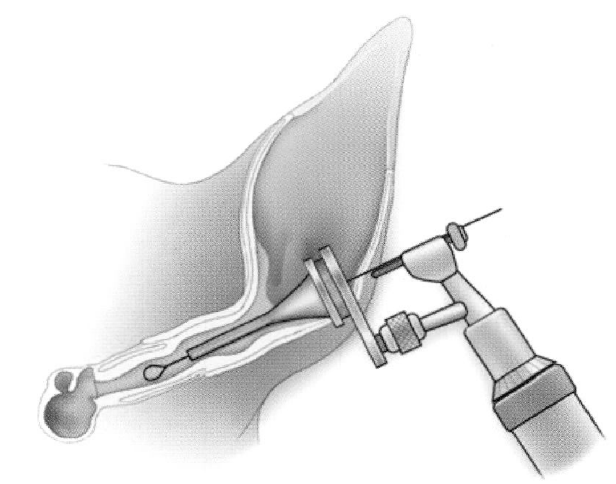

图 54.18 耳镜检查后，用棉签拭子穿过耳镜锥，可采集水平耳道分泌物的涂片（引自 Valenciano A, Cowell R: *Cowell and Tyler's diagnostic cytology and hematology of dog and cat*, ed 4, St Louis, 2014, Mosby.）

"正常"样本包含的角化鳞状上皮细胞、炎症和少量的微生物可忽略不计。常见的异常是发现细菌和酵母菌,有或没有炎症细胞。球菌的感染主要涉及葡萄球菌,而杆菌通常涉及假单胞菌。常见的寄生虫可能包括耳痒螨(见图 48.24)和耳扁虱。

引起慢性皮肤病变和耳朵感染的马拉色菌可以使用革兰氏染色法、Diff-Quik 染色法甚至是新亚甲蓝染色法进行快速湿涂片。其评估特征为花生状的微生物(图 54.19)。专家们关于马拉色菌在少数人群中的流行是否重要这一问题存在一些争议。一些人认为,任何发现的生物体都是治疗的依据;而另一些人则认为,在正常的耳朵中可能也存在低数量的微生物。当发现细菌和酵母菌时,兽医技术员应将每个高倍镜视野的平均数量作为结果报告。

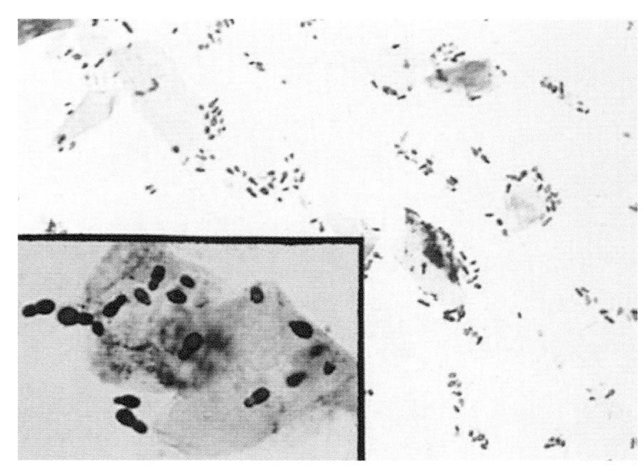

图 54.19 含有马拉色菌的耳道棉签样本

> **注意**:耳道棉签中分离出的物质通常有酵母菌、鳞状上皮细胞、马拉色菌。

阴道细胞学

阴道脱落细胞学检查是一种有用的辅助方法,结合病史和临床检查能够判断雌性动物的发情周期。它有助于决定小动物配种和人工授精的最佳时间。但是该方法不适用于马、牛、鹿、羊或猪。细胞学检查的判读一定要结合病史和临床症状。随后将详细介绍母犬发情周期每一阶段的细胞学特征。根据血液雌激素和孕酮浓度的变化将这一过程大致分成几个连续阶段。因为不能只通过一次检查决定发情周期,所以必须每隔几天重复检查一次。与母犬不同的是,其他雌性动物(母猫)只有在性交刺激后才能排卵。在母犬的不同发情阶段中,细胞学检查都会发现上皮细胞和中性粒细胞,然而红细胞不是在任何阶段都会出现。

阴道细胞学样本涂片中的细胞类型

在常见的阴道细胞学制片中,描述细胞类型的术语有时会存在一些变化。除了中性粒细胞和红细胞以外,不同的鳞状上皮细胞也会出现在阴道细胞学涂片中(图 54.20)。可以根据这些细胞的大小和角化程度进一步分类为:小基底细胞、轻度增大的副基底上皮细胞(图 54.21)以及最大的未角化鳞状上皮细胞,有时也称为中间细胞(图 54.22)。在发情周期的一些阶段中,这些中间细胞可能出现固缩的细胞核(图 54.23)。角化上皮细胞的外观为角形,通常没有细胞核(图 54.24)或含有一个固缩的细胞核。在发情的任何阶段(尤其在发情期),细菌都有可能出现在阴道涂片上,但这通常没有病理意义(即它们是阴道正常菌群的一部分)。

> **注意**:阴道棉签上除了中性粒细胞和红细胞外,还可能含有多种上皮细胞。

乏情期

母犬在乏情期不会出现外阴肿胀,也不会吸引公犬。阴道涂片主要发现未角化的鳞状上皮细胞(带有圆形边缘的大细胞、丰富的嗜碱性细胞质和一个大而圆的细胞核)。根据大小,这些细胞可分为中间、副基底或基底上皮细胞。涂片可能含有一些中性粒细胞,但不会出现红细胞。乏情期长度不等,但其持续时间通常不超过 4.5 个月。

发情前期

发情前期的母犬外阴肿胀,伴有红色阴道分泌物。母犬会吸引试图交配的公犬,但不接受配种。发情前期可能持续 4～13 d,平均 9 d。发情前期又可分为发情前早期和发情前晚期。随着发展,可以观察到生理和细胞形态的逐渐变化。在发情前早期,大量红细胞伴随基底和副基底上皮细胞出现(图 54.25)。随着发情前期的继续,红细胞数量逐渐减少,而上皮细胞开始出现细胞核固缩的角化迹象。在发情前晚期,几乎所有的上皮细胞都表现为伴有核固缩的中间细胞。少量中性粒细胞有时会出现在发情前期的样本中,特别是早期阶段。

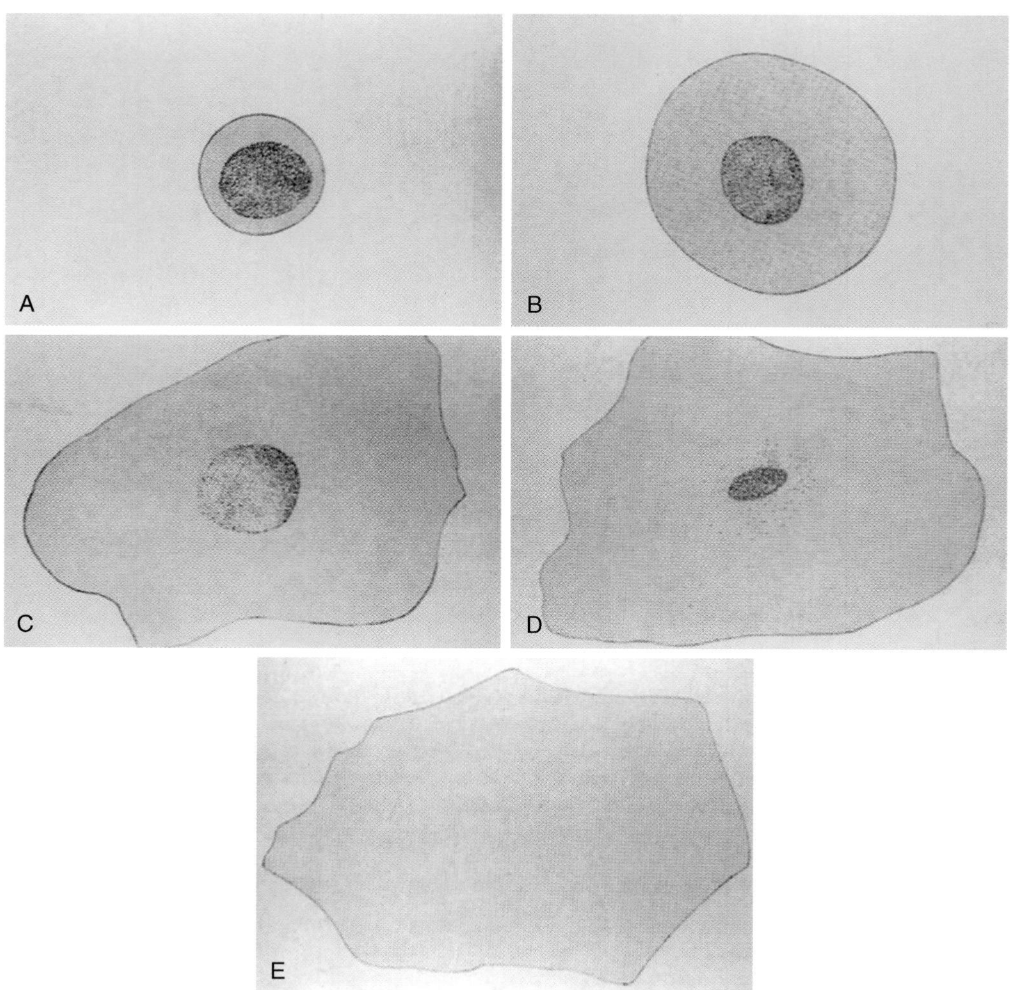

图 54.20　犬阴道细胞的示意图。**A.** 副基上皮细胞。**B.** 小中间细胞。**C.** 大中间细胞。**D.** 核固缩的浅表细胞。**E.** 无核的浅表细胞

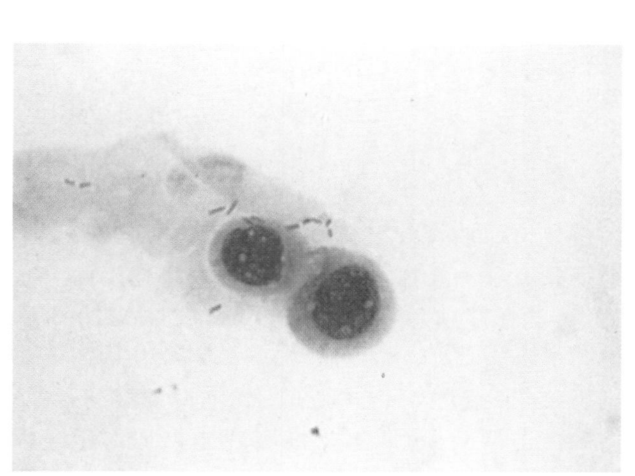

图 54.21　犬的副基底阴道上皮细胞

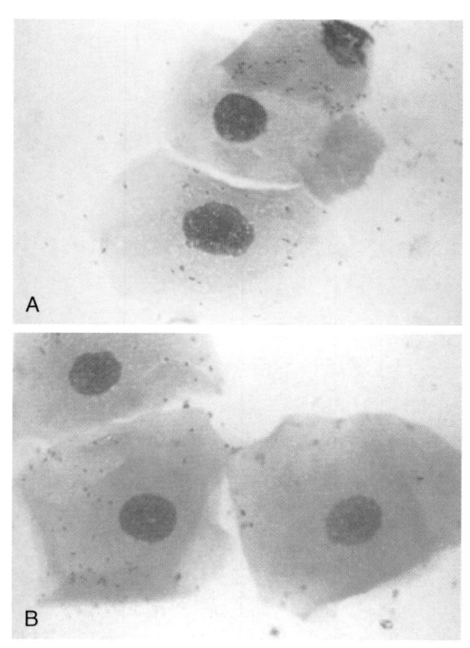

图 54.22　犬的小和大中间阴道上皮细胞

图 54.23　**浅表上皮细胞伴有轻度的核固缩，细胞质有折叠的棱角**

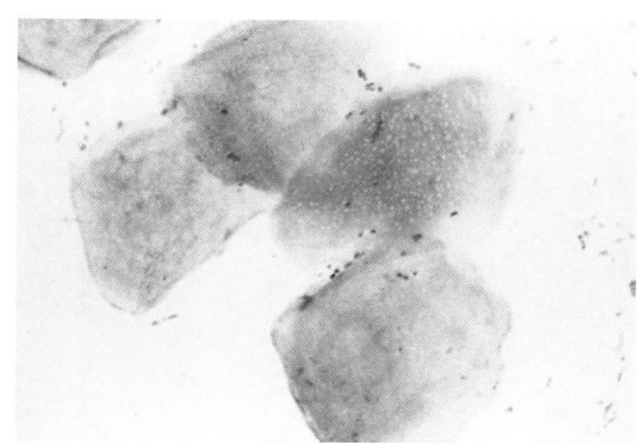

图 54.24　**犬无细胞核的浅表(角化的)阴道上皮细胞**

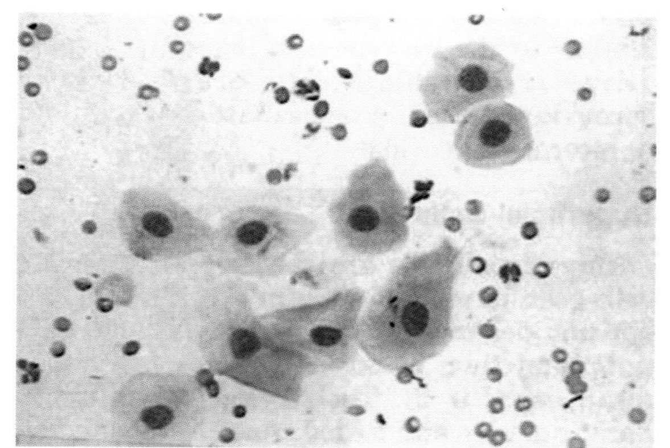

图 54.25　**犬发情前期的阴道涂片。主要是中间上皮细胞。还可见红细胞和少量中性粒细胞**

发情期

发情期的母犬应该在近期出现过发情前期的迹象和外阴肿胀，可能伴有粉色或淡黄色外阴分泌物，随着发情间期的接近，颜色变白。母犬在发情期会接受公犬交配。阴道涂片显示的所有鳞状上皮细胞为角化状态，通常无核(图 54.26)，无中性粒细胞，可能会出现少量红细胞。在发情期末期，红细胞数量继续下降，同时中性粒细胞数量急剧上升。发情期一般持续 4～13 d，平均为 9 d。

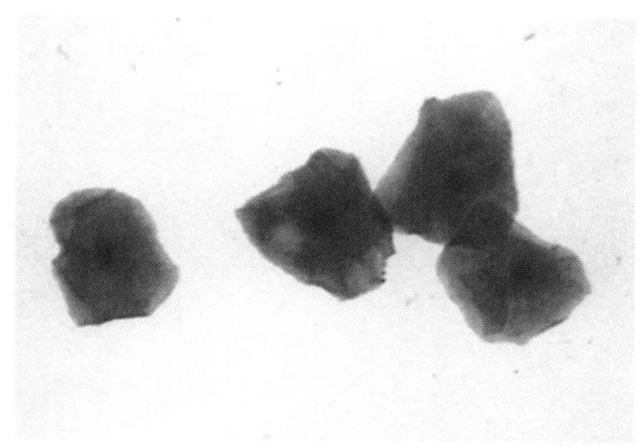

图 54.26　**犬发情期时的浅表上皮细胞伴有一个固缩的核和折叠的有棱角的细胞质**

发情间期

发情间期的母犬有近期发情史。外阴肿胀消退和分泌物减少，母犬不再吸引和接受公犬。角化的鳞状上皮细胞被未角化的鳞状上皮细胞和丰富的细胞碎屑代替。发情期后大约 10 d，所有上皮细胞均是未角化的。中性粒细胞数量增加至发情间期约第 3 天，然后在大约第 10 天下降至少量。一般情况下，整个发情间期都无红细胞(图 54.27)。发情间期可能持续 2～3 个月。发情间期和乏情期通常很难通过细胞学检查进行区别。

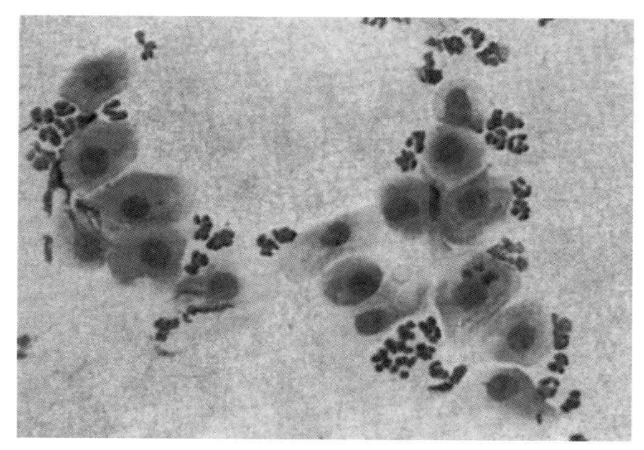

图 54.27　**犬发情间期的阴道涂片，大量中性粒细胞和中间细胞**

> **注意：**结合动物的行为史和临床表现，评估阴道棉签涂片上每种细胞类型的相对数量有助于确定发情阶段。

阴道炎和子宫炎

阴道或子宫炎症引起外阴出现淡粉色分泌物

时，通常不会伴随外阴肿胀以及发情前期或发情期的临床表现。阴道棉签涂片显示未角化的鳞状上皮细胞和大量的中性粒细胞，通常还含有游离和（或）被吞噬的细菌（图 54.28）。

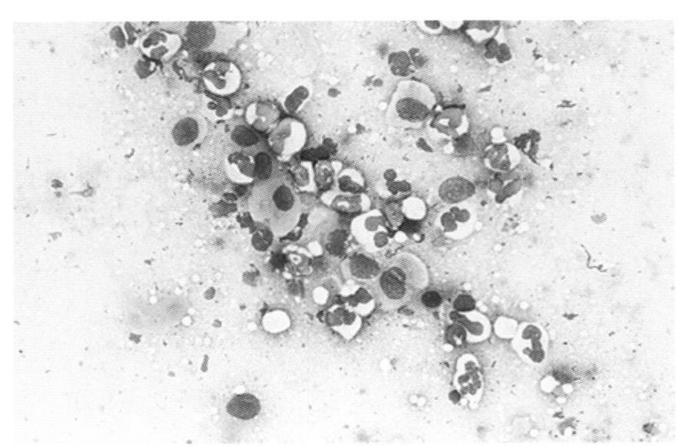

图 54.28 阴道丘疹刮取按压涂片中的中性粒细胞。同时还有少量副基底和中间上皮细胞

粪便细胞学

粪便细胞学有时与粪便漂浮和其他诊断试验联合进行，以评估出现胃肠道疾病症状的情况。必须在采集样本后 5 min 内进行评估。采集的样本类型可能不同，包括大便棉签、直肠盐水灌洗和直肠刮片。粪便环也可用来采集样本。无效样本是最不可取的，因为它们经常只提供代表肠腔的样本，而不是黏膜表面。将一滴无菌生理盐水滴在干净的玻璃显微镜载玻片上，然后使用无菌木制涂抹器将少量粪便混合到生理盐水中，以对粪便进行轻微稀释。直肠刮片时，可使用棉签或钝抹刀。

以薄膜的形式制备粪便细胞学样本。染色前必须彻底风干。可以使用任何标准的罗曼诺夫斯基染色剂。

在油镜物镜下检查载玻片。正常样本的粪便细胞学涂片通常含有多种杆菌，罕见球菌。正常样本中也可能含有酵母菌。涂片检查隐孢子虫、贾第鞭毛虫、内阿米巴虫、弯曲杆菌、毛滴虫和肠袋虫等病原体。在正常动物粪便细胞学样本中，产气荚膜梭菌或梭状芽孢杆菌的数量可能较低。提高这些细菌或其他细菌微生物的检出率将需要额外的诊断测试。

弯曲杆菌是革兰氏阴性的小而细长的螺旋状弯曲杆状菌，可能形成链状。它们的存在被认为是不正常的。粪便样本中存在白细胞也是一个异常表现，需要进行进一步的诊断测试。创伤性采集样本时会存在上皮细胞。非自然采集样本时，存在大量或成片的上皮细胞可能表明黏膜病变。

精液评估

精液评估是雄性动物繁殖稳健性评价的重要组成部分。避免精液样本明显的温度变化（特别是低温），避免接触水、消毒剂，避免 pH 的改变。所有用于精液采集的实验室设备都应该保持清洁、干燥和加温至大约 37 ℃（98.6 ℉）。这些设备包括载玻片、盖玻片和吸管。染液和稀释液应该加温至 37 ℃。采集后的样本应尽快在温暖的室内进行处理。

在实验室，需要评估如下方面：精液量、外观、波动性、显微镜下的活力、精子浓度、精子的活/死率、形态特征评价及异源细胞和物质的出现。记录动物种类、品种、年龄、简单病史、突出的临床症状、可疑的异常和精液采集方法（如人工阴道、电射精法和按摩法），以上信息都非常重要。

精液量

容量瓶是精液的采集容器，同时可测量精液量。不同动物种类之间采集量、外观和精子浓度差异显著，采集方法也会对采集量、外观和精子浓度产生很大影响。总的说来，电射精法比人工阴道法采集量大，但是精子浓度低（样本看起来较稀薄）。不论是因为收集样本还是交配，重复射精都会使精液的数量和浓度越来越低。如果挑起性欲之前采集样本，精液量会较多（即“挑逗”）。

一次射出的精液由 3 部分组成：不含精子的水性分泌物，富含精子和含少量精子部分。精液的第一和第三段来源于副性腺。对于鹿、牛、羊和猫来说，三段精液可以收集在一起。但是对于猪、犬和马，要将第三段单独收集，因为其精液中，第三段量最大，会妨碍之后对精液样本的评估。这 3 种动物的前两段精液（被收集在一起）可用于其他检查。

平均总射精量（三段的总和）大致如下：猪 250 mL；鹿和羊，1 mL；牛，5 mL；犬，10 mL；马，65 mL；猫，0.04 mL。射精量不一定与繁殖率有关。通常精子的数量、活性和形态特征能够更好地体现繁殖率。但是对那些本来射精量大的动物，一旦射精量变少，就意味着存在问题。如果样本被分成几份（或稀释）用于人工授精，就有必要了解射精量，从而确定精子总数。

精液外观

应该记录样本的浊度和颜色。浊度能主观地反映出精子浓度。用于分类的描述有厚重、奶油状、不透明、乳状不透明、半透明乳剂及水样乳剂。这种较烦冗的分类方法适用于鹿、牛和羊的精液。精子浓度高的精液常常是不透明的乳白色。随着精子浓度降低，精液样本的外观会变得更加半透明和乳白。猪、犬和马的精液通常是半透明的白色或灰色。污染（尤其是完整或变性的红细胞污染）能够导致精液颜色的改变。

精子活力

只有谨慎地处理样本，对精子的活（动）性进行主观印象评价，才能得出有意义的结论。应避免温度变化和严禁接触非等渗液或化学制剂（包括洗涤剂）。精子活性与繁殖力有关，但是样本操作不当也会对活性评价产生不利影响。如果精子活性评价很差，但其他试验表明精液正常时（特别是精子形态观察），应重新采样检查，避免操作失误引起的活性降低。精子活性可以用 2 种简单方法进行评定。

波动性

波动性是对精子整体活性的主观评价。在显微镜低倍镜（40 倍）下观察一滴精液，依据精子的回旋活力，大致可以分为 4 类：非常好、好、一般和差。这种分类分别是指：显著有力的回旋、中等慢速的回旋、近乎可辨的回旋和缺乏回旋。但是精子仍然能够不规律地摆动。波动性与精液密度有关。因此诸如鹿、牛和羊这样高浓度的精液，通常有较好的波动性。波动性会随精液浓度的降低而降低。正常的猪、犬、马和猫的精子波动性通常是一般或较差。如果波动性非常好或很好，建议对样本进行稀释，以评估其活动精子的百分比和活性率。

活性

滴一滴相对较稀的精液并盖上盖玻片，在 100 倍镜下观察，评定单个精子的渐进性活性。因为单个精子的活性是很难在高密度的样本中进行鉴定的，所以高浓度的样本应该先稀释再检查。温生理盐水或新鲜的 2.9％缓冲柠檬酸钠液可作为适合的稀释液。

将一滴精液置于载玻片上，将其稀释到精子容易被观察的浓度。盖上盖玻片，制作单层细胞。过度稀释会增加活性评估的难度。通常活性率可以主观地分为：非常好、好、一般或差。分别对应的意义是：快速直线运动、中等直线运动、缓慢直线运动或游走活性和非常缓慢的游走活性。活动精子的百分比可以概括地分为：非常好、好、一般和差，分别对应的大致是 80％～100％、60％～80％、40％～60％和 20％～40％的能动细胞。总之，至少应该有 60％的精子达到中等活性才能被认为是满意的样本。

精子浓度

计算精子数量前，需要稀释精液。以下几种液体可用作精子稀释液，包括 5 g 碳酸氢钠或 9 g 氯化钠与 1 mL 福尔马林溶于 1 L 蒸馏水；3％氯亚明；或 12.5 g 硫酸钠与 33.3 mL 冰乙酸溶于 200 mL 蒸馏水（高尔氏液）。1：200 稀释样本并彻底混匀。将液体装入 Neubauer 血细胞计数板。样本需要静置几分钟，然后计数均匀分布的精子。如果没有精子显现，应该将样本再次彻底混匀，清洁血细胞计数板后重新放入样本。在高倍镜（400 倍）下，对单边计数板的中心格栅区内的精子计数。观察计算出的数值乘以 2 000 000 便是每毫升精液中的精子数。如果精子浓度高（如鹿、牛和猫），可减少计数格子，之后再乘以相应的调整因子。精子浓度也可用比色法和电粒子计数器检测。

诸如前面提到的，精子的浓度与采集方法有关。概括地总结平均精子浓度（单位是：百万/mL）：猪和马 150、鹿和羊 3 000、牛 1 200、犬 300 和猫 1 700。

精子活/死率

用活体染剂染色可以辨别精子是否死亡。伊红-苯胺黑混合液是常用的活体染剂，可同时观察精子的形态特征。其制备是将 1 g 伊红 B 和 5 g 苯胺黑溶于 3％的柠檬酸二氢钠溶液中。该溶液可稳定保存至少 1 年。

将一小滴温热的染液与一小滴精液在加温的载玻片上轻轻混合。样本和染液接触几秒后再制片，方法就像制作血涂片一样，然后迅速干燥。一旦涂片干燥，不必急于进行显微镜检查。活精子会抵抗染色剂而呈现白色(清亮),与蓝黑色苯胺黑背景形成对照。相反,死精子因被动地吸收伊红而染为粉红色。在高倍镜(400 倍)或油镜(1 000 倍)下观察精子活/死率,以百分数为单位,最好计数 200 个细胞。

该方法在技术上仍存在疑点。各种导致精子死亡的条件都会使结果出现误差,特别是温度的变化。此项检查必须与其他结果进行综合判读,如精子浓度、活性和形态。

精子形态

精子形态很容易在涂片上通过瑞氏染色或罗曼诺夫斯基染色呈现。虽然精子形态在不同种类的动物之间存在细节上的区别,但其均具有共同的基本结构(图 54.29)。观察 100~500 个细胞,记录异常精子的百分比和类型。如果技术员非常熟练,可只计数低限的细胞量(100 个)。异常形态可以大致分为头、中段和尾 3 部分的问题,还可分为原发性或继发性异常。

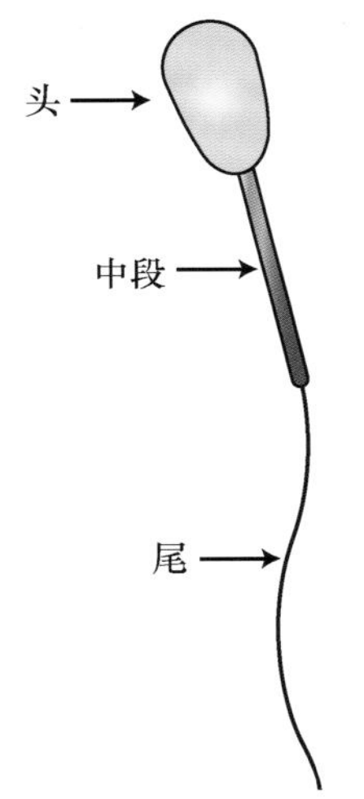

图 54.29 正常精子示意图

原发性缺陷发生在精子的生成时期,包括头、中段和尾 3 部分的缺陷。其中描述头的有双头、太大、太小或畸形(如梨形、圆形、扭曲状或疣状)(图 54.30);描述中段的有肿胀、纽结、扭曲、两个、偏离头部(远轴的);描述尾部的有盘绕(图 54.31)。通常认为原发性异常要比继发的严重,而且若干天后再次采样的精液异常百分比都相当一致。正常猪的大部分精子都会存在轻度远轴中段这种状态,其对猪不及其他动物那样具有临床意义。

继发性缺陷可能发生于附睾内的储存阶段至涂片的任何阶段。其可能是人为导致,故处理样本时必须谨慎,以减少操作原因导致的继发性异常,以便样本判读更为容易。继发性缺陷包括无尾的头、中段的原生质小滴、尾弯曲或断裂(图 54.32)。对于每个无尾的头都有个无头的尾,显然无须将后者计算在内。原生质小滴与肿胀的中段不同。当精子在附睾内时,它是一种正常现象。精子细胞在附睾内成熟时,小滴会沿着中段向尾部移动。在精子离开附睾前,小滴通常会脱落。

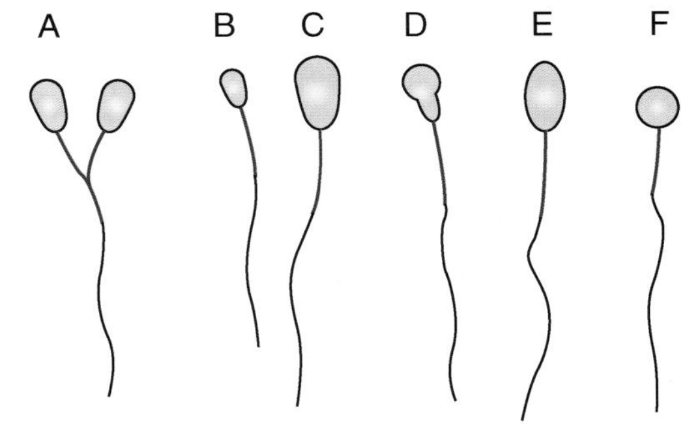

图 54.30 原发性精子头部异常示意图。异常包括双头(A)、小头(B)、大头(C)、梨形头(D)、长头(K)和圆头(F)

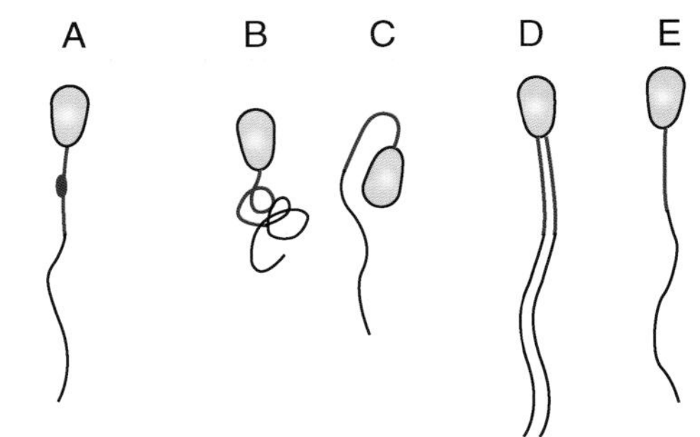

图 54.31 原发性精子中段和尾部异常示意图。异常包括中段肿胀(A)、中段和尾盘旋(B)、中段弯曲(C)、双中段(D)和远轴中段(E)

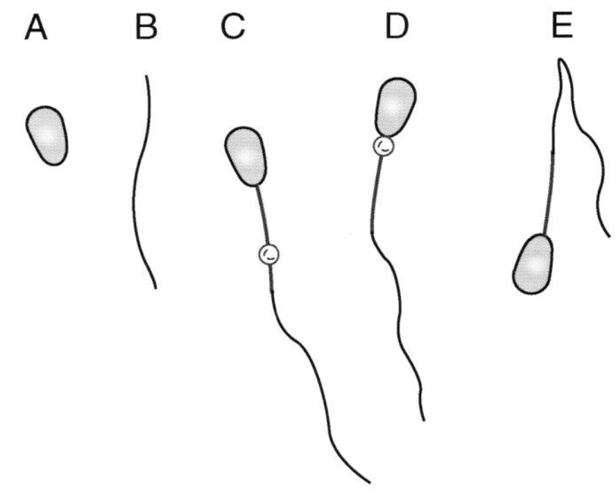

图 54.32 继发性精子中段和尾部异常示意图。异常包括无尾的头(A)、无头的尾(B)、远端原生质小滴(C)、近段原生质小滴(D)和尾部弯曲(K)

概括地说,正常动物的异常精子应少于 20%

(或通常少于 10%)。异常精子百分比高可能导致繁殖力下降。但相对于异常精子的百分比而言,显然正常精子的总数是最重要的。

精液中的其他细胞

正常精液中含有很少的(假如有的话)白细胞、红细胞或上皮细胞,而没有细菌或真菌。如果存在,应该注意它们大致的数量。如果发现细菌或真菌而没有并发的炎症反应,应怀疑样本可能被包皮的菌群污染。在采样前留意包皮的卫生情况,如果不佳,应予以纠正。如果怀疑感染,应对样本进行微生物检查。

精液中很少能见到睾丸的生发层细胞,它的出现表明发生了严重的睾丸损伤。此类细胞包括精子细胞、精母细胞和大纤毛细胞(经常被称为水母头)。这些细胞可以笼统地归为未成熟的精子细胞,其不需要更为确切的分类。

前列腺分泌物评估

犬的前列腺疾病不常见,在其他动物中更罕见。采集来自前列腺的细胞时,将导尿管插入尿道,同时进行经直肠前列腺按摩,刺激前列腺分泌(或阴茎按摩)。前列腺组织的采集可以用活组织穿刺针经皮肤抽取。

前列腺增大的原因可能是:前列腺肥大、增生、化生、肿瘤或炎症。前列腺细胞可能单个或成簇出现。有些液体样本中可能见到精子,特别是那些通过阴茎按摩获取的样本。

正常的前列腺细胞大小和形状均一,伴有相对较高的核质比,透明或灰色的细胞质、细胞核染色质均一,核仁不明显。正常的前列腺液或组织含有很少的白细胞。前列腺肥大是单个细胞增大而非数量增加而导致的腺体增大。细胞学检查无法将前列腺肥大和正常的前列腺区分开,但可根据触诊或影像学检查进行鉴别。前列腺增生是细胞数量增加导致的腺体增大。这些细胞的大小和外观是一致的,都有很高的核质比;细胞质嗜碱性,通常空泡化;细胞核染色质纹理粗糙,含一个均质的小核仁。很少有白细胞出现。化生是前列腺细胞群体的改变(与正常相比)。脱落的或活组织检查的细胞表现为未角化的鳞状上皮细胞的形态。因此,它们的核质比低,细胞核固缩。前列腺肿瘤以多形性细胞群为特征,细胞核质比高,细胞质嗜碱性强,细胞中的细胞核大小不均,不同数量的大的、无规则的多形核仁。前列腺脓肿的检查是在液体或组织样本中发现大量中性粒细胞,也会出现不同数量的巨噬细胞和淋巴细胞。

乳汁检查

对于奶牛场来说,需要从经济角度考虑牛的亚临床型和临床型乳房炎。通过一些实验室手段可以诊断乳房炎。最常用的方法是直接或间接检查乳汁中的有核细胞数和(或)细菌数。用于试验的乳汁样本可以是来自单个乳区、集合四个乳区的乳汁或集中几头甚至整个牛群的大批量乳汁。

当检查单个动物时,通常取泌乳开始前的初乳作为样本。初乳样本比泌乳中期的样本含有更多的细胞,但是比泌乳末期所含的细胞少。细胞计数也会随着泌乳的阶段而变化,正常奶牛泌乳第一周和末期的乳汁中细胞计数量要高于整个中间期。

正常乳汁的有核细胞计数通常少于每毫升 300 000～500 000 个细胞。细胞计数超过每毫升 500 000 个细胞意味着乳房炎。

有时需要进行分类计数。有核细胞分为中性粒细胞或单核样细胞。泌乳中期的正常乳汁中中性粒细胞少于 10%,而严重急性乳房炎的乳汁中中性粒细胞高于 95%。

关键点

- 评估腹腔液和胸腔液的颜色、透明度、气味和有核细胞计数(TNCC)。
- 对腹腔液和胸腔液的样本进行细胞计数和分类。
- 通过对流体样本中细胞成分的评估,可以分为漏出液、渗出液或改性漏出液。
- 在正常淋巴结中,主要的细胞类型是小而成熟的淋巴细胞。
- 反应性淋巴结主要包括成熟的小淋巴细胞以及浆细胞、淋巴母细胞和中间淋巴细胞。

- 对关节液的评估包括颜色和浑浊度；直接涂片的细胞学检查；黏度的主观评价；TNCC、黏蛋白测试和折射仪蛋白的评估。
- 异常的气管冲洗通常是渗出液。
- 酵母菌、鳞状上皮细胞和马拉色菌通常是从耳道棉签中分离出来，可能不提示病理变化。
- 阴道棉签除中性粒细胞和红细胞外，还可含有多种上皮细胞。
- 阴道细胞学样本中的上皮细胞可能包括小的基底细胞、稍大的副基底上皮细胞、非角化鳞状上皮细胞（中间细胞）和角化上皮细胞。

附录 A

Review Questions 复习题

第 1 单元复习题

第 1 章

1. 特定化学品相关的危害在哪里？

a. 材料安全数据表

b. 危害通识标准

c. OSHA 病原标准

d. OPIM 指南

2. 导致弓形虫病的细菌被归类为哪种生物危害等级？

a. Ⅰ

b. Ⅱ

c. Ⅲ

d. Ⅳ

3. 什么机构对有关毒物或传染性物质的安全运输有要求？

a. 联邦航空管理局

b. 美国农业部

c. 国际安全与健康管理局

d. 美国运输部

4. （判断对错）进入次级容器的化学物质总是需要特定危险标识。

a. 对

b. 错

5. （判断对错）个人防护用品（如 X 线检查时佩戴的铅手套）是可以选择的。

a. 对

b. 错

6. 哪个法规描述了员工培训的范围和程度以及培训的必备资料？

a. 流程控制清单

b. CDC 生物安全标准

c. 化学卫生计划

d. OSHA PPE 标准

7. （判断对错）大多数送检到第三方实验室进行诊断样本分析的兽医临床病例属于 B 类。

a. 对

b. 错

8. 犬传染性肝炎被归类为生物危害的哪个等级？

a. Ⅰ

b. Ⅱ

c. Ⅲ

d. Ⅳ

9. 哪个政府机构应对加强工作场所安全规范负责？

a. CDC

b. OSHA

c. DOT

d. FAA

10. 举例来说，当使用通风橱处理化学品时，以下哪种是使工作场所有害物最小化的方法？

a. 工程管控

b. 行政管控

c. 流程管控

d. 个人防护装备

第 2 章

1. 以下哪种液体可用于校准折射仪？

a. 血清对照品

b. 折射仪标准液

c. 蒸馏水

d. 生理盐水

2. 以下哪个作用是描述顶部具有双蚀刻样或磨砂带的移液器？

a. 用于吸样

b. 用于吹打

c. 用于移液

d. 用于漂洗

3. 哪种移液器仅用于向另外的液体里加样且用该液体进行漂洗？

a. 用于吸样

b. 用于吹打

c. 用于储存

d. 用于移液

4. 以下哪种液体在使用折射仪后可用来快速清洁？

a. 肥皂水

b. 二甲苯

c. 无尘纸

d. 擦镜纸

5. 以下哪种试管可用于离心前尿样的保存？

a. 无菌管

b. 储血管

c. 锥形管

d. 微量比容管

6. 血液成分分析需要以下哪种设备？

a. 临床标准离心机

b. 倾斜离心机

c. 冷冻离心机

d. 水平离心机

7. 对于不同尺寸的试管，以下哪项不需要用适配器？

a. 简单标准水浴

b. 加热块

c. 循环水浴

d. 无水珠浴

8. 以下哪幅图描述了正确的离心配平？

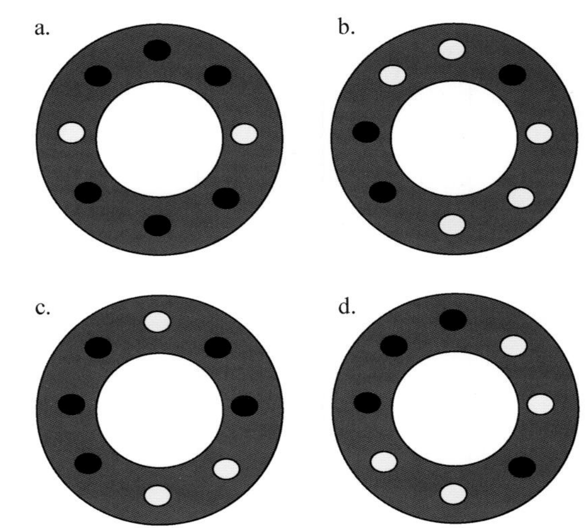

第 3 章

1. 通过 10× 目镜和 40× 物镜观察样本，那么最终的放大倍数是______。

a. 10×

b. 50×

c. 4×

d. 400×

2. 用于描述平面场镜头的术语是______。

a. 阿贝数

b. 平面消色差

c. 复消色差

d. 高试点

3. 用于瞄准和聚焦光线的显微镜部件是______。

a. 聚光器

b. 物镜转换器

c. 光圈膜

d. 孔径光阑

4. (判断对错)可以使用矿物油代替专用镜油给油镜上油。

a. 对

b. 错

5. 显微镜的哪个部件用于调节光线的多少？

a. 聚光器

b. 物镜转换器

c. 光圈膜

d. 粗准焦螺旋

6. 通过 10× 目镜和 40× 物镜观察样本，那么最终的放大倍数是______。

a. 10×

b. 1 000×

c. 10 000×

d. 100 000×

7. 用于显微镜常规清洁的最佳清洗液是______。

a. 甲醇

b. 二甲苯

c. 矿物油

d. 氨

8. 用于清除显微镜物镜多余镜油的最佳洗液是______。

a. 甲醇

b. 二甲苯

c. 矿物油

d. 氨

第 4 章

1. 哪个测量值等于 1 kg?

a. 100 mg

b. 1 000 mg

c. 100 g

d. 1 000 g

2. 将溶质浓度为 20 mg/dL 的溶液稀释 20 倍后，最终的浓度是______。

a. 2 mg/dL

b. 20 mg/dL

c. 1 mg/dL

d. 10 mg/dL

3. 科学记数 10^2 等于以下哪个数字?

a. 10.00

b. 100

c. 1 000

d. 10 000

4. 根据华氏温标和摄氏温标，水凝固的度数分别是______。

a. 0;32

b. 32;212

c. 32;0

d. −273;0

5. 624 012 的科学记数法书写方式是______。

a. 624×10^3

b. 62×10^4

c. 6.2×10^5

d. 0.6×10^6

6. 0.024 的科学记数法书写方式是______。

a. 2.4×10^2

b. 2.4×10^{-2}

c. 2.4×10^3

d. 2.4×10^{-3}

7. 1 ng(nanogram)=__________ μg。

a. 0.001

b. 0.000 1

c. 0.000 01

d. 0.000 001

8. 1 L 袋装的 0.9%NaCl 溶液是多少 mL?

a. 100

b. 1 000

c. 10 000

d. 100 000

9. 为了将病例样本液进行 1∶10 倍稀释，需要混合的样本液量与蒸馏水量分别是______。

a. 10 μL;90 μL

b. 10 μL;100 μL

c. 1 mL;90 mL

d. 10 mL;100 mL

10. 9 700 的科学记数法书写方式是:

a. 9.7×10^3

b. 97×10^2

c. 0.97×10^{-3}

d. 9.7×10^4

第 5 章

1. 以下哪个术语用于描述检测结果与病例实际结果的接近程度?

a. 敏感性

b. 特异性

c. 精确性

d. 准确性

2. 以下哪个术语用于描述测试结果的可重复性?

a. 敏感性

b. 特异性

c. 精确性

d. 准确性

3. 以下哪个术语用于描述在同一条件下样本

检测结果的校验？

a. 对照

b. 标准

c. 试剂

d. 校准

4. 以下哪个术语描述了检测方法的准确性和精确性？

a. 可重复性

b. 可靠性

c. 精确性

d. 准确性

5. 采集不恰当禁食的病例血液属于哪种类型的误差？

a. 分析前误差

b. 分析误差

c. 分析后误差

b. 非生物因素

6. 维护不当的仪器可以造成哪种类型的误差？

a. 分析前误差

b. 分析误差

c. 分析后误差

d. 非生物因素

第 2 单元复习题

第 6 章

1. 血红蛋白形成起始于红细胞成熟的哪个时期，终止于哪个时期？

a. 中幼红细胞；晚幼红细胞

b. 中幼红细胞；网织红细胞

c. 原始红细胞；网织红细胞

d. 晚幼红细胞；网织红细胞

2. 以下哪种基础细胞因子参与刺激红细胞的生成？

a. 白细胞介素

b. 促红细胞生成素

c. 促血小板生成素

d. 血细胞生成素

3. 以下哪种基础细胞因子参与刺激血小板的生成？

a. 白细胞介素

b. 促红细胞生成素

c. 促血小板生成素

d. 血细胞生成素

4. 以下哪种基础细胞因子参与刺激白细胞的生成？

a. 白细胞介素

b. 促红细胞生成素

c. 促血小板生成素

d. 血细胞生成素

5. 对于新生儿和幼龄动物，产生血细胞的主要部位是______。

a. 肝脏

b. 红骨髓

c. 脾脏

d. 黄骨髓

6. 对于成年动物，产生血细胞的主要部位是______。

a. 肝脏

b. 红骨髓

c. 脾脏

d. 黄骨髓

7. 以下红细胞从不成熟到成熟的顺序依次为______。

a. 中幼红细胞、原始红细胞、网织红细胞前体细胞、网织红细胞

b. 网织红细胞前体细胞、晚幼红细胞、中幼红细胞、网织红细胞

c. 原始红细胞、早幼红细胞、晚幼红细胞、中幼红细胞、网织红细胞

d. 原始红细胞、早幼红细胞、中幼红细胞、晚幼红细胞、网织红细胞

8. 以下粒细胞从不成熟到成熟的顺序依次为______。

a. 原始粒细胞前体细胞、原始粒细胞、中幼粒细胞、晚幼粒细胞、杆状粒细胞

b. 原始粒细胞、早幼粒细胞、晚幼粒细胞、中幼粒细胞、杆状粒细胞

c. 原始粒细胞、早幼粒细胞、中幼粒细胞、晚幼粒细胞、杆状粒细胞

d. 原始粒细胞、中幼粒细胞、早幼粒细胞、晚幼粒细胞、杆状粒细胞

9. 粒细胞经过哪个成熟阶段后，开始呈现中性粒细胞、嗜酸性粒细胞和嗜碱性粒细胞的特征？

a. 原始粒细胞

b. 早幼粒细胞

c. 中幼粒细胞

d. 晚幼粒细胞

10. 以下属于粒细胞增殖池的细胞是______。

a. 晚幼粒细胞和杆状粒细胞

b. 原始粒细胞、早幼粒细胞和中幼粒细胞

c. 原始粒细胞和晚幼粒细胞

d. 早幼粒细胞和晚幼粒细胞

11. 以下哪个术语用于描述全部血细胞和血小板减少?

a. 全血细胞减少

b. 红细胞减少

c. 网织红细胞增多

d. 红细胞增多

12. 当待检样本出现核左移时,意味着

a. 中性粒细胞减少

b. 中性粒细胞/淋巴细胞比向着中性粒细胞增多方向移动

c. 外周血中不成熟中性粒细胞数量增加

d. 类白血病反应

第 7 章

1. 最适合用于血液学检查的真空采血管通常是带______颜色的盖子。

a. 红色

b. 紫色或淡紫色

c. 绿色

d. 蓝色

2. 以下哪种抗凝剂能保持细胞形态而最适于常规血液学检查?

a. 肝素

b. 柠檬酸钠

c. EDTA

d. 草酸铵

3. 大型动物静脉穿刺的最佳部位是______。

a. 乳腺静脉

b. 颈静脉

c. 眶下窦

d. 尾静脉

4. 小型动物静脉穿刺的最佳部位是______。

a. 头静脉

b. 颈静脉

c. 大隐静脉

d. 股静脉

5. 以下血液流体成分,不包含纤维素或纤维蛋白原的是______。

a. 全血

b. 血浆

c. 抗凝血

d. 血清

6. 哪种抗凝剂最适于保存葡萄糖?

a. 肝素

b. 氟化钠

c. EDTA

d. 草酸铵

7. 如果止血带在采样部位按压过久会发生什么?

a. 溶血

b. 黄疸

c. 血液浓缩

d. 脂血

8. 当对一个需要血液学、血液生化和血凝检查的病例进行采样时,首先采集的样本需要______抗凝剂。

a. 不需要

b. 氟化物

c. EDTA

d. 柠檬酸盐

9. 当对一个需要血液学、血液生化检查的病例进行采样时,首先采集的样本需要______抗凝剂。

a. 不需要

b. 氟化物

c. EDTA

d. 柠檬酸盐

10. “虎纹头管”储血管含有______。

a. EDTA

b. 草酸

c. 分离胶

d. 硅胶

第 8 章

1. 以下哪种分析仪是根据颗粒大小而计数的?

a. 阻抗法计数仪

b. 定量血沉淡黄层分析仪

c. 折射仪

d. 流式细胞计数仪

2. 以下哪种设备是根据颗粒相对大小和密度

而进行计数的？

a. 阻抗法计数仪

b. 定量血沉淡黄层分析仪

c. 折射仪

d. 流式细胞计数仪

3. 以下哪种设备是根据差速离心法而估算细胞数量的？

a. 阻抗法计数仪

b. 定量血沉淡黄层分析仪

c. 折射仪

d. 流式细胞计数仪

4. 通过阻抗运行电解液计数器减少小分子物质的出现，以便分析仪不把它们计算在内，这被称为：

a. 背景计数

b. 凝集素零点

c. 阈值控制测试

d. 直方图输出

5. 来自______的红细胞和血小板由于大小相似，在使用阻抗法计数时可能未被充分评估。

a. 犬

b. 猫

c. 马

d. 奶牛

6. 使用 Neubauer 法计数细胞，每 9 个方格里血细胞的体积是______。

a. 1.1 μL

b. 0.9 μL

c. 0.4 μL

d. 0.1 μL

7. 以下哪个术语表示外周血红细胞数量增加？

a. 全血细胞减少症

b. 红细胞减少症

c. 网织红细胞增多症

d. 红细胞增多症

8. 红细胞相对增多的可能原因是______。

a. 肿瘤

b. 肺脏疾病

c. 脾脏收缩

d. EPO 释放增多

第 9 章

1. ______是血浆蛋白增多的常见原因。

a. 水中毒

b. 肾病

c. 肝病

d. 脱水

2. 以下术语______描述微量血细胞比容管中血浆呈现红色。

a. 黄疸

b. 溶血

c. 脂血

d. 红细胞增多症

3. 以下术语______描述微量血细胞比容管中血浆呈现黄色。

a. 黄疸

b. 溶血

c. 脂血

d. 红细胞增多症

4. 以下术语______描述微量血细胞比容管中血浆呈现乳糜样外观。

a. 黄疸

b. 溶血

c. 脂血

d. 红细胞增多症

5. 以下设备______用于测量样本总蛋白含量。

a. 阻抗法分析仪

b. 氰化高铁法

c. 折射仪

d. 离心机

6. 以下选项______会引起 PCV 的假性降低。

a. 缩短离心时间

b. 黄疸

c. 血液和抗凝剂比低

d. 样本含有血凝块

7. 犬正常 PCV 约为：

a. 45%

b. 35%

c. 32%

d. 52%

8. 一只患犬 PCV 是 38%，RBC 计数是 $6.5\times10^6/\mu L$，那么它的 MCV 是______。

a. 5.8 fL

b. 58 fL

c. 1.7 pg

d. 17 pg

9. MCHC 的单位是______。

a. g/dL

b. pg

c. fL

d. %

10. 通过除以______再乘以 6 可以获得 RBC 计数的估算值。

a. MCH

b. MCHC

c. 血红蛋白浓度

d. PCV

第 10 章

1. 当制作了一个很厚的血涂片，同时看到有些小凝集块，你接下来应该______。

a. 增加推片的倾斜角度到约 45°

b. 减小推片的倾斜角度到约 20°

c. 用 EDTA 2 倍稀释样本

d. 用新鲜样本制片

2. 反刍动物的主要白细胞类型是______。

a. 中性粒细胞

b. 淋巴细胞

c. 嗜酸性粒细胞

d. 单核细胞

3. 细胞核多形性，细胞质丰富，呈蓝灰色并含有空泡的细胞是______。

a. 中性粒细胞

b. 淋巴细胞

c. 嗜酸性粒细胞

d. 单核细胞

4. 对过敏和寄生虫起主要反应的白细胞是______。

a. 中性粒细胞

b. 淋巴细胞

c. 嗜酸性粒细胞

d. 单核细胞

5. 具有深染不规则且分叶的细胞核，细胞质无色或淡粉色的细胞是______。

a. 中性粒细胞

b. 淋巴细胞

c. 嗜酸性粒细胞

d. 单核细胞

6. 具有细胞核呈圆形或略凹且几乎充满整个细胞的是成熟的______。

a. 中性粒细胞

b. 淋巴细胞

c. 嗜酸性粒细胞

d. 单核细胞

7. 下列对猫嗜酸性粒细胞最恰当的表述是______。

a. 小而圆

b. 大小不等

c. 短杆样

d. 大而圆

8. 在外周血中最大的白细胞是______。

a. 中性粒细胞

b. 淋巴细胞

c. 嗜酸性粒细胞

d. 单核细胞

9. 如果一个病例白细胞分类的中性粒细胞占比 70%，而总的白细胞为 12 000，那么每毫升中性粒细胞的绝对数量是______。

a. 8 400

b. 840

c. 20 400

d. 2 400

10. 吞噬功能是______的主要作用。

a. 嗜酸性粒细胞

b. 淋巴细胞

c. 嗜碱性粒细胞

d. 中性粒细胞

11. 下列描述犬红细胞形态最恰当的是______。

a. 椭圆

b. 有胞核

c. 双凹圆盘

d. 球形

12. 以下描述禽红细胞最恰当的是______。

a. 椭圆

b. 有胞核

c. 双凹圆盘

d. 球形

13. 通过使用不同的血细胞膜评估血小板，最少需要______个油镜视野。

a. 20

b. 6

c. 10

d. 15

14. 评估每毫升血液所含血小板数量，可以将从血涂片读取的血小板计数乘以______。

a. 5 000

b. 10 000

c. 20 000

d. 50 000

第 11 章

1. 铅中毒时可以看到下面的______。

a. 嗜碱性点彩

b. 球形红细胞增多

c. 棘形红细胞增多

d. 红细胞大小不等

2. 当用生理盐水稀释也不能使葡萄串样聚集的红细胞分开的异常征象是______。

a. 豪乔氏小体

b. 海因茨小体

c. 缗钱样红细胞

d. 凝集的红细胞

3. 在健康马属动物常见的红细胞异常是______。

a. 豪乔氏小体

b. 海因茨小体

c. 缗钱样红细胞

d. 凝集红细胞

4. 以下术语______描述红细胞膜由于化学或药物介导的氧化损伤而出现浅色或蓝灰色圆形突起。

a. 豪乔氏小体

b. 海因茨小体

c. 缗钱样红细胞

d. 凝集红细胞

5. 红细胞像硬币堆叠样的异常特征是______。

a. 豪乔氏小体

b. 海因茨小体

c. 缗钱样红细胞

d. 凝集红细胞

6. 以下术语______描述再生性贫血动物红细胞可见圆形嗜碱性核残体。

a. 豪乔氏小体

b. 海因茨小体

c. 缗钱样红细胞

d. 凝集红细胞

7. 以下______是可以被观察到的中性粒细胞中毒性变化。

a. 杜勒小体

b. 豪乔氏小体

c. 海因茨小体

d. 核分叶过少

8. 外周血中嗜碱性大细胞的出现通常提示______数量增加。

a. 靶形红细胞

b. 网织红细胞

c. 晚幼红细胞

d. 泪滴状红细胞

9. 以下术语______描述细胞外周扇贝样外观，边缘规则凸起。

a. 锯齿状红细胞

b. 角膜红细胞

c. 棘形红细胞

d. 裂红细胞

10. 在外周血红细胞发现单独或成簇存在的小而圆或杆状结构是______。

a. 海因茨小体

b. 杜勒小体

c. 埃立克体

d. 支原体

第 12 章

1. 用于网织红细胞计数的染色液是______。

a. 离体活体染色

b. 罗曼诺夫斯基染色

c. Diff-Quik

d. 瑞氏

2. 如果一只猫网织红细胞涂片每 1 000 个红细胞含有 5 个点状和 15 个聚集形网织红细胞，那么网织红细胞的比例为______。

a. 2.5%

b. 2.0%

c. 1.5%

d. 0.5%

3. 如果一只犬网织红细胞涂片每 1 000 个红细胞含有 25 个网织红细胞，那么网织红细胞比例为______。

a. 2.5%

b. 2.0%

c. 1.5%

d. 0.5%

4. 如果每计数1 000个红细胞可见200个网织红细胞，而红细胞总数为$2.2\times10^6/\mu L$，那么网织红细胞的绝对值是______。

a. 22 000

b. 220 000

c. 44 000

d. 440 000

5. 如果一只患犬含有10%网织红细胞，PCV为32%，那么正确的网织红细胞比例是______。

a. 3.2%

b. 4.2%

c. 7.1%

d. 8.6%

6. 如果一只患猫含有10%网织红细胞，PCV为32%，那么正确的网织红细胞比例是______。

a. 3.2%

b. 4.2%

c. 7.1%

d. 9.1%

7. 在骨髓中计数和分类髓系和红系比值的最小有核细胞计数是______。

a. 100

b. 200

c. 500

d. 1 000

8. 如果一个成年动物的骨髓样本含有80%脂肪被称为______。

a. 再生障碍

b. 细胞不足

c. 细胞过量

d. 正常

9. 如果一个幼龄动物的骨髓样本含有50%脂肪被称为______。

a. 再生障碍

b. 细胞不足

c. 细胞过量

d. 正常

10. 评估骨髓中含铁血黄素应使用______染色。

a. 瑞氏-吉姆萨

b. 普鲁士蓝

c. Diff-Quik

d. 瑞氏

第13章

1. 用于描述骨髓和外周血中的肿瘤性血细胞的术语是______。

a. 白血病

b. 淋巴增生

c. 骨髓增生

d. 肉芽肿

2. 以下______可能引起小细胞性贫血。

a. 埃立克体感染

b. 药物中毒

c. 甲状旁腺功能亢进

d. 缺铁

3. 以巨噬细胞增多为特征的慢性骨髓炎症称为______。

a. 骨髓发育不全

b. 化脓性肉芽肿

c. 肉芽肿

d. 纤维化

4. 以巨噬细胞和中性粒细胞增多为特征的慢性骨髓炎症被称为______。

a. 骨髓发育不全

b. 化脓性肉芽肿

c. 肉芽肿

d. 纤维化

5. 根据______将贫血分为再生性和非再生性贫血。

a. 骨髓反应

b. 红细胞指数

c. 病因

d. 形态学

第3单元复习题

第14章

1. 当血小板被活化时在它们表面表达的分子是______。

a. 凝血酶

b. 血管性血友病因子

c. 磷脂酰丝氨酸

d. 微粒

2. 结合血浆中的组织因子开启凝血反应的

是______。

a. 因子Ⅷ

b. 凝血酶

c. 血管性血友病因子

d. 凝血酶原

3. 具有稳定血小板凝集簇功能的是______。

a. 因子Ⅷ

b. 凝血酶

c. 血管性血友病因子

d. 凝血酶原

4. 初级血凝块形成后可以激活______。

a. 因子Ⅱ

b. 因子Ⅷ

c. 因子Ⅸ

d. 因子Ⅹ

5. 以下参与血凝块溶解的是______。

a. 凝血酶

b. 组织因子

c. 组织纤溶酶原激活物

d. D-二聚体

第 15 章

1. 最适于血小板检查的抗凝剂是______。

a. 肝素

b. 柠檬酸钠

c. EDTA

d. 草酸铵

2. 最适于血浆分析的抗凝剂是______。

a. 肝素锂

b. 柠檬酸钠

c. EDTA

d. 草酸铵

3. 血液和柠檬酸钠的恰当比值是______。

a. 1∶5

b. 1∶9

c. 1∶10

d. 1∶20

4. 使用 Coag Dx™ 分析仪评估血凝是______类型的技术。

a. LED 检测

b. 机械制动

c. 钢丝移动

d. 胶原涂膜

5. 使用 PFA-100 仪器评估血凝是______类型的技术。

a. LED 检测

b. 机械制动

c. 钢丝移动

d. 胶原涂膜

第 16 章

1. 以下表示单个血小板平均大小的是______。

a. 血小板压积

b. 平均血小板体积

c. 血小板/大细胞比

d. 血小板分布宽度

2. 表示血小板占全血容量百分比的是______。

a. 血小板压积

b. 平均血小板体积

c. 血小板/大细胞比

d. 血小板分布宽度

3. 评估血小板大小差异的测试是______。

a. 血小板压积

b. 平均血小板体积

c. 血小板/大细胞比

d. 血小板分布宽度

4. 评估大血小板所占百分比的测试是______。

a. 血小板压积

b. 平均血小板体积

c. 血小板/大细胞比

d. 血小板分布宽度

5. 描述新生成的血小板含有多量 RNA 的是______。

a. 血小板带

b. 颗粒状血小板

c. 富含 RNA 血小板

d. 网状血小板

第 17 章

1. 使用含有硅藻土的血凝试验是______。

a. PT

b. 出血时间

c. APTT

d. ACT

2. 评估外源性凝血通路的试验是______。

a. PT

b. 出血时间

c. APTT

d. ACT

3. 使用 D-二聚体和 FDP 评估什么？

a. 原发性（机械性）止血

b. 继发性（化学性）止血

c. 三次止血

d. 抗凝血灭鼠药中毒

4. PIVKA 试验用于评估______。

a. 原发性（机械性）止血

b. 继发性（化学性）止血

c. 三次止血

d. 抗凝血杀鼠药中毒

5. 评估血小板数量和功能的基本分析试验是______。

a. 血小板估算

b. 颊黏膜出血时间

c. Lee-White 出血时间

d. 血凝块溶解

第 18 章

1. 误食杀鼠药的病例适于______凝血筛查试验。

a. APTT

b. PT

c. 血管性血友病抗原测试

d. 血小板计数

2. 家养动物最常见的非遗传性凝血障碍是______。

a. 血小板减少症

b. 血友病

c. 抗凝血杀鼠药中毒

d. 血管性血友病

3. 表示特定部位出血的是______。

a. 瘀斑

b. 瘀点

c. 紫癜

d. 鼻出血

4. 从一个 DIC 病例的血涂片中常常可以发现______。

a. 裂红细胞

b. FDPs

c. 红细胞增多症

d. 骨髓增生

5. ______凝血因子的缺乏或缺陷会导致血友病 A。

a. 因子Ⅲ

b. 圣诞因子

c. 因子Ⅷ

d. 凝血酶原

6. 家养动物最常见的凝血紊乱是______。

a. 血小板减少症

b. 血友病

c. 抗凝血杀鼠药中毒

d. 血管性血友病

7. 以下是维生素 K 依赖性凝血因子的是______。

a. 因子Ⅰ、Ⅶ和Ⅻ

b. 因子Ⅱ、Ⅶ、Ⅸ和Ⅹ

c. 因子Ⅱ、Ⅷ、Ⅸ和Ⅻ

d. 因子Ⅳ、Ⅸ、Ⅹ和ⅩⅩ

8. 凝血因子的主要产生部位是______。

a. 骨髓

b. 脾脏

c. 胆管

d. 肝脏

参考答案

第 1 章

1. a
2. b
3. d
4. b
5. b
6. c
7. a
8. a
9. b
10. a

第 2 章

1. c
2. b
3. a
4. d

5. c
6. c
7. d
8. a

第 3 章

1. d
2. b
3. a
4. b
5. c
6. b
7. a
8. b

第 4 章

1. d
2. c
3. b
4. c
5. c
6. b
7. a
8. b
9. a
10. a

第 5 章

1. d
2. c
3. a
4. b
5. a
6. b

第 6 章

1. a
2. b
3. c
4. a
5. b
6. b
7. d
8. c
9. c
10. b
11. a
12. c

第 7 章

1. b
2. c
3. b
4. a
5. d
6. b
7. c
8. d
9. a
10. c

第 8 章

1. a
2. d
3. b
4. a
5. b
6. d
7. d
8. c

第 9 章

1. d
2. b
3. a
4. c
5. c
6. c
7. a
8. b
9. a
10. d

第 10 章

1. d
2. b

3. d
4. c
5. a
6. b
7. c
8. d
9. a
10. d
11. c
12. b
13. c
14. c

第 11 章
1. a
2. d
3. c
4. b
5. c
6. a
7. a
8. b
9. c
10. d

第 12 章
1. a
2. c
3. a
4. d
5. c
6. d
7. c
8. b
9. b
10. b

第 13 章
1. a
2. d
3. b
4. c
5. a

第 14 章
1. c
2. a
3. c
4. d
5. c

第 15 章
1. c
2. b
3. b
4. a
5. d

第 16 章
1. b
2. a
3. d
4. c
5. d

第 17 章
1. d
2. a
3. c
4. d
5. b

第 18 章
1. b
2. d
3. b
4. a
5. c
6. a
7. b
8. d

附录 B

Reference Ranges 参考范围

以下几页中的数据来源广泛，包括个人笔记、研讨会、会议报告以及每章后的参考文献。这些数值受很多因素的影响，如检测方法、设备类型、病例特征等。每个实验室都应建立属于自己的基于特定检测方法的参考范围。

表 1　血液学参考范围

	犬	猫	马	牛	绵羊	山羊	猪
红细胞数量 $\times10^6/\mu L$	5.0～8.5	5.0～10.0	5.5～12.5	5.0～10.0	9.0～15.0	8.0～17.0	5.0～7.0
白细胞数量 $\times10^5/\mu L$	6.5～15.0	5.5～19.5	5.5～12.5	4.0～12.0	4.0～12.0	4.0～13.0	10.5～22.0
红细胞压积/%	37～55	30～45	32～57	24～42	25～45	21～38	32～43
血红蛋白含量/(g/dL)	12～18	8～15	10.5～18	8～14	9～15	8～18	9～16
平均红细胞体积/fL	60～77	39～55	34～58	40～60	28～40	16～25	50～67
平均血红蛋白含量/pg	14～25	13～20	13～19	11～17	8～12	5～8	17～21
平均血红蛋白浓度/(g/dL)	31～36	30～36	31～37	28～36	31～35	30～36	29～34
红细胞分布宽度/%	14～19	14～17	18～21	15～20			15～24
中性粒细胞(分叶)							
%	60～70	35～75	30～75	15～45	10～50	10～50	20～70
$\times10^3/\mu L$	3.0～11.3	2.5～12.5	3～6	0.6～4.0	3.0～10.0	0.7～6.0	2～15
中性粒细胞(杆状)							
%	0～4	0～3	0～1	0～2	0～0.2	0～0.15	0～4.0
$\times10^3/\mu L$	0～0.4	0～0.3	0～0.1	0～0.12	0～0.01	0～0.01	0～0.8
淋巴细胞							
%	12～30	20～55	25～60	45～75	40～75	40～75	35～75
$\times10^3/\mu L$	1～4.8	1.5～7.0	1.5～5.0	2.5～7.5	2～9	2～9	2～16
单核细胞							
%	3～9	1～4	0～10	2～7	0～6	0～4	0～10
$\times10^3/\mu L$	0.2～1.3	0～0.9	0～0.7	0.02～0.85	0～0.75	0～0.55	0.2～2.2
嗜酸性粒细胞							
%	2～10	2～10	1～10	2～20	0～10	1～8	0～15
$\times10^3/\mu L$	0.1～0.75	0～0.8	0～0.7	0～2.4	0.1～0.75	0.05～0.65	0.2～2.0
嗜碱性粒细胞							
%	0～0.3	0～0.3	0～3	0～2	0～3	0～1	0～3
$\times10^3/\mu L$	0～0.03	0～0.03	0～0.5	0～0.2	0～0.3	0～0.12	0～0.5
网织红细胞/%	0～1.5	0～0.4(凝集) 1.5～10(分散)	0	0	0	0	0～2
红细胞沉降率	5～25 mm/h	7～23 mm/h	15～38 mm/20 min	2～4 mm/d	3～8 mm/d	2～2.5 mm/d	1～14 mm/h

表 2 凝血指标参考范围成

	犬	猫	马	牛	绵羊	山羊	猪
血小板×10^3/μL	160～625	160～700	100～350	100～600	100～800	300～600	120～720
平均血小板体积/fL	6.1～13.1	12～18	6.0～11.1	3.5～7.4			
凝血酶时间/s	4～10	10～21	9～10.5	7.8～9.5			
凝血酶原时间/s	6～14	8.6～20	9.8～12	18～28			
部分凝血活酶时间/s	15～30	10～25	50～65	37～57			
活化部分凝血活酶时间/s	13～17	12～20	37～56				
纤维蛋白原/(mg/dL)	200～400	100～300	112～372	300～700	100～500	100～400	100～500
出血时间/min	1.4～5	1.4～5	2.2～3.4	1～5			
活化凝血时间/s	50～100	10～65	120～190	90～120			

表 3 临床生化参考范围

	犬	猫	马	牛	绵羊	山羊	猪
白蛋白/(g/dL)	2.3～4.3	2.8～3.4	2.6～4.1	3.4～4.3	2.4～3.9	2.7～3.9	1.8～3.9
丙氨酸氨基转移酶/(U/L)	8.2～109	25～97	2.7～21	5～35	10～44	15～52	9～47
天冬氨酸氨基转移酶/(U/L)	9～49	7～40	160～595	46～176	49～90	43～230	8～55
碱性磷酸酶/(U/L)	22～114	16～65	30～227	18～153	27～156	61～283	41～176
淀粉酶/(U/L)	220～1 400	280～1 200	47～188	41～98	140～260	—	—
碳酸氢盐/(mEq/L)	17～25	17～25	22～30	20～30	20～27	—	18～27
胆汁酸,禁食/(μmol/L)	0～9	0～5	0～20	—	—	—	
胆汁酸,餐后 2 h/(μmol/L)	0～30	0～7	11～60	—	—	—	—
总胆红素/(mg/dL)	0.07～0.6	0～0.5	0.3～3.5	0.01～0.8	0～0.4	0～0.1	0～0.6
直接胆红素/(mg/dL)	0.06～0.15	0～0.1	0～0.4	0.01～0.4	0～0.27	0～0.01	0～0.3
钙/(mg/dL)	8.7～12	7.9～11.9	10.2～13.4	8.0～11.4	9.8～12	9.8～12	9.5～11.5
氯/(mEq/L)	95～120	105～130	97～110	94～111	101～110	99～112	90～106
胆固醇/(mg/dL)	116～330	50～156	71～142	80～120	76～102	100～112	97～106
肌酸激酶/(U/L)	40～368	59～362	60～333	44～350	—	—	0～800
肌酐/(mg/dL)	0.5～1.7	0.7～2.2	0.4～1.9	0.7～1.4	1.0～2.7	—	1.0～3.0
葡萄糖/(mg/dL)	76～120	58～120	62～127	37～79	45～80	45～75	65～150
脂肪酶/(U/L)	60～200	0～83	—	—	—	—	—
镁/(mg/dL)	1.2～2.7	1.5～3.5	1.4～3.5	1.4～3.0	2.0～2.7	2.1～2.9	2.3～3.5
磷/(mg/dL)	2.5～6.2	2.5～7.3	1.5～5.4	4.6～8.0	4.0～7.3	3.7～8.5	5.0～9.3
钾/(mEq/L)	3.9～6.1	3.5～6.1	2.5～5.4	3.5～5.3	4.5～5.1	3.5～6.7	3.5～7.1
血清总蛋白/(g/dL)	5.4～7.5	5.7～7.6	5.4～7.9	6.0～7.5	6.0～7.9	6.4～7.9	6.0～8.9
琥珀酸脱氢酶/(U/L)	2.9～8.2	2.4～7.7	1.0～7.9	4.0～18.0	4.0～28.0	9.0～21.0	0.5～6.0
钠/(mEq/L)	141～155	140～159	128～146	136～148	132～154	137～152	135～153
尿素氮/(mg/dL)	9.0～27.0	18.0～34.0	10.0～27.0	10.0～26.0	8.0～30.0	10.0～30.0	8.0～30.0

表 4　尿液分析参考范围

	犬	猫	马	牛	绵羊	山羊	猪
尿比重	1.016～1.060	1.020～1.040	1.025～1.050	1.030～1.045	1.015～1.045	1.015～1.045	1.010～1.050
颜色	浅黄到深黄色	浅黄到深黄色	浅黄到深褐色	浅黄到深棕黄色	浅黄	浅黄	
pH	5.0～8.5	5.0～8.5	7.0～9.0	7.5～8.5	7.5～8.5	7.5～8.5	
蛋白	(—)～(+1)	(—)～(+1)	痕量	(—)	(—)～痕量	(—)～痕量	
葡萄糖	(—)	(—)	(—)	(—)	(—)	(—)	
酮体	(—)	(—)	(—)	(—)			
胆红素	(—)～痕量	(—)	(—)	(—)	(—)	(—)	
潜血	(—)	(—)	(—)	(—)	(—)	(—)	
镜检							
红细胞	<5/hpf	<5/hpf	(—)		<5/hpf	<5/hpf	
白细胞	<3/hpf	<3/hpf	(—)		<5/hpf	<5/hpf	
上皮细胞	(—)	(—)	微量		偶见	偶见	
管型	(—)	(—)	(—)		偶尔透明	偶尔透明	
细菌	(—)	(—)	(—)		(—)	(—)	
蛋白/肌酐比	<0.3	<0.5					
结晶			碳酸钙				

hpf，高倍镜视野。

表 5　5 只正常未麻醉犬的血气和酸碱检测结果（平均值±标准差）

项目	动脉血	混合静脉血	颈静脉血	头静脉血
pH(U)	7.395±0.028	7.361±0.021	7.352±0.023	7.360±0.022
p_{CO_2}/(mmHg)	36.8±2.7	43.1±3.6	42.1±14.4	43.0±3.2
p_{O_2}/(mmHg)	102.1±6.8	53.1±9.9	55.0±9.6	58.4±8.8
HCO_3^-/(mEq/L)	21.4±1.6	23.0±1.6	22.1±2.0	23.0±1.4
T_{CO_2}/(mEq/L)	22.4±1.8	24.1±1.7	23.2±2.1	24.1±1.4
BE/(mEq/L)	−1.8±1.6	−1.1±1.4	−2.1±1.7	−1.2±1.1
$SHCO_3^-$/(mEq/L)	22.8±1.3	23.0±1.2	22.2±1.3	23.2±1.1

BE，碱剩余；$SHCO_3^-$，标准碳酸氢盐；p_{CO_2}，二氧化碳分压；p_{O_2}，氧分压；HCO_3^-，碳酸氢盐；T_{CO_2}，总二氧化碳。

引自 DiBartola SP：*Fluid，electrolyte，and acid-base disorders in small animal practice*，ed 4St Louis，2012，Saunders.

附录 C

Bacterial Pathogens of Veterinary Importance
兽医临床重要的细菌性病原

以下表格总结了引起哺乳类和鸟类动物疾病的病原微生物、其特征和引起的相关性疾病。如果希望获得更多的关于这些微生物种类的区分方法，或一些稀有的微生物种类的信息，请参考细菌学专业书籍。

微生物	主要感染物种	疾病或损伤	特点
放线杆菌属			

关节炎放线杆菌	马	关节炎、败血症	• G^- 杆菌和球杆菌
			• 兼性厌氧；需要 CO_2
			• 脓汁可能包含棒状结构，为直径<1 mm 的包裹着菌群的磷酸钙结晶
			• 鉴别与区分方法
			  • 麦康凯琼脂培养基上生长
			  • CAMP 试验
			  • 七叶苷水解试验
			  • 利用糖类过程产酸
			  • 氧化酶试验
			  • 过氧化氢酶试验
			  • 尿素酶试验

马驹放线杆菌马亚种	幼驹、猪、牛犊	马"嗜睡病"；腹泻、脑膜炎，肺炎，化脓性肾炎，脓毒性多发性关节炎	
马驹放线杆菌溶血亚种	马	心内膜炎、脑膜炎、子宫炎、流产	
李氏放线杆菌	牛、绵羊	肉芽肿性/脓性肉芽肿性病变；舌部多发(木舌病)；可能会引起头颈部、四肢、肺、胸膜、乳房和皮下等处软组织的脓性肉芽肿性病变	
胸膜肺炎放线杆菌	猪	胸膜肺炎；小于 5 月龄猪的胸膜炎、肺脓肿	
罗氏放线杆菌	猪	流产、子宫炎	
精子放线杆菌	绵羊	公羊的附睾炎；羔羊的化脓性多发性关节炎	
输卵管炎放线杆菌	雏鸡	蛋鸡的输卵管炎和腹膜炎	
猪放线杆菌	仔猪、幼驹	小于 6 周龄动物的致命性败血症、关节炎、肺炎、心包炎，大龄动物的脓肿	
放线菌属			

牛放线菌	牛、马	牛的牛颌放线菌病和肺脓肿，马的慢性肩隆瘘和慢性头项病	• G^+ 不抗酸杆菌
			• 无芽孢
			• 沙氏葡萄糖琼脂培养基上生长不良
			• 兼性厌氧、需 CO_2
			• 通常为丝状体
			• 常含有黄色颗粒
			• 鉴别与区分方法
			  • 菌落特点
			  • 溶血类型
			  • 七叶苷水解试验
			  • 利用糖类过程产酸
			  • 硝酸盐还原试验
			  • 过氧化氢酶试验
			  • 尿素酶试验

受损大麦放线菌/大麦伤口放线菌犬	犬	局限性脓肿、胸膜炎、腹膜炎、内脏脓肿、脓毒性关节炎	
猪阴道放线菌	猪	阴道炎、流产	
猪放线菌	猪	脓性肉芽肿性乳房炎	
黏放线菌	犬、仓鼠	慢性肺炎、脓胸、局部皮下脓肿	

续表

微生物	主要感染物种	疾病或损伤	特点
无形体属			
牛无形体	牛	贫血、体重减轻	• G^-球状或椭圆形 • 存在于骨髓细胞、中性粒细胞、红细胞或血小板的胞浆空泡内 • 鉴别与区分方法 　• 血涂片中可见 　• 免疫学方法
尾类无形体	反刍动物	贫血、黄疸、脾肿大、噬红细胞	
噬红细胞无形体	反刍动物	发热、贫血	
边缘无形体	反刍动物	发热、厌食、体重减轻、嗜睡	
羊无形体	绵羊、山羊	贫血、精神沉郁、发热、厌食	
嗜吞噬细胞无形体	马、小型反刍动物	粒细胞埃立克体病	
嗜血小板无形体	犬	传染性血小板减少症	
弓形菌属			
嗜低温弓形杆菌	牛、马、猪、绵羊、犬	流产、乳房炎	• G^-弯曲或螺旋杆菌 • 微需氧 • 鉴别与区分方法 　• 菌落特点 　• 硝酸盐还原试验 　• 过氧化氢酶试验 　• 麦康凯培养基上生长 　• 产硫化氢
布氏弓形杆菌	牛、马、猪、灵长类(非人类)	腹泻	
斯氏弓形杆菌	牛、猪	流产、腹泻(羔羊和犊牛)	
隐秘杆菌属			
化脓隐秘杆菌	牛、山羊、绵羊、猪	肝脓肿、心内膜炎、流产、子宫内膜炎、化脓性乳房炎、肺炎、脓毒性关节炎、脐带感染、精囊炎	• G^+不运动性球杆菌 • 鉴别与区分方法 　• 菌落特点 　• 溶血类型
马阴道隐秘杆菌	马	阴道炎	
芽孢杆菌属			
炭疽杆菌	反刍动物、犬、猫、马	败血症、咽炎(犬和猫)	• G^+芽孢杆菌 • 鉴别与区分方法 　• 菌落特点 　• 溶血类型 　• 运动性试验 　• 硝酸盐还原试验 　• PCR 检测
蜡样芽孢杆菌	牛、绵羊、马	坏疽性乳房炎、流产	
地衣芽孢杆菌	牛	流产	
拟杆菌属			
不解糖拟杆菌	犬、猫、马、牛	骨髓炎	• G^-无芽孢杆菌 • 厌氧 • 鉴别与区分方法 　• 细胞形态学 　• 菌落特点 　• 胆汁敏感性试验 　• 七叶苷水解试验 　• 吲哚试验 　• 糖类发酵试验
脆弱拟杆菌	牛、绵羊、山羊、马、猪、犬、猫	新生儿腹泻、流产、乳房炎、软组织脓肿(犬和猫)	
利氏拟杆菌	牛	乳房炎	
鲍特氏菌属			

续表

微生物	主要感染物种	疾病或损伤	特点

支气管炎鲍特氏菌/支气管败血性鲍特氏菌	犬、猫、马、猪、灵长类(除人类)、啮齿类、兔	鼻窦炎、肺炎、鼻炎、气管支气管炎、结膜炎、心内膜炎、脑膜炎、腹膜炎	• G^-杆菌
			• 鉴别与区分方法
			  • 菌落特点
			  • 麦康凯琼脂和血液培养基上生长
			  • 玻片凝集试验
			  • 尿素酶试验
			  • 氧化酶试验
			  • 硝酸盐还原试验
			  • 柠檬酸盐利用试验
			  • 动力试验

鸟鲍特氏菌	鸟	火鸡鼻炎	
疏螺旋体属			

鹅疏螺旋体	鸟	致命性败血症	• 卷曲状螺旋菌
			• 微需氧或厌氧
			• 鉴别与区分方法
			  • 血涂片、脾或肝组织
			  • 涂片中可见
			  • 免疫学方法

伯氏疏螺旋体	犬、猫、马、牛	莱姆病	
B. coriaceae	牛	流产	
巴勒氏疏螺旋体	牛、绵羊、马	回归热、贫血	
短螺旋体属			

B. aalborgi	灵长类(除人类)	结肠螺旋体病	• G^-细长螺旋菌
			• 鉴别与区分方法
			  • 细胞形态学
			  • 菌落特点
			  • 溶血类型
			  • 吲哚试验

B. alvinipulli	家禽	结肠螺旋体病	
猪痢疾短螺旋体	猪	痢疾	
密螺旋体	家禽	结肠螺旋体病	
多毛短螺旋体	猪、雏鸡	结肠螺旋体病	
布鲁氏菌属			

流产布鲁氏菌	牛、猪、绵羊、山羊、犬	流产、睾丸炎、附睾炎、慢性滑囊炎、肩隆瘘	• G^-杆菌和球杆菌
			• 不运动性
			• 兼性胞内寄生
			• 鉴别与区分方法
			  • 溶血类型
			  • 吲哚试验
			  • 氧化酶试验
			  • 过氧化氢酶试验
			  • 硝酸盐还原试验
			  • 尿素酶试验

犬布鲁氏菌	犬	流产、附睾炎、骨髓炎、脑膜炎、肾小球肾炎	
马耳他布鲁氏菌	绵羊、山羊	流产、子宫炎、睾丸炎、跛行	
绵羊布鲁氏菌	绵羊	附睾炎、睾丸炎、不育、肾炎、流产、阴道炎	
猪种布鲁氏菌	猪	流产、关节炎、不育、睾丸炎、后躯麻痹	
伯克霍德菌属			

鼻疽伯克霍德菌	马	马疽病	• G^-杆菌
			• 鉴别与区分方法
			  • 细胞形态学
			  • 菌落特点
			  • 麦康凯琼脂培养基上生长
			  • 运动性
			  • 氧化酶试验
			  • 过氧化氢酶试验
			  • 硝酸盐还原试验
			  • 糖代谢试验

类鼻疽伯克霍德菌	犬、食肉类	类鼻疽、发热、肌痛、皮肤脓肿、附睾炎	

续表

微生物	主要感染物种	疾病或损伤	特点
弯曲杆菌属			
胎儿弯曲菌胎儿亚种	牛、绵羊	流产	• G^- 细长螺旋样或弯曲状杆菌 • 微需氧 • 运动性 • 鉴别与区分方法 　• 菌落特点 　• 产硫化氢 　• 氧化酶试验 　• 过氧化氢酶试验 　• 糖代谢试验
胎儿弯曲菌性病亚种	牛	流产、不育	
空肠弯曲菌空肠亚种	犬、猫、猪、奶牛、绵羊	年轻动物腹泻、流产	
衣原体属			
鼠衣原体	小鼠、仓鼠	肺炎	• G^- 细胞内菌 • 鉴别与区分方法 　• 细胞压印涂片 　• 免疫学方法（荧光抗体试验、PCR） 　• 细胞培养
鹦鹉热衣原体	鸟	见鹦鹉热嗜性衣原体	
猪衣原体	猪	结膜炎、肺炎、心包炎、肠炎、鼻炎	
嗜衣原体属			
流产嗜性衣原体	反刍动物、猪	流产	• G^- 细胞内菌 • 鉴别与区分方法 　• 细胞压印涂片 　• 免疫学方法（荧光抗体试验、PCR） 　• 细胞培养
豚鼠嗜性衣原体	豚鼠	结膜炎	
猫嗜性衣原体	猫	结膜炎、鼻炎、肺炎	
反刍动物嗜性衣原体	反刍动物、猪	流产、不育，鼻炎、结膜炎、膀胱炎、脑炎、肠炎、肺炎	
鹦鹉热嗜性衣原体	鸟	结膜炎、脑炎、肠炎、肺炎、肝炎	
柠檬酸杆菌属			
啮齿柠檬酸杆菌	小鼠、沙鼠、豚鼠	传染性小鼠结肠增生症	• 鉴别与区分方法 　• 菌落特点 　• 产硫化氢 　• 运动性 　• 利用糖类过程产酸
梭菌属			
肉毒梭菌	反刍动物、马、猪、食肉类	腐肉中毒	• G^+ 芽孢杆菌 • 耐氧或厌氧 • 产毒素 • 鉴别与区分方法 　• 菌落特点 　• 溶血类型 　• 免疫学方法（ELISA） 　• 组织学方法 　• 细胞学方法
气肿疽梭菌/肖氏梭菌	牛、绵羊	黑腿病	
大肠梭状芽孢杆菌	雏鸡、鹌鹑、火鸡	鹌鹑病	
艰难梭菌	马、犬、啮齿类、猪	腹泻、大肠炎	
诺氏梭菌	绵羊、山羊	传染性肝炎、肌坏死	
产气荚膜梭菌	温血动物	肌坏死、气性坏疽	
毛状梭菌	哺乳动物	泰泽病	
败毒梭菌	绵羊、牛	肌坏死、恶性水肿、坏疽性皮炎、肠炎、羊快疫	
索氏梭菌	绵羊、牛	肌坏死、肠炎	
螺状梭菌	兔、啮齿类	肠源性毒血症	
破伤风梭菌	马、牛、猪、食肉动物	破伤风	

续表

微生物	主要感染物种	疾病或损伤	特点
棒杆菌属			

犬耳棒杆菌	犬	耳炎、皮炎、阴道炎	• G^+无芽孢多形杆菌
			• 需氧或兼性厌氧
			• 多数为非运动性
			• 不抗酸菌
			• 鉴别与区分方法
			  • 菌落特点
			  • 过氧化氢酶试验
			  • 溶血类型
			  • 硝酸盐还原试验
			  • 七叶苷水解试验
			  • 利用糖类过程产酸
			  • 尿素酶试验

膀胱炎棒杆菌	牛	膀胱和肾脏的感染	
白喉棒杆菌	牛、马	乳房炎、皮炎、创伤感染(马)	
马棒状杆菌	马、猪	见马红球菌	
鼠棒状杆菌	大鼠、小鼠	肺、肝、淋巴结或肾的脓肿	
多毛棒杆菌	牛	膀胱和肾脏的感染	
假结核(棒状)杆菌	牛、绵羊、山羊	脓肿、淋巴结炎、流产、关节炎	
肾棒状杆菌	牛、绵羊、猪	膀胱和肾脏的感染	
溃疡棒状杆菌	牛、啮齿类	乳房炎、脓肿、坏疽性皮炎(啮齿类)	
嗜皮菌属			

刚果嗜皮菌	牛、马、山羊、绵羊、猪、犬、猫	渗出性皮炎、脱毛	• G^+丝状杆菌
			• 需氧
			• 运动性游走孢子
			• 不抗酸菌
			• 鉴别与区分方法
			  • 细胞形态学
			  • 菌落特点
			  • 过氧化氢酶试验
			  • 溶血类型
			  • 利用葡萄糖过程产酸
			  • 硝酸盐还原试验

偶蹄形菌属			

节瘤偶蹄形菌/节瘤拟杆菌	绵羊、牛、猪、山羊	腐蹄病	• G^-多形微弯曲杆菌
			• 厌氧
			• 鉴别与区分方法
			  • 细胞形态学
			  • 菌落特点
			  • 七叶苷水解试验
			  • 利用糖类过程产酸
			  • 吲哚试验

埃里希氏体属			
牛埃里希氏体	牛	见牛无形体	

犬埃里希氏体	犬、其他犬科动物	单核细胞埃立克体病	• G^-球状至椭圆状
			• 内皮细胞、骨髓细胞、粒细胞或血小板细胞质空泡内
			• 鉴别与区分方法
			  • 血涂片中可见
			  • 免疫学方法

查菲埃里希氏体	犬	单核细胞埃立克体病	
尤氏埃里希氏体	犬	粒细胞埃立克体病	
小鼠埃里希氏体	小鼠	埃立克体病	
扁平埃里希氏体	犬	见无形体属	
反刍动物埃里希氏体	反刍动物	水心胸病	
肠杆菌属			

产气肠杆菌	多数哺乳动物	乳房炎、新生儿败血症、子宫炎、尿路感染、创伤感染	• G^-运动性杆菌
			• 鉴别与区分方法
			  • 菌落特征
			  • 细胞形态学
			  • 柠檬酸盐利用试验
			  • 产硫化氢
			  • 利用乳酸过程产酸和气体

阴沟肠杆菌	鸟		

续表

微生物	主要感染物种	疾病或损伤	特点
附红血细胞体属			
见支原体			
丹毒丝菌属			
猪红斑丹毒丝菌	牛、猪、绵羊、火鸡	猪丹毒、关节炎、心内膜炎	• G^+无芽孢杆菌 • 兼性厌氧 • 无运动性 • 鉴别与区分方法 　• 细胞形态学 　• 菌落特点 　• 溶血类型 　• 过氧化氢酶试验 　• 七叶苷水解试验 　• 利用糖类过程产酸 　• 产硫化氢 　• CAMP 试验 　• 免疫学方法(血凝试验)
埃希氏菌属			
大肠埃希菌(多种致病型)	多数脊椎动物	肠炎、败血症、反刍动物乳房炎、犬子宫积脓、膀胱炎、犊牛白痢	• G^-杆菌 • 多数为运动性 • 鉴别与区分方法 　• 细胞形态学 　• 菌落特点 　• 溶血类型 　• 麦康凯琼脂培养基上生长 　• 过氧化氢酶试验 　• 氧化酶试验 　• 利用葡萄糖过程产酸和气体 　• 产硫化氢 　• 免疫学方法(血凝试验、ELISA、PCR) 　• 组织学方法
弗朗西斯氏菌属			
土拉弗朗西斯菌	兔、多数其他哺乳动物	肺炎、发热、淋巴结炎、溃疡性皮炎	• G^-球杆菌 • 鉴别与区分方法 　• 荧光抗体染色后的细胞形态学 　• 免疫学方法(血凝试验、ELISA、抗体效价) 　• 组织学方法
梭杆菌属			
马梭杆菌	马	下呼吸道疾病	• G^-无芽孢梭形杆菌 • 鉴别与区分方法 　• 细胞形态学 　• 菌落特点 　• 溶血类型 　• 过氧化氢酶试验 　• 硝酸盐还原试验 　• 七叶苷水解试验 　• 葡萄糖发酵试验 　• 吲哚试验
坏死梭杆菌	牛、绵羊、马、猪、兔	腐蹄病、乳房炎、肝脓肿、子宫炎、犊牛白喉、蹄叉腐疽(马)、流产、溃疡性口炎、慢性鼻炎	
具核梭杆菌	牛、绵羊	流产	
血巴尔通氏体属			

续表

微生物	主要感染物种	疾病或损伤	特点
犬血巴尔通氏体	犬	见犬支原体	
猫血巴尔通氏体	猫	见猫支原体	
嗜血杆菌属			
猫嗜血杆菌	猫	鼻炎、结膜炎	• G^- 多形杆菌或球杆菌 • 可形成菌丝体 • 无运动性 • 兼性厌氧 • 巧克力琼脂上生长 • 鉴别与区分方法 　• 过氧化氢酶试验 　• 吲哚试验 　• 细胞形态学 　• CAMP 试验 　• 利用糖类过程产酸 　• 尿素酶试验 　• 免疫学方法（免疫组织化学、PCR）
嗜血红素嗜血杆菌	犬	阴道炎、膀胱炎	
流感嗜血杆菌	啮齿类	呼吸系统、眼部疾病	
副鸡嗜血杆菌	雏鸡	传染性鼻炎	
副猪嗜血杆菌	猪	猪格氏病、脑膜炎、肌炎、肺炎、败血症	
螺杆菌属			
胆汁螺旋杆菌	小鼠	肝炎	• G^- 螺旋状、弯曲或无分枝杆菌 • 运动性 • 微需氧 • 鉴别与区分方法 　• 菌落特点 　• 过氧化氢酶试验 　• 氧化酶试验 　• 尿素酶试验
犬螺杆菌	犬	胃肠炎	
胆囊螺旋杆菌	仓鼠	胆囊炎、胰腺炎	
猫螺杆菌	猫、犬	胃炎	
肝螺杆菌	小鼠、大鼠	肝炎	
小家鼠螺杆菌	小鼠、大鼠	胃炎	
鼬鼠螺杆菌	雪貂	胃炎	
猕猴螺杆菌	猕猴	胃炎	
肠胃炎螺杆菌	家禽	胃肠炎、肝炎	
幽门螺杆菌	猴、猫	胃炎	
雷氏螺杆菌	小鼠、大鼠、犬、绵羊	流产	
嗜组织菌属			
睡眠嗜组织菌	牛	支气管肺炎、雁鸣综合征、心肌炎、耳炎、结膜炎、脊髓炎、阴道炎、睾丸炎、血栓栓塞性脑膜脑炎	• G^- 无运动性多形杆菌 • 嗜 CO_2 • 鉴别与区分方法 　• 菌落特点 　• 溶血类型 　• 过氧化氢酶试验 　• 硝酸盐还原试验 　• 免疫学方法
克雷伯菌属			
肺炎克雷伯菌肺炎亚种	牛、马、绵羊、犬、鸟	子宫炎、乳房炎、新生儿败血症	• G^- 无运动杆菌、具荚膜 • 鉴别与区分方法 　• 菌落特点 　• 细胞形态学 　• 柠檬酸盐利用试验 　• 产硫化氢 　• 利用乳酸过程产酸和气体 　• 尿素酶试验 　• 吲哚试验
产酸克雷伯菌	马	阴道炎、子宫炎、流产、不育	
解硫弧菌属			

续表

微生物	主要感染物种	疾病或损伤	特点
细胞内劳索尼亚菌	猪、仓鼠、猫、犬、马、雪貂	增生性肠炎、“湿尾症”、回肠炎	• G^-弯曲状、细胞内菌 • 无运动性 • 鉴别与区分方法 　• 银染后的细胞形态学 　• 免疫学方法(ELISA、免疫荧光)
钩端螺旋体属			
布拉迪斯拉发钩端螺旋体	马、猪	流产	• 螺形菌 • 需氧 • 运动性 • 鉴别与区分方法 　• 暗视野显微镜下的细胞形态学 　• 免疫学方法(血凝试验、PCR、荧光抗体染色)
犬钩端螺旋体	牛、猪、犬	尿毒症、流产	
流感伤寒钩端螺旋体	牛、猪、马	发热、黄疸、尿毒症	
哈德焦钩端螺旋体	牛	流产、不育	
出血性黄疸钩端螺旋体	犬、牛、大鼠	败血症、流产	
L. kennewicki	马	流产	
波摩那钩端螺旋体	猪、牛、马	流产	
李斯特菌属			
单核细胞增生李斯特菌	牛、绵羊、山羊、马、鸟、犬、啮齿类、猪	中枢神经系统感染、流产、乳房炎、败血症	• G^+无芽孢杆菌 • 兼性厌氧运动性 • 鉴别与区分方法 　• 菌落特点 　• 细胞形态学 　• 溶血类型 　• 过氧化氢酶试验 　• 七叶苷水解试验 　• 利用糖类过程产酸 　• 产硫化氢 　• CAMP 试验
曼海姆菌属			
溶血曼海姆菌	牛、绵羊	肺炎、败血症、乳房炎	• G^-杆菌和球杆菌 • 无运动性 • 兼性厌氧 • 鉴别与区分方法 　• 菌落特点 　• 溶血类型 　• 氧化酶试验 　• 利用葡萄糖过程产酸 　• 硝酸盐还原试验
肉芽肿曼海姆菌	牛	脂膜炎	
M. varigena	牛	肺炎、败血症、乳房炎	
莫拉菌属			
牛莫拉菌	牛	传染性角膜结膜炎	• G^-球杆菌 • 无运动性 • 鉴别与区分方法 　• 菌落特点 　• 麦康凯琼脂培养基上生长 　• 溶血类型 　• 过氧化氢酶试验 　• 硝酸盐还原试验 　• 免疫学方法(荧光抗体染色、ELISA)
犬莫拉菌	犬	咬伤感染	
羊莫拉菌	小反刍动物	红眼病	

续表

微生物	主要感染物种	疾病或损伤	特点
摩根氏菌属			
摩氏摩根氏菌	犬	外耳炎、膀胱炎	• G^-杆菌 • 鉴别与区分方法 　• 菌落特点 　• 氧化酶试验 　• 吲哚试验
分枝杆菌属			
鸟分枝杆菌鸟亚种	鸟	结核病	• G^+无芽孢杆菌 • 无运动性 • 需氧 • 抗酸菌 • 鉴别与区分方法 　• 菌落特点 　• 细胞形态学 　• 皮内试验 　• 碳源利用试验
鸟分枝杆菌副结核亚种	反刍动物	副结核病	
牛分枝(结核)杆菌	反刍动物、犬、猫、猪、山羊、灵长类(除人类)	结核病	
偶发分枝杆菌	牛、猫、犬、猪	乳房炎、关节炎、肺和皮肤疾病	
细胞内分枝杆菌	猪、牛、灵长类(除人类)	结核病、肉芽肿性肠炎	
鼠麻风分枝杆菌	猫、大鼠	麻风病	
猪分枝杆菌	猪	淋巴结炎	
耻垢分枝杆菌	牛、猫	乳房炎、溃疡性皮肤病	
母牛分枝杆菌	牛	皮肤病	
蟾分枝杆菌	猫、猪	结节性皮肤病变、淋巴结炎	
支原体属			
非亲血性支原体			
无乳支原体/无乳环霉菌	山羊、绵羊	传染性无乳症	• 鉴别与区分方法 　• 菌落特点 　• Diene 染色法进行细菌染色 　• 尿素酶试验 　• 免疫学方法(免疫扩散试验、免疫荧光测定、血凝试验、ELISA)
产碱支原体	牛	关节炎、乳房炎	
牛生殖道支原体	牛	不育、乳房炎	
牛支原体	牛	关节炎、乳房炎、肺炎、流产、脓肿、中耳炎、生殖器官感染	
牛眼支原体	牛	结膜炎	
加州支原体	牛	乳房炎	
加拿大支原体	牛	流产、乳房炎	
山羊支原体	山羊	流产、乳房炎、败血症、多发性关节炎、肺炎	
结膜支原体	绵羊	传染性角膜结膜炎	
犬支原体	犬	肺炎	
殊异支原体	牛	呼吸系统疾病	
猫支原体	猫、马	结膜炎、肺炎	
鸡败血支原体	雏鸡、火鸡	气囊炎、窦炎	
M. gatae	猫	关节炎	
猪肺炎支原体	猪	肺炎	
猪鼻支原体	猪	多发性关节炎	
火鸡支原体	火鸡	气囊炎、骨骼病变	
蕈状支原体山羊亚种	山羊	关节炎、乳房炎、胸膜肺炎、败血症	
蕈状支原体蕈状亚种	牛、山羊、绵羊	胸膜肺炎、乳房炎、败血症、多发性关节炎、肺炎	
羊肺炎支原体	山羊、绵羊	胸膜肺炎	
肺支原体	大鼠、小鼠	鼠科呼吸系统支原体病	
M. synovale	雏鸡、火鸡	传染性滑囊炎	

续表

微生物	主要感染物种	疾病或损伤	特点
亲血性支原体			
犬嗜血支原体	犬	血巴尔通体病	• 球状 • 专性细胞寄生 • 附着在红细胞表面 • 鉴别与区分方法 　• 细胞形态学 　• 免疫学方法(PCR)
猫嗜血支原体	猫	血巴尔通体病、猫传染性贫血	
M. haemomuris	大鼠、小鼠	血巴尔通体病	
羊支原体	绵羊、山羊	附红细胞体病	
猪支原体	猪	附红细胞体病	
温氏支原体	牛	附红细胞体病	
奈瑟菌属			
犬奈瑟菌	犬	咬伤感染	• G^-球杆菌 • 无运动性 • 鉴别与区分方法 　• 菌落特点 　• 溶血类型 　• 氧化酶试验 　• 过氧化氢酶试验 　• 利用糖类过程产酸
编织奈瑟菌	犬	咬伤感染	
新立克次体			
蠕虫新立克次体	犬、其他犬科动物	"鲑鱼中毒"	• G^-球状至椭圆状 • 骨髓细胞或肠上皮细胞质空泡内 • 鉴别与区分方法 　• 血涂片中可见 　• 免疫学方法
李氏新立克次体	马	波多马克马热、单核细胞埃立克体病	
诺卡菌属			
星状诺卡菌	犬、猫、牛、马、猪	淋巴结谈、皮下脓肿、口炎、乳房炎、胸膜炎、腹膜炎、流产	• G^+无芽孢多形杆菌 • 非运动性 • 需氧 • 抗酸菌 • 鉴别与区分方法 　• 菌落特点 　• 细胞形态学 　• 硝酸盐还原试验 　• 七叶苷水解试验 　• 尿素酶试验
巴西诺卡菌	马	肺炎、胸膜炎	
豚鼠耳炎诺卡菌	牛、豚鼠	耳部感染、乳房炎	
巴斯德菌属			
马巴斯德菌	马	呼吸系统感染、子宫炎	• G^-杆菌或球杆菌 • 无运动性 • 需氧 • 鉴别与区分方法 　• 菌落特点 　• 溶血类型 　• 在巧克力琼脂和麦康凯琼脂培养基上生长 　• 过氧化氢酶试验 　• 尿素酶试验 　• 吲哚试验 　• 氧化酶试验 　• 利用糖类过程产酸和气体 　• 硝酸盐利用试验
犬巴斯德菌	犬	幼犬败血症	
鸡巴斯德菌	雏鸡、火鸡	禽霍乱、输卵管炎	
溶血巴斯德菌	牛、绵羊	见溶血曼海姆菌	
淋巴管巴斯德菌	牛	淋巴管炎	
麦氏巴斯德菌	猪	流产、败血症	
多杀巴斯德菌	反刍动物、猪、啮齿类、犬、猫、牛	肺炎、禽霍乱、鼻炎、乳房炎、出血性败血病、咬伤感染	
侵肺巴斯德菌	啮齿类、兔	肺炎	
海藻巴斯德菌	绵羊	败血症、肺炎	

续表

微生物	主要感染物种	疾病或损伤	特点
叶啉单胞菌属			

利氏叶啉单胞菌	牛、多数哺乳动物	牛夏季乳房炎、胸膜炎	• 无芽孢多形杆菌
			• 无运动性
			• 专性厌氧
			• 鉴别与区分方法
			  • 菌落特点
			  • 溶血型
			  • 利用糖类过程产酸
			  • 吲哚试验

牙龈叶啉单胞菌	多种	牙周炎、牙龈炎	
普雷沃菌属			

产黑色素普雷沃菌	牛	腐蹄病	• 无芽孢多形杆菌
			• 无运动性
			• 专性厌氧
			• 鉴别与区分方法
			  • 菌落特点
			  • 溶血类型
			  • 利用糖类过程产酸
			  • 吲哚试验

解肝素普雷沃菌	马	下呼吸道疾病	
变形杆菌属			

奇异变形杆菌	犬、马、牛犊	膀胱炎、肾盂肾炎、前列腺炎、外耳炎	• G^- 杆菌
			• 运动性
			• 鉴别与区分方法
			  • 菌落特点
			  • 氧化酶试验
			  • 产硫化氢
			  • 吲哚试验

普通变形杆菌			
假单胞菌属			

铜绿假单胞菌	牛、犬、马、绵羊	乳房炎、外耳炎、子宫炎、角膜溃疡、被毛腐烂	• G^- 无芽孢杆菌
			• 需氧
			• 鉴别与区分方法
			  • 菌落特点
			  • 氧化酶试验
			  • 在麦康凯琼脂培养基上生长

荧光假单胞菌	牛	乳房炎	
鼻疽假单胞菌		见鼻疽伯克霍尔德菌	
红球菌属			

马红球菌	马、猪	支气管肺炎、颈淋巴结炎	• G^+ 多形球杆菌
			• 需氧
			• 部分抗酸
			• 鉴别与区分方法
			  • 菌落特点
			  • 过氧化氢酶试验
			  • 溶血类型
			  • CAMP 试验
			  • 免疫学方法（荧光扩散法、ELISA）

立克次体属			

续表

微生物	主要感染物种	疾病或损伤	特点
猫立克次体	猫	蚤传斑疹伤寒	● 细胞内球杆菌 ● 在内皮细胞和平滑肌细胞内 ● 鉴别与区分方法 ● 免疫学方法(荧光抗体试验、PCR)
立氏立克次体	犬	落基山斑疹热	
斑疹伤寒立克次体	大鼠	鼠型斑疹伤寒	
沙门氏菌属			

绵羊流产沙门氏菌血清型	绵羊	流产	● G^- 无芽孢杆菌
			● 多数为运动性
			● 近 2 500 种血清型
			● 通过属名和血清型分类
			● 鉴别与区分方法
			  ● 菌落特点
			  ● 麦康凯琼脂培养基上生长
			  ● 西蒙氏柠檬酸盐培养基上生长
			  ● 尿素酶试验
			  ● 吲哚试验
			  ● 产硫化氢

鸭沙门氏菌血清型	绵羊、山羊、马	特急性败血症、急性、亚急性或慢性肠炎	
猪霍乱沙门氏菌血清型	猪		
都柏林沙门氏菌血清型	牛、绵羊、山羊		
肠炎沙门氏菌血清型	马		
新港沙门氏菌血清型	牛		
鸡白痢沙门氏菌血清型	家禽		
鼠伤寒沙门氏菌血清型	牛、绵羊、山羊、马、猪		
葡萄球菌属			

金黄色葡萄球菌	哺乳动物	创伤感染、乳房炎、皮肤感染、阴道炎	● G^+ 球菌
			● 需氧
			● 鉴别与区分方法
			  ● 菌落特点
			  ● 溶血类型
			  ● 过氧化氢酶试验
			  ● 凝集试验
			  ● 糖类发酵试验

表皮葡萄球菌	牛、其他哺乳动物	乳房炎、皮肤脓肿	
猫葡萄球菌	猫	外耳炎、膀胱炎、脓肿、创伤感染	
中间葡萄球菌	犬、牛	皮肤和耳部感染、乳房炎	
链球菌属			

无乳链球菌	牛、马	乳房炎	● G^+ 无芽孢球菌
			● 兼性厌氧
			● 鉴别与区分方法
			  ● 菌落特点
			  ● 溶血类型
			  ● 过氧化氢酶试验
			  ● 七叶苷水解试验
			  ● CAMP 试验
			  ● 糖类发酵试验

犬链球菌	犬、猫	生殖系统、皮肤和创伤感染;子宫炎、乳房炎、幼猫败血症	
停乳链球菌停乳亚种	牛、犬	乳房炎、皮炎、流产、败血症	
马链球菌马亚种	马	马腺疫、生殖系统感染、乳房炎	
兽瘟链球菌马亚种	大鼠、牛、山羊、绵羊、雏鸡	乳房炎、淋巴结炎、创伤感染、肺炎、败血症	
豕链球菌	猪	脓肿、淋巴结炎	
猪链球菌	猪	脑炎、脑膜炎、关节炎、败血症、流产、心内膜炎	
泰勒菌属			

马生殖道泰勒菌	马	马传染性子宫炎	● G^- 球杆菌
			● 鉴别与区分方法
			  ● 菌落特点
			  ● 巧克力琼脂上生长
			  ● 吲哚试验
			  ● 氧化酶试验
			  ● 过氧化氢酶试验
			  ● 七叶苷水解试验
			  ● 免疫学方法(PCR)

续表

微生物	主要感染物种	疾病或损伤	特点
密螺旋体属			
T. brennaborense	牛、马	蹄炎、“蹄疣状物”	● 紧密螺旋状菌 ● 运动性 ● 鉴别与区分方法 　● 银染后的细胞形态学
兔类梅毒密螺旋体	兔	兔梅毒	
脲支原体属			
差异脲支原体	牛	流产、外阴炎、肺炎	● 小支原体 ● 鉴别与区分方法 　● 菌落特点 　● 尿素水解试验 　● 免疫学方法（PCR、免疫荧光测定）
耶尔森菌属			
小肠结肠炎耶尔森菌	兔、犬、猪、马	回肠炎、胃肠炎	● G^-杆菌 ● 兼性厌氧 ● 鉴别与区分方法 　● 细胞形态学 　● 菌落特点 　● 氧化酶试验 　● 过氧化氢酶试验 　● 糖类发酵试验
鼠疫耶尔森菌/鼠疫杆菌	犬、猫、山羊	鼠疫	
假结核耶尔森菌	啮齿类、豚鼠、猪、猫、牛、山羊	假结核、流产、睾丸炎、附睾炎	

附录 D

Professional Associations Related to Veterinary Clinical Laboratory Diagnostics
兽医临床实验室诊断相关的专业协会

Academy of Veterinary Clinical Pathology Technicians：
    http://avcpt.net/

American Association of Veterinary Laboratory Diagnosticians：
    http://www.aavld.org/

American Association of Veterinary Parasitologists：
    http://www.aavp.org/

American Board of Veterinary Toxicology：
    http://www.abvt.org/

American College of Veterinary Microbiologists：
    http://www.acvm.us/

American Society for Veterinary Clinical Pathology：
    http://www.asvcp.org/

Association of Veterinary Hematology and Transfusion Medicine：
    http://www.avhtm.org/

Veterinary Laboratory Association：
    http://www.vetlabassoc.com/

附录 E

Common Parasites of Some Exotic Animal Species
异宠动物常见寄生虫

鸟类寄生虫

线虫

蛔型属(禽蛔属)(*Ascaridia* species)
毛细属(*Capillaria* species)
长鼻分咽线虫(*Dispharynx nasuta*)
鸡异刺线虫(*Heterakis gallinarum*)
Spiroptera incesta
四棱种(*Tetrameres* species)

吸虫

血吸虫种(*Schistosoma* species)

原虫

埃及小体种 *Aegyptianella* species
Atoxoplasma serini = 兰克氏球虫 *Lankesterella*
隐孢子种(*Cryptosporidium* species)
艾美耳种(*Eimeria* species)
贾第鞭毛虫种(*Giardia* species)
血变原虫种(*Haemoproteus* species)
组织滴虫(*Histomonas meleagridis*)
等孢球虫种(*Isospora* species)
住白细胞虫种(*Leucocytozoon* species)
疟原虫种(*Plasmodium* species)
禽毛滴虫(*Trichomonas gallinae*)
锥虫种(*Trypanosoma* species)

节肢动物

波斯锐缘蜱(*Argas persicus*)
突变膝螨(*Cnemidocoptes mutans*)
皮雷膝螨(*Cnemidocoptes pilae*)
鸡刺皮螨(红螨)(*Dermanyssus gallinae*)
禽角头蚤(*Echidnophaga gallinacea*)
鸡圆羽虱(*Goniocotes gallinae*)
野兔血蜱(*Haemaphysalis leporispalustris*)
鸡体虱(*Menacanthus stramineus*)
林禽刺螨(*Ornithonyssus sylviarum*)

环节动物类

整嵌晶蛭(*Theromyzonte ssulatum*)

兔寄生虫

线虫

兔尖柱线虫(*Obeliscoides cuniculi*)
疑核尖尾线虫(*Passalurus ambiguus*)
有距毛圆线虫(*Trichostrongylus calcaratus*)

原虫

无残艾美耳球虫(*Eimeria irresidua*)
大型艾美耳球虫(*Eimeria magna*)
中型艾美耳球虫(*Eimeria media*)
穿孔艾美耳球虫(*Eimeria perforans*)

斯氏艾美耳球虫(*Eimeria stiedae*)

节肢动物

单纯兔蚤(*Cediopsylla simplex*)
寄食姬螯螨(*Cheyletiella parasitivorax*)
黄蝇种(*Cuterebra* species)
变异革蜱(*Dermacentor variabilis*)
野兔血蜱(*Haemaphysalis leporispalustris*)
Hemodipsus ventricosus
囊凸牦螨(*Listrophorus gibbus*)
Odontopsylla multispinosus
兔痒螨(*Psoroptes cuniculi*)
人痒螨(*Sarcoptes scabiei*)

豚鼠寄生虫

线虫

有钩副盾皮线虫(*Paraspidodera uncinata*)

原虫

魏氏隐孢子虫(*Cryptosporidium wrairi*)
豚鼠艾美耳球虫(*Eimeria caviae*)
豚鼠内阿米巴虫(*Entamoeba caviae*)
豚鼠贾第鞭毛虫(*Giardia caviae*)
鼠贾第鞭毛虫(*Giardia muris*)
豚鼠三毛滴虫(*Tritrichomonas caviae*)

节肢动物 Arthropods

豚鼠背毛螨(*Chirodiscoides caviae*)
变异革蜱(*Dermacentor Variabilis*)
豚鼠长虱(*Gliricola porcelli*)
圆猪虱(*Gyropus ovalis*)
鼠螨(*Notoedres muris*)
柏氏禽刺螨(巴氏禽刺螨)(*Ornithonyssus bacoti*)
疥螨(*Sarcoptes scabiei*)
豚鼠三疣螨(*Trixacarus caviae*)

大鼠寄生虫

线虫

四翼无刺线虫(*Aspiculuris tetraptera*)
鼠管状线虫(*Syphacia muris*)
隐匿管状线虫(*Syphacia obvelata*)
毛体线虫(*Trichosomoides crassicauda*)

绦虫

缩小膜壳绦虫(*Hymenolepis diminuta*)
微小膜壳绦虫(*Hymenolepis nana*)

原虫

尼氏艾美耳球虫(*Eimeria nieschultz*)
鼠贾第鞭毛虫(*Giardia muris*)
鼠六鞭毛虫(*Spironucleus muris*)
仓鼠四毛滴虫(*Tetratrichomonas microti*)
鼠三毛滴虫(*Tritrichomonas muris*)

节肢动物

黄蝇种(*Cuterebra* species)
变异革蜱(*Dermacentor variabilis*)
鼠螨(*Notoedres muris*)
柏氏禽刺螨(*Ornithonyssusbacoti*)
有棘鳞虱(*Polyplax spinulosa*)
剑毛雷螨(*Radfordia ensifera*)

小鼠寄生虫

线虫

四翼无刺线虫(*Aspiculuris tetraptera*)
鼠管状线虫(*Syphacia muris*)
隐匿管状线虫(*Syphacia obvelata*)

绦虫

缩小膜壳绦虫(*Hymenolepis diminuta*)
微小膜壳绦虫(*Hymenolepis nana*)

原虫

镰状艾美耳球虫(*Eimeria falciformis*)
Eimeria ferrisi
Eimeria hansonorum
Eimeria hansorium
鼠贾第鞭毛虫(*Giardia muris*)
鼠克洛虫(*Klossiella muris*)
鼠六鞭毛虫(*Spironucleus muris*)

仓鼠四毛滴虫(*Tetratrichomonas microti*)
鼠三毛滴虫(*Tritrichomonas muris*)

节肢动物

黄蝇种(*Cuterebra* species)
变异革蜱(*Dermacentor variabilis*)
鼠肉螨(*Myobia musculi*)
鼠癣螨(*Myocoptes musculinus*)
锯缘鳞虱(*Polyplax serrata*)
柏氏禽刺螨(*Ornithonyssus bacoti*)
亲近雷螨(*Radfordia affinis*)
剑毛雷螨(*Radfordia ensifera*)

仓鼠寄生虫

线虫

鼠管状线虫(*Syphacia muris*)
隐匿管状线虫(*Syphacia obvelata*)

绦虫

缩小膜壳绦虫(*Hymenolepis diminuta*)
微小膜壳绦虫(*Hymenolepis nana*)

原虫

贾第鞭毛虫属(*Giardia* species)
鼠六鞭毛虫(*Spironucleus muris*)
仓鼠四核虫(*Tetranucleus microti*)
鼠三毛滴虫[*Tritrichomonas muris(criceti)*]

节肢动物

金鼠蠕形螨(*Demodex aurati*)
仓鼠蠕形螨(*Demodex criceti*)
柏氏禽刺螨(*Ornithonyssus bacoti*)

沙鼠寄生虫

线虫

半透明齿口线虫(*Dentostomella translucida*)

绦虫

缩小膜壳绦虫(*Hymenolepis diminuta*)
微小膜壳绦虫(*Hymenolepis nana*)

节肢动物

金鼠蠕形螨(*Demodex aurati*)
仓鼠蠕形螨(*Demodex criceti*)
甲胁虱(*Hoplopleura meridionidis*)

鱼类寄生虫

原虫

斜管虫种(*Chilodonella* species)
刺激隐核虫(*Cryptocaryon irritans*)
多子小瓜虫(*Ichthyophthirius multifiliis*)
卵圆鞭毛虫种(*Piscinoodinium* species)
四膜虫种(*Tetrahymena* species)

爬行动物寄生虫

五口虫

舌状虫种(*Armillifer* species)
克罗塔洞头虫(*Porocephalus crotali*)
洞头虫种(*Porocephalus* species)
舌形虫种(*Kiricephalus* species)

附录 F

Example of a Standard Protocol for Reporting Results of a Urinalysis Laboratory Report

实验室尿液分析报告的标准报告模板举例

动物姓名： 日期：

物种： 品种： 年龄： 性别：

采样日期/时间： 采样方法：

物理性质

样本体积：	
颜色：	
外观/浑浊度：	
气味：	
比重：	

化学性质

pH：	
蛋白质：	
葡萄糖：	
酮体：	
尿胆素原：	
胆红素：	
血红蛋白：	
隐血：	

尿沉渣

RBC(hpf)：	
WBC(hpf)：	
上皮细胞(hpf)(类型)：	
细菌(hpf)：	
结晶(lpf)(类型)：	
管型(lpf)(类型)：	

说明：	

附录 G

Taxonomic Classification of Parasites
寄生虫生物学分类

界:动物界(动物)Animalia (Animals)

门:扁形动物门(扁形虫) Platyhelminthes (flatworms)
  纲:吸虫纲(吸虫)Trematoda (flukes)
    亚纲:单殖亚纲(单殖吸虫)Monogenea(monogenetic flukes)
    亚纲:复殖亚纲(复殖吸虫)Digenea (digenetic flukes)
  纲:假叶纲(假绦虫)Cotyloda(pseudotapeworms)
门:线虫动物门(线虫)Nematoda (roundworms)
门:棘头动物门(棘头虫)Acanthocephala(thorny-headed worms)
门:节肢动物门(有节肢的动物)Arthropoda (animals with jointed legs)
  亚门:有颚亚门(有具颚的口器)Mandibulata (possess mandibulate mouthparts)
    纲:甲壳纲(水生甲壳动物)Crustacea (aquatic crustaceans)
    纲:昆虫纲 Insecta
      目:网翅目(cockroaches)Dictyoptera(cockroaches)
      目:鞘翅目(甲壳虫)Coleoptera (beetles)
      目:鳞翅目(蝴蝶和飞蛾)Lepidoptera (butterflies and moths)
      目:膜翅目(蚂蚁、蜜蜂和黄蜂)Hymenoptera (ants,bees,and wasps)
      目:半翅目(蝽类) Hemiptera (true bugs)
      目:食毛目(咬虱)Mallophaga(chewing or biting lice)
      目:虱目(吸虱)Anoplura(sucking lice)
      目:双翅目(双翅飞虫)Diptera (two-winged flies)
      目:蚤目(跳蚤)Siphonaptera (fleas)
门:肉足鞭毛门 Sarcomastigophora
  亚门:鞭毛虫亚门(鞭毛虫)Mastigophora(flagellates)
门:肉足鞭毛门 Sarcomastigophora
  总纲:肉足总纲(变形虫)Sarcodina (amoebae)
门:纤毛门(纤毛虫)Ciliophora(ciliates)
门:顶复门(顶复虫) Apicomplexa (apicomplexans)
门:变形菌门 Proteobacteria
  纲:α-变形菌纲 Alpha Proteobacteria
    目:立克次体目 Rickettsiales
      科:立克次体科 *Rickettsiaceae*
      科:无形体科 *Anaplasmataceae*

附录 H

Zoonotic Internal Parasites
人兽共患体内寄生虫

寄生虫	宿主	保虫宿主	感染性阶段	引发疾病
弓首属(*Toxocara* spp.)	犬、猫	犬、猫	含有 L_2 的虫卵	内脏幼虫移行症(Visceral larva migrans)
钩口属(*Ancylostoma* spp.)	犬、猫	犬、猫	L_3	皮肤幼虫移行症(Cutaneous larva migrans)
狭首弯口线虫(*Uncinaria stenocephala*)	犬、猫	犬、猫	L_3	皮肤幼虫移行症
刚地弓形虫(*Toxoplasma gondii*)	猫	猫、生肉	孢子化卵囊、慢殖子、速殖子	弓形虫病(Toxoplasmosi)
粪类圆线虫(*Strongyloides stercoralis*)	犬、猫、人类	人类、犬、猫	L_3	类圆线虫病(Strongyloidiasis)
犬复孔绦虫(*Dipylidium caninum*)	犬、猫、人类	跳蚤	拟囊尾蚴	绦虫病(Cestodiasis)
牛带绦虫(*Taenia saginata*)	人类	牛的肌肉	囊尾蚴	绦虫病(Cestodiasis)
猪肉绦虫(*Taenia solium*)	人类	猪的肌肉、人类	囊尾蚴、虫卵	绦虫病,囊虫病(Cestodiasis,cysticercosis)
细粒棘球绦虫(*Echinococcus granulosus*)	犬	犬	虫卵	包虫病(Hydatidosis)
多房棘球绦虫(*Echinococcus multilocularis*)	犬、猫	犬、猫	虫卵	包虫病(Hydatidosis)
拟曼森迭宫绦虫(*Spirometra mansonoides*)	犬、猫	未知	在节肢动物体内的原尾蚴(Procercoid in arthropod)	裂头蚴病(*Sparganosis*)
肉孢子虫属(*Sarcocystis* spp.)	人类、犬、猫	牛、猪、犬、猫	肌肉中的肉孢子虫、卵囊(Sarcocyst in muscle,oocyst)	肉孢子虫病、住肉孢子虫病(Sarcocystiasis,sarcosporidiosis)
隐孢子虫(*Cryptosporidium*)	哺乳动物	哺乳动物	卵囊	隐孢子虫病(Cryptosporidiosis)
结肠小袋虫(*Balantidium coli*)	人、猪	人类、猪	包囊、滋养体	小袋纤毛虫病(Balantidiasis)

续表

寄生虫	宿主	保虫宿主	感染性阶段	引发疾病
猪绦虫(*Ascaris suum*)	猪	猪	含有 L_2 的虫卵	内脏幼虫移行症(Visceral larva migrans)
旋毛虫(*Trichinella spiralis*)	哺乳动物	猪和熊的肌肉	L_3 包囊	旋毛虫病(Trichinellosis)
吮吸线虫属(*Thelazia* spp.)	哺乳动物	苍蝇	L_3	蠕虫性结膜炎(Verminous conjunctivitis)
贾第虫属(*Giardia* spp.)	哺乳动物	哺乳动物	包囊	贾第虫病(Giardiasis)
巴贝斯属(*Babesia* spp.)	啮齿动物、人类	硬蜱	子孢子	巴贝斯虫病(Babesiosis)
克氏锥虫(*Trypanosoma cruzi*)	哺乳动物	猎蝽科昆虫(Reduviids)	猎蝽体内的锥虫(Trypanosomal form in kissing bug)	美洲锥虫病(Chagas disease)

引自 Sirois M: *Principles and practice of veterinary*, ed 3, St Louis, 2011, Mosby.

Glossary
词汇表

腹腔穿刺 对腹腔的穿刺术。

绝对值 外周血中每种白细胞的数量；通过对白细胞进行分类计数后，以总数乘以相对百分比获得。

棘红细胞 带有长度不一、分布不均的刺状突起的红细胞。

螨病 感染螨虫。

准确性 检测结果与真值一致的差距。

酸碱平衡 体液酸度和碱度的平衡状态；又称氢离子(H^+)平衡。

抗酸染色 用于显示某些微生物的染色程序，这些细菌具有染色后不易被酸脱色的特点，尤其是分枝杆菌和诺卡氏菌。

酸中毒 血液或机体组织由于酸蓄积或碳酸氢盐减少而导致的 pH 病理性降低。

腺泡 与腺泡有关或腺泡受累。这一术语特指具有葡萄串样成簇结构的腺体组织。

ACTH 刺激试验 用于评估机体对 ACTH(一种可促进肾上腺皮质生长和分泌的激素)反应的检测。

活化凝血时间 用于评估凝血内源性和共同途径的检测，通过管内的硅藻土或高岭土启动凝血反应。

活化部分凝血活酶时间 用于评估凝血内源性和共同途径的检测。向血浆加入内源性途径启动剂，计算形成血凝块所需的时间。

主动免疫 通过感染或免疫使动物产生抗体。

急性期蛋白 在损伤或炎症后由肝脏产生的一系列蛋白，包括血清淀粉样蛋白 A 和 C 反应蛋白。

艾迪生病 见肾上腺皮质功能减退。

促肾上腺皮质激素 由垂体前叶分泌的对肾上腺皮质具有刺激作用的激素。也被称为促皮质素，缩写为 ACTH。

琼脂 海藻提取物，可使培养基固化。

无粒细胞 一类细胞质内无明显颗粒的白细胞。

丙氨酸氨基转移酶 肝细胞损伤时释放的细胞质内的一种酶。

白蛋白 一组血浆蛋白，是血浆蛋白的主要构成。

碱性磷酸酶 在碱性 pH 条件下发挥作用的一组酶，可催化有机磷反应。

碱中毒 血液 pH 高于 7.45 的情况。

尿囊素 由尿酸氧化酶将尿酸氧化后产生的结晶物质，大多数哺乳动物(灵长动物和大麦町犬除外，缺乏尿酸氧化酶)的尿液中均含有此物质。

同种抗体 同一物种中，某个体产生的针对另一个体的天然抗体。

α-溶血 血琼脂上红细胞被部分破坏产生的菌落周围的绿色溶血环。

重尿酸铵 严重肝病动物尿液中可观察到的棕色结晶。

淀粉酶 主要由胰腺产生的一种酶，其作用是分解淀粉。

分解淀粉 通过评估淀粉底物减少的情况来测定淀粉酶的方法。

阴离子 带负电荷的离子。

阴离子间隙 用于评估动物酸碱状态的指标；计算方法是血清总的可测阳离子($Na^+ + K^+$)减去总的可测阴离子($Cl^- + HCO_3^-$)。

核大小不等　样本中的细胞核大小不均。

核仁大小不等　核仁大小不均。

抗体滴度　血清中某种特异性抗体的水平，指抗体无明显阳性反应时的最高稀释倍数的倒数，通常用于区分活动性感染和先前的抗原暴露。

抗凝剂　可抑制或阻断凝血的物质。

抗菌药纸片　包被抗生素的纸片，用于抗菌药物敏感性试验。

抗菌药敏感性试验　一种用于评估细菌对抗菌药敏感性的体外试验。

无尿　不产生尿液。

凋亡　单个细胞的死亡，过程包括细胞皱缩、快速裂解，碎片被周围细胞或巨噬细胞吞噬。

蛛形纲　蛛形纲动物，包括螨虫和蜱虫。

关节穿刺　移除关节液。

蛔虫　蛔科动物，包括蛔虫属、副蛔属、弓蛔属和弓首属。

子孢子　子囊菌的性孢子。

天冬氨酸氨基转移酶　位于血清和部分组织中可催化氨基从天冬氨酸向 α-酮戊二酸转移并生成谷氨酸和草酰乙酸的酶，又称天冬氨酸转氨酶。

抽吸　通过抽吸作用移除腔隙内的液体或气体。通过细针或注射器采集病变部位的细胞或组织。

非典型淋巴细胞　用于描述形态异常的淋巴细胞的术语，包括嗜天青颗粒、细胞质嗜碱性增强、细胞质过多或细胞核增大或扭曲。

自身凝集　红细胞可被自身的血清凝集，通常由于存在自身抗体。

亲和力　指抗原抗体结合的强度。

氮质血症　血液中尿素潴留。

杆菌　杆状细菌。

贝尔曼技术　一种回收幼虫的寄生虫检查。

碱剩余　将动脉血样的 pH 调至 7.4 所需的酸或碱的量。

担孢子　担子菌的性孢子。

嗜碱性粒细胞　一种颗粒白细胞，细胞核不规则、相对淡染，部分变细分成 2 叶；细胞质内含粗大的蓝黑色颗粒，颗粒大小不等。

嗜碱性点彩　红细胞内小的蓝色颗粒，是残余的 RNA。

比尔定律　描述光吸收、传播与物质浓度间关系的定律。

本周氏蛋白　免疫球蛋白轻链经肾小球滤出进入尿液。

良性　用于描述肿瘤或增长情况并非恶性的术语，可用于描述任何不威胁生命的状况。

β-溶血　血琼脂上红细胞完全被破坏后在菌落周围透明的溶血环。

β-内酰胺酶　细菌产生可对抗 β-内酰胺类抗生素的酶。

碳酸氢盐(HCO_3^-)　血浆中的电解质，碳酸氢盐-碳酸缓冲系统的一部分，可维持血 pH 平衡。

胆汁酸　肝细胞通过胆固醇代谢产生的一组物质，有助于脂肪吸收。

胆红素　血红蛋白降解产生的不可溶性色素，通过肝细胞代谢。

胆红素尿　尿液中胆红素浓度异常升高。

双目　有两个目镜(如显微镜)。

生物危害　含有感染性、对人类健康存在威胁的生物物质。

挤压膀胱　人工挤压膀胱促进尿液进入尿道。

血琼脂　可使大部分细菌性病原生长的加富培养基，通常含有绵羊血。

血型抗原　位于红细胞表面的抗原，血清中可能含有相应抗体。

血尿素氮　哺乳动物氨基酸分解的主要终产物。

血源性病原　存在于血流中的感染原。

吸槽　绦虫纲中槽头绦虫、裂头绦虫、吻锥绦虫头节上两条长沟或吸盘样结构。

颊黏膜出血时间　通过在上唇颊黏膜上行标准化的浅表切口，以评估初级止血功能。

缓冲　使 pH 改变一个单位所需的酸或碱的量。

淡黄层　血液离心后浓缩红细胞上端的一层细胞，主要为白细胞和血小板。

钙　体内含量最大的矿物质，是细胞内液和细胞外液重要的阳离子，对凝血，维持心脏、神经肌肉和代谢活性至关重要。

碳酸钙　兔和马尿液中常见的结晶类型。

草酸钙　常见于酸性和中性尿的一种结晶，健康犬和马尿液中可见少量此类结晶。

加州乳房炎测试　一种通过乳房炎乳汁中白细胞计数升高来简介诊断牛乳房炎的方法。

烛缸　通过形成厌氧环境来培养厌氧菌。

嗜二氧化碳　需要较高水平的二氧化碳方可生长的细菌。

荚膜染色　通过着染致病菌的加墨进行鉴别的染

色方法。

癌 用于描述上皮来源肿瘤的术语。

管型 肾小管上皮细胞退化后产生的蛋白沉积所形成的结构，可能包含嵌入物质。

过氧化氢酶 催化过氧化氢分解产生氧气和水的酶。

留置导管 在尿道或血管内留置导管。

阳离子 带正电荷的离子。

细胞免疫 通过细胞而非抗体发挥免疫作用的免疫机制。

细胞管型 透明管型中含血细胞或上皮细胞所形成的尿液结构。

穿刺 通过刺入体腔或器官获取液体的操作。

离心漂浮 为了检出寄生虫卵或包囊的粪便样本处理方法，比标准漂浮法更省时，且能够获得更多虫卵或包囊。

离心机 可高速选装样本的设备。

尾蚴 吸虫在中间宿主中发育的一个阶段。

绦虫 绦虫纲动物。

化学卫生计划 描述了工作场所化学危害具体细节的文件。

化学发光法 通过化学反应发射光线。

氯 细胞外液和胃液中的主要阴离子。

胆固醇 一种血浆脂蛋白，主要由肝脏合成或通过食物吸收，用于合成胆汁酸。

柠檬酸盐 柠檬酸根形成的盐，作为可逆性抗凝剂用于凝血检查。

血块回缩 用于评估血小板数量和功能及内源和外源性凝血途径的简单但不精确的检查。

血小板凝集簇 血涂片中成簇的血小板。

凝固酶 某些细菌产生的有助于纤维蛋白原黏附于细胞表面的物质。

球菌 圆形的细菌。

靶形红细胞 红细胞膜相对细胞质含量增加而形成的异常形态。

竞争 ELISA 一种免疫检查。患病动物样本中的抗原与酶标抗原竞争测试孔中包被的抗体。

补体系统 一组血浆蛋白，主要功能是提高免疫系统活性。

复合光学显微镜 利用组合镜片成像的显微镜。

聚光器 显微镜的一个结构，由两片镜片将光源的光聚焦。通过上下调节聚光器使光聚焦。

分生孢子 真菌的无性孢子，通过出芽或分裂从分生孢子梗顶端脱落(成熟时)。

结合胆红素 肝细胞摄取后与葡糖醛酸结合后形成的溶于水的胆红素。

质控品 用于确认检测结果准确性和精确性的已知生物浓度的物质。

库姆斯试验 用于检测红细胞表面(直接库姆斯试验)或血浆中红细胞抗体(间接库姆斯试验)的免疫检查。

纤毛蚴 可在外界环境中自由游动或爬行的球形、具纤毛的绦虫胚胎。

角化 用于描述发情期动物阴道细胞学涂片中上皮细胞的术语。

皮质醇 肾上腺产生的一种类固醇激素。

盖玻片法涂片 利用两张盖玻片制备血涂片的方法。

肌酸激酶 一种主要位于心脏、大脑和骨骼肌内的酶，当细胞损伤时释放出来。

肌酐 正常肌细胞代谢产生的物质。

交叉配血试验 输血前用于评估供血和受血动物血液相容性的检查。

培养基 用于培养微生物样本的基质。

转运拭子 用于微生物样本采集和转运、带培养基的拭子。

库什曼螺旋 支气管细胞学样本有时可观察到的螺旋形黏液状纤维。

库欣综合征 见肾上腺皮质功能亢进。

表皮 皮肤最外层。

胱氨酸 尿液中可形成六边形结晶的氨基酸。

膀胱穿刺 从膀胱中抽吸尿液。

D-二聚体 纤维蛋白降解时产生的蛋白质碎片。

泪滴红细胞 泪滴形状的红细胞。

暗视野显微镜 主要应用于参考实验室的显微镜，专门用于观察未染色样本。

终宿主 被寄生虫成虫、成熟或有性增殖阶段寄生的宿主。

皮肤癣菌培养基 用于培养表皮真菌并抑制细菌增殖的鉴别培养基。

地塞米松抑制试验 一种用于诊断肾上腺皮质功能亢进的内分泌检查。

鉴别培养基 通过细菌在培养基上发生的生化反应用于鉴别细菌类别的培养基。

稀释 使液体变稀或浓度降低的操作。

直接生活史 无须中间宿主的寄生虫生活史。

直接药物敏感性试验 通过未稀释样本(如尿液)直接在MH平板上进行抗菌药敏感性试验的方法。

圆形细胞类肿瘤 由离散性圆形细胞构成的肿瘤,如肥大细胞瘤、组织细胞瘤、淋巴瘤、浆细胞瘤、传染性性病肿瘤。

弥散性血管内凝血 获得性次级凝血异常,特征是血小板和凝血因子耗竭,又称消耗性凝血病和去纤维综合征。

犬红细胞抗原(DEA) 犬血型命名。

杜勒小体 部分未成熟或中毒性粒细胞的核糖体,为小的蓝灰色结构,位于细胞质内。

镰状红细胞 镰刀样红细胞,一种形态异常的红细胞。

锯齿状红细胞 红细胞表面有多个分布均匀的小突起。

外寄生虫 寄生于宿主表面的寄生虫。

有效肾血浆灌注 血液通过肾脏的有效速率。是肾小球滤过率的关键因素。

电解质 在溶液中可解离出离子的物质。

终点法 化学反应抵达稳定终点。

内分泌 腺体或其他结构构成的可直接向循环系统分泌激素的系统。

内寄生虫 寄生于宿主组织内的寄生虫。

芽孢 细菌在环境恶劣时形成的休眠形式,细胞内的折光小体,对热、干燥、化学物质和辐射具有抵抗力。

芽孢染色 用于着染细菌样本中芽孢的鉴别染色方法,可辨别芽孢是否存在、其位置和形状。

工程控制 为了消除或减轻危害暴露而对工作环境进行的改变。

富集培养基 可满足绝大多数苛养病原的培养基。

酶联免疫吸附试验(ELISA) 一种酶免疫检查,通过酶标抗原或抗体及免疫吸附(固相载体上包被抗原或抗体)进行检测。

酶尿 尿液中出现某些特定的酶。

伊红 一种粉色至红色的酸性染料,主要用于血涂片染色。

嗜酸性粒细胞 一种粒细胞,其颗粒对染液中的酸性成分亲和力。

嗜酸性 循环嗜酸性粒细胞增多,或细胞成分对酸性染料亲和力高。

上皮细胞性肿瘤 肿瘤特征是细胞成簇或成片分布,包括肺腺癌、肛周腺瘤、基底细胞瘤、皮脂腺瘤、移行细胞癌和间皮瘤。

红细胞衰亡 红细胞自发衰亡;与有核细胞凋亡类似。

红细胞指数 用于评估外周血中红细胞平均体积和血红蛋白浓度的计算值。

红细胞生成 产生红细胞。

促红细胞生成素 刺激骨髓生成红细胞的激素。

乙二醇 一种甜而辛辣的溶剂,许多产品如防冻剂、干燥剂和墨水中均含有此物质。摄入或皮肤接触具有毒害作用。

乙二胺四乙酸 一种可结合钙的抗凝剂。

渗出液 因炎症而导致的液体积聚,液体中细胞和蛋白质含量升高。

兼性厌氧菌 不需要氧气但在氧气存在的情况下也可生长的细菌。

苛养 用于描述细菌,指其生长或营养需求复杂。

脂肪管型 尿液中的有形成分,由透明管型镶嵌脂肪颗粒构成。

粪便沉淀法 粪便寄生虫的一种检查方法,用于观察粪便漂浮无法浮起的较重的结构。

纤维蛋白溶解产物 纤维蛋白溶解产生的蛋白碎片。

纤维蛋白检测法 用于评估样本止血功能的仪器。

细针活检 通过在病变中打孔获得样本的方法。

鞭毛 长而细的螺旋形结构,主要起运动作用。

鞭毛染色 用于着染细菌鞭毛的特殊染色方法。

跳蚤叮咬性皮炎 因对跳蚤叮咬产生超敏反应而导致炎性病变和自损。

荧光抗体 标记荧光染料的抗体,用于免疫分析。

荧光显微镜 可观察荧光颗粒的显微镜,如观察荧光标记抗体。

电解质清除分数 某种电解质相对于肾小球滤过率的排泄速率,是一种计算值。

自由接取 一种在动物自主排尿时接取尿液的采样方法。

果糖胺 葡萄糖与蛋白质不可逆地结合而形成的分子。

γ-谷氨酰胺转肽酶 肝脏、胰腺和肾小管含量较高的细胞内酶。

γ-溶血 细菌样本在血平板上不产生溶血环。

吉姆萨染色 用于血液和骨髓涂片的染色方法。也可用于观察真菌或肥大细胞颗粒。

球蛋白 一组复杂的血浆蛋白，包括 α、β 和 γ 球蛋白；如免疫球蛋白、补体和转铁蛋白等。

肾小球滤过率 某物质经肾小球滤过并排入尿液的速率。

肾小球 肾皮质中的血管丛。

胰高血糖素 胰岛 α 细胞在低血糖时分泌的激素。

葡萄糖 碳水化合物代谢的单糖终产物。

葡萄糖耐受试验 用于评估碳水化合物耐受情况的代谢试验。

糖尿 尿液中出现葡萄糖。

谷氨酸脱氢酶 大量存在于牛、绵阳和山羊肝细胞中、与线粒体结合的酶。

糖化血红蛋白 葡萄糖与血红蛋白不可逆结合。

革兰氏染色 根据细菌细胞壁化学结构的不同着染情况对细菌分类的特殊染色。

颗粒管型 肾小管细胞退化形成蛋白质沉积，后进一步退化形成颗粒物质的尿液有形成分。

粒细胞 细胞质含明显颗粒的细胞。

肉芽肿 炎症病变中含有大量(>70%)巨噬细胞。

液滴法 用于评估样本活动性的方法。

海因茨小体 红细胞内的圆形结构，为变性的血红蛋白，瑞氏染色时着色较浅。

便血 粪便中存在血液。

造血 生成血细胞和血小板。

尿血 尿液中存在完整的红细胞。

血红蛋白 红细胞内携带氧气的色素，在骨髓内发育的红细胞中产生，由 4 个血红素和球蛋白构成。

血红蛋白尿 尿液中存在游离的血红蛋白。

溶血 红细胞破坏。

溶血性 液体样本(如血清或尿液)因存在红细胞破坏而发红。

血友病 因遗传异常导致缺乏某种凝血因子而发生出血。

肝素 许多组织，特别是肝脏和肺脏中存在的一种酸性糖胺聚糖，具有强大的抗凝功能。

肝脑病 严重肝功能不全时表现兴奋、抖动、强直行走、顶头、失明继而昏迷和抽搐。

嗜异性粒细胞 鸟类、爬行类和部分鱼类的一种白细胞，含有明显的嗜酸性颗粒，功能与哺乳动物的中性粒细胞类似。

六钩蚴 绦虫的感染性阶段。

组织细胞瘤 主要由组织细胞(巨噬细胞)构成的肿瘤。

直方图 用于描述频率分布的图表，将数据分类后用一系列方块表示。方块的高度为相应类别(分类频率)内数值的数量，方块的宽度为分类间距。

豪乔氏小体 年轻红细胞内的嗜碱性包涵体，为细胞核残体。

体液免疫 通过产生抗体而发生的免疫反应。

透明管型 肾小管上皮细胞降解后形成蛋白沉淀，当无其他结构镶嵌时即为透明管型。

肾上腺皮质功能亢进 肾上腺皮质激素异常升高，同库欣综合征。

高钙血症 血浆钙水平升高。

高碳酸血症 血液中二氧化碳过多，血气分析时 p_{CO_2} 升高，提示呼吸性酸中毒，又称高碳酸症。

高凝 凝血功能异常升高。

高血糖 血葡萄糖水平异常升高。

高钾血症 血浆钾水平升高。

高脂蛋白血症 血液中脂质浓度升高，又称高脂血症或高血脂。

高钠血症 血浆钠水平升高。

高磷血症 血液中磷水平升高。

高蛋白血症 血液蛋白水平升高。

分叶过度 中性粒细胞分叶超过 5 个。

甲状腺功能亢进 碘化甲状腺素水平分泌过多。

菌丝 真菌菌体由线性排列的细胞构成的多细胞结构。

肾上腺皮质功能减退 盐皮质激素或糖皮质激素生成减少。

低白蛋白血症 血液中循环白蛋白降低。

低钙血症 血浆钙水平降低。

低碳酸血症 血液中二氧化碳减少，又称低碳酸症。

低色素性 红细胞因血红蛋白浓度降低而着色变淡。

低凝 凝血功能异常降低。

低血糖 血浆葡萄糖水平降低。

低血钾 血浆钾水平降低。

低血钠 血浆钠水平降低。

低磷血症 血磷浓度降低。

低蛋白血症 血液蛋白浓度异常降低。

低分叶 白细胞分叶较正常减少。

口下板 蜱虫锚样的刺吸器官。

黄疸 皮肤、黏膜或血浆因胆色素浓度升高而呈异常的黄色。

艾杜糖醇脱氢酶 一种催化 *L*-艾杜糖醇氧化为 *L*-

果糖的氧化还原酶,在肝脏内含量较高,肝损伤时此酶的血清浓度升高,又称山梨醇脱氢酶。

免疫扩散 将反应物滴加于琼脂中,使其在凝胶中向彼此迁移的免疫检测。

免疫球蛋白 抗体;血浆中对抗特定抗原的蛋白质。

免疫耐受 对自身或外来抗原不反应的状态。

阻抗法分析仪 通过计数电解质溶液中通过小孔的颗粒进行检测的分析仪,利用颗粒(细胞)产生的电信号幅度变化对细胞进行分类。

恒温箱 一种可保持温度恒定不变的设备,可用于培养微生物等。

间接生活史 需要一个或多个中间宿主的寄生虫生活史。

间接敏感性试验 通过将样本(如尿液)在MH平板上稀释来进行敏感性试验。

炎性反应 机体通过受损细胞释放组胺而启动的防御反应。

龄期 节肢动物换蜕皮所经历的时间。

胰岛素 胰岛β细胞在血糖和氨基酸浓度升高时分泌的蛋白质激素。

干扰素 可提高免疫系统功能的小的可溶性蛋白质。

中间宿主 寄生虫幼虫、不成熟或无性生殖阶段寄生的宿主。

国际单位 国际单位(SI)设立的基础单位制,是公制系统的一种。

黄疸 以高胆红素血症为特征,胆色素在皮肤、黏膜和巩膜沉积。

核溶解 细胞核退化或溶解。

核碎裂 细胞核碎裂。

角红细胞 血液学中,红细胞呈角状形态的异常细胞。

酮尿 尿液中存在酮体。

动力法 通过测定体系中物质浓度变化速度的化学测试法。

K-B法 通过在琼脂中加入标准化的细菌悬液,将包被抗生素的纸片置于琼脂表面的一种敏感性试验。

Kovac试剂 一种用于检测细菌产吲哚能力的试剂。

乳酸盐 乳酸的阴离子形式或构成的盐。

乳酚棉蓝 酚、乳酸、甘油、蒸馏水和棉蓝染料构成的制剂,用于着染湿片中的真菌。

核左移 外周血中未成熟细胞数量增多。

薄红细胞 细胞膜相对细胞质量升高的红细胞。

白血病 以血液或骨髓中出现肿瘤细胞为特征的疾病。

白血病样反应 血细胞(特别是白细胞)数量增多或其他临床表现类似于白血病。

白细胞增多 血液中白细胞数量增多。

白细胞生成 生成白细胞。

脂肪酶 用于分解脂肪的胰酶。

脂血症 血浆或血清中存在脂质。

淋巴细胞 一种在炎症、体液或细胞免疫反应中发挥作用的细胞。

淋巴瘤 淋巴组织的肿瘤。

淋巴细胞减少 外周血中淋巴细胞数量减少。

麦康凯琼脂 含有蛋白胨、乳糖、胆盐、氯化钠、中性红和结晶紫,用于鉴别发酵乳糖(大肠埃希菌)和其他不发酵乳糖的肠杆菌。

大细胞增多 细胞异常增大的情况。

肥大细胞瘤 肥大细胞构成的结节性肿瘤,大多数物种(最常见于犬)好发于皮肤。

材料安全数据表(MSDS) 某行业中标明有害材料、含有产品安全信息的说明,OSHA强制要求。

平均红细胞血红蛋白含量(MCH) 通过血红蛋白(以克计)乘以10再除以红细胞数量(以百万计)计算获得单个红细胞中平均血红蛋白含量。

平均红细胞体积 通过血细胞比容百分比乘以10再除以红细胞数量(以百万计)获得单个红细胞体积(立方微米)。

巨核细胞 骨髓中产生血小板的细胞。

巨血小板 异常的大血小板,通常为新生的血小板,常见于血小板生成增多的情况。

黑色素瘤 起源于黑色素细胞的皮肤或其他器官肿瘤。

间质细胞性肿瘤 混合性间质组织性肿瘤,包含2种或更多不相关的细胞成分(不含纤维组织)。

嗜温菌 最适生长温度为25～40 ℃的细菌。

囊蚴 绦虫在中间宿主或植被中的包囊静止或发育阶段。

甲醇 甲醇。

高铁血红蛋白 血红蛋白铁被氧化的形式,对氧气运输无效。

微需氧 生长时要求氧气浓度低于环境浓度。

小细胞增多 细胞较正常偏小。

微丝蚴 线虫纲丝虫幼虫。

微量血细胞比容 通过毛细管和高速离心测得的红细胞压积。

最小抑菌浓度 抑制细菌在体外生长的最小抗生素浓度。

毛蚴 两性吸虫的纤毛幼虫阶段。

改性漏出液 漏出液含有更高的蛋白和(或)细胞,可能为漏出液发展为渗出液的过渡阶段。

单核细胞 组织中巨噬细胞的前体细胞,单核细胞离开血流进入炎症部位后称为活化的巨噬细胞。

黏蛋白凝固试验 向正常关节液中加入乙酸,可导致凝块形成,然后评估凝块的致密度和上清液的清亮程度。

MH 培养基 用于评估微生物抗菌药物敏感性试验的标准培养基。

蛆病 双翅目昆虫幼虫(蝇蛆)感染。

自然杀伤(NK)细胞 淋巴细胞的亚类,可直接溶解感染抗原的细胞。

线虫 线虫纲的多细胞寄生虫。

新生动物溶血 新生动物溶血性贫血。

肿瘤 用于描述组织增殖的广义词,通常指良性或恶性肿瘤。

肾单位 肾脏结构和功能单元,形态类似于一个带长茎的漏斗和两根盘区的小管。

纽鲍尔原理 在血细胞计数板上通过明确计数范围从而使白细胞、红细胞和血小板及其他液体中的细胞计数更准确。

中性粒细胞 可吞噬感染物质和细胞碎片的白细胞,在炎症中发挥重要作用。

中性粒细胞增多 外周血中中性粒细胞数量异常增多。

虮 虱子卵,黏附于宿主毛发或羽毛干部。

核塑形 细胞核因同一细胞或邻近细胞的细胞核而变形。

有核红细胞 含有细胞核的未成熟红细胞。

数值孔径 显微镜物镜的效率参数,是透光量的平方根。

若虫 某些节肢动物幼虫和成虫之间的发育阶段,形态与后者更接近。

物镜 接收来自图像增强管的光束并将其转化为平行光的镜头。

严格厌氧 在氧气存在的情况下无法生存的细菌。

职业安全与卫生管理局(OSHA) 执行实验室安全要求的美国政府部门。

眼 与眼睛有关的。

少尿 产尿量减少。

调理 通过补体增强抗原吞噬细胞的吞噬作用。

光密度 光穿透某介质的强度。

草酸盐 草酸阴离子。

氧化酶 某些细菌含有的可在正常细菌代谢过程中还原氧气的酶。

红细胞压积 红细胞占全血的比例。

穿刺 取出体腔中的液体。

单性生殖 雌性动物所产的卵无须受精即可发育。

被动免疫 从初乳或合成抗体获得抗体的过程。

虱病 虱子感染。

Pelger-Huet 异常 以外周血中性粒细胞核仅分两叶为特征的遗传异常。

周期性寄生虫 仅部分生命阶段寄生于宿主的寄生虫。

腹腔液 腹腔内正常产生的以润滑器官表面、减少摩擦的液体。

个人防护设备 如眼睛保护和其他防护服装、隔板等以减少工作中的有害物暴露。

pH 溶液中氢离子的浓度的表示方法。

相差显微镜 显微镜含有特殊的聚光器和带有相差环的物镜,用于观察因折光指数不同而对比度不同的图像。

移液器 一种用玻璃或塑料制成的经校准的透明管状器皿,本词也指利用移液器滴定液体。

PIVKA 维生素 K 缺乏或拮抗诱导蛋白,维生素 K 依赖的凝血因子前体物质,无功能。

血浆 血液的液体成分。

浆细胞瘤 髓外骨髓瘤,在骨髓外,通常累及内脏器官或鼻咽、口腔黏膜。

血小板 巨核细胞释放的不规则盘状碎片,对血液凝固至关重要。

多形性 形态各异。

慢性铅中毒 因吸收铅或铅盐而发生的慢性铅中毒。

多能干细胞 可分化为多种细胞的细胞。

异形细胞增多 形态异常的细胞增多。

聚合酶链式反应 通过复制和扩增样本中的 DNA 分子进行检测。

多尿 产尿量增多。

精确度 检测的重复性和随机误差大小。

潜伏期 从寄生虫感染到表现感染的时间。

节片 绦虫虫体的一部分。

蛋白尿 尿液中存在蛋白质。

凝血酶时间 用于评估血浆中因凝血因子Ⅴ、Ⅶ、Ⅹ缺乏导致凝血缺陷的检测。

嗜冷菌 低温(即15～20 ℃)最适生长的细菌。

打孔活检 通过打孔器采集活组织进行显微镜检查的方法。

蛹 某些昆虫位于幼虫和成虫之间的第二个生命阶段,表现明显的成虫形态,但无翅。

核固缩 退化中的细胞发生细胞核染色质浓缩。

脓性肉芽肿性 细胞学样本中巨噬细胞数量超过有核细胞总数的15%。

四区划线法 一种将培养基分为四个区域从而获得单菌落的微生物接种方法。

质量保证 通过与标准进行比较来评估检测品质。

放射免疫 通过监测放射标记物与待测蛋白质反应,来测定血清中抗原、抗体或其他蛋白质。

比率 一种含量与另一种含量的比值,以分数或小数表示。

雷蚴 某些两性生殖吸虫的第二期幼虫阶段,在蜗牛体内发育。

折射指数 光束从一种介质进入另一种介质时的方向变化。

折射仪 测量溶液中折射指数的设备。

可靠度 一种方法的准确度和精确度。

分辨率 成像系统区分相邻结构的能力,是图像质量的重要参数。

根状 外形像根或用于固定的结构。

癣菌 一类皮肤真菌性疾病,由多种皮肤癣菌感染所致。

额嘴 绦虫头节前端的钩状颚。

缗钱样 红细胞像钱串样排列。

肉瘤 描述起源于结缔组织的肿瘤的名词。

裂红细胞 由血管内损伤导致红细胞被割裂而形成的碎片。

头节 绦虫前端固定于宿主的结构。

选择培养基 含有抗菌成分、可抑制或杀死大部分细菌,但允许部分细菌生长的培养基。

梯度稀释 某物质(如血清)按比例稀释的实验室技术。

血清液 血液凝固后的液体成分,不含有细胞核凝血蛋白。

篮状细胞 白细胞破裂。

特异性 正确评估某一参数的能力。

分光光度计 可测定光通过某一溶液的设备。

球形红细胞 无中央淡染区的浓染红细胞。

螺旋菌 螺旋菌属细菌,螺旋状、带鞭毛、可运动。

胞蚴 两性生殖吸虫在蜗牛中发育的幼虫阶段。

标准溶液 某溶质的无生物活性溶液,通常溶于蒸馏水,浓度已知。

口性红细胞 中央淡染区呈线状的红细胞。

鸟粪石 碱性至轻度酸性尿液中常见的结晶,又称三磷酸盐或磷酸铵镁结晶。

硫血红蛋白 含量极低的血红蛋白的一种,与硫分子不可逆结合而无法与氧结合。

上清液 样本离心后的液体成分。

化脓性 含有、分泌或产生脓汁的;细胞学样本中中性粒细胞占有核细胞85%以上,又称脓性。

关节液 滑膜产生的透明黏液,起到润滑关节、关节囊和肌腱的作用,含有黏蛋白、白蛋白、脂肪和矿物盐。

靶形红细胞 薄红细胞的一种,外周一圈血红蛋白,其内含有透明区,中央为圆形致密的色素区。

嗜热菌 适宜在高温下生长的细菌。

胸腔穿刺 取出胸腔内的液体。

凝血酶 凝血酶原、钙和凝血激酶在血浆中产生的一种酶,可使纤维蛋白原转化为纤维蛋白,后者对形成血凝块至关重要。

血小板 骨髓中巨核细胞的细胞质碎片。

血小板减少 循环血小板数量减少。

血小板增多 循环血小板数量增多。

血小板生成 生成血小板。

促甲状腺激素 垂体前叶分泌的可调控甲状腺素释放的激素,对甲状腺的生长和功能至关重要。

甲状腺素 甲状腺利用酪氨酸合成的激素,对代谢调控至关重要。

蜱麻痹 多种蜱虫的雌虫叮咬时释放神经毒素引起麻痹症状。

漏出液 低蛋白、低有核细胞计数的液体。

吸虫 吸虫纲动物。

胰蛋白酶 外分泌胰腺产生的分解蛋白质的消化酶,可催化小肠食物中的蛋白质分解为多肽、肽和氨基酸。

胰蛋白酶原 胰蛋白酶的无活性前体。在胰液中被小肠肠激酶转化为胰蛋白酶。

酪氨酸 由必需氨基酸苯丙氨酸在体内合成的氨基酸;是许多蛋白质的构成成分,是黑色素和多种激素(包括甲状腺素和肾上腺素)的前体。

波动 像水波一样波动或震动。

尿酸 含氮物质的代谢副产物。

疫苗免疫 注入致弱物(如细菌、病毒、立克次体)以激发免疫及减轻感染性疾病危害的操作。

真空抗凝管 带有橡胶头的玻璃管,内部大多抽真空,通常用于采血。

兽医技术员 兽医团队中不知疲倦、兢兢业业的重要成员,又称"超人"。

血管性血友病 以凝血减慢和自发性鼻衄、牙龈出血为特征的遗传性疾病。因凝血因子Ⅷ缺乏所致。常见损伤或术后过度出血。

蝇蛆 部分蝇类的幼虫统称。这些幼虫通常在皮下形成密密麻麻囊状寄生,造成窦道或孔洞与外界联通。

伍德氏灯 含有氧化镍滤器使得仅发射部分紫色光纤和紫外光,波长为 365 nm,主要用于诊断真菌感染。

酵母菌 一种单细胞有核生物,可出芽增殖。

齐-内染色 常用的一种抗酸染色,主要用于着染怀疑含结核分枝杆菌的痰液样本。

抑菌环 某些抗菌药敏感试验中,抗菌纸片周围无细菌生长的区域。

人兽共患病 可在人和动物间传播的疾病。

接合孢子 两个同形配子结合后产生的孢子,可见于某些真菌和藻类。

Resources
推荐阅读

第 1 单元

推荐阅读

Bishop M, Fody E, Schoeff L: *Clinical chemistry: principles, techniques, and correlations*, ed 8, Philadelphia, 2017, Lippincott Williams & Wilkins.

Kroll M, McCudden C: *Endogenous interferences in clinical laboratory tests*, Berlin, 2012, de-Gruyter.

Lake T, Green N: *Essential calculations for veterinary nurses and technicians*, ed 3, St Louis, 2016, Elsevier.

U. S. Department of Labor, Occupational Safety and Health Administration: Laboratory safety guidance, 2012.

网络资源

https://www.osha.gov/law-regs.html

https://www.osha.gov/shpguidelines

https://www.osha.gov/Publications/laboratory/OSHA3404laboratory-safety-guidance.pdf

http://www.vetlabassoc.com

http://www.asvcp.org/pubs/qas/index.cfm

http://vetlab.com/newqa.htm

http://www.sosmath.com/algebra/fraction/frac7/frac7.html

http://mathforum.org/alejandre/numerals.html

http://www.algebrahelp.com/lessons/proportionbasics

http://www.factmonster.com/ipka/A0769547.html

http://www.mapharm.com/roman_numbers.htm

http://www.sosmath.com/algebra/fraction/frac3/frac3.html

http://www.sosmath.com/algebra/fraction/frac4/frac4.html

http://www.sosmath.com/algebra/fraction/frac5/frac5.html

http://www.factmonster.com/ipka/A0881929.html

http://www.vendian.org/envelope/dirO/exponential_notation.html

http://www.mathsisfun.com/measure/metric-system.html

第 2 单元

推荐阅读

Harvey JW: *Veterinary hematology: a diagnostic guide and color atlas*, St Louis, 2012, Saunders.

Meyer DJ, Harvey JW: *Veterinary laboratory medicine: interpretation and diagnosis*, ed 3, St Louis, 2004, Saunders.

Thrall MA, Weiser G, Allison R, Campbell T:

Veterinary hematology and clinical chemistry, ed 2, Ames, IA, 2012, Wiley-Blackwell.

Valenciano AC, Cowell RL: *Cowell and Tyler's diagnostic cytology and hematology of the dog and cat*, ed 4, St Louis, 2014, Mosby.

网络资源

https://www.idexxlearningcenter.com/idexx/user_taxonomy_training.aspx?id=them&SSOTOKEN=0

http://www.vetstream.com/canis/Content/Lab_test/labOO 113.asp

http://www.merckmanuals.com/vet/circulatory_system/hematopoietic_system_introduction/overview_of_hematopoietic_system.html?qt=&sc=&alt=

http://www.merckmanuals.com/vet/circulatory_system/hematopoietic_system_introduction/red_blood_cells.html?qt=&sc=&alt=

http://www.merckmanuals.com/vet/circulatory_system/hematopoietic_system_introduction/white_blood_cells.html?qt=&sc=&alt=

http://www.ephlebotomytraining.com/phlebotomy-order-draw-explained

https://ahdc.vet.cornell.edu/Sects/ClinPath/sample/test/hema.cfm#Bloodsmear

第 3 单元

推荐阅读

Ford RB, Mazzaferro E: *Kirk & Bistner's handbook of veterinary procedures and emergency treatment*, ed 9, St Louis, 2012, Saunders.

Harvey JW: *Veterinary hematology: a diagnostic guide and color atlas*, St Louis, 2012, Saunders.

Jandrey K, Brainard B: Thromboelastography. In Bonagura JD, Twedt D (Eds.): *Kirk's current veterinary therapy XV*, St Louis, 2014, Saunders.

Meyer DJ, Harvey JW: *Veterinary laboratory medicine: interpretation and diagnosis*, ed 3, St Louis, 2004, Saunders.

Murphy M: Rodenticide toxicoses. In Bonagura JD, Twedt D. (Eds.): *Kirk's current veterinary therapy XV*, ed 14, St Louis, 2014, Saunders.

网络资源

https://www.idexxlearningcenter.com/idexx/user_taxonomy_training.aspx?id=them&SSOTOKEN=0

http://www.merckmanuals.com/vet/circulatory_system/hematopoietic_system_introduction/platelets.html?qt=8csc=8calt=

http://www.eclinpath.com/hemostasis

http://vetlab.com/slideshow2

http://mvw.eclinpath.com/hemostasis/tests

http://www.ncbi.nlm.nih.gov/pmc/articles/PMC2378355

https://ahdc.vet.cornell.edu/Sects/Coag/clinical/bleeding.cfm

http://www.petplace.com/cats/bruising-and-bleeding-in-cats/pagel.aspx

第 4 单元

推荐阅读

Abbas AK: *Basic immunology updated edition: functions and disorders of the immune system*, ed 3, Philadelphia, 2011, Saunders.

Harvey JW: *Veterinary hematology: a diagnostic guide and color atlas*, St Louis, 2012, Saunders.

Quinley, E. *Immunohematology: principles and practice*, ed 3, Philadelphia, 2017, Lippincott Williams & Wilkins.

Tizard IR: *Veterinary immunology*, ed 9, St Louis, 2013, Saunders.

Turgeon, ML: *Immunology & serology in laboratory medicine*, ed 5, St Louis, 2013, Mosby.

网络资源

http://www.nlm.nih.gov/medlineplus/ency/article/003332.htm

http://jeeves.mmg.uci.edu/immunology/Assays/ELISA.htm

http://www.nlm.nih.gov/medlineplus/ency/article/003334.htm

http://vvww. maxanim. com/genetics/PCR/PCR. htm

http://www. vetfolio. com/emergency-medicine/transfusion-medicine

https://www. merckvetmanual. com/immune-system

第 5 单元

推荐阅读

Meyer DJ, Harvey JW: *Veterinary laboratory medicine interpretation and diagnosis*, ed 3, St Louis, 2004, Saunders.

Modern urine chemistry, Elkhart, IN, 1993, Miles Laboratories.

Mundt L, Shanahan K: *Graff's textbook of urinalysis and body fluids*, ed 3, Philadelphia, 2015, Lippincott.

Osborne CA, Stevens JB: *Urinalysis: a clinical guide to compassionate patient care*, Shawnee Mission, KS, 1999, Bayer.

Raskin RE, Meyer DJ: *Canine and feline cytology: a color atlas and interpretation guide*, ed 3, St Louis, 2015, Saunders.

Valenciano AC, Cowell RL: *Cowell and Tyler's diagnostic cytology and hematology of the dog and cat*, ed 4, St Louis, 2014, Mosby.

网络资源

http://www. mcrckmanuals. com/vet/clinical_pathology_and_procedures/diagnostic_procedures_for_theprivate_practice_laboratory/urinalysis. html

http://www. vet. ohio-stale. edu/assets/courses/vcs753/case9/dogurin. html

https://www. idexxlearningcenter. com/course/view. php? id=2349

https://www. purinaproplanvets. com/media/1315/pur-urinalysis-clinical-handbook. pdf

http://35. 169. 230. 41/sites/default/files/attachments/ASK_Urinalysis_Interpretation_. pdf

http://www. eclinpath. com/urinalysis/cellular-constituents/

第 6 单元

推荐阅读

Karselis I: *The pocket guide to clinical laboratory instrumentation*, Philadelphia, 1994, FA Davis.

Meyer DJ, Harvey JW: *Veterinary laboratory medicine: interpretation and diagnosis*, ed 3, St Louis, 2006, Saunders.

Sodikoff C: *Laboratory profiles of small animal diseases: a guide to laboratory diagnosis*, St Louis, 2001, Mosby.

Thrall MA, Baker DC, Lassen ED: *Veterinary hematology & clinical chemistry*, ed 2, Baltimore, 2012, Lippincott Williams & Wilkins.

Willard MD, Tvedten H: *Small animal clinical diagnosis by laboratory methods*, ed 5, St Louis, 2011, Saunders.

网络资源

http://www. eclinpath. com/chemistry/

http://www. asvcp. org/pubs/pdf/RI%20Guidelines%20For%20ASVCP%20website. pdf

https://www. idexxleamingcenter. com/mod/scorm/view. php? id=1044

https://www. idexxlearningcenter. com/mod/scorm/view. php? id=1046

第 7 单元

推荐阅读

Latimer KS, Prasse KW, Mahaffey EA: *Duncan and Prasse's veterinary laboratory medicine: clinical pathology*, ed 5, Ames, I A, 2011, Blackwell.

McVey D, Kennedy M, Chengappa M: *Veterinary microbiology*, ed 3, Ames, IA, 2013, Wiley-Blackwell.

Quinn P, et al: *Veterinary microbiology and microbial disease*, ed 2, Ames, IA, 2011, Wiley-Blackwell.

Songer J, Post K: *Veterinary microbiology: bacterial and fungal agents of animal disease*, St Louis, 2005, Saunders.

网络资源

http://helid.digicollection.org/en/d/jwho01e/4.10.7.html

https://www.merckvetmanual.com/clinical-pathology-and-procedures/diagnostic-procedures-for-the-private-practice-laboratory/clinical-microbiology

https://www.wormsandgermsblog.com/2018/03/articles/animals/ other-animals/turtles-and-salmonella/

https://veteriankey.com/introduction-to-veterinary-mycology/

第 8 单元

推荐阅读

Bowman D: *Georgis' parasitology for veterinarians*, ed 10, St Louis, 2013, Saunders.

Foreyt, W: *Veterinary parasitology reference manual*, ed 6, Ames, IA, 2017, Wiley-Blackwell.

Hendrix CM, Robinson E: *Diagnostic parasitology for veterinary technicians*, ed 5, St Louis, 2016, Mosby.

Zajac AM, Conboy G: *Veterinary clinical parasitology*, ed 8, Ames, IA, 2012, Wiley-Blackwell.

网络资源

http://www.capcvet.org/expert-articles/whats-your-risk/

http://www.cdc.gov/parasites/animals.html

http://www.who.int/zoonoses/en/

https://www.capcvet.org/articles/avoiding-common-pitfalls-in-fecal-examinations/

https://www.idexxlearningcenter.com/mod/resource/view.php? id=3255

https://www.idexxlearningcenter.com/mod/video/view.php? id=3913

第 9 单元

推荐阅读

Ford RB, Mazzaferro E: *Kirk & Bistner's handbook of veterinary procedures and emergency treatment*, ed 9, Philadelphia, 2011, Saunders.

Latimer KS, Prasse KW, Mahaffey EA: *Duncan and Prasse's veterinary laboratory medicine: clinical pathology*, ed 5, Ames, IA, 2011, Blackwell.

Raskin RE, Meyer DJ: *Canine and feline cytology: a color atlas and interpretation guide*, ed 3, St Louis, 2016, Saunders.

Taylor SM: *Small animal clinical techniques*, St Louis, 2010, Saunders.

Valenciano AC, Cowell RL: *Cowell and Tyler's diagnostic cytology and hematology of the dog and cat*, ed 4, St Louis, 2014, Mosby.

网络资源

https://www.merckvetmanual.com/clinical-pathology-and-procedures/diagnostic-procedures-for-the-private-practice-laboratory/cytology

http://veterinarymedicine.dvm360.com/vetmed/article/articleDetail.jsp? id=748260

https://www.banfield.com/getmedia/3c0c9853-d9d8-450a-983d- 1ce0208682bc/l_5-inside-the-ear

https://www//dinidansbrief.com/article/image-gallery-ear-cytoIogy

https://www.wormsandgermsblog.com/2012/11/articles/an imals/dogs/fecal-cytology-in-dogs-what-does-it-mean/

http://todaysveterinarypractice.navc.com/common-neoplastic-skin-lesions-dogs-catscytologic-diagnosis-treatment-options/

Index
索　引

① 页码后的“f”表示图片，“t”表示表格，“b”表示框。

C

D

E

F

G

M

O

P

Q

R

T

U

V

W

X

Y

Z